铁路旅客运输组织

主　编　倪少权
副主编　陈　韬　陈钉均
主　审　李剑锋　肖建明

科学出版社
北　京

内容简介

铁路旅客运输是利用列车将旅客及携带的行李、包裹从出发站安全、舒适地运送到目的站的全过程的业务和服务工作，是我国当前中长途旅客运输的主要形式。经过多年的实践积累和科学研究，铁路运输部门已经形成了一整套成熟的生产组织方法来实现旅客的铁路运输。本书是为适应我国高速铁路发展及铁路改革需要而编写的，将揭示铁路旅客运输从起站到终站的生产过程和条件，介绍铁路旅客运输相关设施设备布局方法和运用原则，阐述铁路旅客运输组织的基本原理和方法，介绍新理念、新方法、新技术在铁路旅客运输组织中的应用。全书共10章，分别为旅客运输概述、铁路旅客运输组织基础及原理、铁路客运设备、铁路客流计划、铁路旅客列车开行方案、铁路旅客运输基本计划、铁路旅客运输营销、铁路旅客日常运输工作组织、铁路旅客运输质量管理、铁路旅客运输管理信息化及信息系统等。

本书可作为高等院校交通运输类及管理类专业教材，也可供铁路运营管理部门参考。

图书在版编目(CIP)数据

铁路旅客运输组织/倪少权主编.—北京：科学出版社，2020.8（2024.3 重印）
ISBN 978-7-03-064942-3

Ⅰ.①铁… Ⅱ.①倪… Ⅲ.①铁路运输-旅客运输-运输组织 Ⅳ.①U293.1

中国版本图书馆 CIP 数据核字（2020）第 068243 号

责任编辑：华宗琪　朱小刚／责任校对：彭　映
责任印制：罗　科／封面设计：义和文创

科学出版社出版
北京东黄城根北街16号
邮政编码：100717
http://www.sciencep.com

成都锦瑞印刷有限责任公司印刷
科学出版社发行　各地新华书店经销
*
2020年8月第　一　版　　开本：889×1194　1/16
2024年3月第四次印刷　　印张：22
字数：660 000

定价：79.00 元
（如有印装质量问题，我社负责调换）

前 言

按照《中长期铁路网规划》制定的发展目标，到2020年，一批重大标志性项目建成投产，铁路网规模达到15万公里，其中高速铁路3万公里，覆盖80%以上的大城市，为完成“十三五”规划任务、实现全面建成小康社会目标提供有力支撑。到2025年，铁路网规模达到17.5万公里左右，其中高速铁路3.8万公里左右，网络覆盖进一步扩大，路网结构更加优化，骨干作用更加显著，更好发挥铁路对经济社会发展的保障作用。展望到2030年，基本实现内外互联互通、区际多路畅通、省会高铁连通、地市快速通达、县域基本覆盖。伴随着高速铁路的相继建成和开通，已快速形成由高速铁路和普速铁路贯通运营的复杂客运网络。与此同时，2013年，铁路改革取得重大进展，顺利实施铁路政企分开改革，完成了中国铁路总公司的组建工作。经国务院批准同意，2019年中国铁路总公司改制成立中国国家铁路集团有限公司。因此，迫切需要修改和完善铁路旅客运输组织教材。

本教材是为适应我国高速铁路发展及铁路改革需要而编写的。本教材借鉴和参考了国内外关于铁路旅客运输和高速铁路运营组织相关的书籍、报道、专题研究报告等书面或网络资料，并且结合了西南交通大学全国铁路列车运行图编制研发培训中心和四川省轨道交通智能运输组织工程技术研究中心的铁路旅客运输组织最新研究成果，对教学内容进行了补充、修改和完善。

在书稿的形成和文字整理过程中，西南交通大学黄鉴老师给予了很多帮助，康亚鹏、王昊、李闻浩、王翔、李靖、袁月、赵峰、姚清晨、周霞、刘昱成、陈权超、徐禾颖、黄珊、黄建辛和彭小倩等研究生做了大量资料收集及文字整理工作，感谢他们的辛苦付出！在资料的收集和书稿的写作过程中，还得到了中国铁路成都局集团有限公司徐俊、姚倩、杨蕾等的大力支持和热忱帮助，在此，谨向他们表示诚挚的谢意！书中参阅了大量的国内外著作、学术论文和相关文献，并在书中采用了相关内容，在此谨向这些文献的作者致谢！

由于作者水平有限，书中难免存在不妥之处，恳请有关专家、同行和读者批评、指正，以便后期修正。

作者
2020年3月

目　　录

第一章　旅客运输概述 ……1
第一节　旅客运输特征 ……1
一、旅客运输的地位、任务及特点 ……1
二、旅客运输的构成及旅客运输方式的特点 ……3
第二节　国外旅客运输发展动态 ……9
一、国外铁路旅客运输发展动态 ……9
二、国外公路旅客运输发展动态 ……13
三、国外航空旅客运输发展动态 ……13
四、国外水运旅客运输发展动态 ……14
第三节　我国旅客运输发展动态 ……14
一、我国铁路旅客运输发展动态 ……14
二、我国公路旅客运输发展动态 ……17
三、我国航空旅客运输发展动态 ……19
四、我国水运旅客运输发展动态 ……22
第四节　铁路旅客运输的地位、任务及特征 ……24
一、铁路旅客运输的地位 ……24
二、铁路旅客运输的任务 ……24
三、铁路旅客运输的特征 ……25
第五节　我国铁路客运线网规划及深化改革策略 ……25
一、我国铁路客运线网规划 ……25
二、我国铁路旅客运输深化改革策略 ……27
第二章　铁路旅客运输组织基础及原理 ……29
第一节　铁路旅客运输组织基础 ……29
一、铁路客流分类及定义 ……29
二、铁路旅客列车分类与车次编号原则 ……30
三、旅客列车编组 ……33
四、铁路旅客运输合同 ……36
第二节　铁路旅客运输组织原理 ……40
一、铁路旅客运输组织的基本原则 ……40
二、铁路旅客运输生产组织机构 ……41
三、铁路旅客运输生产流程 ……45
四、铁路运输规章及铁路旅客运输规章 ……48
第三章　铁路客运设备 ……51
第一节　铁路客运设备组成及作用 ……51
一、固定设备 ……51
二、移动设备 ……51

第二节　客运站及流线组织……51
一、铁路客运站分类及设置……52
二、客运站总体布置及流线组织……59
三、客运站设施设备……64
四、铁路客运枢纽……76
第三节　客车整备所和动车段……85
一、客车整备所……85
二、动车运用所……89
第四节　旅客运输移动设备……93
一、普速列车设备……93
二、动车组设备……96
第五节　客运站通过能力……103
一、客运站到发线通过能力……103
二、客运站咽喉通过能力及客车整备场通过能力……104
第六节　客运站客运设备能力……106
一、客运设备能力影响因素……106
二、客运设备能力计算方法……106
第四章　铁路客流计划……110
第一节　客运计划概述……110
一、客运计划相关概念……110
二、客运计划编制依据……111
第二节　客流调查……114
一、客流调查基本概念……114
二、铁路客流调查范围、分类、内容……115
三、客流调查方法……119
四、客流调查方案设计……120
第三节　客流预测……122
一、客流预测的目的和意义……123
二、客流预测的方法……124
三、客流预测方法的选择……130
第四节　客流计划编制……133
一、客流计划内容……133
二、客流计划编制原则与方法……134
第五章　铁路旅客列车开行方案……138
第一节　铁路旅客列车开行方案概述……138
一、铁路旅客列车开行方案的目的与意义……138
二、铁路旅客列车开行方案的概念与分类……138
三、铁路旅客列车开行方案的影响因素……139
第二节　铁路旅客列车开行方案编制的基本原理……141
一、铁路旅客列车开行方案编制的基本原则……141
二、铁路旅客列车开行方案的编制步骤……141
三、铁路旅客列车开行方案的编制方法……143

四、高速铁路跨线列车与普速列车开行方案的协调与配合 ……156
五、铁路旅客列车开行方案优化与调整 ……159
第三节　基于动态客流的高速铁路旅客列车开行方案调整优化 ……164
一、客流与高速铁路旅客列车开行方案的作用机理 ……164
二、客流与高速铁路旅客列车开行方案的匹配分析 ……166
三、基于动态客流开行方案调整优化 ……166
四、基于动态客流开行方案调整优化的关键问题 ……167
第六章　铁路旅客运输基本计划 ……168
第一节　旅客列车运行图 ……169
一、旅客列车运行图概述 ……169
二、旅客列车运行图编制 ……170
三、高速铁路列车运行图编制 ……176
四、规格化高速铁路列车运行图编制 ……180
五、区域协同高速铁路列车运行图编制原理与方法 ……185
第二节　旅客列车车底周转图 ……186
一、旅客列车车底周转图编制 ……186
二、旅客列车车底需要数计算 ……188
第三节　动车组交路计划 ……190
一、动车组交路计划概述 ……190
二、动车组交路计划编制 ……193
第四节　旅客列车乘务交路计划 ……197
一、旅客列车乘务交路计划概述 ……197
二、旅客列车乘务交路计划编制 ……199
第五节　大型客运站技术作业计划 ……202
一、大型客运站技术作业计划概述 ……202
二、大型客运站技术作业计划编制 ……203
第七章　铁路旅客运输营销 ……206
第一节　铁路旅客运输产品及市场 ……206
一、铁路旅客运输产品 ……206
二、铁路旅客运输市场 ……210
第二节　铁路旅客运输营销策略 ……212
第三节　铁路旅客运输成本与价格 ……218
一、铁路旅客运输成本 ……218
二、铁路旅客运输价格 ……220
第四节　铁路旅客列车票额分配 ……225
一、铁路旅客列车票额分配的目的及意义 ……226
二、铁路旅客列车票额分配的原则及方法 ……226
三、铁路旅客列车票额调整 ……228
四、票额分配在客票系统中的应用 ……229
第八章　铁路旅客日常运输工作组织 ……231
第一节　旅客运输日常工作计划 ……231
一、旅客输送日计划 ……231

二、站、车间客流信息传报……233
第二节 客运调度……236
一、普速铁路客运调度日常工作……237
二、高速铁路客运调度日常工作……240
三、站段客运计划员主要职责范围……242
第三节 客运站工作组织……242
一、客运站客运工作组织……243
二、客运站行车工作组织……247
第四节 旅客列车乘务工作组织……253
一、旅客列车乘务工作组织概述……253
二、旅客列车乘务作业……256
三、旅客列车乘务数计算……259
第五节 节假日客运及新老兵运输工作组织……260
一、春运、暑运工作组织……260
二、旅游列车运输组织……262
三、新老兵运输工作组织……265
第九章 铁路旅客运输质量管理……270
第一节 铁路旅客运输服务质量评价及监管……270
一、铁路旅客运输服务概述……270
二、铁路旅客运输服务质量……271
三、铁路旅客运输服务质量管理……272
四、铁路旅客运输服务质量评价……275
五、铁路旅客运输服务质量监管……279
第二节 旅客运输事故处理、阻碍处理、旅客列车运输安全保障……280
一、旅客运输事故处理……280
二、旅客运输阻碍处理……282
三、旅客列车运输安全保障……284
第三节 铁路运营工作主要指标……288
一、数量指标……288
二、质量指标……291
三、经济效益指标……296
四、运营消耗指标……297
第十章 铁路旅客运输管理信息化及信息系统……298
第一节 旅客运输管理信息化……298
一、铁路信息化概述……298
二、铁路旅客运输信息化概述……299
三、铁路旅客运输管理信息系统……300
第二节 列车运行图编制系统……304
一、系统概况……304
二、系统体系……306
三、系统结构……307
第三节 客票发售和预订系统……316

一、系统概况……316
二、系统结构……318
三、系统功能……319
第四节 客运行包管理系统……321
一、系统发展概况……321
二、系统结构……321
三、系统功能……323
第五节 旅客信息服务系统……324
一、系统概述……324
二、导向揭示系统……326
三、广播系统……327
四、旅客自助查询系统……327
五、旅客列车管理信息系统……328
六、应急系统……331
七、铁路客户服务中心系统……332
第六节 客运营销辅助决策系统……335
一、系统概述……335
二、系统体系架构……335
三、系统功能……336
参考文献……341

第一章　旅客运输概述

第一节　旅客运输特征

一、旅客运输的地位、任务及特点

（一）旅客运输的地位

交通运输是指运输工具在运输网络上的流动及运输工具上载运人员和物资在两地之间位移的经济活动的总和。运输是人和物借助交通工具的载运，产生有目的的空间位置变化的活动。交通运输把社会生产、分配、交换和消费等各个环节有机地联系起来，既是重要的基础产业，又为商品流通和人员流动提供基本条件。交通运输对经济、社会各方面都有着巨大推动作用，不仅在国民经济中处于先行官的地位，而且与国家的政治、国防、文化密切相关，具有其他部门不可替代的重要作用。

旅客运输是交通运输业的重要组成部分之一，发达的旅客运输是建设和谐社会不可缺少的基础性条件之一，它对促进旅游业的发展，扩大市场消费，加速国民经济增长起积极推动作用。

（二）旅客运输的任务

旅客运输为人们进行经济、文化等社交活动和生活提供了必要的出行条件，其本质是为旅客提供实现空间移动的服务。旅客运输的任务是最大限度地满足广大旅客在旅行上的需求，安全、迅速、准确、便利地运送旅客、行李、包裹和邮件至目的地，并保证旅客在旅途中得到舒适、愉快、优质的物质服务和文化服务。

1. 最大限度地满足广大旅客在旅行上的需求

旅客运输具有很强的政策性和服务性，在我国的基本国情下，需要按照社会主义市场经济的基本发展规律，从一切为人民服务的立场出发，通过采用先进的技术设备和科学的管理方法，周密地进行旅客运输生产作业组织，做到最大限度地满足旅客在旅行上的需求。

在我国旅客运输市场中，铁路运输始终占据举足轻重的地位。近年来，随着公路尤其是高速公路的迅猛发展，民航运输的不断崛起，各种交通方式的旅客运输分担率也发生了变化。在满足旅客出行需求的基础上，各种运输方式使旅客出行的满足率得到了大幅提高。目前，我国旅客运输面临的最大问题是在整体出行需求得到基本满足的基础上，如何最大限度地提升运输高峰期的旅客运输组织能力，以缓解高峰期短时性、暴发性、不均衡性客流给旅客运输带来的巨大压力。为此，在节假日，尤其是春运期间，铁路、民航、公路都需提前做好相应的运输计划，采取调整运输计划、加开班次，甚至延长运营时间等措施，但购票难、旅客滞留和车辆超员等现象依然存在。

2. 安全、迅速、准确、便利地运送旅客、行李、包裹和邮件至目的地

(1) 安全性是运输的首要特性，包括人、货、运输工具与设备等方面的安全。从旅客运输行业的角度出发，安全是实现效益的保障，安全事故的发生不仅会给运输企业带来直接的经济损失，还会影响企业形象，使运输企业失信于旅客。我国各种交通运输方式无一不把安全放在运输的首要位置。

(2) 迅速性是影响旅客体验的重要影响因素，即在保证运输安全的前提下，提高运送速度，缩短（节省）旅客运输时间。影响运送速度的主要因素有运输工具的技术速度、运营速度、始发和终到作业时间及

途中作业时间等。每种运输方式限于技术、经济有自己的速度变化范围，一般民航的运输速度最快，铁路、公路次之，水运最慢，但往往越快捷的出行方式出行费用越高。

(3)准确性是指能将旅客、行李、包裹准确地运送至目的地。准确性体现为两个方面，一个是到发时间的准确，另一个是到发地点的准确。运输的准确性受到内外多方面的影响，如运输过程控制的效率性、突发事件下运输秩序的恢复能力、运输受到外界系统影响的程度等。

(4)便利性是指旅客得到运输服务的方便性。公路运输所具有的通用性、连续性和机动性在这方面有着明显的优势，而轨道交通、航空和水运因其车站、机场和港口的固定性，需要与其他运输方式联合运输，才能实现点到点、门到门的服务。旅客出行的便利性不仅体现在不同出行方式的可达性与联动性，还体现在票价票制和客票发售渠道等方面。

旅客运输的安全性、迅速性、准确性、便利性之间一般都存在着相互制约的关系。

3. 保证旅客在旅途中得到舒适、愉快、优质的物质和文化服务

旅客运输服务是一种社会服务，而社会服务质量是人们生活质量的重要方面。旅客运输不仅需要充分满足人们的“行”这一核心要求，而且需要包括尽可能满足人们在出行中的“食”、“住”和其他文化生活的辅助需求和延伸需求。因此，各种交通方式的旅客运输不仅要在技术装备和服务设施等硬件方面为提高服务质量提供强大的物质基础，更重要的是要在客运员工的整体素质、服务态度、服务水平和服务管理方面高标准、严要求。一切从旅客需求出发，提供安全、快速、方便、舒适、经济等高质量服务来满足不同层次旅客的需求。

(三)旅客运输的特点

旅客运输是现代交通运输体系的一个重要组成部分，需求复杂多变且具有不同的运输方式，但都具有动态性、波动性、不可存储性、系统性、高科技性及多样性等特点。

1. 旅客运输的动态性

旅客运输的主要服务对象是旅客，即人群中的出行者，其次是行李、包裹和邮件。根据出行需求，旅客在一定的空间和时间范围内，在运输线网上沿一个方向流动形成客流，客流具有流向、流量、流程和流时四个属性。旅客运输的主要服务对象是人，人的出行目的多种多样，且活动分散性强，不易组织，因此，旅客运输具有很强的动态性。

2. 旅客运输有较大的波动性

旅客运输在时间上有较大的波动性，一年、一季、一月，甚至一日内各小时之间都存在客流量的起伏变化。以城市轨道交通为例，一日内各小时客流随着人们生活节奏和出行特点而有所变化，通常夜间较少，早晨逐渐增加，上班和上学时达到早高峰，午间稍减，下班和放学时又达到晚高峰，之后又渐趋平缓。由于旅客运输客流的波动性，在设计客运技术设备、客运运载工具及线路(航道)能力等时，必须预留一定的富余，以方便针对不同客运量峰值采用不同的客运组织方式。

3. 旅客运输的能力和产品的不可存储性

旅客运输生产向社会提供的是无形产品——旅客的空间位移，其产品单位是人公里。随着旅客被运送到目的地，在完成生产的同时，产品也被旅客本身所消耗，运输产品与运输过程不能分离，因此，旅客运输能力和产品既不能存储，也不能调拨。其使用价值具有不确定性，其创造的社会经济效益大于自身的经济效益。

4. 客运服务的系统性

客运服务的系统性体现在生产系统性和服务系统性。生产系统性指旅客出行需经历购票、城市交通、港站、车辆(或飞机)等多个环节到达目的地。服务系统性指各方式的旅客运输客运部门必须集人、港站、车辆(飞机)于一体，提供标准化的优质服务。

5. 旅客运输的高科技性

随着社会经济发展和高科技的应用，电子信息技术在旅客运输中得到广泛应用，技术装备现代化水平也不断提高。因此，旅客运输必须加速推广先进技术装备和科学管理，为旅客提供更高水平的服务。以铁路为例：

(1)通过计算机售票系统，铁路已经实现了网上、电话、火车站售票窗口、代售点等多种渠道售票方式；

(2)通过采用计算机编图系统，列车开行方案得到了优化，提高了编图质量和应对市场变化的适应能力；

(3)通过持续不断的提速改造和高铁建设，大大提高了铁路旅客列车的运行速度；

(4)设施设备不断改善，提高了服务水平，增加了途中的舒适度，创造了良好的旅行环境。

6. 旅客运输服务的多样性

由于旅客的需求层次、旅行目的和支付能力不同，各种运输方式应该根据客流结构提供多种层次的旅客运输服务。根据运输市场竞争的需要进行综合比选，注重提高旅客送达速度，增加开行密度，以提供方便、经济、高效的运输服务。

世界各国的发展经验证明，发达的旅客运输可促进国民经济和社会的发展，且旅客运输必须超前发展，它在社会和经济发展中处于先行的地位。

二、旅客运输的构成及旅客运输方式的特点

(一)旅客运输的构成

交通运输系统按运输对象分为货物运输和旅客运输两个子系统；按作用与运距(地域)分为干线运输、区域运输与城市交通三个子系统；按运载工具及方式分为轨道交通、公路运输、航空运输、水运和管道(此处不介绍)五个子系统。现代化旅客运输系统主要由轨道交通、公路运输、航空运输和水运四种运输方式组成。

1. 按作用与运距(地域)分类

(1)干线运输：利用铁路、公路的干线，飞机、大型船舶的固定航线进行的长距离、大数量运输，是进行远距离空间位置转移的重要运输形式。

(2)区域运输：在经济发达、人口稠密的大都市带(或经济圈、城市群)范围内，各个城市之间的客货运输。

(3)城市交通：各大城市及周围郊区的公众出行和客货运输。

2. 按运载工具及方式分类

旅客运输系统按运载工具及方式分类见图 1.1。

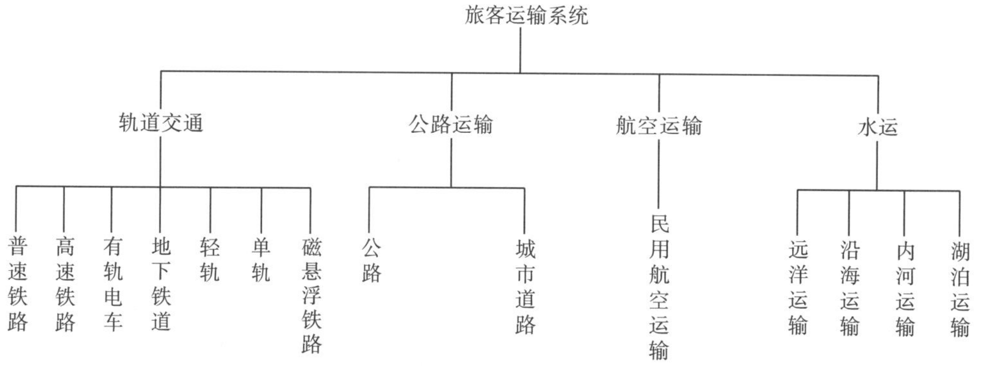

图 1.1　按运载工具及方式分类的旅客运输系统构成图

1)轨道交通

轨道交通系统是由车站、线路、列车、控制及通信信号系统等一系列相关设施组成，使用运营车辆在特定轨道上行驶的运输系统。根据经济、技术特征不同，在旅客运输中，轨道交通主要包括普速铁路、高速铁路、有轨电车、地下铁道、轻轨、单轨和磁悬浮铁路等类型。

(1)普速铁路。具有不大于 160km/h 的各速度级别且主要以机车牵引方式为主、可进行客货混运的轨道交通方式为普速铁路。普速铁路技术成熟，建设和维护成本低，资金风险较可控，对地方县镇客源服务性较强，主要连接大中城市及服务国民经济，除旅客运输外，还必须考虑港口、厂矿、大宗货物集散地及满足特殊运输需求，要为货物运输提供服务。普速铁路见图 1.2。

(2)高速铁路。新建设计开行 250km/h(含预留)及以上动车组列车，初期运营速度不小于 200km/h 的客运专线铁路为高速铁路。高速铁路主要服务于客运，设计重点是确保客运设施齐全、运用方便。随着新型动车组货车的逐步研发及投入运用，在允许速度 200km/h 及以上的线路上开行高速货物列车、行邮列车已变成可能。高速铁路见图 1.3。

图 1.2　普速铁路

图 1.3　高速铁路

(3)有轨电车。有轨电车是与道路上其他交通方式共享路权的低运量城市轨道交通方式，线路通常设在地面。有轨电车见图 1.4。

(4)地下铁道。地下铁道简称地铁，原本指在地下运行的城市轨道交通系统，但随着城市轨道交通系统的发展，实际上地铁有时会因建造环境而将部分路线铺设在地上。地铁是随着城市交通系统的发展而形成的一种用电力牵引的快速大运量城市轨道交通模式。地铁高峰单向容量达 3 万～7 万人次/h，采用 A 型车或 B 型车(表 1.1)，通常有 5～8 节编组。地下铁道见图 1.5。

图 1.4　有轨电车

图 1.5　地下铁道

(5) 轻轨。轻轨系统是指在轨距为 1435mm 国际标准双轨上运行的列车，列车运行利用自动化信号系统。无论是轻轨还是地铁，都可以建在地下、地面或高架桥上，两者划分的依据应是单向最大高峰小时客流量的大小。轻轨单向最大高峰小时客流量为 1 万～3 万人次/h。轻轨采用 C 型车(表 1.1)，通常有 2～4 节编组，建设成本为地铁的 1/5～1/3。轻轨见图 1.6。

表 1.1　城市轨道交通车型

车型	列车宽度/m	代表车型
A 型车	3	上海地铁 1、2、3 号线等
B 型车	2.8	北京、天津地铁宽体车等
C 型车	2.6	上海地铁 5、6、8 号线等

(6) 单轨。单轨是一种车辆与特制轨道梁组合成一体运行的中运量轨道运输系统，其轨道梁不仅是车辆的承重结构，同时是车辆运行的导向轨道。单轨铁路按照走行模式和结构主要分成悬挂式单轨和跨座式单轨两类。悬挂式单轨铁路(也称空中轨道列车)的列车悬挂在轨道之下；跨座式单轨铁路的列车跨座在路轨之上，两旁盖过路轨。单轨见图 1.7。

图 1.6　轻轨

图 1.7　单轨

(7) 磁悬浮铁路。磁悬浮铁路是利用电磁原理，由车上和轨道上导线线圈的相互感应作用，产生电磁场，使车辆悬空，采用磁垫支承、线性电动机推动火车前进。磁悬浮铁路是理想的高速、安全、舒适、无公害的城市交通和城间客运交通工具。磁悬浮铁路见图 1.8。

磁悬浮列车主要采用的是一种电力驱动系统，有助于环境的保护，以及能源的节约。列车与轨道之间是一种无接触原理，因此减轻了列车对轨道的损耗。磁悬浮列车主要有常导型磁悬浮列车、超导型磁悬浮列车和永磁悬浮列车三种类型。

除了常规磁悬浮列车外，正在试验真空管道磁悬浮列车。真空管道磁悬浮列车为克服列车高速行驶时空气阻力大的缺点而被提出。作为一种新型超高速地面交通工具，真空管道磁悬浮列车在管道内部营造真空环境，并在管道内行驶，同时消除机械摩擦和空气阻力，理论速度可达 1200km/h，有望成为下一代地面超高速交通工具，具有广阔的发展和应用前景。

图 1.8　磁悬浮铁路

2) 公路运输

(1) 公路。公路是指连接城市、乡村，主要供汽车行驶的具有一定技术条件和设施的道路。公路是线性构造物，是汽车运输的基础设施，由路基、路面、桥梁、涵洞、隧道、防护工程、排水设施与设备及山区特殊构造物等基本部分组成。公路(普通道路)见图 1.9。

公路按其在公路网中的地位与作用可以分为国家干线公路、省干线公路、县公路、乡公路和专用公路五类。

①国家干线公路指在国家公路网中，具有全国性的政治、经济、国防意义，并确定为国家干线的公路，简称国道。

②省干线公路指在省公路网中，具有全省性的政治、经济、国防意义，并确定为省级干线的公路，简称省道。

③县公路指具有全县性的政治、经济意义，并确定为县级的公路。

④乡公路指主要为乡村生产、生活服务并确定为乡级的公路。

⑤专用公路指专为企业或其他单位提供运输服务的道路。

根据现行中华人民共和国行业标准 JTG D20—2017《公路路线设计规范》的规定，公路根据交通特性及控制干扰的能力分为高速公路、一级公路、二级公路、三级公路和四级公路等五个技术等级。

①高速公路指专供汽车分方向、分车道行驶，全部控制出入的多车道公路。高速公路的设计交通量宜在 15000 辆小客车/日以上。高速公路见图 1.10。

②一级公路指供汽车分方向、分车道行驶，可根据需要控制出入的多车道公路。一级公路的设计交通量宜在 15000 辆小客车/日以上。

③二级公路指供汽车行驶的双车道公路。二级公路的设计交通量宜为 5000～15000 辆小客车/日。

④三级公路指供汽车、非汽车交通混合行驶的双车道公路。三级公路的设计交通量宜为 2000～6000 辆小客车/日。

⑤四级公路指供汽车、非汽车交通混合行驶的双车道或单车道公路。双车道四级公路设计交通量宜在 2000 辆小客车/日以下；单车道四级公路设计交通量宜在 400 辆小客车/日以下。

图 1.9 普通道路

图 1.10 高速公路

(2) 城市道路。根据现行住房和城乡建设部发布的《城市道路工程设计规范》，城市道路根据其在城市道路系统中的地位和功能等主要分为快速路、主干路、次干路和支路四个等级。城市道路见图 1.11。

①快速路又称城市快速路，完全为交通功能服务，是解决城市大容量、长距离、快速交通的主要道路。快速路应中央分隔、全部控制出入、控制出入口间距及形式，应实现交通连续通行。单向设置不应少于两条车道，并应设有配套的交通安全与管理措施。

②主干路以交通功能为主，为连接城市各主要分区的干路，是城市道路网的主要骨架。

③次干路是城市区域性的交通干道，为区域交通集散服务，兼有服务功能，结合主干路组成干路网。

④支路为次干路与居住小区、工业区、交通设施等内部道路的连线线路，解决局部地区交通，以服务功能为主。

3) 航空运输

航空运输主要为民用航空运输，包括干线运输和区域运输。航空运输是指使用飞机或其他航空器运送人员、货物、邮件的一种运输方式。航空运输见图 1.12。

图 1.11 城市道路

图 1.12 航空运输

航空运输企业经营的形式主要有班机运输、包机运输和集中托运。班机指具有固定开航时间、航线和停靠航站的飞机，通常为客货混合型飞机，货舱容量较小，运价较贵，但由于航期固定，有利于客户安排鲜活商品或急需商品的运送。包机运输是指航空公司按照约定的条件和费率，将整架飞机租给一个或若干个包机人(包机人可为发货人或航空货运代理公司)，从一个或几个航空站装运货物至指定目的地的运输方式。包机运输适合于大宗货物运输，费率低于班机运输。集中托运可以采用班机运输或包机运输方式，航空货运代理公司将若干批单独发运的货物集中成一批向航空公司办理托运，填写一份总运单送至同一目的地，然后由其委托当地的代理人负责分发给各个实际收货人。

4) 水运

水路运输(简称水运)是以船舶为主要运输工具、以港口或港站为运输基地、以水域(海洋、河、湖等)

为运输活动范围的一种客货运输。按航行区域，水运可以分为远洋运输、沿海运输、内河运输和湖泊(包括水库)运输。远洋运输是指使用船舶跨越大洋的运输，以外贸运输居多；沿海运输是指几个邻近海区间或本海区内的运输，以内贸运输为主；内河运输是指在一条河流(包括运河)上或通过几条河流的运输，一般为国内运输；湖泊运输是指一个湖区内的运输，大多属于国内运输。水运见图 1.13。

图 1.13　水运

(二)各种旅客运输方式的特点

1. 轨道交通运输的优缺点

优点：运输能力大，普速铁路旅客列车可载旅客 1300 人左右；运行速度快，普速列车正常速度为 120km/h，高速列车能达到 200km/h 以上的运行速度；运输成本较低，能耗较低，仅高于水运；运输过程中受自然条件限制较小，受天气影响小；运输到达时间准确性较高。

缺点：造价较高，消耗金属材料多，占地面积广；建设周期长，一条干线需要若干年的时间建设；机动灵活性较差，运输受路线、客运站的限制。

2. 公路运输的优缺点

优点：机动灵活，运送速度较快，可实现“门到门”直达运输，公路运输网密度一般比铁路运输网密度大十几倍，分布更广，除了可沿分布较广的路网运行外，还可离开路网深入到城市居民住宅等地；投资少，修建公路的材料和技术比较容易解决，易在全社会广泛发展。

缺点：长途运输成本费用高，长途运输比铁路运输费用要高出一倍甚至更高；运输能力小，普通长途客车每辆仅可运送旅客 50 位左右；能耗较高，仅低于航空运输。

3. 航空运输的优缺点

优点：运行速度快，运输效率高，速度可达 1000km/h，航程可达 10000km；机动性高，受航线条件限制的程度比汽车、火车、轮船小得多；舒适，安全，现代民航客机的客舱宽敞，噪声小，机内有供膳、视听等设施，旅客乘坐的舒适程度较高。

缺点：飞机造价高、能耗大、成本很高；飞行受一定的气象条件限制，准时性易受影响。

4. 水运的优缺点

优点：运输能力大，在四种运输方式中，水运的运输能力最大；投资省，能耗小，利用江河湖海等自然水利资源，除必须投资构造船舶、建设港口之外，沿海航道几乎不需投资；成本低，运价低。

缺点：运行速度慢，准时性差；受自然条件影响较大，内河航道和某些港口受季节影响较大，冬季结冰，枯水期水位变低，难以保证全年通航，因此一年中中断运输的时间较长。

各种旅客运输方式优缺点见表 1.2。

表 1.2　各种旅客运输方式的优缺点

方式	优势	不足
轨道交通	运量大； 速度快，仅低于飞机； 成本和运价低廉，仅高于水运； 全天候运输，受天气影响小，不受季节影响	造价较公路、水运高； 线路建设周期长； 机动灵活性差
公路运输	机动灵活，可“门到门”直达运输； 投资少	长距离运输时成本高； 运量小
航空运输	运行速度快，效率高； 机动性能好； 舒适、安全	运营成本高； 受天气影响较大
水运	运量大； 能耗小，投资省； 成本和运价低	速度慢； 受自然条件影响大

第二节　国外旅客运输发展动态

国外发达国家在实现工业化的过程中，都经历了交通建设的高潮。在发展旅客运输过程中经历了市场竞争，促使客运企业进行体制改革和运用灵活的营销策略，高科技的发展又促进了旅客运输的现代化，旅客运输体现了高速化、智能化等发展特点。

一、国外铁路旅客运输发展动态

1. 国外普速铁路发展历程

国外铁路发展历程大致可以分为开创时期、发展时期、成熟时期和新发展时期。

1)开创时期(19 世纪 20 年代～50 年代)

开创时期正值产业革命后期，钢铁工业、机器制造业等已达到一定水平，同时工业发展又有原材料和产品的输送问题需要解决。这促使了铁路迅速兴起。1825 年 9 月 27 日，世界上第一条行驶蒸汽机车的永久性公用运输设施，英国斯托克顿—达灵顿的铁路正式通车了。继英国建成第一条铁路后，美国、德国等相继开始修建铁路。到 1850 年止，世界上有 19 个国家建成铁路并开始营业。部分国家铁路开始营业年份见表 1.3。

表 1.3　部分国家铁路开始营业年份

国家或地区	开始营业年份	国家或地区	开始营业年份
英国	1825	列支敦士登	1844
美国	1830	牙买加	1845
爱尔兰	1834	匈牙利	1846
德国	1835	丹麦	1847
比利时	1835	西班牙	1848
加拿大	1836	墨西哥	1850
古巴	1837	秘鲁	1851

续表

国家或地区	开始营业年份	国家或地区	开始营业年份
俄国	1837	智利	1851
奥地利	1838	印度	1853
荷兰	1839	巴西	1854
意大利	1839	挪威	1854
捷克斯洛伐克	1839	澳大利亚	1854
瑞士	1844		

2）发展时期（19 世纪 50 年代～19 世纪末）

发展时期有 60 多个国家及地区建成铁路并开始营业。在这个时期工业先进的国家铁路已渐具规模，俄国修建的西伯利亚铁路和美国开发西部修建的铁路，都长达数千公里。此外，这个时期在铁路建筑技术和铁路机车制造技术方面也获得了新的发展，如铁路隧道开凿技术方面，1872～1881 年建成的圣哥达隧道，长 15km，首次采用上导坑先拱后墙法施工；在铁路机车制造方面，蒸汽机车的性能日趋完善，同时电力机车和内燃机车先后于 1879 年和 1892 年研制成功。

3）成熟时期（19 世纪末～20 世纪 50 年代）

成熟时期有 28 个国家及地区建成铁路并开始营业。这些新建铁路大部分建在非洲和中东地区，而且大多建成于第二次世界大战以前。在这个时期内，一些国家公路和航空等运输方式与铁路开展激烈竞争，促使铁路提高了行车速度，改进了铁路客、货运输的服务设施，开始采用内燃机车和电力机车来代替落后的蒸汽机车。但由于铁路运输难以同公路运输的方便和航空运输的快速相竞争，逐渐出现萧条景象，如美国在 1920～1950 年拆除 9 万多公里铁路。

4）新发展时期（20 世纪 50 年代至今）

新发展时期铁路的技术改造也获得重大进展，如美国、英国、法国、日本等国的铁路，牵引动力几乎全部采用内燃机车和电力机车，这些新型机车的优点是能源省、污染少。随着铁路能源形势的变化及各种新技术的采用，铁路的经济效益有了新的提高。

2. 国外高速铁路发展历程

世界高速铁路的发展可以划分为三个不同的阶段，即 20 世纪 60 年代至 80 年代末的第一次建设高潮，90 年代初期形成的第二次建设高潮，以及 90 年代中期以后形成的第三次建设高潮。

1）第一次建设高潮

经济和技术发达的日本、法国、意大利和德国推动了高速铁路的第一次建设高潮，在此期间建设并投入运营的高速铁路有日本的东海道、山阳、东北和上越新干线；法国的 TGV 东南线、TGV 大西洋线；意大利的罗马—佛罗伦萨线及德国的汉诺威—维尔茨堡线和曼海姆—斯图加特线。这期间，日本建成了遍布全国的新干线网主体结构。初期建成的高速铁路见表 1.4。

日本东海道新干线和法国 TGV 东南线的运营，在技术、商业、财政及政治上都获得了极大的成功。东海道新干线在财务收支上已经成为日本铁路客运的主要支柱，TGV 东南线也在运营 10 年的期限里完全收回了投资。

这期间高速铁路呈现出如下特征：由于采用了新技术，铁路的竞争力增强，铁路旅客运输在市场中所占的份额出现回升，经济效益开始好转；解决了运输能力紧张的问题；推动了沿线地区经济的均衡发展，促进了相关产业的建设；节省能源，降低对环境的污染。

表 1.4　初期建成的高速铁路

时期	国家	项目	建设年份	线路长度/km
第一次高速铁路建设高潮	日本	东海道新干线	1959～1964	515
		山阳新干线	1967～1975	554
		上越新干线	1971～1982	270
		东北新干线	1971～1985	497
	法国	TGV 东南线	1976～1983	417
		TGV 大西洋线	1985～1990	282
	意大利	罗马—佛罗伦萨线	1970～1992	254
	德国	汉诺威—维尔茨堡线	1988～1991	427
		曼海姆—斯图加特线	1985～1991	99
合计	4	9		3315

2）第二次建设高潮

高速铁路建设在日本和法国所取得的成就影响了很多国家。20 世纪 80 年代末，世界各国开始关注和研究高速铁路。第二次建设高潮于 20 世纪 90 年代在欧洲形成，所涉及国家主要有法国、德国、意大利、西班牙、比利时、荷兰、瑞典和英国等。1991 年瑞典开通了 X2000 摆式列车，1992 年西班牙的马德里—塞维利亚高速铁路投入运营。1994 年英吉利海峡隧道把法国与英国连接在一起，开创了第一条高速铁路国际连接线。1997 年，从巴黎开出的“欧洲之星”又将法国、比利时、荷兰和德国连接在一起。在这一时期日本的高速铁路网开始向全国普及和发展。法国和德国则在修建高速铁路的同时，实施普速铁路改造。

1991 年欧洲议会批准了泛欧高速铁路网规划中提出的各国边境地区实施的 15 个关键项目，将有助于各个国家高速线之间的联网。在这些项目中选定了 9 个优先建设的工程项目：①高速铁路南北贯通线（德国—意大利）；②连接欧洲五国首都的高速铁路线；③高速铁路南方线（西班牙—法国）；④高速铁路东部连接线（法国—德国）；⑤高速/普速铁路综合运输线（法国—意大利）；⑥既有铁路连接线（英伦三岛之间）；⑦丹麦—瑞典固定连接线；⑧北欧三角地带；⑨英国西海岸干线。第二次高潮已建成的高速铁路新线见表 1.5。

表 1.5　第二次高潮已建成的高速铁路新线

时期	国家	项目	建设年份	线路长度/km
第二次高速铁路建设高潮	西班牙	马德里—塞维利亚	1987～1991	471
	法国	TGV 北方线	1990～1993	333
		英吉利海峡隧道	1990～1994	153
		TGV 东南延伸线	1992～1994	148
		TGV 路网连接线	1994～1996	102
	日本	北陆新干线	1989～1997	117
	比利时	布鲁塞尔—里尔	1989～1998	83
	德国	柏林—汉诺威	1992～1998	172
合计	5	8		1579

这一时期高速铁路表现出以下特征：已建成高速铁路的国家进入了高速路网规划和建设的年代；高速铁路的建设已经不仅仅是铁路部门的需要，修建高速铁路网成为地区之间相互联系的政治经济需求；

能源和环境的要求呼吁发展无污染的高速铁路；出现了全国的和跨越国境的高速铁路网。

3）第三次建设高潮

1998年10月在德国柏林召开的第三次世界高速铁路大会（EurailSpeed98）上，卡尔加里（Calgary）大学公共政策研究所Anthony Perl教授，进行了一篇题为《高速地面交通系统的全球化和普及》的发言，将当前高速铁路的发展定为世界高速铁路发展的第三次高潮。这次高潮涉及亚洲、北美洲、大洋洲及整个欧洲。自1992年以来，俄罗斯、韩国、澳大利亚、英国、荷兰等国家和地区均先后开始了高速铁路新建线的建设，其中，日本新修线为390km。第三次高潮正在建设或已建成的高速铁路见表1.6。

表1.6　第三次高潮正在建设或已建成的高速铁路

时期	国家或地区	项目	建设年份	线路长度/km
第三次高速铁路建设高潮	法国	地中海线	1995～1999	303
	德国	莱茵/美茵—科隆	1995～2001	204
		纽伦堡—茵戈尔施特—慕尼黑	1997～2003	171
	意大利	罗马—那不勒斯	1994～2004	204
		博洛尼亚—佛罗伦萨	1996～2005	78
	英国	海峡隧道连接线（一期）	1998～2003	69
	西班牙	马德里—巴塞罗那	1998～2004	300
	荷兰	安特卫普—阿姆斯特丹	1999～2005	95
	俄罗斯	莫斯科—圣彼得堡	1997～2009	654
	日本	长野—上越	1998～2006	59
		船小屋—新八代	1998～2006	83
	韩国	汉城（现为首尔）—釜山	1992～2004	426
	澳大利亚	悉尼—堪培拉	2000～2003	270
合计	11	14		3261

除了以上这些已经开工建设的项目，对高速铁路开展前期研究工作的国家还有土耳其、美国、加拿大、印度、捷克等。

第三次高速铁路建设高潮的各个国家或地区的特征主要体现在以下几个方面：大多数国家或地区在高速铁路新线建设之前就拟订了修建高速铁路的全国规划；虽然建设高速铁路所需资金巨大，但从社会效益、能源节约、治理环境污染等诸方面分析，修建高速铁路对整个社会具有很好的效益，这一点得到各国政府的共识；高速铁路从国家公益投资转向多种融资方式筹集建设资金，建设高速铁路出现了多种形式融资的局面；高速铁路的技术创新正在向相关领域辐射和发展。

各国铁路客运发展的共同趋势是高速、大密度，扩编或采用双层客车。采用动车组和电力机车牵引旅客列车是实现客运高速化的重要条件。轻轨交通将备受青睐，因为它是改善城市交通环境、最富有生命力的一种交通工具；市郊铁路与地下铁道、轻轨铁路紧密合作，共线、共站，共同组成大城市的快速运输系统，这是各国解决人口密度较大地区客运繁忙问题的有效措施。在未来的铁路发展中，大城市快速运输系统将同全国铁路网连接，紧密配合，形成客运统一运输网。据国际铁路联盟（International Union of Railways，UIC）2017年4月发布的报告*High Speed Lines in the World*，世界各国高速铁路远期规划里程达5.08万km，发展高速铁路已是当今世界铁路发展的共同趋势。

二、国外公路旅客运输发展动态

国外公路旅客运输发展包括了四个阶段。

第一阶段(19 世纪末～20 世纪 30 年代)是各国公路的普及阶段。这期间随着汽车的大量使用，在大多是原有乡村大道的基础上，按照汽车行驶的要求进行改建与加铺路面，构成基本的道路网，达到大部分城市都能通行汽车的要求。

第二阶段(20 世纪 30 年代～50 年代)是各国公路的改善阶段。这期间由于汽车保有量迅速增加，公路交通改善需求增长很快，各国除进一步改善公路条件外，开始考虑城市间、地区间公路有效连接，着手高速公路和干线公路的规划，英、美、德、法等国都相继提出了以高速公路为主的干线公路发展规划，并通过立法，从法律和资金来源方面给予保障。

第三阶段(20 世纪 50 年代～80 年代)是各国高速公路和干线公路高速发展阶段。这期间各国大力推进高速公路和干线公路规划的实施与建设，并基本形成道路使用者税费体系作为公路建设资金来源的筹资模式，日本等国为解决建设资金不足等问题，还通过组建“建设公团”修建收费道路来促进高等级公路发展。各国经过几十年的发展，已基本形成了以高速公路为骨架的干线公路网，为公路运输的发展奠定了基础。

第四阶段(20 世纪 80 年代至今)是各国公路提高通行能力和服务水平的综合发展阶段。这期间各国在已建成发达公路网络的基础上，维护改造已有的路、桥设施和进一步完善公路网络系统，重点解决车流合理导向、车辆运行安全及环境保护等问题，以提高公路网综合通行能力和服务水平。此外各国还特别重视公路环境设施的建设，在公路建设和运营过程中对环境和生态进行保护，如通过居民区的路段建设防噪墙以减小汽车行驶噪声影响。

国外公路运输正朝着专业化和全程化方向发展。国外发达国家社会分工和运输需求进一步深化，促使公路运输市场细化，公路运输进一步向着专业化方向发展。许多汽车运输企业均按照专业化分工的要求建立起来，如专为搬家服务的搬家运输公司，专门运送汽车产品的汽车专运公司。工商企业物流活动社会化已成为发展趋势。一方面工商企业面对日益激烈的市场竞争，将其主要精力集中于本行业的核心业务上来而将原自身生产活动的一部分物流活动转给提供社会性物流服务的经营者；另一方面运输业也不断拓宽经营领域，由单一的运输服务向工商企业物流全过程渗透，为一些工厂或商业部门提供产品和货物的包装。

三、国外航空旅客运输发展动态

航空运输始于 1871 年。当时普法战争中的法国人用气球把政府官员和物资、邮件等运出被普军围困的巴黎。1903 年 12 月 17 日，美国的莱特兄弟成功试飞人类第一架飞机。1918 年 5 月 5 日，飞机运输首次出现，航线为纽约—华盛顿—芝加哥。

1919 年 10 月 13 日，26 个国家在巴黎签署的《关于管理空中航行的公约》，即《巴黎公约》，是第一个关于航空的国际公约，是第一部最完整、最重要的国际航空法法典，对国际航空法的建立和发展具有重要作用。因此，1919 年也被称为世界民航发展元年。20 世纪 30 年代有了民用运输机，各种技术性能不断改进，航空工业的发展促进航空运输的发展。第二次世界大战结束后，在世界范围内逐渐建立了航线网，以各国主要城市为起讫点的世界航线网遍及各大洲。60 年代后期，航空运输进入了现代化的世界航空运输时代。目前，世界航空运输业已经发展成为一个规模庞大的行业。以世界各国主要都市为起止点的世界航空网已遍及各大洲。

世界民航运营模式主要有：中、短航线的低成本模式(通过取消一些传统航空乘客服务，将运营成本控制得比一般航空公司低，从而可以长期提供大量便宜票价的运营模式)与远程航线的传统模式两种。低成本模式和传统模式将长期存在，但其外延内涵将趋模糊。世界航空将以私营公众公司为主体进行运营，欧美实际基本上已经实现了以私营公众公司为主体。未来飞行器的显著特点是将多采用具有大升阻比的升力体构型，该结构是超轻质，高强度，功能、结构一体化的，具有最先进的高超声速推进系统、结构热防护系统、控制系统和安全保障系统。在航空技术没有重大突破的前提下，未来世界民航仍以4000km单通道中型机为多，小型机通用航空发展空间巨大。未来机场会更多地把机场内的服务项目、功能性活动转移到机场之外进行，从而给机场节省出更大的物理空间，让机场能够被更加有效地利用。机场将使用更先进的处理技术，旅客服务流程将会更加自助化、智能化。机场和空管之间、机场和航空公司之间、机场和地服之间、机场和机场之间、航空公司和航空公司之间、不同空域的空管之间信息的共享及互联互通是未来机场所需要具备的条件。

四、国外水运旅客运输发展动态

水运有着悠久的历史。人类在石器时代，以木作舟在水上航行，后来才有了独木舟和船。人类在古代就已利用天然水道从事运输。最早的运输工具是独木舟和排筏，之后出现了木船。帆船出现于公元前4000年。15～19世纪是帆船的鼎盛时期。19世纪蒸汽机驱动的船舶出现后，水运工具产生了飞跃发展，从此开始了水上运输的机械化时代。1807年美国人富尔顿把蒸汽机装在“克莱蒙特号”船上，航行在纽约至奥尔巴尼之间，航速达每小时6.4km，成为第一艘机动船。水运的发展一直很迅速，当今世界上许多国家拥有自己的商船队，现代商船队中已有种类繁多的各种现代化运输船舶。当今社会各国水运正朝着现代化方向发展。在船舶方面，主要表现在船舶的大型化，船舶专业化和通用化，以及船舶的高速化和自动化。在港口方面，主要表现在泊位深水化，船头专业化，以及装卸机械化和自动化(港口建设将同工业区的发展紧密结合，建设大量深水专业化码头。利用现代化管理手段，进行水运计划的综合平衡和技术经济预测)。

第三节　我国旅客运输发展动态

分析研究我国旅客运输的发展趋势是为了进一步做好综合运输系统的发展规划，促进交通运输业的发展，促进国民经济的发展。

一、我国铁路旅客运输发展动态

1. 我国铁路旅客运输的发展历程

我国铁路旅客运输发展大概包括六个时期。

1) 中国铁路开创时期

1876年7月3日，英国、美国联合擅自在中国的土地上修建了中国第一条营业性铁路：上海吴淞铁路。从上海到吴淞镇，长14.5km，轨距762mm，每米轨重13kg，该铁路于1877年10月拆除。

2) 中国铁路缓慢发展时期

1894年，中日甲午战争爆发，清政府战败后，割地赔款，国力大损。英、俄、日、法、德、比、美等帝国主义国家乘机对清政府施加压力，强取中国的铁路权益，形成了帝国主义掠夺中国路权的第一次高潮；1911年，辛亥革命推翻了清政府，建立了中华民国，但袁世凯于1912年宣布“统一路政”，解散了各省商办铁路公司，把各省已经建成和正在兴建的铁路全部收归国有，用以抵借外债，形成了帝国主义掠夺中国路权的第二次高潮。1949年以前国民党执政期间，主要以官僚买办资本与帝国主义垄断资本“合资”方式修建铁路，从而出现了帝国主义掠夺中国路权的第三次高潮。

3) 抢修和恢复铁路运输生产时期

1949年10月1日中华人民共和国成立后，1949年一共抢修恢复了8278km铁路。1949年底，全国铁路营业里程共达 21810km，客货换算周转量达 314.01 亿 t·km。1952 年 6 月 18 日，满洲里至广州间开行了第一列直达列车，全程约 4600km，畅通无阻。到 1952 年底，全国铁路营业里程增加到 22876km，客货换算周转量达 802.24 亿 t·km。

4) 中国铁路网骨架基本形成时期

从 1953 年开始，国家进入有计划发展国民经济的时期，到 1980 年铁路经过了五个五年计划的建设，取得了辉煌的成就。到 1980 年底，铁路营业里程达 49940km，全国铁路网骨架基本形成，客货换算周转量达 7087 亿 t·km。

5) 六次大提速时期

第一次大提速：1997 年 4 月 1 日，中国铁路实施第一次全面大提速，首次开行了夕发朝至列车，京沪、京广、京哈三大干线全面提速，最高运行时速达 140km，全国铁路客车平均旅行速度由 1993 年初的时速 48.1km 提高到时速 53.3km。

第二次大提速：1998 年 10 月 1 日，中国铁路实施第二次大面积提速，京广、京沪、京哈三大干线提速区段最高时速达到 160km，广深线最高时速达到 200km，夕发朝至列车增至 228 列，全国铁路客车平均旅行速度提高到时速 55.16km。

第三次大提速：2000 年 10 月 21 日，中国铁路实施第三次大面积提速，重点聚焦中西部地区的陇海、兰新、京九、浙赣线，对加快西部大开发、强化亚欧第二大陆桥东西通道建设具有重要作用，全国铁路客车平均旅行速度提高到时速 56.8km。

第四次大提速：2001 年 10 月 21 日，第四次大面积提速着力强化东部地区与中西部地区的快运通道，提速后全国铁路旅客列车平均旅行时速提高至 60.4km。此次提速根据市场需求对全路列车运行图进行了调整，在列车运行速度、运输产品结构、客运服务质量等方面也有许多新变化。

第五次大提速：2004 年 4 月 18 日，中国铁路在已经全面掌握了既有线 160km 时速的客货共线技术基础上进行提速，时速 160km 及以上提速线路总里程达 7700 多公里。新增开 19 对“Z”字直达特快列车。全国铁路旅客列车平均旅行速度达到时速 65.7km，其中直达特快列车平均运营时速达到 119.2km，特快列车平均运营时速达到 92.8km，全国铁路客车平均速度提高到时速 65.7km。

第六次大提速：2007 年 4 月 18 日，中国铁路第六次大提速，开行时速 200km 以上的 52 对车组，出现了中国品牌的高速列车 CRH，形成一批快速客运通道，快速铁路进一步大发展。武九、沪昆、京包、京九、浙赣等铁路时速提升至 200km，京哈、京沪、京广、胶济、秦沈最高时速达 250km，全国铁路客车平均旅行速度提高到时速 70.2km。六次大提速当年全路旅客列车平均旅行速度见图 1.14。

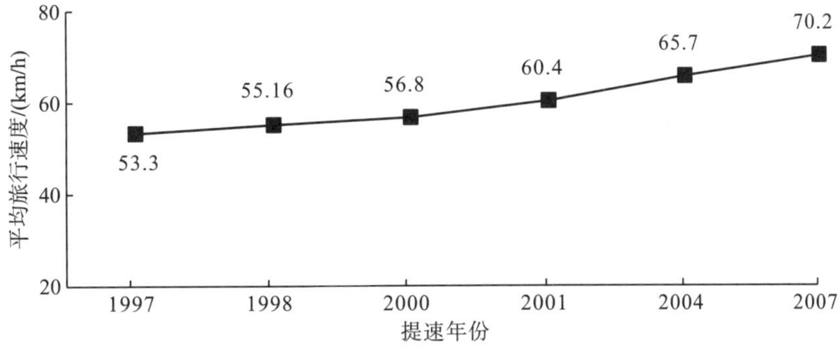

图 1.14　六次大提速当年全路旅客列车平均旅行速度

6) 中国高速铁路快速发展期

2008 年，我国普速铁路的建设步伐极大放缓，虽然部分规划中未实现的重要普速铁路依旧在加紧施工建设，但铁路的建设重点已不再是普速铁路，而是时速 200km 以上级别的新国铁干线和城铁支线。2008 年

8 月 1 日，中国第一条具有自主知识产权、国际水平的高速铁路“京津城际铁路”正式通车运营。随后，京广高铁武广段、郑西高铁、沪宁高铁、沪杭高铁、京沪高铁等高速铁路先后建成通车。到 2017 年底，全国铁路营业里程达到 12.7 万 km，居世界第二，其中高铁营业里程达到 2.5 万 km，占世界高铁总量的 66.3%，居世界第一，铁路电气化率、复线率分别居世界第一位和第二位。近年来，中国高铁已成为中国最新科技大幅进军海外的标杆。中国高铁在海外高歌猛进，凭借高性价比和成功的运营经验，在全球市场接连斩获订单。有数据显示，中国中车的业务量在铁路装备行业、轨道交通装备行业已居全球第一名，中国高铁约占全球 30%的市场份额。

全国铁路旅客发送量和全国铁路旅客周转量自 2011 年到 2017 年逐步增长，见图 1.15 和图 1.16。由此可以得出，在未来几年全国铁路旅客发送量和全国铁路旅客周转量应会有持续增长的趋势。

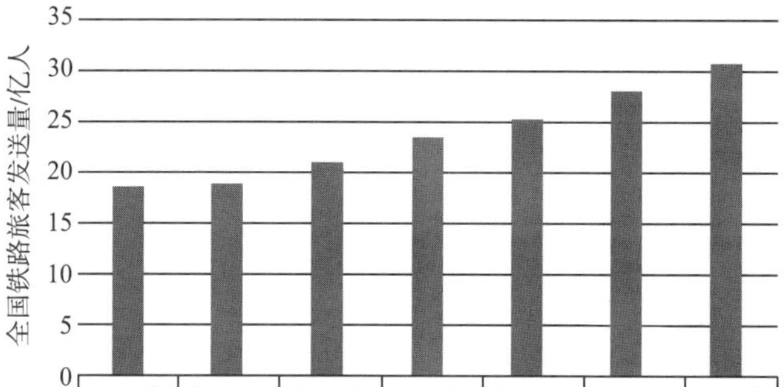

	2011年	2012年	2013年	2014年	2015年	2016年	2017年
■ 全国铁路旅客发送量	18.62	18.93	21.06	23.57	25.35	28.14	30.84

图 1.15　2011～2017 年全国铁路旅客发送量

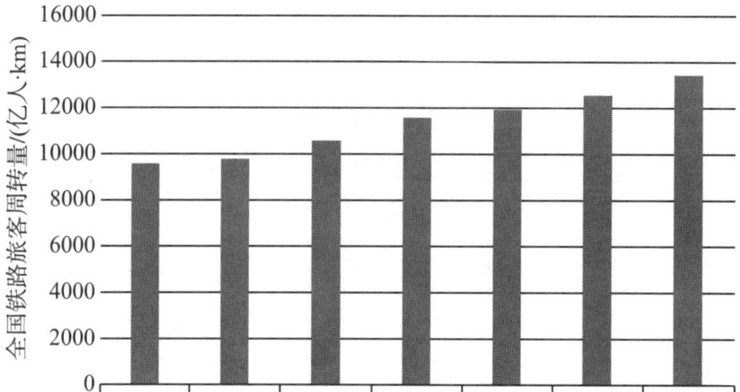

	2011年	2012年	2013年	2014年	2015年	2016年	2017年
■ 全国铁路旅客周转量	9612.29	9812.33	10595.62	11604.75	11960.6	12579.29	13456.92

图 1.16　2011～2017 年全国铁路旅客周转量

2. 我国铁路旅客运输的发展策略

推进供给侧结构性改革，要求扩大铁路有效供给。随着我国综合实力和国民收入稳步提高，工业化、信息化、城镇化和农业现代化同步发展，运输需求不断扩大，客运将保持快速增长。着眼我国奋斗目标，主动适应和引领经济发展新常态，保持经济中高速增长、迈向中高端水平，必然要求增加铁路公共产品和服务有效供给，注重提高供给质量和效率，降低社会物流成本，补齐基础设施短板，全面增强铁路保障能力，为经济发展增添新动能。

拓展区域发展空间，要求强化铁路支撑引领作用。继续实施西部开发、东北振兴、中部崛起、东部率先的区域发展总体战略，重点实施“一带一路”倡议、京津冀协同发展、长江经济带发展三大战略，推进城乡一体化和新型城镇化，实施贫困地区脱贫攻坚，必然要求建设横贯东中西、沟通南北方的铁路大通道，形成区域覆盖广泛、服务层次多样的现代铁路网络支撑陆海双向全面开放、城乡区域协调发展。

构建综合交通运输体系，要求发挥铁路绿色骨干优势。树立绿色发展理念，贯彻生态文明建设要求，加快转变交通发展方式，推进交通运输低碳发展，提升综合运输通道效能，必然要求合理配置交通资源、优化交通运输结构，充分发挥铁路运能大、效率高、排放少、占地省的比较优势和骨干作用，为构建现代综合交通运输体系和推进生态文明建设做出新贡献。

贯彻总体国家安全观，要求提升铁路应急保障水平。维护国家安全稳定和长治久安，推进经济建设与国防建设融合发展，必然要求强化铁路快速投送能力，有效增强国防交通保障水平；统筹布设干线通道与辅助联络线路，增强路网灵活性、通达性与可靠性，不断提升应对突发事件及自然灾害的应急保障能力。

厚植行业发展优势，要求建设现代铁路基础网络。当前，新一轮科技革命和产业变革与我国加快转变经济发展方式形成历史性交汇。站在新的历史起点上，我国铁路具备实现由大向强发展的内在条件和外在要求，必然要求抓住机遇，顺势而为，加快构建发达完善、竞争力强、引领发展的现代铁路网，促进运营管理、服务品质、人才科技、关联产业、治理能力等全方位提升。

二、我国公路旅客运输发展动态

1. 我国公路旅客运输的发展历程

我国公路旅客运输发展包括三个时期。

1) 古代道路

早在公元前 2000 年，我国已出现可行驶牛、马车的道路。秦朝时期，强调“车同轨、书同文”。公元前 2 世纪，我国通往中亚细亚和欧洲的丝绸之路开始发展起来。唐代是我国古代道路发展的鼎盛时期，初步形成了以城市为中心的四通八达的道路网。清代道路网系统分为三等，即“官马大路”“大路”“小路”。“官马大路”分东北路、东路、西路和中路四大干线，长达 2000km。

2) 近代道路

清末和北洋政府时期，公路建设处于萌芽状态，城市道路受到外来影响，有了现代化设施的雏形。中国较早的公路是广西南部边防时兴建的龙州至那堪公路，但因工程艰巨，只修通龙州至鸭水滩一段，长 17km，这是中国近代第一条国防公路。国民政府时期将公路纳入国家建设规划阶段，并草拟了全国道路规划及公路工程标准。截至中华人民共和国成立前夕，全国通车里程只有 75000km。

3) 现代公路

现代公路发展可分为五个时期。一是国民经济恢复时期，全国从上到下建立了公路管理机构，并建立了设计、施工和养护的专业队伍。国家还颁布了一系列有关公路建设的重要法规，进行了全国公路普查，全国恢复并改善了原有公路。截至 1953 年底，公路通车里程达 12.6 万 km，有路面里程达 5.5 万 km。二是第一个五年计划时期，是公路稳步发展阶段，公路通车里程和有路面里程都增长了 1 倍，分别达到 25.4 万 km 和 12.1 万 km。桥梁达 3.5 万座、55.1 万延米。三是“大跃进”和国民经济调整时期，是公路数量猛增、再进行巩固的阶段。截至 1965 年底，公路通车里程达 51.4 万 km，有路面里程达 30.5 万 km，桥梁达 10.4 万座、156.6 万延米，公路绿化里程达 18 万 km。四是“文化大革命”时期，公路建设仍有发展，渣油路面发展较快，10 年来增长了 10 万 km。截至 1976 年底，公路里程达 82.3 万 km，有路面里程达 57.9 万 km，桥梁达 11.7 万座、293 万延米。公路绿化里程达 25.4 万 km。五是社会主义经济建设时期，随着改革开放和商品经济的发展，我国公路交通事业在国民经济中的地位、作用和效益，日益为各方面所认识和所接受，在公路建设方面主要表现在：公路里程增加，公路等级提高，公路科学技术取得巨大进步，公路养护管理有了新的进展。截至 2016 年底，全国公路里程达 469.63 万公里，二级及以上等级公路里程达 60.12 万公里，高速公路车道里程达 57.95 万公里，国家高速公路达 9.92 万公里。

全国公路旅客发送量和全国公路旅客周转量在2013年有明显的减少，这种情况的发生主要是受高铁挤压、私家车增长及旅客出行总量减少等因素影响，从2013年到2017年，每年旅客发送量和旅客周转量有较为缓慢的减少趋势，见图1.17和图1.18。面对乘坐舒适、更省时的高铁，旅客更愿意选择高铁而不是长途客运班车，因此近年公路长途客运量呈下降趋势。但可发挥与高铁线路垂直的支线运输、中短途接驳、城乡公交等中短途客运，并通过各类灵活运输方式、周到服务来提升竞争力。

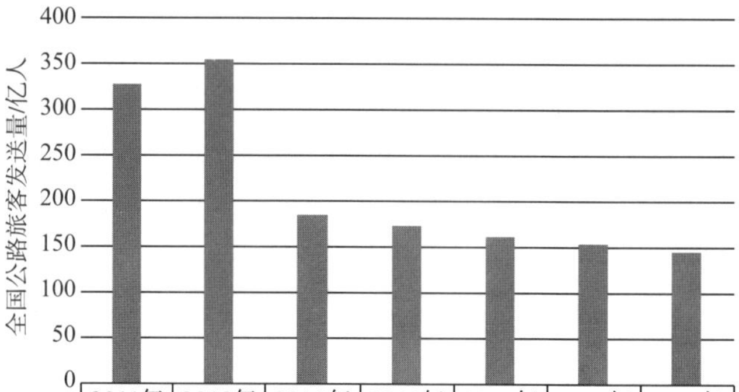

	2011年	2012年	2013年	2014年	2015年	2016年	2017年
■ 全国公路旅客发送量	328.62	355.7	185.35	173.63	161.91	154.28	145.91

图1.17　2011～2017年全国公路旅客发送量

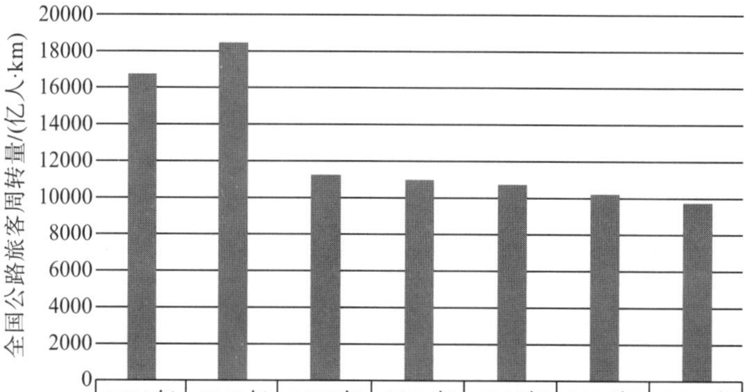

	2011年	2012年	2013年	2014年	2015年	2016年	2017年
■ 全国公路旅客周转量	16760.25	18467.55	11250.94	10997	10742.66	10228.71	9765.06

图1.18　2011～2017年全国公路旅客周转量

国家公路网规划总规模40.1万公里，由普通国道和国家高速公路两个路网层次构成。普通国道网由12条首都放射线、47条北南纵线、60条东西横线和81条联络线组成，总规模约26.5万公里。国家高速公路由7条首都放射线、11条北南纵线、18条东西横线，以及地区环线、并行线、联络线等组成，约11.8万公里。

2. 我国公路旅客运输的发展策略

(1)适应经济社会发展的要求。未来我国新型工业化、信息化、城镇化和农业现代化加快发展，人均国民收入稳步增加，经济结构加快转型，交通运输总量将保持较快增长态势，各项事业发展要求提高国家公路网的服务能力和水平。预计到2030年，全国公路客运量、旅客周转量分别是2013年的2.7倍、3.2倍，主要公路通道平均交通量将超过10万辆/日，达到目前的4倍以上，京沪、京港澳等繁忙通道交通量将达到20万辆/日以上。

(2)促进城乡区域协调发展的要求。未来国家将加快实施区域发展总体战略和主体功能区战略，加快推进城镇化和城乡一体化发展，继续加大对革命老区、民族地区、边疆地区、贫困地区的扶持力度，要求发挥国家公路引导区域空间布局的作用，优化东部地区公路网络结构，加强中部地区东引西联通道建设，扩大西部地区网覆盖，统筹城乡协调发展，提升公路交通公共服务水平。

(3)提高应急保障能力的要求。有效应对重大自然灾害、突发事件，要求从国家层面统筹考虑重要通道及其辅助路线、迂回路线的布设，提高公路网的安全性、可靠性和应急保障能力。

(4)构建综合交通运输体系的要求。加快转变交通运输发展方式，优化运输组织结构，合理配置和优化利用交通资源，发挥各种运输方式的比较优势和综合运输的组合效率，促进综合运输协调发展，要求发挥普通公路的基础作用和高速公路的骨干作用，加强与各种运输方式的衔接。

(5)实现公路可持续发展的要求。发挥公路网络的整体效率和效益，进而实现可持续发展，要求做好路网顶层设计，明确各层次路网的功能定位，促进国家公路与其他层次路网的协调发展，并为科学制定公路行业发展政策，更好地开展公路建设、管理和养护奠定规划基础。

三、我国航空旅客运输发展动态

1. 我国航空旅客运输的发展历程

我国航空旅客运输发展经历四个阶段。

1)第一阶段(20世纪40年代～70年代)

1949年11月2日，中共中央政治局会议决定，在人民革命军事委员会下设民用航空局，受空军管理。11月9日，中国航空公司总经理刘敬宜、中央航空公司总经理陈卓林率两公司的员工在香港光荣起义，并率领12架飞机回到北京、天津，为新中国民航建设提供了一定的物质和技术力量。

1950年，新中国民航初创时，仅有30多架小型飞机，年旅客运输量仅1万人，运输总周转量仅157万t·km。

1958年，中国民用航空局划归交通部管理，改为交通部的部属局，为部属一级管理全国民用航空事业的综合性总局，负责经营管理运输航空和专业航空，直接管理地区民用航空管理局的工作。

1962年，中央决定将民用航空局由交通部属局改为国务院直属局，其业务作业、党政工作、干部人事工作等均直归空军负责管理。这一时期，民航由于领导体制几经改变，航空运输发展受政治、经济影响比较大，1978年，航空旅客运输量仅为231万人，运输总周转量为3亿t·km。

2)第二阶段(20世纪70年代～80年代)

1978年10月9日，邓小平同志指示民航要用经济观点管理。

1980年，中国政府决定民航脱离军队建制，把中国民航局从隶属于空军改为国务院直属机构，实行企业化管理，这期间中国民航局是政企合一，既是主管民航事务的政府部门，又是以“中国民航(CAAC)”名义直接经营航空运输、通用航空业务的全国性企业，下设北京、上海、广州、成都、兰州(后迁至西安)、沈阳六个地区管理局。

1980年，全民航只有140架运输飞机，且多数是20世纪40年代或50年代生产制造的苏制伊尔14型飞机，载客量仅20多人或40人，载客量100人以上的中大型飞机只有17架，机场只有79个。1980年，中国民航全年旅客运输量仅343万人，全年运输总周转量4.29亿t·km，居新加坡、印度、菲律宾、印度尼西亚等国之后，列世界民航第35位。

3)第三阶段(20世纪80年代～21世纪初)

1987年，中国政府决定对民航业进行以航空公司与机场分设为特征的体制改革。主要内容是将原民航北京、上海、广州、西安、成都、沈阳六个地区管理局的航空运输和通用航空相关业务、资产和人员分离出来，组建了六个国家骨干航空公司，实行自主经营、自负盈亏、平等竞争。这六个国家骨干航空公司是中国国际航空公司、中国东方航空公司、中国南方航空公司、中国西南航空公司、中国西北航空公司、中国北方航空公司。此外，以经营通用航空业务为主并兼营航空运输业务的中国通用航空公司也于1989年7月成立。

在组建国家骨干航空公司的同时，在原民航北京管理局、上海管理局、广州管理局、成都管理局、西安管理局和沈阳管理局所在地的机场部分基础上，组建了民航华北、华东、中南、西南、西北和东北六个地区管理局及北京首都机场、上海虹桥机场、广州白云机场、成都双流机场、西安西关机场(现已迁至咸阳，改为西安咸阳机场)和沈阳桃仙机场。六个地区管理局既是管理地区民航事务的政府部门，又是企业，领导管理各民航省(区、市)局和机场。

1990年，在原民航各级供油部门的基础上组建了专门从事航空油料供应保障业务的中国航空油料总公司，该公司通过设在各机场的分支机构为航空公司提供油料供应。属于这类性质的单位还有从事航空器材(飞机、发动机等)进出口业务的中国航空器材公司，从事全国计算机订票销售系统管理与开发的计算机信息中心，为各航空公司提供航空运输国际结算服务的航空结算中心，以及飞机维修公司、航空食品公司等。

1993年4月，中国民用航空局改称中国民用航空总局，属国务院直属机构，同年12月，中国民用航空总局的机构规格由副部级调整为正部级。

4)第四阶段(21世纪初至今)

2002年3月，中国政府决定对中国民航业再次进行重组。

(1)航空公司与服务保障企业的联合重组。民航总局直属航空公司及服务保障企业合并后于2002年10月11日正式挂牌成立，组成六大集团公司，分别是中国航空集团公司、东方航空集团公司、南方航空集团公司、中国民航信息集团公司、中国航空油料集团公司、中国航空器材进出口集团公司。成立后的集团公司与民航总局脱钩，交由中央管理。

(2)民航政府监管机构改革。民航总局下辖七个地区管理局(华北地区管理局、东北地区管理局、华东地区管理局、中南地区管理局、西南地区管理局、西北地区管理局、新疆管理局)和26个安全监督管理办公室(天津、河北、山西、内蒙古、吉林、黑龙江、江苏、浙江、福建、安徽、江西、山东、河南、湖北、湖南、广西、海南、云南、贵州、重庆、甘肃、宁夏、青海、大连、厦门、深圳)，对民航事务实施监管。

(3)机场实行属地管理。按照政企分开、属地管理的原则，对当时的129个民用机场(民航总局直接管理的89个、地方管理的35个、民航与地方联合管理的5个)进行了属地化管理改革，民航总局直接管理的机场下放所在省(区、市)管理，相关资产、负债和人员一并划转；民航总局与地方政府联合管理的民用机场和军民合用机场，属民航总局管理的资产、负债及相关人员一并划转所在省(区、市)管理。首都国际机场、西藏自治区区内的民用机场继续由民航总局管理。

随着民用航空的发展和需要，至今，七个地区管理局共辖39个监管办公室，具体管辖范围见表1.7。

表1.7 地区管理局管辖范围

地区管理局	安全监督管理局
华北地区管理局	北京 天津 河北 山西 内蒙古
东北地区管理局	黑龙江 吉林 辽宁 大连
华东地区管理局	上海 江苏 浙江 山东 安徽 福建 江西 厦门 青岛 温州
中南地区管理局	河南 湖北 湖南 广西 海南 广东 深圳 桂林 三亚
西南地区管理局	四川 重庆 贵州 云南 丽江
西北地区管理局	陕西 甘肃 宁夏 青海
新疆管理局	乌鲁木齐 喀什(与阿克苏运行办整合)

全国民航旅客发送量和全国民航旅客周转量自2011年到2017年逐步增长，见图1.19和图1.20。就近年来，以华夏航空为代表的国内支线机场客流量增速显著。据国务院发展研究中心预测，到2020年，

国内支线航空客运量将突破 1 亿人次，发展速度约为干线航空的两倍。

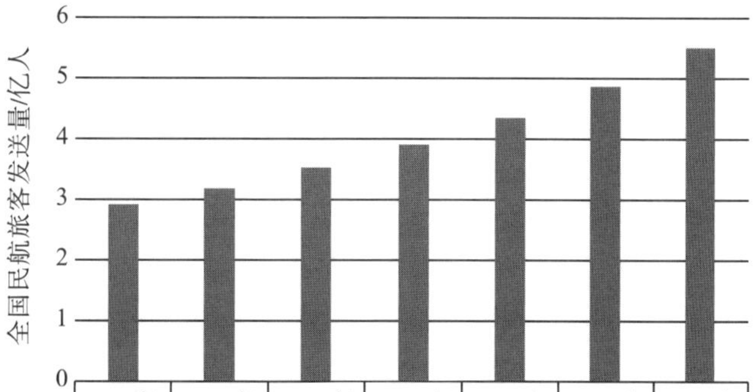

	2011年	2012年	2013年	2014年	2015年	2016年	2017年
■ 全国民航旅客发送量	2.93	3.19	3.54	3.92	4.36	4.88	5.52

图 1.19　2011～2017 年全国民航旅客发送量

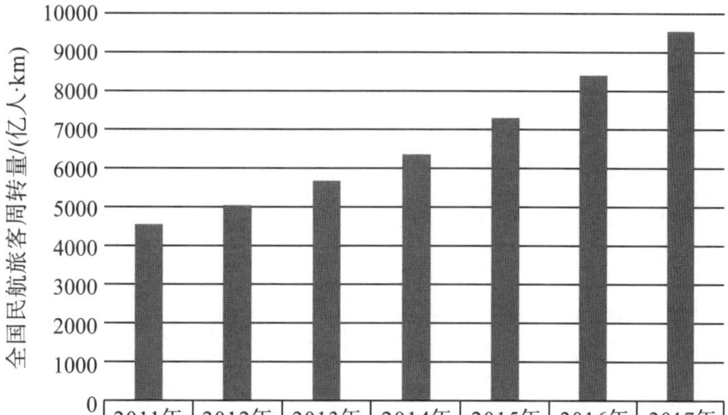

	2011年	2012年	2013年	2014年	2015年	2016年	2017年
■ 全国民航旅客周转量	4536.96	5025.74	5656.76	6334.19	7283	8378.13	9512.8

图 1.20　2011～2017 年全国民航旅客周转量

2020 年，基本建成安全、便捷、高效、绿色的现代民用航空系统。基础设备大幅增加，标准体系基本建立，运营环境持续改善，服务领域不断扩展。通用机场达到 200 个以上，通用航空器达到 5000 架以上，飞行总量达到 200 万 h。

2. 我国航空旅客运输的发展策略

经济发展步入新常态对民航发展产生深远影响。“十三五”时期，经济发展呈现速度换挡、结构优化、动力转换新特点，转变发展方式进入重要机遇期，消费结构升级成为我国经济增长新动力。综合交通体系不断完善，各种交通方式相互促进、融合发展，交通出行条件持续改善、不断升级。随着居民收入持续增加和人民群众生活水平不断提高，居民的航空出行支付意愿和支付能力将显著提高，个性化、多样化消费渐成主流。电商、快递、现代物流迅猛增长，航空货运需求的市场基础进一步扩大。市场对航空运输服务产品创新和结构优化的要求更加迫切，对安全性、舒适性、便捷性等提出了更高的要求。

国家对外开放，区域发展新战略给民航发展带来新机遇。“一带一路”倡议、京津冀协同发展、长江经济带等将推动沿海、内陆、沿边互动互补开放，促进国际国内要素有序流动、资源高效配置、市场深度融合，为我国民航开拓国内国际两个市场和行业能力“走出去”提供重大机遇。抓住战略机遇期，发挥独特的战略支撑和引领作用，加快塑造国际竞争优势，已成为未来一段时期民航的重要任务之一。

资源环境约束对民航加快转变增长方式提出新要求。随着航空运输规模的不断扩大，民航在空域资源、基础设施、人力资源等方面的制约更加凸显，确保持续安全和提升服务质量的压力加剧。国家深入推进生态文明建设，改善生态环境，实行能源、资源消耗和建设用地的总量和强度双控行动，民航节能环保压力进一步加大，转变行业发展方式、实现绿色低碳发展的任务更加繁重。

四、我国水运旅客运输发展动态

1. 我国水路旅客运输的发展历程

我国水运发展包括两个时期。

1) 古代水运时期

(1) 古代河运。新石器时代，独木舟和筏已经广泛使用；春秋战国时期，各诸侯国开始挖运河，疏通渠道，形成了我国水路网的雏形；秦朝时期，开挖的灵渠把长江水系与珠江水系连接起来，是世界上最古老的运河之一；从隋朝开始贯通的京杭大运河在世界内河航运史上有着重要地位。

(2) 古代海运。秦朝结束了四分五裂的局面，秦始皇十分重视航海，曾经四次巡游海上。到了汉唐时期，随着造船、航海技术的进步，王朝的水师征服了南方等沿海地方的割据势力，巩固了海疆，开辟了北起辽宁丹东南至广西北仑河口的南北沿海航线。宋元时期，通过沿海运输，官方开始了大规模的海运漕粮。清初郑成功收复了被荷兰侵占的台湾，加强了台湾与大陆的来往，后清朝颁布了禁海令，在很长一段时间内，沿海运输事业一蹶不振。

2) 现代水运时期

中华人民共和国成立以后，中国的水运取得了过去任何时期都不可比拟的伟大成就。远洋运输从无到有，从小到大，现在已建成一支具有各种船型的远洋船队。在“十五”期间，我国内河航运建设完成投资 300 多亿元，相当于前九个五年计划的总和，改善内河航道 4300 余公里，建设内河港口泊位 248 个，重要通航河流全流域梯级渠化进程加快，长江、西江干线和长三角、珠三角地区建成了一批内河集装箱、大宗散货和汽车滚装等专业化泊位，形成了一批具有现代化水平的港区，港口的机械化和专业化水平不断提高；21 世纪以来，以“两横一纵两网”为重点，水运基础设施建设取得突破，内河航道延伸扩展，助推流域经济持续快速发展，基本形成了以长江、珠江、京杭运河、淮河、黑龙江和松辽水系为主体的内河水运体系，内河水运的服务腹地有了较大的延伸和扩展，服务质量明显提高，为促进和带动流域经济社会的持续、快速发展发挥了重要作用。沿海和内河相继建成了一批现代化的港口和专业化的深水泊位，以及与港、航相配套的各种设施，包括集疏运系统、修造船工业、航务工程、通信导航、船舶检验、救助打捞、航域环境保护等，还建设了具有相当规模和水平的水运科研设计机构、海运院校和出版部门，初步形成了一个较完整的水运体系，并正向现代化高速迈进。

从图 1.21 和图 1.22 可以看出，全国水运旅客发送量在各种运输方式中，运量较低，整体上升幅度有限。

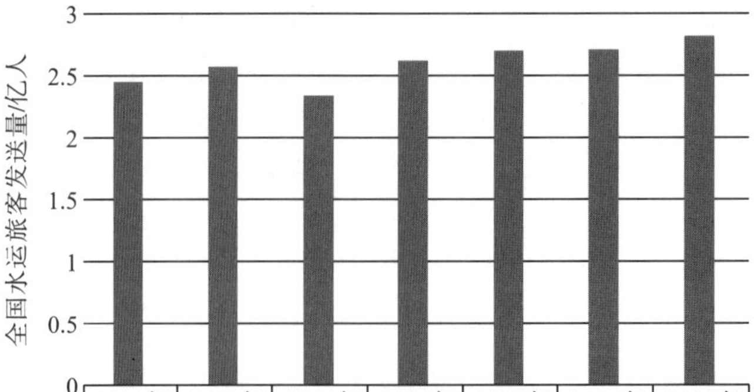

	2011年	2012年	2013年	2014年	2015年	2016年	2017年
■ 全国水运旅客发送量	2.46	2.58	2.35	2.63	2.71	2.72	2.83

图 1.21　2011～2017 年全国水运旅客发送量

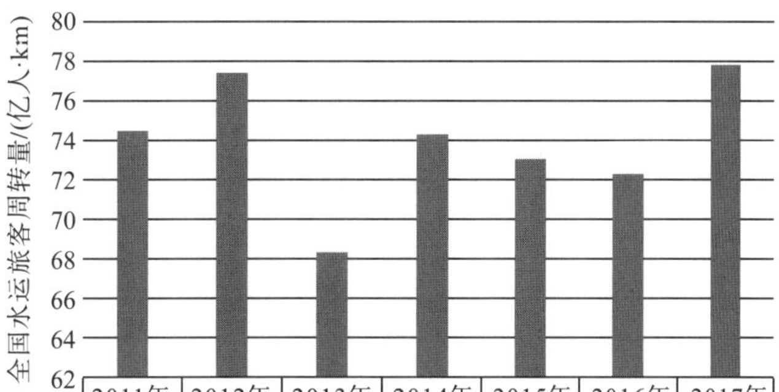

	2011年	2012年	2013年	2014年	2015年	2016年	2017年
■ 全国水运旅客周转量	74.53	77.48	68.33	74.34	73.08	72.33	77.89

图 1.22　2011～2017 年全国水运旅客周转量

到 2020 年，长江黄金水道等内河高等级航道功能显著提升，主要港口战略支点地位进一步强化，国际航运中心建设取得重点突破，海运大国向海运强国迈进，基本形成保障充分、服务高效、平安绿色、国际影响力强的现代化水运体系。新增和改善航道里程 4500km，规划的高等级航道基本建成，达标率 90%以上，以高等级航道为骨干，通江达海、干支衔接的航道体系形成。

2. 我国水路旅客运输的发展策略

水运为全方位对外开放提供更大的战略支撑。水运是发展对外贸易和保障经济安全的重要支撑，是对接世界、加强交流、提升国际竞争力的先行官，全方位对外开放和建设海洋强国战略要求在水运大国的基础上，进一步提升对国际贸易、重点物资运输的服务和保障能力，提升国际资源配置能力和话语权，提升对外开放前沿高地的政策创新能力，也要求更好发挥水运在“一带一路”倡议实施中的支点作用，为实现我国由发展中大国向强国迈进做出更大贡献。

水运为区域协同发展发挥先行引导作用。国家提出以区域发展总体战略为基础，以“一带一路”倡议、京津冀协同发展、长江经济带建设为引领，形成沿海沿江沿线经济带为主的纵向横向经济轴带。这进一步强化了长江等内河水运和沿海内河港口在区域协同发展和开发开放中的战略地位，迫切要求加快长江等黄金水道建设，发挥好港口的战略支点作用，全面提升水运服务、带动纵深腹地发展的能力，发挥好先行引导作用。

水运为“新常态”(新常态就是不同以往的、相对稳定的状态。这是一种趋势性、不可逆的发展状态，意味着中国经济已进入一个与过去三十多年高速增长期不同的新阶段)提供更好的服务质量和品质。随着经济发展进入“新常态”，水运需求进入中速增长和结构优化的新阶段，要求水运行业逐步改变依靠规模扩张和资源消耗的传统路径，加大供给侧结构性改革，实现由规模速度型发展向质量效益型发展的转变，优化服务模式，提供更好的服务质量和品质，切实降低全社会物流成本，与社会、民众共享水运发展的效益。

水运促进综合交通运输体系的进一步完善。要求切实发挥港口衔接多种运输方式的综合枢纽作用，特别是对接国际交通体系、物流体系的核心枢纽作用，促进综合运输体系的进一步完善。内河水运仍是综合交通运输体系建设的薄弱环节，需要抓住国家加大内河水运发展的机遇，补齐短板，继续加强长江干线、西江干线及高等级航道建设。

水运提高安全绿色发展水平。加快推进生态文明建设迫切要求进一步发挥水运行业资源利用集约、运输能力强大、绿色安全指数高等优势，继续加快发展，特别是内河水运发展。要求水运牢固树立安全绿色发展理念，有度有序利用自然，构建科学合理的自然岸线格局；在规划、建设、运营、管理等全过程，强化安全应急保障，强化节约资源，降耗减排，增强可持续发展能力。

水运全面深化创新发展环境。全面深化改革要求水运行业加快完善现代市场体系，加强和优化政府公共服务，保障公平竞争，弥补市场失灵，推进政府治理体系和治理能力现代化。结合相关领域全面深化改革的进展，如大通关体制建设、国际贸易相关政策的创新、航运服务涉及的相关金融领域的开放创新等，全面推动水运行业的开放创新。以科技进步、基于移动互联的现代信息技术等支撑水运规划、建设、管理、运营全过程的创新发展。

第四节　铁路旅客运输的地位、任务及特征

一、铁路旅客运输的地位

《中长期铁路网规划》(2016—2025 年)指出，铁路是国民经济大动脉、关键基础设施和重大民生工程，是综合交通运输体系的骨干和主要交通方式之一，在我国经济社会发展中的地位和作用至关重要。加快铁路建设特别是中西部地区铁路建设，是稳增长、调结构，增加有效投资，扩大消费，既利当前、更惠长远的重大举措。

中国铁路自 1997 年到 2007 年，经历了六次大提速，标志着我国铁路迈入了世界先进行列。《中长期铁路网规划》(2016—2025 年)，是指导我国铁路发展的纲领性文件。文件指出，从 2020 年到 2025 年，铁路网规模从 15 万 km 发展到 17.5 万 km 左右，其中高速铁路从 3 万 km 到 3.8 万 km 左右，构筑“八纵八横”高速铁路主通道；展望到 2030 年，基本实现内外互联互通、区际多路畅通、省会高铁连通、地市快速通达、县域基本覆盖。

二、铁路旅客运输的任务

坚持铁路跨越式发展为主，精心组织，高标准、高质量地推进大规模铁路建设，加快提高路网能力；大力提高自主创新能力，加快技术装备现代化；建议不断实施内涵扩大再生产，大力提高运输效率和经营效益；强化安全基础，确保运输安全持续稳定；适应以人为本的要求，显著提高客运服务水平，保持我国铁路发展继续在世界铁路前列的地位。

(1) 认真贯彻执行党和国家制定的《中长期铁路网规划》《铁路主要技术政策》《铁路信息化总体规划》《铁路旅客运输规程》等规划及方针政策。

(2) 继续提高旅客列车编组辆数，提高每辆列车的载运能力。

(3) 加强统筹协调，实现与其他交通方式的衔接。随着经济和社会的发展，科学技术的进步，运输过程由单一方式向多样化发展，而人流的全过程往往要使用多种运输工具才能实现。同时，交通运输一体化是区域经济发展的客观要求，是实现可持续发展的必由之路，对促进落后地区思想观念的转变和市场经济文化建设具有重要意义。

(4) 坚持以人为本，不断提高客运服务质量。努力提高旅客列车的旅行速度，压缩在途时间，积极发展优质优价列车，满足人们日益提高的生活水平和要求的高档次的旅行服务水平。发展多功能、全方位服务的综合体车站，提高服务质量。完善铁路客运信息化设施设备和服务监督机制。

(5) 努力提高客运管理和客运服务水平，高水平的技术装备、现代化的服务设备、先进的运营管理模式共同作用才能全面提高服务质量，同时提高客运企业的经济效益。

(6) 完善我国铁路法律法规，明确铁路主管部门和铁路运输企业的有关权责规定，对铁路建设投资者、铁路旅客以及其他利害关系主体的权益提供充足保障，为我国铁路旅客运输发展保驾护航。

总之，在党和国家的方针政策下，根据市场经济的发展规律，以旅客为中心，围绕国民经济可持续发展战略，从我国国情出发，不断向国外发达的旅客运输体系学习和交流，紧随时代的脚步，提高铁路旅客运输职工素质，优化铁路旅客运输市场，实现铁路旅客行业的长足发展。

三、铁路旅客运输的特征

相较于货物运输，铁路旅客运输的工作性质和组织原则与其有着较大的区别，在组织和管理旅客运输工作中，具有以下特点。

(1)铁路旅客运输的主要对象是旅客，其次是行李、包裹及邮件。铁路通过售票工作，把旅客组织起来，并最大限度地满足旅客在旅行中的物质文化生活需要，为其提供良好的服务。

(2)旅客运输在时间上有较大的波动性。从一条运输通道较长时期的统计结果来看，其上、下行方向的客流量基本平衡，发送和到达客流量差别很小，但从短时期看，因受农事忙闲、节假日、气候、城市交通等因素的影响，一年内的各个季度、月度及一月内各日，甚至一天内各小时之间客流量都有较大的波动。为此，铁路的客运技术设备及客运能力应留有一定的后备，以适应不同时期的变化情况。

(3)客运车辆都是按铁路局固定配属给各客运车辆段的，以便于掌握客运车辆的运用及维修，确保客运车辆质量良好。同时，担当旅客列车乘务工作的客运乘务组一般是固定随车值乘，便于熟悉情况，做好本职工作。

(4)旅客列车车辆编组内容及编挂顺序都是根据需求编组，在一般情况下是不变的。旅客列车按固定时刻表运行，旅客根据自己旅行需要选择乘车日期、车次、座别、到站，自行购票、托运行包，然后乘车到达目的地。如果旅客乘车站与到达站之间没有直通列车，旅客须在途中换乘。

(5)铁路客运站的位置靠近城市，并与市内交通及其他各种交通工具有良好的衔接配合。

(6)旅客列车到发线及站台一般应按方向和车次予以固定，不宜随便变动。

(7)旅客列车的发车密度与客流需求、时空波动及分布相适应，以做到有效供给。

第五节　我国铁路客运线网规划及深化改革策略

一、我国铁路客运线网规划

1. 我国铁路现有线网概述

我国铁路基础网络初步形成。中西部地区铁路加快建设，跨区域快速通道基本形成，高速铁路逐步成网，城际铁路起步发展，路网规模不断扩大，保障能力明显增强。截止到2019年底，我国铁路营业里程达到13.9万km，其中高速铁路达3.5万km。

我国铁路干线的基本组成路段分别是京哈铁路、京通铁路、京包铁路、京沪铁路、京九铁路、京广铁路、焦柳铁路、包兰铁路、兰新铁路、青藏铁路、陇海铁路、成昆铁路、宝成铁路、沪昆铁路、沿江铁路和沿海铁路(以上铁路线整合了平行重复的客货共线和客运专线)。南北铁路干线有京沪线、京广线、京哈线、京九线、焦柳线、宝成线和成昆线。东西铁路干线有京秦线—京包线—包兰线—兰青线—青藏线、陇海—兰新线、沪杭线—浙赣线—湘黔线—贵昆线，见图1.23。

2. 国家中长期铁路网规划

2004年1月，国务院常务会议讨论通过了《中长期铁路网规划》(以下简称2004年《规划》)；2008年11月，铁道部公布了《中长期铁路网调整规划方案》(以下简称2008年《规划》)；2016年7月，国家发展改革委公布了《中长期铁路网规划》(以下简称2016年《规划》)。三次规划的对比见表1.8。

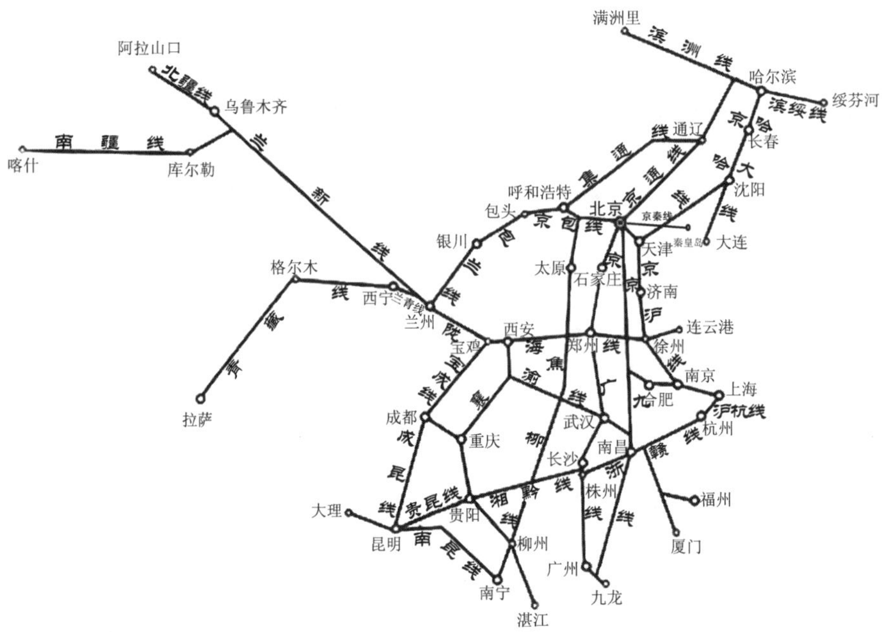

图 1.23　我国铁路干线分布图

表 1.8　铁路网三次规划对比

	2004 年《规划》	2008 年《规划》	2016 年《规划》
主要内容	(1) 客运专线：“四纵四横”客运专线和三个城际客运系统； (2) 完善路网布局和西部开发性新线：规划建设新线约 1.6 万公里； (3) 路网既有线：规划既有线增建二线 1.3 万公里，既有线电气化 1.6 万公里	(1) 客运专线：“四纵 (杭州—深圳改为上海—深圳) 四横 (杭州—长沙改为杭州—昆明)”客运专线) 和城际客运系统 (增加了更多地区)； (2) 完善路网布局和西部开发性新线：规划建设新线约 4.1 万公里； (3) 路网既有线：规划既有线增建二线 1.9 万公里，既有线电气化 2.5 万公里	(1) 高速铁路网：①“八纵八横”高速铁路主通道；②拓展区域铁路连接线； (2) 普速铁路网：①形成区际快捷大能力通道；②面向“一带一路”国际通道；③促进脱贫攻坚和国土开发铁路；④强化铁路集疏运系统； (3) 综合交通运输：优化铁路枢纽布局，完善系统配套设施，修编铁路枢纽总图
规划目标	到 2020 年，全国铁路营业里程达到 10 万公里，主要繁忙干线实现客货分线，复线率和电化率均达到 50%，运输能力满足国民经济和社会发展需要，主要技术装备达到或接近国际先进水平	到 2020 年，全国铁路营业里程达到 12 万公里以上，复线率和电化率分别达到 50%和 60%，主要繁忙干线实现客货分线，基本形成布局合理、结构清晰、功能完善、衔接顺畅的铁路网络，运输能力满足国民经济和社会发展需要，主要技术装备达到或接近国际先进水平	到 2020 年，一批重大标志性项目建成投产，铁路网规模达到 15 万公里，其中高速铁路 3 万公里，覆盖 80%以上的大城市，为完成“十三五”规划任务、实现全面建成小康社会目标提供有力支撑。到 2025 年，铁路网规模达到 17.5 万公里左右，其中高速铁路 3.8 万公里左右，网络覆盖进一步扩大，路网结构更加优化，骨干作用更加显著，更好发挥铁路对经济社会发展的保障作用。展望到 2030 年，基本实现内外互联互通、区际多路畅通、省会高铁连通、地铁快速通达、县域基本覆盖
跟前次规划相比的不同		(1) 发展目标：将 2020 年全国铁路营业里程规划目标由 10 万公里调整为 12 万公里以上，电化率由 50%调整为 60%； (2) 增加了三条规划原则； (3) 将区际干线和煤运系统建设与客运专线一并列为突出的重点； (4) 不再对“十五”建设计划进行表述，仅对 2010 年阶段目标进行了调整	(1) 第一次在铁路规划中明确提出了“高速铁路网”，同时还规划了“普速铁路网”，这两张网互相衔接，形成我国铁路布局的整体网络； (2) 综合交通的衔接更加强化。更加强调发展现代综合交通运输体系，既发挥好各种交通运输方式的作用，同时更强调各种交通方式有效衔接和融合； (3) 保障措施更加有力。这次铁路网规划也不完全是一个路网的布局，同时也强化了铁路发展的保障措施，包括深化投融资体制改革，培育壮大高铁经济等； (4) 铁路与经济社会发展的融合更加深入。这次规划也明确提出了发展高铁经济的理念，注重培育壮大高铁经济新业态，以高速铁路通道为依托，以高速铁路的站场为支点，来促进沿线经济社会的协调发展，所以高铁经济在规划中是比较有特色的发展新要求

续表

	2004年《规划》	2008年《规划》	2016年《规划》
规划的成果		基础网络初步形成，服务水平明显提升，创新能力显著增强，铁路改革实现突破，对促进经济社会发展、保障和改善民生、支撑国家重大战略实施、增强我国综合实力和国际影响力发挥了重要作用。截至2015年底，全国铁路营业里程已达12.1万公里，其中高速铁路1.9万公里，提前实现原规划目标	截止到2017年底，我国铁路营业里程达到12.7万公里，居世界第二，其中高速铁路2.5万公里，居世界第一

二、我国铁路旅客运输深化改革策略

1. 推进铁路行业重组

铁路行业重组的关键，是处理好铁路网络性与竞争性、公益性与商业性的关系，处理好国家铁路、地方铁路与民间铁路的关系，形成专业化、集约化、高效性的产业组织和企业组织。铁路行业重组分为两个层面，一个层面是整个铁路行业重组，明确铁路行业的产业组织结构；另一个层面是在铁路行业重组后，对微观经济主体——新构建的铁路运输企业实施现代公司制改造。

2. 进一步放开铁路运输市场

加快推进前置性审批制度改革，清理铁路领域在市场准入操作层面实际存在的或明或暗、或直接或间接的障碍。加快制定和完善铁路准入的配套政策和实施细则，加紧制定和优化市场统一准入标准，鼓励有条件、具备资质的社会资本进入基础设施建设和铁路货运、高速客运领域，给予其足够的市场机会。推进行业准入政策与管理的公开化、公平化、程序化、规范化。

3. 形成市场化铁路运价机制

价格是经济主体在市场运行中调节供求关系、合理配置资源、获取正常经济收益、参与竞争的重要机制。市场主体的多元化、运输需求多元化及不同运输方式之间的竞争日趋增强等，使得建立以市场定价为主、国家宏观调控为辅的铁路运价形成机制成为必然。铁路企业依据运输市场的需求自主定价，以适应不同的市场需求。铁路普通客运方面，采取上限运价制，在价格上限前提下，铁路客运企业根据供需进行调整。高铁客运价格完全放开。铁路货运运价，除军事战略物资由国家统一定价外，其他各类物资运价完全放开。

4. 健全多元化铁路投融资体制

明确界定政府在铁路发展中的财政支持范围，重点支持公益性较强的铁路运输基础设施建设、维护和运输服务。按照综合交通运输体系建设要求，统筹规划车辆购置税、燃油税、铁路建设基金、民航发展基金、港口建设费等专项税费的使用，发挥其在促进铁路运输发展和改革中的作用。拓宽融资渠道，运用政府与社会资本合作模式，实现投资主体多元化。加强激励机制设计，形成公平规范的公私合作机制。建立铁路运输基础设施项目财务风险评估、预警和控制机制，防范政府投资或政府担保投资项目的债务风险。现有铁路债务问题可以通过各级财政、社会资本、引入战略投资者、特许经营、上市、资产证券化等组合方案来解决。

5. 完善公益性铁路提供机制

根据公益性程度对全国不同区位的铁路线和运输服务进行分类。依据不同属性，合理界定政府在基础设施建设和运输服务方面的责任。对于具有公益性属性的铁路线，中央和地方政府承担其全部或部分建设职责；对于具有商业属性的铁路线，则可采取市场化建设和经营机制，使其具备吸引其他经营主体和外部资本进入的条件。政府投入铁路的资金实现专款专用、透明和可监管，防止资金转移和挪用。同时，在成本效益核算的基础上，政府通过签订公共服务合同的形式向铁路运输企业购买具有公益性的运输服务或明确规定对部分业务提供运营补贴。

6. 完善铁路行业管理和监管体制

根据不同铁路网络的性质，在中央与地方之间合理划分铁路的市场准入、运输价格监管等权限。考虑到铁路安全质量监管、消费者权益监管需要依据现场调查和掌握的信息，进一步加强铁路区域和省级监管机构的能力建设，构建“国家-区域-省”三级铁路监管体系。

第二章　铁路旅客运输组织基础及原理

第一节　铁路旅客运输组织基础

一、铁路客流分类及定义

1. 客流

1) 客流的定义

客流是指在一定时期内，一定数量的旅客为了一定的目的，乘坐运输工具，经过一定的交通线路从出发地到目的地的位置移动；客流也是工农之间、城乡之间、各地区之间的政治、经济、文化联系的一种表现。

2) 客流要素

(1) 流量。流量也称客流流量，是指旅客流动的数量。它在方向分布上是相对平衡的，因为旅客乘车一般是一往一返，由此客运上有往返车票。流量在时间分布上则很不均衡，但呈现一定规律性。

(2) 流向。流向也称客流流向，是指乘坐交通工具的乘客去向。

(3) 流时。流时指客流量的时间分布，不同去向的客流由于各自不同的原因决定了在周期时间内(如一年、一天等)流动具有一定的时间规律，如高峰期、波动性、周期性等。

(4) 流程。客流从起始地点到终点所经路线的路程长度称为流程。

3) 客流影响因素

影响客流变化的主要因素：政治、经济、文化的发展状况；生产力布局的改变；人民物质文化生活水平的提高；人口的增长；运输网的发展及旅游资源的开发和利用等。

4) 客流基本特点

(1) 时间上的不均匀性：在一年的几个月、一天的各时段，客流往往是不均衡分布的，会出现高峰月、高峰日和高峰小时。

(2) 空间上的不均匀性：主要体现在客流方向上不均匀、路段不均匀及客流集散点分布不均匀等方面。

2. 铁路客流

1) 铁路客流定义

铁路上某一方向、一定时间内旅客具有一定的流向和流量，它由旅客运输的数量、行程和方向构成。在我国，客流主要是由生产、生活上的旅行需要形成的。旅客根据出行需要，按照自己的支付能力，选择一定的铁路交通方式(高铁、动车、普速铁路、市域铁路等)，在一定的时间和空间范围内进行有目的的移动，便形成了铁路客流。

旅客旅行是极具个性化的需求。由于其旅行目的和乘车距离不同，要求铁路提供的运输服务也有所不同，铁路应根据不同层次旅客的不同要求，合理地组织旅客列车的运行，并相应地提供良好的服务。

2) 铁路客流分类

(1) 按旅客的乘车距离和铁路局管辖范围，一般将客流分为以下两种：

①直通客流，是指旅客乘车距离跨及两个及以上铁路局的客流。一般来说，直通客流的旅行距离较长，在途时间较长，各种物质和文化要求较多，需要提供卧铺车和餐车，旅客注重列车快速、环境舒适

和高标准的服务。

②管内客流，是指旅客乘车距离在一个铁路局范围以内的客流。通常，管内客流的旅行距离较短，除少数运程较长的列车以外，一般不需要配备卧铺车和餐车，更注重乘车便捷。市郊客流属于管内客流。

(2)按照旅客出行目的分为以下两种：

①公务出行客流，包括公商务客流、会议客流及培训客流等。

②私务出行客流，包括通勤客流、旅游探亲客流及务工客流等。

(3)根据旅客列车运行的途径，可以划分为以下两种：

①本线客流，是指起点和终点均在一条线路上的客流，又可细分为大站间到发的专线客流和沿线小站间到发的沿线客流。本线客流涉及线路情况较为单一，专线客流多为中途直通客流，沿线客流多为短途客流，具有客流量大、组织简单等特点。

②跨线客流，是指经过某线，但起点、终点或起终点不在某线上的客流，即旅途经过多条运输线路的客流，主要为长途客流，具有客流方向分散、组织难度大等特点。

(4)按跨线客流输送方式划分为以下两种：

①直达客流，是指由跨线运行的高速列车承担的高速线客流(高速直达客流)，无须中途换乘。

②换乘客流，是指在高速线与普速铁路线的接轨站换乘后到达目的地的客流，根据换乘方向的不同，可分为普速列车换乘高速列车客流和高速列车换乘普速列车客流。

此外，客流可以根据不同特性和方法进行分类，从客流流动的数量(流量)上分，通道上的客流可分为大客流、中客流、小客流；从客流流动的方向(流向)上分，通道上的客流可分为上行客流、下行客流等；从客流流动的时间(流时)上分，通道上的客流可分为高峰客流、平峰客流、低峰客流等。

二、铁路旅客列车分类与车次编号原则

根据铁路线路技术设备条件及客流的不同需求，可以开行不同种类的旅客列车。不同种类的旅客列车，其设备、运行速度、提供的服务不同，价格也不同。

1. 铁路旅客列车分类

对不同的客流和不同的线路设备条件需开行不同等级的列车。目前，我国现行铁路旅客列车运行图将旅客列车分为动车组旅客列车、特快旅客列车(含直达特快旅客列车)、快速旅客列车和普通旅客列车(含普通旅客快车和普通旅客慢车)。

旅客列车，根据其运行速度、运行范围、设备配置、列车等级及作业特征等基本条件的不同，主要分为以下几类。

1)高速动车组旅客列车

列车开行速度在250km/h以上，车底采用新型高速动车组，可以满足长距离、大运量、高密度、旅行时间短等旅客运输需求。车次由字母“G”打头，后加最多四位阿拉伯数字，读为“高”。全路高速动车组旅客列车车次编号为G1～G9998。

2)城际动车组旅客列车

列车开行速度为250～350km/h，车底采用高速动车组，可以满足短距离、大运量、高密度旅客运输需求。车次由字母“C”打头，后加最多四位阿拉伯数字，读为“城”。全路城际动车组旅客列车车次编号为C1～C9998。

3)动车组旅客列车

列车开行速度为200～250km/h。车底以CRH1、CRH2、CRH5型为主。车次由字母“D”打头，后加最多四位阿拉伯数字，读为“动”。全路动车组旅客列车车次编号为D1～D9998。

4) 直达特快旅客列车

列车开行最高速度为160km/h。此类列车为空调列车，大部分为全列软席，少部分车加挂硬卧与硬座，全程只有部分车停靠起点站和(或)终点站所在铁路局管内的大站。车次由字母“Z”打头，读为“直”。全路直达特快旅客列车车次编号为Z1～Z9998。

5) 特别旅客快车

列车开行最高速度为140km/h。特别旅客快车简称“特快”。这种列车停站次数少，运行速度高，车内设备完善，服务水平高，在首都与各大城市及国际之间开行，管内特快全程一般只停地级市。车次由字母“T”打头，读为“特”。全路特别旅客快车车次编号为T1～T9998。

6) 快速旅客列车

列车开行最高速度为120km/h。快速旅客列车停站次数较特别旅客快车多，比普通旅客列车少，全程停靠地级市类的中大站，也有少量直达的。车内设备较完善，运行速度较高，服务水平也较高，方便旅客旅行。车次由字母“K”打头，读为“快”。全路快速旅客列车车次编号为K1～K9998。

7) 普通旅客列车

普通旅客列车分为普通旅客快车和普通旅客慢车，该种列车停站次数较多，直通速度较低，方便中小城市及农村小镇旅客的出行需求。

8) 通勤车

通勤车通常用于铁路职工和周边居民上下班或者沿途学生上下学，列车“站站停”。一般采用手撕票，铁路职工凭证免费乘坐。车次编号为7601～8998。

9) 临时旅客列车

临时旅客列车是为适应客运市场变化需要而临时开行的旅客列车，停靠县级市和大部分县级中大站点。此类列车一般在春运、暑运、国庆长假等时候开行，跨局临时旅客列车一般没有空调。车次由字母“L”打头，读为“临”，全路临时旅客列车车次编号为L1～L9998。

10) 旅游列车

旅游列车是开行于大城市与名胜古迹、旅游胜地所在站之间的旅客列车，主要用于输送旅游观光旅客，因此这种列车速度较高，车内设施完善，服务质量也优于其他列车。车次由字母“Y”打头，读为“游”。车次编号跨局为Y1～Y998。

11) 动车组检测车

动车组检测车是对客运线路、接触网、信号等设备进行检测的列车，车厢内有先进的检测设备，列车在开行过程中就可完成相关检测。车次由字母“DJ”打头，读为“动检”。

12) 回送出入厂客车底列车

回送出入厂客车底列车指依客车车辆检修等要求，运行于列车配属地与客车车辆厂之间的旅客列车，不办理客运任务。

13) 回送图定客车底列车

回送图定客车底列车指依客车车底周转的需求，回送空客车底的旅客列车，一般不办理客运任务。

14) 因故折返旅客列车

因故折返旅客列车指如遇洪水、塌方、泥石流等自然灾害的侵袭或发生重大、特大事故而导致铁路中断，迫使其折返运行的旅客列车。

2. 铁路旅客列车车次编号原则

我国铁路每天开行的列车数以千计，为了区别不同方向、不同种类、不同区段和不同时刻的列车，就需要为每一列车编排一个标识码，这就是车次。为确保列车车次全路统一性及有关行车设备和信息系统正常运行，列车车次编排仅限于使用大写汉语拼音字母和阿拉伯数字，如表2.1所示。列车运行方向，原则上以开往北京方向为上行方向，枢纽地区的列车运行方向由铁路局规定，一般支线向干线或者指定方向的为上行方向，列车须按规定编定车次，上行列车编为双数，下行列车编为单数。在个别区间的列车，如果按规定运行方向变更车次有困难时，可与规定方向不符。

表 2.1　旅客列车车次编定表

<table>
<tr><th>列车种类</th><th>车次范围</th><th>备注</th></tr>
<tr><td>1.高速动车组旅客列车
直通
管内</td><td>G1～G9998 次
G1～G5998 次
G6001～G9998 次</td><td>“G”读“高”</td></tr>
<tr><td>2.城际动车组旅客列车
直通
管内</td><td>C1～C9998 次
C1～C1998 次
C2001～C9998 次</td><td>“C”读“城”</td></tr>
<tr><td>3.动车组旅客列车
直通
管内</td><td>D1～D9998 次
D1～D3998 次
D4001～D9998 次</td><td>“D”读“动”</td></tr>
<tr><td>4.直达特快旅客列车</td><td>Z1～Z9998 次</td><td>“Z”读“直”</td></tr>
<tr><td>5.特别旅客快车
直通
管内</td><td>T1～T9998 次
T1～T4998 次
T5001～T9998 次</td><td>“T”读“特”</td></tr>
<tr><td colspan="3">特别旅客快车各局管内车次按下述范围划分：
哈 T5001～T5300，沈 T5301～T5600，京 T5601～T6000，太 T6001～T6300，
呼 T6301～T6400，郑 T6401～T6700，武 T6701～T7000，西 T7001～T7300，
济 T7301～T7600，上 T7601～T8000，南 T8001～T8300，广 T8301～T8700，
宁 T8701～T8800，成 T8801～T9000，昆 T9001～T9200，兰 T9201～T9400，
乌 T9401～T9600，青 T9601～T9800，增补车 T9801～T9998</td></tr>
<tr><td>6.快速旅客列车
直通
管内</td><td>K1～K9998 次
K1～K6998 次
K7001～K9998 次
（原来以 N 开头的管内快速）</td><td>“K”读“快”</td></tr>
<tr><td colspan="3">快速旅客列车各局管内车次按下述范围划分：
哈 K7001～K7300，沈 K7301～K7600，京 K7701～K7800，太 K7801～K7900，
呼 K7901～K7950，郑 K7951～K8050，武 K8051～K8150，西 K8151～K8250，
济 K8251～K8350，上 K8351～K8700，南 K8701～K9000，广 K9001～K9300，
宁 K9301～K9350，成 K9351～K9600，昆 K9601～K9660，兰 K9661～K9740，
乌 K9741～K9800，青 K9801～K9850</td></tr>
<tr><td>7.普通旅客列车
(1) 普通旅客快车
跨三局及其以上
跨两局
管内</td><td>1001～7598 次
1001～5998 次
1001～1998 次
2001～3998 次
4001～5998 次</td><td></td></tr>
<tr><td colspan="3">普通旅客快车各局管内车次按下述范围划分：
哈 4001～4200，沈 4201～4400，京 4401～4600，太 4601～4650，呼 4651～4700，
郑 4701～4800，武 4801～4900，西 4901～5000，济 5001～5050，上 5051～5200，
南 5201～5300，广 5301～5500，南 5501～5550，成 5551～5650，昆 5651～5700，
兰 5701～5800，乌 5801～5900，青 5901～5998</td></tr>
<tr><td>(2) 普通旅客慢车
直通
管内</td><td>6001～7598 次
6001～6198 次
6201～7598 次</td><td></td></tr>
</table>

续表

列车种类	车次范围	备注
普通旅客慢车各局管内车次按下述范围划分： 哈 6201～6300，沈 6301～6400，京 6401～6500，太 6801～6850，呼 6851～6900， 郑 6901～6950，武 6951～7000，西 7001～7050，济 7051～7100，上 7101～7200， 南 7201～7250，广 7251～7300，南 7301～7350，成 7351～7450，昆 7451～7500， 兰 7501～7550，乌 7551～7580，青 7581～7598		
8.通勤列车	7601～8998 次	
通勤列车各局管内车次按下述范围划分： 哈 7601～7798，沈 7801～7998，京 8001～8150，太 8151～8198，呼 8201～8250， 郑 8251～8298，武 8301～8350，西 8351～8398，济 8401～8450，上 8451～8550， 南 8551～8598，广 8601～8698，南 8701～8750，成 8751～8850，昆 8851～8898， 兰 8901～8950，乌 8951～8980，青 8981～8998		
9.临时旅客列车 直通 管内	L1～L9998 次 L1～L6998 次 L7001～L9998 次	“L”读“临”
临时旅客列车各局车次按下述范围划分： 哈 L7001～L7300，沈 L7301～L7600，京 L7601～L7800，太 L7801～L7900， 呼 L7901～L7950，郑 L7951～L8050，武 L8051～L8150，西 L8151～L8250， 济 L8251～L8350，上 L8351～L8700，南 L8701～L9000，广 L9001～L9300， 宁 L9301～L9350，成 L9351～L9600，昆 L9601～L9660，兰 L9661～L9740， 乌 L9741～L9800，青 L9801～L9850		
10.旅游列车 直通 管内	Y1～Y998 次 Y1～Y498 次 Y501～Y998 次	“Y”读“游”
旅游列车各局管内车次按下述范围划分： 哈 Y501～Y530，沈 Y531～Y560，京 Y561～Y600，太 Y601～Y630， 呼 Y631～Y640，郑 Y641～Y670，武 Y671～Y700，西 Y701～Y730， 济 Y731～Y760，上 Y761～Y800，南 Y801～Y830，广 Y831～Y870， 南 Y871～Y880，成 Y881～Y900，昆 Y901～Y920，兰 Y921～Y940， 乌 Y941～Y960，青 Y961～Y980		
11. 动车组检测车	DJ5501～DJ5598 次	“DJ”读“动检”
12. 回送出入厂客车底列车	001～00298 次	
13. 回送图定客车底列车	在车次前冠以“0”	
14. 因故折返旅客列车	原车次前冠以“F”	“F”读“返”

三、旅客列车编组

旅客列车编组是指旅客列车根据车辆的编组辆数、编组结构及车辆编挂次序的要求，有目的地编排车辆的前后秩序，并将其连挂成组。旅客列车编组在每次运行图实行期间都是相对固定的，因此又称为固定车底。旅客列车编组由《旅客列车编组表》规定并予以执行，如图 2.1 所示。

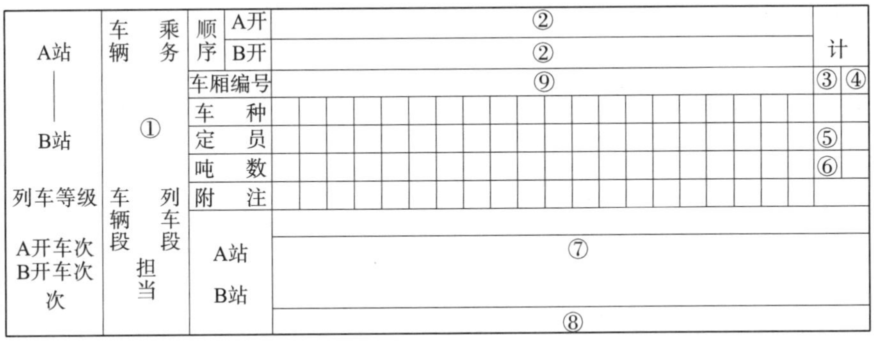

图 2.1　旅客列车编组表样式图

旅客列车编组表规定了每次列车的编组情况，包括列车的发到站、车次、车辆和客运乘务的担当段、编组辆数、车厢顺序号、编挂车种、定员、总重吨数、车底周转图等内容。列车编组表有利于旅客运输组织工作的展开，可提高运输效率。

1. 普通旅客列车编组表的编制

1）编制原则

旅客列车编组表由各铁路局根据客流性质、机车类型、列车重量、列车速度、列车运行区段线路技术条件、车站到发线长度等因素确定，由中国国家铁路集团有限公司（以下简称国铁集团）批准并公布执行。应充分利用铁路运输能力，提高运输效率和经济效益，合理编组列车。

旅客列车编组中车辆的类型及数量要根据客流量的大小、客流的构成、列车全程运行时间等因素来确定。短途客流时段分布相对分散，在途旅行时间较短，短途旅客列车应尽量采用小编组。中、长途旅客列车由于行车密度相对较小，应适当增加编组。同时，还可以按淡季、旺季客流量的不同制订出季节性的旅客列车编组方案。

旅客列车车底是由旅客乘坐的车辆和非旅客乘坐的服务性车辆组成的。旅客乘坐的车辆包括常见的硬座车、软座车、硬卧车、软卧车，以及少数双层软座车、双层包房式软座车、双层软座行李合造车；服务性的车辆包括餐车、行李车、邮政车，以及用于长途旅客列车包乘组休息而编挂的宿营车。根据运输市场需求的变化，可对编组的内容进行适当的调整。

直通旅客快车的图定基本编组按技术条件确定所允许的最大编组辆数。技术条件未发生变化，不得小于上届图编组辆数。专运任务较多的直通旅客快车允许控轴车一辆，控轴车提前一日售票，控轴车次由国铁集团确定公布。实行单班乘务作业的直通旅客快车不编挂宿营车，有特殊要求时报国铁集团批准编挂。

因困难区段限制，列车全程编组辆数不能满编时，非困难区段可加挂回转车。

邮政车必须报国铁集团批准后方可编挂。

2）编制方法

(1) 列车发到站、车次栏。列车的发到站先填下行发站，后填下行到站，对改变运行方向的列车（即一对列车 4 个及以上车次时），先填担当乘务工作的铁路局的始发站。车次一律先填下行后填上行，一对列车有 4 个及以上车次时，车次的填写必须和列车的发到站相对应。

(2) 担当乘务栏。填写列车担当的车辆段和客运段（列车段、车辆段）的具体名称，竖排，只填写本局的。若名称一致，只在中间位置竖排，否则，分列两边竖排。

(3) 车厢编号栏与编组顺序栏。列车中车厢顺序号的编定：凡北京站和上海站始发的列车车厢顺序号均小号在前，大号在后（北京、上海间始发和到达的列车以北京站规定顺序为准）；非北京站和上海站到发的列车车厢顺序号，均以担当局始发站的发车方向为准，小号在前，大号在后。

(4) 车种栏。填写每个车位的具体车种代码，使用大写字母。我国长途旅客列车的编组基本上是七车式，即由硬座车（YZ）、硬卧车（YW）、软卧车（RW）、宿营车、餐车（CA）、行李车（XL）、邮政车（UZ）组成。短途旅客列车的编组以四车式为主，一般挂有硬座车、餐车、行李车、邮政车。填写该列车的图定编组辆数（含欠编）。

根据给定的客流、开行方案及车辆定员数可以计算出各车种的车辆数，如下面的公式：

$$n_{\text{硬座}}=\frac{\text{乘坐硬座人数}}{\text{硬座定员数}}$$

$$n_{\text{软座}}=\frac{\text{乘坐软座人数}}{\text{软座定员数}}$$

$$n_{\text{硬卧}}=\frac{\text{乘坐硬卧人数}}{\text{硬卧定员数}}$$

$$n_{软卧}=\frac{乘坐软卧人数}{软卧定员数}$$

(5) 定员栏。填写载客车辆的定员，非载客及欠编车辆不填写；合造车应分别标明两种席别的定员，以“/”间隔。定员按该种车辆的标记定员数(宿营车按发售给旅客的铺位数)填写。

(6) 吨数栏。填写所有编组客车的自重吨数，欠编车辆不填写。

(7) 附注栏。填写每辆车的其他功能，每辆列车同时具备两种以上的辅助功能，应同时标注。具体附注内容如下所示。

行：行李车；

邮：邮政车；

餐：餐车；

茶：设有茶炉设备的客车；

播(广)：设有广播室的客车；

宿：宿营车；

办：设有办公席的客车；

具：设有工具间的客车；

隔：隔离车；

欠：因车辆不足欠编；

联：国际联运车；

回：回转车；

过：过境客车或标注联运的两国简称，如“俄朝”；

空：设有空调装置的客车；普：未设空调装置的普通客车；

高：高级软卧客车；

控：控轴车厢。

(8) 列车车底周转图。列车车底周转图是图解法表示需用车底组数、始发时刻、终到时刻，并可以由此计算车底在始发站和终点站的停留时间。周转图上填写的始发站名顺序须和填写列车种类车次的始发终到站栏相同。不得上下颠倒。一般先填下行始发站名，运行线从担当局的始发站开始，始发和终到时间填在车站中心线与运行线相交的钝角上。套用的要画出套用关系，斜箭头数量表示担当的车底组数。

其他填写说明事项如下所示。

调向：注明“×××站调向”；担当：两局担当的应注明“×局、×局各×组”或“×局×组、×局×组”，并在列车周转图上正确表示；开行规律：注明“隔日开行”或“每周开行的具体日期”；回转车：注明“×号××车回转××～××，×局担当”；空普混编：注明“空调、普通混编”。具体如图 2.2 所示。

上海南—衡阳 快速 K759 K760次	车辆 乘务 长沙		1	2	3	4	5	6	7	8	9	10	11	12	13	14	15	16	17	18			计	
		顺序 沪开	1	2	3	4	5	6	7	8	9	10	11	12	13	14	15	16	17	18				
		顺序 衡开	1	2	3	4	5	6	7	8	9	10	11	12	13	14	15	16	17	18				
		车厢编号	1	2	3	4	5	6	7	8	9	10	11	12	13	14	15	16	17	18			18	18
		车种	XL	YZ	YZ	YZ	YZ	CA	RW	YW	YW	YW	YW	YW	YW	YW	YW	YW	YW	YW				
		定员		118	118	118	101		36	57	66	66	66	66	66	66	66	66	66				1142	
		吨数	61	54	54	54	54	56	51	54	54	54	54	54	54	54	54	54	54	54			913	
		附注	欠				办残			残	广									宿				

车辆段 客运段 担当

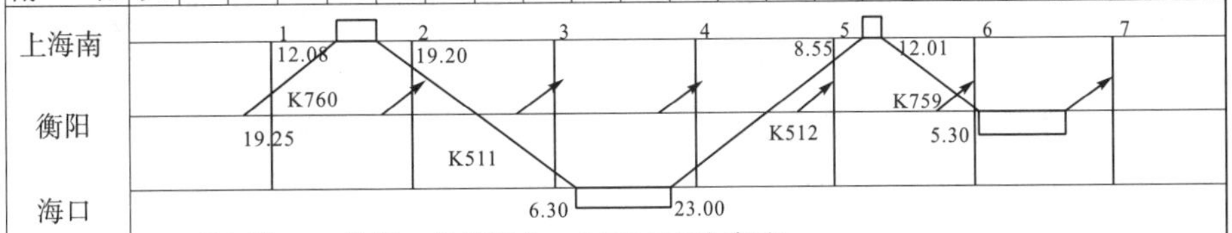

25G型直供600V集便，株洲调向，与K512/1次套跑

图 2.2　普通旅客列车编组表

2. 高速动车组旅客列车编组表的编制

高速动车组旅客列车编组表的编制原则及编制方法与编制普通铁路旅客运输编组表基本一致，但是在编组数量、车种类型和车种构成上有自己的特点。

高速动车组旅客列车编组表根据客流性质为固定编组，一般为 8 编组或 16 编组。

列车编组中车辆的类型及数量要根据客流量的大小、客流的构成、列车全程运行时间等因素来确定，一般由特等座(商务座)、一等座、二等座构成。

高速动车组旅客列车的编组主要由一等座车(ZY)、二等座车(ZE)、带观光座的二等座车(ZEG)、带酒吧的二等座车(ZEC)、一等商务座车(ZYS)、二等商务座车(ZES)、餐车(CA)等组成。

高速动车组旅客列车编组表格式如图 2.3 所示。

北京南—上海虹桥 高速动车组 G105 G140次；车辆：青岛；乘务：济南；动车段 客运段 担任

顺序/项目	1	2	3	4	5	6	7	8	9	10	11	12	13	14	15	16					计	
京开	1	2	3	4	5	6	7	8	9	10	11	12	13	14	15	16						
沪开	16	15	14	13	12	11	10	9	8	7	6	5	4	3	2	1						
车厢编号	1	2	3	4	5	6	7	8	9	10	11	12	13	14	15	16					16	16
车种	ZYS	ZE	ZE	ZE	ZE	ZE	ZE	ZES	ZYS	ZE	ZE	ZE	ZE	ZE	ZE	ZES						
定员	33	85	85	75	63	85	85	45	33	85	85	75	63	85	85	45					1112	
吨数																						
附注				残	酒							残	酒									

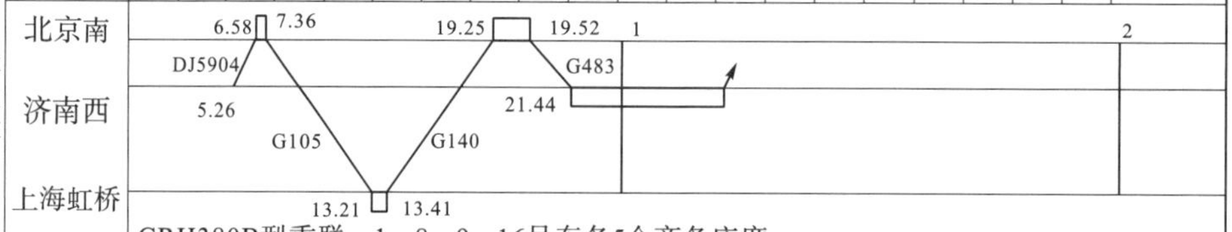

CRH380B型重联，1、8、9、16号车各5个商务座席

图 2.3 高速动车组旅客列车编组表

四、铁路旅客运输合同

1. 旅客乘坐旅客列车办理的合同

1) 铁路旅客运输合同的基本凭证

铁路旅客运输合同的基本凭证是车票，它是明确承运人与旅客之间权利和义务关系的协议。起运地承运人依据《铁路旅客运输规程》订立的旅客运输合同对所涉及的承运人具有同等约束力。

同时，车票也是旅客乘车的凭证，除车票外，旅客还可以持铁路乘车证和特种乘车证乘车。特种乘车证包括：全国铁路通用乘车证；中央和各省区市机要部门使用的软席乘车证(限乘指定的乘车位置)；邮政部门使用的机要通信人员免费乘车证，包括押运员、检查员(只限乘坐邮车及铁路指定的位置)；邮局押运人员免费乘车证(只限乘坐邮车及铁路指定的位置)；邮局视导员免费乘车证(只限乘坐邮车及铁路指定的位置)；口岸站的海关、边防军、银行使用的往返免费乘车书面证明；我国铁路邀请的外国铁路代表团使用的中华人民共和国铁路免费乘车证；用于到外站装卸作业及抢险的调度命令。

2) 铁路旅客车票实名制

《铁路旅客车票实名制管理办法》所称的车票包括纸质车票、铁路电子客票、铁路乘车卡及其他符合规定的乘车凭证。车票实名购买是指购票人凭乘车人的有效身份证件购买车票或者铁路运输企业凭乘车人的有效身份证件销售车票。车票实名查验是指铁路运输企业对实行车票实名购买的车票记载的身份信息与乘车人及其有效身份证件原件(以下简称“票、人、证”)进行一致性核对的行为。车票实名购买和实名查验统称为车票实名制管理。

3) 车票的有效期

直达票当日当次有效，但下列情形除外：

(1)全程在铁路运输企业管内运行的动车组列车车票有效期由企业自定。

(2)有效期有不同规定的其他票种。

通票的有效期按乘车里程计算：1000km为2日，超过1000km的，每增加1000km增加1日，不足1000km的尾数按1日计算；自指定乘车日起至有效期最后一日的24时止。

遇有下列情况可延长通票的有效期：

(1)因列车满员、晚点、停运等原因，使旅客在规定的有效期内不能到达到站时，车站可视实际需要延长通票的有效期。延长日数从通票有效期终了的次日起计算。

(2)旅客因病中途下车、恢复旅行时，在通票有效期内，出具医疗单位证明或经车站证实时，可按医疗日数延长有效期，但最多不超过10天；卧铺票不办理延长，可办理退票手续；同行人同样办理。

2. 旅客乘坐旅客列车时所享有的权利与义务

根据《中华人民共和国铁路法》制定的《铁路旅客运输规程》规定，凡是中华人民共和国境内的铁路旅客可享有相关权利与义务：

1)旅客基本权利

(1)依据车票票面记载的内容乘车；

(2)要求承运人提供与车票等级相适应的服务并保障其旅行安全；

(3)对运送期间发生的身体损害有权要求承运人赔偿；

(4)对运送期间因承运人过错造成的随身携带物品损失有权要求承运人赔偿。

2)旅客需履行的义务

(1)支付运输费用，当场核对票、款，妥善保管车票，保持票面信息完整可识别；

(2)遵守国家法令和铁路运输规章制度，听从铁路车站、列车工作人员的引导，按照车站的引导标志进、出站；

(3)爱护铁路设备、设施，维护公共秩序和运输安全；

(4)对所造成铁路或者其他旅客的损失予以赔偿。

3. 铁路旅客运输合同的履行办法

1)检票、验票和收票

车站对进出站的旅客和人员应检票，列车对乘车旅客应验票。对必须持证购买的减价票和各种乘车证的旅客应当核对相应的证件，验票应打查验标记。

车站应当在开车前提前停止检票，但应当在本站营业场所通告停止检票的提前时间。

铁路稽查人员凭稽查证件、佩戴稽查臂章可以在车内验票。

2)误售、误购、误乘的处理

发生车票误售、误购时，在发站应换发新票。在中途站、原票到站或列车内应补收票价时，换发代用票，补收票价差额。应退还票价时，站、车应编制客运记录交旅客，作为乘车至正当到站要求退还票价差额的凭证，并应以最方便的列车将旅客运送至正当到站，均不收取手续费或退票费。

因误售、误购或误乘需送回时，承运人应免费将旅客送回。在免费送回区间，旅客不得中途下车。如中途下车，对往返乘车区间补收票价，核收手续费。

由于误售、误购、误乘或坐过了站在原通票有效期不能到达到站时，应根据折返站至正当到站间的里程，重新计算通票有效期。

3)丢失车票的处理

旅客丢失车票应另行购票。在列车上应自丢失站起(不能判明时从列车始发站起)补收票价，核收手续费。旅客补票后又找到原票时，列车长应编制客运记录交旅客，作为在到站出站前向到站要求退还后补票价的依据。退票核收退票费。

4)拒绝运送和运输合同的终止

对无票乘车而又拒绝补票的人，列车长可责令其下车并应编制客运记录交县、市所在地车站或三等以上车站处理(其到站近于上述到站时应交到站处理)。车站对列车移交或本站发现的上述人员应追补应收和加收的票款，核收手续费。

对违反国家法律、法规，在站内、列车内寻衅滋事、扰乱公共秩序的人，站、车均可拒绝其上车或责令其下车；情节严重的送交公安部门处理；对未使用至到站的票价不予退还，并在票背面做相应的记载，运输合同即行终止。

4. 铁路旅客运输合同的变更和解除

1)铁路旅客运输合同的变更

旅客不能按票面指定的日期、车次乘车时，应当在票面指定的日期、车次开车前办理一次提前或推迟乘车签证手续，特殊情况经站长同意可在开车后 2 小时内办理。持动车组列车车票的旅客改乘当日其他动车组列车时不受开车后 2 小时内限制。团体旅客不应晚于开车前 48 小时。

在车站售票预售期内且有运输能力的前提下，车站应予办理，收回原车票，换发新车票，并在新车票票面注明“始发改签”字样(特殊情况在开车后改签的注明“开车后改签不予退票”字样)；原车票已托运行李的，在新车票背面注明“原票已托运行李”字样并加盖站名戳。

必要时，铁路运输企业可以临时调整改签办法。

旅客在发站办理改签时，改签后的车次票价高于原票价时，核收票价差额；改签后的车次票价低于原票价时，退还票价差额。

旅客办理中转签证或在列车上办理补签、变更席(铺)位时，签证或变更后的车次、席(铺)位票价高于原票价时，核收票价差额；签证或变更后的车次、席(铺)位票价低于原票价时，票价差额部分不予退还。

因承运人责任使旅客不能按票面记载的日期、车次、座别、铺别乘车时，站、车应重新妥善安排。重新安排的列车、坐席、铺位高于原票等级时，超过部分票价不予补收。低于原票等级时，应退还票价差额，不收退票费。

持通票的旅客在中转站和列车上要求变更径路时，必须在通票有效期能够到达到站时方可办理。办理时，原票价低于变径后的票价时，应补收新旧径路里程票价差额，核收手续费；原票价高于或相等于变更后的径路票价时，持原票乘车有效，差额部分(包括列车等级不符的差额)不予退还。

旅客在车票到站前要求越过到站继续乘车时，在有运输能力的情况下列车应予以办理。核收越站区间的票价和手续费。

两名以上旅客共持一张代用票要求办理分票手续时，站、车应予以办理。办理时按分票的张数核收手续费。

2)铁路旅客运输合同的解除

(1)不符合乘车条件的处理。

有下列行为时，除按规定补票，核收手续费以外，铁路运输企业有权对其身份进行登记，并须加收已乘区间应补票价 50%的票款：

①无票乘车时，补收自乘车站(不能判明时自始发站)起至到站止车票票价。持失效车票乘车按无票处理。

②持用伪造或涂改的车票乘车时，除按无票处理外还要送交公安部门处理。

③持站台票上车并在开车 20 分钟后仍不声明时，按无票处理。

④持用低等级的车票乘坐高等级列车、铺位、坐席时，补收所乘区间的票价差额。

⑤旅客持儿童票、学生票、残疾军人票没有规定的减价凭证或不符合减价条件时，按照全价票价补收票价差额。

有下列情况时补收票价，核收手续费：

①应买票而未买票的儿童按《铁路旅客运输规程》第十九条规定补收票价。身高超过 1.5 米的儿童使用儿童票乘车时，应补收儿童票价与全价票价的差额。

②持站台票上车送客未下车但及时声明时，补收至前方下车站的票款。

③主动补票或者经站、车同意上车补票的。

下列情况只核收手续费，但已经使用至到站的除外：

①旅客在票面指定的日期、车次开车前乘车的，应补签。

②旅客所持车票日期、车次相符但未经车站剪口的，应补剪。

③持通票的旅客中转换乘应签证而未签证的，应补签。

(2) 要求退票的处理。

旅客要求退票时，按下列规定办理，核收退票费：

①旅客退票必须在购票地车站或票面发站办理。

②在发站开车前，特殊情况也可在开车后 2 小时内，退还全部票价。团体旅客必须在开车 48 小时以前办理。

③旅客开始旅行后不能退票。但如因伤、病不能继续旅行时，经站、车证实，可退还已收票价与已乘区间票价差额。已乘区间不足起码里程时，按起码里程计算；同行人同样办理。

④退还带有“行”字戳迹的车票时，应先办理行李变更手续。

⑤因特殊情况经站长同意在开车后 2 小时内改签的车票不退。

⑥站台票售出不退。

⑦市郊票、定期票、定额票的退票办法由铁路运输企业自定。

必要时，铁路运输企业可以临时调整退票办法。

因承运人责任致使旅客退票时按下列规定办理，不收退票费：

①在发站，退还全部票价。

②在中途站，退还已收票价与已乘区间票价差额，已乘区间不足起码里程时，退还全部票价。

③在到站，退还已收票价与已使用部分票价差额。未使用部分不足起码里程按起码里程计算。

④空调列车因空调设备故障在运行过程中不能修复时，应退还未使用区间的空调票价。

发生线路中断旅客要求退票时，在发站(包括中断运输站返回发站的)退还全部票价，在中途站退还已收票价与已乘区间票价差额，不收退票费，但因违章加收的部分和已使用至到站的车票不退。

5. 旅客携带品事项

1) 携带品要求

(1) 旅客携带品由自己负责看管。每人免费携带品的重量和体积是：儿童(含免费儿童) 10kg，外交人员 35kg，其他旅客 20kg。每件物品外部尺寸长、宽、高之和不超过 160cm，杆状物品不超过 200cm，但乘坐动车组列车不超过 130cm；重量不超过 20kg。残疾人旅行时代步的折叠式轮椅可免费携带并不计入上述范围。

(2) 下列物品不得带入车内：

①国家禁止或限制运输的物品；

②法律、法规、规章中规定的危险品、弹药和承运人不能判明性质的化工产品；

③动物及妨碍公共卫生(包括有恶臭等异味)的物品；

④能够损坏或污染车辆的物品；

⑤规格或重量超过《铁路旅客运输规程》第五十一条规定的物品。

为方便旅客的旅行生活，限量携带下列物品：

①气体打火机 5 个，安全火柴 20 小盒。

②不超过 20 毫升的指甲油、去光剂、染发剂。不超过 100 毫升的酒精、冷烫精。不超过 600 毫升的摩丝、发胶、卫生杀虫剂、空气清新剂。

③军人、武警、公安人员、民兵、猎人凭法规规定的持枪证明佩带的枪支子弹。

④初生雏 20 只。

(3) 旅客违章携带物品按下列规定处理：

①在发站禁止进站上车。

②在车内或下车站，对超过免费重量的物品，其超重部分应补收四类包裹运费。对不可分拆的整件超重、超大物品、动物，按该件全部重量补收上车站至下车站四类包裹运费。

③发现危险品或国家禁止、限制运输的物品，妨碍公共卫生的物品，损坏或污染车辆的物品，按该件全部重量加倍补收乘车站至下车站四类包裹运费。危险物品交前方停车站处理；必要时移交公安部门处理。对有必要就地销毁的危险品应就地销毁，使之不能为害并不承担任何赔偿责任。

没收危险品时，应向被没收人出具书面证明。

④如旅客超重、超大的物品价值低于运费时，可按物品价值的 50％核收运费。

⑤补收运费时，不得超过本次列车的始发和终点站。

(4) 车站开展携带品搬运、暂存服务业务时，可核收搬运、暂存费。

2) 旅客遗失物品的处理

对旅客的遗失物品应设法归还原主。如旅客已经下车，应编制客运记录，注明品名、件数等移交下车站。不能判明时，移交列车终点站。

客流量较大的车站应设失物招领处。失物招领处对旅客遗失物品应妥善保管，正确交付。遗失物品需通过铁路向失主所在站转送时，物品在 5 千克以内的免费转送，超过 5 千克时，到站按品类补收运费；但对《铁路旅客运输规程》第五十二条中所列物品及食品不办理转送。

第二节　铁路旅客运输组织原理

一、铁路旅客运输组织的基本原则

1. 从国家整体利益出发，认真执行党和国家的各种方针和政策

铁路旅客运输应根据国家政治、经济的中心任务和旅客运输市场需求的变化，全面规划、合理安排，优质高效地组织旅客运输，为工农业生产、国防建设和人民旅行的需要服务，为培育和发展社会主义市场经济服务。

2. 保证旅客运输安全

旅客运输不仅是改变旅客的空间位置，而且必须保证旅客在旅行中的生命和财产安全。旅客运输的安全性是衡量铁路旅客运输质量的重要标志之一。铁路客运企业在进行客运生产活动时，要把安全摆在第一位。保证安全运输，不但符合旅客的利益和愿望，而且对维护国家的声誉和企业的形象也具有重要意义，因此必须不断地改善各种技术设备和严格执行各项安全作业制度。

3. 不断提高旅客运输服务质量

旅客运输服务是一种社会服务，而社会服务质量是人们生活质量的重要方面。旅客运输过程不仅包

括充分满足人们的“行”这一核心需求，而且包括尽可能满足人们在出行中的衣、食、住和其他文化生活的辅助需求和延伸需求。因此，铁路客运不仅要在技术装备和服务设施等硬件建设上为提高服务质量提供强大的物质基础，更重要的是要在客运员工的整体素质、服务态度、服务水平和服务管理上高标准、严要求，一切从旅客需求出发，以安全、快速、方便、舒适、经济等高质量服务满足不同层次的旅客需求。此外，旅客的出行活动又是一项自主的行为，在售票、候车、乘降、换乘与行包承运、交付以及事故理赔等方面，应简化手续、方便旅客，在信息服务和站、车设施服务方面为旅客创造良好的文化生活、卫生条件和旅行环境。

4. 发挥铁路的整体优势，贯彻“保证重点、照顾一般”及“客货兼顾”方针

铁路运输具有集中统一指挥、统筹安排运力的特点，在我国尚不发达、实行客货混行运输模式的条件下，应大力加强铁路内部的客运、调度、车务、机务、工务、电务、车辆等各部门的协调配合。正确地编制客运站的客运组织细则和技术作业过程，保证客运站各部门工作的协调配合，并有效地利用各项技术设备和正确地配备各单位的工作人员。必须合理地确定旅客列车运行区段和列车种类，正确地编制旅客列车运行图，加强运营和施工的协调配合，有效利用运输能力，保证旅客运输与货物运输之间的协调配合。此外，还要有计划地加强并且经济合理地使用客运技术设备和机车车辆，不断发展和充分利用运输能力。

5. 发展铁路与各种交通工具的联合运输

各种交通工具都是在统一的运输市场中为加速社会主义建设和满足广大人民旅行上的需要服务。因此，在组织旅客运输时，铁路、公路、水运、航空等各种交通工具组成了全国统一的旅客运输网，实行联合运输，分工合作，优势互补，协调配合。铁路和各种交通工具的联合运输，要在优化运输线路设计、合理安排换乘时间、简化联运手续、方便旅客乘降等方面保证满足人们的旅行需求。

二、铁路旅客运输生产组织机构

1. 铁路管理机构

我国铁路主要由中国国家铁路集团有限公司(国铁集团)运营管理。国铁集团成立于 2019 年 6 月 18 日，其前身为中华人民共和国铁道部及中国铁路总公司，现由铁路局集团有限公司(简称铁路局)依法对公司进行行业监管。国铁集团实行两级法人、三级管理机构。

两级法人是指国铁集团、铁路局两级。三级管理机构：一级是国铁集团；二级是根据全国区域划分的 18 个铁路局；三级是各铁路局管辖范围内的站段，主要包括直属站、车务段、客运段、机务段、供电段、车辆段、电务段、通信段等。三级管理机构实行统一指挥、上下协调、分级管理的模式，各级单位同时也分设多个部门，通过这种管理运营制度，我国铁路运输组织井然有序地进行。目前，国铁集团下设 18 个铁路局(设置运输站段 845 个)、3 个专业运输公司等 34 家企业，3 个事业单位(铁道党校、中国铁道博物馆、铁道战备舟桥处)。

国铁集团所属企业运营管理机构及主要职能如图 2.4 所示。

2. 铁路旅客运输生产管理机构

2013 年我国铁路实现政企分开以后，铁路旅客运输管理也采用“统一指挥、分级管理”的原则，工作由国铁集团统一领导，铁路局分级管理，建立相应的生产组织机构。目前，我国铁路旅客运输组织管理分为国铁集团，铁路局，站、段三级，具体如图 2.5 所示。

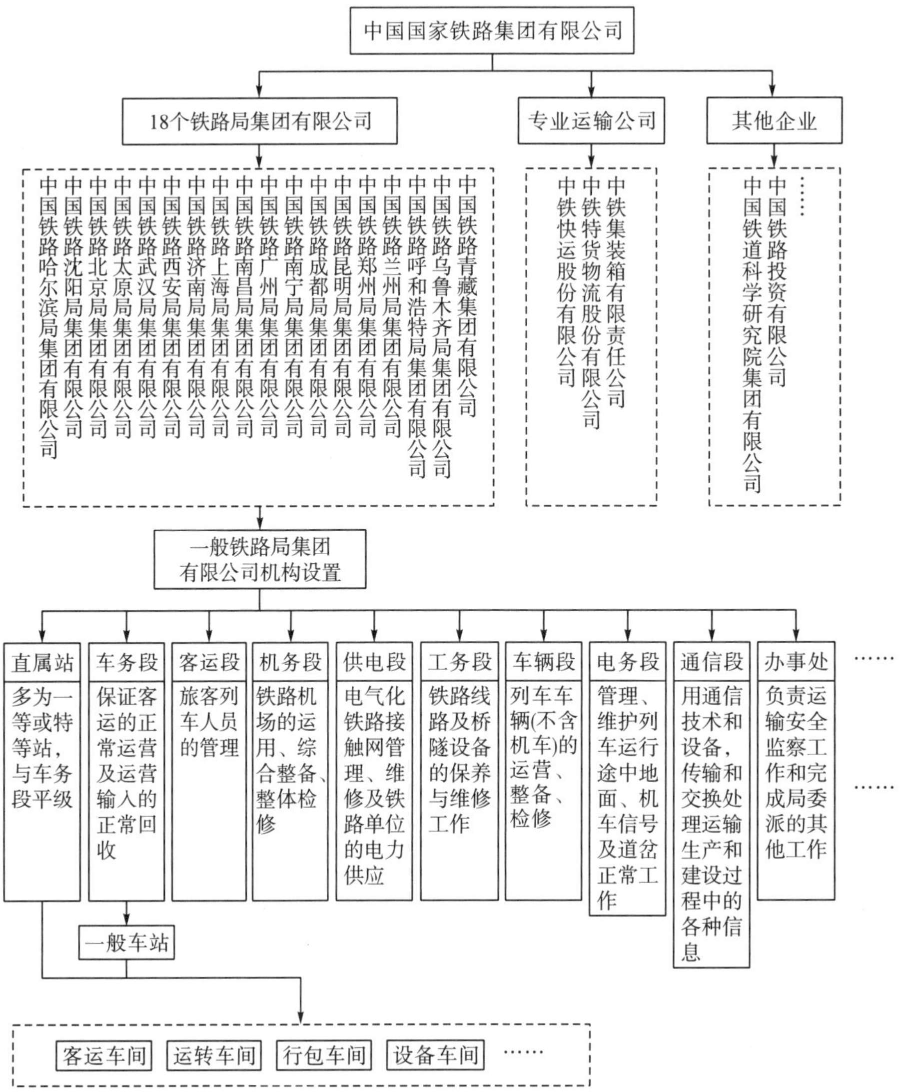

图 2.4　我国铁路机构及主要职能

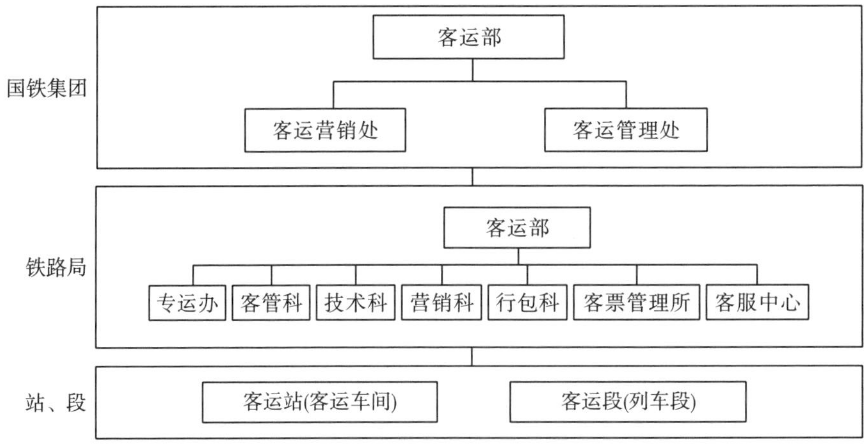

图 2.5　铁路旅客运输生产管理机构

各级管理部门的主要职责如下：

1) 国铁集团

国铁集团客运部针对客运组织与管理设置客运营销处和客运管理处两个主管部门。

客运营销处负责全路的客运营销策划和宏观管理，重点抓跨铁路局客运产品的设计。按国家有关政策制定或修改铁路旅客运输管理规程、规则、办法、运价、票据和饮食供应的综合加成、跨两局以上列车的行包运输方案审批和公布新线营业里程；组织站务和乘务工作；组织全路客运市场调查，编制客流图，编制直通旅客列车方案、旅客列车运行图以及跨两局以上列车的票额分配和调整，跨两局以上临时旅客列车的开行、停运和客车加挂，掌握全路直通旅客列车的运行等。

客运管理处负责监督监察旅客运输工作中对国家政策、法令的执行情况；监督监察旅客运输部门、单位对铁路有关规章制度、文电、命令、办法、标准等的执行情况；监督监察铁路旅客运输服务质量；对国家铁路办理直通运输服务的其他铁路旅客运输企业进行监督、指导受理、查处；监察下级客运部门处理旅客对铁路运输服务质量的投诉；负责查处或督察下级客服单位处理新闻媒介及有关部门提出的铁路旅客运输服务质量问题。

2) 铁路局

铁路局客运部主要负责全局的旅客运输组织相关工作，包括客运技术标准和规章制度的制定，旅客列车运行图的编制，客运产品的开发及客运营销、售票组织，管理 12306 客户服务中心，提高全局客运服务质量，组织专运和涉外运输，组织行包运输，参与客运设备设施的审批、鉴定及验收，检查指导客运系统相关单位的安全生产、服务和业务培训等工作。铁路局客运部一般内设专运办、客管科、技术科、营销科、行包科、客票管理所、客服中心，其各科室主要职责如图 2.6 所示。

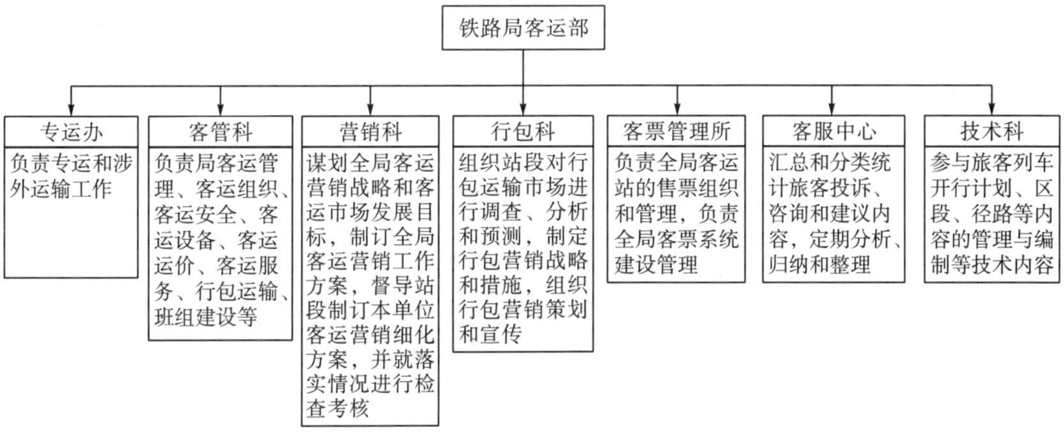

图 2.6　各科室主要职责

3) 站、段

客运站是铁路系统中专门办理旅客运输的一个基层生产单位，通常设在政治、经济、文化中心城市和旅游胜地等有大量旅客到发的地点。客运站的主要工作是办理旅客列车的始发、终到作业以及为旅客服务的相关业务。一般客运站的空间结构主要由站房、站前广场和站场三部分组成。客运站设有技术科、运转车间、客运车间、行包车间、安全科、财务科、劳动人事科、办公室等机构(个别部门因站而异)。客运站的管理组织结构如图 2.7 所示。

客运段主要负责旅客列车工作人员的管理工作。客运段担当本局管内旅客列车的服务(包括旅客列车乘务工作和餐饮服务)。一般铁路局所在地设有客运段，一些省会城市及较重要的城市也会设有客运段。客运段一般内设信息技术科、乘务管理科、综合车间、职工教育科、安全科、总务科、劳动人事科、财务科和党群工作办公室等管理机构(个别部门因段而异)。客运段管理组织结构具体如图 2.8 所示。目前，18 个铁路局下辖 37 个客运段。

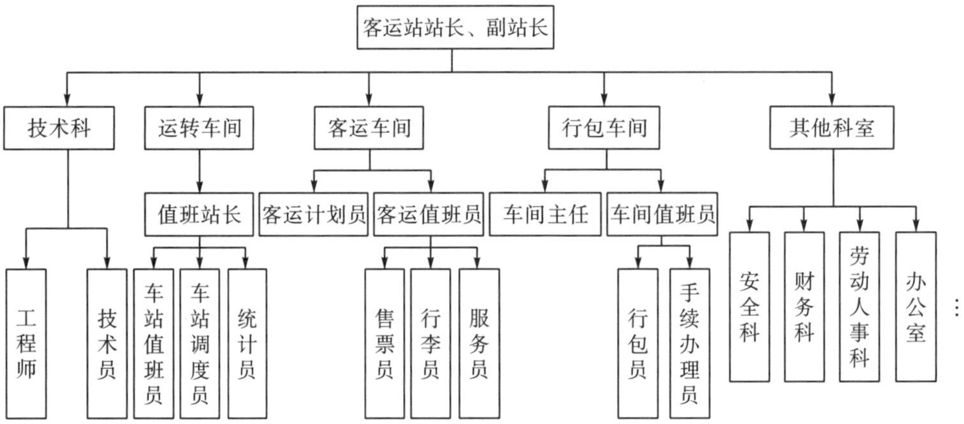

图 2.7　客运站管理组织结构

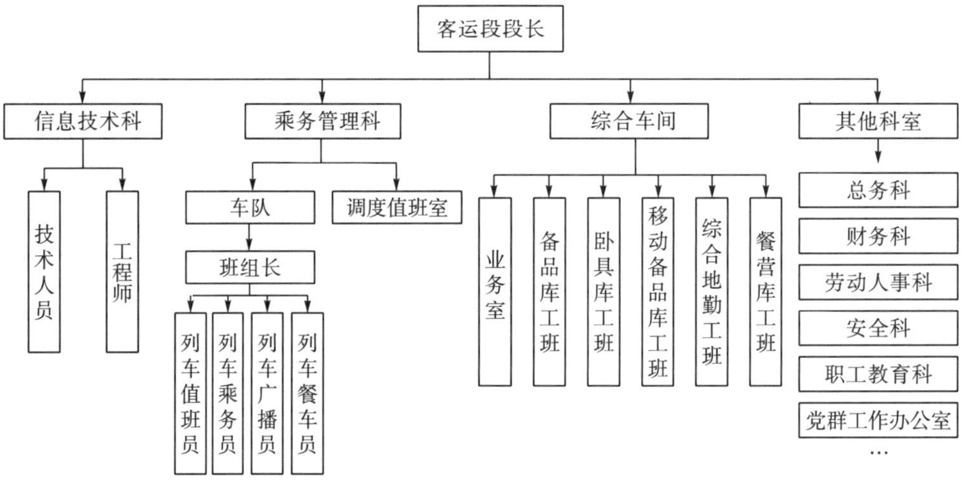

图 2.8　客运段管理组织结构

中国铁路广州局集团有限公司 3 个：广州客运段、长沙客运段、广九客运段。

中国铁路哈尔滨局集团有限公司 3 个：哈尔滨客运段、牡丹江客运段、齐齐哈尔客运段。

中国铁路沈阳局集团有限公司 5 个：沈阳客运段、长春客运段、大连客运段、吉林客运段、锦州客运段。

中国铁路呼和浩特局集团有限公司 1 个：包头客运段。

中国铁路北京局集团有限公司 3 个：北京客运段、天津客运段、石家庄客运段。

中国铁路太原局集团有限公司 1 个：太原客运段。

中国铁路济南局集团有限公司 2 个：济南客运段、青岛客运段。

中国铁路郑州局集团有限公司 1 个：郑州客运段。

中国铁路上海局集团有限公司 4 个：上海客运段、南京客运段、杭州客运段、合肥客运段。

中国铁路武汉局集团有限公司 2 个：武汉客运段、襄阳客运段。

中国铁路西安局集团有限公司 1 个：西安客运段。

中国铁路乌鲁木齐局集团有限公司 1 个：乌鲁木齐客运段。

中国铁路南昌局集团有限公司 2 个：南昌客运段、福州客运段。

中国铁路成都局集团有限公司 3 个：成都客运段、重庆客运段、贵阳客运段。

中国铁路兰州局集团有限公司 2 个：兰州客运段、银川客运段。

中国铁路南宁局集团有限公司 1 个：南宁客运段。

中国铁路昆明局集团有限公司 1 个：昆明客运段。

中国铁路青藏集团有限公司 1 个：西宁客运段。

三、铁路旅客运输生产流程

铁路旅客运输生产流程对旅客而言，表现为进站、运输途中、出站三大环节；而对铁路旅客生产部门而言，表现为铁路旅客运输计划制订、铁路旅客运输调度及日常工作组织、铁路旅客运输质量监管与改进等环节。每一环节内都有相应的组织分工，各环节组织工作的方法、技术及工作流程对生产过程的流畅性、运营成本和服务质量等都有直接影响，因此，铁路旅客运输组织各环节应该相互匹配和协调。其具体生产流程如图 2.9 所示。

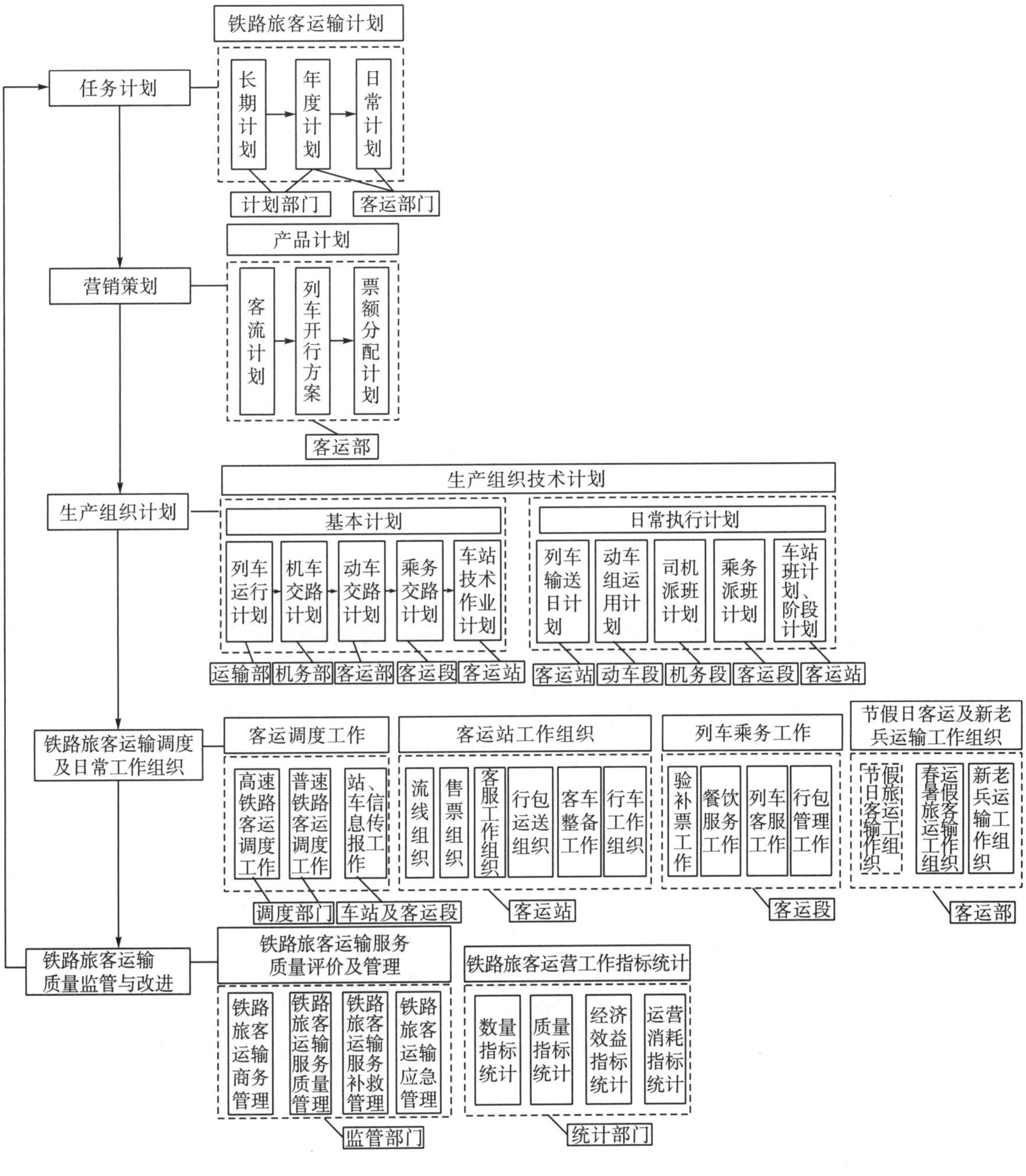

图 2.9　铁路旅客运输生产流程图

1. 任务计划

铁路旅客运输任务计划主要是指铁路旅客运输计划。

1)铁路旅客运输计划的意义

为了充分满足城乡广大人民群众在生产和生活上旅行的需要，不断提高客运服务质量，并保证经济合理地使用技术设备和运输能力，充分挖掘运输潜力，组织旅客均衡运输，就必须编制旅客运输计划。

旅客运输计划是铁路运输任务计划的主要内容之一，是整个国民经济计划的重要组成部分，它不仅是确定旅客列车对数和客运机车车辆需要数的基础，也是确定客运设备、客运机车车辆修造计划以及客运运营支出计划的重要依据，同时是铁路旅客运输组织工作的前提，从而保证旅客安全、迅速、准确、便利、舒适地旅行。因此，编制质量良好的旅客运输计划有着重要的意义。

2)铁路旅客运输计划的种类

根据执行时间的不同，铁路旅客运输计划可分为下列三种。

(1)长期计划。长期计划一般为5年、10年或更长时期的规划，它是铁路旅客运输的发展计划，通常根据国民经济计划(如五年计划)为周期进行编制，主要规定旅客运输的发展方向、技术政策、速度、重量及其有关的主要指标。

(2)年度计划。年度计划根据长远计划，结合年度具体情况编制，是旅客运输的任务计划。它是确定旅客列车行车量和客运机车车辆需要量以及客运设备改建、扩建的主要依据。在年度计划中，一般还包括季度的分配数字。

(3)日常计划。日常计划是根据年度计划任务，考虑假期、季节及日常波动情况而编制的，是指导日常旅客运输的工作计划。在日常计划中，还根据各站所提报的日计划，按照各次旅客列车的运输能力，对各站、各区段的客流进行统一平衡和调整，以保证旅客运输任务的完成和旅客列车容量的充分利用。

其中，铁路旅客运输长期计划由铁路的计划部门负责，日常计划由客运部门负责，而年度计划由计划部门、客运部门共同负责。

3)铁路旅客运输计划的特点

铁路旅客运输计划与货物运输计划相比较，具有以下特点：

(1)对于计划期内人们提出的旅行需要，运输部门不能拒绝，不能延期或提前，必须及时满足。

(2)旅客要求的乘车径路和到达地，不能像货流那样可以在全国范围内根据产销合理联系的原则进行调整。

(3)铁路输送旅客的能力及客运机车车辆的工作量取决于旅客运输计划，但旅客运输计划与货物运输计划的时间并不一致，从而增加了客货运输综合平衡的复杂性。

(4)作为铁路运输主要产品之一的旅客运输(即人的位移)，对质量的要求比货物运输更高更严。

2. 营销策划

铁路旅客运输市场营销策划，在观念上以满足旅客和乘客的各种需求作为市场营销工作的出发点；在功能上主要在于确认旅客的需求和欲望，并将这些内容与铁路部门及时沟通，共同采取有效对策。在具体内容上，需结合铁路运输特点，进行市场调查、运力配置、价格策略、旅客服务等营销工作内容。因此，铁路旅客运输市场营销策划可以理解为：铁路运输为了满足旅客的需要，实现经营目标所进行的商务活动，包括市场调查、运力配置、价格策略、旅客服务等一系列与市场有关的业务活动。铁路旅客营销策划的核心是编制列车开行方案。

1)客流计划

客流计划是铁路旅客运输的运量和流向计划，是编制列车运行图时确定旅客列车始发站、终到站、运行区段和每列旅客列车所获最佳乘车人数的主要依据，也是扩建、新建客运站场和其他运输设备的依据。客流计划主要包括客流调查、客流预测分析、编制客流图及编制客流计划等内容。

2) 列车开行方案

列车开行方案确定旅客列车运行区段、列车种类、径路、开行对数及车底担当局的计划，直通旅客列车的开行方案由国铁集团研究有关铁路局的建议后确定，管内旅客列车的开行方案由各铁路局自行确定，报国铁集团批准备案。

3) 票额分配计划

票额分配计划是旅客运输能力的运用计划，其实质是保障运能与客流合理匹配。在客运输送能力相对短缺的情况下，票额分配计划的制订与实施有利于运输能力资源的公平分配、组织均衡运输、缓和供求矛盾。在客运输送能力需求平衡或者相对富余的情况下，票额分配计划应该有一定的执行弹性。只有合理地分配票额，才能全面安排售票、行包运输、服务和列车的乘务、餐茶供应等工作，实现科学、有序地组织旅客运输，提高旅客列车票额的使用效率。

以上工作主要由铁路客运部负责。

3. 生产组织计划

铁路旅客运输计划需要通过各种铁路旅客运输生产组织计划加以实现，也称其为铁路组织技术计划，根据其生产组织内容的形式，可分为以下两种。

1) 基本计划

基本计划是为保证质量良好地完成旅客运输任务编制的各种合理使用机车车辆、线路和其他各种技术设备的基本生产组织计划。基本计划主要包括列车运行计划、机车交路计划、动车交路计划、乘务交路计划、车站技术作业计划等内容。

其中列车运行计划由运输部负责，机车交路计划由机务部负责，动车交路计划由客运部负责，乘务交路计划由客运段负责，车站技术作业计划由客运站负责。

2) 日常执行计划

铁路旅客运输日常执行计划是在基本计划基础上各站段具体结合自己能力资源及日常需求波动情况编制的日常生产组织计划。日常执行计划主要包括旅客列车输送日计划、动车组运用计划、司机派班计划、乘务派班计划、车站班计划和阶段计划等。

其中列车输送日计划、车站班计划和阶段计划由客运站负责，动车组运用计划由动车段负责，司机派班计划由机务段负责，乘务派班计划由客运段负责。

4. 铁路旅客运输调度及日常工作组织

铁路旅客运输调度及日常工作组织是对铁路日常运输生产实施的统一指挥和组织工作，是旅客运输计划在日常生产工作中的具体执行，对完成旅客运输任务以及提高旅客运输效益起着重要的作用。

1) 客运调度工作

客运调度工作担负着旅客列车运输、确保旅客运输安全的重要责任，它是铁路旅客调度及日常工作组织的核心部分，其主要是对铁路旅客运输生产进行全面指挥和监督，保证列车按列车运行图正点运行，保证铁路客运设备的合理使用，进行日常统计及报告工作。客运调度工作主要包括高速铁路客运调度工作，普速铁路客运调度工作，站、车信息传报工作等。铁路运输部门设立调度部门，对铁路日常客运生产实施统一指挥和组织。

2) 客运站工作组织

客运站是铁路旅客运输工作的基层单位，是铁路与旅客联系的窗口，客运站工作组织是旅客生产过程的起点和终结环节。客运站工作组织主要包括流线组织、售票组织、客服工作组织、行包运送组织、行车工作组织、客车整备工作等内容。

3）列车乘务工作

列车乘务工作主要是为了确保旅客、行李在旅客列车上的安全，为旅客提供必要的物质、文化生活服务，同时保证列车的运行安全。列车乘务工作主要包括验补票工作、餐饮服务工作、列车客服工作、行包管理工作等。

4）节假日客运及新老兵运输工作组织

由于节假日、寒暑假及新老兵运输的客流特点及运输需求与日常运输有较大差异，作业难度高，因此必须专门针对节假日客运及新老兵运输开展工作组织，以确保安全、优质地完成运输任务。节假日客运及新老兵运输工作组织主要包括节假日旅客运输工作组织、春运暑假旅客运输工作组织、新老兵运输工作组织。

其中，高速铁路、普速铁路客运调度工作全部由调度部门负责，站、车信息传报工作由车站及客运段负责，客运站工作组织由客运站完成，列车乘务工作由客运段负责，节假日客运及新老兵运输工作组织由客运部负责。

5. 铁路旅客运输质量监管与改进

铁路属于服务性行业，运输企业为社会提供旅客位移服务及实现位移过程中旅客所需的各项服务，铁路旅客运输生产工作质量是运输企业核心竞争力所在。铁路相关部门通过对铁路旅客运输服务质量的监督监察工作来保证并且有效提高铁路旅客运输服务质量，维护旅客和行李、包裹托运人及收货人的相关合法权益，同时提高铁路运输企业的竞争力。

1）铁路旅客运输服务质量评价及管理

铁路旅客运输服务质量评价是指通过利用定性或者定量的方法，了解旅客对于运输服务的期望，并将其与自己提供的服务水平进行比较，找出其中的差距，为进一步提高铁路旅客运输服务质量奠定基础，最终实现铁路客运服务的科学化管理。

根据工作内容，铁路旅客运输服务质量评价及管理可以分为铁路旅客运输商务管理、铁路旅客运输服务质量管理、铁路旅客运输服务补救管理以及铁路旅客运输应急管理。

2）铁路旅客运营工作指标统计

铁路旅客运营工作指标是以数据为依托，由一系列反映铁路旅客运输工作目标、现状、过程或结果的指标组成。指标分为两大类：一类是反映铁路运输企业经营目标和过程、市场营销管理活动等方面的指标，突出表现企业经营的经济性和市场性，社会性和未来性等；另一类是反映铁路旅客运输生产与服务过程的管理与控制、分析与评价等方面的指标，重点表现运输生产活动管理和责任划分、任务分割和实绩考核等。

铁路运营工作指标统计根据内容可以分为数量指标统计、质量指标统计、经济效益指标统计以及运营消耗指标统计。

其中，铁路旅客运输服务质量评价及管理是由铁路监管部门负责，铁路旅客运营工作指标统计是由相关统计部门负责。

四、铁路运输规章及铁路旅客运输规章

1. 铁路运输规章

铁路运输规章是铁路运输部门为办理客货运输业务、进行运输生产活动和确定其使用者之间的关系而制定的，具有法律约束作用。

我国铁路运输的相关规章是根据《中华人民共和国铁路法》编制并颁布的。各业务部门、所属各铁路局可以根据规章结合自身具体情况制定适用于本局管辖范围内的细则和办法。下属站段还可根据各上

级单位的有关规章、细则和办法，再制定本单位的细则和办法。但制定的细则和办法原则上均不得违反各有关上级所制定的规章、细则和办法。铁路运输规章大致可分为铁路旅客运输规章、铁路货物运输规章和铁路技术管理规章三类，具体如图 2.10 所示。

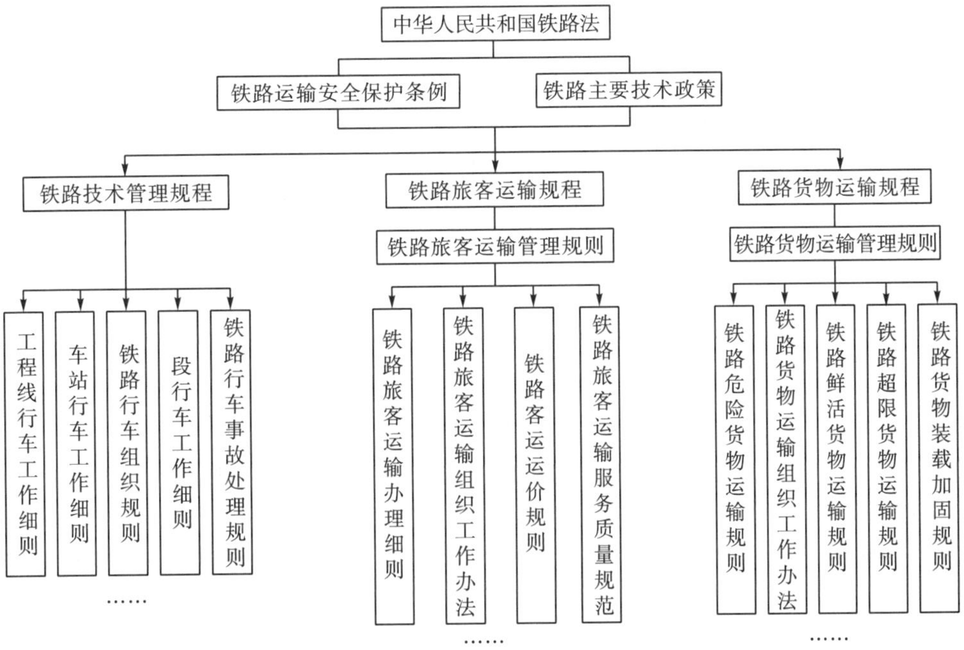

图 2.10 铁路运输规章框架

铁路技术管理规章有《铁路技术管理规程》，其是铁路内部组织运输生产活动和实施技术管理的基本法规。其主要内容包括技术设备、行车组织、信号显示、对工作人员的要求等四个方面的内容。在此基础上，还制定了《铁路行车事故处理规则》《段行车工作细则》《工程线行车工作细则》《车站行车工作细则》等各种专业性规则。

铁路旅客运输规章有《铁路旅客运输规程》，其是全国铁路组织旅客运输和办理客运业务的基本法规。《铁路旅客运输管理规则》也是铁路内部管理旅客运输的基本规章。此外还有《铁路旅客运输办理细则》《铁路旅客运输组织工作办法》《铁路客运运价规则》《铁路旅客运输服务质量规范》等一系列专业性规章。

铁路货物运输规章有《铁路货物运输规程》，其是办理货运业务的基本法规。其主要内容为货物运输中铁路方面与发货人、收货人方面的权利、义务和责任的有关规定；货物运输的种类及运输条件；货物从托运受理搬入至交付搬出为止各个环节的要求；货物运到期限的计算；货物运输变更、阻碍和事故的处理。此外，《铁路货物运输管理规则》是铁路内部管理货物运输的基本规章。其主要内容为货物运输计划、组织的基本原则和制度；货车运用和货场、专用铁道、专用线管理的基本要求；各种货物的装运条件和换装整理的规定；货运事故的分类及处理办法。此外，还有各种专业性规则，如《铁路危险货物运输规则》《铁路货物运输组织工作办法》《铁路鲜活货物运输规则》《铁路超限货物运输规则》《铁路货物装载加固规则》等。

2. 铁路旅客运输规章

我国铁路旅客运输部门通过几十年的努力，在旅客服务管理中积累了一定的经验，取得了一定的成绩。国铁集团先后制定并发布了多个关于客运方面的规章制度，全面推进旅客运输管理工作的标准化建设。在旅客运输方面的主要规章如下所示。

(1)《铁路旅客运输规程》是维护铁路旅客运输的正常秩序，保护铁路旅客运输合同各方当事人的合法权益，组织旅客运输和办理客运业务的基本法规。其主要内容为旅客、行李、包裹运输中承运人与旅客、包裹的托运人和收货人方面的权利和义务；车票的分类、发售、有效期、检验、退补、丢失及变更路径的规定；行李和包裹的范围及托运、承运、保价运输及其运送条件；包车、租车及自备车辆的挂运和行驶旅客、行李、包裹运输发生事故的处理等。

(2)《铁路旅客运输管理规则》是铁路旅客运输内部管理的基本规章。其主要内容为铁路内部的分级管理、运输组织、站务管理、乘务管理、旅行服务管理、安全管理、运能管理、客运设备管理等的基本要求，以及客运监察制度。

(3)《铁路旅客运输办理细则》是为规范铁路运输企业内部办理旅客及行李、包裹运送工作，依据《铁路旅客运输规程》制定的细则。

(4)《铁路旅客运输组织工作办法》是由原铁道部颁布的一套铁路旅客工作组织规章，主要为了应对春运、暑期以及新老兵运输等非常时期，保证铁路客运部门能够安全、正常运营的办法。

(5)《铁路客运运价规则》是计算旅客票价和行李、包裹运价的基本规章。其主要内容为运价里程的计算，旅客票价、行包运价、特定运价、客运杂费的构成。

(6)《铁路旅客运输服务质量规范》是为了规范铁路旅客运输服务质量而制定的法规。

为了做好国际铁路旅客、行李和包裹的直通联运，还要遵守《国际旅客联运协定》的全部规定。

此外，还有各种专门性规则和办法，如《铁路客运调度工作规则》《铁路旅客运输服务质量监督监察办法》等文件。

铁路运输部门颁发的诸多客运管理规章和各相关部门结合实际制定的各项客运管理制度，是铁路旅客运输组织、管理的依据，是完成旅客运输任务的基本保证。

第三章　铁路客运设备

第一节　铁路客运设备组成及作用

铁路客运设备是办理铁路旅客运输的基础条件，其主要包括固定设备、移动设备以及铁路车站一切为客运服务的设备。固定设备有客运站、客车整备所和动车段，移动设备有客运机车、客运车辆和动车组等。

一、固定设备

客运站是铁路旅客运输的基层生产单位，同时也是铁路旅客运输中旅客大量聚集和活动的场所，承担着旅客购票、进站乘车、出站换乘其他交通工具等任务。客运站是铁路与旅客之间联系的纽带，是铁路提高服务质量、树立铁路信誉的窗口和核心部门。客运站的主要作用是组织旅客安全乘降和迅速集散，保证旅客能方便快捷地办理一切旅行手续，并为旅客提供舒适的候车环境和良好的文化生活服务。同时客运站应及时地组织旅客列车到达、出发，办理行包业务以及客车车底的取送作业。

客车整备所是客车进行技术检查、维修保养、整备和停留的场所，一般设在办理始发、终到旅客列车为主的客运站。动车段是铁路局直属生产站段，负责动车组的检修、使用、维护和保养。客车整备所和动车段的主要作用是对进入客车整备所、动车段的旅客列车车底及动车组进行洗刷、清扫，技术检车、修理及整备，以保证客车技术状态良好，达到规定的质量标准，从而为旅客提供优质服务。

二、移动设备

移动设备是铁路旅客运输的基本动力和运载工具。客运机车用于牵引或推送铁路车辆运行，而本身并不装载营业荷载的自推进车辆，俗称火车头。客运车辆是指一切以载客为营运业务的车辆，铁路车辆是运送旅客和货物的工具。动车组的全称为动车组列车，它是现代火车的一种类型，由至少两节带驱动力的车厢(简称动车)和若干节不带牵引力的车厢(简称拖车)共同组成。

为了更好地完成铁路旅客运送任务，要求客运机车速度高、起停车快，且通过曲线时运行平稳。客运车辆应根据不同旅客的要求，有舒适的座位和铺位，以及各类生活服务设施。同时应备有适用于各种用途的客车。动车组要求外部设计合理、内部环境幽静、动力性能优良、配置设施齐全、服务体贴周到等。

第二节　客运站及流线组织

客运站是指专门办理旅客运输业务的车站，设有旅客乘降设施，并由站前广场、站房、站场客运建筑三部分组成。客运站的工作组织水平对铁路旅客运输的效率和服务质量有着直接的影响。客运站一般设置在铁路网上有大量客流集散的地点，如国家政治、经济、文化中心，包括首都、省会、直辖市、大城市、大工业中心和港口城市、旅游胜地等。通过客运站可以将旅客和行李包裹安全、迅速、便利地运送到目的地，对社会经济发展和提高人们的生活质量都具有十分重要的意义。

世界上最早的铁路客运站于 1830 年建于英国利物浦市克朗街，当时的站房十分简陋，是一栋办公楼外接木构架的敞棚。后来，一些大城市的铁路客运站发展成为包括售票房、行李包裹房、候车室、餐厅等的用房以及站前广场等的大型公共建筑，有能通过火车、马车的站台大雨棚以及立体交叉的天桥、地道等设施。从20世纪初期起，铁路客运站建筑注重解决功能问题，由以“等候空间”为主逐步变为以“通过空间”为主，各种服务设施布置在进出站的通道上。

我国客运站建设可大致划分为三个阶段。改革开放前的发展过程可以看成是我国铁路客运站建设的第一个发展阶段。这一阶段的大型客运站在外形上追求纪念性，房屋建筑对称、高大、庄严，以代表中华人民共和国的形象。客运站基本分为站前广场、站房和站场三大部分，这三部分完全在平面上展开。站房采取集中式布局，以候车厅为主，并且候车厅细分出普通候车室和母婴、军人、贵宾、中转、团体等特殊候车室，站房以实体墙分割成若干封闭空间，其他辅助空间如售票、行包、餐饮、问讯等围绕进站广厅和候车厅展开。这样的集中式平面布局适应了当时客流量小、车次少、列车停靠时间长、一次性运量大的特点。到了20世纪80年代，国民经济迅速发展，铁路客运量猛增，铁路客运能力全面紧张。一些国外的客运站先进设计理念涌入国内，带来了我国第二个铁路客运站建设的高潮时期。在这个阶段的客运站建设主要出现了将候车厅容量扩大、简化的思想并出现了高架候车厅。第三个发展阶段是，进入21世纪后，铁路建设明显加快了发展速度，不仅普通线路的列车进行了大面积提速，高速铁路的建设也拉开了序幕。

客运站主要由站房、站场和站前广场三部分组成。

(1)站房是客运站的主体，包括候车部分(各类候车室)、营业管理部分(售票室、行李包裹房、小件寄存处、盥洗室、客运室、转运室等)、交通联系部分(大厅、通道、楼梯)等为旅客服务的各种房屋和运营管理工作所需要的各种技术办公房屋。

(2)站场是进行客运技术作业的场所，包括线路(正线、到发线、机走线、机待线、车辆停留线等)、站台、雨棚、跨线设备等。

(3)站前广场是用于连接城市与站房，以集散旅客的设施，它包括停车场、道路、旅客活动地带和广场周围的旅客服务设施等。旅客活动地带包括绿地、休息廊、交通岛、活动平台。旅客服务设施包括饭店、商店、邮电局、旅馆、书店等。停车场应布置在站房出入口附近，以减少旅客步行距离，并避免车流与主要人流交叉，避免车辆穿行广场。

一、铁路客运站分类及设置

铁路客运站的主要任务是组织旅客安全、迅速、准确、方便地上下车；办理行包、邮件的装卸搬运作业；组织旅客列车的安全、正点到发和客车车底取送；为旅客提供舒适的服务。

1. 按客运站平面布置图分类

1)尽头式客运站

尽头式客运站的旅客列车到发线均为尽头线，站房设置在到发线一端或一侧，中间站台用分配站台相连接，客车整备所和客运机务段与客运站纵列配置，见图3.1。如青岛站、重庆站等客运站属于尽头式客运站。

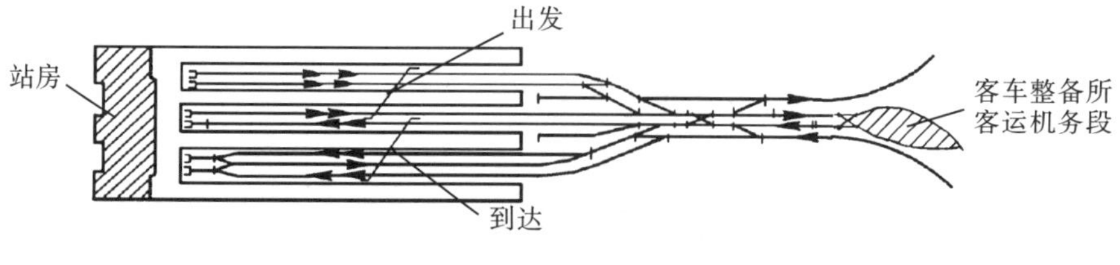

图3.1　尽头式客运站布置图

尽头式客运站的优点：因只有一端咽喉，进站线路线与城市交通道路交叉干扰较少；站坪长度短，占地面积少并且车站容易建在市区；旅客在站乘车较方便，出入站不必跨越线路，可缩短出行时间。

尽头式客运站的缺点：全部列车的到发、客车车底的取送及客运机车的出入段等作业均集中在一端咽喉区进行，各类作业交叉干扰大，通过能力会受严重影响；接车时，列车进站速度较低，占用咽喉时间长，影响车站通过能力；通过的旅客列车要变更运行方向时，作业不方便；旅客进出站走行距离长，进、出站和行包搬运都要经过靠近站房一端的分配站台，在分配站台上行包搬运作业交叉干扰严重。因此，新建客运站一般不采用尽头式客运站，只有在以始发、终到旅客列车为主的客运站或在地理条件不适宜建通过式客运站时采用尽头式客运站。

2) 通过式客运站

旅客列车到发线及正线是贯通整个车站的，站房设在线路一侧，基本站台与中间站台用天桥或地道等跨线设备连接。客车整备所和客运机务段与客运站纵列配置，见图 3.2。一般情况下，客运站都宜采用通过式布置图。

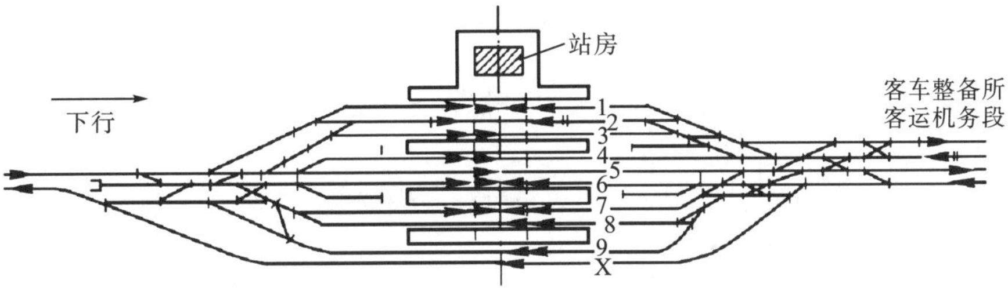

图 3.2　通过式客运站布置图

通过式客运站的优点：车站两端均有咽喉区，接发列车分别在两端咽喉区办理，列车到发、客车车底取送及客运机车出入段作业交叉干扰较少，车站通过能力大；通过的旅客列车不必改变运行方向，作业较方便；到发线可办理各种列车的始发、终到及通过作业，使用灵活机动；旅客进出站走行距离短，此外，旅客进出站与行包搬运交叉干扰少。新建客运站一般采用通过式布置图。

通过式客运站的缺点：由于有两个咽喉区，站坪较尽头式客运站长，故而占地面积大；车站不易伸入市区，进站线路穿越城市，与城市交通道路交叉干扰严重。

3) 混合式客运站

混合式客运站的特点是旅客列车到发线一部分为通过式，另一部分为尽头式。通过式线路供长途旅客列车到发或通过使用，尽头式线路供城际旅客列车到发使用，布置图见图 3.3。

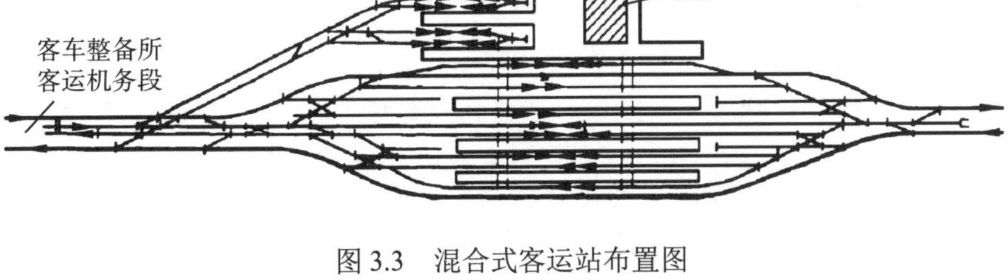

图 3.3　混合式客运站布置图

混合式客运站的优点：当某一方向城际客流量较大时，设置部分尽头线，可节省用地及投资，且城际旅客进出站方便，与长途旅客流线分开，互不干扰。

混合式客运站的缺点：到发线使用不灵活，在城际列车行车量较少时，利用率低；因城际列车到发线单独设置，城际列车进出站的咽喉区会与长途列车到发产生交叉干扰，尤其是两者共用客车整备所和客运机务段时，交叉干扰尤为严重。混合式客运站一般在旧站改建、扩建时为充分利用原有车站设备才考虑采用。

2. 按客运量和技术作业大小分类

考虑政治、经济、文化及在铁路网上的地位等条件，客运站可分为特等站、一等站、二等站、三等站、四等站、五等站。三等及其以下客运站一般为客流量较少且无始发、终到旅客列车的客货运混合站，客运站的分级标准见表 3.1。

表 3.1　客运站等级核定表

车站等级	办理业务
特等客运站	日均上下车及换乘旅客在 6 万人以上，并办理到发、中转行包在 2 万件以上的客运站，如北京站、上海站
一等客运站	日均上下车及换乘旅客在 15000 人以上，并办理到发、中转行包在 1500 件以上的客运站，如达州站、昆明站
二等客运站	日均上下车及换乘旅客在 5000 人以上，并办理到发、中转行包在 500 件以上的客运站，如遵义站、攀枝花站

对办理客货运业务及货物列车解编等技术作业的综合性车站进行车站等级划分。

(1) 具备下列两项条件之一者为特等站：

①日均装卸车在 750 辆以上的货运站(装卸车数以整车为标准。零担装卸车数包括整零、沿零)；

②日均办理有调作业车在 6500 辆以上的编组站。

或具备下列三项条件中两项者为特等站：

①日均上下车及换乘旅客 20000 人以上，并办理到发及中转行包在 2500 件以上；

②日均装卸车在 400 辆以上；

③日均办理有调作业车在 4500 辆以上。

(2) 具备下列两项条件之一者为一等站：

①日均装卸车在 350 辆以上的货运站；

②日均办理有调作业车在 3000 辆以上的编组站。

或具备下列三项条件中两项者为一等站：

①日均上下车及换乘旅客在 8000 人以上，并办理到发、中转行包在 500 件以上；

②日均装卸车在 200 辆以上；

③日均办理有调作业车在 2000 辆以上。

(3) 具备下列两项条件之一者为二等站：

①日均装卸车在 200 辆以上的货运站；

②日均办理有调作业车在 1500 辆以上的编组站。

具备下列三项条件中两项者为二等站：

①日均上下车及换乘旅客在 4000 人以上，并办理到发、中转行包在 300 件以上；

②日均装卸车在 100 辆以上；

③日均办理有调作业车在 1000 辆以上。

(4) 具备下列三项条件中两项者为三等站：

①日均上下车及换乘旅客在 2000 人以上，并办理到发、中转行包在 100 件以上；

②日均装卸车在 50 辆以上；

③日均办理有调作业车在 500 辆以上。

(5) 办理综合业务，但按核定条件，不具备三等站条件者为四等站。

(6) 只办理列车会让、越行的会让站与越行站，均为五等站。

其他核定标准：

车站等级可考虑车站所在地的政治、经济、文化、外交和运输布局的需要，如首都、中央直辖市及个别省会(自治区首府)所在地的车站可酌定为特等站；省会(自治区首府)所在车站及重要的国境站、口岸站可酌定为一等站或二等站；工矿企业比较集中地区的车站及位于三个方向以上并担当机车更换、列车技术作业的车站可酌定为二等站或三等站。另外，特等站、一等站是和车务段平级的，不受车务段管。

3. 按客运站在路网上和所在地区的重要度分类

1) 客运中心

客运中心一般是全国政治、经济、交通的中心，人口规模及铁路客运量居全国前列，为全国性客流集散地，同时考虑在全国路网中的位置，如上海、北京、广州、武汉等四大客运中心。

2) 大型客运站

大型客运站一般是大城市所在地或区域经济、交通的中心，为区域客流集散地，如天津、南京、西安、成都、郑州、长沙等城市的客运站与大型客运站。

3) 一般客运站

一般客运站一般是地区性经济、交通中心，为地区客流集散地，如唐山、包头、洛阳、大同、苏州、无锡、柳州、襄樊、秦皇岛等城市的客运站。

这种分类与城市中所称的综合客运枢纽(站)不是同一个概念。例如，天津站、成都站、苏州站等建成与城市各种交通方式无缝连接，则该城市就可称该客运站为该城市或区域的综合客运枢纽(站)。

4. 高速铁路客运站按技术作业性质划分

对于高速铁路客运站而言，除了上面的分类外，还常常根据技术业务特性分为越行站、中间站和始发终到站。

1) 越行站

越行站的主要作业是办理中速列车待避高速列车。图 3.4 为高速铁路越行站布置图，正线办理高速列车通过，到发线办理中速列车待避。由于不办理客运业务，原则上可不设站台。

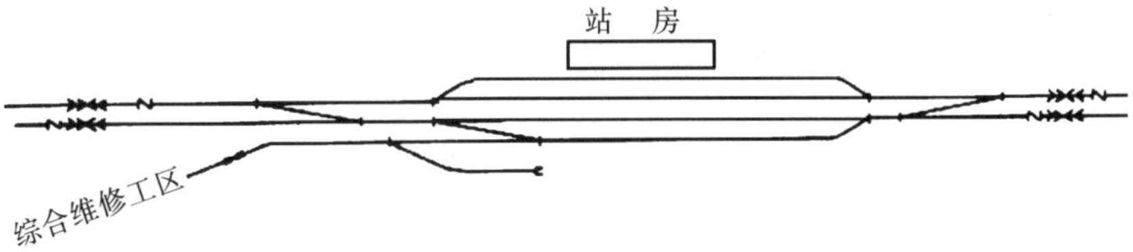

图 3.4 高速铁路越行站布置图

越行站在高速线路上的布局应根据高、中速列车的比例，列车开行方案，高速线路需要的通过能力等因素来决定。

2) 中间站

中间站主要办理以下主要作业：办理正向各种列车的越行通过作业；办理停站列车、越行列车进出到发线作业和客运业务；有立即折返列车的中间站，办理列车终到、始发作业；办理始发、终到列车的客运整备作业和客运业务。中间站布置图有对应式和岛式两种。

(1) 对应式中间站。

对应式中间站的两个站台夹 4 条线，Ⅰ、Ⅱ道为正线，3、4 道为到发线。考虑到办理四交会的可能，故设两条停车待避用的到发线。这种布置图的优点是站台不靠近正线，高速列车自正线通过时，不影响站台上旅客的安全，站台安全退避距离不必加宽。为便于高速铁路设备的维修保养，在高速线的车站上，通常根据工务、电务、供电工区的分布，设置综合维修基地。这种基地应尽量与车站的到发线衔接，以便维修用车的出入。必要时，可采用跨线桥引入车站，见图3.5。

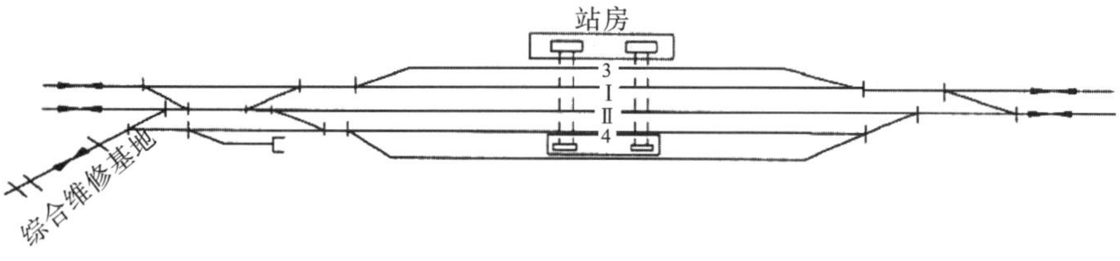

图3.5　对应式中间站布置图

(2)岛式中间站。

岛式中间站的中间站台靠近正线，这种布置图的缺点是：当有列车在正线停靠站台时，会影响后续追踪列车通过，降低区间通过能力；另外，由于高速列车通过时受列车风的影响，站台安全退避距离需要加宽以保证旅客的安全，并需设置防护栅栏。中间站采用对应式布置图为宜。但当有停站的旅客列车较多时，为充分利用站台，中间站也可采用岛式布置图，见图3.6。

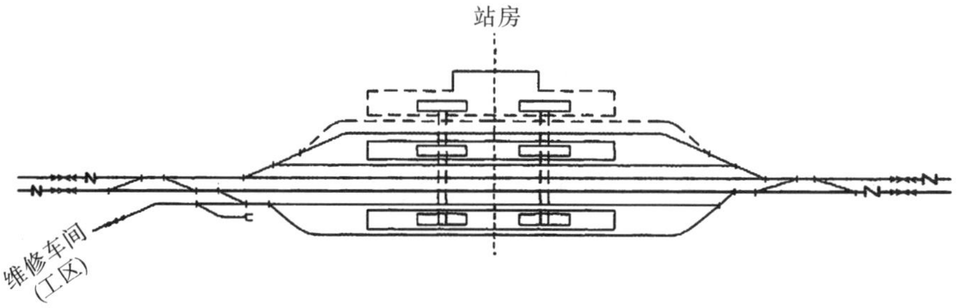

图3.6　岛式中间站布置图

3)始发终到站

始发终到站设置在高速铁路的起点和终点，位于特大城市的铁路枢纽，主要办理始发、终到高速列车的作业。主要办理的作业有：高速旅客列车的客运业务；高速旅客列车的始发、终到，动车组的取送和折返作业；动车组的整备、检修作业。

由于没有不停站的高速旅客列车通过，正线可设在靠近站台处，并作为到发线使用。始发站应设有与到发线相衔接的动车段(所)或综合维修基地。

正线不邻靠站台的始发站布置图和正线邻靠站台的始发站布置图见图3.7和图3.8。

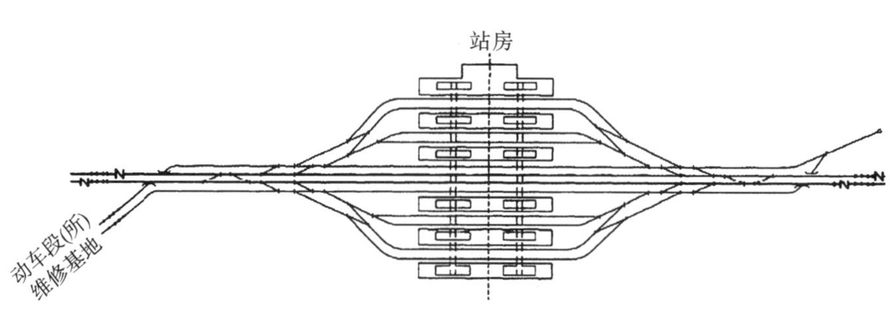

图3.7　正线不邻靠站台的始发站布置图

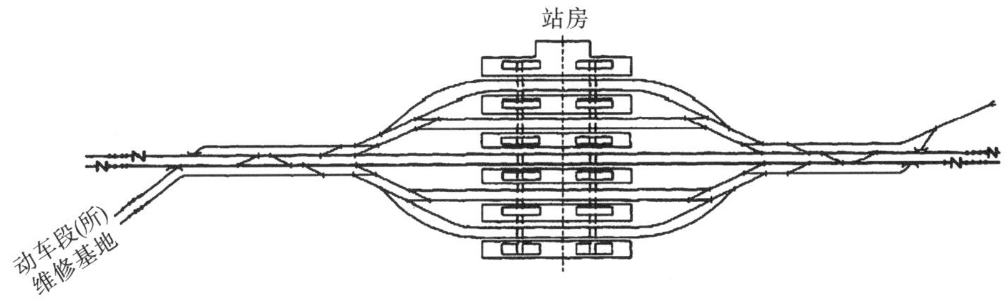

图 3.8 正线邻靠站台的始发站布置图

5. 高铁客运站按与既有车站关系分类

既有车站即已经建成运营的客运站，区别于新建、在建、规划中的客运站。

高铁客运站与既有车站合并设计的原则：

(1) 高速列车的运行及其接发进路应自成系统，普速列车不得进入高速系统，高、普速列车宜分场分线使用。

(2) 在跨线列车需上、下高速线运行的车站，高速车场与普速车场之间应用渡线或具有立交疏解设备的联络线连通。

(3) 客运站房共用，但高速列车与普速列车旅客的进、出站通路及候车室应尽量分开。

1) 高速车站与既有车站共用车场

高速线在枢纽前方站与既有线合并进入枢纽，利用既有正线进入既有车站，既有车站车场为高速列车与普速列车共用股道，见图 3.9。其优点是建筑费用低，但是作业交叉干扰大，指挥组织复杂。这种类型一般见于以下情况：一是由于既有车站周边被高密度城市道路或建筑物包围，用地紧张，没有独立设置高速铁路进站线路的余地；二是高速列车系统与既有线路有较好的兼容性。

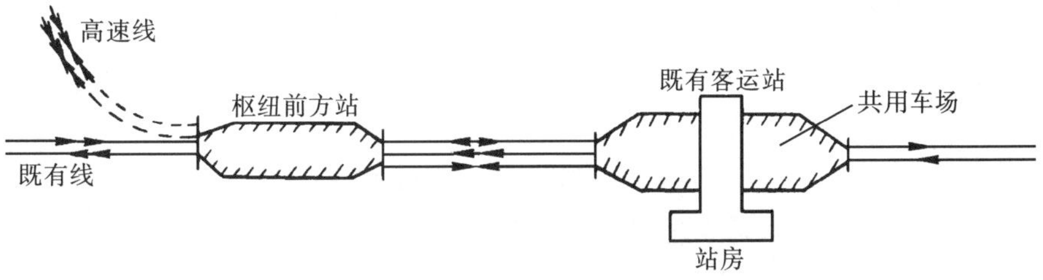

图 3.9 高铁客运站与既有车站共用车场布置图

2) 高铁客运站与既有车站车场咽喉互不连通

在既有车站邻近处新建高铁站房，不与既有车站共用车场，单独设置高速车场，见图 3.10。这种类型的优点是既方便旅客换乘，又可保证高速线路的独立运转，作业不产生交叉干扰。

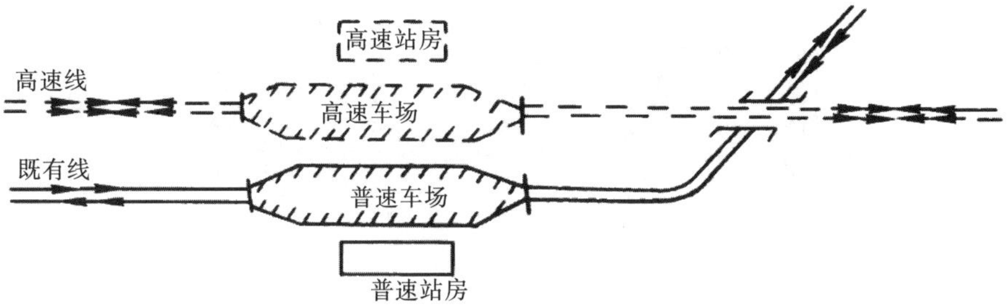

图 3.10 高铁客运站车场与既有车站车场分别设置布置图

3）高铁客运站与既有车站在同一平面并列合设

高铁客运站利用既有车站改扩建，与既有车站共用站房但不与既有车站共用车场，而是单独设置高速车场，两车场的咽喉相互连通，见图 3.11。这种类型的优点是充分利用现有铁路客运设施和设备，方便旅客换乘。

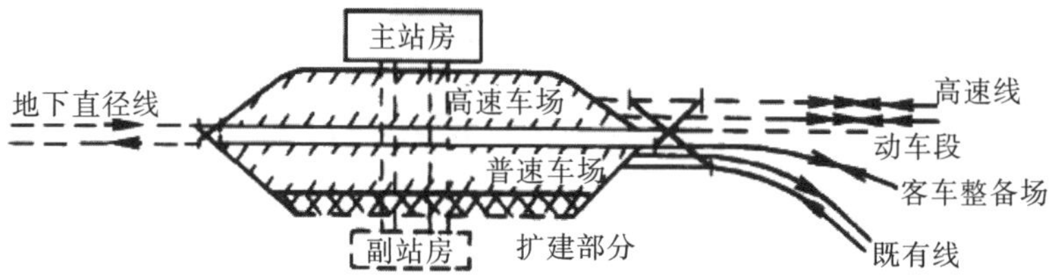

(a) 尽头式客运站

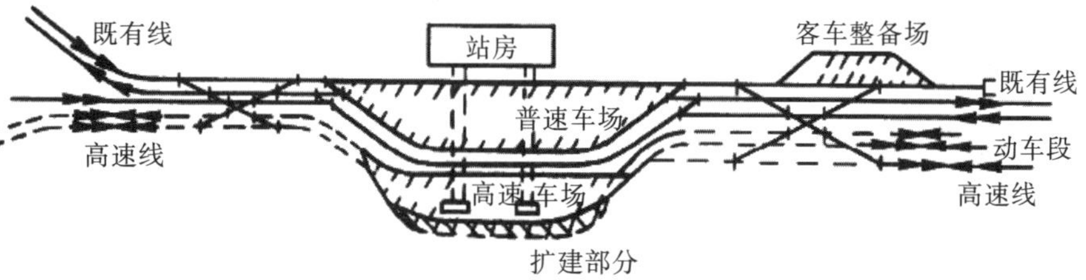

(b) 通过式客运站

图 3.11　高铁客运站与既有车站共用站房但不共用车场设置图

4）既有车站上、下方设高架高速列车车场

在既有车站上方或下方新建高铁站房，但不与既有车站共用车场，而是单独设置高速车场，见图 3.12、图 3.13。这种类型的优点是既方便旅客换乘，又可保证高速线路的独立运转。高铁客运站采用昂贵的高架或地下的方式引入既有车站，还需要克服高铁客运站建设期间既有车站需照常运转所带来的施工组织上的困难。

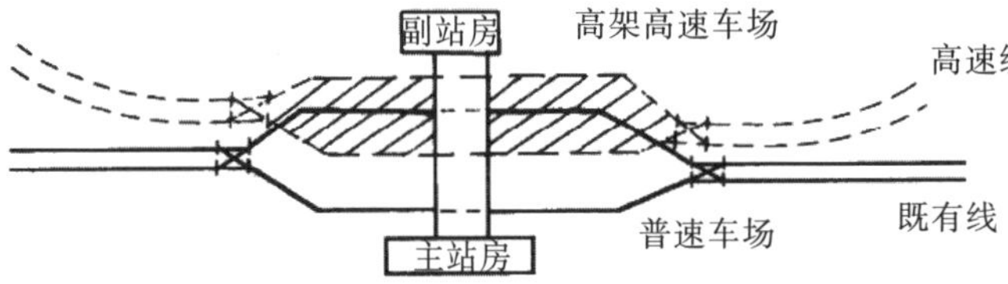

(a) 平面

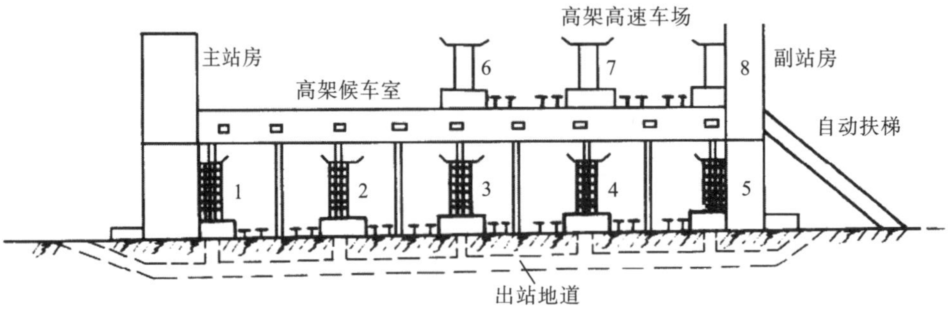

(b) 横断面

1~5：普速车场站台；6~8：高速车场站台

图 3.12　高速车场架设于普速车场上方布置图

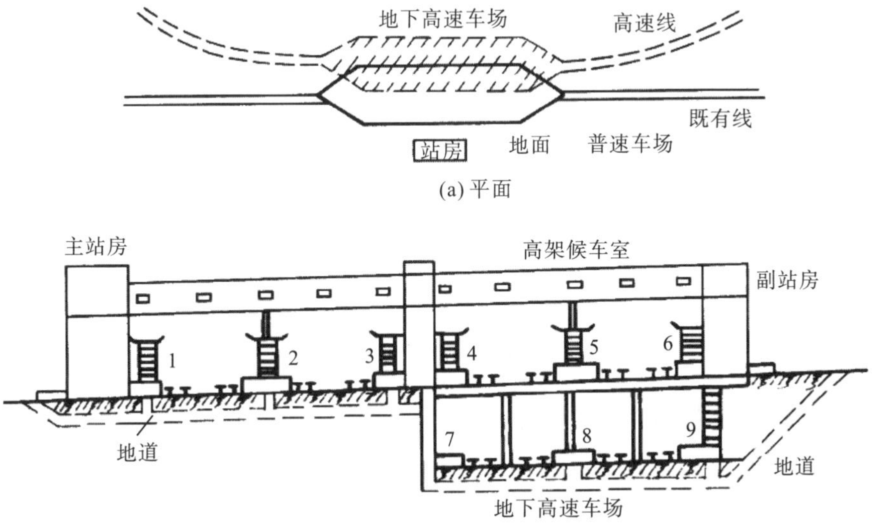

(a) 平面

(b) 横断面

1~6：普速车场站台；7~9：高速车场站台

图 3.13　高速车场架设于普速车场下方布置图

以上与既有车站关系密切的高铁客运站具有如下优点：

(1) 方便高速铁路旅客乘降和换乘。

(2) 有利于吸引更多的客流。

(3) 充分利用现有铁路客运设施和设备。

(4) 充分利用既有车站周边完备的城市交通设施条件。

(5) 促使各种交通运输方式围绕客运站紧密衔接共同形成客运交通枢纽。

(6) 推动和促进了既有车站的现代化更新改造。

5) 单独新建的高铁客运站

单独新建的高铁客运站是指不在既有车站附近而在新高速线路上另建新的高铁客运站，常出于以下理由设置：一是城市需要新的客运站来疏解人流和均衡布局；二是考虑促进城市新区开发和地区间均衡发展的需要。

单独新建的高铁客运站须新辟站区，同时配合修建新的衔接场地、周边道路及各类交通设施系统。单独新建高铁客运站的优点是客运站建设用地充裕，不受既有线路和车站的限制，客运站设计较自由。问题是新站往往远离城市中心区，很多高铁新站建在两个城镇之间的乡村地带，因此客运站必须设计在有较好可达性的位置，同时考虑客运站周边土地的综合开发以吸引旅客和其他城市功能的集聚。

二、客运站总体布置及流线组织

1. 站房平面、立面总体布置方案

我国划分铁路客运站基本类型的依据是站前广场、站房与线路的空间关系。客运站的布局按不同的类型、条件因地制宜，从平面、立面的总体布置入手。

根据站房与铁路线路的标高关系，如表 3.2 所示可以将客运站分为三种类型客运站：线平式、线上式和线下式。线平式即站房地面高程与线路高程相差很小或相同；线上式即站房地面高程高于线路高程；线下式即站房地面高程低于线路高程。根据站房与铁路线路的水平关系，客运站又分为线侧型、线端型和穿越型。线侧型客运站的站房和铁路线路是相对独立的，站房位于线路一侧。线端型客运站的站房位于线路的一端，穿越型客运站的站房和站线在同一个投影下。有些大型的客运站由于功能较多且地形复

杂，也会出现两种或两种以上形式共存的情况，称之为复合式客运站。

1) 线平式客运站

线平式客运站平面为对应式车站，站房在一侧，具有基本站台和中间站台。在立面上两站台采用一座进站地道和一座出站地道连接的“两地”方式，或者采用高架通廊进站上车、地下通道出站的“一天一地”方式，或者是两个高架通廊进出站的方式，见图 3.14 和图 3.15。

表 3.2　站房、站前广场、线路的位置关系

站房与铁路线路的标高关系	站房与铁路线路的水平关系	广场与站房地平标高的关系
线平式	线侧型	
	线端型	
线上式	线侧型	

站房与铁路线路的标高关系	站房与铁路线路的水平关系	广场与站房地平标高的关系
线上式	线端型	
	穿越型	
线下式	线侧型	
	线端型	
	穿越型	
图例	站房　列车　垂直交通与路线设备	

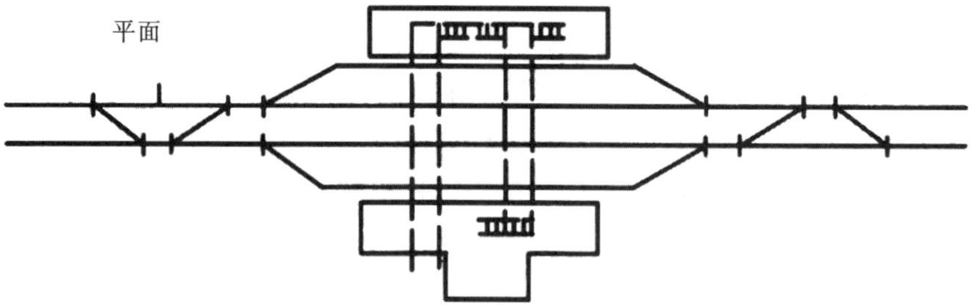

图 3.14　线平式线侧型客运站平面示意图

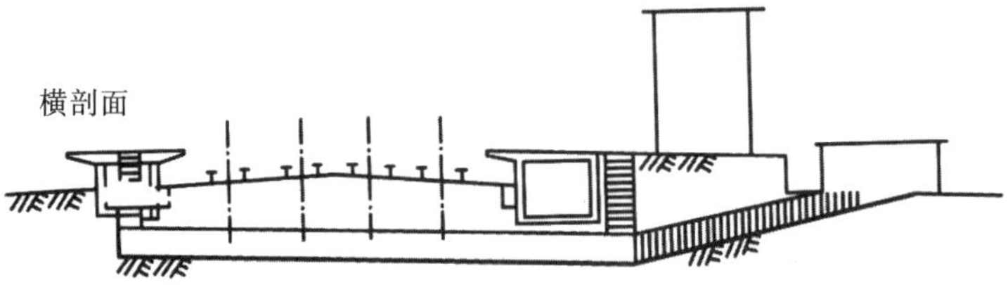

图 3.15　线平式线侧型客运站断面示意图

2) 线上式客运站

线上式穿越型客运站一般用于旅客到发量较大、停站列车较多的客运站，采用候车室或站房全部建于车站股道之上的方式。如图 3.16 所示，进站旅客从进站厅自动扶梯上至高架站房及候车室，从候车室两侧的人行楼梯下到站台。出站旅客可自地道出站，若两侧都设进出口，地道也可不贯通。旅客流程为“高进低出”。采用这种布置形式的客运站旅客进出站流程清晰、方便，同时具备在车站两侧设进出口的条件。

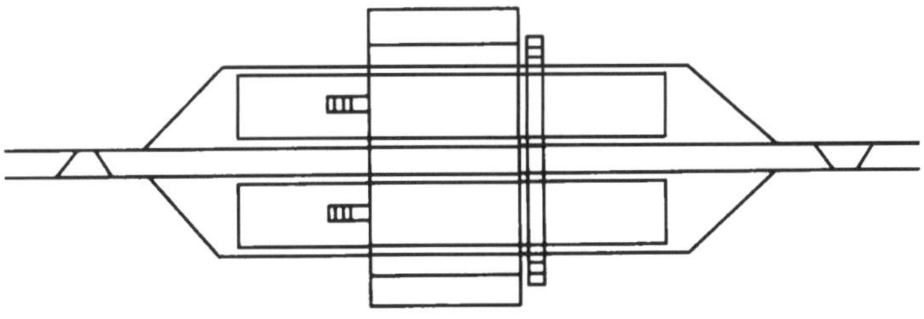

(a) 平面示意图

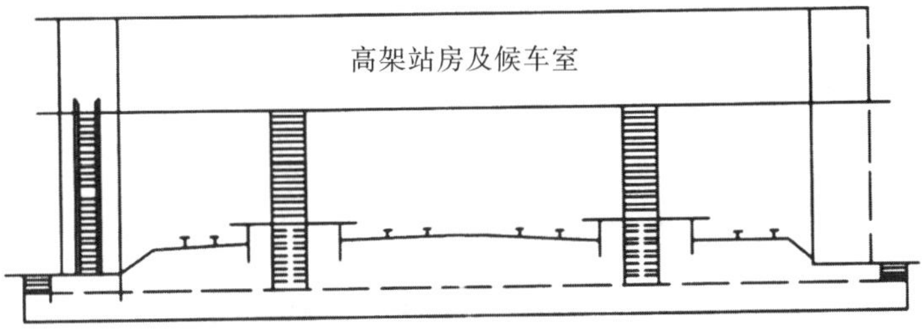

(b) 断面示意图

图 3.16　线上式穿越型客运站示意图

3) 线下式客运站

线下式穿越型客运站平面布置功能仅为列车到发和旅客上下车，其余设施利用车站桥下净空作为站房和候车室的立面布置，每个站台设旅客上(自动扶梯)下(步行楼梯)梯各一座，构成“低进低出”旅客流程。日本上越新干线上的毛高原站就是这种布置的典型车站，见图 3.17。

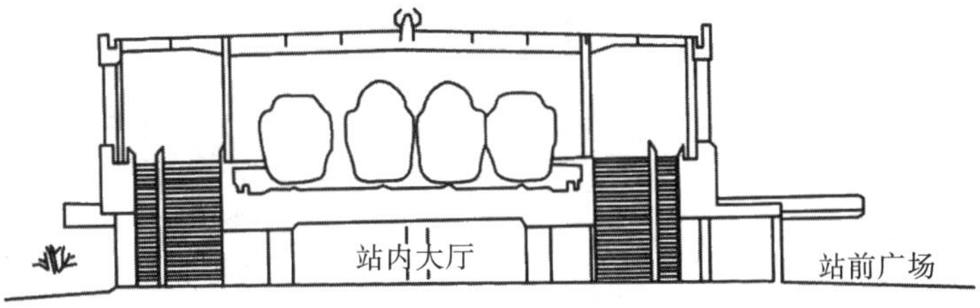

图 3.17　上越新干线毛高原站断面图

2. 客运站流线组织

旅客、行包、车辆在客运站内的集散活动产生一定的流动过程和路线，通常称为流线。客运站的总体布局应以各种流线为主要依据，站房布局应保证旅客流水式通行，尽可能减少各种流线的交叉干扰。客运站流线从流动方向上可分为进站和出站两大流线。从流线性质上可将流线分为旅客流线、行包流线和车辆流线，相关流线见图 3.18 和图 3.19。

站房内部流线应与站外交通流线相互衔接，且与通行能力相匹配。车站内的标志引导系统应与站外标志引导系统相衔接。

1)旅客流线

(1)旅客进站流线。

旅客进出站流线设计应清晰明确、通畅无障碍。进站流线中宜设置不经候车流程的便捷通道(绿色通道)。站房进站厅应设置车票实名验证、安全检查等所需空间。旅客在不同时间内进站，办理各种不同的旅行手续，且不同性质的旅客，其流线也略有不同。

一般铁路客运站旅客可分为有预售票旅客和无预售票旅客两类，以区别于进站旅客是否预先购买车票。不同性质的旅客因为到站时间不同，所需经过服务流程不同，其流线也不尽相同，如图 3.18 中的旅客进站流线包括：

①有预售票直接进站旅客，其流线为：进站口(安全检查)—候车厅—进站检票口—站台上车。

②有预售票托运行李旅客，其流线为：进站口(安全检查)—行包托运处—候车厅—进站检票口—站台上车。

③购票托运行李旅客，其流线为：进站口(安全检查)—售票处(自助售票机)—行包托运处—候车厅—进站检票口—站台上车。

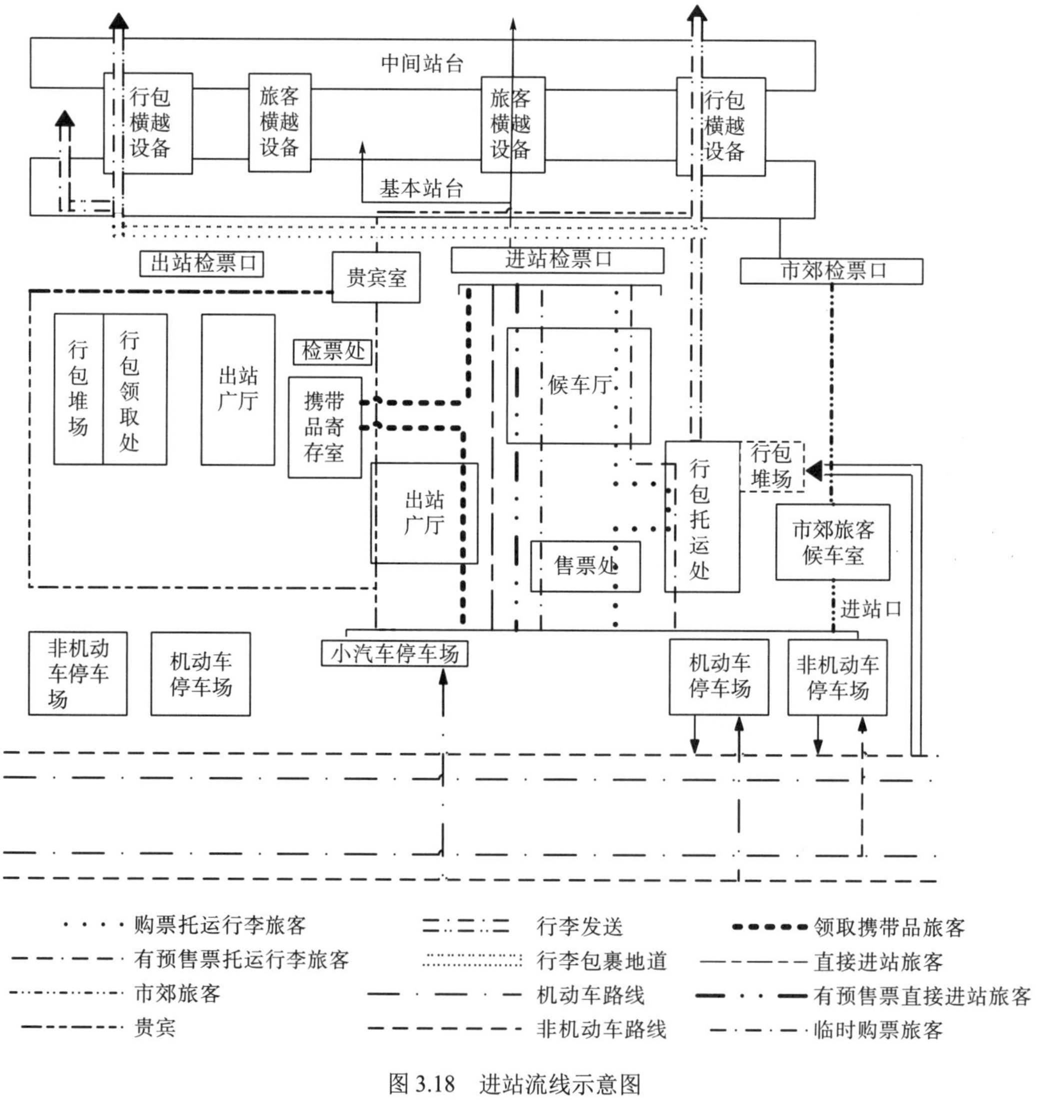

图 3.18　进站流线示意图

(2)旅客出站流线。

旅客在同一时间从列车上下车，到站旅客沿出站站台，经过自动扶梯、无障碍电梯或楼梯至出站厅，检票出站后迅速散离。旅客可以经由地铁、公交车、出租车、长途汽车、社会车辆等任意一种交通方式进行换乘。

(3)旅客换乘(中转)流线。

换乘(中转)流线是大型高速铁路客运站内最重要的流线，实际上可以看成是换乘旅客出站流线的延续，同时也是进站流线的客流来源。

2)行包流线

行包流线应按旅客流线要求顺序排列，行包托运处及发送行包仓库应接近售票处和候车室，行包领取处及到达行包仓库应靠近出站广厅或出站口，并应与停车场相连，便于行包运送。大型客运站为避免行包流线与旅客流线的交叉干扰，应设专用的行包发送及到达地道。

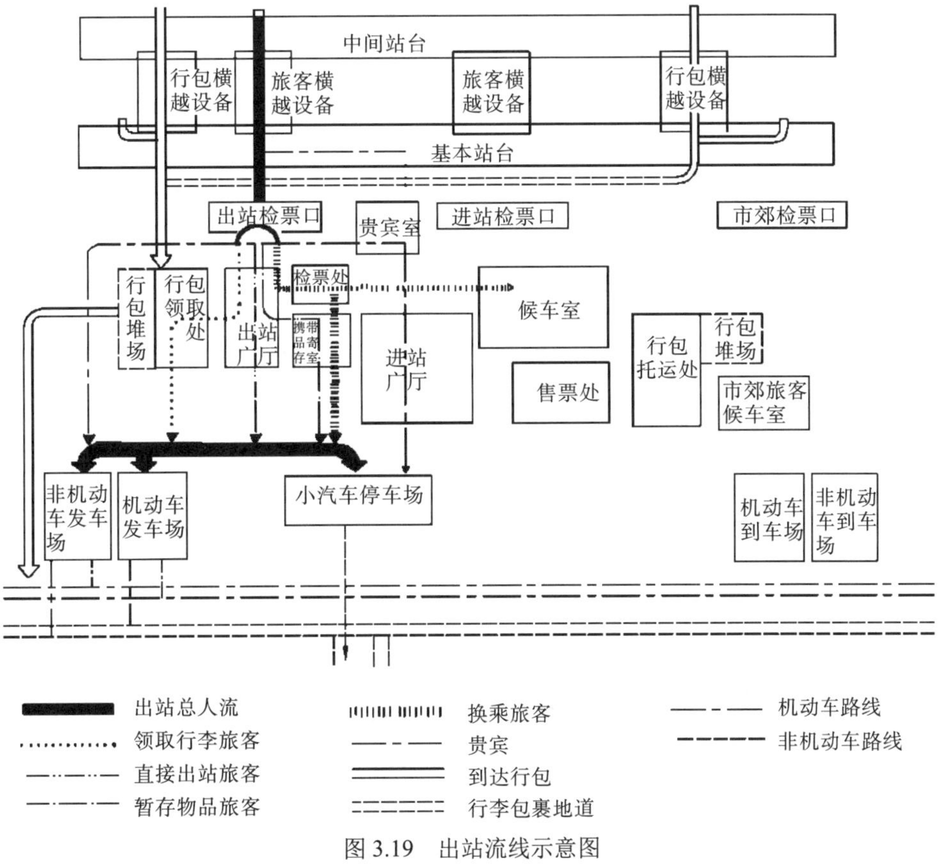

图 3.19　出站流线示意图

3)车辆流线

站前广场上各种公交车、接送客车、出租车、非机动车及进出站客流、行人的交通路线，应合理组织，妥善规划各种车辆的停靠位置，按市内交通靠右侧行车习惯，宜将车辆到达场安排在站房右侧，车辆出发场安排在站房左侧，尽量减少交叉干扰，确保旅客走行安全及车辆集散流畅、便捷。

3. 流线组织的原则和方法

1)流线组织的原则

尽量避免和减少各种流线的相互交叉干扰，最大限度地缩短旅客流动距离，避免流线迂回。依照如下原则规划各类用房的位置，其要求是防止对流，确保安全：

(1)进站与出站两大旅客流线严格分开；

(2)普通旅客流线与城际旅客、贵宾等流线分开；

(3)旅客流线、车辆流线分开；

(4)旅客转乘公共交通及出租车流线顺畅。

2)流线空间疏解法

平面疏解：主要进出站流线在同一平面上错开。在同一平面上的布局使主要进出站流线左右分开，为更好地配合站前广场的车辆流线组织，通常将进站流线安排在站房右侧。这种布局一般适用于单层式客运站、中小型客运站及尽头式客运站，见图3.20。

空间疏解：主要进出站流线在空间上错开。利用不同平面组织进出站流线，一般将进站流线安排在上层，出站流线安排在下层，使进出站流线分开。这种布局适用于大型双层客运站，见图3.21。

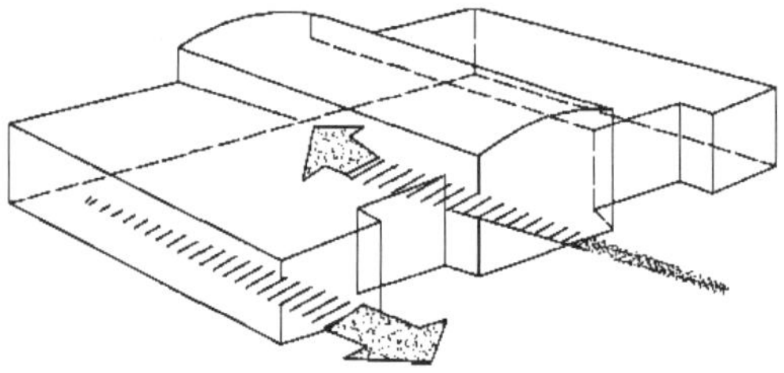

图3.20　进出站流线在同一平面上错开示意图

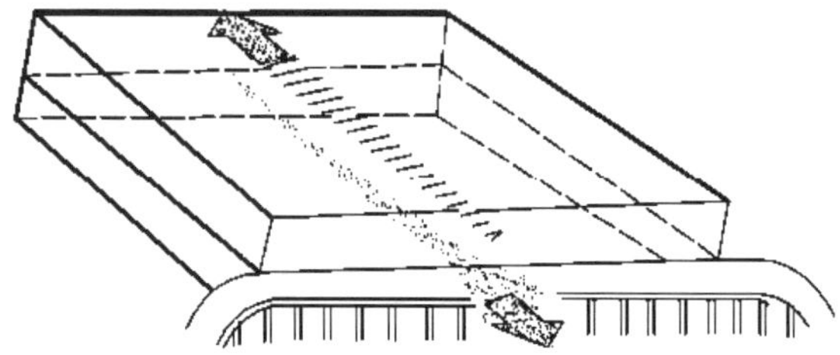

图3.21　进出站流线利用空间错开示意图

立体疏解：进出站流线在平面和空间上同时错开。进站流线安排在站房右侧上层，出站流线安排在站房左侧下层，利用站房的平面和空间使进出站流线明确分开。大型客运站多采用这种基本布局，见图3.22。

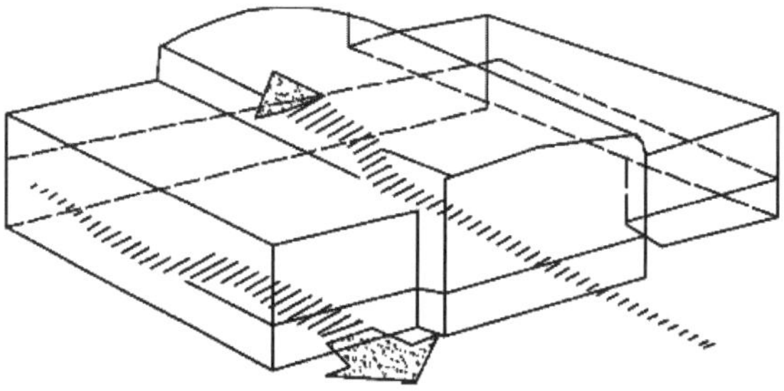

图3.22　进出站流线在平面和空间同时错开示意图

3)设备能力优化法

提高流速法：加强对旅客的信息引导，减少旅客的判断识别时间，提高人流和车流的流通速度，缩短旅客、车辆对车站设施设备的占用时间，提高设备利用率，使流线的通过能力提高。例如，在车站的关键分流点或易拥堵点周边设置问讯点和醒目的引导标识，或者安排工作人员和志愿者及时提供帮助，维持通道秩序，协助设备利用，减少旅客的停留时间，保持旅客的流动性。

设备属性调整法：通过改变站内换乘流线上一些设备的属性，增加流线的通过能力，设备的属性一般指服务点的活跃数量、通过宽度、运载速度及方向等。例如，在各个服务子系统服务高峰时段，加派服务班组，增加服务设备的活跃数量，增加服务窗口，缩短高峰时段旅客的排队等候时间；改变服务设备自身的服务参数，如调整自动扶梯的传送速度，加快安检仪的检查速度等。

三、客运站设施设备

1. 客运站站前广场

1)站前广场的功能及组成

站前广场作为客运站与城市交通联系的纽带，连接城市与铁路站房的空间，是旅客流、行包流及各种车流的集散地点。站前广场的功能是集散铁路旅客和部分城市交通车辆，为旅客提供室外活动及休息场所，运行和停放各种交通车辆，布置各种服务设施。

站前广场为旅客提供室外活动场所，包括车行道、停车场和旅客活动地带等，用于运行、停放车辆，设置有各种建筑服务设施。

2）站前广场的布置要求

(1) 合理确定广场的面积和布局，保证旅客安全迅速疏散；

(2) 尽量避免各种流线相互间的交叉干扰；

(3) 广场周围各种建筑物必须统一规划；

(4) 站前广场的绿化带设计应满足城市绿化的要求。

3）站前广场的布置特点

(1) 多元化换乘方式趋势。

随着社会经济的发展，大多数大型铁路客运站常把交通换乘设于地下，通过上下电梯换乘，十分便捷，同时很大程度上提高了旅客的舒适度。单一的公共交通已经不能满足现在旅客进出铁路客运站快速、便捷的要求，应该具备一个高标准立体化的交通体系。大部分大型客运站将地铁、公交车、出租车等整合为一体，为旅客提供了多种选择方式，可以迅速有效地到达目的地，减少了旅客在站前广场滞留的时间。

因此，站前广场在枢纽功能的构成上被换乘大厅替代。而我国很多传统铁路客运站的换乘长期处于以公交车为主的换乘模式，但由于近几年私家车不断增加，地铁也普遍在建，这使得我国铁路客运站站前广场面临着交通发展所带来的问题。

(2) 功能一体化趋势。

站前广场不仅起着过渡、集散、休憩的功能，还要考虑周边商业的空间布局方式，而空间布局应与广场的交通组织流线互不干扰，否则会使站前广场的交通陷入混乱。

①站前广场交通体系一体化。随着城市交通容量增大，我国大部分高速铁路客运站已经朝着集交通组织、环境景观、商业服务等一体化发展，站前广场也从交通组织、地下空间与地上空间、公共服务设施三个方面整合到城市当中，来缓解客运站与周边城市的压力。

②站前广场地上空间和地下空间一体化。地上空间和地下空间一体化的设计能够使站前广场的地面与地下空间进行同步设计。从整个城市角度来看，开发广场地下空间后会对城市环境、交通产生影响，为了保证城市环境的和谐、交通顺畅，就有必要进行地上空间和地下空间的一体化设计。铁路客运站地上空间与地下空间之间形成新的秩序，相互渗透，相互联系。

③公共服务设施一体化。铁路客运站信息标识系统一体化，不仅能提高客运站的使用效率，同时也能引导车流和人流。合理的布置可以很好地帮助旅客找到目标方向，以帮助旅客尽快熟悉车站环境，减少停留的时间，这样便能快速疏散人流，提高旅客的出行效率。

无障碍化措施是铁路客运站以人为本设计的重要内容之一，其服务对象不仅指残疾人，也包括老年人、孕妇、儿童等社会成员。在站前广场由平面式向立体式转变后，站房内部的空间，都应考虑到无障碍化措施，如站前广场的坡道，除了考虑坡度外还应考虑扶手的设置；盲文向导设计时应该从广场到站房内部形成完整的流线；还应设有无障碍电梯、无障碍卫生间等。

2. 客运站站房

客运站站房是铁路为旅客服务的窗口，旅客通过客运站站房内的各种设施和通道进出车站开始旅行或结束旅行，站房设施一般组成如下：

(1) 直接为旅客服务用的各种房屋，如供旅客办理各种旅行手续和候车的出入口、广厅、问讯处、售票处、自动售票机、取票机和公安制证用房、行包房、各种候车室、通过大厅及小件物品寄存处等用房。这些设施为旅客提供生活及文娱服务的盥洗室、餐厅、售货亭、阅览室、邮电所等房屋，是客运站站房的核心部分。还应根据客流特点设置旅客服务商业设施。

(2)为运营管理所需要的各类技术业务用房，如指挥行车和调车作业的行车室、技术室、列检生产用房及有关辅助房屋。

(3)车站行政办公用房，指行政管理部门用房及辅助性房屋，如站长室、运转室、客运室、财务室等各种行政办公室、会议室。

(4)建筑设备用房，如车站电气机械设备和通风，采暖，供应冷、热水和饮用水等所需房室。

(5)驻站单位用房，指不属于车站领导的部门，如海关办事处、公安驻站机构、检疫机构等单位用房。

1)站房的设计原则

(1)旅客站房的位置应与车站广场、跨线设备布置密切配合，避免旅客走行多余的上、下坡，尽量缩短旅客进站和出站的时间。

(2)站房内各房间的布置应减少各种流线的交叉干扰，减少旅客、行包的走行距离。

(3)旅客站房是城市的重要公共建筑，是城市的“大门”，因此在建筑艺术上应力求与城市的环境、传统、文化相结合，体现出城市的建筑风貌和民族特色，使站房既经济实用，又雄伟壮观。

(4)要考虑未来客流发展，留有发展余地。

2)站房的建筑规模

普速客运站站房的建筑规模应根据车站的最高聚集人数来确定。最高聚集人数是指旅客车站全年上车旅客最多月份中，一昼夜在候车室内瞬时(8～10min)出现的最大候车人数的平均值，包括客运站的发送旅客、中转旅客及送客者，通勤及通学旅客除外。

影响旅客最高聚集人数的主要因素是旅客上车人数及其在车站聚集时间的长短。这和客运站与居民区距离的远近、交通条件、旅客列车到发时间间隔、预售车票组织水平及旅客出行目的、旅客组成等条件有关。最高聚集人数直接反映对车站用房和设施大小的要求，各种用房的建筑面积根据最高聚集人数来计算设计，以确定客运站站房的规模。

高铁客运站站房规模可根据日均旅客发送量和高峰小时发送量等指标来确定，高峰小时发送量是指车站全年上车旅客最多的月份中日均高峰小时发送量。不同规模的高铁客运站在功能组成、换乘模式、内部空间组织和功能适应性上也不同。客运站站房建筑规模分类表见表3.3。

表3.3　客运站站房建筑规模分类表

客运站类型	普速铁路 最高聚集人数 H/人	高速铁路 高峰小时发送量 PH/人
小型	$H \leqslant 600$	PH<1000
中型	$600 < H < 3000$	1000≤PH<5000
大型	$3000 \leqslant H < 10000$	5000≤PH<10000
特大型	$H \geqslant 10000$	PH≥10000

特大型站、大型站一般设于直辖市、省会、自治区首府或计划单列市，是所在城市主要的对外交通窗口之一，对促进城市发展和铁路自身发展意义重大，其规模大、占地广、配套设施密集，人员高度集中、流动，建设环境要求高。设计遵循以人为本和可持续发展的原则，符合所在城市总体规划和铁路总图规划，与城市交通系统密切配合，协调联动，使客运站成为城市交通系统的重要组成部分，构建以铁路客运站为中心的衔接铁路干线、城际铁路、城市轨道交通及城市公交系统的“四网集成”的城市综合交通枢纽。中型站一般设于地级市或经济技术较发达的县级市。小型站一般设于县级及以下的城镇所在地。

(1)最高聚集人数的计算。

目前一般采用计算系数法和图解法计算最高聚集人数。

①计算系数法。计算系数法简单易行，计算公式如下：

$$H = FC \tag{3.1}$$

式中，H 为计算年度最高聚集人数；F 为计算年度高峰月日均旅客上车人数；C 为计算年度所采用的计算系数。

计算系数针对不同情况采取不同值。上车人数少、交通不方便、居民区离车站较远、停站次数少、预售车票组织较差、附近服务设施较少的车站，计算系数应取高值。反之，计算系数应取低值。

②图解法。根据计算时期内，预定的列车运行图的各次旅客列车出发时刻和上车人数(包括送客者)，以及中转旅客人数，利用绘制的候车室内一昼夜旅客聚集情况曲线推算出最高聚集人数。此方法绘图的人数资料依据实际营业车站测时查标的统计数据，对设计的车站要获得正式运营后 10 年的客流数据较困难，仅能作为设计车站时的参考数据。

(2)高峰小时发送量的计算。

采用高峰小时系数法计算高峰小时发送量：

$$\mathrm{PH} = Q_{\mathrm{d}}C \tag{3.2}$$

式中，PH 为高峰小时发送量；Q_{d} 为高峰月日均旅客发送量；C 为高峰小时系数。

$$Q_{\mathrm{d}} = Q_{\gamma}K / 360 \tag{3.3}$$

式中，Q_{γ} 为站点年旅客发送量；K 为高峰月系数，取 1.15～1.16。

3)客运用房

客运用房指直接为旅客服务的房屋，是旅客站房的主体，主要由进出站广厅、站房出入口、售票处、行包房、候车室及检票口等组成。各房室的布置应使旅客在站内流线畅通，走行距离较短。

(1)进出站广厅。

进站广厅是进站旅客必经之地，在此核心位置一般设置彩色综合信息大屏，关注度极高。该屏幕显示列车车次、终到站、开车时间、候车地点等信息，并以丰富的色彩变换区分不同的车次及状态，引导旅客进站候车。

在大中型客运站出站广厅，可设置列车到达综合信息屏，显示列车到达信息及公告信息，用于引导等候接车的旅客顺利接车，同时用于宣传车站服务理念。

(2)站房出入口。

为方便旅客进出车站，并使进站旅客流线与出站旅客流线分开，站房的主要入口与出口应保持一定距离，且按我国公路交通车辆靠右侧行车的习惯，站房主要入口一般设于站房中间或偏右部，站房主要出口一般设于站房左侧或偏左部，见图 3.23(a)。尽头式客运站可结合站前广场的布局、城市交通组织情况，在站房两侧分设一个或两个出口，以避免进出站旅客流线的交叉干扰，缩短旅客的走行距离，见图 3.23(b)。

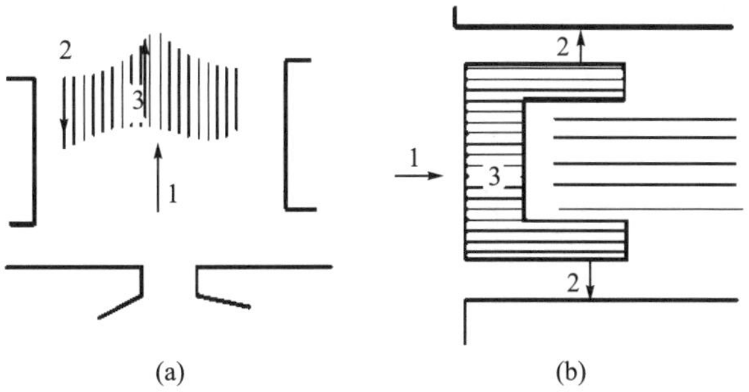

图 3.23　站房主要进出站口布置示意图

1-入口；2-出口；3-站房

(3) 售票处。

售票处应设在旅客进站流线中靠前面且易于找到的明显地点，其布置位置有以下几种：

①售票处设在综合候车室内，见图 3.24(a)、(b)。这种布置使得售票处明显易找，旅客购票走行距离短，但购票旅客与候车旅客互相影响，适用于客运量较小的客运站。

②在营业广厅或靠近主要入口处设置专门的售票厅，见图 3.24(c)、(d)、(e)。这种布置使得旅客购票和候车等活动相互不干扰，适用于中型客运站。

③在站房外单独设置售票室，见图 3.24(f)。售票室通过走廊与站房相连，以免旅客有露天行程。这种布置使得旅客购票后在站内走行距离较长，适用于大型客运站。

④在站房外较远处设专门的售票大楼，见图 3.24(g)。售票大楼与站房独立设置，互不相连。旅客购票与进站旅客流线无交叉干扰，但购票后进站走行距离较长。售票大楼在大型客运站站房使用较紧张等情况下采用。

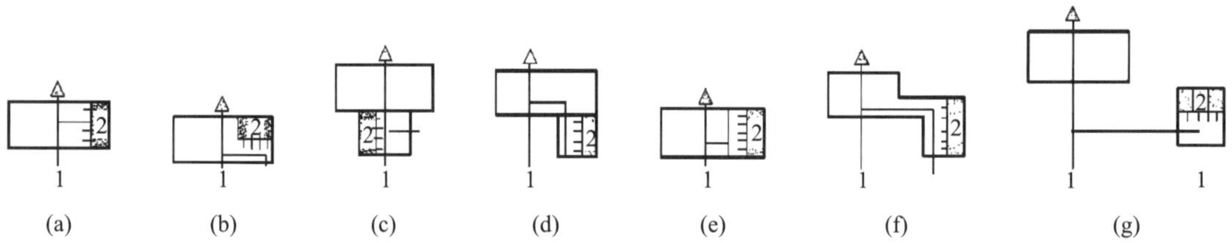

图 3.24　售票处在站房中的位置

1-旅客进站流线；2-售票处

(4) 行包房。

行包房的位置应与客运其他用房、站前广场及站台有机联系，尽量减少行包流线与旅客流线、车辆流线的交叉干扰，方便工作人员的管理。其布置形式如下所示。

站房中只设一个行包房，行包的发送及到达均在同一地点办理。这种布置车站对行包仓库的管理方便，仓库使用灵活，利用率高。根据行包房地点不同，又可分三种布置形式：①行包房设置在旅客进出站流线之间，见图 3.25(a)。旅客托运行包后上车及出站后领取行包走行距离均较短，但托取行包旅客流线与一般旅客进出站流线、行包车辆流线之间交叉严重。②行包房设置在站房的右侧，见图 3.25(b)。对旅客来站托运行包较为方便，但出站旅客领取行包走行距离较长，且与进站旅客流线交叉干扰。③行包房设置在站房左侧，见图 3.25(c)。出站旅客领取行包较方便，而来站托运行包的旅客走行距离长，且与出站旅客流线相互干扰。

站房中分别设置到达行包房及发送行包房，见图 3.25(d)。这种布置方便旅客托运、领取行包，避免进出站旅客流线与行包流线的交叉干扰，只是对行包仓库的利用、管理及行包的搬运等不太灵活方便。

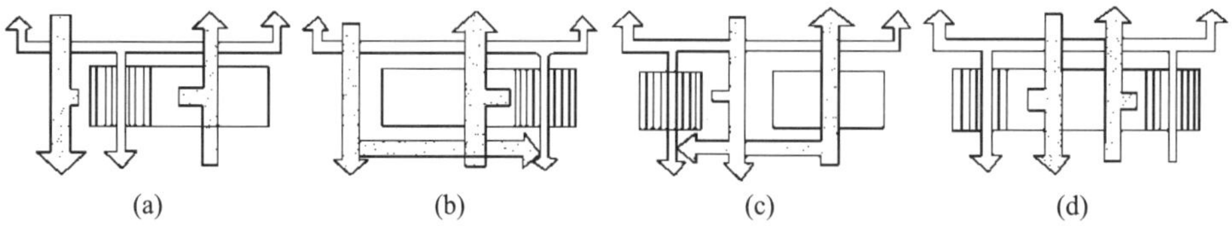

图 3.25　行包房在站房中位置示意图

旅客流线　行包流线　行包房

(5) 候车室。

候车室要求有良好的候车环境，开敞明亮、卫生，有一定的文化娱乐设备。另外，候车室应与站房主要进站口及检票口有便捷的通道相连，并尽量靠近站台，以减少旅客进站及检票后的走行距离。候车室布置形式应根据客流量大小、客流性质复杂程度而定，可分下列两种基本形式。

①集中候车布置。集中候车布置仅设一个综合候车室，候车室利用率高，使用机动灵活，当客流量不大时，可采用这种候车形式，见图 3.26(a)。

②分线候车布置。候车室按横向或纵向划分成几个部分，每一部分是某线或某个方向旅客候车，其中图 3.26(b)是横向分线候车布置形式，旅客走行距离较长；图 3.26(c)是纵向分线候车布置形式，旅客走行距离较短，不必往返走行。在客流量较大且客流组成性质较复杂时，采用分线候车布置形式，便于维持候车秩序和组织旅客上车工作。

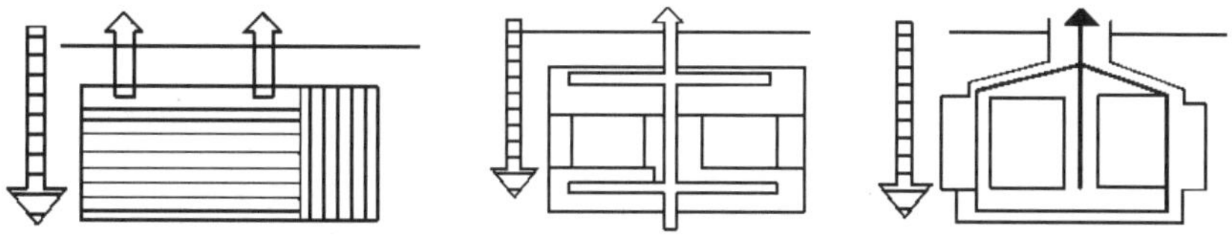

(a) 集中候车布置　　(b) 横向分线候车布置　　(c) 纵向分线候车布置

图 3.26　集中候车与分线候车布置示意图

我国传统的铁路客运站采用“大编组、低速度、低密度”的模式，导致其候车模式呈“等候式”，因此对于此类型的站房通过最高聚集人数的预测来确定车站的规模。随着我国高铁的迅猛发展，高速列车取代普速列车，并日渐成为人们首选的出行方式，尤其在经济发达、人口密度很大的地区。高速列车开行的间隔较小，列车运送的能力增大。高速列车强调时效性，一般候车的时间都不会很长，因此车站内部的人流速度比普速铁路客运站要快很多，功能区布局逐渐由原来的候车型转变为快速流动型。高铁客运站的候车区不再分区，采用共享式候车区，所有列车的旅客共用一个候车区。

针对普速铁路客运站和高速铁路客运站的不同特点，设计中采用最高聚集人数来确定普速铁路客运站规模，采用高峰小时发送量来确定高速铁路客运站规模，最高聚集人数及高峰小时发送量作为铁路客运站站房规模预测的基础参数，是进行车站面积预测的基本条件，也是预测客流量的第一衡量指标，其预测的准确度直接影响车站建筑规模拟定的合理性。

站房规模的基础参数(最高聚集人数等)与各用房使用面积之间具有一定的对应关系，称为“使用面积指标”，从某种角度反映了当前我国铁路客运站的经济标准和技术水平。根据《铁路旅客车站建筑设计规范》，候车室使用面积指标见表 3.4 和表 3.5。

表 3.4　普速铁路候车室使用面积指标

功能分区	房间名称	特大型 $H \geqslant 10000$	大型 $3000 \leqslant H < 10000$	中型 $600 < H < 3000$	小型 $H \leqslant 600$
候车功能	普通候车区	≥1.2m^2/人	≥1.2m^2/人	≥1.2m^2/人	≥1.2m^2/人
	软席候车区	≥2m^2/人	≥2m^2/人	≥2m^2/人	不设
	军人(团体)候车区	≥1.2m^2/人	≥1.2m^2/人	不设	不设
	无障碍(含母婴)候车区	≥2m^2/人	≥2m^2/人	≥2m^2/人	≥2m^2/人
	贵宾候车区	≥2×150m^2	≥1×120m^2	≥1×60m^2	不设

注：有始发列车的车站，软席和其他候车室的比例可根据具体情况确定。H 为最高聚集人数。

高速铁路客运站候车区总使用面积应根据高峰小时发送量，按不小于 1.2m^2/人确定。

表 3.5　高速铁路候车室使用面积指标

功能分区	房间名称	特大型 $H\geqslant 10000$	大型 $5000\leqslant H<10000$	中型 $1000<H<5000$	小型 $H\leqslant 1000$
候车功能	普通候车区	≥1.2m^2/人			
	软席候车区				
	军人(团体)候车区				
	无障碍(含母婴)候车区				
	贵宾候车区	≥2×150m^2	≥1×120m^2	≥1×60m^2	不设

注：*H* 为最高聚集人数。

(6) 检票口。

检票口是站房与站台之间的连接点，是旅客进出站的必经之路，也是站场流线组织的重要一环。检票口的布置应力求居于站台适中位置，以尽量缩短旅客检票后的步行距离。检票口的数量应根据通过该处检票进站(出站)的旅客人数及其通过能力来确定。客运站集中设置检票口便于管理和互相调剂使用，当站房规模较大时，应分别设置进站检票口和出站检票口。

高铁客运站采用人工检票和自动检票相结合的进站方式，普速列车客运站在有条件的基础上也会加设自动检票机。检票时旅客需到候车室指定的检票口检票，自动检票机每次只检一趟车次，对其他车次的车票拒绝检票，所以旅客进站前需认真核对好车票的车次、日期、时间，以免耽误旅行。

3. 客运站站场

客运站站场是列车通过和到发的场所，也是旅客和行包的集散地。站场内应设置正线、站线、旅客站台、雨棚、跨线设备等。站场内各种设备的布置应能满足合理地组织旅客和行包两大流线的需要，满足安全、合理地组织旅客上下车和运送、装卸行包的需要，并应考虑方便站内工作人员作业的需要。

1) 正线

正线是指连接车站并贯穿或直股伸入车站的线路，连接车站站界以外部分为区间正线；伸入或贯穿车站部分为站内正线。双线铁路又分为上行正线和下行正线。

客运站正线的位置与站型有关。对于双线铁路客运站，当客车整备所与客运站纵列布置且位于靠站房一侧时，两正线应分别设在上、下行到发线之间和站房对侧的最外侧。这样可使下行客车车底的取送及机车出入段与货物列车通过正线不发生交叉，第一、二站台旅客上、下车及行包邮件装卸等作业都较安全。当客车整备所与客运站纵列且位于两正线之间时，应将下行正线布置在第一、二站台之间，上行正线布置在站房对面的外侧，使列车到发、通过与机车出入段、客车车底取送交叉干扰减少，提高咽喉的通过能力。

对于单线通过式客运站，为了使客车车底取送及机车出入段与货物列车通过正线不发生交叉，其正线位置宜设在站房对面的最外侧。

位于大城市的主要客运站，结合枢纽总布置图，经过技术经济比较，有条件时可将通过货物列车的正线外绕客运站或设联络线分流经由该客运站的货物列车。

对于尽头式客运站，从区间直接引入车站的线路即正线。

2) 站线

普速客运站站线是指站内除正线以外的到发线、调车线、牵出线、货物线及站内指定用途的其他线路。到发线用于接发客车和货车。调车线用于车列解体和编组并存放车辆。牵出线用于调车作业时将车辆牵引出去。货物线用于货物装卸作业的货车停留。站内指定用途的其他线路包括机车走行线、车辆站修线、驼峰迂回线及驼峰禁溜线等。

对于运行动车组的高速铁路客运站，不设机走线和机待线，一般设置到发线、折返线，大型车站还会设置动车组出入段线、存车线、车场之间以及与普速铁路之间的联络线。根据需要有的车站还会设置安全线、避难线等。

(1)旅客列车到发线。

①普速旅客列车到发线数量。旅客列车到发线是站场内除正线以外供旅客列车停靠，与正线平行且有站台相邻，可安全上下旅客的站线。旅客列车到发线数量应根据旅客列车对数、列车性质、引入线路的数量和车站技术作业过程等因素确定，一般可参照表 3.6 所列数据选用。

表 3.6 普速旅客列车到发线数量表

始发、终到旅客列车换算对数	到发线数量/条
12 及以下	3
13～24	3～5
25～36	5～7
37～50	7～9

注：办理通过旅客列车的客运站，每对通过旅客列车按折合 0.5 对始发、终到旅客列车计算。
当普速旅客列车、动车组共用到发线时，可将动车组折合为普速旅客列车，每对始发、终到动车组按折合 0.4 对始发、终到普速旅客列车计算；立即折返、停站通过的动车组分别按折合 0.9 对、0.7 对始发、终到动车组。
始发、终到旅客列车在 50 对以上者，到发线数量可按分析计算确定。

②普速旅客列车到发线有效长度。影响普速旅客列车到发线长度的主要因素有运输要求、列车长度、安全停车附加距离、邻接线路到发线有效长度和经济合理性，主要根据旅客列车长度确定列车到发线有效长度，其计算公式为

$$L_{效}=\sum L_{车辆}+\sum L_{机}+L_{附} \tag{3.4}$$

式中，$\sum L_{车辆}$ 为编挂车辆长度，m；$\sum L_{机}$ 为机车长度，m；$L_{附}$ 为列车安全停车的附加距离，m。

鉴于目前我国普速铁路线路的旅客列车编挂辆数已增加到 16～20 辆，并且 25 型车(长 26.6m)将逐步取代其他各型客车，现行《铁路车站及枢纽设计规范》规定旅客列车到发线有效长度不应小于 650m，并应采用 650m、750m、850m、1050m 等系列值。接发短途、小编组旅客列车和节日代用旅客列车的到发线有效长度可根据需要计算确定，可在 650m 基础上适度缩短。到发线有效长度按旅客列车长度来确定，一般按 20 辆 25 型车进行计算，到发线有效长度不应小于 650m。

③高速旅客列车到发线数量。由于高速铁路车站建成后再改扩建非常困难，因此，规定高速旅客列车到发线数量除应根据车站办理的旅客列车对数、客流量和运输性质确定外，还应满足高峰时段列车密集到发的需要。运输性质是指列车越行、立即折返、始发、终到、动车组列车出入段(所)等。

越行站上下行方向均需要办理速度高的旅客列车越行速度低的旅客列车，故设 2 条到发线。中间站除办理速度高的旅客列车越行速度低的旅客列车外，还要办理客运业务，故设到发线 2～4 条，当有少量折返列车作业时，其停站时间较长，到发线数量可适当增加。车站到发线、动车组走行线按双方向进路设计。

始发站到发线数量与引入线路数量、车站作业量、列车种类、客车开行方案、停站时分等因素密切相关。列车均需停站的站内正线，可全部按到发线计算；如以始发、终到列车为主，仅有少量的列车不停站通过，站内正线(邻靠站台时)可以适当考虑按到发线计算。

始发站列车换算对数(对)和到发线数量(条)的关系，一般可参照表 3.7 所列数据选用。

表 3.7　高速旅客列车始发站到发线数量表

列车换算对数/对	到发线数量/条（正线除外）
70 及以下	5
71～110	6～8
111～150	8～10
151～190	10～12

注：表中到发线数量的幅度，可按换算列车对数的多少对应取值。
列车对数的换算系数如下：始发终到列车（出入段）为 1.0；始发终到立即折返列车为 0.9；停站通过列车为 0.7。
以始发终到列车为主仅有少量不停车列车通过始发站上的正线，可以适当考虑按到发线使用。

④高速旅客列车到发线有效长度。高速旅客列车到发线有效长度由有效停车长度（站台长度）、安全防护距离、警冲标至绝缘节的距离组成。

有效停车长度：8 辆编组时列车总长度最长的是 CRH1 型，列车长度为 214m，最大编组辆数为 16 辆时，列车长度为 428m（8 辆编组时 CRH2 型列车长度为 201.40m，CRH3 型列车长度为 200.67m，CRH5 型列车长度为 211.5m，CRH380A 型列车长度为 203m，CRH380B 型列车长度为 200m），头尾两端考虑 10m 的停车余量，确定到发线有效停车长度为 450m。根据最大编组要求，确定 16 辆编组时站台长度为 450m。

安全防护距离：考虑测速测距误差、驾驶员确认停车点距离及动车组过走防护距离，确定安全防护距离≥95m。

警冲标至绝缘节的距离：根据目前第一轮对距离车头的距离最长为 4.85m，确定警冲标至绝缘节的距离为 5m。

因此到发线有效长度计算为：16 辆编组时 $(5+95)\times 2+450=650\text{m}$ 。

双方向使用到发线有效长度为线路一端的警冲标至另一端的警冲标距离，或线路一端的警冲标至另一端有效长度计算点的距离。

(2) 普速铁路机车走行线和机待线。

有机车换挂作业或有旅客列车始发、终到的客运站，一般应设置机车走行线和机待线。机待线的有效长度一般情况下应为两台机车长度加 10m 安全距离，机待线的坡度应设在平道或面向车挡不大于 5‰ 的上坡道上。

(3) 高速铁路折返线和安全线。

办理立即折返列车作业的中间站，宜在接车方向末端设置或预留折返线。正线通过列车较多时，折返线应与正线立交疏解。折返线应设置在直线上，困难条件下可设在曲线半径不小于 600m 的曲线上。折返线有效长度应根据动车组的编组长度计算确定。动车组采用 16 辆编组时，折返线有效长度不应小于 480m，安全线有效长度不小于 50m。邻靠正线和到发线的安全线宜采用远离相邻正线和到发线的曲线型布置，并应设置双侧护轨。

联络线、动车组走行线在站内与正线接轨时，需要根据联络线、动车组走行线上列车的接入方向确定安全线的位置。联络线、动车组走行线上的列车接入正线（即两线汇为一线）时，为确保正线上通过列车的运行安全，需要在联络线、动车组走行线上设置安全线；正线上的列车接入联络线、动车组走行线（即一线分为两线）时，没有必要设置安全线，如图 3.27 所示。

联络线、动车组走行线与车站到发线接轨时，由于列控系统能够保证作业安全，可不设安全线，见图 3.28。

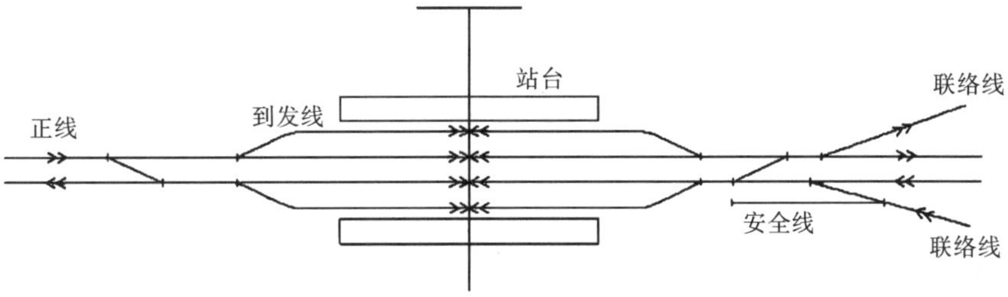

图 3.27 联络线、动车组走行线与车站正线接轨示意图

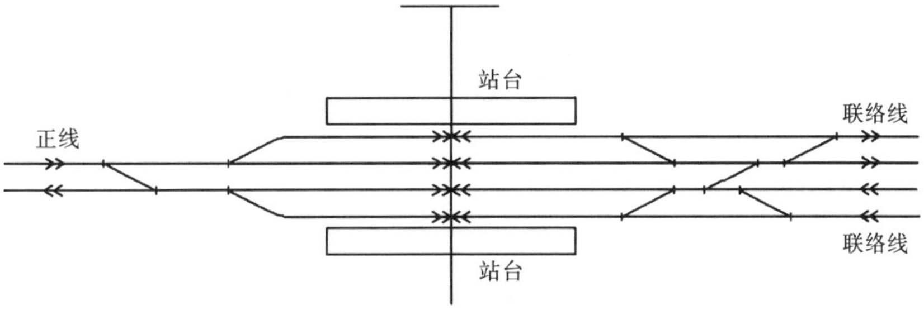

图 3.28 联络线、动车组走行线与车站到发线接轨示意图

3）旅客站台及雨棚

铁路客运站旅客站台的基本功能是满足列车停靠和旅客的乘降，同时保证站台上旅客的人身财产安全，满足旅客进出站的路径快速流畅。旅客站台可加快旅客上、下列车和行李、包裹及邮件的装卸速度，缩短列车在站台上停靠的时间，并为行李、包裹、邮件的搬运创造良好的条件。旅客站台的数量和位置应与旅客站房和旅客列车到发线的布置相配合。

高铁客运站设置站台时，站台不宜邻靠正线设置；当站台邻靠正线设置，列车通过速度大于 80km/h 时，应在距离站台边缘 1.5m 处设置站台安全标线，必要时在距离站台边缘 1.2m 处设置安全防护设施；当列车通过速度不大于 80km/h 时，应在距离站台边缘 1.0m 处设置站台安全标线。

(1)旅客站台的布置。

旅客站台的布置随客运站站型的不同而有所差别。

①通过式客运站或混合式客运站应设基本站台和中间站台，其布置见图 3.29 和图 3.30。

②尽头式客运站应设分配站台和中间站台，其布置见图 3.31。

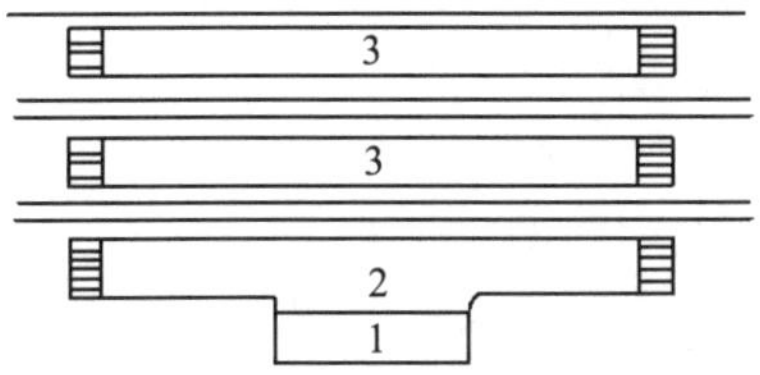

图 3.29 通过式客运站站台

1-站房；2-基本站台；3-中间站台

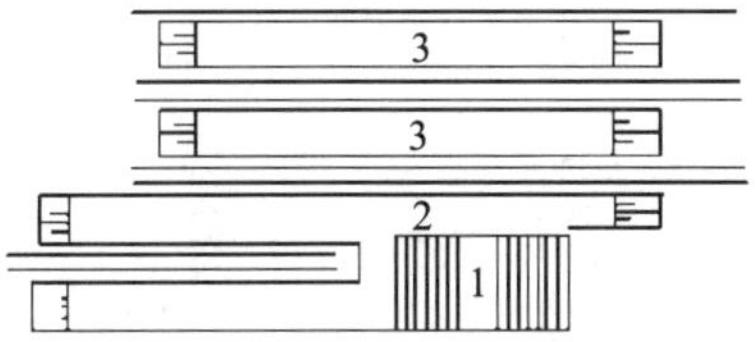

图 3.30 混合式客运站站台

1-站房；2-基本站台；3-中间站台

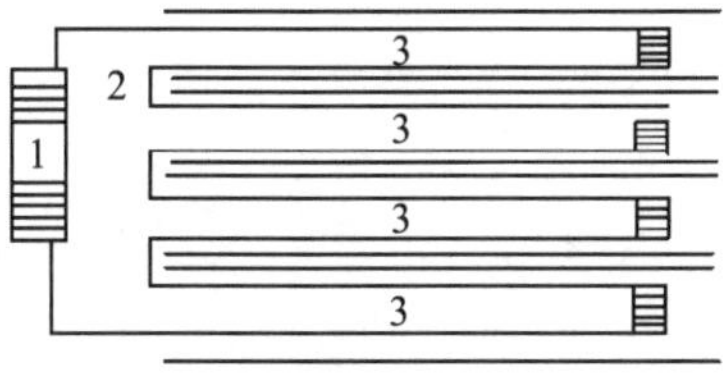

图 3.31 尽头式客运站站台

1-站房；2-分配站台；3-中间站台

(2)旅客站台的长度。

接发普速旅客列车的旅客站台长度：为使整列车能停靠站台，旅客站台的长度应按旅客列车的长度来确定。一辆旅客列车按照 20 辆 25 型客车（长 26.6m）编组，整个车底长度为 532m，故接发普速旅客列车的客运站旅客站台的长度一般按 550m 设置，困难条件下，可根据客车编组情况适当缩短。接发普速旅客列车的尽头式客运站的站台长度，应另加机车及供机车进出的必要长度。

接发高速旅客列车的旅客站台长度：当高速旅客列车按最大编组 16 辆编组时，列车长度为 428m，取 430m，每侧考虑 10m 的停车余量，确定到发线有效长度为 450m。8 辆编组时站台长度可按 220m 设置。设置站台长度应根据列车编组长度和停车误差计算确定。

另外，随着高密度、短编组列车的开行，旅客站台长度可根据具体需要分别加以设置。

(3) 旅客站台的宽度。

旅客基本站台的宽度是指在旅客站房和其他较大建筑物范围以内，由房屋突出部分的边缘至站台边缘的宽度。旅客站台宽度应根据车站性质、站台类型、客流密度、行包搬运工具、安全退避距离、站台上通道出入口宽度、站台上的建(构)筑物宽度等因素确定。

基本站台宽度见表 3.8。

表 3.8　站房范围以内基本站台宽度表

站房规模	站台宽度/m
小型站	8～12
中型站	12～20
大型及特大型站	20～25

普速铁路和高速铁路的旅客中间站台宽度可参考表 3.9。

表 3.9　普速铁路和高速铁路旅客中间站台宽度

名称	特大型站	大型站	中型站	小型站
站房或建筑物突出部分边缘至基本站台边缘距离	20.0～25.0	15.0～20.0	8.0～15.0	8.0
岛式中间站台	11.5～12.0	11.5～12.0	10.5～12.0	10.0～12.0
侧式中间站台	8.5～9.0	8.5～9.0	7.5～9.0	7.0～9.0

注：站房或建筑物范围以外地段的基本站台宽度不应小于侧式中间站台宽度。
普速铁路旅客中间站台宽度宜采用下限值。
表中数值未考虑设置站台门所需宽度。

(4) 旅客站台的高度。

旅客站台的高度是指站台面高出相邻线路轨面的高度。按站台高度分，旅客站台可分为低站台、一般站台、高站台三种，见图 3.32。

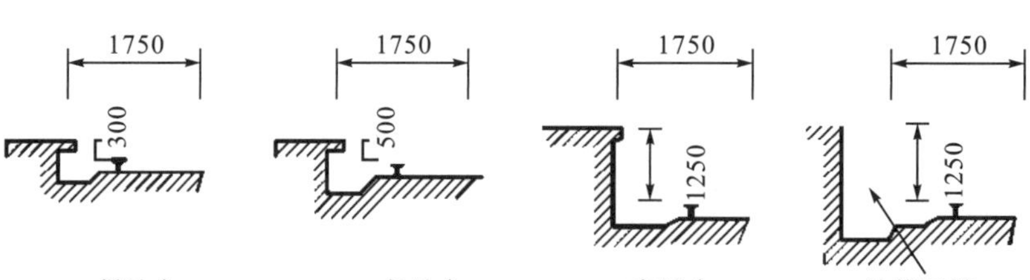

图 3.32　旅客站台高度示意图(单位：mm)

①低站台。站台面高出相邻线路轨面 300mm，邻靠通行超限货物列车的到发线一侧应采用此种站台。

②一般站台。站台面高出相邻线路轨面 500mm，与客车车厢阶梯最低的踏步基本相平，旅客上下车和行包邮件装卸方便，但邻靠此种站台的线路不能通过超限货物列车。

③高站台。站台面高出相邻线路轨面 1250mm，与客车车厢地面基本相平，便于旅客上下车，但列检作业不方便，应在站台边侧设置列检人员通道，邻靠高站台的线路不能通行超限货物列车，旅客列车通

过速度也不能过高。因此，这种旅客站台以前仅在旅客较多的车站或有动车组行驶的车站才采用，普铁客运站根据情况采用不同调度站台，高铁客运站均采用高站台。

(5)站台上雨棚的设置。

客运站和客流量较大、一次上下车旅客人数较多的车站，应在旅客站台上设置雨棚。地道的出入口和位于多雨地区的天桥也应设置雨棚。客运站的雨棚长度应与站台长度一致，其他车站的雨棚长度可短于站台的长度，按200～300m设置。雨棚宽度应与站台宽度一致，且与进出站口相连。

4)跨线设备

跨线设备是站房与站台之间、站台与站台之间往来的通道。跨线设备的类型、数量和位置对站场内的流线组织起着重要的作用，尤其是在大量旅客下车出站时，跨线设备就成了人流疏散过程中的控制地段。

跨线设备的设置应根据客运站站型和客流量大小、客流性质以及站台、站房、站前广场相互位置等因素综合考虑，以达到合理的组织流线，保证旅客安全、方便地通行和上下车并迅速地集散，并保证行包邮件搬运、装卸作业安全便利。

跨线设备按其用途可分为供旅客使用的跨线设备和供行包邮件搬运使用的跨线设备。按其与站内线路交叉关系可分为天桥、地道和平过道。

(1)天桥和地道。

天桥和地道是站房或基本站台与中间站台的便捷通道，天桥和地道的设置应使旅客通行流畅，行包、邮件搬运便利和减少跨线交叉干扰。

天桥造价低，受水文、地质条件影响较小，维修、扩建方便，排水、通风、采光条件较好；但天桥有升降高度较大、斜道占用站台面积较多和遮挡站内工作人员视线等缺点，故应优先采用地道。当采用高架跨线候车室时，进站天桥应与高架候车室合设，利于旅客进出站流线的疏解。

①天桥和地道的数量。天桥和地道的数量根据站房规模设置：当站房规模在3000人以下时，天桥或地道不应少于1处；当站房规模在3000～10000人时，天桥或地道不应少于2处；当站房规模在10000人及以上时，天桥或地道不应少于3处。当设有高架跨线通道候车室时，天桥或地道不应少于1处。当客流、行包和邮件数量都很大时，可设置行包、邮件地道1～2处。

天桥和地道的出入口应与进出站检票口相配合，当设置1处天桥或地道时，其位置可设在进出站检票口之间，进出站旅客共同使用，旅客走行距离均较短；当设置2处天桥或地道时，进站和出站旅客可分开使用，设置位置分别靠近进站检票口和出站检票口；设置多处天桥和地道的大型客运站，一般长、短途旅客及城际旅客均较多，为了更好地组织旅客上下车，应考虑分别设置长、短途旅客和城际旅客的进站通道，且出站旅客经由另一地道出站。

②天桥和地道的宽度及高度。天桥和地道的宽度应根据客流密度确定，主要取决于一次下车或同时进站上车的旅客最多人数。不同车次列车同时到达(出发)时旅客经由天桥或地道进出站，天桥和地道宽度应大于天桥和地道出入口宽度，与同时处于使用状态的天桥和地道出入口宽度及个数呈倍数关系。另外，旅客天桥、地道通向各站台宜设双向出入口。高速铁路和普速铁路车站的旅客站台出入口宽度应符合表3.10的规定。

表3.10　高速铁路和普速铁路旅客站台出入口宽度　　(单位：m)

名称	特大型及大型站	中型站	小型站
基本站台、岛式中间站台	5.0～5.5	4.0～5.0	3.5～4.0
侧式中间站台	5.0	4.0	3.5～4.0

注：特大型站及大型站的旅客进出站通道出入口宽度已包括设置一部自动扶梯的宽度。旅客进出站通道当站房规模在3000人以上时不应小于8m，站房规模在3000人以下时不应小于6m，行包、邮件地道不应小于5.2m。

站房主要公共区应空间开敞、通透，空间高度应根据建筑节能、维修保养等因素综合确定，并提高空间的利用率。大型和中小型车站天桥、地道的净宽度和净高度应符合表3.11的规定，特大型车站天桥地道的净宽度和净高度根据项目具体情况而确定。

表3.11　旅客站房大型和中小型车站天桥、地道净宽和净高　(单位：m)

项目	大型站	中、小型站
最小净宽度	8	6
最小净高度	3	3

(2)平过道。

平过道与线路平面相交，横跨线路且与车站道路相连接，是最简单的跨线设备。

在尽头式客运站，在咽喉区的站台端部设搬运行包用的平过道。由于旅客进出站及行包搬运均通过分配站台至中间站台，为减少旅客流线与行包流线交叉，一般组织出站旅客靠接车线一侧出站，进站旅客靠发车线一侧进站，行包房可设在出站检票口的一边。若车站到发的行包量均很大，可在站房两侧分设到达和出发行包房。

在通过式客运站上，搬运行包使用的平过道应设置在站台的两端，一般设置在站台端部坡底处。但是平过道不管是从旅客安全还是影响通过能力方面考虑，都有很大弊端，因此应该尽量避免使用平过道。

为保证人身安全，高速铁路及路段设计速度为120km/h及以上的普速车站站内正线不应设置平过道，若需要跨越站内正线应采用立体交叉设施。

平过道专供车站工作人员走行时，可采用1.5m；通过非机动车辆时，可采用2.5m；通行机动车辆时，不应小于3.5m。

四、铁路客运枢纽

1. 铁路客运枢纽概述

1)铁路客运枢纽定义

新型铁路客运站不再是一个对外交通插入城市中的孤立点，而是寻求与城市交通和城市空间一体化的城市功能单元。铁路客运站由单一工具的载体发展成为铁路换乘其他交通方式的城市交通转换中心。铁路客运枢纽是指依托铁路客运站与其他交通运输方式衔接形成的综合客运枢纽，旅客在铁路客运枢纽可以实现铁路与铁路、铁路与城市交通，以及与其他交通方式的中转换乘。铁路客运枢纽距离市中心比较近，旅客集散量大，往往成为城市的副商业中心。铁路客运枢纽将容纳多种交通工具及使用者，使换乘功能呈现出多元化的倾向，进出站流线更加复杂。

2)分类

(1)根据设计年度客运枢纽总发送量和对外运输方式总发送量，铁路客运枢纽分为一级铁路客运枢纽、二级铁路客运枢纽、三级铁路客运枢纽、四级铁路客运枢纽四个等级。

①一级铁路客运枢纽：设计年度总发送量日均不小于20万人次，或者对外运输方式总发送量日均不小于10万人次。

②二级铁路客运枢纽：设计年度总发送量日均不小于10万人次且小于20万人次，或者对外运输方式总发送量日均不小于5万人次且小于10万人次。

③三级铁路客运枢纽：设计年度总发送量日均不小于5万人次且小于10万人次，或者对外运输方式总发送量日均不小于2万人次且小于5万人次。

④四级铁路客运枢纽：设计年度总发送量日均小于5万人次，或者对外运输方式总发送量日均小

于 2 万人次。

(2)铁路客运站视其所处城市区位以及功能特征的不同，可以大体分为四种类型。划分示意图见图 3.33。

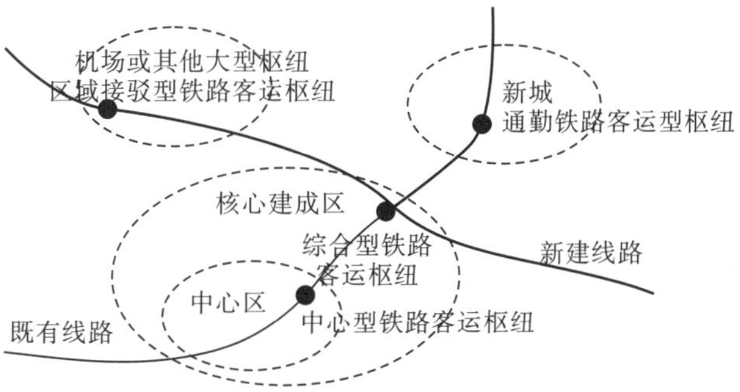

图 3.33　铁路客运枢纽功能分类示意图

①中心型铁路客运枢纽。中心型铁路客运枢纽与周边城市设施完全融为一体，开发强度和密度进一步提高，普通的商业、服务业部分置换为金融、办公、公寓式住宅等能够承受更高价的功能。只有在特大城市或铁路枢纽地位较高的城市才会出现中心型铁路客运枢纽。

②综合型铁路客运枢纽。城区边缘新建高铁车站有助于带动城市结构调整和城市规模扩展，常常成为城市发展战略的重要组成部分，在城市发展战略的引导下，发展成新的城市中心区，如郑州东站、济南西站、石家庄新客站、南京南站等也纷纷将铁路客运枢纽周边地区定位为城市副中心，着重发展城市综合服务功能。同时，这些新建铁路客运站用地相对宽松，将成为包括大型长途汽车站和公共汽车、电车枢纽站在内的综合交通枢纽。

③区域接驳型铁路客运枢纽。铁路客运以高速铁路城际线为主，选址远离中心城区，主要服务于城市所在区域；地面交通集散方式与普通机场类似；周边地价较低，且受到机场净空的限制，多分布于与机场有关的物流园区及较低密度的产业园。

随着我国城镇群的发展，各城镇群中的首位城市逐渐认识到通过强化交通枢纽的定位和功能，提高城市及区域竞争力的重要性和可能性。上海、郑州、长沙等城市纷纷借鉴机场与铁路组合发展的模式，建设具有中国特色的区域接驳型铁路客运枢纽，如上海虹桥站、郑州机场站及长沙机场站等。

④通勤型铁路客运枢纽。随着高铁的发展，中心城区 1h 通勤圈的影响范围随轨道交通线路扩散至沿途车站，使特大城市(如北京、上海)附近的小城镇铁路客运站周边地区成为其“通勤郊区”和“商业、服务业一体化地区”。由于这些车站主要服务于新城、卫星城与主城之间的日常通勤交通，因此称为通勤型铁路客运枢纽，如北京亦庄站、天津滨海新城等。

3)铁路客运枢纽的功能

铁路客运枢纽的功能可分为交通功能和商业功能，客运站是多种交通功能建筑或是集交通功能和商业开发功能于一身的建筑综合体，在对铁路客运枢纽的功能定位时首先确保交通功能的实现。铁路客运枢纽由于自身交通功能势必带来周边区域交通状况的改善，便捷的交通与大量的客流使客运站及其周边区域具有巨大的商业价值，往往随着铁路客运枢纽的建设，其周边区域内必然形成高密度的商业区、办公区等，这也是城市发展的一个必然规律。

尽管商业功能在客运枢纽的设计中占重要地位，但是仍属于交通枢纽的从属功能，交通功能仍是重要功能，即铁路客运枢纽对铁路客运枢纽的到发客流，按不同的目的和方向，实现换乘、停车、集散、引导四项基本功能，其中核心功能是换乘功能。

(1)换乘。铁路客运枢纽对来自不同方向、路线、不同交通方式的乘客，需要转乘其他交通方式而发生的行为称为换乘，大多数旅客需要在客运枢纽经过换乘才能到达最终目的地。

(2) 停车。铁路客运枢纽对来自不同方向、路线、不同的车辆，提供固定的停车位置和上下客位置，并以不同性质的车辆分区停放，配置合理的道路和场地。

(3) 集散。铁路客运枢纽对于到达或出发的乘客和车辆，实现聚集和疏散分流，提供客流和车流组织的相关措施，保证畅通、安全。

(4) 引导。铁路客运枢纽引导市内交通与铁路接驳换乘，向多层次、一体化发展，对充分发挥各种交通方式的优点、改善城市客运结构有导向功能。依托客运枢纽的作用，可实现各交通方式在城市客运交通中的合理分工，有目的地引导个体交通向公共交通转移。

4) 设备

铁路客运枢纽设备一般分为服务类设备、连接类设备、信息类设备、场站类设备，具体分类见图 3.34。

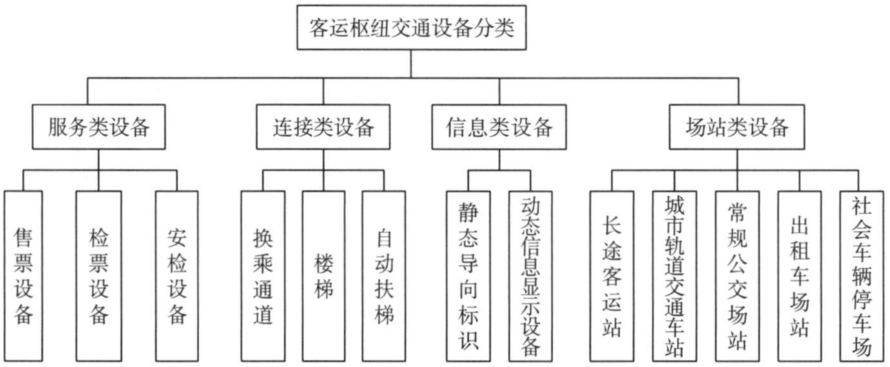

图 3.34　客运枢纽设备示意图

(1) 服务类设备。

服务类设备主要是为旅客提供进出枢纽站服务的设备，在布局时要充分考虑旅客的实际需求，尽可能保证旅客在使用服务类设备时与其他流线不发生冲突，产生不必要的时间浪费，导致进出站时产生瓶颈，影响枢纽整体的服务水平。铁路客运枢纽的服务类设备主要有以下三种：

①售票设备。售票设备是为旅客提供某一种交通方式使用凭证的设备，分为人工售票和自助售票两种。人工售票设备一般会设置在单独的售票大厅，而自助售票设备会被设置在站前广场或者是售票大厅的开阔处。

②检票设备。旅客在完成购票行为后，候车前需要进行检票，检查旅客所持票证是否合法。传统的铁路客运枢纽站通常使用人工检票的方式，在高速铁路客运枢纽站则更多使用自动闸机进行检票，工作人员起监督及辅助作用。

③安检设备。安检设备是保证旅客出行安全的重要服务设备，以确保旅客在乘车时不携带危险品上车，安检设备通常设置在枢纽站进站口处的开阔位置，便于旅客排队。

(2) 连接类设备。

连接类设备是将枢纽内各个区域连接起来的设备，旅客将通过这些设备实现换乘和集散，到达不同的交通方式所在的区域内，合理地设置连接类设备的位置、数量以及与站前广场或者换乘大厅的连接方式是组织引导旅客换乘流线的基础。铁路客运枢纽内连接类设备主要有三种：

①换乘通道。换乘通道是枢纽内主要连接设施之一，是为了实现旅客在各种交通方式之间进行有效换乘而设置的，通常包括地下通道、地面通道及天桥，按通行方向可分为单向通行、双向站台通行。

②楼梯。楼梯是实现楼层间相互联系的设备，由于铁路客运枢纽建设逐渐趋于立体化，楼梯配置是否合理直接影响旅客的换乘舒适度。根据客流组织方向的不同，楼梯可以分为上行、下行及上下混行。

③自动扶梯。随着立体化的发展趋势，枢纽内自动扶梯的使用将会越来越多。自动扶梯是在楼层间

自动载运旅客的连接设备，可以为旅客提供舒适便捷的通行服务，常常和楼梯配合使用来满足乘客的实际需求。

(3)信息类设备。

信息类设备主要用于引导旅客在铁路客运枢纽内走行，通常会指示其他各类设备的位置和方向，显示各种信息，信息类设备是帮助旅客寻路的重要辅助设备。合理设置枢纽内的信息类设备可以减少流线冲突、节约换乘时间，从而提高换乘效率。信息类设备可以分为两类，即静态导向标识和动态信息显示设备。

①静态导向标识。标识是为了在一定的环境空间中进行方向位置辨别而提供的一种信息传达工具。静态导向标识是通过静态的文字和图像，引导旅客合理使用各种设备的多种标识的总称，如枢纽内的平面布局图、各种导向标识等。

②动态信息显示设备。动态信息显示设备通过电子显示屏、音响等设备动态地发布各种信息，如枢纽内用于显示列车时刻表及车票信息的电子显示屏。设备的数量、位置及发布的信息内容等都会对旅客的换乘行为产生影响。

(4)场站类设备。

场站类设备是指铁路客运枢纽内为旅客提供集散换乘服务的各种交通方式的场站以及所需要的场地或设备。在铁路客运枢纽中，场站类设备主要包括城市轨道交通、常规公交、出租车、社会车辆等方式的上客区、下客区和停车场。此外，由于新建的铁路客运枢纽会带动所在片区的发展，并逐渐形成交通集散中心，所以铁路客运枢纽中还应该包括长途汽车的场站类设备。

①长途客运站。长途客运站是供长途汽车停放、落客、发车的区域，可以细分为车辆停放区及运转通道、落客区和发车区。长途客运站一般位于地面，但是随着近年来土地资源紧张，同时设施布局向立体化和集约化的方向转变，停车场开始布置在地下一层甚至楼顶。

②城市轨道交通车站。城市轨道交通车站根据所处位置的不同分为高架车站、地面车站及地下车站，一般由售票口、安检机、连接通道、换乘大厅及站台等设施构成。当枢纽站衔接城市轨道交通时，城市轨道交通由于运量大、速度快、准时性等特点，会吸引大量的客流。

③常规公交场站。常规公交场站通常包括枢纽站、首末站、中途停靠站、停车场等设施。没有开通城市轨道交通衔接时，客运枢纽主要的旅客集散任务将由常规公交承担。

④出租车场站。出租车场站是供出租车上客、下客及候客的场所，一般分为上客区、下客区、停车场。当旅客携带行李较多时，对出行舒适度要求较高的旅客会选择乘坐出租车。

⑤社会车辆停车场。社会车辆停车场是供私人停放车辆的场所，根据布局位置的不同可以分成立体停车楼、地面停车场和地下停车场。一般情况下，社会车辆会在高速铁路列车到发的高峰时段集中到达，且集散比较迅速。

2. 铁路客运枢纽布置原则

铁路客运枢纽布置原则如下：

(1)以人为本，减少流线交叉干扰；

(2)合理布置，尽量缩短换乘距离；

(3)与城市的总体规划相适宜；

(4)与城市路网结构相协调；

(5)高效集约，适当预留。

3. 铁路客运枢纽换乘组织

铁路客运枢纽换乘主要可分为铁路与其他交通运输方式换乘和铁路客运站换乘两种方式。铁路与其他交通运输方式换乘包括铁路与地铁换乘、铁路与公交换乘、铁路与出租车及社会车辆换乘等方式，其具体的换乘流线主要取决于其他交通方式场站相对于铁路客运站的布局位置。铁路客运站换乘主要包括客运站站内换乘和客运站站外换乘两种方式，其具体的换乘流线与车站内换乘设施设备的设置相关。

1) 客运站站内换乘方式

客运站站内换乘是指旅客不用出站，在站内即可完成换乘过程，包括同站台换乘、通道换乘和候车厅换乘三种方式。

(1) 同站台换乘。

同站台换乘指换乘的前序列车与换乘的后序列车分别停靠在同一岛式站台两侧到发线上，旅客从前序列车下车后直接通过站台走到另一侧乘坐后序列车的过程。

同站台换乘中，旅客走行距离最短，换乘时间最少，10～15min 即可完成换乘过程，旅客换乘体验好，换乘效率高。但同站台换乘方式对运输组织要求很高，需要完善的列车接续计划和车站作业计划相配合，同时由于换乘时间短，对于列车运行准点率要求非常高，对调度组织工作有较高要求。

(2) 通道换乘。

通道换乘又可称为异站台换乘，是指换乘的前序列车与换乘的后序列车分别停靠在不同站台的到发线上，旅客换乘时，由前序列车下车后通过天桥或地下通道走行到后序列车停靠站台乘坐后序列车的过程。

通道换乘中，旅客走行距离较同站台换乘稍长，换乘时间稍多，15～25min 可完成换乘过程，但通道换乘仍然是一种比较快捷的换乘方式。与同站台换乘相比，通道换乘方式车站作业计划编制的限制较少，只需要编制好列车接续计划即可。由于目前我国高速铁路车站设计时较少单独设置换乘通道，换乘旅客只能利用既有的天桥以及出站地下通道进行换乘，这样必然与其他旅客有流线交叉。因此，车站必须做好旅客流线组织和引导工作，以保证换乘过程的安全和效率。

(3) 候车厅换乘。

候车厅换乘是指旅客从前序列车下车后通过天桥或楼梯回到候车层，在通过反向闸机或人工检票口进入到候车厅中，然后与普通旅客一起检票上车的换乘过程。

候车厅换乘中，旅客走行距离长，过程烦琐，一般需要不少于 30min 的换乘时间，换乘时间相对较长，但其能够有效解决不能在站台上长时间逗留的换乘旅客滞留问题，为其提供了一个集中等待场所。由于目前我国高速铁路车站设计时，没有单独设置到达候车厅的反向通道和反向闸机，因此换乘客流与普通客流流线交叉严重，需要安排工作人员对返回候车厅的旅客进行查验票，这将加重车站工作组织难度和工作人员负担。

2) 客运站站外换乘方式

客运站站外换乘是指未设置专用换乘设施，旅客下车后检票出站，再成为进站客流进入车站后，再乘车的过程。此种换乘方式换乘步行距离最长，耗时延误最多，容易引起旅客的疲劳，不建议采用，但在一些客运能力饱和、站内设施利用较困难、出站通道难以与候车厅直接连通的客运站，为了防止对正常运输的影响，可考虑此类方式。

综上，为了更好地吸引换乘客流、服务换乘旅客，应该优先考虑同站台换乘和通道换乘方式。在进行换乘流线组织时，还应该遵循以下原则：①保持流线的连续性和贯通性，流线经过各通道设施设备能力应相互匹配，避免产生木桶效应；②避免流线交叉，不同走向旅客流线应该严格区分，加强引导工作，避免相互干扰；③流线最短，应尽可能使旅客走行路线最短，提高换乘效率；④满足高峰需求，设施设备能力应该满足高峰时段换乘客流需求；⑤满足特殊旅客需求，流线设计应充分考虑老弱病残孕旅客的特殊需求。

铁路客运枢纽内旅客在铁路客运站的换乘方式如图 3.35 所示。

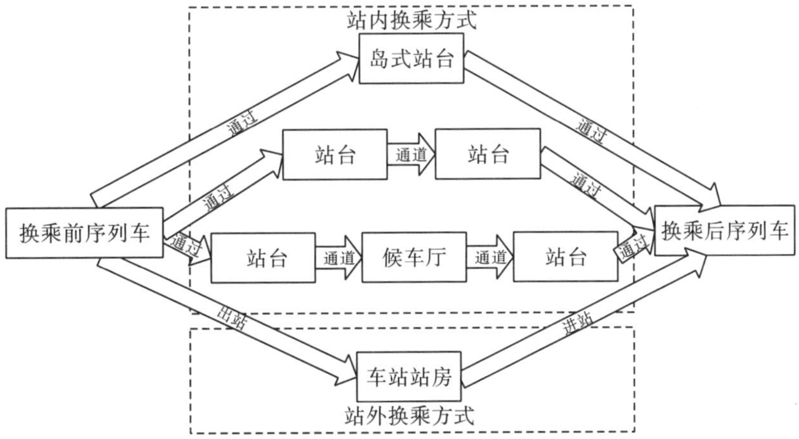

图 3.35 旅客在铁路客运站的换乘方式

3) 客运站换乘组织方案分析

(1) 线上式客运站换乘分析与组织方案建议。

如图 3.36 所示，线上式客运站的候车厅位于站台的正上方，车站主体结构一般分为 3 层，地下 1 层为出站层，地上 1 层为站台层，地上 2 层为候车层。

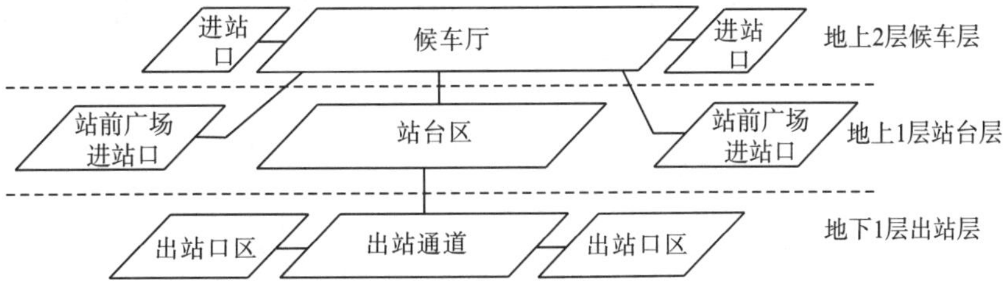

图 3.36 线上式客运站示意图

线上式客运站换乘设施设备布局应综合考虑换乘量、换乘距离，尽量避免换乘流线与进出站流线的干扰，并遵循需求适应、换乘高效、布置合理、信息简明的原则。线上式客运站站内换乘主要在站台层、候车层完成，主要换乘设施设备配置情况如表 3.12 所示。

表 3.12 线上式客运站各功能层换乘设施设备

功能层	换乘设施设备类型	换乘设施设备名称
候车层	连接类 (与站台连接)	楼梯、自动扶梯、垂直电梯
	服务类	人工改签窗口、自动售取票机 人工检票通道、单向自动检票闸机、反向/双向自动检票闸机
	等待类	座椅、卫生间、茶水间
	信息类	导向标识、服务标识、警示标识、动态车次信息大屏
站台层	连接类 (与候车厅连接)	楼梯、自动扶梯、垂直电梯
	信息类	导向标识、动静结合站台指引标识

线上式客运站换乘标识设置情况如图 3.37 所示。

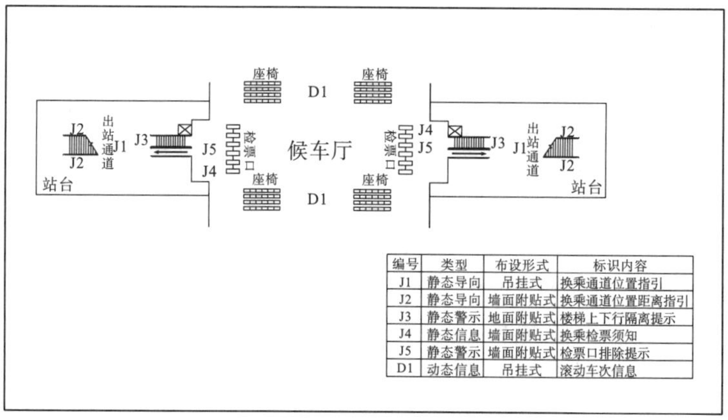

图 3.37　线上式客运站换乘标识设置

在跨线式客运站中，旅客在站内走行过程中产生的主要流线包括进站流线 A、出站流线 B 和换乘流线 C，如图 3.38 所示。

①进站流线 A：旅客到达客运站后由进站口进入车站站厅，通过安检后经自动扶梯到达上层候车厅，通过人工或自动闸机检票后，经楼梯、自动扶梯或垂直电梯到达站台上车。

②出站流线 B：旅客到站下车后经楼梯、自动扶梯或垂直电梯进入下层出站通道，通过出站闸机到达出站口区后出站。

③换乘流线 C：前序列车旅客到站下车后经楼梯、自动扶梯或垂直电梯到达上层候车厅，通过反向闸机或人工检票进入候车厅候车，待接续列车开始检票后检票上车。

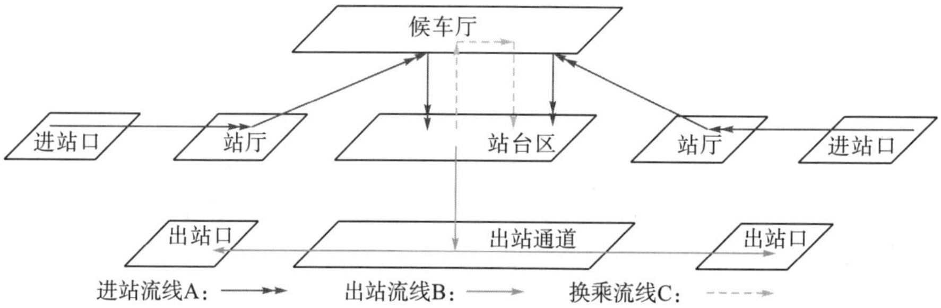

图 3.38　线上式客运站旅客流线示意图

从图 3.38 可以看出，在线上式客运站组织旅客进行候车厅换乘时对出站旅客不会产生影响，但对进站旅客在进站候车过程中的走行会产生冲突，即换乘旅客通过楼梯前往上层候车厅的换乘流线 C 会与进站旅客从该检票口通过楼梯下到站台的进站流线 A 产生冲突。

针对线上式客运站提出换乘组织方案如表 3.13 所示。

表 3.13　线上式客运站换乘组织方案建议

类别	建议内容
站台与到发线运用	①固定到发线使用方案便于换乘组织与旅客记忆； ②由于岛式站台客量有限，岛式站台不宜组织连续的同站台换乘作业
换乘时间	①同台换乘时间不小于 15min； ②候车厅换乘时间不小于 30min
连接设施	①楼梯地面应张贴通道隔离标识，划分进站通道和换乘通道，引导旅客靠右行走； ②换乘客流较大时，应提前做好自动扶梯反开工作(上行运行)
检票	①检票口前应张贴标识，提示旅客排队等候并告知旅客准备好联程车票及其他相关事项； ②做好同台换乘上车验票工作； ③检票口应视换乘量增加反向检票闸机或将单向进站检票闸机改为双向检票闸机

续表

类别	建议内容
票务	①候车厅应设置人工票务服务窗口，便于处理换乘旅客售、退、改签工作； ②候车厅应设置自动售(取)票机； ③跨线式车站应实行“先实名制验票后安检”的模式，进站旅客在站外售票厅购(取)票，换乘旅客在候车厅处理票务问题
信息标识	①站台、换乘通道内应设置换乘导向、服务、警示标识； ②候车厅内应设置动态车次滚动大屏，提示换乘旅客接续列车情况
突发应急	①做好大面积晚点列车信息通报工作； ②旅客滞留车站时，合理安排候车布局、动态调整候车布局，防止旅客过度集中； ③在同方向后续列车有能力的情况下，加强与列车长交接，组织滞留旅客乘车，逐步缓解旅客滞留情况； ④因列车大面积晚点造成候车厅旅客积压情况严重时，禁止换乘旅客直接由站台前往候车厅，引导换乘旅客从出站通道疏散，实行站外换乘模式； ⑤列车停运时禁止换乘旅客进入候车厅，引导换乘旅客从出站通道前往售票厅办理改签、退票手续
其他	增加专门的换乘工作人员

(2)线平式客运站换乘分析与组织方案建议。

如图3.39所示，线平式客运站的候车厅位于站台的一侧，车站主体结构一般分为3层，地下1层为出站区，地上1层为候车厅和站台区，地上2层为候车厅和天桥通道。

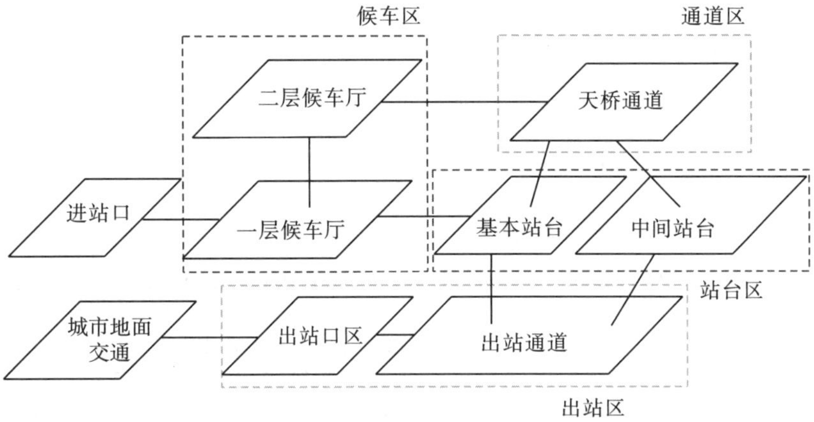

图3.39　线平式客运站示意图

线平式客运站主要换乘设施设备配置情况如表3.14所示。

表3.14　线平式客运站各功能层换乘设施设备

功能层	换乘设施设备类型	换乘设施设备名称
站台区	连接类 (与天桥通道连接)	楼梯、自动扶梯、垂直电梯
	信息类	导向标识、警示标识、动态车次信息大屏
通道区	连接类 (与站台连接)	楼梯、自动扶梯、垂直电梯
	信息类	导向标识、服务标识、警示标识、 动态车次信息大屏、动静结合站台指引标识
候车区	服务类	自动售取票机 人工检票通道、单向自动检票闸机、反向/双向自动检票闸机
	等待类	座椅、卫生间、茶水间
	信息类	导向标识、服务标识、警示标识、动态车次信息大屏

在线平式客运站中，旅客在站内走行过程中产生的主要流线包括进站流线、出站流线和换乘流线，如图 3.40 所示。

①进站流线 A：旅客到达车站后由进站口通过安检后进入候车厅，乘坐列车停靠基本站台和中间站台的旅客分别在一层和二层候车厅等候检票上车。

②出站流线 B：旅客到站下车后经自动扶梯或楼梯进入下层出站通道，通过出站闸机到达出站口区后出站。

③通道换乘流线 C：旅客乘车到达中间站台下车后经楼梯或垂直电梯到达上层天桥通道并前往中间站台等待乘车。

④候车厅换乘流线 D：旅客乘车到达中间站台下车后经楼梯或垂直电梯(部分车站在一侧设置)到达上层天桥通道并通过反向闸机或人工检票返回二层候车厅候车。

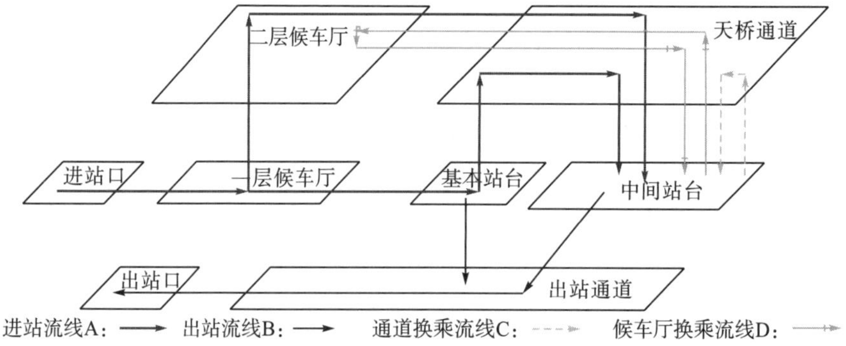

图 3.40　线平式客运站旅客流线示意图

从图 3.40 可以看出，线平式客运站组织换乘时，换乘流线 C、D 与出站流线 B 无干扰，但均与进站流线 A 产生冲突，在换乘组织时，应重点加强组织。针对线平式客运站提出换乘组织方案如表 3.15 所示。

表 3.15　线平式客运站换乘组织方案建议

类别	建议内容
站台与到发线运用	①固定到发线使用方案便于换乘组织与旅客记忆； ②由于岛式站台客量有限，岛式站台不宜组织连续的同站台换乘作业； ③对于大规模换乘旅客宜组织通道换乘，少数换乘时间较长的旅客可引导至候车厅休息
换乘时间	①同台换乘时间不小于 15min； ②通道换乘时间不小于 25min； ③候车厅换乘时间不小于 30min
连接设施	①楼梯地面应张贴通道隔离标识，划分进站通道和换乘通道，引导旅客靠右行走； ②换乘客流较大时，应提前做好自动扶梯反开工作(上行运行)
天桥通道	应组织车站人员在天桥通道值守，处理乘客换乘问题
检票	①检票口前应张贴标识，提示旅客排队等候并告知旅客准备好联程车票及其他相关事项； ②做好同台换乘、通道换乘旅客上车验票工作
票务	①线侧式车站候车厅面积不大，可引导退改签旅客到售票厅办理相关手续，候车厅可不设人工票务窗口； ②候车厅应设少量自动售(取)票机
信息服务	①站台、天桥通道内应设置换乘导向、服务、警示标识； ②天桥通道应设置动态车次滚动大屏，提示换乘旅客接续列车情况
突发应急	①做好大面积晚点列车信息通报工作； ②因列车大面积晚点造成候车厅旅客积压情况严重时，禁止换乘旅客直接由站台前往候车厅，引导换乘旅客从出站通道疏散，实行站外换乘模式； ③在同方向后续列车有能力的情况下，加强与列车长交接，组织滞留旅客乘车，逐步缓解旅客滞留情况； ④列车停运时禁止换乘旅客进入天桥通道、候车厅，引导换乘旅客从出站通道前往售票厅办理改签、退票手续
其他	增加专门的换乘工作人员

第三节　客车整备所和动车段

一、客车整备所

客车整备所是指对旅客列车车底进行检查、修理、整备及停留的场所，也是客车日常保养维护的重要场所。客车整备所主要办理旅客列车车底的停留、洗刷、清扫、技术检查、改编、修理和整备作业等，通常设在配属有大量旅客列车车底的客车车辆段，或设在有大量旅客列车车底折返的客运站上。客车整备所又称客技站、客车场或整备场。

1. 客车整备所的设备

1）线路设备

(1)车底停留线：包括车底到达线，供车底到达或出发时停留之用。

(2)整备库线：进行车底的技术检查，不摘车修理，车电检查及部分整备作业的线路。

(3)备用车停留线：供备用车(包括替换检修车、公务车、卫生车、试验车等)停留之用。

(4)其他线路：根据作业要求，客车整备所还应该配备不良车停留线、消毒线、临修线、机车行走线、转向线(为了便于车底转向，当地形条件许可时，在整备作业量较大的客车整备所，可设置供车底转向的回转线或三角线)、调车线及牵出线等。

2）客车外部洗刷设备

客车外部洗刷过去都为人工进行，目前在大的整备所都配备了机械化洗车机。洗车时，车底以3～5km/h的速度通过洗车机，紧靠车厢侧壁的刷子开始高速旋转，两侧有水管喷清洗液，经洗刷后再喷清水清洗。在高寒地区，还应该配备烘干设备使车底外部干燥，避免车底外部结冰。一套车底纯清洗时间为6～10min，比人工洗刷效率高且质量好，人工洗刷时，20人同时洗一套车底，需要60～90 min，且劳动强度大。这种洗车机在定位作业情况下，应设在整备所入口线的前方；在移位作业时，应设在到达场与整备场的连接线上。

3）客车整备库

冬季室外温度在-22℃及以下的地区，应设客车整备库，其他有特殊需要的地区也可以设客车整备库。客车整备库内线路数按整备线的50%设计，在整备库内完成客车的清扫、上水、技术检查和不摘车修理等作业。整备库的长度应能容纳整列客车车底的作业。整备库一般可分为二线整备库、三线整备库和四线整备库。需要注意的是，库中两线之间的距离通常设为7m，如图3.41所示。

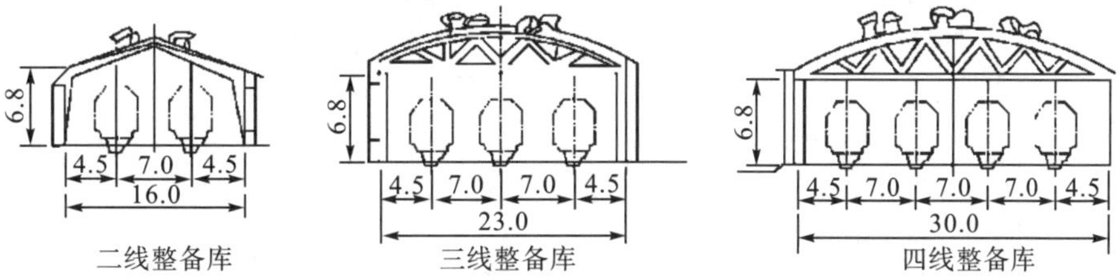

图3.41　客车整备库(单位：m)

4）消毒设备

客车的消毒可在露天消毒线上进行，必要时也可设消毒库。消毒线宜采用尽头线，距离其他线路不小于50m，距附近住宅的距离必须符合卫生标准要求，并且应设在常年风的下风方向。是否需要设置消毒线，应经过综合分析确定，不一定都要设置。

5）其他设备

其他设备包括照明、电焊线路、蓄电池充电设备、各种技术办公用房及各种风、水、气管道等。

2. 客车整备所的作业

1) 技术整备

(1) 客车车底取送(或到发)、改编、停留待发，公务车、备用车停留以及个别客车转向。

(2) 客车车底技术检查、日常维修和摘车维修，防寒、防暑的整备，以及外段车辆故障处理等。

(3) 办理厂、段修客车的回送及车辆技术状态和备品的交接。

(4) 冬季客车暖气管道预热、排汽、排水以及充电等。

2) 客运整备

(1) 客车车底内、外部清扫和洗刷。可结合列车运行距离运行区段的气候条件及经过隧道的多少等因素决定车辆外皮洗刷次数，平时只用清水洗刷。

(2) 客车上燃料、上水、上餐料和换卧具。在旅客列车对数不多或客运站不在特殊的城市时，此项作业也可在客运站站台上进行。

3. 客车整备所作业方式和布置图

1) 定位作业

客车车底的到发、检修、整备作业均在到发兼整备场的一条线路上进行。定位作业方式的布置如图 3.42 所示。

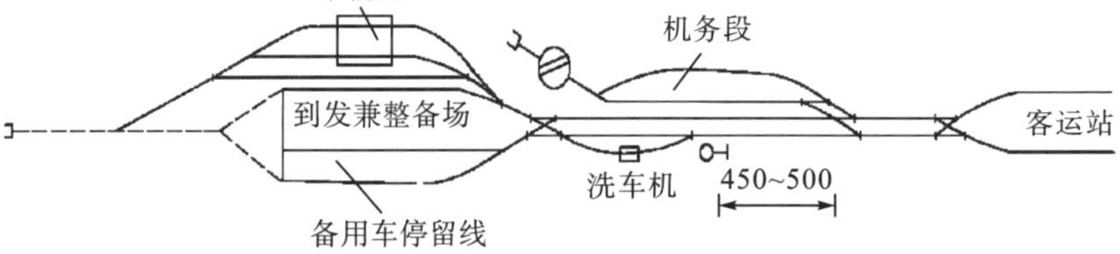

图 3.42　客车整备所定位作业方式布置图(单位：m)

客车车底送到后，除改编作业外，技术整备、客运整备及等待送往客运站等项作业都在一条整备线上进行，并尽可能平行作业。与移位方式比较，它的主要优点是调车作业少；易于组织平行作业；作业集中，管理方便，工具、人员可集中使用；车场少，占地面积少，节约投资。其缺点是各项作业都在一条整备线上进行，互相干扰；车底取送与调车作业也有干扰；除备用车停留线外，各条线都要设置相应的有关设备(如管道、排水、硬化地面、检查沟等)，当需设置整备库时，有关设备增加更多；部分整备线的间距要考虑同时通行两三辆汽车或电瓶车的需要，间距要求加宽。定位作业过程如图 3.43 所示。

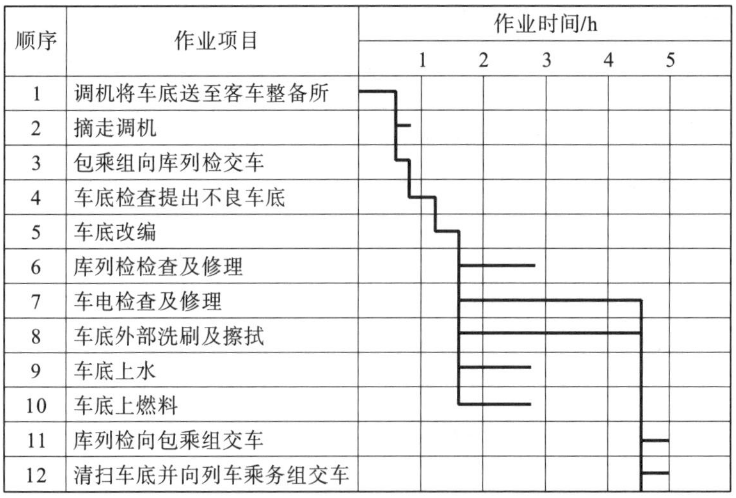

图 3.43　客车整备所定位作业过程图

2) 移位作业

客车车底送到后，按照作业顺序，分别在到发场进行客运整备，在整备场(库)进行技术整备。移位作业方式布置如图 3.44 所示。

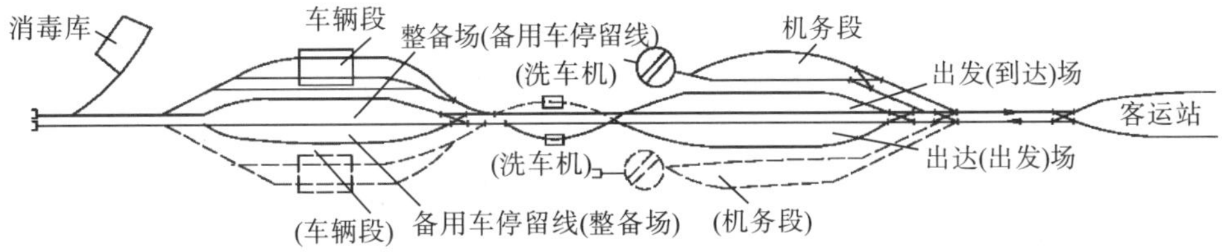

图 3.44 客车整备所移位作业方式布置图

移位式的车底作业一般按顺序进行：客车车底由客运站进入到达场，在到达场进行车底检查、改编和清扫，然后车底进入洗车机进行外部清洗，再到达整备场进行库列检、车底内部擦拭及上燃料、上水和上餐料等，全部完成后，车底调送至出发场等待发送，全部过程作业流水式进行。移位作业优缺点与定位作业相反。移位作业过程如图 3.45 所示。

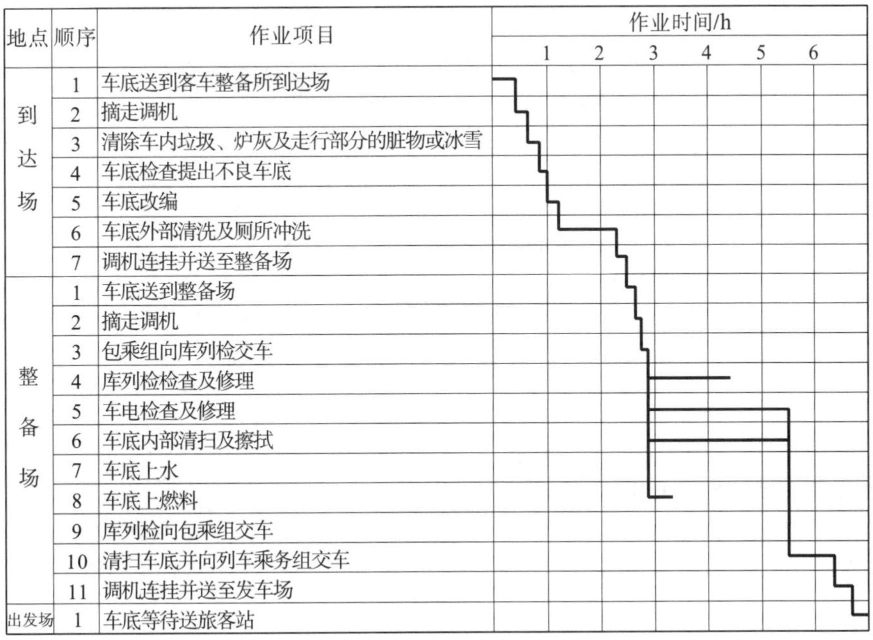

图 3.45 移位作业过程图

客车整备所的作业方式应根据整备车底的数量、车底整备作业的干扰情况以及当地地形等情况予以选择。

4. 客车整备所与车站布局关系

1) 与客运站纵列布置

(1) 正线外包客车整备所布置图如图 3.46 所示。

优点：列车通过与客车车底取送之间的交叉干扰少；车底取送无折返行程。

缺点：正线不顺直，导致列车运行条件差；职工出入客车整备所时，须跨越正线；不易扩建，客车整备所和机务段等的发展受到一定的限制。

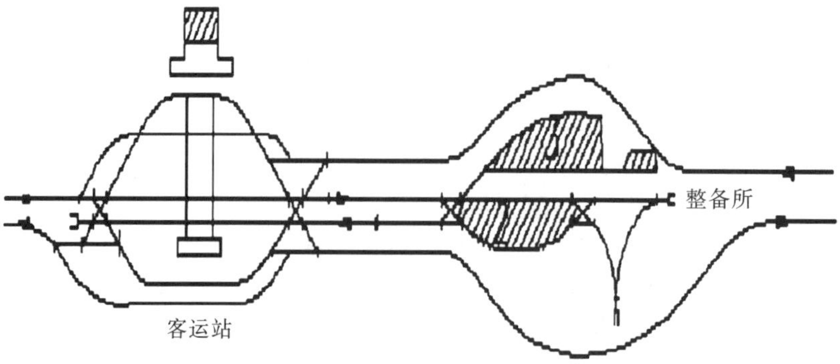

图 3.46　正线外包客车整备所布置图

(2) 正线位于客车整备所一侧布置图如图 3.47 所示。

优点：正线顺直，列车运行条件好；职工出入整备所时，无须跨越正线；整备所和机务段等的发展不受正线限制和影响；车底取送无折返行程。

缺点：列车通过与客车车底取送之间的交叉干扰多。

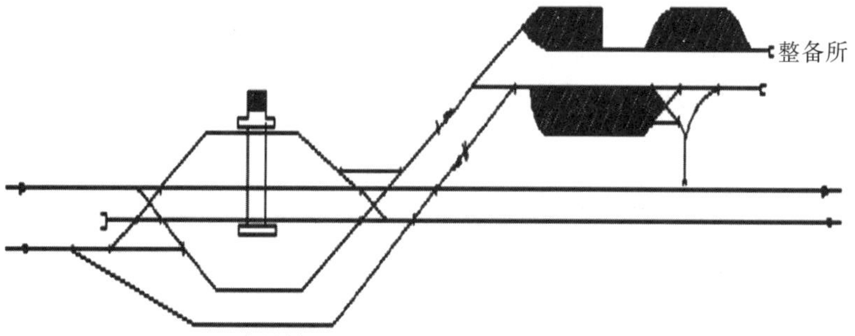

图 3.47　正线位于客车整备所一侧布置图

2) 与客运站横列布置

客车整备所与客运站横列布置图如图 3.48 所示。

优点：离客运站较近；占地少；正线顺直；整备所和机务段等的发展不受限制。

缺点：两端的咽喉区交叉干扰严重，车站通过能力较小；车底取送有折返行程。

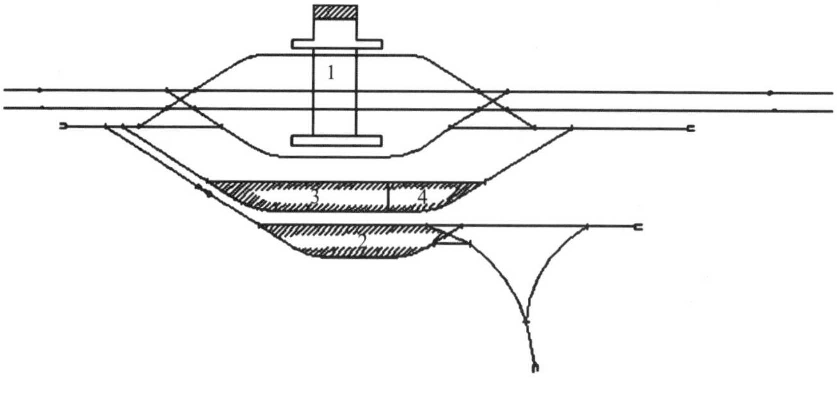

图 3.48　客车整备所与客运站横列布置图

1-客运站；2-机务段；3-客车整备所；4-客车车辆段

综合以上三种客车整备所与车站布局关系可知，客运站在设有客车整备所和客运机务设备时，配置应满足车站的通过能力、减少咽喉交叉干扰、缩短机车和客车车底的走行距离，并结合地形、地质的条件和城市规划，通过全面比较来确定。

5. 客车整备所的布置要求

客运站设有客车整备所时，其配置应满足车站的通过能力、减少咽喉交叉干扰和缩短机车和客车车底的走行距离，并且要结合地形、地质的条件和城市的规划，通过全面比较来确定。

(1) 客车整备所应纵列配置于客运站到发列车较少一端的咽喉区外方正线的一侧或双线的两正线间。

(2) 当始发、终到旅客列车对数较少，货物列车不经由客运站或为充分利用既有设备，且远期无大发展时，客运站与客车整备所也可横列布置。

(3) 当客运站与客车整备所纵列配置时，站、所间联络线数量应该根据出、入所整备的车底列数，出、入段机车次数，整备所布置形式，调车工作量和站、所间距离等因素来确定。站、所间联络线应设 1 条，当能力不足时可设 2 条。站、所间联络线宜满足整列车底调动和设置洗车机所需要的长度。当洗车机设于客运整备场与技术整备场之间时，站、所间联络线长度可适当缩短。

(4) 当客运站与客车整备所横列配置时，应设牵出线 1 条。当客运站与客车整备所纵列配置时，可利用站、所间联络线或客运整备场线路作为牵出线；当出、入所车底列数很多且站、所间联络线能力不足时，应设牵出线 1～2 条，牵出线的有效长度不应小于旅客列车到发线有效长度。

二、动车运用所

对于动车组而言，其检修的频率和标准高于普通客车，检修标准分为 5 个等级，等级越高，检修要求和标准越高。动车运用所(简称动车所)是按照动车组运用管理和检修作业规范，承担动车组的日常运用、夜间存放、折返、客运整备、日常检查和一级、二级运用检修任务的场所。动车所一般从属于某个动车段，但是在动车段没有成立之前，动车所一般从属于某个车辆段。动车段，配属有一定数量的动车组列车，是专门从事动车组管理和检修的处级单位，除下辖 1 个或多个动车所外，还可下辖动车组高级检修基地，负责各自区域范围内的动车组三级以上检修任务，如北京、上海、广州、武汉、成都、沈阳、西安动车段，都具有高级修功能。除此以外，在开行动车组的地级市规划设置有动车存车场，动车存车场没有配属的动车组列车，在其内部设有多条停车线，负责动车组列车的夜间存放以及一些简单的运用整备任务，从属于某个动车段。动车组的四、五级修一般为厂家修，如中车青岛四方机车车辆股份有限公司、中车唐山机车车辆有限公司等。

1. 动车所的设备

动车所的主要工作包括动车组管理、动车组检修整备、排污处理、信息化监控。动车所的主要设施设备如下所示。

(1) 车体自动清洗设备。动车组车体自动清洗设备是动车运用所必不可少的整备设备，用于列车回库、进段时的外皮自动清洗，需用专门的清洗剂。为了满足环保、节能的要求，必须同时建立水循环处理设施。

(2) 地面吸污设施。地面吸污设施是与旅客列车集便器配套使用的专用设备，用于迅速卸放车上污物箱的污水。主要技术原理是应用真空抽吸的原理在卸污线上建设固定的真空中心，真空中心使系统产生真空形成负压，从而进行吸污。

(3) 集便器卸污设备。在新型列车集便系统中，污物通过车底收集装置集中排放。列车集便系统完全改变了原来的直排式排污系统，能够在动车行进途中做到零排放，在动车进入动车所后再进行集中消毒处理。在动车所进行整备时，用集便器卸污设备将污物用管道吸出，排放到指定容器中用于生产有机肥料。

(4)走行部故障诊断和不落轮镟加工设施。这是动车所的重要设备。当踏面诊断装置诊断出轮对有缺陷(擦伤等)或轮对踏面、轮缘磨耗到限时，应及时进行磨削和检修，以恢复动车组运行的舒适度并确保行车安全。

(5)轮对踏面检测设备。轮对踏面形状直接影响列车的舒适度和行车安全，高速列车尤其如此。轮对踏面检测设备是动车所最重要的检修诊断设备，具有检测踏面裂纹和擦伤、测量踏面形状和几何尺寸、测量踏面擦伤和同心度等功能。该设备同时具备数据的采集和处理功能，并与通信计算机联网，完成数据存储、显示、打印、传递等功能。该检测设备的准确度直接影响整列车的检修效率。

(6)列车监控系统地面接收及信息处理装置。列车监控系统地面接收及信息处理装置包括生产调度系统、动车组运行管理系统、现场作业监控系统、车辆配件寿命系统、车辆配件配送支持系统、入段检测管理信息系统和车载信息地面接收处理系统。各设备由广域网连接，实现统一管理和信息共享。

(7)存车线。存车线是指等待使用或其他调配的车辆存放时所用的车场线路。

(8)检修库。检修库是定期对动车组进行技术检查和维修的厂房，检修库内可以进行制动检测、走行部检测、CIR(机车综合无线通信设备)检测、ATP(列车自动保护系统)检测、LKJ(列车运行监控装置)检测、真空卸污、客车上水、滤网滤筒清洗等检测作业。动车组进入动车所进行检修作业时将进入到检修库在检修线上停留。

(9)附属生产生活房屋。附属生产生活房屋包括信号楼、运转候乘楼、员工公寓、食堂、动力机房等，用于满足动车所的办公及生活需要等。

(10)道路。动车所内修建的能连接至市政道路的所内道路通常在检修库、临修及不落轮镟库及存车场四周设置，便于所内车辆及工作人员作业，另外，存车线四周可以设置环形消防道路。

2. 动车所的作业内容及检修流程

1)动车所的作业内容

动车组的日常运用和检修由动车所负责，动车所内作业包括洗车作业、卸污作业、检修作业、车底存放作业、车底出入段作业等。

(1)承担动车所所在客运站以及根据分工确定的枢纽内其他客运站始发、终到动车组的存放和整备作业。整备作业的主要内容包括：根据需要进行车体外皮洗刷；内部清扫、消毒、泄污；上水、上砂和餐饮备料以及其他客运整备作业。

(2)承担动车所所在客运站以及根据分工确定的枢纽内其他客运站始发、终到动车组的一级修作业。动车组的一级修主要对各部件进行检查，对轮对进行诊断，对制动系统进行检查及必要的处理和开关车门试验。

(3)承担动车所所在配属动车组的二级修作业。二级修在一级修的基础上增加了综合制动测试、自动车钩测试、车门综合性能测试、驾驶台附属设备测试、受电弓测试、列车控制和管理系统测试等作业内容。

(4)承担动车所配属动车组的运用专项检修、运用换件修及运用定期保养项目。作业主要包括空心车轴探伤、车轮踏面修行、车顶高压设备及受电弓检测、制动系统测试、主变压器系统小修、供风系统小修等。

(5)承担动车所配属动车组以及外属动车组必要的临修作业。作业主要负责完成故障转向架或轮对及大部件的更换、处理不同型号动车组应急故障。

2)动车所的检修流程

高速铁路在动车所内的作业流程包括入所后不同进路的转线、外部清洗、集便处理、轮对诊断、定期检查、换件修、不落轮镟等。根据调度中心所安排的检修计划，动车组回到动车所，首先进行车体的清洗工作，然后利用轮对踏面自动诊断装置进行走行部的检测，根据检测结果安排不同的检修作业。如果轮对的技术参数符合要求，则按规定的检修内容、检修范围进行维修工作(整备、一级修程、二级修程等)，检修完毕，将动车组转线至存车线或客运站到发线，准备担当下一次运输任务。如果检修过程中发现临时故障(如走行部检测发现擦伤、裂纹等)，则根据需要调整维修内容(镟轮、落轮等)。动车组在动车所的基本检修流程如图 3.49 所示。

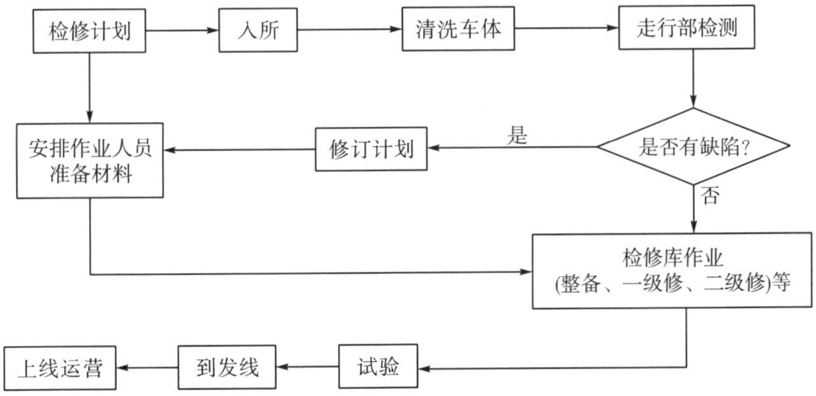

图 3.49 动车组基本检修流程

3. 动车所与车站布局形式

动车所与车站要有方便、独立的进出通路，具有较好的工程地质、排水和与外部联系等条件，并结合城市用地规划考虑。动车所与车站的布局形式主要有以下四种。

(1) 终端式终点站与动车所顺列布置。车站咽喉作业均衡，一端咽喉接发列车，另一端咽喉动车车底进出动车所，两者互不干扰。此布局不需修建车底进出段走行线与正线的立交疏解，见图 3.50。终端式车站最好用此方案。

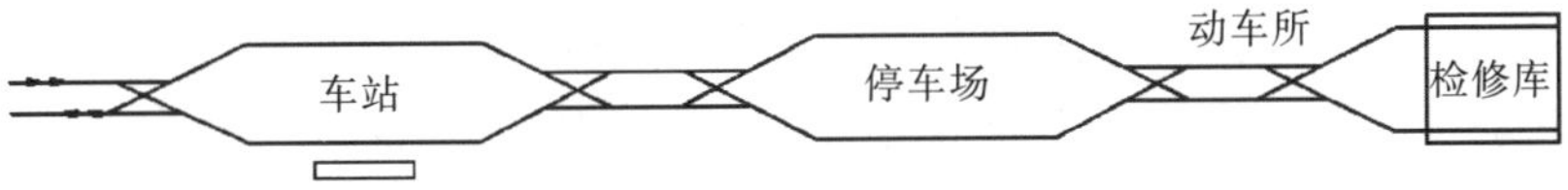

图 3.50 终端式终点站与动车所顺列布置图

(2) 终端式终点站与动车所反向布置。列车到发和车底出入段都在一端咽喉，造成咽喉能力紧张，且产生部分的平面车流交叉。修建走行线与正线的立交疏解，工程投资较大，见图 3.51。

若采用第 (1) 种顺列布置方式会使动车段位于密集的市区甚至市中心，则使用此布置。

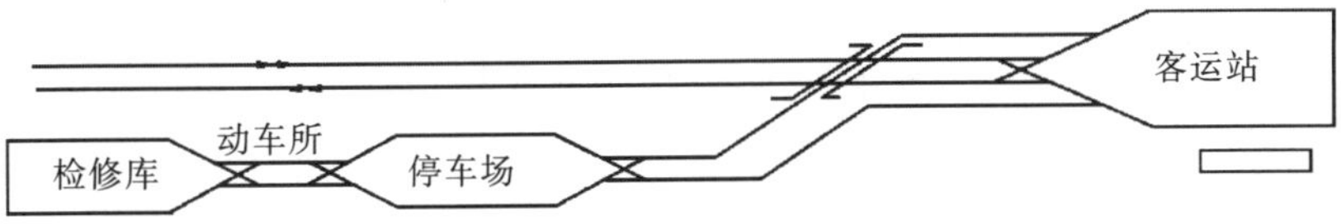

图 3.51 终端式终点站与动车所反向布置图

(3) 贯通式车站与动车所顺列布置。贯通式车站最好采用与动车所顺列布置方式，见图 3.52。

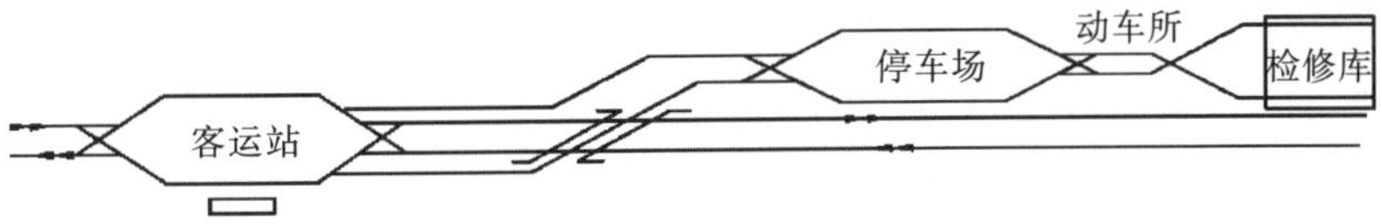

图 3.52 贯通式车站与动车所顺列布置图

(4) 贯通式车站与动车所并列或斜并列布置。贯通式车站与动车所并列或斜并列布置方式适用于规模小的动车所与车站的布局，见图 3.53。

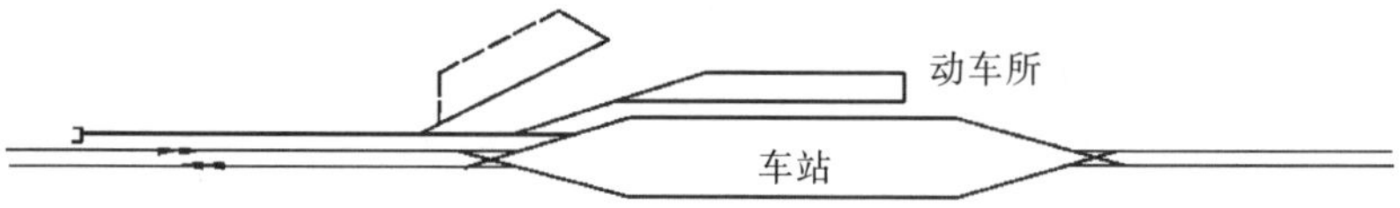

图 3.53　贯通式车站与动车所并列或斜并列布置图

4. 动车所布置图

1) 纵列式

到发兼停车场与检修库纵向排列，可节省动车组转线时间，转线作业与到发作业互不干扰，作业顺畅，基本可以实现流水作业，但占地范围较广，适用于动车组数量较多的动车所，应用最广泛，如图 3.54 所示。

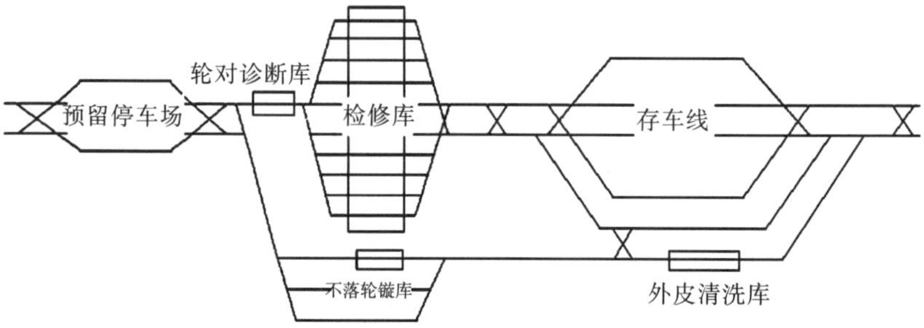

图 3.54　动车所纵列式布置图

2) 横列式

到发兼停车场与检修库横向排列，占地少作业集中，但检修车需折返运行，增加转线作业费用，且咽喉区有交叉干扰。动车组数量较少(4~10 列)时或在受地形条件限制时可以采用横列式布置，如图 3.55 所示。

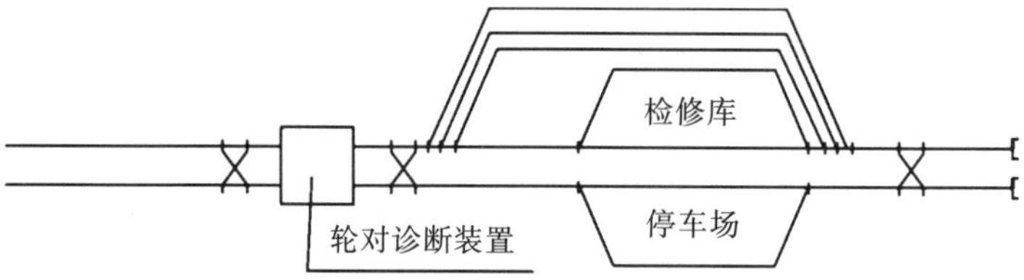

图 3.55　动车所横列式布置图

5. 动车所的布置原则

(1) 动车所的布局应与我国高速铁路线网发展规划相适应，遵循“集中检修、分散存放”的指导原则。

(2) 动车所的规模及检修能力应依据列车开行对数、区域内配属动车组数量、动车组检修周期等计算确定。

(3) 动车所应布局在客流密度较高、有大量始发终到列车开行需求的客运站附近，以缩短出入段时间以及与始发终到站间的空驶距离。

(4) 动车所与车站的相对位置应尽量采用纵列式布置，以减少出入段对车站作业的交叉干扰，节省出入段时间，并为远期发展预留扩建条件。

(5)动车所的选址应与城市规划密切配合，有利于环境保护并避免地质条件不好的地段以确保必要的排水能力。

(6)动车所平面布置应根据生产工艺、环保、通风、采光和卫生等条件，结合自然条件，经技术经济比较后确定，并且预留发展的条件。

(7)动车所平面布置应减少动车组的折角走行，保证走行顺畅。

(8)动车所出入线应顺向连接，并且不应切割正线；在困难的情况下，与正线列车到发进路有干扰时，宜采用立交疏解措施。

(9)动车组的检修、检查作业宜分线。检查应采用定位作业，检修可采用定位或流水作业。

(10)卸污线应根据作业需要设置，也可与检查库线或整备线合设。

(11)动车所内道路应连接城市道路，动车所内应有汽车回转的条件。

第四节 旅客运输移动设备

一、普速列车设备

1. 客运机车类型

机车是牵引或推送铁路车辆运行而本身不装载营业载荷的自推进车辆，它是铁路的基本动力，俗称火车头。我国铁路的客运机车有蒸汽机车、内燃机车和电力机车三类。在客运机车的使用上，内燃机车和电力机车已逐步代替了蒸汽机车。机车按作用还可分为客运机车、货运机车和调车机车，本节主要介绍客运机车类型。

1)蒸汽机车

蒸汽机车作为客运机车已经有很长的历史，我国蒸汽机车主要有人民型、胜利型、前进型，如图3.56所示。蒸汽机车把蒸汽的热能转化成机械能，以驱动机车运行，但蒸汽机车由于效率低(6%～8%)、噪声大、烟尘多、技术速度低和乘务人员工作条件差等，逐步被内燃机车和电力机车替代。目前，我国客运只有极少部分线路仍采用蒸汽机车。

(a)人民型蒸汽机车　(b)胜利型蒸汽机车　(c)前进型蒸汽机车

图3.56 蒸汽机车

2)内燃机车

内燃机车以内燃机作为原动力，其牵引热效率高(24%～26%)，且水的能耗较少。水的能耗较少使得内燃机车在水资源缺乏的地区有显著的优越性。内燃机车还有噪声小、烟尘少、对环境影响小、整备时间短、加速度快和技术速度高等优点。

为了适应高原、山区等不同环境，承担客运、货运、调车等不同工作，内燃机车分为许多种类。其中，东风(DF)系列内燃机车是中国内燃机车的主力。DF4内燃机车、DF11内燃机车为常用客运机车；东方红型和北京型内燃机车基本已不投入运营；NJ2型内燃机车主要用于青藏铁路；ND5型内燃机车是美国进口的客货两用内燃机车。几种常见的内燃机车如图3.57所示。

(a) DF4内燃机车

(b) DF11内燃机车

(c) NJ2内燃机车

(d) ND5内燃机车

图 3.57　内燃机车

3) 电力机车

电力机车通过受电弓从接触网上获得电流，转化成机械能牵引列车运行。其具有牵引功率大、速度快、热效率较高(16%～18%)、整备作业少和无须上水及上燃料等特点，适用于长距离运行。电力机车在陡坡及长大隧道地区有一定的优势，在高寒地区工作也有较好的可靠性，但其正常工作需要可靠的供电设备的支持。

韶山(SS)系列电力机车是我国电力机车的领军，和谐电(HXD)则是21世纪才现身的后起之秀。SS3、SS7C、SS7D、SS7E、SS8、SS9、SS9G是常用的客运机车，SS1是第一代电力机车，大部分已不再投入使用。除此之外，还有从日本进口的电力机车 6K，从苏联引进的机型 8G，从国外进口并投入批量生产的交流传动电力机车 DJ1 等。几种常见的电力机车如图 3.58 所示。

(a) SS3电力机车

(b) SS7电力机车

(c) SS8电力机车

(d) SS9电力机车

图 3.58　电力机车

2. 客运车辆

1) 发展历史

客车在构造和内部设施上应能为旅客提供安全和舒适的旅行条件。最早的客车车体是木制的，长度小，容量不大，设备简陋，走行部及钩缓装置性能较差，构造速度不高，旅行舒适条件也差。现代客车有较大改进，车体为薄壁筒形结构，材质已由普通钢发展为低合金钢、不锈钢及铝合金。这种结构不仅大大提高了车体的强度、刚度和耐腐蚀性，而且降低了车辆的自重，从而提高了车辆运行的安全性，节约了维修费用和牵引动力消耗，为提高列车运行速度创造了有利条件。

2) 类型

铁路客车是指载运旅客的车辆、为旅客提供服务的车辆及挂运在旅客列车中其他用途的车辆。目前，中国铁路客车根据用途的不同，主要有硬座车(YZ)、软座车(RZ)、硬卧车(YW)、软卧车(RW)、行李车(XL)、邮政车(UZ)、餐车(CA)、试验车(SY)、双层空调硬座车(SYZ)、双层空调软卧车(SRW)和双层餐车(SCA)等，此外，还有公务车(GW)、卫生车(WS)、医疗车(YL)、维修车(WX)、文教车(WJ)、特种车(TZ)等；按车型分有21型、22型、23型、25型等单层或双层的车辆。

3) 客车设备

铁路客车上为旅客提供方便、舒适和安全的旅行生活条件而设置的设备包括照明设备、采暖设备、通风设备、空气调节设备、供电设备、卫生设备、给水设备等。

(1) 照明设备。

新型客车多用日光灯作为照明设备。用日光灯时，需配备晶体管逆变器，以便将蓄电池供给的直流电变为交流电。客车灯具有全夜灯和半夜灯两种。全夜灯设在客车通过台、厕所、盥洗室和包房式客车的侧走廊等处，通宵不灭。半夜灯主要用于开敞式的座车和卧车，夜间关闭。为了安全和方便旅客，在客车室内也设置少量低亮度的全夜灯。

(2) 采暖设备。

采暖设备是在寒冷季节提高客车内温度的设备。旧式客车大多用大气压式蒸汽采暖，由蒸汽机车直接供汽。这种采暖设备构造简单，但机车摘离后，客车即失去热源。柴油机车和电力机车牵引的列车，大多采用独立温水锅炉采暖，即在每辆客车上装设燃煤或燃油温水锅炉。这种采暖方式增加列车的重量和管理工作量，且污染环境。安装空调设备的现代客车多用电热器采暖。

(3) 通风设备。

旧型客车一般是靠车窗通风。现代客车多采用机械强迫通风。通常在车端上方设置离心式送风机将外界新鲜空气送入车内，经滤尘装置滤清灰尘杂质后，由送风道送入客室，同时排出室内的多余污浊空气。采用强迫通风，可以保持客车室内空气洁净。

(4) 空气调节设备。

空气调节设备是现代客车上用以把车内空气温度、相对湿度、空气洁净度和气流速度控制在一定范围之内的设备，通常由空气冷却系统、机械强迫通风系统、空气加热系统、空气加湿系统和自动控制系统等部分组成。空气冷却系统利用制冷装置对进入车内的外部空气进行冷却处理，使夏季客室保持适当的空气温度。现代客车多采用以氟利昂为介质的蒸汽压缩式制冷装置，氟利昂在蒸发器内沸腾吸收热量而使流过的空气冷却，由于它的表面温度通常低于空气的露点，因而空气在冷却过程中也得到减湿处理，从而保证夏季客室内空气相对湿度在要求范围以内。现代客车多利用电极在水内通电产生蒸汽的电极加湿器法，以增加空气湿度。

(5) 供电设备。

供电设备是客车用以供给照明和空调用电的设备，有分散和集中两种方式。分散供电方式通常采用轴驱式发电机。客车运行时由车轴带动轴驱式发电机发电；停车和低速运行时由蓄电池供电，用电设备都是直流的。普通客车的发电机功率一般为3～5kW。在电气化线路上可由接触网供电。现代客车上也有在车下安装小型柴油发电机供电的。

(6)卫生设备。

客车厕所通常采用直通式便器，污物直接排于铁路沿线，这不仅污染环境，也给旅客、客车和线路维修人员带来恶劣的卫生条件。各国铁路都致力于解决粪便处理的问题。采用的办法有：用电热或可燃气体焚化粪便；在车下设集便箱投药处理后排放车外；将水尿随时排出而将干粪存于集便箱内，到站取出；在车下设大型集便箱储存，到站后用真空泵吸出或连同箱体一并卸下排除；等等。

(7)给水设备。

供水设备是供应旅客和乘务人员饮水、盥洗、冲刷和温水循环取暖装置补水等方面用水的设备。供水设备不占用客室有效空间，保证列车运行稳定，用水方便且不浪费。

(8)其他设备。

此外，列车上还有列车广播，有可与地面直接通话的通信设备，甚至可在客车上设会议厅、游艺室和备有放映闭路电视录像或电影的设备。

二、动车组设备

动车组，全称动车组列车，是现代火车的一种类型，由至少两节带驱动力的车厢(简称动车)和若干节不带牵引力的车厢(简称拖车)共同组成。一般的动车组以多节动力车厢和拖力车厢按一定数量的比例组合，如和谐号列车。相比大多数传统列车，动车组具有牵引力大、加速度快及无须更换机车等多种优点，广泛用于各种高快速铁路和城市轨道交通中，是未来客运列车的主力。我国高速铁路、快速铁路和城际铁路均使用动车组作为客运列车，以 CRH 系列车型为主，并逐渐推广普及 CR 系列车型(中国标准动车组又称复兴号动车组)。

1. 动车组优点

1)加速能力强

加速能力强来源于较大的动拖比。做同重量折算，在功率充足和功率输出控制合理的情况下，动拖比越大，列车可发挥的牵引力越大。在中国，常规的传统客运列车一般是一台机车牵引大编组客车，机车重88t或132t，客车编组重880～1100t，动力集中，动拖比非常小，列车可发挥牵引力很小；而动车组多为动力分散，即使偶有动力集中型号，其动拖比仍然大于传统的大编组客运列车。

列车出站或通过限速缓行区段后能在短时间内恢复到正常运营速度。对于乘客，这意味着最高限速相同的动车组在同样长的运行时间里能停靠更多车站，方便出行，或者在线路参差不齐时旅行时间比传统大编组客车更短；对于调度部门，这意味着列车起动、加速附加时间少，容易调度，更容易提高铁路的运用效率；对于生产厂家，这意味着不必为了保证列车平均速度而拼命提高列车最高允许速度，同时节省了造车成本和修路成本。

2)爬坡能力强

爬坡能力强同样来源于大的动拖比。在功率充足的情况下强动力分散列车在连续坡道上仍能保持准高速甚至高速运行的能力，而弱动力分散列车只能小碎步上去，甚至连起步都很困难。中国的高速列车都是强动力分散动车组，强悍的爬坡能力和坡道保速能力为高速铁路的选线提供了极大便利，能有效降低线路修建与维护成本。

3)换向便利

中国的传统列车在运营中的换向步骤是进站停车—摘除前端机车—列尾重新挂上机车—再次开出。而动车组，只要仍然保持在正常的成组运营状态，列车两端必然都设有驾驶室，每个驾驶室都可以操控整列车上的动力与制动设备，换向时只需要司机前往列车另一端的驾驶室。这省掉了机车调车作业的步骤，从而节省了换向时间，也减少了车站线路被机车调车占用的时间，还降低了摘车、挂车事故导致人身伤害的概率。

2. 动车组型号

1) 早期型号(现已退役)

中国早期动车组型号是指 2004 年引进消化吸收再创新之前的型号，包括 1958 年研制的 2 动 4 拖东风型摩托动车组，1994 年研制的第一款动力分散性液力传动内燃动车组“天安”号，以及后来的 NZJ1“新曙光”号、“天驰”号等众多型号，值得一提的有“大白鲨”号与“蓝箭”号。“大白鲨”号动车组于 1999 年研制成功，是我国第一代电动车组型号，设计时速 200km；“蓝箭”号动车组于 2000 年研制成功，是我国第一款批量化生产的时速 200km 的动车组，采用动力集中式。后来研制的具有代表性的动车组还有动力分散型“中原之星”和我国早期动车组型号的巅峰之作——采用动力集中式的“中华之星”。几种具有代表性的早期动车组型号如图 3.59 所示。

2) 在线运营动车组

在线运营动车组大致可以分为两代：第一代以引进消化吸收技术为主(其中有极少数车型进行了深入的创新，如 CRH2C，尤其是 CRH2C 二阶段)；第二代称为“新一代”，也就是我们常说的 CRH380 系列。

(a) 2动4拖东风型摩托动车组

(b) “天安”号动车组

(c) NZJ1“新曙光”号动车组

(d) “天驰”号动车组

(e) “大白鲨”号动车组

(f) “蓝箭”号动车组

(g)“中原之星”动车组

(h)“中华之星”动车组

图 3.59　早期动车组型号

第一代动车组包括 CRH1、CRH2、CRH3、CRH5，各系动车组如图 3.60 所示。其中又分为 A、B、C、E 四个小类(如 CRH2A、CRH2B、CRH2C、CRH2E)，A 代表时速 200km 8 辆编组，B 代表时速 200km 16 辆编组，C 代表时速 350km 8 辆编组，E 代表时速 200km 卧铺动车组。

(a) CRH1

(b) CRH2

(c) CRH3

(d) CRH5

图 3.60　动车组型号

(1) CRH1 系列动车组由青岛四方庞巴迪铁路运输设备有限公司生产，该系动车组包括 CRH1A(8 编)、CRH1B(16 编)、CRH1E(卧铺)。CRH1 系列动车组如图 3.61 所示。

(a) CRH1A

(b) CRH1E

(c) CRH1B

图 3.61　CRH1 系列动车组

(2) CRH2 系列动车组由日本川崎重工及中国南车集团四方机车车辆股份有限公司生产，是第一代车型的主力，故障率一直保持较低水准。CRH2 系列动车组包括 CRH2A 短编组、CRH2B 长编组，CRH2C 一阶段时速 300km、CRH2C 二阶段时速 350km，CRH2C 动车组的研制有许多重大突破，这些技术突破都被后来的 CRH380A 吸收；CRH2E 动车组是 16 编组的卧铺动车组。CRH2C 二阶段虽然在牵引传动、车体气密强度等方面做了重大改进，但头形方面依旧沿用了日系车设计，所以外形看起来差异不大。CRH2 系列动车组如图 3.62 所示。

(a) CRH2A

(b) CRH2B

(c) CRH2C

图 3.62　CRH2 系列动车组

(3) CRH3 系列动车组的原型车是德国的 ICE-3，由中国北车集团唐山轨道客车有限责任公司引进，CRH380BL 在此车的基础上升级改进。CRH3C 动车组如图 3.63 (a) 所示。

(4) CRH5 系列动车组由中国中车集团长春轨道客车股份有限公司引进法国阿尔斯通技术研制而成。CRH5A 动车组如图 3.63 (b) 所示。

(a) CRH3C

(b) CRH5A

图 3.63　CRH3、CRH5 系列动车组

(5) CRH6 系列动车组是由中国中车青岛四方机车车辆股份有限公司和中车南京浦镇车辆有限公司共同研制开发，为满足我国区域经济快速发展和城市群崛起对城际轨道交通的需求而研制的一种新型运输工具。CRH6 系列动车组作为高速铁路和城市轨道交通的纽带，具有运能大、起停速度快、乘降方便快速、疏通迅捷有效、乘坐舒适、安全可靠、节能环保的特点。CRH6 系列动车组如图 3.64 所示。

图 3.64　CRH6 系列动车组

新一代动车组为 CRH380 系列，主要包括 CRH380A、CRH380B、CRH380C、CRH380D。CRH380A 是中国中车青岛四方机车车辆股份有限公司生产的，CRH380B 由中国北车集团唐山轨道客车有限责任公司、长春轨道客车股份有限公司共同生产，其中长春轨道客车股份有限公司又研制了 380B 短编高寒车及 CRH380C，CRH380D 则是由青岛四方庞巴迪铁路运输设备有限公司研制。四种动车组车型如图 3.65 所示。

(a) CRH380A

(b) CRH380B

(c) CRH380C

(d) CRH380D

图 3.65　CRH380 系列动车组

3. 动车组分类

(1) 根据机车类型，即动力来源划分，动车组可分为内燃机动车组和电力动车组，电力动车组又可分直流和交流两种类型。

(2) 根据动力分配方式划分，动车组可分为动力集中式动车组和动力分散式动车组两大类。动力集中式动车组即动力集中安装在 2～3 节车上，其余车辆无动力；动力分散式动车组即全部车辆都是动车或绝大部分为动车，其中，动力分散式动车组还可以细分成纯动车组和一般动车组。

(3)根据列车速度范围划分，动车组可分为低速动车组、快速(普通)动车组和高速动车组。

4. 动车组车内设备

(1)锁闭设施。动车组内锁闭设施包括车厢侧门、内端墙拉门、驾驶室侧门、驾驶室隔门、乘务员室拉门、多功能室拉门、卫生间拉门、小便间折叠门、垃圾箱室门等。车厢侧门大多使用电动塞拉门，在驾驶室及乘务员室设有侧拉门集中控制开关。

(2)安全设备。车内配备有紧急用梯子、过渡板、灭火器、火灾报警按钮、紧急报警按钮、卫生间紧急按钮等。

(3)照明设备。车内照明有十几种模式，亮度从高到低，光线从暖到冷，每个旅客都能使用阅读灯，亮度和色温都可以手动或自动调节，更加突出人性化设计。

(4)卫生设备。动车组在奇数号车的后位设置了卫生间及盥洗室。小便用卫生间的折叠门没有安装锁闭装置。盥洗室为整体结构，设置了镜子、桌子及插座。高速列车普遍采用真空式的密封卫生系统，该系统均包含一个车下悬挂的污物箱以收纳列车运行过程中产生的污染物。

(5)备品室及行李置放处。在车上设置了备品室，能够收藏紧急用踏板、大型收藏箱、绳索及应急灯等备品。在通过台设置行李放置处。

(6)信息控制及广播设备。驾驶室、乘务员室及配电室设有供联络用的控制器。车厢内广播系统按优先顺序可分为人工广播、自动广播和无线电广播三种。

(7)信息显示设备。乘客信息显示器安装在车厢通路的门框上方，接收从车辆信息终端装置传来的信息，固定或滚动显示目的地及中途停站等各种信息。车厢号与目的地显示器设置在每节车厢外部，根据动车组运行班次及时更新车号及目的地信息。

(8)车内空气环境控制系统。车内空气环境控制系统通常称为空气调节系统，保证车内通风换气，保持温度和湿度一定，为旅客创造舒适的旅途条件。空气调节系统通常由通风系统、制冷系统、供暖系统、加湿系统及自动控制系统等组成。

(9)空气压力波动控制系统。高速客车在通过隧道或两列车会车时，车外空气压力会大幅度变化，其中两列车在隧道内会车时，空气压力变化最大。由于车体不能完全密封，车内空气压力会随着车外空气压力的变化而上下波动。为了使列车在车外气压变化很大时仍能够正常进行通风换气，同时避免通过换气口将车外气压变化传入车内，引起乘客的不适，高速列车设有可控式通风换气装置。

(10)烟火报警系统。动车组运行速度快，电气设备多，且整个车厢处于密闭状态，一旦发生火灾，疏散不及时容易造成重大的人员和财产损失。因此，烟火报警系统对列车的安全运行起着非常重要的作用，既能确保系统在火灾发生的初期能及时报警，又能避免造成动车组降速或停车，具有非常重要的意义。

(11)温湿度监测系统。动车组车内温湿度监测系统能满足高速动车组运行时对温度、湿度的实时监测以及对温湿度舒适度的实时评价，为分析车内温度、湿度现状，研究车内温度、湿度与舒适性的关系提供试验依据，对改善旅客乘坐舒适性起着不可或缺的作用。

5. 动车组的检修养护

动车组是作为一个整体来进行整备和维修综合作业的，这同常规铁路将机车和客车车底分别送入各自作业地点、分散进行各种整备和维修作业的模式有着根本的区别。在动车组的运用与检修管理方面，我国主要以固定配属的方式将动车组配属给动车段及其下属的动车所，一般由动车所具体负责动车组的运用与检修工作组织。在实际中为了便于加强对动车组的管理，动车组一般固定担当某一个运行区段上的列车或交路任务，且除在特殊情况下可以进行车种替代以外，某一型号的动车组一般只负责对应车型的交路任务，这主要受动车组的定员、坐席、编组及速度等级等多方面因素的影响。

1) 我国动车组检修制度

动车组的检修必须以动车组的具体运行状态为依据。不管采用何种检修制度，都应保证依照较好的质量可靠性、计划性和经济性的原则，否则就难以满足铁路运输生产的需要。修理方式是划分检修制度的一个重要组成部分。从世界范围来看，动车组的修理方式主要有预防修、状态修和事后修三种。计划预防修和状态修均属于预防性的修理，事后修属于非预防性的，多用于偶然事故或用于预防修理不经济的零部件。高速动车组的检修模式与检修制度是高速铁路系统保障工程中的重要组成部分，是提高列车运用效率，提高列车运行可靠性、安全性及降低列车寿命周期费用的主要保证。

(1) 动车组的检修级别。

我国动车组的检修按检修性质、检修范围和检修深度划分了五种不同的检修级别。其中一级、二级属于运用维修，以维护保养为主，在动车所完成；三级、四级、五级属于高级检修，以恢复基本性能为主，在动车段或主机厂完成，如表 3.16 所示。

表 3.16　动车组计划预防检修周期表

车型	一级检修	二级检修	三级检修	四级检修	五级检修
CRH1	(4000±400)km 或运用 48h	(3.3万～40万)km 或 6～540d	(120万±10万)km 或 3a	(240万±10万)km 或 6a	(480万±10万)km 或 12a
CRH2	(4000±400)km 或运用 48h	(3万～60万)km 或 30～360d	60^{+2}_{-5}万km 或 1.5a	120^{+5}_{-10}万km 或 3a	(240万±10万)km 或 6a
CRH3	(4000±400)km 或运用 48h	(2万～80万)km 或 20～7200d	(120万±12万)km 或 3a	(240万±12万)km 或 6a	(480万±12万)km 或 12a
CRH5	(5000±500)km 或运用 48h	(6万～60万)km 或 60～720d	(120万±12万)km 或 3a	(240万±12万)km 或 6a	(480万±12万)km 或 12a

①一级例行检查：在运行整备状态下，完成消耗部件的更换、调整和补充等，同时对各部分的状态和性能进行检查，发现偶然发生的故障，在列车使用的间隙进行维修作业。

②二级重点检查：以不落轮的状态进行设备的检查、调整，停止列车的使用进行维修作业。

③三级重要部件分解检修：主要针对转向架进行分解检修，以及对制动、牵引、空调等重要系统进行状态检查和功能测试。

④四级系统全面分解检修：主要针对动车组各系统进行分解检修，主要包括转向架、制动、牵引、空调等系统的分解检修，电气部件的性能测试及更换，车内设施的检修等。

⑤五级整车全面分解检修：对全车进行分解检修，较大范围地更新零部件，根据运营需要对动车组进行技术升级和改造。

(2) 检修周期。

各国高速铁路根据各自的具体情况制订出本国的检修周期，制订时需充分考虑列车各部件故障发生的概率和工作方式。一般而言，转向架等走行部与运行里程有关，车体、空气系统、橡胶件等与时间有关，电子部件等与工作时间有关，接触器、继电器触头与动作次数有关。

根据车型的不同确定不同的维修周期结构，形成了我国动车组的修程修制。以 CRH2 车型为例，动车组检修周期结构如图 3.66 所示。

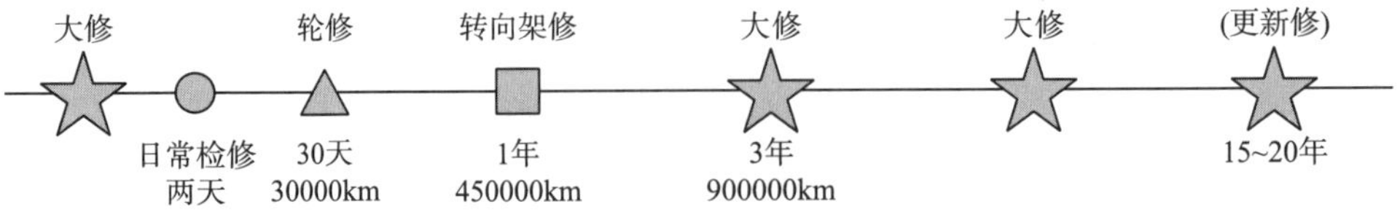

图 3.66　CRH2 型动车组检修周期结构

2)我国动车组检修的特点

我国高速动车组检修主要有以下特点：

(1)高速动车组的检修中大量采用新技术设备，包括车载微机诊断系统，远程无线通信技术，自动化排污清洗装置，自动检测轮对踏面裂纹、磨损和锥度的诊断设备等先进设备。

(2)采用系统工程观点进行检修。对动车组整个寿命周期费用进行研究，利用系统工程理论对高速动车组的可靠性、检修可用性进行分析，对高速动车组的各个环节(方案、设计、制造、安装、运用、检修、改进和更新等)进行综合，然后进行信息反馈，将运用检修中的信息反馈给制造部门，以便改进设计。

(3)在设计阶段对检修做综合考虑。高速动车组大多采用了可靠性设计与检修性设计，保证了列车的质量，再加上有检修基地的良好检修做保证，使得高速动车组达到了非常好的运用效果。

(4)采用合理的检修制度。按一定修程(走行公里或使用年限)实施定期检修和在用期临时检修相结合，为确保动车组安全、稳定地运行，要对无故障安全部件实施预防检修，对故障安全部件实施事后检修。

(5)缩短检修周期，提高列车利用率。通过加强技术改造，完善各种检修手段，缩短高速列车的检修周期，以提高列车的利用率。

动车组检修的一个重要环节就是动车组检修信息化管理，无论是主机厂还是动车检修基地都建立了一套信息化管理系统。该系统的主要任务是编制包括车辆定期检修在内的车辆运用及检修计划，并对检修以及物料的库存管理、采购、发放计划等进行总体管理，以提高检修效率和精度，实现各项作业管理的程序化。各系统、设备以局域网连接，实现统一管理和信息共享。

总之，动车组检修目的是提高动车组的安全可靠性、使用效率，压缩检修周期；提高检修单位的作业效率，实现检修方式标准化。动车组的检修项目和检修周期主要是基于部件寿命管理系统，以先进的检修设备和设施及零部件制造工厂的配套检修服务为条件和支撑，通过不断定量分析监测机件的某些参数变化，根据具体情况而确定。

第五节 客运站通过能力

客运站的通过能力是指在车站现有设备条件和运行图规定的货物列车数下，采用合理的技术作业过程，一昼夜能够接发各方向的旅客列车数。客运站通过能力包括到发线通过能力和咽喉道岔区通过能力及客车整备场通过能力。

一、客运站到发线通过能力

客运站到发线通过能力是指各车场内办理列车到发作业的线路，采用合理的技术作业过程和线路固定使用方案，一昼夜能够接、发各方向的货物列车数和旅客列车数。

1. 到发线通过能力的影响因素

1)各种列车占用到发线的时间

需要在客运站上进行技术作业的列车有始发、终到、通过、站折几种，而始发、终到列车又可分为市郊和长途两种。各种列车占用到发线的时间由车站技术作业过程规定。与货物列车占用到发线时间相比较，客运列车由于到发时刻和车底出入整备所的时刻基本固定，故不产生待发、待转时间。

2)客运站接发各种列车的比例

到发线通过能力是以现行列车运行图为基础线性递增进行计算的，通过能力的大小不仅与现有的列车数量有关，而且与各种列车数量占总列车数量的比例有关。例如，以始发、终到列车为主的客运站，其到发线能力通常比以通过列车为主的客运站要相对小一些。

3) 列车到发的不均衡性

客运站旅客列车的到发时刻是运行图规定的，集中到发的现象时有发生，高峰期到发线能力紧张，非高峰期能力虚糜，这种不均衡性越大，能力的虚糜越严重。因此，列车到发的不均衡性对到发线能力有严重影响。

4) 空费时间

空费时间即到发线上产生不能用来正常接发旅客列车的合理空闲时间。此项时间可综合体现以上各项因素对到发线能力的影响，一般用空费系数表达，即

$$a_{空费}=\frac{\sum t_{空}}{M_{客}\left(1440-t_{停}\right)} \tag{3.5}$$

式中，$a_{空费}$为空费系数；$M_{客}$为用于接发旅客列车的到发线条数；$t_{停}$为客运站规定一昼夜内停止接发旅客列车的总空费时间，min；$\sum t_{空}$为一昼夜内全站到发线不能用来接发旅客列车的总空费时间，min；

5) 旅客列车到发线数量

客运站用来接发旅客列车的到发线数量与到发线通过能力成正比。

6) 客运站站型

客运站有通过式、尽头式和混合式三种。尽头式客运站列车接发、车底取送、机车出入段均在一端咽喉进行，由于咽喉能力紧张，到发线空费系数$a_{空费}$增大，其通过能力下降。

2. 铁路客运站到发线通过能力

采用分析计算法，铁路客运站到发线通过能力为

$$N_{到}=\frac{M_{客}\left(1440-t_{停}\right)\left(1-a_{空费}\right)}{t_{占均}} \tag{3.6}$$

式中，$N_{到}$为到发线通过能力，列；$a_{空费}$为旅客列车到发线空费系数，取0.25～0.35（$a_{通}$不大于10%时取0.25，每递增10%，$a_{空费}$增加0.01）；$t_{占均}$为平均一列旅客列车占用到发线的时间，min，且：

$$t_{占均}=a_{通}t_{占通}+a_{折}t_{占折}+a_{始}t_{占始}+a_{终}t_{占终} \tag{3.7}$$

式中，$a_{通}$、$a_{折}$、$a_{始}$、$a_{终}$分别为通过、站折、始发、终到旅客列车数量占一昼夜接发旅客列车总数的比例，$a_{通}+a_{折}+a_{始}+a_{终}=1.0$。$t_{占通}$、$t_{占折}$、$t_{占始}$、$t_{占终}$分别为通过、站折、始发、终到旅客列车每列占用到发线的时间，min，且：

$$t_{占通}=t_{接}+t_{通停}+t_{发} \tag{3.8}$$

$$t_{占折}=t_{接}+t_{折停}+t_{发} \tag{3.9}$$

$$t_{占终}=t_{接}+t_{终停}+t_{转入} \tag{3.10}$$

$$t_{占始}=t_{转出}+t_{始停}+t_{发} \tag{3.11}$$

式中，$t_{接}$、$t_{发}$分别表示接车、发车占用到发线时间，min；$t_{转入}$、$t_{转出}$分别表示客车车底由到发线转到整备场或由整备场转到到发线的转线时间，min；$t_{通停}$、$t_{折停}$、$t_{终停}$、$t_{始停}$分别表示各种旅客列车在到发线上的平均停站时间，可根据列车技术作业过程予以查定，min。

二、客运站咽喉通过能力及客车整备场通过能力

1. 客运站咽喉通过能力

客运站咽喉通过能力是指咽喉道岔一昼夜能够通过的各方向的货物列车数和旅客列车数。咽喉道岔是指咽喉区中能力利用率最大的道岔组。

1) 咽喉通过能力的影响因素

(1) 咽喉区的结构。

客运站咽喉区在设计时便会设计出多条平行进路，以保证必要的平行作业，增加咽喉区的通过能力。咽喉区的平行进路越多，设计越合理，便越容易为通过作业找到一条通过路径，其通过能力也就越大。

(2) 列车到发的不均衡性。

受市场需求和旅客出行的调节，列车运行线在全天 24h 内不是均匀分布的，而往往是在一个时段内密集到发。因此，咽喉区在全天不同时段的能力需求及实现水平是不同的，一般可划分为高峰时段、平缓时段等。

由于咽喉通过能力的时效性和不可储存性，不同时段的能力相互间不能转移和替代。咽喉通过能力应为能力最紧张时段的咽喉通过能力。

(3) 各种列车的咽喉通过方式。

我国铁路是多种速度兼容，不同性质列车混跑，高速列车与中、低速列车行车作业并存。列车的速度不同，设备占用时间不同，有些作业的内容、单项作业时间标准等也不同。

为了确保高速列车的运行和停站作业安全，对高速列车及普速列车规定了通过道岔时不得超过的最高速度。这两种列车通过道岔时的速度差异是相当大的，因而，两种列车占用道岔区的作业不同，这对咽喉区的布置及能力将产生较大影响。

列车的通过方式包括通过顺序和通过进路的选择。通过顺序一般按列车等级确定优先权；通过进路在备选进路中选择。若选择得当，对后继作业的影响较小，咽喉区的通过能力就越大。反之，则小。

(4) 各种列车的咽喉通过占用时间。

各种列车长度互不相同，对进路占用也有长短之分，因此，通过占用咽喉区的时间也不同。

列车通过占用咽喉区的时间越短，通过能力就越大；反之，通过占用咽喉区的时间越长，通过能力就越小。

(5) 其他因素包括等待通过的列车数以及咽喉区的长度等。

2) 咽喉区通过能力利用率计算

计算咽喉区通过能力利用率，先求出能力利用率 K，然后计算车站各衔接方向的通过能力。计算公式如下：

$$K=\frac{T-\sum t_{固}}{\left(1440-\sum t_{固}\right)\left(1-\gamma_{空}\right)} \tag{3.12}$$

$$N_{接}^{i}=\frac{n_{接}^{i}}{K} \tag{3.13}$$

$$N_{发}^{i}=\frac{n_{发}^{i}}{K} \tag{3.14}$$

式中，T 为咽喉道岔组总占用时间，min；$\gamma_{空}$ 为咽喉道岔组空费系数，取值 0.150～0.200；$\sum t_{固}$ 为固定作业占用咽喉道岔组总时间，min；$N_{接}^{i}$、$N_{发}^{i}$ 为 i 方向接、发旅客列车能力，列；$n_{接}^{i}$、$n_{发}^{i}$ 为 i 方向列车计算的接、发旅客列车数，列。

2. 客运站客车整备场通过能力

客运站客车整备场通过能力是指在一定的列车运行图、整备线作业方式、整备线数量及整备车底性质条件下，整备场一昼夜能够整备的最多车底套数。

1) 客车整备场通过能力的影响因素

(1) 运行图规定的始发、终到旅客列车发、到时刻。

始发旅客列车车底必须在发车前转至到发线，终到旅客列车车底必须在到达客运站技术作业完毕后转入整备场，故车底在整备场的停留时间主要取决于运行图规定的旅客列车发、到时刻。

(2) 旅客列车性质。

长途旅客列车每一单程运行到终点站时，都要入整备场整备，停留时间较长；短途旅客客车单程运行 200～300km 时，入整备场整备，停留时间较短；市郊旅客客车运行一天或几天才入整备场。

(3) 整备作业方式。

定位平行作业占用整备线时间短，移位流水作业占用整备线时间要长。

(4) 空费时间。

空费时间即整备线上产生不能用来整备车底的空闲时间，可用空费系数 $a_{空费}$ 表示：

$$a_{空费} = \frac{t_{空}}{t_{占} + t_{空}} \tag{3.15}$$

式中，$t_{占}$ 为每列车底占用整备线的时间，min；$t_{空}$ 为每列车底摊到的空费时间，min。

(5) 其他。

其他因素包括整备场距客运站的距离以及取送客运车车底的调车机台数等。

2) 整备场通过能力计算

整备场通过能力采用利用率法进行计算：

$$K = \frac{n_{整} t_{占}}{1440 M_{整} \left(1 - a_{空费}\right)} \tag{3.16}$$

式中，$n_{整}$ 为根据列车运行图或设计年度运量确定的需在该站整备的始发、终到客车对数(市郊、站折旅客列车不计)；$M_{整}$ 为整备场整备线数量，条。

整备场通过能力按式(3.18)计算：

$$N = \frac{n_{整}}{K} \tag{3.17}$$

第六节　客运站客运设备能力

一、客运设备能力影响因素

影响客运站客运服务设备能力最主要的因素是旅客最高聚集人数。影响客运站旅客最高聚集人数的因素包括车站旅客上车人数、旅客的种类和性质、旅客在候车室的滞留时间、列车运行图的均衡程度、预售车票组织和城市交通条件的便捷程度、客运组织工作的合理程度等。

客运站客运服务能力包括候车室的候车能力、安检设备能力、检票设备能力以及进出站通道能力(包括天桥、地道、自动扶梯、楼梯等)。

客运站各种服务设备的能力包括现有能力和需要能力。现有能力由现有设备情况决定，指在一定的客流组织方法、技术作业过程及运行图条件下，车站现有的设备在高峰期单位时间内所能够通过或容纳的最大旅客人数；需要能力则由该设备近远期客运业务量大小决定，指在一定的客流组织方法、技术作业过程及运行图条件下，车站现有的设备在高峰期单位时间内需要通过或容纳的最大旅客人数。

二、客运设备能力计算方法

1. 候车室候车能力

候车室是车站内旅客聚集人数最多且停留时间最长的场所，是客运站服务设施的重要组成部分。铁路客运站一般单独设置普通、母婴、团体、贵宾、军人、软席等类型的候车室，因此在计算候车室候车能力时，除了计算总的候车能力以外，还应分别算出不同种类候车室的候车能力。

候车室候车能力是指客运站在既定的设施设备和工作组织条件下，候车室所能容纳的最多乘客人数。影响候车室候车能力的重要因素包括客运站旅客最高聚集人数、候车室的使用面积、每个旅客平均占用的候车面积、旅客可在候车室内的平均滞留时间等。

(1) 候车室需要的候车能力 $N_{候需}$ 计算公式如下：

$$N_{候需}=H_{计} \tag{3.18}$$

或

$$N_{候需}=\sum_{i=1}^{n}H_{计}a_i \tag{3.19}$$

式中，$N_{候需}$ 为候车室需要的候车能力，人；$H_{计}$ 为计算期间车站旅客最高聚集人数，人；a_i 为各分类候车室旅客占总候车室旅客的百分比，i 为候车室分类数，$\sum a_i=100\%$（表 3.17）。

表 3.17　各分类候车室计算人数占最高聚集人数的百分比

最高聚集人数 H/人	分类候车室计算人数占比/%					
	普通	母婴	软席	贵宾	军人(团体)	老弱残
$H\geqslant 4000$	89.5	3.0	2.5	0.5	3.5	1.0
$1000\leqslant H<4000$	94～94.5	3.0	2.5	—	—	—

(2) 候车室现有候车能力 $N_{候现}$ 的计算公式如下：

$$N_{候现}=\sum_{i=1}^{n}\frac{s_i}{w_i} \tag{3.20}$$

式中，$N_{候现}$ 为候车室现有候车能力，人；s_i 为各分类候车室有效面积，m^2；w_i 为各分类候车室人均占有面积，m^2/人（表 3.18）。

表 3.18　各分类候车室人均占有面积指标　（单位：m^2/人）

候车室分类	普通	母婴	软席	贵宾	军人(团体)	老弱残
人均占有面积	1.1	2.0	2.0	H=4000～9000 人时取 10.0， H<4000 人时取 4.0	1.1	1.3

2. 安检设备能力

铁路客运站安检系统由安检仪和人工安检组成。每台安检设备的服务能力通常是固定不变的，但由于不同性质的旅客携带行李的不同，不同旅客行李通过安检仪的速度不尽相同；而人工安检能力一般取决于安检人员在进行安检工作时的熟练程度，因此人工安检的服务能力也不是固定不变的。当一个安检仪对应于多个安检人员时，人工安检系统的能力为多个安检人员能力之和，此时，若安检口设有多个安检仪，其能力则为多个安检仪的能力之和。最终通过能力应取安检仪和安检人员服务能力中的较小者。因此客运站整个安检系统的总能力 $N_{安检}$ 的计算公式为

$$N_{安检}=\min\left\{n_1\times q,\ k\times n_2\times q\right\}\left(人/\min\right) \tag{3.21}$$

式中，n_1、n_2 为车站内每台安检仪、每个安检人员单位时间通过能力；k 为每台安检仪配置的安检人员数量；q 为车站内安检员总数。

3. 售检票设备能力

1) 售票设备能力

售票窗口的能力取决于售票窗口数量、售票人员对工作的熟悉程度、客票类型及购买数量等因素；

自动售票机的能力则与自动售票机的数量、旅客使用售票机的熟练程度、旅客购票支付方式等因素有关。站内旅客根据自身需求选择到售票窗口或者自动售票机购买车票。

因此，车站售票设备能力等于人工售票窗口能力与自动售票机能力之和，其计算公式为

$$N_{售票}=n_{窗口}\times k_{窗口}+n_{售票机}\times k_{售票机} \tag{3.22}$$

式中，$N_{售票}$为客运站现有售票设备能力，人/min；$n_{窗口}$、$n_{售票机}$为每个售票窗口、每台自动售票机单位时间售票能力，人/min；$k_{窗口}$、$k_{售票机}$为车站内售票窗口数量、自动售票机数量。

其中，旅客站房售票窗口的最少数量及售票厅的最小使用面积应符合表3.19的规定。

表3.19　售票厅售票窗口个数及使用面积

客运站规模	普速铁路	高速铁路	售票窗口最小面积/(m²/个)
	售票窗口数量/个	售票窗口数量/个	
特大型站	≥55	≥100	24
大型站	25～50	50～100	20
中型站	5～20	15～50	16
小型站	2～4	2～4	16

2) 检票设备能力

检票设备包括进站检票设备和出站检票设备，客运站检票采取人工检票和自动检票机检票相结合的方式。自动检票机的运作速度通常是固定不变的，但由于多数旅客对自动检票闸机的使用并不熟悉，在一定程度上影响了自动检票机的能力。单套检票设备能力可通过以下公式进行计算：

$$N_{检票}=n_{人工}\times k_{人工}+n_{闸机}\times k_{闸机} \tag{3.23}$$

式中，$N_{检票}$为客运站进出站检票设备现有通行能力，人/min；$n_{人工}$、$n_{闸机}$为每个人工检票口、自动检票闸机的单位时间通过能力，人/min；$k_{人工}$、$k_{闸机}$为某列车检票时开放的人工检票、自动检票闸机的数量。

我国各客运站检票作业要求基本相同，单个进出站口检票能力情况如表3.20所示。采用自动化检票的客运站时，可另行查定计算。

表3.20　单个进出站口检票通过能力　　(单位：人/(min·口))

类别	通过能力范围	通过能力均值
进站检票能力	30～40	35
出站检票能力	32～42	37
出站不检票能力	45～50	47

4. 进出站通道能力

进出站通道主要包括天桥、地道、楼梯、自动扶梯等设备。旅客进出站通道的设置根据其旅客站房设计、旅客进出站流线等情况综合考虑，应符合下列规定。

(1) 旅客进出站通道数特大型站不应少于3处，大型站不应少于2处，中型站和小型站不应少于1处；设有高架候车室时，出站通道不应少于1处。

(2) 旅客进出站通道的最小宽度应符合表3.21的规定。

表3.21　旅客进出站通道取值范围宽度　　(单位：m)

项目	旅客进出站通道		
	特大型站	大型站	中、小型站
通道宽度	12	8～12	6～8

(3)旅客站台的出入口宜设计为双向出入口，其宽度应符合表3.22的规定；通道出入口设有自动扶梯或升降电梯时，其宽度应根据升降设备的数量和要求加宽。

表3.22 旅客站台出入口宽度 （单位：m）

名称	特大型及大型站	中型站	小型站
基本站台、岛式中间站台	5.0～5.5	4.0～5.0	3.5～4.0
侧式中间站台	5.0	4.0	3.5～4.0

1)天桥、地道通行能力

在计算天桥、地道通行能力时，要求通道为单方向的，同一通道内没有交叉客流，并且假设通道内的旅客能较为正常地移动，不产生拥堵或阻塞现象。

影响天桥、地道通行能力的因素包括：

(1)通道的宽度。将天桥、地道能力视为几条步行道能力之和。

(2)旅客走行速度。旅客进出站走行速度并不相同，一般旅客进站的走行速度快、密度小，出站的走行速度稍慢、密度大。

(3)每位旅客在通道中占有的前后距离长度。

天桥、地道通行能力可根据车站的客运通道的设计能力以及各通道的实际宽度进行计算。

2)楼梯和自动扶梯两重进出站通道的能力

楼梯和自动扶梯两重进出站通道的能力计算公式如下：

$$N_{进出站}=n_{楼梯}\times k_{楼梯}+n_{自动扶梯}\times k_{自动扶梯} \tag{3.24}$$

式中，$N_{进出站}$为客运站进出站通道的能力，人/min；$n_{楼梯}$、$n_{自动扶梯}$为每米宽楼梯、每米宽自动扶梯的单位通行能力，人/min；$k_{楼梯}$、$k_{自动扶梯}$为站内进出站通道中楼梯、自动扶梯的数量。

楼梯的单位通行能力与每米宽楼梯、每米宽通道、单位宽度流速及旅客平均走行时间有关。

站房通行设施的最大通过能力宜按表3.23选用。

表3.23 站房通行设施最大通过能力 （单位：人）

通行设施		每小时通过人数
每米宽楼梯	下行	2800
	上行	2500
	双向混行	2200
每米宽通道	单向	3500
	双向混行	2800
每米宽自动扶梯	0.5m/s(扶梯运行速度)	4500

第四章　铁路客流计划

第一节　客运计划概述

一、客运计划相关概念

客运计划是一定时期内发送旅客人数、运送旅客人数、旅客周转量和旅客平均行程的运输计划，分为长远计划、年度计划和日常计划。

长远计划一般为五年、十年或更长时期的规划，是铁路旅客运输的发展计划，主要规定旅客运输的发展方向、技术政策，旅客列车的速度、编挂辆数及有关的主要指标。

年度计划依据长远计划，结合年度具体情况编制，是旅客运输的任务计划。它是确定旅客列车行车量和客运机车车辆动车组需要数及确定客运设备的主要依据。

日常计划是根据年度计划任务，考虑假期、季节及日常波动情况而编制，是指导日常旅客运输的工作计划。

客运计划是铁路运输计划的主要内容之一，是铁路旅客运输工作的基础，是整个国民经济计划的重要组成部分。它不仅是确定旅客列车对数和客运机车车辆动车组需要数及编制旅客列车运行图的基础，也是确定客运设备、客运机车车辆及动车组修造计划、客运运营支出计划的重要依据，同时也是旅客计划运输组织工作的前提。编制客运计划是为了更好地挖掘运输潜力、组织旅客均衡运输、提高客运服务质量。因此，编制质量良好的客运计划有着重要的意义。

客运计划的内容通常用指标系列来描述，指标是计划内容的数值表示。各种计划中相互联系的指标构成铁路客运计划的指标体系。一个完整的指标由指标名称、计量单位、所属时间、所处空间、指标数值等部分组成。例如，年度旅客运输计划包括旅客发送量、旅客运输量、旅客平均行程和旅客周转量等指标。长期计划的指标与年度计划基本相同。日常计划的指标是在年度计划指标的指导下，更加突出生产组织和服务过程的控制和调整。

旅客发送量是指一定时期内，车站、铁路局或全路始发的旅客人数。

计划期内全路、铁路局由各站始发的全部旅客人数表示如下：

$$A_{路发}=A_{发直通}+A_{发管内}$$

$$A_{局发}=\sum A_{站发}$$

式中，$A_{发直通}$为始发的直通旅客人数；$A_{发管内}$为始发的管内旅客人数；$A_{站发}$为局管内车站的始发旅客人数。

旅客运输量(简称客运量)是一定时期内，车站、铁路局或全路所完成的旅客运输工作量。对车站来说包括旅客始发人数和中转人数；对铁路局来说包括铁路局各站始发旅客人数和该局接运到达和接入通过的旅客人数；对全路来说包括全路各站始发的全部旅客人数和由国际联运、新线、地方铁路接运的旅客人数之和。为表达客运产品质量结构也可以分列车等级和席别等级来描述客运量。

计划期内全路或一个铁路局运送的全部旅客人数：

$$A_{局运}=A_{局发}+A_{到达接入}+A_{通过接入}$$

$$A_{路运}=A_{路发}+A_{国际}+A_{临管}$$

式中，$A_{局发}$为铁路局各站始发旅客人数；$A_{到达接入}$为该局接运到达旅客人数；$A_{通过接入}$为该局接入通过旅客人数；$A_{路运}$为全路旅客运输量；$A_{路发}$为全路各站始发的全部旅客人数；$A_{国际}$为国际联运的旅客人数；$A_{临管}$

为新线、地方铁路接运的旅客人数。

旅客平均行程是指一定时期内每位旅客平均乘车的里程，分别按直通、管内统计计算，然后加总取平均值。

计划期间每名旅客平均乘车的里程为

$$L_{客}=AL/A_{运}$$

式中，AL为直通和管内旅客人公里数；$A_{运}$为直通和管内旅客人数。

旅客周转量是指一定时期内铁路局或全路所完成的旅客人公里数。旅客周转量按直通、管内分别计算，然后加总，即计划期内全路或一个铁路局完成的旅客人公里：

$$AL=A_{运直} \times L_{直}+A_{运管} \times L_{管}$$

式中，$A_{运直}$为运送直通旅客人数；$L_{直}$为直通旅客平均行程；$A_{运管}$为运送管内旅客人数；$L_{管}$为管内旅客平均行程。

旅客运输计划同货物运输计划比较有如下特点：

(1)计划期内人们提出的旅行需要，运输部门不能拒绝，不能延期或提前，必须及时满足。

(2)旅客要求的径路和到达地不能像货流那样进行随意调整。

(3)运输企业提供的运输能力不仅要适应需求的数量，还应满足质量结构上的要求。

(4)铁路运送旅客的能力及客运机车车辆的工作量取决于旅客列车运行图。运行图的编制时间与计划部门编制年度旅客运输计划的时间并不完全一致，从而增加了综合平衡的复杂性。

计划要正确反映客观经济规律的要求，切忌主观随意性，随着我国高速铁路的建成与运营，铁路客运市场的供需发生了质的变化，由此客运部门的计划编制起着越来越重要的作用。国外经验表明，以运输需求和运输服务为导向的运输方案和计划的编制是必然发展方向。

二、客运计划编制依据

(一)客流调查资料

客流调查是编制旅客运输计划的基础。根据客流调查资料，可以掌握客运量的变化和发展情况。对于大批团体客流和节假日客流，可通过专门的客流调查直接确定流量和流向，从而为编制计划客流提供可靠的资料。

(二)旅客运输统计报告资料

旅客运输统计报告资料是掌握旅客运输变化规律的重要资料。根据统计资料，可以分析历年来实际客流的流量、流向及其变化规律和增长率，可以查明旅客运输的季节性波动。通过分析各方向、各次列车乘车人数的统计资料，确定各区段列车的利用情况。旅客运输统计报告资料主要包括下列内容。

1. 旅客运输部门掌握的日常统计分析资料

车站根据售出客票记录，分别直通、管内编制售出客票报告(月报)及退票报告(月报)等精密统计资料，报局统计部门，并根据各次列车上下车人数业务统计资料，按日、旬、月分车次、去向统计发送旅客及中转旅客的客流量。铁路局根据车站报告可以掌握各次列车坐席利用率，有计划地组织日常运输。根据统计资料的汇总比较，可以分析客流变化的规律，作为确定计划客流的参考。

2. 由统计部门编制的客流统计资料

车站和车务段根据售出客票记录，分别直通、管内编制售出客票报告(月报)、退票报告(月报)及区段票、代用票(包括乘降所上车票据)一起报局统计部门，主要是统计工厂。再由统计工厂根据各站的售出客票报告、退票报告和局内交换资料(输入和通过客流)编制有关统计报表，如下所示。

(1)旅客发送量及票价统计表，如表 4.1(客报 1)所示。由该表可以看出各站分直通、管内发送的客流情况，这是统计实际客流的重要资料。

表 4.1　旅客发送量及票价统计表(客报 1)

＿＿＿＿＿铁路局　　　　　　　　　　　　　　　　　　　　20＿＿年＿＿月

<table>
<tr><td rowspan="2">站名(局、省)</td><td rowspan="2">类别</td><td colspan="6">合　计</td><td colspan="6">管　内</td><td colspan="6">直　通</td></tr>
<tr><td>硬座</td><td>软座</td><td>硬卧</td><td>软卧</td><td>人数合计</td><td>票价合计</td><td>硬座</td><td>软座</td><td>硬卧</td><td>软卧</td><td>人数合计</td><td>票价合计</td><td>硬座</td><td>软座</td><td>硬卧</td><td>软卧</td><td>人数合计</td><td>票价合计</td></tr>
<tr><td rowspan="4"></td><td>站售票</td><td></td><td></td><td></td><td></td><td></td><td></td><td></td><td></td><td></td><td></td><td></td><td></td><td></td><td></td><td></td><td></td><td></td><td></td></tr>
<tr><td>补票</td><td></td><td></td><td></td><td></td><td></td><td></td><td></td><td></td><td></td><td></td><td></td><td></td><td></td><td></td><td></td><td></td><td></td><td></td></tr>
<tr><td>退票</td><td></td><td></td><td></td><td></td><td></td><td></td><td></td><td></td><td></td><td></td><td></td><td></td><td></td><td></td><td></td><td></td><td></td><td></td></tr>
<tr><td>合计</td><td></td><td></td><td></td><td></td><td></td><td></td><td></td><td></td><td></td><td></td><td></td><td></td><td></td><td></td><td></td><td></td><td></td><td></td></tr>
<tr><td>…</td><td>…</td><td></td><td></td><td></td><td></td><td></td><td></td><td></td><td></td><td></td><td></td><td></td><td></td><td></td><td></td><td></td><td></td><td></td><td></td></tr>
</table>

(2)旅客运输量及周转量统计表，如表 4.2(客报 2)所示。该表根据本局旅客发送资料和各局交换资料编制，用以表示各铁路局旅客运输数量、人公里及旅客平均行程的完成情况。

表 4.2　旅客运输量及周转量统计表(客报 2)

＿＿＿＿＿铁路局　　　　　　　　　　　　　　　　　　　　20＿＿年＿＿月

<table>
<tr><td colspan="3">项目
运输类型</td><td colspan="2">旅客人数(人)</td><td colspan="2">旅客周转量
(千人公里)</td><td colspan="2">平均行程(公里)</td><td colspan="6">其中：省市或窄轨发送及周转量</td></tr>
<tr><td colspan="2" rowspan="4">管内</td><td>站售票</td><td colspan="2"></td><td colspan="2"></td><td colspan="2"></td><td colspan="2" rowspan="4">省市或窄轨</td><td colspan="2" rowspan="4">发送人数(人)</td><td colspan="2" rowspan="4">运送周转量
(千人公里)</td></tr>
<tr><td>补票</td><td colspan="2"></td><td colspan="2"></td><td colspan="2"></td></tr>
<tr><td>退票</td><td colspan="2"></td><td colspan="2"></td><td colspan="2"></td></tr>
<tr><td>合计</td><td colspan="2"></td><td colspan="2"></td><td colspan="2"></td></tr>
<tr><td rowspan="12">直通</td><td rowspan="4">输出</td><td>站售票</td><td colspan="2"></td><td colspan="2"></td><td colspan="2"></td><td colspan="2"></td><td colspan="2"></td><td colspan="2"></td></tr>
<tr><td>补票</td><td colspan="2"></td><td colspan="2"></td><td colspan="2"></td><td colspan="2"></td><td colspan="2"></td><td colspan="2"></td></tr>
<tr><td>退票</td><td colspan="2"></td><td colspan="2"></td><td colspan="2"></td><td colspan="2"></td><td colspan="2"></td><td colspan="2"></td></tr>
<tr><td>合计</td><td colspan="2"></td><td colspan="2"></td><td colspan="2"></td><td colspan="2"></td><td colspan="2"></td><td colspan="2"></td></tr>
<tr><td rowspan="4">输入</td><td>站售票</td><td colspan="2"></td><td colspan="2"></td><td colspan="2"></td><td colspan="2"></td><td colspan="2"></td><td colspan="2"></td></tr>
<tr><td>补票</td><td colspan="2"></td><td colspan="2"></td><td colspan="2"></td><td colspan="2"></td><td colspan="2"></td><td colspan="2"></td></tr>
<tr><td>退票</td><td colspan="2"></td><td colspan="2"></td><td colspan="2"></td><td colspan="2"></td><td colspan="2"></td><td colspan="2"></td></tr>
<tr><td>合计</td><td colspan="2"></td><td colspan="2"></td><td colspan="2"></td><td colspan="2"></td><td colspan="2"></td><td colspan="2"></td></tr>
<tr><td rowspan="4">通过</td><td>站售票</td><td colspan="2"></td><td colspan="2"></td><td colspan="2"></td><td colspan="2"></td><td colspan="2"></td><td colspan="2"></td></tr>
<tr><td>补票</td><td colspan="2"></td><td colspan="2"></td><td colspan="2"></td><td colspan="2"></td><td colspan="2"></td><td colspan="2"></td></tr>
<tr><td>退票</td><td colspan="2"></td><td colspan="2"></td><td colspan="2"></td><td colspan="2"></td><td colspan="2"></td><td colspan="2"></td></tr>
<tr><td>合计</td><td colspan="2"></td><td colspan="2"></td><td colspan="2"></td><td colspan="2"></td><td colspan="2"></td><td colspan="2"></td></tr>
<tr><td colspan="2" rowspan="4">合计</td><td>站售票</td><td colspan="2"></td><td colspan="2"></td><td colspan="2"></td><td colspan="2"></td><td colspan="2"></td><td colspan="2"></td></tr>
<tr><td>补票</td><td colspan="2"></td><td colspan="2"></td><td colspan="2"></td><td colspan="2"></td><td colspan="2"></td><td colspan="2"></td></tr>
<tr><td>退票</td><td colspan="2"></td><td colspan="2"></td><td colspan="2"></td><td colspan="2"></td><td colspan="2"></td><td colspan="2"></td></tr>
<tr><td>合计</td><td colspan="2"></td><td colspan="2"></td><td colspan="2"></td><td colspan="2"></td><td colspan="2"></td><td colspan="2"></td></tr>
<tr><td colspan="2" rowspan="4">其中</td><td rowspan="2">临时营业线</td><td colspan="6">发送人数(人)</td><td colspan="6">运送周转量(千人公里)</td></tr>
<tr><td>站售票</td><td colspan="2">补票</td><td colspan="2">退票</td><td>合计</td><td>站售票</td><td colspan="2">补票</td><td>退票</td><td colspan="2">合计</td></tr>
<tr><td></td><td></td><td colspan="2"></td><td colspan="2"></td><td></td><td></td><td colspan="2"></td><td></td><td colspan="2"></td></tr>
<tr><td></td><td></td><td colspan="2"></td><td colspan="2"></td><td></td><td></td><td colspan="2"></td><td></td><td colspan="2"></td></tr>
</table>

(3) 分界站旅客输出、输入及通过人数统计表，如表 4.3(客报 3) 所示。由该表可以了解某指定期间的客流情况，从某站发生，经由某些线路到达某站及分界站交流客流等。

表 4.3　分界站旅客输出、输入及通过人数统计表(客报 3)

__________铁路局　　　　　　　　20____年____月

输出分界站 / 输入分界站		通　过			共移交通过旅客	输入	接入旅客合计
通过							
共移交通过旅客							
输出							
移交旅客合计							

(4) 区段平均旅客密度统计表，如表 4.4(客报 4) 所示。该表是为了考核铁路营业线上各区段的旅客密度。根据自局和外局的资料，按管内、直通，分上下行方向编制站间密度(站间密度的计算方法与货物相同)，再汇成区段平均密度表。该表的密度以及各区段的平均密度表示，以千人为单位，千人以下四舍五入。

表 4.4　区段平均旅客密度统计表(客报 4)

__________铁路局　　　　　　　　20____年____月

运输种别 / 区段	区段公里	管　内		直　通		合　计	
		上行	下行	上行	下行	上行	下行

(5) 旅客运送距离统计表。该表按照运送距离，分席别反映旅客运送量和周转量，作为了解和研究旅客行程情况的依据，根据自局旅客发送加补减退资料编制。该表为月、年报。

(6) 旅客中转量统计表。该表反映车站和列车上以电子售票方式办理中转手续的分担当铁路局别车次别的旅客运送情况，根据自局车站电子售票、车内电子补票信息编制。该表为月、年报。

(7) 主要干线分线别旅客运输量统计表。该表反映全路主要干线的旅客运送量、周转量及平均行程的情况，根据自局客运发送资料和各局交换的资料编制。该表为月、年报。

(8) 分车次别席别旅客发送量周转量及票价统计表。该表反映铁路局分车次、担当局、席别的旅客运输情况，根据自局发送资料和异地售票资料结合调度命令编制。该表为月、年报。

(9) 分站别、车次别、担当局别、旅客发送量及公免人数统计表。该表反映各营业站、乘降所分车次别、担当局别的发送、公免旅客运送情况，根据自局发送资料和异地售票交换资料编制。该表为月、年报。

(三) 客运业务及营销统计资料

随着铁路信息化的发展，基于客票系统的客流原始信息所衍生出来的铁路客运业务及营销统计分析资料，越来越成为编制客流计划的参考依据。与客流精密统计资料相比，铁路客运业务及营销统计分析资料具有信息全面、反馈及时、针对性强等优势。这使得客流计划编制、列车运营计划调整越发频繁，以及对客运产品和服务越发突出其竞争性等十分有利，所以客运业务及营销统计分析资料在客流计划编制时越来越重要。

客运业务及营销统计资料的来源及分析均依托客运营销辅助决策系统完成，其信息源的输入全部来源于铁路客票系统，保留了客票信息的所有内容，尤其是实名制购票以来，其客流的信息统计分析，可以具体到列车别、产品别、子市场别等的客流时空分布、结构等，这为铁路旅客运输计划的编制提供了最为及时和翔实的客流信息资料，成为铁路客运资源调整、资源分配方案编制的技术支持，具体可以从车站、列车和线路别等角度表达客流状态。站段分析主要包括站段概况、站段运能、站段运量以及客流分析等；列车分析是针对旅客列车运输情况进行的，包括开行概况、列车运能、列车运量及全程分析等；线路分析则用于分析线路、区段、分界口的运输指标，包括线路概况、过口人数、区段密度等。

总之，通过客流调查，结合旅客运输精密统计报告资料和铁路客运业务及营销统计分析资料的综合分析，既可以了解吸引地区客流产生与变化的一般规律，也可以为编制客流计划提供一定的原始资料。这些情况不仅是编制客运长期计划、年度计划的重要依据，也是编制旅客列车运行图，掌握日常客流变化和改善客运设备，进行客运基本建设的必要资料。

第二节　客 流 调 查

一、客流调查基本概念

(一) 客流调查概述

旅客选用一定的运输方式，在一定的时间和空间范围内发生位移，这就形成了客流。组成客流的要素有流量、流向、流时、流程和旅行目的。

客流的产生与消失是与人们的乘车旅行活动密切相关的。人们的乘车旅行活动一般可分为如下两类：

(1) 因公务需要的乘车旅行，如出差、开会、调动工作、大批有组织的农民外出包工等。

(2) 因个人私务需要的乘车旅行，如探亲访友、就医、旅行游览和购物等。

无论因公务或私务需要乘车旅行，都与社会政治、经济、文化因素有直接或间接的联系。因此，为了正确编制客流计划，必须对社会政治、经济、文化发展情况有一个较全面的了解，即必须在客流吸引范围内进行客流调查。

客流调查是编制客流计划的基础。客流调查的目的是掌握一定时期的客流数量和客流变化规律，正确编制旅客运输计划和客流计划，以不断提高旅客运输的计划性和管理的科学性。同时，客流调查本身也是客运量预测的一种方法。

(二) 影响客流变化的主要因素

客流调查应以影响客流变化的主要因素为对象。影响客流变化的主要因素主要有内部因素和外部因素。影响铁路客流变化的内部因素主要如下：

(1) 旅行速度。旅客旅行速度现在已经成了衡量运输企业产品服务质量的一个重要指标，尽可能以最短的时间完成旅客运输，就可能在竞争中占据优势。

(2) 发车密度。发车密度体现了铁路能提供给旅客的服务数量的水平。发车密度越高，旅客在车站等候的时间越短，旅客对列车车次的选择范围越大，服务水平就越高。

(3) 车票价格。合理公道的票价是影响旅客选择出行方式的一个重要手段，在我国经济还不完全发达、居民生活水平还不是很高的情况下，车票价格对旅客出行方式的选择有重要影响，当然处于不同消费水平的旅客对票价有着不同的衡量标准。

(4) 服务质量。交通运输企业提供给旅客的服务不仅只是旅客位移的改变，还包括旅客旅行全过程中安全、舒适、快捷、方便等各种体验。旅客对每一种服务都有自己的满意标准，只有达到甚至超过旅客对这种服务的要求，才能吸引旅客。

(5) 查询和购票渠道。旅客出行前要进行列车信息的查询和购票，便捷的查询、购票渠道能减少旅客的等待时间，方便旅客的出行，提高旅客选择铁路出行的概率。

(6) 车站位置。车站距市中心的距离也会影响乘客对出行方式的选择，在其他各种因素相差不多的情况下，车站离市区越近，乘客到达车站越方便，越有利于吸引旅客出行。

影响铁路客流变化的外部因素主要如下：

(1) 经济发展水平。交通运输方式的发展要适应国家经济的发展水平。国家经济发展水平的提高，常常会刺激铁路的投资，铁路客运设备不断改善，服务范围不断扩大，服务质量不断提高，才能有效吸引客流。

(2) 居民消费水平。随着人们生活水平的提高，人们基本的生存和安全需求得到满足后，探亲和休养、旅游、访友等需求也必然增长，对铁路的需求就会增大。

(3) 人口数量和城市化程度。在铁路客运站辐射范围内的人口数量越多，车站所在地区的城市化进程发展越快，人口的流动性越大，交通需求量会增加，将有利于增加铁路客流。

(4) 旅行距离和费用。公路、铁路和航空分别在不同的旅行距离内占有优势地位，旅客出行距离及出行成本将会影响旅客对铁路方式的选择。

(5) 其他运输方式的影响。公路、铁路、航空和水运等运输方式在一定的市场范围内会形成或竞争、或合作的态势，公路、水运和航空的运输能力、服务质量、运价水平的变化都会给铁路客流带来影响。

(6) 消费者偏好。不同的消费者对运输方式的偏好也不一样，这会影响其对运输方式的选择。

(7) 政策因素。国家为了保证国民经济快速、持续、稳定地增长，会对资源配置、能源交通等方面施行宏观管理和调控，常常体现为针对不同的交通运输方式制定不同的发展政策，这种政策必然会对客流产生很大的影响。

此外，自然环境、社会文化环境、生产生活区域的分布、特殊及重大的集会活动等因素都会对客流产生影响。必须指出，上述各种因素的变化常常受该地区国民经济计划的影响。因此，调查、分析和运用这些资料时，首先应该研究国民经济计划的发展趋势，领会党和国家在一定时期制定经济计划的原则精神和在各地区进行经济建设的方针意图。以此作为根据，再进行具体资料的分析，方可使客流调查工作做得更好，更符合客观实际。

二、铁路客流调查范围、分类、内容

(一) 客流调查范围

客流调查可以在列车上进行，也可以在车站及其铁路沿线的吸引区内进行。车站的调查范围可分为直接吸引范围和间接吸引范围。

直接吸引范围是指车站所在地及其附近地区被车站直接吸引的城市和居民地点的总区域，可用垂直平分线法划分出它的大致范围。如图 4.1 所示，图上 FGHI 包围的区域就是 D 站的几何吸引范围。用垂直平分线法划出的吸引范围，还须考虑地形、地貌等条件，对旅客由各经济点、工业点、居民地至 D 站的距离、旅费、在途时间、方便程度等因素进行具体分析，经过修正后，最后确定吸引区的边界。

间接吸引范围是指车站直接吸引范围之外，由其他交通工具的联系而被间接吸引的较远地区的城市和居民点的总体区域，其按最短通路原则划定。

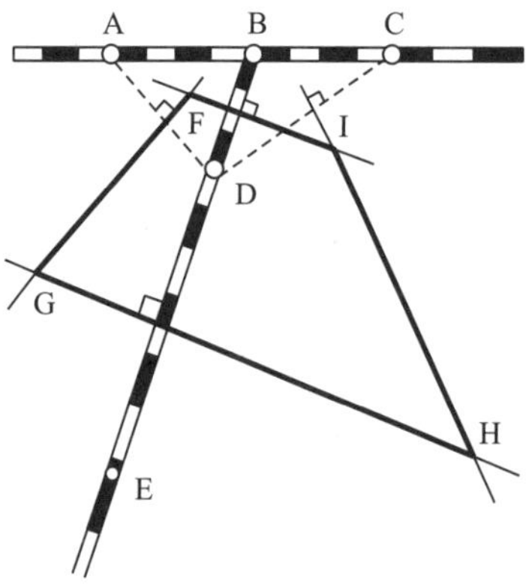

图 4.1　客流直接吸引范围示意图

(二) 客流调查分类及内容

客流调查按调查内容及时间可分为综合调查、节假日调查和日常调查三种形式，这些形式更适合用于普速铁路及以长途客流为主的高铁；按客流调查规模可分为全面客流调查、乘客情况抽样调查和断面客流调查三种形式，这些形式更适合用于以短途客流为主的域际高铁。

1. 按调查内容及时间分类

1) 综合调查

综合调查一般每年进行一次，每年在规定时间内进行，并将调查结果按客流分析说明表等汇总编制成各年度的铁路旅客运输客流调查资料。这样，逐年逐期进行，可以系统地取得历年资料。目的是确定车站吸引区的政治、经济、文化和人们生活情况，了解影响铁路客运量增长变化的各种因素及对客运工作的客观要求，作为制定长期规划、年度计划及改进客运设备的主要依据和日常客运组织工作的基础。

综合调查主要调查吸引地区的政治、经济、文化发展所引起的客流变化情况，主要内容有：

(1) 吸引地区的一般情况，包括地区的自然条件(位置、地形、气候、雨量等)，行政区域划分，城市、农村人口的分布和增长情况，工矿企业、机关学校的分布和发展情况，工矿企业生产水平及与外地的供销联系，农业生产和劳动力的安排以及有组织的或自发的劳动力外出等情况，文教、卫生事业的发展和医院、疗养院分布，名胜古迹的分布及吸引旅客情况，地区交通的发展简况等。

(2) 直接影响客流的各项因素，包括吸引地区的总人数，工矿企业、机关、学校等单位的人员及家属人数、休假制度，利用铁路旅行的人数、时间、去向及节假日探亲访友的情况，吸引范围内农村及农牧场的人口、生产情况及选择铁路探亲的情况，吸引范围内供外地人员疗养及休养的处所、开放时间、床位及其周转时间，吸引范围内名胜古迹、游览胜地及历年各月的旅游人数，特别是通过铁路旅行的有关人数，历年特殊客流及大批人员的主要到发区段、运输情况。

(3) 各种交通运输工具能力供给情况，包括调查吸引范围内现有交通运输方式、运输能力、历年运量、客流在时间上的变化情况及今后的发展，各种交通工具的运行线路，并找出与铁路联运和分担的人数及其比例，铁路与各种交通工具在运行时间上的配合情况。

根据上述调查资料，可编制地方交通运输及联运情况表，见表 4.5。

(4) 铁路旅客运输资料，包括按运输别的旅客发送、中转及到达人数，城际客运人数，客流月、季度的波动情况及原因，历年到达各区段的客流量及客流变化情况，分直通、管内、城际和市郊旅客列车的对数、运行区段、时间及平时和客运量最大时的运能和运量的适应情况，其他与编制客流计划、组织旅客运输有关的资料。

表 4.5 地方交通运输及联运情况表

种类	运(航)行区段	里程	票价	运输能力				历年运量			交铁路运量(每日)				接铁路运量(每日)				备注
				每日班次	每班运量	每日运量	节假最高日量	20××年实际	20××年预计	20××年计划	总数	去向			总数	去向			
公路																			
水运																			
航空																			
其他																			

注：交铁路运量是指地方交通运输工具运来的换乘铁路火车的旅客人数；
接铁路运量是指铁路火车下车旅客换乘地方交通运输工具的旅客人数。

2）节假日调查

节假日调查主要是对五一劳动节、十一国庆节、元旦和春节这四大节日，学生寒、暑两个假期进行调查，一般在节日运输前 1 个月左右进行。春节期间客流量大，影响客流的变化因素复杂，客流调查应在春节运输前 2～3 个月进行。节假日调查的目的是安排好节假日旅客运输方案以及做好各项组织工作，其中包括编制节假日期间临时旅客列车开行方案，编制节假日旅客运输计划和做好售票、服务组织工作等。

节假日调查主要调查重点工矿企业、政府机关团体的休假制度，社会经济活动及外地人员乘坐火车的流量和流向，重点大学数量、在校学生和外地学生人数及乘坐火车的流量、流向、放假日期和开学日期，调查地的农业人口数量、乡镇企业发展情况和剩余劳动力数量及外出的劳动力分布地区和数量，接纳地区用工部门、劳务市场已经或预计接纳的用工数量，中转站民工旅客的流量、流向资料，其他交通运输工具与铁路衔接运能、运量变化情况，节假日客流调查统计表如表 4.6 所示。

3）日常调查

日常调查在售票厅内可利用旅客排队时间进行；在候车室内可利用旅客等车时间采取听、看、问的方式了解情况；在列车上，更是有比较充裕的时间，旅客也愿意主动配合。日常调查目的是使车站有关客运计划人员与旅客在购票、候车、乘车过程的接触中，对客流变化的各项因素进行调查了解。

日常调查一般包括调查旅客的旅行目的、到达地点及返回日期，该单位人数及乘车旅行情况，以便随时掌握客流变化情况，分析客流增减数量、变化原因和持续时间。日常客流调查统计表如表 4.7 所示。

表 4.6　××铁路局××站节假日客流调查统计表

<table>
<tr><td>所属部门</td><td colspan="5">局（公司）　单位名称</td></tr>
<tr><td>地址：</td><td>区（县）</td><td>路</td><td>巷（弄）</td><td colspan="2">号</td></tr>
<tr><td>联系人科室：</td><td colspan="2">姓名：</td><td colspan="3">电话：</td></tr>
<tr><td>全厂（校）人数：</td><td>人　其中职工（教职工）</td><td>人（学生）</td><td>人</td><td>享受探亲假职工（师生）</td><td>人</td></tr>
<tr><td>发薪日期：</td><td>日，厂（校）休日星期</td><td>春节假期自</td><td colspan="3">月　日　至　月　日止（包括调休）</td></tr>
<tr><td rowspan="5">××年春节在××乘坐交通工具</td><td>乘火车往××方向</td><td>人，往××方向</td><td>人，往××方向</td><td>人，小计</td><td>人</td></tr>
<tr><td>乘长途汽车往××方向</td><td>人，往××方向</td><td>人，往××方向</td><td>人，小计</td><td>人</td></tr>
<tr><td>乘内河轮船往××方向</td><td>人，往××方向</td><td>人，往××方向</td><td>人，小计</td><td>人</td></tr>
<tr><td>乘火车至××站转乘海轮往××方向</td><td>人，往××方向</td><td colspan="2">人，小计</td><td>人</td></tr>
<tr><td>现有临时工使用到××年×月底的</td><td>往××方向
往××方向</td><td>人
人</td><td>小计</td><td>人</td></tr>
<tr><td>对铁路客运服务工作和车次时间等方面的意见、要求</td><td colspan="5"></td></tr>
</table>

表 4.7　××铁路局××站日常客流调查统计表

各位旅客：

为了搞好客流调查，有计划地组织旅客运输，更好地为广大旅客服务，请您协助在以下调查内容内划“〇”或填写。

一、本人职业：工人、农民、军人、师生、商业、机关干部（其他：＿＿＿＿＿＿）

二、旅行目的：出差、开会、学习、参观、采购、浏览、就医、探亲（其他：＿＿＿＿＿＿）

三、建议或要求：＿＿＿＿＿＿＿＿＿＿＿＿＿＿＿＿＿＿＿＿＿＿＿＿

＿＿＿＿＿＿＿＿＿＿＿＿＿＿＿＿＿＿＿＿＿＿＿＿＿＿＿＿＿＿

＿＿＿＿＿＿＿＿＿＿＿＿＿＿＿＿＿＿＿＿＿＿＿＿＿＿＿＿＿＿

四、本人单位：＿＿＿＿＿＿＿＿＿＿＿＿＿＿＿＿＿＿＿＿＿＿＿＿＿

祝您旅途愉快！

××铁路局××站

年　　月

2. 按客流调查规模分类

1）全面客流调查

全面客流调查是对所有线路客流的综合调查，这种类型的客流调查时间长、工作量大、需要较多的调查人员。但通过调查及对调查资料进行整理和统计分析，能对客流现状及客流规律有一个全面清晰的了解。

全面客流调查有随车调查和站点调查两种调查方式。随车调查是在车门处对全天运营时间内所有运行列车的上下车乘客进行调查，站点调查是在车票检票口对全天运营时间内所有在车站上下车乘客进行调查。轨道交通系统多采用后者。

全面客流调查一般应连续进行两天或三天，在全天运营时间内，调查全线车站所有乘客的下车地点和票种情况。

2) 乘客情况抽样调查

抽样调查是用样本来近似代替总体，这样做有利于减少客流调查的人力、物力和时间。乘客情况抽样调查通常采用问卷方式进行，调查内容主要包括乘客构成情况和乘客乘车情况两方面。

乘客构成情况调查一般是在车站进行。调查内容包括乘客的年龄、性别、职业、居住地和出行目的等。该项调查的时间可选择在客流比较正常的运营时间段内进行。

乘客乘车情况调查可以根据需要分类进行，也可在特定时间、地点进行，如在月票发售点对持定期票乘客进行调查。调查内容除乘客的年龄、职业和性别外，还包括乘客的家庭住址和收入，日均乘车次数、上车站和下车站，到达车站的方式和所需时间，以及对现行票价的认同度等。

3) 断面客流调查

断面客流(即在单位时间内，沿同一方向通过线路某断面的乘客数量，也就是指通过该断面所在区间的客流量，分为上行断面客流量和下行断面客流量)调查是一种经常性的客流抽样调查，根据需要，可选择一两个断面进行调查。一般是对最大断面客流进行调查，调查人员用直接观察法调查车辆的乘客人数。

三、客流调查方法

铁路客流调查可采取的形式多种多样，但由于各自方式具有的特点不同，其适用范围和对象也不尽相同，因此选择适当的调查手段与方式有助于提高调查的效率和数据的准确性。客流调查方法主要有询问法、观察法、实验法和统计分析法等。

(一) 询问法

询问法是以询问的方式作为收集资料的手段，将所要调查的事项以当面、电话、书面或网络的方式向被询问者提出，以获得所需要资料的一种调查方法。一般来说，询问法可以分为直接询问和间接询问。

直接询问即调查人员与调查对象面谈，具体形式主要有登记式访问调查和自由交谈式访问调查。登记式访问调查是调查人员严格按事先制订的问卷项目依次提问，逐一记录。自由交谈式访问调查由调查人员与调查对象自由交谈，在交谈中发现所需资料。

间接询问有电话调查、邮寄调查、留置问卷调查和网上调查等方法。电话调查是调查人员以电话询问方式与调查对象交谈以取得资料的调查方法。邮寄调查和留置问卷调查都是调查人员将拟定好的问卷用邮寄或留置方式交给调查对象，请其按规定要求填妥后寄回或派人取回从而取得资料的调查方法。网上调查是利用互联网进行调查的一种新型方法，具体分为电子邮件调查、网上小组调查和主动浏览访问三种方式。

(二) 观察法

调查人员亲临现场，从旁观察、记录、听取信息或利用摄像机等工具进行调查。此法能比较客观地取得所需信息资料，但常常不能深入说明原因，运用范围受限。

观察法由于观察的范围较小，适合于车站层面的客流调查，如通过录像、调查通道、出入口等类似区域的流量、流速数据。此外，在观察的同时，可结合询问法进一步了解情况，以辅助说明内部因素之间的关系。

(三) 实验法

实验法起源于自然科学中的实验求证法，它是指先在一个较小的范围内，在一定的实验条件下对某种影响产品销售的因素进行实验，分析其结果，以判断这种方法是否有大规模推行的价值。

这种方法最大的局限性在于实验环境难以与真实市场总体特征完全吻合，且难以正确控制无关因素的影响，应最大限度地减少干扰，使实验接近真实状态。此法信息资料较客观，但调查时间较长，费用大。

目前，在我国铁路客运市场调查中，由于环境受限，较少采用该类调查方法。但是，实验法非常适用于比较不同营销策略、社会经济环境变化对旅客需求的影响。因此，在日后调查中可以尝试实验法。

（四）统计分析法

利用国家机关、金融服务部门、行业机构、市场调查与信息咨询机构等发表的统计数据，或发表于科研机构的研究报告、论文等资料，来分析需求发展趋势的方法。

针对不同客流（学生流、探亲流、旅游流、民工流等），表 4.8 给出了调查方法选择的建议。

表 4.8　不同客流调查方法选择情况

了解目标	采取方式	效果
学生流	信函调查 网上调查	准确掌握学生流的详细资料
探亲流	电话调查 网上调查	信息反馈速度快，准确掌握探亲流的出行时间和乘车需求
旅游流	会议调查 网上调查	采取召开各大旅行社、工会系统座谈会的方式对团体旅游进行调查；采取网上调查对零散旅游流进行调查，信息反馈速度快，信息量大
民工流	实地走访	走访掌握外来人口统计资料的部门（如人力资源和社会保障局、城乡建设委员会、重点省市职业介绍中心、劳务市场等），走访较大的民工集散地，可获得权威统计部门关于外来人口的统计资料，获得重点方向民工流的情况

（五）大数据手段

当然，现阶段利用大数据手段对调查范围内客流量进行统计的技术也在逐步发展完善，如铁路客票系统统计技术、手机信令统计技术。

1. 铁路客票系统统计技术

铁路客票系统是铁路客运的制票系统，提供铁路客票发售和预订功能，支持面向售票的实时交易服务。

客票系统可对客票数据汇总统计，包括基于席位等信息的统计、发送量统计、日班计划兑现率统计、区间人数统计、乘车人数通知单等。这些统计数据为大数据分析客流情况提供了基础。

2. 手机信令统计技术

针对车站内外的客流，还可利用移动通信数据分析得到精确的实际客流。

移动通信数据最初是移动运营商为了运营维护及计费等目的，采集移动用户在发生通信事件（包括开关机、主被叫、收发短信、位置更新及小区切换等事件）时的移动信令记录。

通信网络的服务区域可划分成小区（Cell）及位置区（LA）等基本单元，分别利用小区码（CI）和位置区码（LAC）进行标识。每个移动通信基站都有固定且唯一的 LAC 和 CI。通过查询 LAC 和 CI 组合编码对应的经纬度地理信息便可确定移动用户的实际运动轨迹，即可得到乘客的交通出行路径，进而得出客流量。

四、客流调查方案设计

客流调查是由一系列收集和分析市场信息的步骤组成。客流调查按照不同的目的和范围，所采取的方案设计步骤各有繁简，一般有以下三个阶段，如图 4.2 所示。

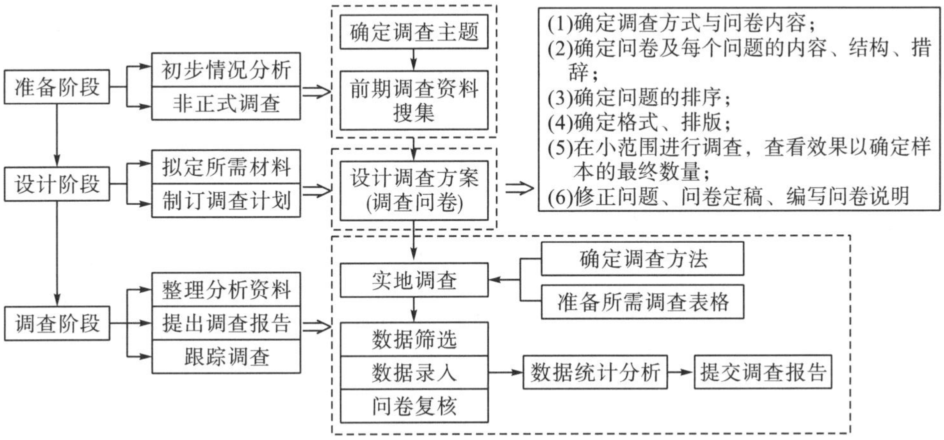

图 4.2　铁路客运市场一般调查方案图

(一)准备阶段

准备阶段的重点是根据运输企业的经营目标，确定调查对象、方式、内容和目标等，以便制订一个切实可行的调查计划。该阶段对整个调查的开展具有重要的意义，主要完成两项任务：一是通过初步情况分析、收集企业内外部现有情况资料，了解被调查内容的影响因素和存在问题；二是非正式的调查，即对初步情况调查中存在问题的真实性进行调查。

以新建高速铁路线路开通前调查为例，为提供翔实、合理的沿线客流需求资料，需对既有普速线路历史客流量、线路沿线经济发展水平、其他交通方式分担情况进行分析，从客流需求预测角度出发，常采用四阶段法中重力模型对各种交通方式的分担情况进行预测，以获取合理的新线趋势客流，但往往新线诱增客流量和转移客流量的预测较难把握，从而影响客流预测精度。因此，针对该问题，需要在正式调查前，了解影响该新建高铁线沿线诱导旅客选择高铁，或导致旅客转移至其他交通方式的因素，从而为后续调查的设计合理性奠定基础。

(二)设计阶段

设计阶段是对一系列调查事项做出决定，说明从调查中所要得到的资料以及所要做的工作，最后形成一个主体计划。该阶段主要分为两个部分：一是拟定所需资料，即填写收集数据的清单，以确定需要哪些特定的数据、如何获得这些数据、收集资料的来源和方法；二是制订调查计划，其目的在于提高调查的可实施性，内容包括调查目的、数据的收集和处理、调查的方法和技术、调查的日程安排、经费估计和人员安排等。

以新建高速铁路线路开通前为例，为获取翔实、合理的线路沿线客流需求信息，需求的数据清单及其调查方法见表 4.9。

表 4.9　高速铁路新线开通前客流调查需求资料及其调查方法说明

需求资料清单		调查方法
种类	内容	
政治环境	国家政府颁布的有关政策、法令	统计分析，从有关政府部门获取相关资料
经济环境	线路沿线区域经济发展水平	统计分析
	居民消费水平	
	人口总数(流动人口与常住人口)	
	自然资源状况	
	基础设施条件	统计分析与问卷调查相结合
	工资水平	

续表

需求资料清单		调查方法
种类	内容	
社会文化环境	文化传统、习俗、消费观	统计分析
	职业构成	
自然环境	自然资源、自然地理位置、气候条件、季节因素等	统计分析
竞争环境	同行竞争企业的数量及分布地区，竞争者产品的种类、数量、价格、利润等方面水平及变化趋势	统计分析与问卷调查相结合
旅客出行需求	出行频率	问卷调查
	票价要求	
	运行速度、时间	
	舒适度	

(三)调查阶段

调查阶段是正式进行调查并通过资料分析得出结论的阶段，该阶段又称结论性调查阶段，这是市场调查的主要阶段。调查阶段具体分为以下两个步骤。

步骤1：整理分析资料。调查资料大多是分散和零星的，有些不能反映问题。因此，必须经过加工整理，使之变成系统、完整、可靠的资料，再进行分析。在分析研究的基础上，找出原因，得出调查结论，提出改进的建议和措施，供领导决策时参考。

步骤2：提出调查报告。以调查报告的形式给出市场调查的结构。其内容包括调查的目的、调查方法(说明调查设计、资料收集、抽样方法等)、资料分析、结论和建议及附录(有关详细资料、统计图表、参考资料等)。

报告提出后调查已基本告一段落，为了解调查意见实施情况及实施效果，还可根据需要进行跟踪调查。

第三节　客 流 预 测

客流预测是在已经掌握的历史信息资料和市场调研的基础上，利用一定的方法和技术对未来一定时期内客流的需求、性质进行预测和判断。客流预测是编制客流计划的基础，也是铁路新线建设、旧线技术设备改造的重要依据。铁路客流预测的内容一般包括将来一段时期内计划客运流量、流向、流时、流距和预测误差。

客流预测依据预测的范围、目的、时间、方法及预测所使用的资料不同进行分类。

1. 依据预测范围划分

依据客流范围的不同客流预测可以分为宏观预测和微观预测。

(1)宏观预测。宏观预测指针对全路客流、某铁路局客流、某条线路客流、某车站全年发送量等的客流总量及构成进行预测，其精度的要求一般较低。

(2)微观预测。微观预测指针对特定车站、特定日期、特定车次的客流进行预测，对预测精度的要求一般较高。

2. 依据预测目的划分

客流预测在新线建成前后进行预测的目的有所不同，因此可以将客流预测分为未建成新线客流预测和已建成线路客流预测。

(1)未建成新线客流预测。对未建成新线进行的客流预测一般是为了设计初期运营方案，在充分调查地区经济社会发展的基础上所做的预测。

(2) 已建成线路客流预测。对于已建成线路进行的客流预测主要是用于指导日常的运营管理工作，由于客流存在一定的波动性，因此对于已建成线路的客流预测又可以分为日常客流预测和特殊时段客流预测。其中日常客流预测是指针对已开通的线路，为了优化和调整运力资源，根据客流的波动规律所进行的客流预测；特殊时段客流预测是指针对节假日、春运、暑运等特殊时段所进行的客流预测。

3. 依据预测时间划分

依据预测时间客流预测可以分为长期预测、中期预测、短期预测和短时预测四类。

(1) 长期预测。长期预测是指对客流较长时间后的发展情况进行的预测，一般以线路建成年为基准年，距离基准年 10 年以上的客流预测称为长期预测。

(2) 中期预测。中期预测是指对客流中等长度时间后的发展情况进行的预测，一般以线路建成年为基准年，距离基准年 5～10 年的客流预测称为中期预测。

(3) 短期预测。短期预测是指针对客流较短时间内的发展情况进行的预测，一般以线路建成年为基准年，距离基准年 5 年以内的客流预测称为短期预测。

(4) 短时预测。短时预测是指针对客流特短时间内的发展情况进行的预测，一般短时预测的预测周期与客票预售周期相当或与基准年的时间较近，一般为一年以内。

4. 依据预测方法划分

依据预测方法的不同客流预测可以分为定性预测和定量预测。

(1) 定性预测。定性预测是通过事物的属性进行描述性分析来预测，一般用于历史数据不易获得的预测，目的主要在于判断事物未来发展的性质和方向。

(2) 定量预测。定量预测是以统计资料和信息为依据，考虑事物发展变化的规律性和因果关系，建立数学模型，可以对客流未来的发展前景进行量化分析。

5. 依据预测所需的资料划分

进行客流预测所需的资料可以分为客流调查资料和客流统计资料，依据预测所使用资料的不同，客流预测可以分为利用客流调查方法进行预测和利用客流统计资料进行预测。

(1) 利用客流调查方法进行预测。客流调查方法是通过市场调研来判断未来的客流量，调查的内容包括对居民消费水平的调查、对运输服务价格的调查、对运输服务质量的分析等。在预测时，通过将调查结果与社会、人口和经济等其他方面结合分析，得到预测结果。当历史数据不足或缺乏时，客流调查方法是特别有效的预测工具。

(2) 利用客流统计资料进行预测。利用客流统计资料进行预测是在历史数据充足时常用的一种方法，通过对历史客流资料的分析，可以得到线路过往的客流情况，从而对未来的客流情况进行分析和预测。

一、客流预测的目的和意义

客流预测的主要目的是预测线路开通后所承担的客流量，以及对客流构成进行分析，从而为线路等级的确定、基础设施的选择和通行能力的确定提供依据；用于指导运营方案和票价方案的制订；预估机械和电子设备的需求和规模，分析投资规模、运营成本和经济效益；评价线路建设可能的风险和结果。

从宏观上来讲，客流预测是铁路客运系统合理规划的基础，只有在对规划年度客流的流量、流向、流程进行合理预测与分析的基础上，才能合理规划未来铁路客运系统的设施，合理安排运量，合理确定系统各阶段的发展目标，使整个铁路客运系统与社会经济发展、生产力布局相适应，确保国民经济的正常发展。

从微观上来讲，客流预测的意义如下：

(1) 铁路客流预测是铁路规划设计的依据。通过对各项客流预测结果分析，可以合理确定路线在路网中的功能和作用，从而为新线建设、旧线改造和相关客运站场技术设备修建与改造提供客观的依据。

(2) 铁路客流预测时项目评价及投资估算的依据。铁路客运建设项目是否值得投资、什么时候投资、投资规模如何，必须依据未来运量来确定。系统建成后，其寿命期内获利多少，也需要借助于逐年的未来运量才能估量和计算。如果没有科学、合理的运量为基础，就必然不能正确衡量和估算系统的经济成本和经济效益，致使经济评估失去真实性，导致投资决策失误。

(3) 铁路客流预测是铁路运营决策的关键环节。为了满足旅客的运输需求，编制合理的旅客列车开行方案，需要进行客流预测；在日常客流运输组织中需要定期编制相应的客流计划，而准确的客流资料就是该项工作的基础，如果客流资料不完备就会造成运力资源分配不当，从而导致客流滞塞或运力虚糜。为了提高铁路的收益，科学地分配票额和组织售票工作以及客运营销，需要对客流进行预测。

二、客流预测的方法

客流预测是编制铁路旅客运输年度计划、五年计划和长远规划的基础，也是铁路新线建设和旧线技术设备改造的重要依据，对促进国民经济的发展、满足人民群众的出行需要以及实现科学高效的运营管理具有十分重要的意义。因此，在进行客流预测时应充分考虑客流的变化特征及客流变化的影响因素，选择合适的预测方法，提高预测的精度。

我国目前对客流的分析主要是对客票系统中存储的大量数据进行分析，从客票系统中提取的数据可以直观地得到运营线路逐年的客流变化以及单日的客流变化，铁路局通过对逐年客流变化的分析来对各站下达收入和发送量任务，车站进行工作组织完成铁路局下达的任务。

随着对客流预测研究的深入，已有的客流预测方法越来越多，现根据各方法的基本原理可将常见的预测方法分为定性预测方法和定量预测方法两类，如图 4.3 所示。

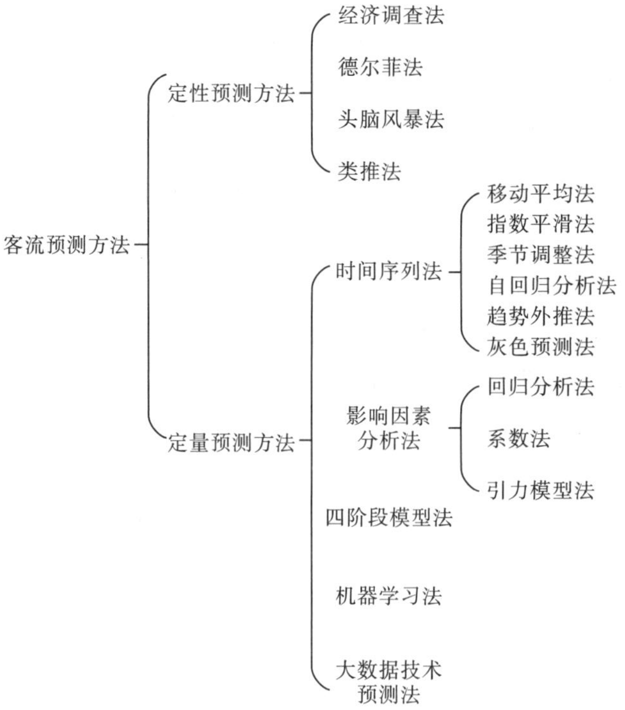

图 4.3　客流预测方法

（一）定性预测方法

定性预测方法主要是通过社会调查、结合人们的经验加以综合分析比较对将来的客流做出直接判断和预测，常见的方法有经济调查法、德尔菲法、头脑风暴法、类推法等。这类方法在预测时往往很大程度上取决于参加预测人员的经验、专业理论水平以及所掌握的实际情况，预测简便易行，没有复杂高深的计算，易于普及采用，但也容易受预测人员经验和认识上的局限，存在片面性、准确性不高等缺点。

1. 经济调查法

经济调查法又称直接估算法，这种方法根据规划线吸引范围内的经济、人口、人均收入等情况，比照邻接铁路每天开行的旅客列车对数，直接估计规划线运营初期每天需要开行的列车对数，远期可按每隔若干年增加一对估算。

2. 德尔菲法

德尔菲法也称专家调查法，这是一种在专家个人判断和专家会议的基础上发展起来的一种定性预测方法。利用德尔菲法进行客流预测的过程为：首先组建预测小组，拟定预测问题，选择专家并且专家间互相不进行联系，调查小组将调查表发放给选定的专家，随后回收调查问卷，将收集到的意见总结、整理和归纳，匿名反馈给各个专家，再次征询意见，之后再次总结、整理和归纳。经过多轮征询专家的意见，得到一个较为一致的预测结果。

3. 头脑风暴法

头脑风暴法是一种将挑选好的进行客流预测的专家聚在一起，就铁路客流预测这一问题进行共同讨论的方法，每个专家就这一问题提出自己的想法，并就他人所提出的想法进行探讨和改进。

4. 类推法

类推法是利用事物之间的相似性，利用已有的历史样本对需要进行预测的线路的客流直接做出判断的一种预测方法。根据所比照的历史样本的不同，可以将类推法分为时间类推法和局部类推法两类。时间类推法是指找出与待预测线路相似的线路，将相似线路的客流变化规律类推到待预测线路上，对待预测线路的客流变化进行预测；局部类推法是通过调查研究某些局部或小范围的发展状况，用来预测整体或大范围的状况。

应用类推法进行客流预测，选择相似样本时考虑的因素越全面，得到的预测结果越准确。当很难找到非常相似的历史样本时，类推法的应用就会受到限制。

（二）定量预测方法

定量预测方法常常是通过收集历史数据或分析因素变量来对未来的客流进行预测，在预测过程中，往往需要建立能够反映客流变化的数学公式或数学模型。定量预测能够给出未来客流量的具体预测值，且由于预测过程建立在历史统计资料和数学分析的基础上，较少受到主观因素的影响。常见的客流定量预测方法有时间序列法、影响因素分析法和四阶段模型法。随着数学理论与方法的发展，以及电子计算机在客流预测领域的应用，逐渐发展出机器学习法、大数据技术预测法等预测方法，大大丰富和发展了客流预测方法。

1. 时间序列法

铁路的客流由于受到自然环境、社会发展、旅客行为、突发事件等因素的影响，具有一定的随机性和不确定性，但在总体上，客流的变化仍呈现出周期性的变动趋势。例如，一年之内客流存在平时、春运、暑运、节假日的运输波动；一周之内，周一至周四的客流和周五至周日的客流变化趋势有所不同；一日之内，客流存在早晚高峰的波动。因此，在进行客流预测时，可以考虑时间变动的因素，找出客流变化的周期，利用时间序列法对客流进行预测。

利用时间序列法进行客流预测的原理是将统计得到的历史客流量数据看成一组随时间变化的时间序列数据，通过研究时间序列数据的变化从而建立不同的时间序列模型来描述客流变化的规律，并对历史数据的发展规律外推未来趋势，从而实现利用历史客流数据对未来的客流进行预测。常用的建立数学模型的方法有移动平均法、指数平滑法、季节调整法、自回归分析法、趋势外推法和灰色预测法等。

1) 移动平均法

移动平均法是根据时间序列逐项推移、依次计算包含一定项数的序时平均数。移动平均法包括一次移动平均法、二次移动平均法和加权移动平均法等。

假设预测年的客流量为 $\hat{y}_t$，铁路运营过程中累积的前 n 期的历史客流量数据分别为 x_{t-1}，x_{t-2}，…，x_{t-n}（n 表示利用移动平均法进行预测时所使用的历史数据的项数），第 $t-1$ 期的一次移动平均数为 $M_{t-1}^{(1)}$，则一次移动平均法的模型为

$$\hat{y}_t = M_{t-1}^{(1)} = \frac{x_{t-1} + x_{t-2} + \cdots + x_{t-n}}{n}$$

二次移动平均法是在一次移动平均法的基础上得到的，利用二次移动平均法进行预测的数学模型为

$$\hat{y}_t = M_{t-1}^{(2)} = \frac{M_{t-1}^{(1)} + M_{t-2}^{(1)} + \cdots + M_{t-n}^{(1)}}{n}$$

式中，$M_{t-1}^{(2)}$ 为时间序列第 $t-1$ 项的二次移动平均值。

加权移动平均法即在预测过程中对不同期的历史数据客流 x_{t-1}，x_{t-2}，…，x_{t-n} 赋予不同的权值 ω_{t-1}，ω_{t-2}，…，ω_{t-n} $(0<\omega<1)$，所赋的权值越大，说明该历史数据在预测中起到的作用越大。在预测过程中，通常会对近期的历史数据赋予较大的权值、对远期数据赋予较小的权值以突出近期的作用，加权移动平均法的数学模型如下：

$$\hat{y}_t = \omega_{t-1}x_{t-1} + \omega_{t-2}x_{t-2} + \cdots + \omega_{t-n}x_{t-n}$$

其中有 $\sum_{i=t-n}^{t-1} \omega_i = 1$。

2) 指数平滑法

平滑就是通过某种平均方式，消除历史统计序列中的随机波动，找出其中的主要发展趋势。据平滑次数不同，指数平滑法分为一次指数平滑法、二次指数平滑法、三次指数平滑法和高指数平滑法。

一次指数平滑法是在移动平均预测法的基础上改进而成的，它既有简单移动平均法以本期预测下期的思想，又包含加权移动平均法的加权思想。一次指数平滑法的数学模型如下：

$$\hat{y}_t = \alpha y_{t-1} + (1-\alpha)\hat{y}_{t-1}$$

式中，$\hat{y}_t$ 为预测年的客流量；α 为平滑系数，$\alpha = \frac{1}{n}(0<\alpha<1)$；$\hat{y}_{t-1}$ 为 $t-1$ 期的预测值；y_{t-1} 为 $t-1$ 期的实际值。所以一次指数平滑其实是 $t-1$ 期的预测值和实际值的加权平均。

3) 季节调整法

季节调整法的预测思路是先建立描述整个时间序列总体发展趋势的数学方程，再考虑季节变动对预测对象的影响，通过计算出季节指数，将季节指数与发展趋势相结合得到能够描述总体发展趋势与季节性变动的预测模型，并用于预测。季节调整法的预测模型如下：

$$\hat{y}_t = y_t F_k$$

式中，$\hat{y}_t$ 为预测年的客流量；y_t 为反映总体发展趋势的预测值；F_k 为季节周期中第 k 周期的季节指数。

4) 自回归分析法

自回归分析法是一种利用往期客流量数据预测待预测时期客流量数据的方法，这种方法假设各期数据之间呈线性关系，包含一阶自回归模型和多阶自回归模型。

一阶自回归模型的形式为

$$\hat{y}_t = a + by_{t-T}$$

式中，$\hat{y}_t$ 为预测年的客流量；a、b 为待定的回归参数；T 为时间序列发生周期性变化的最小周期数。

预测期的客流量不仅可以通过一个周期以前的客流量数字加以估计，还可以把更多周期以前的实际值引入自回归方程(多元自回归分析)，以提高预测精度，例如，利用 p 个周期数据进行预测的自回归方程式为

$$\hat{y}_t = a + b_1 y_{t-T} + b_2 y_{t-2T} + \cdots + b_p y_{t-pT}$$

各自回归方程中的回归系数 $a, b_1, b_2, \cdots, b_p$ 一般都通过最小二乘法估计得到。由于自回归分析计算量往往较大，在时间序列变动比较稳定的情况下多选用线性方程，一般不会超过三级自回归。

5) 趋势外推法

趋势外推法是一种分析客流量随时间变化的趋势，得到趋势方程，利用趋势方程对未来客流量进行预测的方法。如线性趋势预测法即采用最小二乘法拟合出一条客流量随时间变化的直线方程：$y = a + bt$，并利用这个方程对客流量进行预测。为了检验直线方程与数据的拟合效果，常需要计算衡量拟合效果好坏的判定系数 R^2，拟合的效果越不好，R^2 越接近 0，拟合的效果越好，R^2 越接近于 1。

趋势外推法虽然使用较为方便，但是当数据出现较大波动的时候，拟合的结果通常不够理想，因此可以使用移动平均趋势法进行预测。移动平均趋势法为计算一个时间序列的移动平均值并组成一个新的序列，这个新的序列可以平滑历史数据中较大的波动，留下趋势信息，更容易拟合出效果较好的线性方程。

除了线性趋势外，常用的趋势方程还有二次曲线趋势 $y = a + bt + ct^2$、指数曲线趋势 $y = ab^t$ 等。

6) 灰色预测法

部分信息明确、部分信息不明确的系统称为灰色系统。灰色系统理论是由我国学者邓聚龙教授创立的，是一种研究少数据、贫信息不确定性问题的新方法。灰色预测法用等时距观测到的反映预测对象特征的一系列数量值构造灰色预测模型，预测未来某一时刻的特征量，或达到某一特征量的时间。在铁路客运总量预测中可以选取历年客运量作为模型原始数据，用来生成客运量时间序列集合。

2. 影响因素分析法

客流变化不仅取决于自身的发展规律，还受多种外界因素的影响，如经济因素，政治、体制、政策因素，突发事件，运输网的布局和运输能力，运输价格因素等。因此，在进行客流预测时，可以考虑这些因素的影响，从而找到不同条件下的客流变化。

影响因素分析法的基本出发点是各影响因素之间的相互依存性，通过对历史数据的详细分析，揭示出旅客运输量同相关因素之间的数量关系，以预测未来的运量。利用影响因素法进行预测通常的做法是首先确定影响因素(自变量)，并对影响因素进行分析；其次确定客流量(因变量)与影响因素(自变量)之间的函数关系，即建立预测模型；最后对模型进行校准，如果校准结果较为满意，则可利用模型对客运量进行预测。常用的影响因素分析法主要有回归分析法、系数法、引力模型法等。

1) 回归分析法

铁路运输企业使用的回归分析模型大多为简单回归模型或多元回归模型，考虑的影响因素(即自变量)一般为一个或多个。例如，进行预测时选取的影响因素为 $x_1, x_2, \cdots, x_n$ 时，可采用如下模型：

$$y = f(x_1, x_2, \cdots, x_n)$$

式中，y 为待预测客流量。

在进行预测时，如果考虑了票价水平、收入水平等经济因素，则必须考虑通货膨胀的因素。

2) 系数法

系数法是指按一些比例关系的数字来预测客流量的一种方法，通过分析自变量每变化一个单位所能带来的客流量来对未来的客流进行预测。进行预测时选取系数包括产值系数、乘车系数等，相应的预测方法分别称为产值系数法、乘车系数法。采用的模型为

$$y = \beta M_t$$

式中，y 为待预测客流量；β 为预测系数；M_t 为预测期影响因素值。

3) 引力模型法

引力模型主要用于预测客流量在地区间的分布，是一种应用较广的分布模型。其仿效牛顿万有引力定律的原理，认为区域间的交通量(客流量)与区域各自的交通生成量和吸引量在广义上成正比关系，而与各区域间的交通阻抗(交通距离、时间、费用等)在广义上成反比关系，引力模型的公式如下：

$$Y_{ij} = K\frac{P_i P_j}{D_{ij}}$$

式中，Y_{ij} 为城市 i 与城市 j 之间的预测客流量；K 为系数；P_i、P_j 为城市 i 与城市 j 的客流生成量；D_{ij} 为城市 i 与城市 j 间的交通阻抗。

3. 四阶段模型法

四阶段模型法是将客流的预测过程划分为交通生成、交通分布、交通方式选择和交通分配四个阶段进行预测。在预测过程中，不同的阶段可以使用不同的预测模型。

交通生成阶段对客流总量的预测主要是通过研究交通生成地未来的社会经济发展规模、人口规模和土地利用情况，来对客流生成地未来的交通总量进行预测。常见的预测模型主要有增长率模型、回归分析模型和类型分析模型等。其中，增长率模型利用影响客流变化因素的增长情况来预测客流的变化情况；回归分析模型通过建立客流变化与其主要影响因素之间的回归方程来进行预测；类型分析模型以家庭为分析单位，将研究区域的家庭按照一定的指标划分为若干类型，分别计算各类型家庭的出行率，从而得到整体的客流情况。

交通分布阶段主要分析客流在空间上及 OD 点对之间的分布。常用的预测模型有增长系数模型、重力模型、机会模型等，其中重力模型的使用最为广泛。增长系数模型假定客流的分布情况逐年变化不大，并计算出客流增长的系数来对未来的交通分布情况进行预测；重力模型认为 OD 点对之间的交通量与交通吸引量成正比，与两点之间的交通阻抗成反比，通过建立重力公式来进行预测；机会模型是假定所有的出行量都在尽可能短的距离内找到合适的目的地，距离越近，吸引力越大，两点之间存在客流的概率也越大。

交通方式选择阶段主要分析各 OD 点对之间的客流在进行运输时运输工具的选择，常用的模型分为集计模型和非集计模型。集计模型利用交通小区的总体数据进行预测；非集计模型强调出行者个人的选择，通过某种交通方式对被研究者的“效用值”来表示，某种出行方式的效用值越高，被研究者越有可能选择这种出行方式。

交通分配主要研究客流在路网上不同路径的选择，根据交通量在交通网上的分配是否均衡可分为均衡分配模型和非均衡分配模型两类。常见的均衡分配模型有用户均衡分配模型、随机分配模型等；非均衡分配模型主要有全有全无分配模型、阻抗可变多路径分配模型等。

利用四阶段模型法进行客流预测，可以用于短期客流预测，也可用于长期客流预测，只是在预测过程中，各阶段所选用的模型有所不同。如利用四阶段模型法进行长期预测时，在交通生成、交通分布、交通方式选择和交通分配四个阶段选择的模型及方法为类型分析法、重力模型、Logit 模型和以出行时

间为基本度量的最优策略算法；而进行短期预测时，四个阶段所选择的模型及方法为：增长率模型、增长系数模型、以现状为基础的 OD 调整和反推以及考虑拥挤、设施条件等综合因素的基于拥挤的最优策略算法。

利用四阶段模型法进行客流预测时，不再仅仅将铁路作为一个封闭的系统进行预测，而是考虑了其他交通方式，如航空、高速公路的影响，能够较为真实地反映市场竞争环境下的客流情况。四阶段模型法由于具有能够反映外界竞争因素的优势，在城市轨道交通的客流预测中的研究和使用较为广泛。四阶段模型法的不足之处也较为明显，由于利用四阶段模型法进行客流预测时，每一阶段的预测都在上一阶段的基础上进行，因此上一阶段的偏差会影响下一阶段预测的精度，导致最终结果的误差偏差较大。

4. 机器学习法

此处的机器学习法主要介绍 BP(back propagation)神经网络。BP 神经网络是 1986 年以 Rumelhart 和 McCelland 为首的科学家提出的概念，是国内运用于客运量预测的人工神经网络模型中最常用的一种。人工神经网络无须事先确定输入输出之间映射关系的数学方程，仅通过自身的训练，学习某种规则，在给定输入值时得到最接近期望输出值的结果。作为一种智能信息处理系统，人工神经网络实现其功能的核心是算法。BP 神经网络是一种按误差反向传播(简称误差反传)训练的多层前馈网络，其算法称为 BP 算法，它的基本思想是梯度下降法，利用梯度搜索技术，以期使网络的实际输出值和期望输出值的误差均方差为最小。BP 神经网络预测模型可分为 BP 神经网络时间序列预测模型和 BP 神经网络回归分析预测模型两大类。

5. 大数据技术预测法

客流预测模型一般建立在客流波动较小的情况下，当这些突发情况发生时，预测模型可能无法取得很好的效果。随着新一代客票系统的投入使用和铁路物联网的加速建设，铁路信息源数量呈现快速增长，信息的数量及复杂程度迅速扩大，铁路在运营管理的过程中已经累积海量的数据。如何从海量数据中提取有效信息，对铁路客流总量及客流种类进行实时预测以应对突发情况，成为铁路客流预测新的研究方向。

大数据(big data)指无法在一定时间范围内用常规软件工具进行捕捉、管理和处理的数据集合，需要新处理模式才能具有更强的决策力、洞察发现力和流程优化能力的海量、高增长率和多样化的信息资产。利用大数据技术进行客流预测主要涉及数据采集、数据存储和管理、数据处理与分析、数据隐私与安全四个技术层面。与传统的预测方式不同，大数据技术预测法使用的数据不仅包含铁路客流的历史统计数据，还会对铁路内部信息化建设长期积累的数据，包括铁路客流服务中心数据、互联网/手机访问日志、互联网/手机订票记录等进行采集分析，同时铁路外部的数据，包括公路旅客发送量、航空旅客发送量、交通状况、天气预报、旅游信息、酒店信息等也可用于客流预测。除此之外，大数据技术能够实现数据的实时采集与处理，因此在预测时，可以做到利用上一时刻采集到的客流数据对下一时刻的客流情况进行预测，如通过采集旅客的进出站信息可以实现对站内人数的实时预测。

大数据包含的数据信息较为全面，因此在进行客流预测时除了可以得到客流的统计信息，还可以对旅客的出行信息进行个性化的分析，获取旅客深层次的运输习惯。这样不仅可以对客流总量进行预测，还可以对运输市场进行细分，进而可以根据市场需求对旅客列车开行方案进行实时动态的调整，使铁路设施与设备资源利用效率达到最大。应用大数据技术对海量的客流数据进行采集、分析，挖掘出有价值的信息，是铁路将数据转化为竞争力的必然选择，对于优化和推动铁路信息化发展、提高铁路运输服务质量、提升铁路核心竞争力具有重要意义。

在进行客流预测时，不同的预测方法在预测中有着不同的优缺点和适用范围，表 4.10 对各种预测方法进行了比较分析。

表 4.10　各种预测方法的对比

方法	适用范围	优点	缺点
定性预测方法	短期预测表现较好，长期预测精度较差	简便易行，没有复杂高深的计算，易于普及采用	容易受预测人员经验和认识上的局限，具有一定的片面性，准确性不高
时间序列法	短期预测	需要的数据信息量较少，方法简单易行，预测工作量和预测成本较低	无法反映运量变化的实际影响因素，不适用于新线客流预测，对经济政策和经济结构的调整等外部因素变化无从反映
影响因素分析法	长期预测、短期预测	在各种因素的数据信息完备的条件下，预测精度较高，而且可以分析出不同因素对预测对象的影响	对影响因素的选择具有一定的主观性，不合适的选择会对预测结果的精度造成影响，预测周期较长，成本较高
四阶段模型法	长期预测、短期预测	能够较为真实地反映市场竞争环境下的客流情况	每一阶段的预测都在上一阶段的基础上进行，因此上一阶段的偏差会影响下一阶段预测的精度，导致最终结果的误差偏差较大，预测周期较长，成本较高
机器学习法	长期预测、短期预测	不需要确定的函数式就可以较精确地得到影响客流的因素与客流量的关系	训练所需的数据量较大，得到较准确结果所需的训练时间较长，训练参数的设置受到人为选择的干扰
大数据技术预测法	长期预测、短期预测、实时预测	可以对客流量进行实时预测，且能够得到个性化的结果	还有进一步研究的空间，实际应用还不成熟

三、客流预测方法的选择

在实际的运用中，由于开展客流预测的时间不同，进行客流预测所依据的资料也有所区别，如在新线建成前进行的客流预测主要是分析线路的等级、规划建设，进行工程的可行性分析和工程的初步设计，依据的资料一般为城市规划资料，预测的周期多为长期预测、中期预测和短期预测。而当线路建成通车后，需要利用客流预测对运营管理工作进行指导，所依据的资料注重对运营现状的调查，且一般为短时预测。因此，可以按照线路是否建成来选择客流预测方法。

（一）未建成新线的客流预测方法选择

在线路建成之前，需要对其客流量进行预测，用于把握未来客流的总体规模和发展趋势。对于未建成的新线进行客流预测，由于缺乏历史运营数据，多利用城市规划信息进行，因此在进行客流预测时通常从客流形成的原因入手进行预测。通常客流预测的思路是：分析影响客流的因素 → 分析各因素在未来的趋势量 → 根据影响因素的趋势量预测地区之间的趋势运量 → 分析新线建成后产生的转移运量和诱发运量 → 得到新线建成后的预测运量。在这一时期，常用的客流预测方法有影响因素分析法和四阶段模型法。

（二）建成运营线路的客流预测方法选择

对于建成运营的线路，在客票系统中已经累积了大量的运营数据，依据这些客流资料可以选择合理的预测方法对客流进行预测，预测的结果主要用于客运组织和市场营销，指导运输计划的编制，提高运营组织的效率，因此在进行预测时通常为短期预测，这一时期的客流预测，最常采用的方法是时间序列法，除此之外，影响因素分析法、四阶段模型法和机器学习法也有所使用。

对于建成线路的预测，包括年度总客流预测、日常短期客流预测和特殊时段短期客流预测，当前进行的预测多需要历史数据的支持，在历史数据的基础上研究客流的变化。

1. 年度总客流预测

铁路线路建成后，客流一般呈现逐年增长的状态，因此可以使用时间序列法对铁路年度总客流量进行预测，下面分别使用时间预测法中的不同模型对京津城际铁路 2018 年的客流量进行预测，京津城际年度旅客发送量见表 4.11。

表 4.11 京津城际年度旅客发送量

年份	实际旅客发送人数/万人
2008	6.4（8～12 月）
2009	1460
2010	1830
2011	2110
2012	2270

1）移动平均法

使用移动平均法时，取最近三年的数据进行预测。利用一次移动平均法进行预测：

$$2013\text{ 年的旅客人数}=\frac{1}{3}\times(1830+2110+2270)=2070\ (\text{万人})$$

$$2014\text{ 年的旅客人数}=\frac{1}{3}\times(2110+2270+2070)=2150\ (\text{万人})$$

同理可得 2015 年为 2163 万人，2016 年为 2128 万人，2017 年为 2147 万人，计算得到 2018 年的预测发送人数为

$$2018\text{ 年的旅客人数}=\frac{1}{3}\times(2163+2128+2147)=2146\ (\text{万人})$$

2）自回归分析法

以一级自回归为例进行介绍，同样对京津城际铁路 2018 年的客流量进行预测，根据模型：

$$\begin{cases}\sum y_t = na + b\sum y_{t-1}\\ \sum y_t y_{t-1} = a\sum y_{t-1} + b\sum y^2_{t-1}\end{cases}$$

由 $n=3$，首先计算标定参数值 a、b 所需的过程量的值，如表 4.12 所示。

表 4.12 标定参数值

年份	y_t	y_{t-1}	$y_t y_{t-1}$	y^2_{t-1}
2009	1460	—	—	—
2010	1830	1460	2671800	2131600
2011	2110	1830	3861300	3348900
2012	2270	2110	4789700	4452100

计算得到：

$$\begin{cases}a=846\\ b=0.68\end{cases}$$

该线性自回归模型为

$$\hat{y}_t = 846 + 0.68 y_{t-1}$$

计算得到 2018 年旅客发送的预测值为 2607 万人。

3）趋势外推法

利用趋势外推法进行预测，建立京津城际客流发送量增长的直线趋势方程：

$$y = 1240 + 271t$$

从2009年算起，2018年为第10年，计算得到2018年的预测旅客发送量为

$$2018\text{年的旅客人数}=1240+271\times10=3950\text{（万人）}$$

2. 日常短期客流预测

日常短期客流预测主要是为了满足运输市场的需求，针对客流的短时波动做出快速反应，有效地组织运输力量。与中长期客流相比，短期客流具有较强的季节变化特征，受到季节气候变化、法定节假日分布、学校寒暑假等因素的影响，且客流的波动呈现出一定的循环特征和规律性，因此可以利用季节调整法对日常的客流进行预测。

基于表4.13数据，利用季节调整法对某区段月度旅客发送量进行预测。

表4.13　某区段月度旅客发送量　（单位：人）

时间	发送量	时间	发送量	时间	发送量	时间	发送量
2002年1月	184242	2003年1月	263140	2004年1月	275037	2005年1月	229457
2002年2月	198085	2003年2月	203220	2004年2月	212335	2005年2月	246869
2002年3月	347415	2003年3月	218221	2004年3月	216891	2005年3月	230234
2002年4月	206063	2003年4月	198847	2004年4月	239717	2005年4月	261730
2002年5月	218950	2003年5月	228178	2004年5月	237407	2005年5月	265152
2002年6月	201169	2003年6月	205563	2004年6月	209957	2005年6月	226911
2002年7月	239939	2003年7月	238619	2004年7月	237299	2005年7月	263015
2002年8月	221735	2003年8月	231464	2004年8月	241194	2005年8月	280638
2002年9月	185689	2003年9月	216908	2004年9月	228028	2005年9月	251857
2002年10月	248488	2003年10月	227213	2004年10月	253553	2005年10月	275416
2002年11月	193495	2003年11月	205516	2004年11月	208972	2005年11月	231422
2002年12月	166521	2003年12月	181222	2004年12月	205770	2005年12月	214230

利用季节调整法进行客流预测时，首先要分析客流的总体变化趋势，由图4.4可以看出，表4.13中四年的客流有较强的周期性波动，因此首先对数据进行平滑，分析出总体的变化趋势。

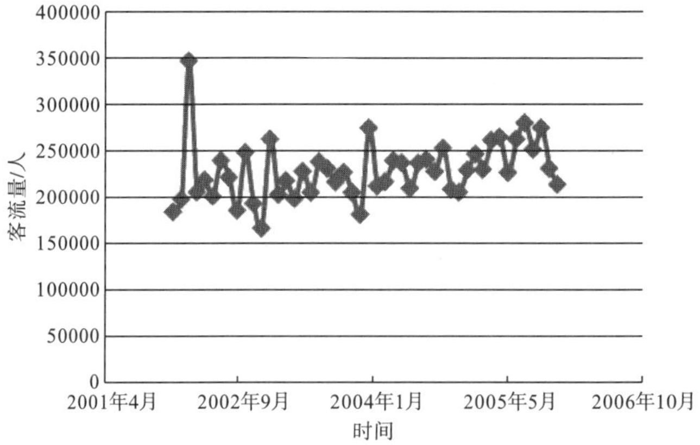

图4.4　客流变化趋势

利用下式对数据进行平滑：

$$\bar{y}_t=(0.5y_{t-6}+y_{t-5}+\cdots+y_t+\cdots+y_{t+5}+0.5y_{t+6})/12$$

进行平滑后，数据已经没有季节性，如图4.5所示。

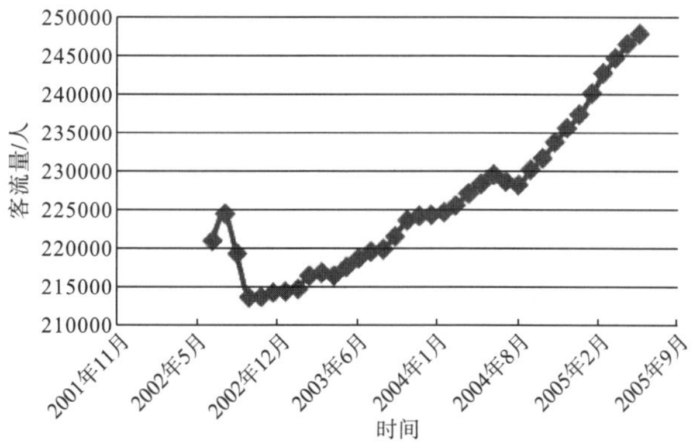

图 4.5　客流数据平滑处理

对平滑后的曲线进行拟合，得到趋势方程：

$$y = 35.55t^2 - 469.2t + 21867$$

计算判定系数 $R^2 = 0.955$，证明曲线的拟合程度较好。

之后计算季节因子，为了消除随机误差的影响，首先对四年中相同月份的客流量求平均：

$$z_i = \left(\sum_{j=1}^{4} x_{i,j}\right) \bigg/ 4$$

式中，z_i 为第 i 月的客流量平均值；$x_{i,j}$ 为第 j 年第 i 月的实际客流量。

其次计算各月的季节因子：

$$F_i = 12z_i \bigg/ \sum_{i=1}^{12} z_i$$

式中，F_i 为第 i 月的季节因子。

最后利用 $\hat{y}_t = y_t F_k$ 得到 2006 年 1～8 月客流预测值，如表 4.14 所示。

表 4.14　2006 年 1～8 月预测月度旅客发送量　　(单位：人)

月份	1 月	2 月	3 月	4 月	5 月	6 月	7 月	8 月
客流量	264229	266853	269547	272313	275150	278058	281038	284087

3. 特殊时段短期客流预测

对于春运、暑运、国庆节等特殊时期，客流在短期内会迅速增加，为了有效地组织急速增长的客流，需要提前对客流进行大致的估计。对于特殊时期的短期客流预测，一般使用同时期的历史数据，也可以利用客票的预售情况进行分析。

使用客票预售情况进行预测的基本思想是：以客票系统的存根数据为基础，分析指定上车日期的客票预售数据时间序列和客票预售分布比例，根据本年的预测日期在预售期内已经发售的数量和预售时间序列的预售分布比例，计算预测日期的客流。

使用历年的客流量进行分析即分析历年同期客流的增长趋势，计算逐日客流变化规律和增长幅度，对预测年的客流量进行预测。

第四节　客流计划编制

一、客流计划内容

客流计划是客运计划的重要组成部分，它既是年度客流资料的分区段汇总，又是客流的年度性预测。

客流计划的指标有旅客发送人数、旅客运送人数、旅客周转量、旅客平均行程和客运密度等。

编制工作分为绘制客流图和编制客流计划两大步骤。国铁集团在下达编制客流图任务的同时，即公布全路直通客流区段(管内客流和市郊客流区段由路局自定)和规定的客流月。各铁路局编好直通、管内和市郊客流图后，国铁集团组织各铁路局将所编制的输出直通客流图资料进行交换，并汇总在按局别的全国铁路直通客流图上。各局根据交换的资料，计算出直通客流区段的客流密度，连同管内和市郊一起，汇总在全国铁路区段客流密度图上。然后，各局结合客流调查和统计资料，利用各种预测方法推算出计划期内客流可能的增长率或绝对数，以编制全部客流计划。最后把计划客流密度与现行运行图规定的旅客列车能力进行比较，即可提出编制新的客车运行图所需的资料。

二、客流计划编制原则与方法

(一)客流计划编制原则

旅客运输计划要从全局出发，认真贯彻执行始发局(站)兼顾中间局(站)，大站兼顾小站；先中转、后始发、先长途、后短途及保证重点的运输原则，达到长短途列车合理分工，站、车密切配合，保证均衡运输。

(二)客流计划编制方法

客流计划的编制工作是在国铁集团的集中统一领导下，根据客流资料，采取上下结合集中编制的方法进行的。其步骤如下所示。

1. 下达任务，准备资料

国铁集团指定用某月份(称客流月)的客流统计资料，并于客流月前下达编制客流计划和客流图的任务，同时公布全路直通客流区段。管内和市郊客流区段则由各局统计和运输部门共同商定。客流月指汇总全路客流时，为求统一，由国铁集团选定的客运量中等偏上的月份，以使编制出的客流计划符合客流增长规律，具有代表意义。

1)客流区段概念

客流区段长度按客流密度的不同来划分，凡客流密度大致相同的地段，即可作为一个客流区段，凡客流密度不同的，则需分为两个或几个客流区段。如图4.6所示，A-D和D-F即两个客流区段。

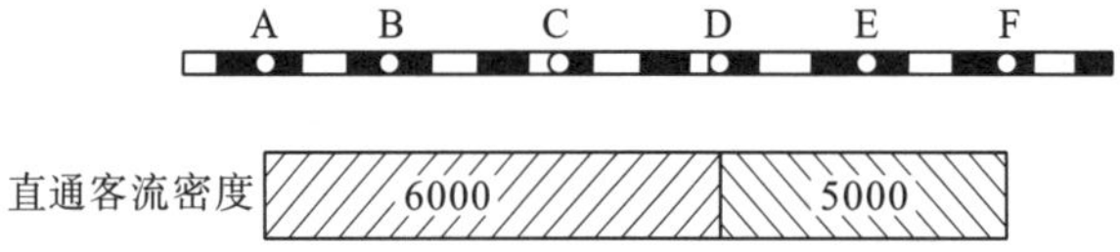

图4.6　客流(区段)图

区段客流密度包括同一客流区段内始发、到达和通过的客流。在同一客流区段内，各站间有不同的客流密度时，区段客流密度应按其中最大值计算。通过区段内始发和到达客流图，如图4.7所示，我们可以得到各个区段的客流密度，C-D区段的客流密度为1000，D-E区段的客流密度为1500，E-F区段的客流密度为1800。

2)客流区段分类

客流区段分为直通客流区段、管内客流区段和市郊客流区段。

3)客流区段作用

用划分客流区段的方法编制客流计划，有助于合理确定直通、管内、市郊旅客列车的对数和运行区段。

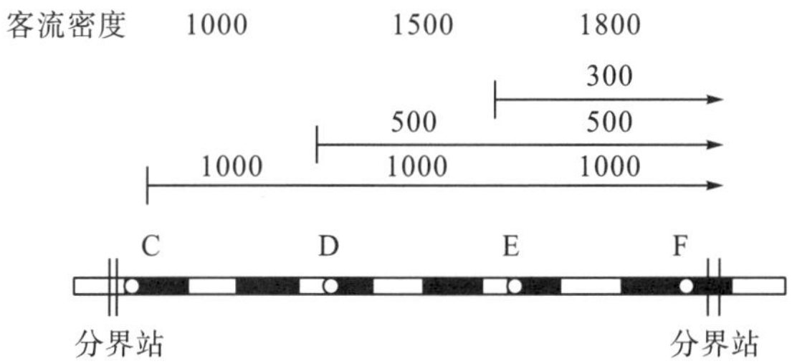

图 4.7　区段内始发和到达客流图

2. 铁路局编制客流图和客运计划

各铁路局统计部门按《铁路客货运输统计规则》的要求，提出客流月的直通、管内和市郊分客流区段的发送旅客流向统计资料。各客运部门根据分客流区段的旅客流向资料，按日均数编制客流图。

1) 客流图概念

客流图是旅客由发送地至到达地所经过的客流区段的图解表示。

2) 客流图分类

客流图按客流性质，可分为直通、管内、市郊三种。

(1) 直通客流图。

直通客流图由一个铁路局所属各客流区段产生的客流经过一个或几个铁路局间分界站，到达全路各铁路局的各客流区段的客流图解表示。

每个铁路局都有一条或几条铁路线作为编制客流图时的起始、终到或通过区段，每条铁路线根据客流密度的不同，又可分为一个或几个直通客流区段。各直通客流区段的直通客流都由三部分组成。

①输出客流：由本局各直通客流区段内产生通过局间分界站交到外局的客流。

②输入客流：由全路各铁路局的各直通客流区段内产生的直通客流，通过本局分界站到达本局各直通客流区段内的客流。

③通过客流：由本局的一个局间分界站接入另一个局间分界站交到外局的客流。

各局和全路的直通客流图，只编制直通输出客流。

直通客流图的编制是根据统计工厂提供的各直通客流区段产生的输出客流量和流向，分线别、客流区段别进行编制。将各个直通客流区段产生的直通输出客流量按区段顺序，填入各客流区段，即本区段产生的直通输出客流加通过本区段的客流，这样，最后一个客流区段的直通客流量也就是本线所产生的直通输出客流量，直通客流图形式如图 4.8 所示。

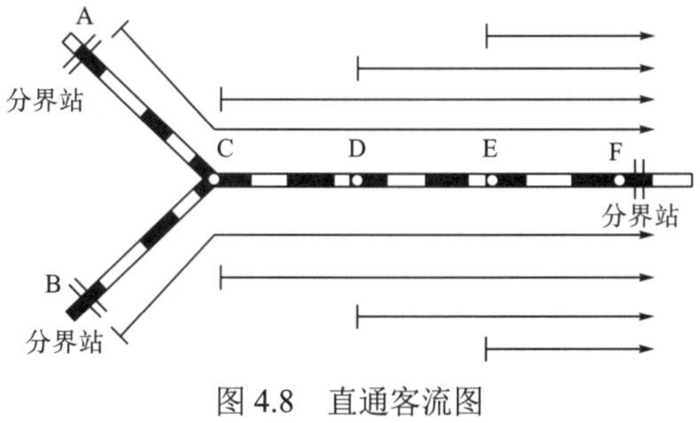

图 4.8　直通客流图

(2) 管内客流图。

管内客流图由一个铁路局各管内客流区段产生，而又由本铁路局管内各客流区段消失的客流图解表示。

管内客流图编制方法与直通客流图不同，一般是先做管内客流斜线表，后编管内客流图。

管内客流斜线表是将各大站及管内客流区段的发到旅客人数显示于表上。如表 4.15 所示，表内左边竖列站名表示发站，上面横列站名表示到站，将每一发站发送的客流量按到站分列在同一行的相应栏内，表示出管内客流的流量和流向。其中，斜线以上为下行客流，斜线以下为上行客流。

表 4.15　管内客流斜线表　　（单位：人）

	距离/km	甲	乙	丙	丁	戊	下行	上行	总计
甲			2124	813	372	160	3469	—	3469
乙	120	2493		2561	277	27	2865	2493	5358
丙	135	865	2622		1594	582	2176	3487	5663
丁	176	501	770	1436		1316	1316	2707	4023
戊	221	117	126	594	1216		—	2053	2053
下行	—	—	2124	3374	2243	2085	9826	—	9826
上行	—	3976	3518	2030	1216	—	—	10740	10740
总计	—	3976	5642	5404	3459	2085	9826	10740	20566

为使管内客流斜线表所表示的客流计划更为明显、清晰，能反映出各客流区段的客流密度，以便于计算旅客运输指标和确定旅客列车运行区段与行车量，将斜线表上的各项数值按一定的格式用图案的形式表示出来，即管内客流图。如图 4.9 所示。其中，站名线以上为下行客流，站名线以下为上行客流。在客流图上，用不同的颜色或图案分别表示不同管内客流区段所产生的客流。

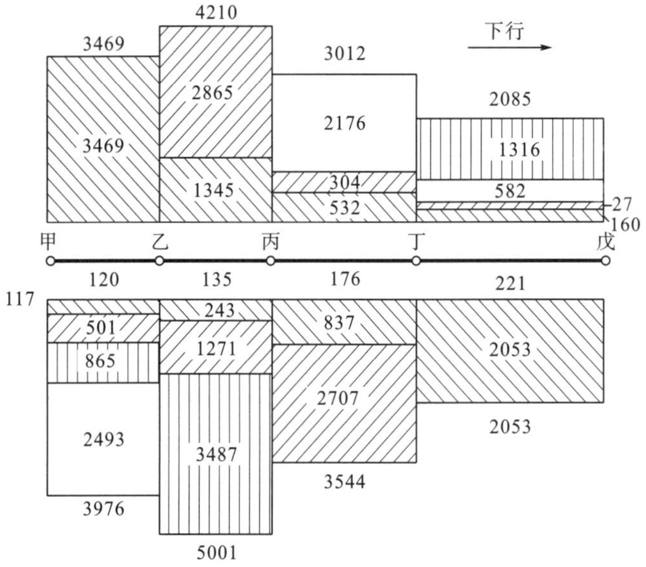

图 4.9　下行管内客流密度图

编制管内客流图时，区段各站发送的客流视为本区段始发站发送的客流，到达区段内各站的客流视为到达本区段内终点站的客流。以绘制下行管内客流密度图为例，说明由管内客流斜线表编制管内客流密度图的方法。

由表 4.15 可知，管内所有下行客流包括由甲站发出至乙站、丙站、丁站和戊站的客流，由乙站发出至丙站、丁站和戊站的客流，由丙站发出至丁站和戊站的客流，由丁站发出至戊站的客流。

①甲-乙区段下行客流包括由甲站发出至乙站、丙站、丁站、戊站的客流共 3469 人。

②乙-丙区段下行客流包括由甲站发出至丙站、丁站和戊站的客流 813+372+160=1345，由乙站发出至丙站、丁站和戊站的客流 2561+277+27=2865，共 4210 人。

③丙-丁区段下行客流包括由甲站发出至丁站和戊站的客流 372+160=532，由乙站发出至丁站和戊站的客流 277+27=304，由丙站发出至丁站和戊站的客流 1594+582=2176，共 3012 人。

④丁-戊区段下行客流包括由甲站发出至戊站的客流 160，由乙站发出至戊站的客流 27，由丙站发出至戊站的客流 582，由丁站发出至戊站的客流 1316，共 2085 人。

⑤将以上不同发站在不同客流区段产生的下行客流用不同的颜色或图案分别表示在站名线上，最后，对各个区段将经过该区段的所有客流加和，表示在该区段所有下行客流的上方，即该区段的下行客流密度，可得下行管内客流密度图。

同理，可得上行管内客流密度图。将下行管内客流密度和上行管内客流密度绘制在一张图中，即为完整的管内客流密度图。

编制管内客流图时，还应考虑直通客流在管内客流区段内到发时，往往需换乘管内列车，这部分客流除在直通客流图上作为通过全区段的客流外，还必须加入管内客流图，以便在计划管内旅客列车开行对数时，将这部分客流计划在内。

(3) 市郊客流图。

市郊客流图由大城市、大工矿企业周围各市郊客流区段产生并消失的客流的图解表示。

市郊客流图编制方法基本与管内客流图编制方法类似，先做市郊客流斜线表，后绘市郊客流图。不同之处是市郊客流行程较短，运量大，且地点集中，一般将每两站之间的距离作为一个客流区段。

3) 客流图作用

编制客流图可以为编制旅客列车开行方案提供确定旅客列车对数和运行区段所需的计划客流量。经常编制客流图可以积累各个时期各铁路线客流的流向和流量变化情况，掌握客流变化规律，以便提供日常和节假日客流组织办法。

3. 国铁集团汇总直通客流图和编制客流计划

国铁集团组织各铁路局将所编制的直通客流图资料进行交换，并汇总在按局别的全路直通客流汇总图上。各局根据交换的资料，计算出直通客流区段的客流密度，连同管内和市郊客流量，一起汇总在全国铁路区段客流密度图上。然后，各局分析客流调查和统计资料，预计客观形势可能的发展，推算计划期间客流的增长率，从而编制全路客流计划。最后，按干线、支线分客流区段汇总成直通客流计划表，编制计划客流密度与现行运行图规定的旅客列车能力比较表(表 4.16)，以提供编制列车运行图所需的资料。

表 4.16 运行图旅客密度与旅客列车能力比较表

局 年 月 日

<table>
<tr><th rowspan="3">线路区段</th><th rowspan="3">方向</th><th colspan="3">年 月</th><th colspan="3">年至 年计划</th><th colspan="4">现行旅客列车能力</th><th colspan="4">密度与能力比较</th></tr>
<tr><th rowspan="2">旅客密度</th><th colspan="2">其中</th><th rowspan="2">旅客密度</th><th colspan="2">其中</th><th rowspan="2">对数</th><th rowspan="2">定员</th><th colspan="2">其中：直通客车</th><th colspan="2">与 月份</th><th colspan="2">与 月份</th></tr>
<tr><th>直通</th><th>管内</th><th>直通</th><th>管内</th><th>对数</th><th>定员</th><th>总计</th><th>直通</th><th>总计</th><th>直通</th></tr>
<tr><td rowspan="2"></td><td>上</td><td></td><td></td><td></td><td></td><td></td><td></td><td></td><td></td><td></td><td></td><td></td><td></td><td></td><td></td></tr>
<tr><td>下</td><td></td><td></td><td></td><td></td><td></td><td></td><td></td><td></td><td></td><td></td><td></td><td></td><td></td><td></td></tr>
<tr><td rowspan="2"></td><td>上</td><td></td><td></td><td></td><td></td><td></td><td></td><td></td><td></td><td></td><td></td><td></td><td></td><td></td><td></td></tr>
<tr><td>下</td><td></td><td></td><td></td><td></td><td></td><td></td><td></td><td></td><td></td><td></td><td></td><td></td><td></td><td></td></tr>
</table>

第五章 铁路旅客列车开行方案

第一节 铁路旅客列车开行方案概述

一、铁路旅客列车开行方案的目的与意义

第四章介绍了客流计划，掌握了客流需求。铁路旅客列车开行方案是根据客流编制的列车开行计划，体现从客流到列车流的组织方案。

铁路旅客列车开行方案以客流需求为基础，以运输市场为导向，科学合理地安排旅客列车的开行等级、数量、起讫点、经由线路、停站方案等内容，涉及车务、机务、车辆、客运站技术设备和能力等方面，充分利用铁路基础设施的能力，满足旅客出行数量和质量方面的需求，提高运输企业经济效益。

随着我国国民经济的快速发展及居民生活水平的不断提高，人们出行的需求大大增加，与过去相比，旅客出行不再只考虑票价，而是更加注重出发到达时间是否合适、在途时间是否在承受范围之内、旅途是否舒适等因素，尤其是高速铁路旅客，追求高质量的出行，出行的满意度是影响其选择交通方式的首要因素，而这些因素都与列车开行方案有关。开行方案不仅影响着铁路提供给旅客的服务水平和质量，而且作为铁路客运产品的主要内容，客车大约为 0.5 亿元/组，动车约为 1.6 亿元/组，对铁路的经济效益也有很大的影响。同时所编制的列车开行方案不仅要与铁路路网的规模、特点相匹配，还要兼顾旅客运输的不同需求。

因此，铁路旅客列车开行方案是整个铁路运输计划的关键，也是编制列车运行图的基础，更是铁路部门编制其他运营计划的前提条件。它反映着旅客运输的服务质量和经营策略，决定着旅客运输组织的水平，其编制质量对于提升铁路社会和经济效益具有决定性作用。

二、铁路旅客列车开行方案的概念与分类

铁路旅客列车开行方案是指以客运量为基础，以客流性质、特点和规律为依据，以运输市场为导向，科学合理地安排旅客列车运行区段、开行种类、开行对数及停站方案等内容，实现从客流到列车流的组织方案。其中，旅客列车的运行区段包括始发站、终到站及经由线路，列车种类表示旅客列车不同的等级或性质，开行对数表示行车量的大小，而停站方案表示列车的停站次序，四者共同组成一个完整的铁路旅客列车开行方案。

我国铁路旅客列车开行方案按照列车运行的线路分为普速铁路旅客列车开行方案、高速铁路旅客列车开行方案两种。

普速铁路旅客列车开行方案主要根据普速铁路的客流计划，参考设备条件及车站所在地的政治、经济、文化情况，确定列车的开行方案，旅客列车都是运行在普速铁路，速度受到普速铁路的限制。

高速铁路旅客列车开行方案也是我国铁路旅客列车开行方案中的重要组成部分，根据高速铁路的客流情况和设备条件，确定高速铁路列车的起讫点、列车种类、经由线路、列车对数、停站方案。

按照旅客列车开行的区域范围，铁路旅客列车开行方案又可分为直通旅客列车开行方案、管内及市郊旅客列车开行方案。跨两局的直通旅客列车开行方案由两局协商编制，跨三局及其以上的直通旅客列车开行方案由国铁集团统一编制。管内及市郊旅客列车开行方案由铁路局自行编制，报国铁集团备案。

三、铁路旅客列车开行方案的影响因素

铁路旅客列车开行方案的编制是一项非常复杂的系统工程，涉及多方面因素。主要影响因素包括客流量及客流性质、车站能力及区间通过能力、列车编组及定员、列车客座利用率、铁路部门的收益、旅客出行成本、地区经济发展水平、政治及地理位置等，只有充分考虑各方面的影响因素，才能编制科学合理的铁路旅客列车开行方案，以适应现代社会发展和国民经济发展需要，满足旅客出行需求。

1. 客流量及客流性质

客流量的分析是铁路旅客列车开行方案编制的基础。对客运需求的研究，是在一定的社会经济环境下旅客出行对交通工具的选择需要，这种需要既体现在数量的多少，也表现为运输服务的质量方面，运输产品的差异化、结构化将更好地满足公众出行，市场份额重新达到动态平衡。因此，通过研究旅客需求和出行选择行为，可以了解客运量产生的条件和时空分布特征，从而掌握旅客对服务质量在出行的安全性、经济性、快速性、舒适性、准时性等方面的要求，在此基础上进行客流需求的设计规划，编制列车开行方案，铺画列车运行图及进行日常运营调整，满足宏观客运市场和微观旅客的需要。

客流量及客流性质反映了旅客的出行需求，是编制铁路旅客列车开行方案的基础，即“按流开车”。我国经济发展不平衡，地区人口密度不一、城市规模各异、城乡差别明显。这使不同区域的旅客需求层次和客流规模差别较大，具有明显的地区属性，列车开行方案的设计要在充分掌握客流分布特点的前提下设计不同等级、不同区段的列车以满足不同客流的需求。

2. 车站能力及区间通过能力

车站能力及区间通过能力是影响列车开行方案的重要因素。车站能力主要包括车站的发车能力和接车能力。车站始发列车的能力主要受车站整备折返能力的限制，以及受到发线数目的影响，当车站始发能力不足时，可延长或缩短列车运行区段，以避开车站能力的限制。车站接发列车的能力主要受车站到发线数目的限制。此外还应考虑车站在政治、经济、文化、地理位置及车站站前广场的交通疏解能力等多方面的因素，有时因车站地位的不同，可超越客流需要而延长运行区段。区间通过能力是指在采用一定的机车车辆和一定的行车组织方法条件下，区间的各种固定设备，在单位时间内(通常指一昼夜)所能通过的最多列车数或对数。其大小主要取决于区间正线数、区间长度、线路纵断面、机车类型、信号、联锁、闭塞设备的种类。

3. 列车编组及定员

列车编组内容主要由列车起讫点城市的旅客经济水平、需求层次、旅客列车在途时间长短及节假日客流波动等因素共同决定的。此外，列车编组数量与长短途列车的性质有关。短编组、高密度可大大提高服务频率，能较好地吸引客流，但当线路能力紧张时，大编组能够达到充分利用能力的目的。高速铁路线上开行的短途列车一般采用短编组、高密度，通过提高车次选择数量来吸引旅客；长途列车则采用长编组，按一定的时间间隔开行，以充分利用区间的通过能力。

从旅客角度来说，适当降低列车定员能提高旅客的车辆人均占有面积，进而提高旅客旅行的舒适性，但是过小的列车定员又会在一定程度上造成旅客出行票价的上升，增加旅客出行的成本，同时为了达到将既有客流输送至目的地，铁路部门得加开列车，可能造成铁路运力资源的进一步紧张。因此，列车的定员情况还需综合考虑。

4. 列车客座利用率

列车客座利用率是列车完成的旅客周转量与客座公里总数之比，是反映列车载客能力利用程度的指

标。列车客座利用率大小使得铁路部门收益和旅客的出行需求有所冲突。当列车编组一定时，客座利用率越高，一定程度上代表着铁道部门的客票收益越高，但从旅客出行角度考虑，客座利用率越高，代表相应的舒适度越低，高质量的出行需求得不到满足。因此，列车的客座利用率大小影响到列车开行方案的编制，需要考虑铁路部门收益和旅客的出行需求等方面。

客座利用率与列车运行线路、运行距离、平均旅行速度、运行时间、停站次数和列车定员等因素密切相关。较低等级的列车因停站次数多，吸引的客流也较多，客流成分较为复杂，相较于高等级列车平均席位周转次数要高。

5. 铁路部门的收益

铁路部门具有一定的公益性，必须满足社会各层次旅客出行的需要。同时它也是一个经营企业，在生产运输产品或为旅客提供服务时需要考虑自身的投入和产出，希望自己的产品或服务能带来更多的收益，这样也有利于铁路运输企业更好地运营和发展。铁路部门的收益对铁路旅客列车开行方案的编制和实施有着直接的影响，铁路部门的收益主要由铁路客运部门的运营收入和运营支出来决定。

铁路客运部门的运营收入包括客票收入和其他附加收入。客票收入是列车运营的主要收入，取决于列车在各运行区间的载客量及人公里票价率。区间载客量主要取决于客流分配情况，即乘客对所开行列车的选择，与列车的客流吸引力有关。铁路部门在编制列车开行方案时必须根据客流情况对客流进行合理分配，充分考虑旅客的出行心理和出行需求，合理确定列车上座率，使开行的列车能够吸引更多的客流，从而提高铁路部门的客运收入。人公里票价率与线路类别无关，只与开行列车的等级有关。附加收入数额较小，在编制开行方案时一般不考虑。运营成本分为变动成本和固定成本两部分。其中变动成本包括列车公里费用、列车的停站费用和旅客中转组织费用。列车公里费用是指列车运行单位公里的费用消耗，与列车等级及路段类别均有关系，包含各类列车的折旧费、能耗、材料费、维修费、人员工资津贴等。现我国快速客运网主要采用动车组，其造价高，复杂程度大，在列车开行方案设计中要合理设计动车组车底交路，在保证安全的前提下尽可能提高动车组的利用效率。

6. 旅客出行成本

旅行费用和旅行时间是旅客出行成本的两个方面，其中客票费用是旅行费用的主要构成部分。旅客旅行时间消耗主要包括候车时间、在途时间、停站时间、换乘时间，其中候车时间主要受旅客的出行心理、列车开行频率、城市交通状况等影响。停站时间主要与列车的停站方案有关，一般来说，为了减少旅客的旅行时间，高速铁路上的列车停站时间一般较短。换乘时间主要受列车的接续时间影响，当可选换乘的列车较多时，可通过列车的平均时间间隔来确定旅客换乘时间消耗；如果可选换乘列车数目比较少，则需要根据统计数据来确定旅客列车换乘时间。在途时间消耗是旅客旅行过程中的主要时间消耗，与列车在各区间运行的平均技术速度和区间里程有关，在列车运行径路确定的情况下，各区间的里程无法改变，因此要减少旅客在列车运行过程中的时间消耗只能提高列车在区间内运行的技术速度。列车运行的技术速度主要取决于列车的速度等级及线路类别。不同性质的旅客时间价值不同，在编制开行方案时应该尽量区分其时间价值的差异，尽量减少旅客的旅行时间消耗。

7. 地区经济发展水平

国民经济的发展水平不均衡，东西部经济发展水平差异较大，区域经济发展参差不齐，也在一定程度上影响了铁路运力资源要素的配置水平和客流结构的区域性差异，同时影响开行方案的编制和优化。

东部沿海地区高消费群体所占比例大，中、低消费群体所占比例相对较小；中原和东北地区等经济复苏地带的客流中，中、低消费群体所占比例大，高消费群体所占比例较小；西部地区旅客运输总量不大，中、低消费群体比例很大，高消费群体所占比例小。根据以上情况，开行方案编制及优化应与当地的客流结构相适应。在经济发达地区应该针对高消费群体开行高等级列车，提高列车的服务水平，提高列车的旅行速度和发车频率；在欠发达地区的中低消费群体，应尽量满足旅客的基本出行需求，适当增加列车停站次数，降低列车速度和等级以满足旅客的出行。

8. 政治及地理位置

某些政策性因素也会对开行方案的编制和优化产生较大的影响。在人口稀少地区开行的旅客列车，从运营的角度来讲，这些地区存在的客流较少，但由于其特殊的政治经济地位，必须在设计开行方案时将其纳入其中，安排一定数量的旅客列车。虽然其所产生的经济效益和市场效益极其有限，但是其所产生的政治意义和社会影响是极具深远的。

第二节　铁路旅客列车开行方案编制的基本原理

一、铁路旅客列车开行方案编制的基本原则

1. 按流开车原则

客流量及客流性质反映旅客的出行需求，这是编制铁路旅客列车开行方案最基本的原则。“按流开车”就是要根据流量、流向、流程、旅行目的及客流性质，确定开行旅客列车种类、数量、起讫点、运行径路、停站等方案。铁路作为运输的重要组成部分，应该深入研究旅客需求和出行行为，掌握旅客时空分布特征、客流出行习惯及消费层次等，编制满足旅客需求的开行方案，提供具有竞争力的客运产品，扩大铁路市场份额。

2. 旅行安全原则

对于旅客出行来说，安全性心理永远摆在第一位。铁路运输以其受气候条件影响较小、适应能力强、事故率低、安全性高的特点吸引着乘客，但铁路运输，特别是高速铁路一旦发生事故，其造成的破坏力大，并将对其自身的发展和社会造成巨大的负面影响。因此，编制铁路旅客列车开行方案时，要始终把确保安全原则放在第一位。

3. 出行方便快捷原则

随着现代交通运输的发展，竞争日益激烈，且在市场化经济的背景下，铁路部门编制铁路旅客列车开行方案时，坚持以人为本的原则，最大限度地满足旅客的出行，给旅客提供便捷的乘车条件，确定合理的旅客列车始发、终到时间范围，与其他交通方式合理衔接，最大限度地节省旅客的出行时间，提高旅行速度，减少换乘给旅客带来的不便。

4. 经济效益最大化原则

铁路运输作为交通运输行业的重要组成部分，不仅具有运输企业的服务性质，也有企业自身的特性。在市场经济的条件下，铁路运输行业要想实现自身效益最大化以及在行业的竞争中处于优势地位，就必须在满足市场需求的前提下，尽量降低运营成本。合理的列车席位利用率可以提高旅客舒适度，同时确保运营收益。此外，车底使用也是运营成本的重要部分，确定合理的机车周转，往往可以减少机车车辆和动车组的使用数量，从而节省运营成本，提高运营效益。

二、铁路旅客列车开行方案的编制步骤

1. 资料准备

在具体编制旅客列车开行方案之前，应进行系统、全面的调查研究，并收集、整理加工相关资料，

这些资料包括如下部分：

(1) 开行线路的客流量、客流性质、客流时空分布特征等客流信息。

(2) 各种旅客列车的重量标准、编组辆数、车型、定员。

(3) 节点的政治、经济、地理位置。

(4) 线路及节点能力，检修设施布局等。

2. 编制阶段

铁路旅客列车开行方案的编制不仅是铁路运输组织的核心问题，还是客流到列车流组织方案的过程。首先，准备过程。通过客流预测方法预测 OD 间的客流，统计出客流数据，并对客流特征进行综合分析，总结出客流变化规律，同时对客流进行合理推断，进而下达客流计划，以完成“按流开车”。其次，进行开行方案的编制。根据预测的客流量，结合实际情况对客流进行调整，结合列车编组、速度、客座利用率及区间能力等因素，得出列车具体的开行区段、开行种类、开行数量及停站方案等。最后，开行方案的实施。具体的铁路旅客列车开行方案的编制流程图，如图 5.1 所示。

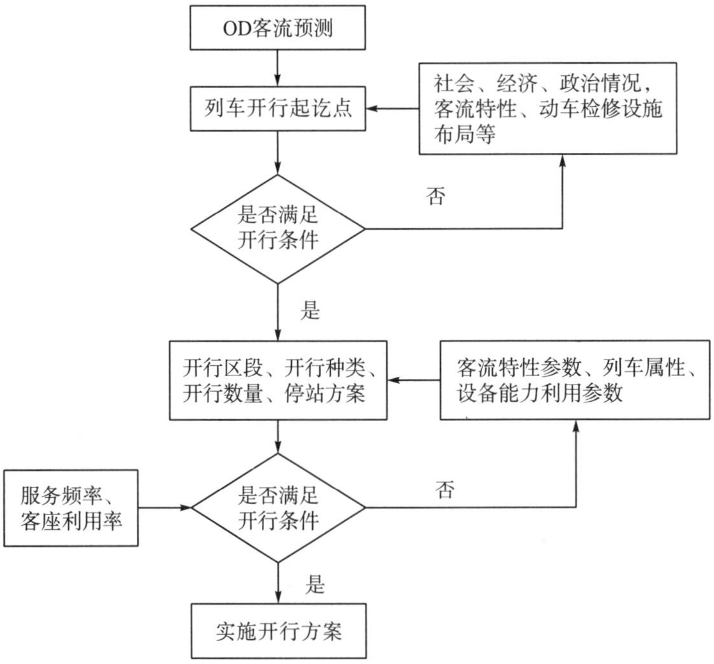

图 5.1 铁路旅客列车开行方案的编制流程图

开行方案的编制可归为确定旅客列车运行区段(即起讫点和运行径路)、确定列车开行种类及对数、设置合理的停站方案三个阶段。

1) 确定旅客列车运行区段

列车运行区段的确定是编制铁路旅客列车开行方案的首要工作，其主要包括列车起讫点及运行径路。列车起讫点分别指列车运行的出发站点与列车运行的终到站点；列车运行径路是指列车由出发站点至终到站点运行途中所经由的铁路线路，即列车实际运行时所经过的路段集合。

由于我国铁路路网规模庞大，因此在始发站和终到站之间存在多条径路可以选择，旅客列车运行区段的确定应该依据实际市场需要，确定列车的起讫站，确定列车的运行径路。

2) 确定列车开行种类及对数

随着我国经济的持续发展，人民生活水平的不断提高，旅客的需求发生了很大变化。不同层次的旅客，对旅行的要求不同，这就需要铁路适应市场的变化，开行不同种类和档次的旅客列车，如速度不同的普通列车、快速列车、特快列车、直达特快列车、高速列车，质量不同的普通列车、空调列车、卧铺列车、豪华列车，提供专项服务的旅游列车、会议列车等。充分发挥铁路的优势，提高铁路在客运市场的竞争力。

列车对数是指方向上或区段内为满足客流量需要而开行的旅客列车数量，反映的是行车量的大小，其取决于列车定员和区段客流密度。合理确定旅客列车对数非常关键，它是保证运输能力满足客流量、保证服务质量的需要，也是铁路企业提高运输效率、减少虚糜的需要。

3) 设置合理的停站方案

列车停站方案是铁路旅客列车开行方案的重要组成部分，它主要是在列车运行区段、列车开行种类及开行频率、编组辆数确定后，根据客流换乘需求及列车之间协调配合的情况确定各列列车的停站序列。列车停站方案为旅客提供了必要的停站时间，一方面可以方便旅客上下车，另一方面通过恰当的停站设置和提供良好的换乘接续使旅客进行换乘。不是所有客流 OD 都与列车 OD一致，故列车必须在中间站停站，满足起点站、终点站与列车的起点站、终点站不一致的客流的出行需求。一方面，列车的停站次数越多，越能满足更多的客流 OD 的出行需求，从而减少列车的开行对数；但另一方面，停站次数多，列车的旅行速度降低，旅客的出行时间增加，失去了客流吸引力，同时，停站过多还占用了过多的通过能力，使得线路的通过能力降低。因此，便需要设置合理的停站方案，既能满足旅客的乘车便利性，又能保证旅客列车较高的运行速度及通过能力。

当前，我国铁路客运管理模式按照国铁集团统一领导、各地方铁路局独立运营的原则，实行国铁集团、铁路局两级层次的管理体制。铁路旅客列车开行方案的编制由国铁集团和铁路局两级单位的相关客运部门完成。国铁集团运输局下辖的客运处负责全路的客运营销策划和宏观管理，针对全路客运产品进行总体把握和设计，并且重点负责跨局客运产品的设计。各铁路局下辖的客运处负责贯彻执行国铁集团的规章和指示，并负责本局管内的客运营销工作的组织和管理。

三、铁路旅客列车开行方案的编制方法

铁路旅客列车开行方案是铁路客运组织工作的重要组成部分，在多种运输方式共同竞争的市场经济环境下，优质的铁路旅客列车开行方案能够提高铁路旅客运输的经营效果和经济效益，最大化地满足不同层次旅客的各种需求，提供安全快捷方便的运输服务。

（一）列车运行区段的确定

确定旅客列车的开行区段是整个开行方案编制过程的第一步，列车的运行区段包括列车的始发站、终到站及列车运行径路三个要素，其中列车始发、终到站为运行区段的两端站，列车运行径路指列车实际运行的线路。

1. 列车始发、终到站的确定

列车始发、终到站的确定可从以下几方面来考虑。

(1) 客流发生、消失和变化较大的地点。旅客列车开行区段两端的车站应有较多的客流，即始发、终到站是大量客流的发生地与消失地，这样才能保证旅客列车(尤其是直达列车和停站次数很少的列车)的上座率及开行的经济效益。

(2) 旅客列车运行线路网络中较为重要的运输节点。当其始发、终到站在路网枢纽中重要度大，衔接线路方向多，车站运输组织复杂时，也会有大量的始发、终到列车。

(3) 始发、终到站在旅客列车运行线路中应具有比较重要的位置及地位。综合考虑其所在城市的政治经济地位、文化背景、地理位置、旅游资源、国防意义，以及综合考虑客运站在路网上作用、旅客发送量等因素将客运站分为路网型客运站、区域型客运站、地方型客运站、一般型客运站、越行站等。

(4) 具备进行旅客列车车底整备作业及办理机车折返作业的条件。始发站或终到站必须具有相应的机车、车辆(或动车组整备、维修设备)。其中，动车组的运用、检修方式与普速旅客列车是不同的，因此在列车开行区段两端车站中至少有一端应设有高速铁路动车段(所)，为动车组的合理周转与运用创造有利条件。

直通旅客列车的运行区段应根据直通客流确定，跨局列车的直通客流需达到一定数量时报部审批方可开行。国铁集团规定开行跨两局的直通旅客列车直通客流应不少于 600 人，跨三局的列车不少于 500 人，跨四局以上的列车不少于 400 人。这一规定实际体现了以经济效益为准则开行旅客列车这一原则，它保证了直通客车在整个运行过程中始终能保持一定的满员率，避免运能的虚糜浪费。但是这种以局为单位来衡量客流多少的规定，是存在不妥之处的，因为实际上有些跨两局的列车行驶里程比跨三、四局的列车行驶里程更长。而且具体线路条件存在差异，各铁路局劳动组织水平也不同，因此不应完全采用同一个标准，应对具体开行的直通旅客列车进行具体分析。

高速旅客列车主要输送高速铁路上大中城市间的本线客流和一些跨线客流，起讫点在高速铁路或其相邻普速铁路上的大中城市。

直通特快旅客列车和快速旅客列车主要为解决普速铁路上大中城市间的旅客运输，起讫点应定在大中城市。列车运行区段按“按流开车”的原则，客流只要具备开直通车的条件且能力允许，就可以考虑开行，则区段应作为列车的运行区段。

管内旅客列车输送沿途变动的客流，运行区段的确定也应考虑其客流量的大小以及政治、经济、国防上的需要。管内特快和快车只往返于管内大中城市之间，普通旅客列车主要为解决中小站的旅客运输。管内客车多由省会、铁路局所在地向邻近线路开行。

市郊旅客列车的开行，应根据大城市附近市郊客流量的大小，开行一定数量的市郊列车，以满足城郊职工通勤、学生通学及居民往来郊游的需要。市郊旅客列车运行区段，应考虑市郊客流递远递减的特点，可以按客流大小，划分几个地段，组织市郊地段运输。

在分析上述情况的基础上，先按贯穿整个方向各客流区段的最小客流密度安排开车，也就是说，为了最大限度地以直达运输吸引直通客流，一般将一个铁路方向的两端站定为旅客列车的始发站和终到站。然后将客流密度变化幅度较大的站间定为较短的旅客列车运行区段，并且要求整个方向上铁路旅客列车开行方案提供的客运能力与各客流区段上的客流密度相适应。

2. 列车运行径路的安排

旅客列车运行径路是指连接旅客列车始发站、途经站、终到站的运行线，其选择首先要基于路网建设现状，遵循主要线路的走向，同时要适应列车始发、终到站选择以及客流调整的需要，有效完成旅客输送，并尽可能吸引更多的客流。列车运行径路的安排需注意以下几个方面。

(1) 列车运行径路必须与主要客流方向一致，以满足旅客需求。

(2) 列车运行径路应尽可能地覆盖路网客流，尤其是一些等级较低或位于线路端点但客流较大的节点。

(3) 列车运行径路的安排应满足客流合并的需要，尽可能连通同方向的客流，以直达方式组织旅客运输，并尽可能减少列车虚糜。

(4) 列车运行径路应与客流拆分调整相匹配，尽可能满足分散客流的中转换乘需求，实现换乘便捷和中转通畅。

(5) 尽可能按最合理径路布设列车运行线路，以减少旅客乘车旅行总时间。

对于单独的一条铁路线上的一个运行方向来说，旅客列车的开行径路是唯一确定的，即只有一条径路，也叫单一径路。对于铁路网，其中任意一条线路与其他线路均有连通关系，这时在某些始发、终到站之间就可能存在多条径路供列车选择。在选择列车运行径路时，既要保证运行径路能够覆盖大量客流，又要尽可能减少列车虚糜，降低铁路企业的损失。

在实际工作中，直通旅客列车由国铁集团根据客流量和有关铁路局的建议经研究确定。管内及市郊旅客列车，由铁路局根据管内及市郊客流量自行确定，报部批准和备案。季节性旅游列车的开行可根据需要，在通过能力、机车车辆等条件允许的情况下确定。

确定的旅客列车运行区段，遇有特殊情况时，也可将其运行区段超越客流需要而延长。例如，某一车站由于设备条件，不宜作车底折返站，或者为了节省车底需要数，可将两个短途旅客列车衔接起来，以长途直通旅客列车输送短途管内客流。

(二) 列车开行种类确定

根据普速铁路客流的层次结构，在普速铁路线上运行直达特快旅客列车、特快旅客列车、快速旅客列车与普通旅客列车。

直达特快旅客列车与特快旅客列车运行速度高、服务水平高，是普速铁路上运行的高等级列车，主要在首都和各大城市之间开行，满足中等消费群体的旅行需求。从客运节点等级来看，路网性与路网性节点、路网性与区域性节点，尤其是省会级的区域性节点之间可根据客流需求适当开行一定的特快列车；区域性与区域性节点以及其他节点对之间，根据节点的经济水平、政治文化意义及客流需求等，可考虑开行特快列车。

快速旅客列车运行速度与服务水平较高，是普速铁路上运行的中等等级列车，主要在各大中城市之间开行，满足部分中等消费群体和低消费群体的旅行需求。从客运节点等级来看，在满足客流条件的情况下，路网性与路网性节点、路网性与区域性节点、区域性与区域性节点之间，应尽可能开行一定的快速旅客列车；其他节点对之间，根据节点的经济水平、政治文化意义等，考虑开行快速旅客列车。

普通旅客列车运行速度和服务水平较低，是普速铁路上运行的低等级列车，满足低消费群体的旅行需求。一方面，特快及快速旅客列车未覆盖的客运节点之间须开行普通旅客列车；另一方面，在整个路网范围内，满足客流条件时均应考虑开行适量的普通旅客列车。

高速铁路上运行旅客列车速度较高，列车停站方案与列车等级和种类关系密切。根据停站方式可分为一站直达列车、大站停列车、择站停列车、站站停列车。

(三) 列车开行对数确定

为适应市场经济条件下旅客对出行的不同需求，必须合理地确定旅客列车的行车量和开行种类。影响旅客列车行车量的基本因素是区段客流密度、旅客列车编组情况及各类列车的定员等。这些因素也是计算确定旅客列车开行对数的必要条件。在确定旅客列车行车量时，应遵循以下原则。

(1) 各类旅客列车开行对数必须适合各区段客流密度与客流性质的需要。直通旅客列车以解决直通客流为主，管内旅客列车以解决管内客流为主，市郊旅客列车应满足市郊客流的需要。

(2) 各类旅客列车必须合理分工，长途车与短途车、快车与慢车要做到合理搭配。争取在正常情况下能做到有长有短有快有慢。

(3) 直通旅客列车的开行数量应保证满足各区段最大直通客流密度的需要，最大限度地减少中转旅客，为旅客提供方便。

(4) 合理确定旅客列车的开行数量，要尽量减少列车能力虚糜。保证入座率一定的下限，使列车运行经济合理，同时要保证入座率不超过一定的上限，保证一定的服务水平。

在实际工作中，旅客列车开行对数既要适应客流的需要，又要使客运设备得到经济合理的利用。在确定旅客列车运行区段后，根据各区段客流量及客流性质，结合主要站所在地的政治、经济、文化情况和车站技术设备条件，计算旅客列车行车量。

旅客列车行车量的计算公式为

$$N=\frac{A}{a_{均}}$$

式中，N 为旅客列车行车量；A 为两站间的计划客流密度；$a_{均}$ 为旅客列车平均定员人数。

由于旅客列车的种类及运行距离不同，其所能吸引的客流量不同，要求的列车编组内容就不同，各种列车的定员也就不同，因此一般在确定列车行车量时应对各种旅客列车从高等级列车到低等级列车顺序计算，普速铁路各种旅客列车行车量计算公式如下。

(1) 动车组旅客列车行车量的计算公式为

$$N_{动}=\frac{AK_{动}}{a_{动}}$$

式中，$N_{动}$ 为动车组旅客列车行车量；$K_{动}$ 为动车组旅客列车运送旅客占相应总旅客的百分比；$a_{动}$ 为动车组旅客列车平均定员。

(2) 直达特快旅客列车行车量的计算公式为

$$N_{直达}=\frac{AK_{直达}}{a_{直达}}$$

式中，$N_{直达}$ 为直达特快旅客列车行车量；$K_{直达}$ 为直达特快旅客列车运送旅客占相应总旅客的百分比；$a_{直达}$ 为直达特快旅客列车平均定员。

(3) 特快旅客列车行车量的计算公式为

$$N_{特快}=\frac{AK_{特快}}{a_{特快}}$$

式中，$N_{特快}$ 为特快旅客列车行车量；$K_{特快}$ 为特快旅客列车运送旅客占相应总旅客的百分比；$a_{特快}$ 为特快旅客列车平均定员。

(4) 快速旅客列车行车量的计算公式为

$$N_{快}=\frac{AK_{快}}{a_{快}}$$

式中，$N_{快}$ 为快速旅客列车行车量；$K_{快}$ 为快速旅客列车运送旅客占相应总旅客的百分比；$a_{快}$ 为快速旅客列车平均定员。

(5) 普通旅客列车行车量的计算公式为

$$N_{客}=\frac{A(1-K_{直达}-K_{特快}-K_{快})}{a_{客}}$$

式中，$N_{客}$ 为普通旅客列车行车量；$a_{客}$ 为普通旅客列车平均定员。

确定旅客列车行车量和开行对数时，先确定直通旅客列车，然后将未能列入方案的剩余直通客流并入管内客流，用同样的原理确定管内旅客列车的开行方案。直达特快旅客列车必须满足始发和终到站之间客流 OD 的要求才能开行。对于不足每日开行一列的直通旅客列车或国际列车，可采用隔日开行或定期开行(如每周两次)的方式，以经济合理地使用铁路机车车辆和通过能力。市郊旅客列车行车量的确定主要取决于在早、晚两个高峰时间内开行的列车数，以适应通勤、通学的实际需要，并根据市郊旅客列车的平均定员，计算其他时间内应开行的列车数。

现介绍一个普速铁路旅客列车开行方案算例。

以 A-E 方向为例，已知其最大客流方向的区段客流密度如图 5.2 所示，$K_{特快}$、$K_{快}$ 皆为 40%，列车平均定员 $a_{特快}$、$a_{快}$、$a_{客}$ 分别为 1000、1200、1400(因直达特快列车要求始发、终到站间直达客流量较大，只在少数大城市开行，本例中没有考虑)。已知 A、E 为重要大城市，且为客流大量产生及消失地点，A-E 间有较大的直通客流(2400 人)，因此可定为旅客列车的运行区段，并按比例开行特快旅客列车。

A-E 间：

$$N_{特快}=\frac{2400\times40\%}{1000}=0.96\approx1\ (列)$$

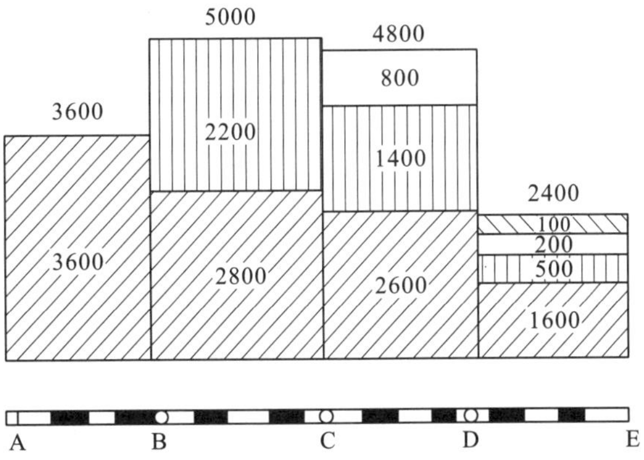

图 5.2 A-E 方向客流密度图

开行特快旅客列车后只剩余 2400−1000×1=1400 人，因各区段一般要开行一对普通旅客列车，故决定不再开行快速旅客客车。

A-E 间：

$$N_{客}=\frac{2400-1000\times1}{1400}=1\ (列)$$

扣除 A-E 间特快旅客客车吸引的客流后，A-D 间尚有直通客流 3600−1000×1=2600 人，客流量仍较大，D 为大城市，因此 A-D 间应指定为旅客列车运行区段并开行快速旅客列车。

A-D 间：

$$N_{快}=\frac{3600\times40\%}{1200}=1.2\approx1\ (列)$$

剩余客流为 3600−1000×1−1200×1=1400 人，应由普通旅客列车输送，为方便长途旅客，可将该列车到站延长至 E，A-D 间客流 1400 人，由上述 A-E 间普通旅客列车输送。

B 站和 D 站是大城市，客流变化幅度较大，C 站的两邻接区段客流密度相差无几，因此将 B-D 定为一个旅客列车运行区段。剩余客流量为 5000−1000×1−1200×1−1400×1=1400 人，可组织开行 1 列普通旅客列车。

B-D 间：

$$N_{客}=\frac{5000-1000\times1-1200\times1-1400\times1}{1400}=1\ (列)$$

最后，绘制 A-E 方向铁路旅客列车开行方案示意图，如图 5.3 所示。

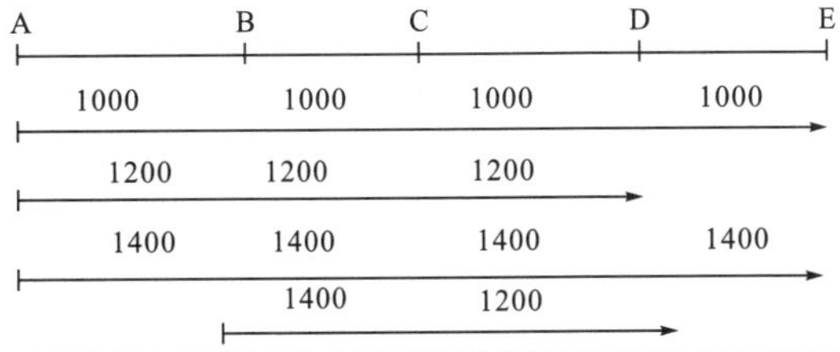

客流密度	3600	5000	4800	2400
客运能力	3600	5000	5000	2400
比较	±0	±0	虚縻 200	±0

图 5.3 A-E 方向铁路旅客列车开行方案示意图

（四）旅客列车停站方案的确定

1. 旅客列车停站方案的内容

旅客列车停站方案是开行方案中的重要组成部分，它是在列车开行径路、列车种类、编组辆数和列车开行对数确定后，根据客流需求，结合列车协调配合情况，合理地安排各列车的停站序列。

旅客列车编制停站方案的目标是将各节点、各 OD 间的客流合理地分配到相应的列车上，既吸引了周围的节点客流，又有效减少了乘客的出行时间，保证了乘客出行的安全快捷。停站方案主要包括列车的停站时间、列车的停站次数、列车的停站地点三部分。

1）列车的停站时间

列车在各停靠车站的停站时间与旅客乘降数量、列车等级、在车站是否进行技术作业等因素有关。在实际运营中，在客流量大的高等级车站，上下车旅客较多，为了充分保证旅客安全乘降，列车停站时间设置相对较长。对于客流量相对较少的低等级车站，旅客能够在短时间内上下车，因此，列车停站时间设置相对较短。不同速度等级的列车在不同等级车站的停站时间如表 5.1 所示。

表 5.1　不同速度等级的列车在不同等级车站的停站时间

车站级别	速度等级 300km/h 及以上	速度等级 300km/h 以下
高等级车站	2～5min	4～6min
低等级车站	1～3min	2～4min

2）列车的停站次数

列车的停站次数是为了满足旅客需求、保证列车效益而设置的沿途车站服务次数。列车停站次数越多，越有利于中间站旅客的乘降，但也会降低列车的旅行速度，增加远途旅客的旅行时间。因此，既要满足乘客的多样化需求，又要使旅客列车保持较高的行驶速度，应限制每列车的停靠车站总数。影响列车停站次数的因素有很多，如列车的旅行速度、线路通过能力及列车的交路等。列车的等级以列车速度为划分依据，不同速度要求的不同等级列车通常对停站次数有不同的要求。车站通过能力以及区间通过能力的要求也对列车的停站次数有不同的要求。并且，根据列车的交路性质，对列车的运行时间要求较高，因此，只有设置适当的停站次数才能保证后续交路平稳有序地进行。

编制铁路旅客列车开行方案中旅客列车的停站次数标准一般应遵守以下规定。

（1）始发终到上座率达 100%的夕发朝至列车中途可以不停车。

（2）直达特快旅客列车中途不办理客运业务。

（3）特快旅客列车在省会、直辖市、自治区首府、铁路局所在站、技术作业站停车，在主要开放城市所在站、客流较大的中转站按列车对数多少和停站距离远近交错停车。

（4）快速旅客列车在省会、直辖市、自治区首府、铁路局所在站、技术作业站（更换机车或机车乘务员、客车上水）、开放城市所在站、重点旅游城市所在站、客流较大的中转站停车。

（5）普快旅客列车比照快速旅客列车，可增加地区（专区）所在地、客流较大的车站停车。跨三局及以上列车停站次数的标准：单程运行 500km 以下，每 40～55km 以上停一站；单程运行 500～1000km，每 55km 以上停一站；单程运行 1000～1500km，每 65km 以上停一站；单程运行 1500～2000km，每 75km 以上停一站；单程运行 2000km 以上，每 85km 以上停一站；特殊情况最小停站距离不得小于 20km。在对数少或县所在地车站较多的线路，列车担当局可在自局管内酌情增加所担当列车的停站。

（6）有两对及其以上的特、直快车运行的线路，要实行交错停车，只运行一对特、直快的线路，可酌情增加停车站。

3) 列车的停站地点

当列车停靠车站次数一定时，还应选择列车的停靠车站，方便车站间的客流交换。一方面应为旅客尽可能多地提供直达服务，即开行在两个站点之间均停站的列车，两个站点之间的旅客不需要换乘；另一方面为换乘的旅客乘车提供方便。此外，对于相同运行区段、发车时间相近的旅客列车，后行列车停靠站的设置受前行列车的影响，即为了保证列车在沿途车站停站的均衡性，前、后行列车一般不重复设置停站。通常，从能力利用优化考虑，前行车与后行车停站设置遵循“递远递停”的停站规律。设置停站地点均要使旅客出行方便度以及 OD 出行服务频率最大化。

列车中途停站是为了能满足中途旅客上、下车的需要。旅客到发较少的中间站，主要靠通过列车停站的方式输送旅客。停站的列车越多，越有利于旅客的上、下车，但高速列车途中停站过多将降低其运营速度。既要为中间站的旅客提供方便的乘车条件，又要不过多地降低高速列车的旅行速度，是停站方式设置的难点。合理的开行方案能够满足乘客出行的多样化需求，提高列车的旅行速度，减少乘客的旅行时间，降低铁路部门的运营成本，增加企业和社会收益，从而能在多种多样的运输方式竞争环境下脱颖而出。

2. 旅客列车的停站模式类型

国外停站方案的研究中，“站站停”“隔站停”“大站停”三种停站模式最有代表性。例如，荷兰将路网划分为 InterCity (IC)、InterRegio (IR) 和 AggloRegio (AR) 三个等级的系统，这三个系统分别服务于城市间、区域和地方的客流；相应地，车站也划分为 IC 站、IR 站和 AR 站。经过这样的处理后，基本确定了列车的开行种类和停站方案，不同种类的列车在对应等级的车站停站，如 IC 列车只在 IC 车站停站，IR 列车在 IR 车站和 IC 车站停站，AR 列车则站站停。日本的东海道新干线开行三种速度等级的列车。其中，“希望”号列车运行速度达到 270km/h，主要服务于东京、名古屋、大阪、京都、神户和广岛等大城市；“回声”号列车速度最慢，在开行区段内站站停；“光”号列车的停站较为灵活，作为对“希望”号、“回声”号列车的补充，便于旅客的换乘。

列车的停站是为中途旅客乘降提供服务的方式，同时也是吸引高速铁路沿途节点客流的手段。在中间站停站的列车越多，车站的服务频率越高，越有利于乘客的选择，同一趟车在沿途中停站次数越多，提供旅客乘降服务的能力越大，越能满足各个节点旅客的需求。但是中间停站过多又会降低高速列车的旅行速度，延长远途旅客的旅行时间，增加旅客的时间成本。停站模式直接决定了停站方案中列车的停车次序。现主要将我国旅客列车停站模式分为一站直达模式、大站停模式、择站停模式及站站停模式四种。

1) 一站直达模式

一站直达列车在始发站发车后，在运行区间内不进行停靠作业，直接到达终到站，如图 5.4 所示。该停站模式的优点在于充分发挥高速铁路的优势，保证列车高速运行，缩短旅客旅行时间，最大限度地满足旅客对旅行时间及旅行速度的需求。尤其是针对跨线条件下开行直达列车，跨线客流可不必换乘就乘坐高速列车。该停站模式的缺点是区段能力会有一定限制，大量开行直达列车对于其他停站模式列车的开行也会有影响。该停站模式适用于起讫点为大型城市，往返于两地的客流需求量大，并且开行距离较短的区段，如我国沪宁城际、京津城际铁路。

2) 大站停模式

通过对列车运行径路上的节点等级进行划分，可将车站分为不同的等级。首先考虑车站所在节点的城市规模、经济发展情况、人口基数、近年的铁路发送量和到达量、铁路枢纽定位、客运站规模及动车段配属等因素，再通过一定的模型和方法将车站节点分级，明确线路中具体的大站和小站。

大站停模式是指在运行区段内只在大站停车，而各中小车站不停车，如图 5.4 所示。该停站模式的优点是按照节点等级划分的结果，只在高等级节点设置停站，通过大站停的交错组合，充分满足高等级节点的服务频率。由于高等级节点的数量有限，中间停站次数对旅客旅行时间的影响不会太大。该停站模式的缺点是停站模式较固定，灵活性欠佳。大站停多用于长大干线的铁路停站方案，它能够将大中型城市快速地连接起来，客流的出行目的主要以公务、商务为主。由于我国城市之间的经济水平差异较大，列车的运行径路较长，因此沿途节点车站等级的划分也较为明显，使用大站停的停站模式显得尤为合适，如京沪高速铁路。

3)择站停模式

择站停即在区间运行时，除了在大站停靠外，还会选择性地停靠等级低的车站，如图5.4所示。择站停模式是大站停模式和站站停模式的有机结合，是大小站按照客流的需求、服务频率的要求灵活组合的一种停站模式。该种停站模式的优点是为大中小城市之间的客流提供服务，便于各个节点旅客的衔接和换乘，比大站停模式服务更全面，比站站停模式服务更有重点性，灵活性比较强。该种停站模式的缺点是由于自身的灵活性比较强而导致停站规律性略显不足，在设计停站方案时，约束条件不一定能很好地体现出择站停的特征。该种停站模式同大站停模式相似，适用于长大干线或者途经各等级车站较多的高速铁路，适合我国的高速铁路停站设计。在设计过程中，通常择站停模式是按流停车原则下设计停站方案的具体表现。

4)站站停模式

站站停列车在运行区段中的各个车站都停车，这是一种常见的停站模式，国外广泛使用。例如，日本新干线的“回声”号列车，其所有停站模式均是站站停模式。这种停站模式的优点是能够服务于区段内所有车站，对于其他未满足客流需求和服务频率要求的停站模式是一个很好的补充，同时实现所有OD的可达性，保证旅客在区段内无须换乘则可到达任意车站，有效地服务于低等级节点之间的客流。这种停站模式的缺点是对线路的通过能力影响较大，尤其是运行区段较长的线路。采用站站停模式，给铺图带来一定困难。同时，对于较长的线路而言，站站停模式延长了部分远途旅客的旅行时间，同时减缓了车底的周转，对旅客和铁路部门都造成一定损失。这种停站模式适用于在运距较短的区段开行，并且数量不宜太多，主要作为对其他停站模式一个必不可少的补充，使停站方案更加完备。采用站站停模式要保证其他车的扣除系数较小，既要满足低等级节点的服务频率，又要满足OD服务频率，还要保证旅客和铁路部门的损失最小。

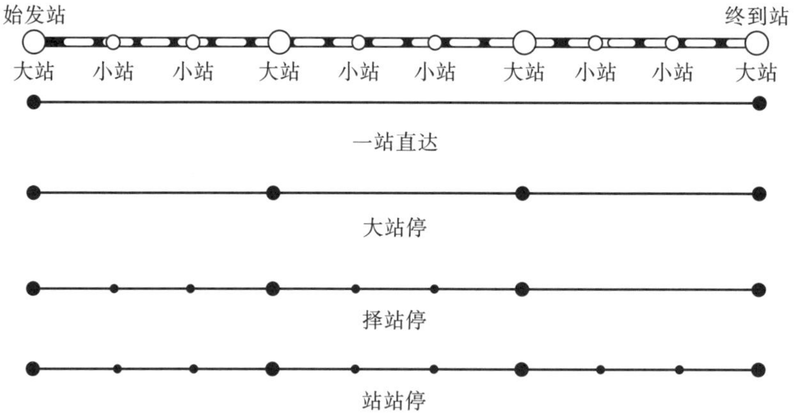

图5.4　停站方案种类示意图

在停站方案设计过程中，任何一种停站模式都不可能孤立出现，一般是多种停站模式组合的形式，如图5.5所示。在编制停站方案时，往往对每列车的停站数量和比例进行了约束和限制，一次停站模式的组合一般分为大站交错停组合、择站交错停组合以及多种停站模式组合的开行方式。

(1)大站交错停组合。

对于线路较长的高速铁路干线而言，沿途的大型车站数量多，客流量也较大，然而受到高速铁路列车停站方案对停站数量的限制，不能保证每列车在每个大站都停车，因此，使用大站交错停组合的停站方案，不但能保证旅客的出行需求，还能够保证列车的停站数量在一定范围之内。

(2)择站交错停组合。

为了凸显高速铁路旅客列车停站方案设计的灵活性和可调整性，结合节点的客流特点和车站属性，应该选择大小站配合的择站交错停组合方式，灵活采用“大站必停，小站交错”和“大站交错，小站交错”两种方式，使得停站方案落实到列车运行图阶段时能够实现灵活变更、利于调整的效果。这两种方案都能满足旅客在大小站之间的出行需求，它们的区别在于，前一种的停站次数较多，但能保证列车对大站的服务频率，后一种的停站次数较少，但旅行速度相对较快。在具体设置停站方案时，还需要根据各个节点和车站的具体情况逐一确定。

(3)多种停站模式组合。

随着我国铁路线网的逐步完善，铁路节点繁多且复杂，各具特色，设计与优化铁路旅客列车停站方案时，应因时因地而异，当单一的停站模式难以满足各种层次的旅客出行需求时，应该组合不同的停站模式，适当地在以上两种组合模式的基础上灵活设计，合理停站，编制符合旅客需求的优良停站方案。

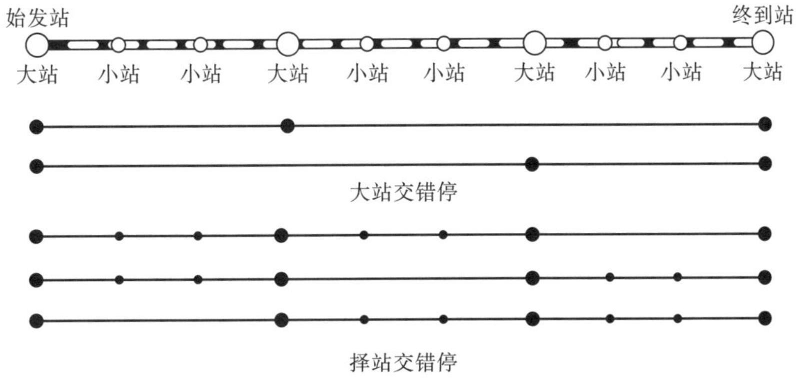

图 5.5　停站方案组合模式

3. 列车停站方案的影响因素

列车停站方案的设置是一个复杂的系统组织过程，它既要考虑满足旅客不同要求的出行需求，又要考虑运输资源的高效利用及运输成本的最大节省。我国停站方案的设置，主要是按照“按流开车”“按需停车”的原则，通过数学建模优化的方法编制。列车停站方案主要涉及车站、客流、列车开行及服务水平四方面的内容。从这四方面出发，分析列车停站方案的主要影响因素，即客流需求、车站所属节点等级及车站能力、旅客的旅行时间消耗、停站次数、OD 服务频率、车站服务频率等。

1)客流需求

列车开行方案按照“按流开车”的原则编制，客流大小、客流性质、客流规律都是影响列车停站方案设定的重要因素。客流需求的大小决定设置旅客列车停站服务频次的多少以及停站时间的长短；客流的性质决定开行的旅客列车的等级；客流的规律决定列车停站服务的时间范围。我国幅员辽阔，旅客需求差异大，应尽可能满足不同层次的旅客需求，将列车服务频率和车站服务频率最大化，提高运输收益。

2)车站所属节点等级及车站能力

高铁沿线设有车站的城市称为客流节点。通常，综合考虑节点城市的城市规模、经济发展情况、人口基数、近年的铁路发送量和到达量、铁路枢纽定位、客运站规模及动车段配属等因素，通过一定的模型和方法将车站节点划分为不同的等级。高等级节点对应的客流需求相对较高，因此需要提供足够的列车服务频次以满足旅客的出行需要，相反，低等级节点对应客流需求较低，其所需列车服务频次也就相对较低。车站能力通常会影响同一时间段内最大的列车停靠数量，主要是受车站到发线数量、技术设施设备、车站工作人员数量等的限制。

3）旅客的旅行时间消耗

旅客出行成本主要由旅行费用和旅行时间构成，旅行费用主要由客票产生，旅行时间则包括列车运行时间、停站不下车的等待时间、旅客换乘时间和旅客候车时间。列车运行时间与列车开行的区间长度和列车旅行速度有关，而列车的旅行速度取决于车底的种类和停站的数量，即停站数量越多，列车的平均运行速度越小。停站不下车的等待时间取决于在车站上下车的客流量，上下车的客流量越大，停站不下车的等待时间越长。对于旅客整个旅途的停站不下车等待时间总和则与停站方案有关，即停站数量越多，总的等待时间越长。旅客换乘时间主要与可供旅客选择的换乘列车的开行密度和间隔时间有关。旅客候车时间随旅客的自主选择随机变化，在停站方案的研究中无须考虑。因此，停站方案的编制直接决定旅客旅行时间消耗的长短。尤其随着高速铁路路网的完善，高铁长距离旅客输送需求日益增加，合理设置长途高速列车停站方案，尽可能缩短旅客旅行时间，提升旅客旅行时间满意程度具有重要意义。

4）停站次数

列车停站次数与列车等级、车站等级及列车旅行速度有关。一般来说，列车速度等级越高，列车停站间距越长，停站服务的次数越少；速度等级低的列车，停站间距设置较短，停站次数较多，以此弥补高等级列车没有服务到的车站。车站等级越高，客流需求越大，就要求经过的列车进行停站服务，尤其是一级车站，一般定为途径列车的必停车站。列车旅行速度是高速列车与其他运输方式竞争的最大优势，为了保证列车旅行速度的高速性，需要在满足客流需求的同时尽可能减少列车停站的次数，停站比例一般控制在 20%～60%。

5）OD 服务频率

OD 服务频率指一对起讫点之间为旅客提供不换乘直接到达的列车对数。其不仅能反映两个车站间的直通情况，同时在一定程度上也能反映旅客的换乘需求。当 OD 服务频率为 0 时，表明旅客需要进行换乘才能到达目的地，该对起讫点间无法直接到达；OD 服务频率越大，说明起讫点间开行列车越多，反映旅客乘车的需求量大，因此 OD 区间的通达性越好。为了满足 OD 间的客流需求，尽量减少旅客在本线的换乘和最大限度地吸引客流，则要设置合理的停站方案，保证 OD 间的通达性。

6）车站服务频率

车站服务频率是指在一定周期内，为该车站提供服务的列车对数。高服务频率为旅客的出行带来便捷，可供旅客出行的选择增多，一定程度上吸引客流，为铁路部门带来收益。高速铁路车站服务频率的大小与节点等级相辅相成。高等级的节点车站服务频率高，方案中体现为停站次数多；低等级的节点车站服务频率低，方案中体现为停站次数少。在停站方案的设计时，要综合考虑各节点的等级以及其对应的车站服务频率，使每个车站开行的对数都不少于该车站所需要的车站服务频率，使方案既能满足旅客需求，体现高频率的服务特征，又不会使开行的列车出现严重的虚糜。

4. 旅客列车停站方案的编制

1）停站方案编制原则

列车停站方案是影响旅客列车运营服务效果的关键因素之一，列车停站的设置既要考虑方便旅客出行，又要保证列车的旅行速度。编制停站方案时需遵循以下原则。

（1）OD 客流原则。

列车停站须以方便旅客出行为基本理念，根据节点间的 OD 客流量，寻找列车运行径路中有大量旅客上下车的节点，将其设置为中途停靠站。同时，结合列车始发、终到站的调整及其 OD 客流的归并、拆分，考虑将调整的相应节点作为列车的停站点，满足被归并、拆分客流 OD 的旅客出行需求。

(2)客运节点属性原则。

客运节点是影响旅客乘车选择的重要因素，不同节点的旅客对列车停站影响的反应程度不同。确定列车停站方案须与客运节点的属性紧密结合，重要的客流集散地及衔接多个方向的中转换乘节点根据需要尽可能考虑停站；对于相同等级的列车，Ⅰ类 OD 之间的列车停站相对于Ⅱ类 OD 要少，满足旅客对列车快捷、舒适等的要求；同时，考虑节点政治、经济、文化、国防等需要设置停站。

(3)列车等级原则。

列车等级是列车旅行速度与旅行舒适的差异化体现。由中途停站导致的列车旅行速度降低、旅客旅行时间延长等对各等级列车的影响程度是不同的，一般来说，在高等级列车上添加停站的影响最大，中等级列车次之，低等级列车最小。因此，列车停站应尽可能添加在低等级列车上，减少高等级列车的停站次数。

(4)交错停站原则。

从整个路网范围的列车开行情况来看，多次列车在同一运行径路或不同列车部分运行径路重合的情况大量存在。在组织列车停站时，应结合同一运行径路的所有列车进行综合考虑，组织适当的交错停站，以此达到既满足旅客出行需求，又提高列车旅行速度的目的。

2)停站方案编制流程

高速铁路旅客列车停站方案的编制主要从旅客角度和铁路运输企业角度考虑。站在旅客角度，列车停站方案必须方便旅客出行并减少旅客的出行时间；站在铁路运输企业角度，列车停站方案必须提高企业的经济效益和运输效率。高速铁路旅客列车停站方案编制考虑因素如图 5.6 所示。

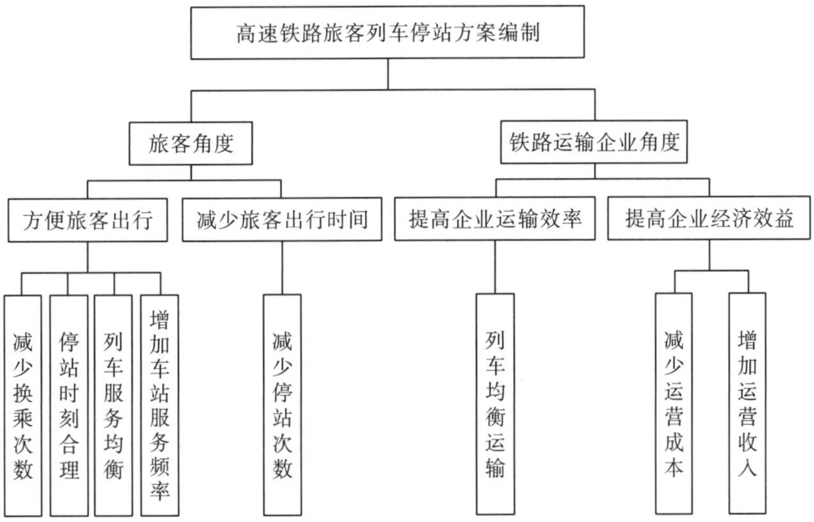

图 5.6　高速铁路旅客列车停站方案编制考虑因素

(1)旅客角度。

为方便旅客出行，减少旅客旅行时间，列车停站方案的设置需要满足：①减少换乘次数，换乘会大大增加旅行时间，降低旅客的满意度；②停站时刻合理，应尽量开行“夕发朝至”或者“朝发夕至”的列车；③列车服务均衡，所有列车在周期时间内对车站的服务时间应尽量均衡；④增加车站服务频率；⑤减少停站次数，列车每次停站都会产生停站时间及起停附加时间，列车停站次数越多，消耗的时间越多。

(2)铁路运输企业角度。

由于高速铁路运输能力有限，想要提高运输效率，就必须对高速铁路运输资源进行有效的利用。均衡运输是提高铁路运输效率的有效措施。均衡运输是指对于单个车站，经停的旅客列车在该站的停车时刻在时间上均匀分布，避免出现车站在某一段时间内有大量列车停站或者无列车停站的情况。高速铁路运输的经济效益由运营收入与运营成本构成。客票是运营收入的主要来源，而铁路企业的运营成本受到高速铁路旅客列车停站方案的影响，列车停站次数越多，列车车底占用的时间越长，列车车底周转变得越缓慢，因此需增加列车车底保有量。另外，随着停站次数的增加，车站的额外费用以及乘务组费用也会相应增加。随着列车停站次数的增加，列车往返运行时间增加，所需的列车车底数量也在增加，铁路企业的运营成本因此也会增加。

高速铁路旅客列车停站方案的编制属于高速铁路开行方案编制的一部分。在开行方案的编制中，首先对高速铁路客流进行统计分析，综合考虑节点社会经济属性、路网地位、政府决策、客流特性、动车组检修布局、区间客流量、客流密度、区间通过能力、列车编制组与定员等因素，确定列车节点的等级、列车运行起讫点、列车等级种类、列车运行径路、车站服务频率、列车开行方案等，最后根据客流量的大小和动车组的调配情况确定列车的停站顺序，形成初始停站方案。在此基础上，结合服务均衡性、节点间可达性等因素对停站方案进行不断优化，直到符合优化标准时，形成最终的停站方案。高速铁路列车停站方案编制流程如图 5.7 所示。

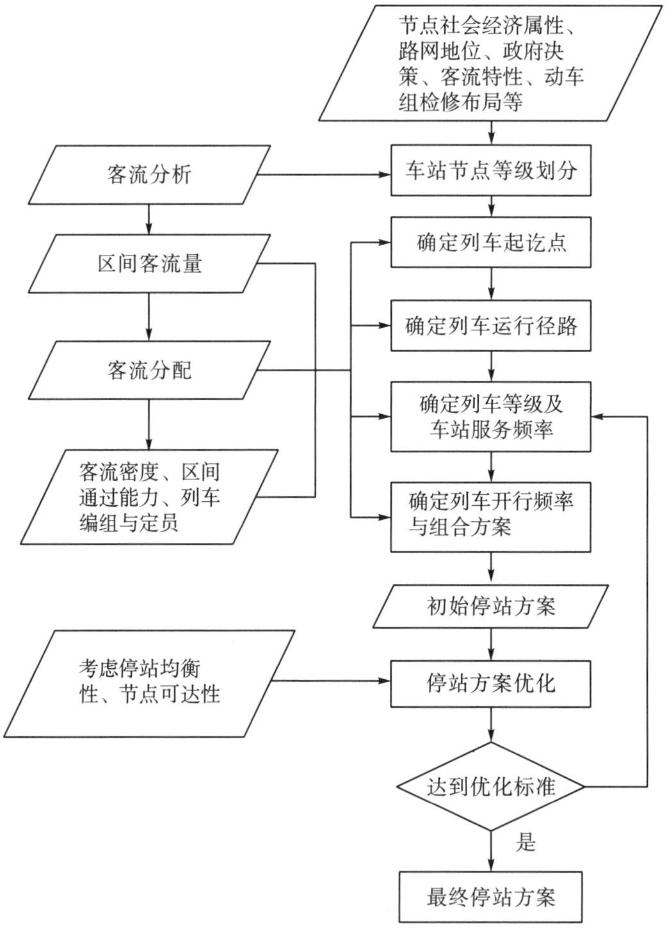

图 5.7　高速铁路列车停站方案编制流程

5. 旅客列车停站方案评价指标体系

列车停站方案评价指标体系用于评价停站方案是否达到标准，依据指标体系的建立原则，从四个角度建立旅客列车停站方案评价指标体系：通达性指标、服务频次指标、时间损耗指标、效益指标。停站方案评价指标体系如图 5.8 所示。

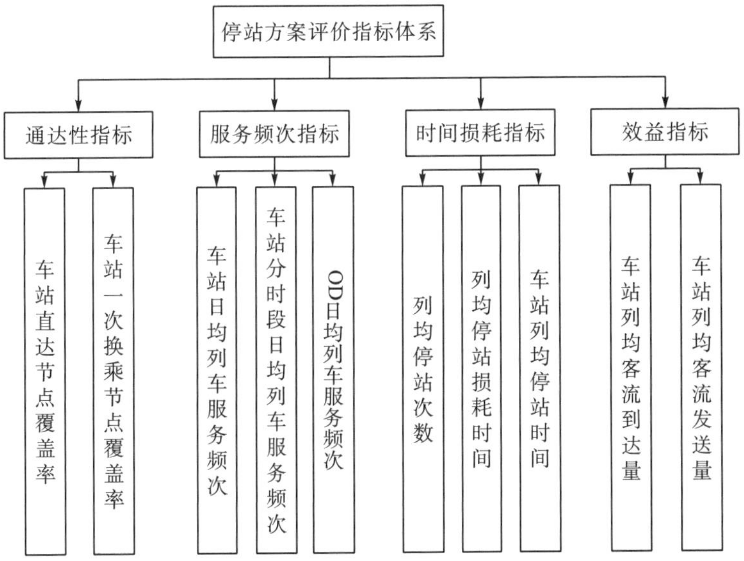

图 5.8　停站方案评价指标体系

1) 通达性指标

通达性指标包含车站直达节点覆盖率和车站一次换乘节点覆盖率两项指标，旨在分析评价铁路线各车站旅客出行的便利度水平。

车站直达节点覆盖率：首先，引入车站直达节点覆盖数的概念，车站直达节点覆盖数是指方案中指定车站旅客可以通过乘坐列车不换乘直达的节点数。车站直达节点覆盖率指方案中车站的直达节点覆盖数与线路其他节点总数的比值，该指标主要反映车站的不换乘通达性，节点覆盖率越高，旅客出行越方便。

车站一次换乘节点覆盖率：方案中指定车站客流通过换乘一次能到达的节点数量与线路其他节点总数的比值。该指标主要为对车站直达节点覆盖率的补充，若指定车站的直达节点覆盖率低，则再分析其一次换乘节点覆盖率。

2) 服务频次指标

服务频次指标包含车站日均列车服务频次、车站分时段日均列车服务频次、OD 日均列车服务频次三项指标，旨在分析评价方案中，铁路沿线各车站、各 OD 的列车服务水平。

车站日均列车服务频次：方案中指定车站每天因旅客服务而停靠的列车数量，包括始发列车数量、终到列车数量及通过停站列车数量。

车站分时段日均列车服务频次：方案中指定车站每天各时段因旅客服务而停靠的列车数量。

OD 日均列车服务频次：方案中指定 OD 间每天平均开行的列车数量。

3) 时间损耗指标

时间损耗指标包含列均停站次数、列均停站损耗时间、车站列均停站时间三项指标，旨在分析旅客列车停站次数设置、停站时间损耗、各车站列车停站时间设置的平均水平。

列均停站次数：方案中平均每个车次停靠车站的个数，其中包括始发站、终到站。

列均停站损耗时间：需要利用每一列车的停站损耗时间计算，而每一列车停站损耗时间的计算有两种方法，一种通过计算列车在每一个车站的停车时间与起停附加时分的和得到，另一种利用牵引曲线和线路标尺计算出列车在始发站、终到站之间不停车直达所需时间(称为直达列车运行时长)，再减去列车在始发站、终到站之间实际的运行时长得到。

车站列均停站时间：方案中指定车站所有停靠列车停站时间的平均值。

4）效益指标

效益指标包含车站列均客流到达量、车站列均客流发送量两项指标，旨在分析各车站在现行列车停站方案下平均每列停靠列车的旅客服务水平。

车站列均客流到达量：方案中指定车站日均到达客流总数与除始发列车外的单日列车服务频次的比值，即每列列车平均承担该站的旅客运到量。

车站列均客流发送量：方案中指定车站日均发送客流总数与除终到列车外的单日列车服务频次的比值，即每列列车平均承担该站的旅客发送量。

四、高速铁路跨线列车与普速列车开行方案的协调与配合

1. 铁路通道内的客流构成

自《中长期铁路网规划》实施以来，我国的高速铁路线陆续开通，我国已有京津、武广、郑西、沪杭等高速铁路线投入运营。高速铁路网正逐步成型，通道内与之对应的客流相继发生着变化。

1）高速铁路客流

高速铁路客流的产生地和终到地均在同一干线通道上，以本线客车输送为主，具有客流量大、组织简单等特点。由于通道的高速铁路与普速铁路线平行设置，专供高速旅客列车使用，线路通过能力较大，故高速本线客流应以高速铁路输送为主。根据客流背景和规律，城市圈或区域大城市间的客流较为密集，时间观念强，客运产品通达的便捷性是客运市场竞争的焦点因素。为此，高速列车必须加大服务频率，按照各客运站间的流量强度合理确定列车运行区段、发车间隔和停站方案，并充分做好客运站与城市交通的衔接组织工作，扩大车站的客源吸引范围，提高向城市中心区域快速疏散客流的能力。

2）普速铁路客流

普速铁路客流主要产生于高速铁路覆盖地区以外的客运需求，以及与高速铁路平行的普速铁路上的“夕发朝至”客流和时间要求不是太高的客流。高速铁路通车后，普速铁路上仍然保留开行一些类型的旅客列车，以满足旅客多样化的需求。我国绝大部分城镇的分布都紧邻普速铁路干线，普速车站所处地理位置优越。普速铁路开行短途城际和市郊列车，在缩短中小城市间的通达时间上具有显著的效果。部分根据客运市场优势定位决策后开行的“夕发朝至”列车，受通达时间和高速铁路线矩形检修天窗的影响，不适合在高速铁路线上开行，可将其安排在普速铁路上，以便更加合理地设计列车的到发时刻。对于没有高速铁路通达的地区，维持普速铁路客运组织模式，通过提速、新型客车的转移，提升客运产品的档次，改善服务质量，伴随社会的发展逐渐培育高端客流，适时提高线路的技术标准。另外，为加强一些地区与重要城市间的联系，可开行至邻近高速铁路线大型客运站的特快旅客列车，通过换乘高速旅客列车实现快速通达的目的。

3）跨线客流

跨线客流也是客流的重要组成部分，具有客流方向分散、数量相对较小和组织难度大的特点。跨线客流的输送需由两条或多条干线通道协作完成。我国幅员辽阔，大城市较多且分布不集中，高速铁路网不成型，这些都决定了跨线客流将长期大量存在。目前，在考虑本线客流的基础上，允许多种速度的旅客列车在高速铁路上运行，组织跨线直通旅客列车吸引客流。但由于高速铁路与普速铁路存在基础设施、运行控制等技术标准缺乏一致性和设备条件缺乏兼容性的特殊问题，一些地区开行跨线直通列车达不到较好的技术经济效益，可根据具体线路适当采用换乘的组织模式。以路网的客运中心和大型客运站为主，充分发挥其在区域和地区的辐射作用，在客票销售、票额分配、接续时刻、换乘等方面提供配套的便利服务，以多样化的运输组织提高送达速度、扩大通达范围。

4）高峰期客流

高峰期客流主要出现在春节、暑假、“五一”、“十一”等节假日及社会大型活动、生产劳动时期，

并主要集中在经济发达和劳务输出地区，体现在铁路干线通过能力的紧张和客运市场需求的严重矛盾上。高速铁路建成后，大能力的客运通道虽然可以极大可能满足客运需求，但在高峰时期，由于客流总量的激增和客流结构的变化，部分地区仍可能产生“一票难求”的现象，应通过组织手段的创新，最大限度地缓解运输压力。在局部能力异常紧张区段，运用票价的杠杆作用，调整高速铁路与普速铁路的运价比例，吸引更多低收入阶层选择高速列车出行，避免出现普速能力过度紧张和高速能力利用不足的局面。通过强化售票组织等措施，维持平稳的运输秩序，突出社会效益，确保运输任务的顺利完成。

2. 高速铁路跨线旅客列车的组织方式

我国高速铁路由经过了改造后的运营速度不小于 200km/h 的普速铁路与新建设计的运行速度达到 250km/h 的铁路构成。由于不同的速度等级，现阶段将高速铁路线分为三种：速度等级为 300～350km/h 的，输送大量旅客的高速干线，承担着大量的跨线客流输送任务；速度等级为 250km/h 的高速铁路运营早期情况下的客货混运中速线路；最后一种是速度等级为 200km/h 的普速铁路改造而成的快速线路，一方面为了提高普速铁路的运行速度，同时也方便跨线客流的输送。跨线客流需要中转站进行中转以抵达目的地，在我国，跨线客流不仅有普速铁路和高速铁路之间的客流换乘，根据速度等级的不同也有高速铁路之间的客流换乘。对于不同的跨线客流，有多种组织方式。

1) 换乘方式

换乘方式组织长途跨线客流在普速铁路和高速铁路的衔接站进行换乘。采取这种方式，优点是普速铁路和高速铁路旅客列车仅在本线运行，列车技术条件与高速铁路设备技术条件相符性好，行车组织相对容易。但采用这种方式，普速铁路和高速铁路衔接站需要增设相应的换乘设备，增加更多的始发、终到设施，如果换乘不在一个车站，还需要市内交通的配合，换乘组织复杂。最主要的是，这种方式为旅客带来极大的不便，在有其他连接方式且旅客换乘比例较高的情况下，很难吸引客流。

2) 下线方式

下线方式即始发的高速动车组在高速铁路及相接续的普速铁路上全程运行。在高速本线上，高速动车组高速运行，在普速线上按允许速度运行。采用这种运输组织模式，其优点是旅客全程乘坐高速列车，充分享受高速列车的优质服务而且高速铁路上运行的都是高速列车，速度相对一致，运行图的能力能够得到充分利用，缺点是会增大动车组的投入运用量，在既有线折返站可能需要相应的整备维修设备，动车组在既有线运行时，速度不能得到充分发挥，而且既有线设备技术条件应能满足高速动车组运行的需要。另外，在运输组织时需考虑相接续既有线客货列车运行组织的情况。

3) 上线方式

上线方式即始发的普速列车在普速铁路及接续的高速铁路上全程运行。高速铁路线上高速列车与跨线普速列车以不同速度混合运行。这种方式考虑了客流的特点，缓解了普速铁路能力紧张的局面，在高速铁路初期本线客流量不饱和的情况下，充分利用了高速铁路线的冗余输送能力，但是普速铁路线与高速铁路线相衔接的行车组织难度增大。普速跨线列车除原有的与普速铁路线技术条件相符的设备外，还需增设与高速铁路线列车控制方式等相符的设备。普速列车与高速铁路线设备相符性较低，对高性能技术设备的损耗增大。此外，由于不同速度列车混跑，列车扣除系数增大，运行图图解能力会有所降低。

3. 高速铁路与普速铁路协调的影响因素

我国新建高速铁路在近期内将采用部分高速列车下普速铁路运行的运输组织模式，其需要在铁路枢纽与普速铁路进行衔接，保证新建高速铁路与普速铁路运营组织的协调配合。跨线列车是一种既在高速铁路上运行又在普速铁路上运行、开行距离较长的列车。由于跨线列车运行的特点，对高速和普速的列车运输组织协调有较大的影响。针对我国高速铁路和普速铁路的特点和客流特征，影响我国高速铁路与普速铁路协调的影响因素如下所示。

1) 车站衔接点的位置

高速铁路与普速铁路必须通过铁路网上的衔接点(车站)连接起来，旅客的换乘、跨线客流的组织、列车的整备等工作都需要在衔接点(车站)上进行。由于我国路网覆盖范围大，运行的列车种类、等级较多，列车运行的距离、机车交路较长，在进行高速铁路与普速铁路的分工与协调时，需要充分考虑衔接点(车站)在路网上的位置。

2) 高速铁路运输组织模式的复杂性

我国的高速铁路建设刚刚起步，在中速列车—部分高速列车—全高速列车的发展过程中，本线列车和跨线列车共线运行、跨线列车采用高速列车和中速列车相结合的多种速度组合的运输组织模式是必然经历的发展阶段。在相当长的一段时间内，我国的高速铁路上，将会有两种速度等级的旅客列车运行，这决定了高速铁路行车组织工作的复杂性。高速铁路运输组织模式的复杂性将会影响高速与普速的协调。

3) 旅客需求

铁路运输是我国的主要运输方式，铁路客运服务的对象涉及社会的各类人群。由于旅客的收入水平、情感感知各有不同，其对于运输的需求涉及出行距离、旅行时间、票价、速度、高速铁路服务水平等。因此，在高速铁路与普速铁路的分工与协调中，必须充分考虑不同地区、不同层次旅客对不同交通方式的喜好、支付能力、出行规律等因素，并考虑春运、暑运、“十一”节假日期间客流波动的影响。因此，方便旅客，以人为本，适应不同层次旅客的要求，是高速铁路与普速铁路协调的重要影响因素。

4) 动车运转所和动车检修基地的位置

为保证动车组快速、安全、舒适、高效运行，就必须经常对动车组进行整备、检查、保养和修理，以提高动车组的效能，保证安全、扩大运输能力。动车组上线运营前，必须达到运用状态，符合动车组运用技术标准要求，运行途中不进行列检作业，其检修必须在动车运转所和动车检修基地进行。因此，动车运转所和检修基地的位置对于动车组在高速铁路和普速铁路上的开行有较大的影响，其决定了动车组跨线运行的距离和方式。

5) 高速铁路运输能力的发挥

高速铁路线的建设主要是满足人们日益增加的出行需求。应最大可能地组织客流上高速旅客列车出行，缓解普速铁路的能力。从国外高速铁路的建设可以发现，不论是世界第一条高速铁路(东京—新大阪)，还是欧洲第一条高速铁路(巴黎—里昂)，建设时考虑的最主要因素就是能提供较大运输能力。因此，高速铁路和普速铁路应合理分工，解决设计的运输组织方案和铁路建成后实际运营方案的脱节问题。针对设备和运输组织协调上的矛盾，进行必要的支点站间交流的详细分析，最大限度地发挥高速铁路的运输能力。

6) 安全因素

安全是铁路运输生产的生命线，在各个环节都必须确保其安全，才能保证铁路运输生产的进行和良好的效益。因此，在考虑高速与普速的分工与协调时必须保证列车运行安全，在安全运营的前提下，实现总能力最优。

4. 高速铁路与普速铁路协调基本原则

目前，我国高速铁路和普速铁路运行不同速度等级的旅客列车，同时部分普速铁路线上还运行货物列车，在此种运输组织模式下，通道内平行的高速铁路与普速铁路协调应遵循以下原则：

(1) 方便旅客出行，提高客运服务质量，减少旅客换乘次数。

(2) 有效提高铁路通道内部客、货列车的旅行速度，缩短旅客出行时间和货物运送时间，提高铁路市场竞争力。

(3) 有利于充分发挥通道内各条线路的运输能力，使各条线路负担较为均衡。

(4) 创造良好的行车组织条件，保证列车运行安全。

(5) 与枢纽内部的联络线、疏解线等行车设备相互协调配合，充分发挥疏解设备的能力。

(6) 充分发挥各条线路的技术优势，提高各条线路上列车的速度和货运能力，提高通道内部各条线路的经济效益。

(7) 充分考虑通道内各条线路的速度目标与列车的速度等级之间的相互协调，充分发挥线路的技术优势，尽量提高列车的旅行速度。

5. 高速铁路跨线列车与普速铁路列车开行方案的协调与配合

1) 列车开行方案统一编制

在编制跨线列车及普速铁路列车开行方案时，应由各高速铁路公司及铁路局初步拟定铁路旅客列车开行方案，然后由国铁集团综合考虑运输组织、技术设备、通过能力等众多因素统一协调调整方案，以合理确定高速铁路公司开行的跨线列车与普速铁路开行的上高速铁路的列车运行区段、对数、种类、停站方案以及普速铁路其他列车的开行方案。

2) 旅客列车开行形成互补

高速铁路跨线列车开行方案与普速铁路列车开行方案应形成互补，以满足旅客多样化的需求。经由高速铁路的跨线列车，不管是开行的高速下线列车，还是普速上线列车，相比普速铁路列车，一般都具有速度快、等级高的特点，当然票价也较贵。我国铁路客流中，有很大一部分是中低收入者，因此普速铁路仍然需要开行一些中、长途快速及普通旅客列车，来满足这些客流的需求。跨线列车一般只在一些主要客运站停靠，用于输送大城市间中长途客流，普速铁路需开行一些短途及普通旅客列车，以输送沿线客流。由于我国绝大部分城镇的分布都紧邻普速铁路干线，开行普速铁路短途城际和市郊列车，在缩短中小城市间的通达时间上具有显著的效果。另外，由于高速铁路检修天窗设置问题，通常 0:00～6:00 不再行车，在一定范围内不适合“夕发朝至”时间要求。因此，在客流量较大的适合夜间运输条件的大城市，仍有部分普速铁路开行的舒适度较高且“夕发朝至”的卧铺列车，实现高速铁路与普速铁路的优势互补。

合理编制跨线列车与普速铁路旅客列车的开行方案，从而最大限度地满足旅客的多样化需求，并有效利用既有普速铁路的能力，加速机车车辆周转，缩短旅行时间及提高服务质量，以求取得整体最佳效益。

五、铁路旅客列车开行方案优化与调整

铁路旅客列车开行方案的编制要以客流资料为前提，最大限度地满足市场需求。随着铁路运输的快速发展，市场需求不断发生变化，铁路旅客列车开行方案的调整及优化对于铁路运输提高客运竞争力、扩大市场份额具有重要意义。列车开行方案的调整及优化就是要根据铁路客运的特定规律，在一定的铁路运输能力限制下，对现有的开行方案进行调整，达到满足实时的市场需求、提高运输质量，能合理地利用铁路运输能力，提高运营效益。

1. 铁路旅客列车开行方案优化目标

铁路旅客列车开行方案是一个庞大的系统工程，不仅与客流量大小有关，还与客流成分、旅客出行特点、客运设备能力等密切相关。我国铁路旅客列车开行方案虽经多年不断的积累和调整，初步摸索出了一些经验，但要适应市场经济条件下不断涌现的新的需求变化，必须对铁路旅客列车开行方案进行不断优化。此外，面对我国运输市场竞争的加剧，提高铁路竞争力、努力扩大运输市场份额，是铁路旅客列车开行方案不断优化的基本准则。

铁路旅客列车开行方案调整与优化的总目标是以运输市场为背景，在相关条件允许的情况下，最大限度地满足旅客出行需求，同时不断提高旅客运输服务质量，如提高旅客列车旅行速度，适度增加发车密度，方便旅客的列车发、到时间，合理确定列车满员率、经济合理性等，以达到更多地吸引、诱发客

流及扩大铁路市场份额的目的。

2. 铁路旅客列车开行方案优化原则

1)提高列车旅行速度的原则

随着我国社会、经济的发展，市场经济的不断深化，人们的工作节奏不断加快，时间价值不断增加，对旅行速度的要求越来越高。适应旅行观念的这些变化是铁路增加市场竞争力极其重要的因素。近些年我国旅客列车的旅行速度已经有了较大幅度的提高，但总体来看与发达国家仍有较大的差距。从今后看，随着我国旅客水平层次的不断提高，在这方面的需求将更加强烈。因此，全面提高列车旅行速度是铁路旅客列车开行方案优化的首要原则。

2)发、到时间适当原则

合理的始发、终到点可以适应人们生活和出行的习惯，节省旅行时间，方便工作。有关调查表明，客车开行时间的不同对旅客吸引程度的差异非常明显。有的短途车前后仅相差30min，但客车的上座率差异很大。因此，适当的始发、终到点是铁路旅客列车开行方案优化应遵循的重要原则之一。对于短途旅客列车发、到时间应尽量满足多数人当天往返(朝发夕归)的出行需要。对于中、长途旅客列车，尤其是一些平行于高速公路、速度竞争不利的线路，应充分发挥铁路行车安全、全天候运行的特点，开行夕发朝至的旅馆式列车，在途时间以夜间为主，使旅客尽可能利用白天时间办理事情，提高旅客的时间利用率，达到吸引旅客的目的。近两年来，我国不少线路成功地开行了这些列车，但还须进一步完善和优化。

3)适度增大行车密度

适度增大行车密度是增加旅客选择、方便旅客出行、减少候车时间、减少旅客等待时间的一种有效办法。有研究表明，服务频率(即车次密度)对吸引客流有着明显的作用，在一定范围内，服务频率越高，对客流的吸引作用就越大。根据不同的起讫点，适度增大行车密度是减少旅客出行总时间、吸引客流、避免出现客流减少导致列车对数减少继而又引起客流减少的恶性循环的重要手段。因此，适度增大行车密度是旅客列车开行方案设计和优化应遵循的重要原则。然而服务频率与吸引客流两者之间的关系是：服务频率高，吸引客流量增长，但服务频率达到一定的次数后，再增加服务频率对客流的影响就不大了。因此，在编制和优化铁路旅客列车开行方案时要综合考虑两者的关系，适度增加行车密度。

4)合理确定列车满员率

随着社会经济的发展和人民物质生活水平的提高，旅客对运输需求最明显的变化就是对旅行舒适度的要求日益增加，想要提高铁路客运的竞争力，就要求在编制和优化既有铁路旅客列车开行方案时把提高旅行舒适度作为一个基本原则，合理确定列车满员率就是影响旅客舒适度非常重要的一个方面。

旅客出行最基本的旅行条件是保证每个旅客均有各自的座位，并基本达到座、卧各得其所。我国过去铁路能力长期紧张，导致许多列车超员严重，旅客旅行环境恶劣，这种情况已无法适应发展的需要。一般情况下，列车的席位利用率如果超过 70%，则很可能出现途中上车的旅客无座现象。那样，车上的乘客无论有无座位，其旅行舒适度都将降低。

在确定列车满员率时，如果设计的席位利用率过高，则可能大幅影响旅客的舒适度；但如果设计的列车席位利用率过低，则又会导致列车虚糜，降低经济效益，甚至造成严重亏损，这又不符合市场经济下铁路旅客列车开行方案优化的要求。因此，在设计和优化旅客列车开行方案时，应合理确定列车席位利用率，从而既保证旅客有一个舒适良好的乘车环境，又能给旅客列车的开行带来一定的经济效益。

5)经济合理性原则

铁路运输业是国民经济的基础结构和社会公益事业，具有满足社会需要的特点，但它同时也需要追求自身的经济效益。因此，在优化铁路旅客列车开行方案时，应在满足旅客需求、充分体现铁路公益性的前提下，遵循经济效益原则，实现旅客列车开行经济效益最大化。上述确定列车合理的满员率也体现了经济合理性原则。另外，也可以考虑以旅客列车开行的清算收入减去相应的应缴税款后所得的收益最大化为目标对铁路旅客列车开行方案进行优化。

6) 合理编组及定员

合理编制旅客列车的编成辆数及编组内容，对充分满足各个层次旅客的需求，增加铁路旅客列车的客流吸引力，合理利用铁路运输能力，提高运营效率具有重要意义。列车编组内容主要由列车起讫点城市的旅客经济水平、需求层次、旅客列车在途时间长短及节假日客流波动等因素共同决定。短途客流量时段分布相对分散，且在途时间较短，因此对短途旅客列车应尽量采取小编组。中、长途旅客列车行车密度相对较小，因此应适当增加列车编组和定员，合理利用设备能力。同时对于经济发展水平不同的地区应根据其客流层次特点编挂车辆，如内陆欠发达且客流多的地方，可多挂经济型车辆；而在沿线经济较发达的地区应增加舒适度较高的车辆，以此满足不同层次旅客的需求。

7) 合理的停站原则

我国人口众多、分布广阔，地区间、地区内的旅客交流量均很大。因此，从理论上说，停站越多，吸引的客流也越多，对于某些旅客的出行也比较有利。另外，停站多必然会降低列车的旅行速度，增加部分旅客，尤其是中长途旅客的在途时间，也会因此而失去一部分客流。因此，在遵循相应的停站标准的前提下，中、长途旅客列车的合理停站是优化铁路旅客列车开行方案的又一重要原则。

总之，在设计与优化铁路旅客列车开行方案时，应贯彻编制铁路旅客列车开行方案的基本要求，遵循主要编制原则，做到长、短途铁路旅客列车开行方案合理分工，做出更加经济合理的开行方案。

3. 铁路旅客列车开行方案的优化内容及方式

铁路旅客列车开行方案的调整和优化是一项系统、复杂的工作，应综合考虑铁路部门自身收益、旅客的出行需求及出行成本，对列车运行特性(起讫点、运行径路、途中停站方案等)、列车性质(列车种类、数量等)、设备利用情况(列车编组内容、车底运用情况、席位能力利用等)等进行优化调整。

铁路旅客列车开行方案优化贯穿于方案形成的整个过程，还涉及 OD 客流的预测及分析和铁路旅客列车方案运行图的编制。其中，OD 客流的预测及分析是铁路旅客列车开行方案编制的前提和基础，而铁路旅客列车方案运行图的编制属于方案的具体实施，同时它还决定了车底运用、停站时间、运行时间等内容。按照方案的形成过程，铁路旅客列车开行方案的优化方式可分为以下四种。

(1) 铁路旅客列车开行方案编制过程中的单独优化。它是指在给定 OD 客流的情况下，生成列车的运行特性及列车性质的优化方案，它属于静态优化。

(2) 铁路旅客列车开行方案编制与 OD 客流预测及分析两个阶段的综合优化。铁路旅客列车开行方案是以客流为依据的，而客流预测中诱发运量的生成又以列车的运行特性(起讫点、停站方案、运行径路、服务频率)为一定的基础，因此两者间存在综合优化的关系。一般在进行实际开行方案的设计时，大部分研究工作都会进行两者的结合，但是其工作思路并不是综合优化的方式，只是一种研究路线上的延续和参数的确定。

(3) 铁路旅客列车开行方案编制与旅客列车方案运行图编制两个阶段的综合优化。由于运行图是开行方案的具体实现，两者相互之间关系密切，且互为因果，因此需要进行综合优化。

(4) 三个阶段的整体综合优化。这是铁路旅客列车开行方案优化最完整的形式，表现为各个阶段顺序优化、调整参数、循环迭代的过程，其优化过程如图 5.9 所示。在铁路旅客列车开行方案优化的过程中，开行方案所包含的各项内容是在不同的形成环节中得到的，各个形成环节相互联系，都有各自对不同数据信息的处理和计算工作，也都产生不同的参数。铁路旅客列车开行方案优化过程及对应相关工作如表 5.2 所示。

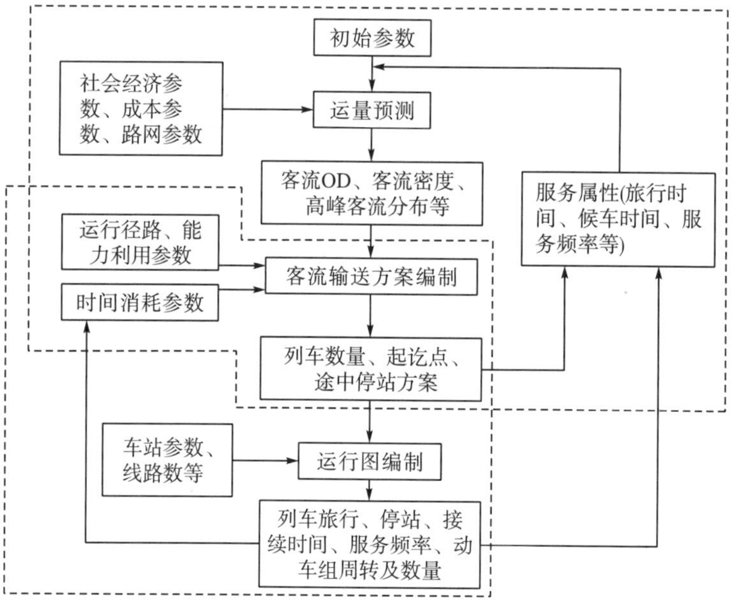

图 5.9　铁路旅客列车开行方案优化过程关系

表 5.2　铁路旅客列车开行方案优化过程及对应相关工作

子过程	需要相关参数	相关优化内容	相关优化结果
运量预测	服务属性(旅行时间、候车时间、服务频率等)、社会经济参数、成本参数、路网参数	客流量预测、路网配流	客流 OD、客流密度、高峰客流分布等
客流输送方案编制	客流参数(客流 OD、客流密度、高峰客流分布等)、运行径路、列车能力利用参数、时间消耗参数等	列车输送方案、客流搭乘方案	列车数量、起讫点、途中停站方案
运行图编制	列车参数(列车数量、起讫点、途中停站方案)、车站参数、线路数等	运行图铺画、动车组周转	列车旅行、停站、接续时间、服务频率、动车组周转及数量

从系统优化的角度来讲，在每次的循环周期内都必须完成三个阶段的优化，用一个统一的综合优化模型和算法来实现是最好的。但是，此项工作面临着较多的困难。因为三项内容都是比较复杂的优化问题，任何一个都具有相当大的复杂度。把三者统一到一起，不但工作难度大，而且系统的复杂程度将大大提高，有可能产生系统无法控制的行为。因此，目前我国铁路对于这样的工作都是分由不同的机构、部门来完成的，每一项工作基本上都是相对独立的，要将其融为一体难度也相当大。

4. 铁路旅客列车开行方案优化

1)旅客列车开行的成本与收益

在铁路旅客列车开行方案优化时，应在最大限度地满足旅客需求的前提下，尽可能节省运营成本，提高运营效益。铁路旅客列车开行的经济收益是用铁路旅客列车开行的各项收入之和减去各项成本之和。

(1)铁路旅客列车运输收入。

铁路旅客列车运输收入包括客票收入、车补收入、行李包裹收入、邮运收入和其他收入等。其中客票收入在所有客运收入中占绝大部分，它可依据票价、客座率和列车定员等数据计算而得。

(2)铁路旅客列车运营成本。

铁路旅客列车运营成本指铁路旅客列车在运营过程中因使用铁路基础设施，接受其他公司提供的机车牵引服务和为旅客提供的附属性服务所需要支付的路网使用费、相关的服务费及税金等费用，包括线路使用费、电网使用费、机车牵引费、车站旅客服务费、车站上水服务费、营业税金及附加和营业外单位支出附加等。

另外，从旅客的角度出发，还可以通过旅客广义出行费用来反映。综合考虑出行直接费用、出行时间及方便性、舒适性等不可测因素的影响，使旅客广义出行费用最低也是开行方案优化的一大目标。

2）铁路旅客列车开行方案指标体系

铁路旅客列车开行方案指标体系是评价和优化开行方案的基础，可以用于评价现有开行方案的运营效果，同时也是生成和优化铁路旅客列车开行方案的依据。

目前我国铁路旅客运输工作中的考核评价主要是车站、客运段、路局（集团公司）和国铁集团等部门根据工作特点和要求分别建立具有部门特色的指标体系。这些指标体系反映了客运任务完成情况、客运设备（包括机车车辆等）的运用和利用情况，旅客运输组织管理的质量和效率等，具体包括旅客周转量指标、列车速度指标、列车运用指标、安全指标及列车正点指标等方面。其中与开行方案有关的是旅客周转量指标、列车速度指标、列车运用指标。由此构建旅客列车开行方案的第一部分评价指标，见表 5.3 中的前三项，其中总体指标因素是指对开行方案的总体效果评价，个体指标因素是指对单个列车的评价。

铁路作为中长途旅客运输的重要运输方式，具有企业属性和公益属性，作为铁路旅客运输主要服务产品的开行方案也是如此。铁路旅客列车开行方案的企业属性，主要从经济效益和运营情况来分析，包括铁路企业的运输能力、收益和费用，旅客的票价、时间支出及综合费用等方面；铁路旅客列车开行方案的社会公益属性，主要考虑重要城市、地区、沿线的社会经济发展的需要，列车运营的服务水平，以及旅客的服务需求和满足程度，即旅客开行方案的运营效果，它直接反映了开行方案对旅客的服务能力和水平。因此，对列车开行方案评价也应该反映经济指标、服务指标两个方面。经济指标、服务指标也分为总体评价指标和个体评价指标，这部分评价指标分别由列车经济指标、列车服务指标、客流经济指标、客流服务指标构成，如表 5.3 中后四项所示。

表 5.3 铁路旅客列车开行方案指标体系

序号	类别	总体指标	个体指标
1	旅客周转量指标	平均旅客运送人数	旅客运送人数
		平均旅客运程	旅客平均运程
		平均旅客周转量	旅客周转量
2	列车速度指标	平均直通（旅行）速度	直通（旅行）速度
		平均技术速度	技术速度
		平均速度系数	速度系数
3	列车运用指标	车底总周转时间	车底周转时间
		车底总需要数量	车底需要数量
		车底总运转时间	车底运转时间
		列车平均走行公里	列车走行公里
4	列车经济指标	铁路客运总运营成本	列车运营成本
		铁路客运总运营收入	列车运营收入
		铁路客运总运营收益	列车运营收益
5	列车服务指标	列车旅客满意度	旅客满意度
		列车平均上座率	平均上座率
		平均旅客直达比	旅客直达比
6	客流经济指标	旅客票价总支出	旅客票价支出
		旅客乘车总时间	旅客乘车时间
		旅客换乘总时间	旅客换乘时间
7	客流服务指标	旅客平均拥挤程度	旅客拥挤程度
		旅客平均换乘时间	旅客换乘时间
		旅客平均满意程度	旅客满意程度

表 5.3 中的指标 1 到指标 5 为列车方案的评价指标，指标 6 和指标 7 为旅客换乘方案的评价指标。其中，满意程度按照列车方案或换乘方案能够达到的最高服务水平(速度、时间等)的实现程度来表示，也可以根据实际抽样得到，其他指标均可以从给定开行方案样本中计算取得。该指标体系能够有效评价铁路旅客列车开行方案的开行效果，对铁路旅客列车开行方案的优化提供支持。

3) 铁路旅客列车开行方案的优化

目前，各种运输方式竞争激烈，编制铁路旅客列车开行方案也要以市场为导向，并且要不断进行优化。要以实现铁路客运企业运营效益最大化为目标之一，并且还要符合旅客出行规律，减少旅客等待时间，尽可能减少换乘，使得旅客在出行过程中有较大的方便性，充分考虑开行的列车能够输送完毕客流，使得滞留客流最小，同时，还要保证车内人数不超过定员的要求。每一列车在开行的时候，要使得收入大于支出，当然，为了满足旅客出行需求、增进沿海、内地与边远地区的交流或者为了培育市场，也可以在一定时期内使得少部分列车亏损运营。另外，还要能充分利用运输能力，提高列车上座率，以及经济合理地使用客车车底，即在满足条件的前提下，使运用车底数最少。

目前对于开行方案优化的研究成果较多，以下将介绍基于动态客流的高速铁路旅客列车开行方案调整优化。

第三节　基于动态客流的高速铁路旅客列车开行方案调整优化

高速铁路的不断开通运营及路网的逐渐完善，使旅客运输由单纯的空间位移问题转变为具有不同出行需求的运输服务问题，铁路出行旅客对开行列车的便捷、快速、舒适等质量方面的要求逐步提高。而且，客流需求会随着运营阶段的不同呈现规律波动的特性，依托于高速铁路运营前基于预测客流所编制的列车开行方案，难以与具有时变性的动态客流相适应。因此，根据不同运营阶段客流需求对列车开行方案进行适应性评价与调整，是开行方案优化的一大方向。按流开车是编制铁路旅客列车开行方案的基本原则，客流需求是影响开行方案编制的重要因素。基于动态客流的高速铁路旅客列车开行方案调整优化就是根据实际运营的客流数据不断地更新开行方案，不断提高运输服务与客流需求的精确匹配程度的过程。

一、客流与高速铁路旅客列车开行方案的作用机理

列车开行方案与客流需求同时作为高速铁路客运系统内部的两大主体，其相互之间关联紧密。对于列车开行方案来说，客流需求是其编制、评价与调整的依据，同时，在既定的列车开行方案条件下，选择铁路出行的旅客会从自身需求出发，在列车开行方案所形成的服务网络中，对不同乘车方案进行排序选择，最终形成了不同列车上的客流分布状况，从而为列车开行方案评价提供依据。

1. 客流需求对列车开行方案作用机理

在高速铁路正式开通运营前，客流需求预测结果是初始列车开行方案编制的基础。在高速铁路正式开通运营后，列车开行方案进行调整或者重新编制时也要以客流需求作为主要参照。客流需求贯穿于开行方案编制的整个过程当中。

1) 站间 OD 对开行方案的影响

从前面开行方案编制的关键技术中可知，确定列车的始发、终到站，计算每种类型列车的开行数量，设计列车的停站方案，都需要考虑到站间 OD 客流表。编制旅客列车开行方案的全部过程，基本上都是围绕站间 OD 客流量展开，它对列车开行方案的最终生成具有决定性的影响。

基于站间 OD 客流的高速铁路旅客列车开行方案编制流程如图 5.10 所示。

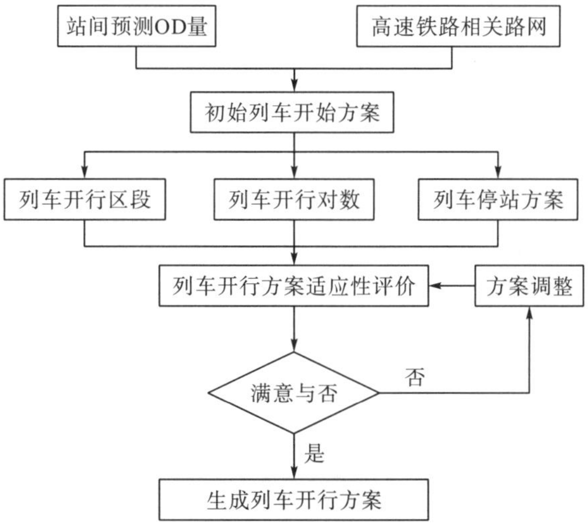

图 5.10　基于站间 OD 客流的高速铁路旅客列车开行方案编制流程图

2) 客流层次划分对铁路旅客列车开行方案的影响

除了客流量，客流层次也对旅客列车开行方案的编制产生影响。每一个旅客都会在其付出的出行费用和得到的客运服务之间找到一个适合自己心理预期的最佳平衡点，以指导他的出行选择。不同层次的旅客对应着不同的出行费用和客运服务的心理预期。不同层次的客流人群，会根据各自的运输需求选择不同等级的客运产品。因此，对于某一区域的高速铁路，应结合该地区的客流层次划分确定不同等级列车的开行比例。

3) 客流波动对铁路旅客列车开行方案的影响

在高速铁路的实际运营过程中，各个站点间的客流量在不同时期并非恒定不变，而是呈规律性动态变化的。对于我国高速铁路旅客运输而言，客流波动分为两种类型：一是日常性波动，一般发生于工作日与周末，周末日客流可以达到平时日均客流量的 130%～140%；二是年度性的波动，一般发生于春运、暑运期以及各类不同节假日。在上述客流高峰时期，每天的客流量可达年度日均客流量的 160%～170%。高速铁路沿线站点间客流的波动变化是调整列车开行方案的直接原因。

2. 高速铁路旅客列车开行方案对客流的作用机理

在高速铁路运营中，客流存在一个从无到最后总体趋于稳定的成长过程，这一过程可以看成旅客列车开行方案对客流的作用。在一个单位时间内，一条高速铁路沿线区域的这部分旅客的累加将形成这条高速铁路线路的实际客流，而这个过程则可以认为是高速铁路旅客列车开行方案吸引和培育客流的过程。

旅客出行行为是认为旅客在经济与社会发展水平、自身出行特性及个人特征这些因素对其出行行为选择的影响已经产生作用的前提下对交通方式的选择。对有意选择高速铁路出行的潜在旅客，铁路运营方所编制的列车开行方案包括列车停站方案、列车等级、列车服务频次和跨线客流的输送方式等基于列车开行方案最终组织运行的高速铁路客运产品，其将对旅客的出行行为选择产生很大影响。列车等级决定了列车的开行速度、旅客应支付的票价等；列车开行频率与列车的开行对数密切相关；列车停站方案决定了各趟列车是否能满足所有旅客的 OD 出行需求；跨线客流的输送方式决定了旅客是否需要换乘，列车停站方案与跨线客流的输送方式在很大程度上决定了旅客的旅行总时间，并且对旅客的乘车便捷性产生了很大程度的影响。高速铁路旅客列车开行方案作为高速铁路这种运输方式的具体表现形式，可以通过各项指标折算生成一个旅客满意度指标，体现高速铁路这种运输方式吸引旅客的能力。

3. 客流变化与开行方案之间的反馈作用

客流与开行方案是相互作用的，是一个从正向到反向的循环作用过程。客流数据引导开行方案的编制，并依据编制的开行方案运营列车；开行方案规定的各次列车输送实际客流；当实际客流与指导开行方案编制的原客流数据产生明显偏差时，此时便需要根据实际客流调整原列车开行方案。而变化后的列车开行方案，又可能使列车输送的实际客流产生新的变化，进而如上所述进一步调整列车开行方案，产生一个循环往复的作用过程。我们把这种从正向到反向的循环作用过程称为反馈控制。

因此，考虑到客流的波动性及客流和列车开行方案相互作用的特性，需要设计一个具有更高实用价值且及时有效的方法对铁路旅客列车开行方案进行调整。利用高速铁路运营系统实际运营客流情况的变化对系统的反馈，引发高速铁路运营系统自身的调节，使高速铁路旅客列车开行方案的优化与调整成为一个从客流数据到编制开行方案，由执行开行方案到吸引实际客流，再由实际客流到调整开行方案的循环过程。

二、客流与高速铁路旅客列车开行方案的匹配分析

1. 客流与高速铁路旅客列车开行方案的匹配关系

在客流的三个关键要素中，客流流量和客流起讫点是由铁路线路的站间 OD 流量直接体现出来的，它们与旅客列车开行方案的匹配关系可认为是基于运输能力的。而客流性质更多地体现出客流对运输服务的一种需求，不同性质的客流希望通过不同类型的运输服务产品满足其运输需求，因此客流性质与高速铁路旅客列车开行方案的匹配关系可认为是基于运输服务需求的。

基于运输能力的客流与高速铁路旅客列车开行方案的匹配关系，要求列车开行方案能够提供合适的运输能力，能够很好地完成客流站点到站点的输送任务，并且运输能力也不出现过多冗余。因此，基于运输能力的客流与开行方案的匹配关系，应该以实际客流的站间 OD 流量为依据来进行评判。而基于运输服务需求的客流与列车开行方案的匹配关系，应该着重分析客流结构与运输产品层次的划分是否相符。这个关系反映到列车开行方案中，就应该考察列车开行方案中所规定的各等级列车的开行比例是否合理。

2. 高速铁路旅客列车开行方案调整的原因

通过动态客流与开行方案定性定量的分析，可规定“阈值”确定其匹配关系，以此来决定是否调整开行方案。高速铁路旅客列车开行方案服务的客流需求变化在某个可以接受的“阈值”内，则说明这段时间内客流需求波动范围较小，根据当前客流需求编制的高速铁路旅客列车开行方案与客流需求是相适应的。否则说明这段时间内客流需求波动范围较大，列车开行方案不再适应当前客流需求，此时需要运输企业更新既有方案。列车开行方案调整流程图如图 5.11 所示。

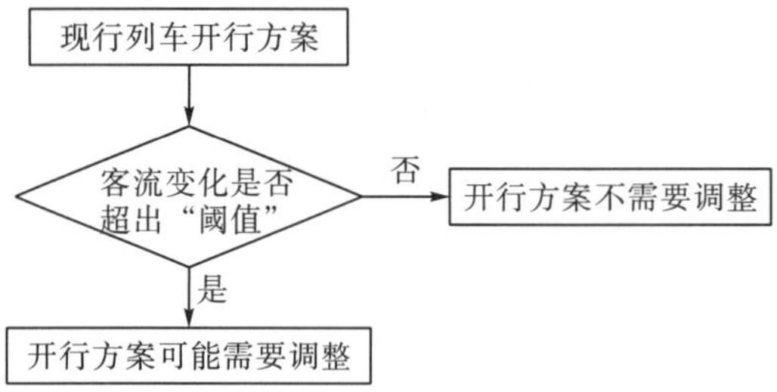

图 5.11　列车开行方案调整流程图

三、基于动态客流开行方案调整优化

列车开行方案的编制与调整是一项比较复杂、细致、庞大的系统工程，需要铁路客运部门与机、车、工、电、辆等各相关部门协调、配合，共同实施，这导致铁路客运部门并不能够随时地对列车开行方案进行大规模的调整。根据客流的动态特点及时地调整列车的开行方案，可采用“基本方案”和“实施方

案”相结合的铁路旅客列车开行方案的编制与调整模式。

基本方案是在掌握一年之内各个月度和季节客流特征与规律的基础上，对各种列车的开行方案进行全面的规划和安排。基本方案反映一个较长时间范围内的铁路总体运输需求，是旅客列车开行计划的骨架，在旅客列车运输组织中发挥着指导作用。

实施方案是在基本方案的基础上，根据较短时间内的客流变化情况，以及线路设备等相关情况，对基本方案中规定的列车运行方案进行调整后形成的能较精确地满足实时客流需求的铁路旅客列车开行方案。实施方案是铁路调度部门调度指挥旅客列车日常运行的执行文件。

实施方案的更新是以客流与铁路旅客列车开行方案匹配关系的评判结果为基础的，当客流与铁路旅客列车开行方案不匹配时，实施方案需要进行更新调整。设置“相对静态客流”的概念来限制开行方案的调整频率。“相对静态客流”是利用铁路客票发售系统监测的近期客流数据，结合短期客流预测而获得的实施方案执行日期的客流数据。如果相对静态客流与现阶段的开行方案匹配，则保持原有实施方案不变；反之，则根据所获得的实施方案执行日期的静态客流数据调整开行方案。

实施方案需要获得一个较短时间的更新周期，实施方案的更新周期越短，越能精确地满足铁路实时的客流需求，从而提供更高质量的铁路客运产品。在理想条件下，上述所有步骤应该每天执行一次，但在目前的情况下显然实行起来有很大困难。

目前，我国全路开行方案以及列车运行图的编制是以一年为时间单位，由国铁集团统一组织，一般实现三次调整更新(年底调整图、春运图、暑运图)，以应对季节性的客货流变化。以春运的起始日期作为一年的起始日期，可以根据客流特征将一年分为四个阶段：第一阶段，持续 40 天的春运客流高峰期；第二阶段，春运结束后至暑运开始前持续 4 个多月的日常客流时期；第三阶段，持续 60 天的暑运客流高峰期；第四阶段，暑运结束后至下个春运开始前持续 4 个多月的日常客流时期。四个时间段呈现不同的客流特征，高速铁路旅客列车基本方案的更新与这四个时间段的变更同步。同时，对于部分高速铁路线路，周末会迎来一个客流小高峰，而工作日期间的客流较周末较少，因此出现了工作日与周末开行方案，以应对其客流在工作日和周末呈现出明显的不同。此时实施方案必须保证每周六和周一获得一次更新。

与基本开行方案一样，实施方案同样是在满足客流需求与铁路资源限制为约束的条件下，尽可能减少运输企业的运行成本与旅客的总旅行成本。实施开行方案需要以基本开行方案为骨架进行编制，既需要对基本开行方案中已经存在的列车进行调整，又需要确定新增列车开行对数、种类、运行区段和沿途停站等内容。在满足实际客流需求的前提下，尽可能减小基本开行方案的改变幅度，实施开行方案的调整幅度越小，越能减少运输组织内部工作的复杂性，保证运营周期内企业的基本效益。

四、基于动态客流开行方案调整优化的关键问题

基于动态客流开行方案调整优化的关键问题如下：

(1)实时客流数据的获取。

(2)实时客流与开行方案匹配关系的评价方法。

(3)根据实时客流特点，构建开行方案优化调整模型。

高速铁路旅客列车开行方案是在实施之前做出的计划，无法获得当期的真实客流，因此，实时客流数据的获取是客流与开行方案匹配评价的关键；实时客流与开行方案匹配关系的评价结果是列车开行方案是否需要调整的前提；调整方法需要依托于实时数据，利用开行方案的调整优化模型计算得出。

第六章 铁路旅客运输基本计划

围绕客流需求计划确定合理的铁路旅客列车开行方案后，就需要编制铁路旅客运输基本计划以保证开行方案的实现。铁路旅客运输基本计划包括固定设施、运载工具、乘务人员(驾驶员和列车员)等运力资源的各种运用计划，通过这些计划的相互配合执行，最终形成完整的、可行的运输计划。这些计划需要按照一定的顺序进行编制，且由于彼此间存在不同程度的反馈与协调，需要进行反复优化调整，这些都属于大规模复杂决策问题。这些计划主要有：

(1)旅客列车运行图。旅客列车运行图是在旅客列车开行方案的基础上，严格遵守固定设施(路网)能力约束，进一步确定列车的时间属性(即列车在各站的具体到发时刻)而形成详细的旅客列车开行计划。

(2)旅客列车车底周转图和动车组交路计划。旅客列车车底周转图和动车组交路计划为各次列车安排了实际的车底和动车组，使列车运行具备了运载工具的资源能力。若车底或动车组配置数量无法满足列车运行图需求，则需要对列车运行图进行反馈调整。

(3)旅客列车乘务交路计划。旅客列车乘务交路计划是考虑乘务运用方式、乘务人员配置情况、乘务基地条件、乘务管理和劳动制度等因素，针对给定的旅客列车运行图及旅客列车车底、动车组交路计划，合理安排乘务人员完成值乘任务并及时进行休息的综合计划。旅客列车乘务交路计划为各次列车的运行分配了实际的乘务人力资源。

(4)大型客运站技术作业计划。大型客运站技术作业计划是规定列车运行过程中在大型客运站车站范围内对到发线等设施的运用计划，具体包括停靠作业、调车作业、出入段作业等对设施的使用方案，是列车运行图实现的基本保障，需要与旅客列车运行图和旅客列车车底周转图、动车组交路计划协同编制。

铁路旅客运输基本计划编制流程如图6.1所示，其中实线箭头表示“编制顺序”，虚线箭头表示“反馈调整”。

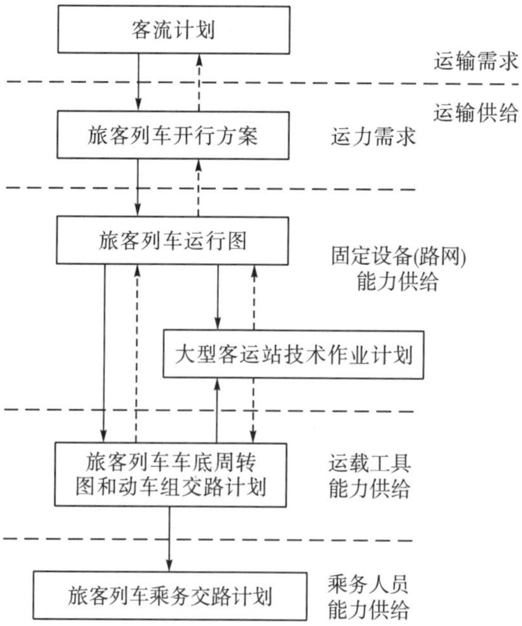

图6.1 铁路旅客运输基本计划编制流程

第一节 旅客列车运行图

一、旅客列车运行图概述

铁路旅客列车开行方案是确定旅客列车运行区段、列车种类和行车量的重要方案，但是要能够正确地组织列车运行还需要编制旅客列车运行图(以下简称列车运行图)。在我国普速铁路主要是客货列车共线运行，列车运行图上同时铺画旅客列车运行线和货物列车运行线，属于普速旅客列车运行图；而在高速铁路上运行的全是旅客列车，列车运行图上只铺画旅客列车运行线，属于高铁旅客列车运行图。

列车运行图是规定各车次列车占用区间的秩序，列车在每个车站的到达和出发(或通过)时刻，列车在区间的运行时间，列车在车站的停站时间以及机车交路、列车重量和长度等的基础性技术文件。它通常是运用坐标原理对列车运行时间、空间关系的图解表示，是对列车运行时空过程的图解。在列车运行图上，对列车运行时空过程的图解可以有两种不同的形式。其一为以横坐标表示时间，纵坐标表示距离。这时，列车运行图上的水平线表示分界点的中心线，水平线间的间距表示分界点间的距离；垂直线表示时间。其二为以横坐标表示距离，纵坐标表示时间。这时，列车运行图上的水平线表示时间；垂直线表示分界点中心线，垂直线间的间距表示分界点间的距离。目前我国列车运行图采用第一种表示形式。列车运行图是铁路运输工作的综合计划和行车组织工作的基础，科学合理地编制列车运行图，对维护行车安全，适应市场需求，提高运输能力、效率和效益，具有重要意义。

为加强列车运行图编制工作的组织领导，国铁集团、各铁路局应成立相关编图委员会和编图工作组，一般由主管运输的相关领导担任组长，车、机、工、电、辆各业务部门主管参加，贯彻集体领导和分工负责的工作方法。有关全局性的重大问题，由编图委员会研究决定；有关技术业务问题，由编图工作组协调各业务部门负责处理。根据列车运行图编制的规模及目标不同，分为基本列车运行图(简称基本图)和分号列车运行图(简称分号图)。基本图是指经过重新编制或调整，正在实施并持续到下次重新编制或调整为止的列车运行图。调整后的基本图又称调整列车运行图(简称调整图)。分号图是指为适应短期运输、应对突发事件或施工等需要而编制，实行完毕即恢复到基本图的临时性列车运行图。编图工作组在列车运行图编制并实施后，负责列车运行图的调整和分号运行图的编制，直到下次重新编制列车运行图组成新的编图工作组为止。

全路基本图的编制、调整和分号图的编制原则上以会议的方式进行，且全路基本图原则上每两年编制一次，一般选择在春季或秋季实行，但是根据铁路运输市场需求、铁路技术装备或运输组织方式发生的变化也需及时组织编制调整列车运行图。随着计算机编制列车运行图的实行及软件的统一化，列车运行图编制效率提高、周期更易缩短。

列车运行图编制实行两级负责制，涉及跨局列车时由国铁集团负责组织铁路局编制，局管内旅客列车由各铁路局编制。列车运行图具体的编制过程如下所示。

(1)在编图前的适当时间，各铁路局提出跨线、本线列车开行方案建议，及既有线跨线列车上高速铁路运行的方案建议。

(2)国铁集团统一组织研究确定列车开行方案(列车开行对数和列车运行径路)。

(3)各种列车运行图数据资料的加工、整理、审核与确定。在编图之前，国铁集团组织召开全路总工程师会议，审核各铁路局的相关资料并整理加工。如机务部门提出的区间运转时分、起停车附加时分等；工务部门提出的施工慢行附加时分，施工“天窗”时间；客运工作需要的列车停站次数、停站时间等；查定确定各种车站间隔时分和行车间隔时分标准。

(4)铺画全路直通旅客列车运行方案图。编制旅客列车运行方案图主要解决旅客列车运行与车底机车周转相协调的问题；解决直通旅客列车与管内旅客列车相协调的问题；解决铁路旅客列车与其他运输工具在开行时间上的相互竞争与相互配合问题；解决旅客列车运行与客运站的技术作业过程和能力配合的问题；解决旅客列车在始发站、终到站的到发时刻及通过主要城市的时刻与方便旅客出行的问题等。

(5) 编制旅客列车运行详图。在全路直通客车方案编制的基础上，编制全路直通客车列车运行图(含高速铁路跨线列车运行图)、高速铁路本线列车运行图，确定所有旅客列车到发或通过车站的时刻、占用区间的顺序等。

(6) 列车运行图编制完毕，计算列车运行图指标，打印列车时刻表，绘制列车运行图，为新图的实施做好准备工作。

(7) 国铁集团、各铁路局分别于新图实施前 30 天、20 天下发新图文件。

(8) 做好新图实施前各项准备工作，做好列车运行图新旧时刻交替和新图实施总结。

二、旅客列车运行图编制

在编制客货共线运行的普速铁路列车运行图时，一般都是首先铺画旅客列车运行线，然后铺画货物列车运行线。旅客列车运行线的铺画具体分为两个阶段。第一阶段：铺画旅客列车运行方案图，简称客车方案图，主要解决列车整体布局问题，是列车运行图的骨架，它以小时格运行图铺画，在图上只表示始发站、终到站、分界站以及其他技术站间的运行线，而不详细画出经过每一车站的时刻；第二阶段，以客车方案图为基础，铺画具有详细时刻的旅客列车运行图，确定所有旅客列车到发或通过车站的时刻、占用区间的顺序等。

(一) 列车运行方案图编制

列车运行方案图主要解决：旅客列车运行与车底周转、机车周转及动车组周转相协调的问题；各方向旅客列车到达枢纽的时刻，旅客列车与其他运输工具在开行时间上的相互竞争与相互配合问题；旅客列车运行与客运站的技术作业过程和能力配合的问题；旅客列车在始发站、终到站的到发时刻及通过主要城市的时刻与方便旅客出行的问题；旅客列车运行与货物列车运行的配合等。

1. 列车运行方案图编制原则

列车运行方案图的编制应遵循如下原则。

1) 提高列车的直通速度

随着我国社会、经济的发展，人们的工作节奏不断加快，时间价值不断增加，旅客对旅行速度的要求越来越高。因此，编制旅客列车运行方案也要在满足相应技术条件的前提下，通过减少旅客列车的停站次数、压缩在中间站的停站时间和技术站停站时间等方法，不断提高旅客列车的直通速度。

2) 方便旅客旅行

在安排旅客列车运行线时，应规定适宜的旅客列车始发、终到和通过各主要站的时刻。把方便旅客旅行作为一项基本要求，具体表现如下所示。

(1) 直通旅客列车宜在下午或晚间开，但不宜迟于 24:00，宜在白天到，但不宜早于 7:00，对于运程适宜的大城市间开行的旅客列车，应尽可能实现“夕发朝至”。直通旅客列车通过沿途各大站的时刻亦应力求方便旅客，若不能完全满足此项要求，应权衡轻重，尽可能予以照顾。

(2) 管内旅客列车以运送短途旅客为主，一般运行距离较短，故以白天运行为宜。在管内旅客列车较多的区段不能均在白天运行时，个别列车亦可夜间运行，但始发时刻不宜过晚，到达时刻不宜过早。对于距离相对较长、两站间旅客 OD 流较大站间管内旅客列车也可以在晚上发早上到。

(3) 市郊旅客列车开行时刻应同上下班、上下学时间相协调，以方便市郊旅客的乘车。应尽量避免直通和管内旅客列车运行线占用市郊旅客列车开行时刻，影响通勤职工和通学学生的乘车需要。

(4) 各方向各种列车运行时刻相互衔接，缩短旅客中转换乘等待时间，如果同时满足各方向旅客的要求确有困难，应照顾中转直通客流较大的方向。例如，图 6.2 表示由 E 到 D 及由 C 到 A 开行直通旅客列车，但 E 至 A 的中转客流较大，C 至 D 的中转客流较小，因此 C-A、E-D 直通旅客列车经过 B 站的时刻应照顾 E-A 方向中转旅客。

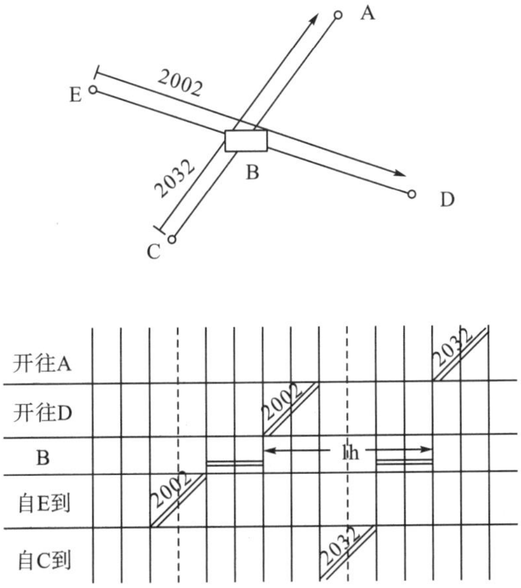

图 6.2　直通旅客列车在枢纽站相互衔接图

(5) 管内旅客列车与直通旅客列车在运行时刻上应衔接配合，以便中小站出发的旅客由管内列车换乘直通旅客列车，到达中小站的旅客由直通旅客列车换乘管内旅客列车。若管内旅客列车数较多，则最好在直通旅客列车前后各开一次管内旅客列车，以方便中小站旅客的换乘。其铺画方式如图 6.3 (a) 所示。

当管内旅客列车数较少而某一方向 (如上行方向) 直通旅客列车换乘管内列车的客流占优势时，亦可只在直通旅客列车的后面开行一次管内旅客列车，为优势方向客流服务，如图 6.3 (b) 所示。

铁路旅客列车在时刻上与其他交通工具相互配合，对于方便旅客具有重要意义。在编制列车运行方案时亦应注意这方面问题。

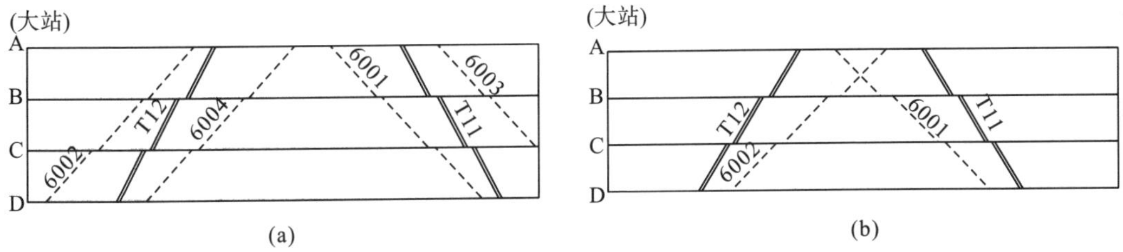

图 6.3　管内旅客列车与直通旅客列车运行时刻配合示意图

(6) 铁路旅客列车在时刻上与其他交通工具相互配合，从而为联运旅客提供方便，同时也可以加快报纸和邮件的传送。

3) 经济合理地使用机车车辆及动车组

在铁路运输中，机车车辆使用费也是运营成本的重要部分，而且机车车辆数也影响铁路输送能力，尤其是在春暑运及国庆节期间，机车车辆的保有量在很大程度上会影响开行方案的执行。在编制客车方案时，如果旅客列车运行时刻安排得当，往往可以加速机车车辆和动车组的周转，减少机车车辆和动车组的使用数，从而节省运营成本，提高运营效益。

4) 保证旅客列车运行与客运站技术作业过程的协调

由于旅客列车到发时刻的特殊要求，大客运站在一昼夜的某一段时间内，往往出现列车密集到达或出发的情况。在编制列车运行图时，列车密集到发的间隔时间应与车站技术作业过程相协调，否则将不能保证车站正常接发列车。图 6.4 中到达车次的虚线表示旅客列车运行与车站技术作业过程不相协调的情况。

同方向旅客列车的始发间隔，也应考虑与客运组织工作相配合的问题。同方向列车密集到发会导致客运站工作负荷过重，增加组织工作上的困难。

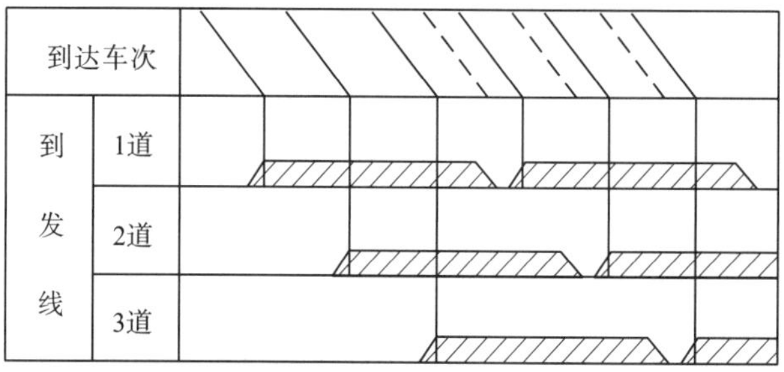

图 6.4　旅客列车到达间隔与车站技术作业过程相协调示意图

5) 为货物列车运行创造良好条件

我国铁路既有线主要是客货共线运行，因此在编制旅客列车运行方案时应兼顾货物列车运行线，尽量避免由于仅仅考虑方便旅客列车的开行而导致通过能力下降。

(1) 在运行图上均衡铺画客车线，既可以保证车站客运设备的充分利用，又能使旅客列车有良好的运行秩序，既有利于货物列车密度的均衡，又加速货运机车车辆的周转。

(2) 旅客列车运行方案的安排应尽量减少不合理的货物列车待避和停车会让旅客列车的次数，避免旅客列车待避和停车会让货物列车。

6) 为施工创造条件

维护正常运输秩序，按照运输与施工兼顾的原则，应在列车运行图上预留全天候施工天窗和适当的施工慢行附加时分，双线区段施工天窗由国铁集团在编制直通旅客列车运行方案时统一考虑，单线区段施工天窗由铁路局在直通旅客列车铺画完成后与管内旅客列车运行方案统筹考虑，不得在图定施工天窗外再安排其他天窗。

7) 合理规避抢好点和抢热门车现象

处理好列车到开时间和列车密度、列车性质、客车车底运用、机车交路、施工封锁几方面的关系，避免和克服抢好点、抢热门车现象。

2. 列车运行方案图的编制方法

1) 旅客列车合理始发、终到范围确定

当进行旅客列车运行方案图编制时，首先根据方便旅客旅行的原则，确定旅客列车合理的始发、终到时间范围内，通常认为直通旅客列车在 7:00～24:00 始发和终到均为合理范围，可以为旅客所接受。按这个条件，每一对车都有其合理的始发范围。这个合理始发范围与始发、终到城市之间的距离和旅客列车的单程运行时分有关。有的列车只有一个合理的开车范围，有的列车有两个合理的开车范围，可以通过如下方法确定。

设直通旅客列车的单程运行时间为 $T=x+24D$，其中，$24D$ 表示一整天时间，x 表示非整天时间，当 $T<24$ 时，$D=0$，其合理开车范围 t 可由下列分析式确定：

当 $1+24D\leqslant T\leqslant 6+24D$ 时，有

$$t = 7 \sim (24 - x)$$

当$7 + 24D \leqslant T \leqslant 17 + 24D$时，有

$$t = \begin{cases} 7 \sim (24 - x) \\ (24 - x + 7) \sim 24 \end{cases}$$

当$18 + 24D \leqslant T \leqslant 24 + 24D$时，有

$$t = (24 - x + 7) \sim 24$$

根据上述分析式，可将不同的单程运行时间及其相对应的合理开车范围列于表 6.1 中。

表 6.1　合理开车范围表

单程运行时间 T	合理开车范围 t	单程运行时间 T	合理开车范围 t
1+24D	7:00～23:00	13+24D	7:00～11:00，18:00～24:00
2+24D	7:00～22:00	14+24D	7:00～10:00，17:00～24:00
3+24D	7:00～21:00	15+24D	7:00～9:00，16:00～24:00
4+24D	7:00～20:00	16+24D	7:00～8:00，15:00～24:00
5+24D	7:00～19:00	17+24D	7:00，14:00～24:00
6+24D	7:00～18:00	18+24D	13:00～24:00
7+24D	7:00～17:00，24:00	19+24D	12:00～24:00
8+24D	7:00～16:00，23:00～24:00	20+24D	11:00～24:00
9+24D	7:00～15:00，22:00～24:00	21+24D	10:00～24:00
10+24D	7:00～14:00，21:00～24:00	22+24D	9:00～24:00
11+24D	7:00～13:00，20:00～24:00	23+24D	8:00～24:00
12+24D	7:00～12:00，19:00～24:00	24+24D	7:00～24:00

根据表 6.1 中的结果，直通旅客快车单程运行时间与合理开车范围的相互关系可归纳为表 6.2。

表 6.2　单程运行时间与合理开车范围关系表

项　目		$1+24D \leqslant T \leqslant 6+24D$	$7+24D \leqslant T \leqslant 17+24D$	$18+24D \leqslant T \leqslant 24+24D$
合理开车范围	个　数	1 个 (7:00～23:00)	2 个 (7:00～17:00) (14:00～24:00)	1 个 (7:00～24:00)
	比例关系	反比例	一个成反比例 一个成正比例	正比例

从表 6.2 可看出，单程运行时间为 $1+24D \leqslant T \leqslant 6+24D$ 及单程运行时间为 $18+24D \leqslant T \leqslant 24+24D$ 的直通旅客快车，由于其合理始发范围小且只有 1 个，调整的余地不大，在铺画旅客列车运行方案时，难度相对较大。而单程运行时间为 $7+24D \leqslant T \leqslant 17+24D$ 的直通旅客快车，在铺画旅客列车运行方案时，比较容易。因为有 2 个合理的始发范围，活动余地比较大。

在具体编制时根据旅客列车的运行区段等具体情况可将合理始发范围进行适当调整，如乌鲁木齐和青岛有一定的时差，因此，乌鲁木齐始发的旅客列车和青岛始发的旅客列车即使单程运行时间相同，它们的合理始发范围也可以不同。

2) 旅客列车运行方案图编制过程

旅客列车运行方案是整个列车运行图的骨架和核心，它是在国铁集团编图领导小组的直接领导下，由旅客列车方案编制小组进行编制。它的编制也需要较长的时间，整个过程分为资料准备及审定和具体

编制两个阶段。

(1)第一阶段：资料准备及审定阶段。

在具体编制旅客列车运行方案前，应进行系统、全面的调查研究，并收集、审核、整理加工相关资料，这些资料主要包括如下部分。

①管内各线，特别是主要干线的客流量、客流密度及旅客列车开行方案。

②各种旅客列车的重量标准、编组辆数、车型、吨位、定员。

③各种旅客列车的停车站名及停站时分标准。

④各次旅客列车的区间纯运行时分、停站时分、起停车附加时分、慢行时分按标准填制成专门的表格(表 6.3)。

表 6.3　旅客列车区段运行停站时分标准表

					列车 列车					
					区段					
					运行时分					
					停站时分					
					起停车附加时分					
					慢行时分					
					计					

⑤各次列车在始发站的合理始发范围，以便于旅客列车的始发、终到时刻在合理范围之内。对新增加的旅客列车，一般是先求出合理开车范围，选择几个运行方案，进行技术经济比较后，选取其中的最优方案，与原方案调整范围不大的列车不用再重新求算。

除了收集上述资料，在编制方案前还需做好如下准备工作。

①分析现行列车运行图的执行情况及存在的问题，总结过去的实践经验，提出进一步挖掘潜力、提高直通速度、提高效率、改进工作的措施。

②审查各铁路局上报的编图资料，特别是各项技术作业标准及旅客列车停站资料。

③确定主要枢纽客运站的各种间隔标准。

④确定需要重点照顾的管内特别快车、旅游列车等。

(2)第二阶段：编制阶段。

全路列车运行图的编制工作，应贯彻集中领导和分级负责相结合的原则。跨三局的直通旅客列车，在国铁集团统一领导下由各铁路局派人到国铁集团集中编制；跨两局的直通旅客列车，由两局协商编制；管内旅客列车，则由各铁路局自行编制。在国铁集团的总体部署下，分片、分线、分工负责，各片、各线之间应经常联系和密切配合，交叉并进地进行编制。

在具体编制时，各铁路局集团公司根据客车方案编制原则，按照先国际、后国内，先直通、后管内，先快车、后普客的顺序，铺画客车方案运行线。具体方法如下：

①国际联运旅客列车，从国境站开始按照联运旅客列车时刻表会议决定的时刻向国内铺画。

②直达特快旅客列车，根据其运行区段和合理始发范围从始发站向终到站顺向铺画。

③直通旅客快车，一部分是对原方案调整范围不大的直通旅客快车，可在上一届运行方案的基础上编制，进行小范围调整。另外一部分是调整幅度较大的和新增加的直通旅客快车，可以先确定合理始发范围，并从中选择几个开行方案，进行技术、经济比较，选取最优方案，而后从列车始发站开始，向终到站顺序铺画，若终到站的到达时刻不合适，再做小范围调整。

④编制客车方案时，一般从列车始发站开始，向终到站顺序铺画。若终到站能力紧张，也可从终到

站开始铺画，反推出沿途各站时刻及始发站的开车时刻。有时为了某站的列车接续、会让等需要，也可从列车运行区段的中间部分开始铺画。

⑤铺画方案时，尽可能缩短停站时间。旅客列车的停站，根据需要可分两种，第一种是技术需要(更换机车、技术检查、客车上水等)，第二种是客运需要(旅客的乘降、行包邮件的装卸等)。旅客列车的停站地点有以下几种：直达特快旅客列车只在技术作业站停车；特快旅客列车应在技术作业站及省会、自治区首府、直辖市、铁路局所在地、主要开放城市和客流较大的中转客运站停车；直通旅客快车应在技术作业站及主要城市所在站停车；直通旅客列车在客流较大的中小站停车。在列车对数较多的区段，可采取交错停车的办法，以提高旅客列车的直通速度。

⑥铺画旅客列车运行方案图时，应注意列车在区段内会车越行地点的设备条件。同时，也应考虑为列车会让所增加的附加时分。附加时分随单双线及信、联、闭设备的条件不同而异，一般会车附加 10～12min，待避附加 30～40min。在区段内，旅客列车会让旅客列车时，应遵守低速列车待避或待会高速列车，短途列车待避或待会长途列车的原则。

为了经济合理地使用客车机车车辆，在编制旅客列车运行方案图的同时应编制车底周转图和机车周转图。

(二)旅客列车运行详图编制方法

旅客列车运行详图是以旅客列车方案图为基础，并依据有关资料在二分格图纸上对每一区段精确地铺画每一条运行线，确定每一趟旅客列车占用区间的顺序和在各个车站的到、发、通过时刻及在区间的运行时分等。它由各铁路局编图人员铺画，并且本着客货兼顾、统筹安排的原则，除国际联运的旅客列车在国境站的接续时间不得变更外，必要时对个别旅客列车的运行线可稍加调整，以便创造更好的会让和运行条件，与货物列车运行取得较好的配合。

旅客列车运行详图上列车的到、发时刻与客车方案图比较，一般都是有差异的。在双线上差别不是很大，在单线上有时出入较大。各次列车在各技术站的到、发、通过时刻，应按运行详图上的时刻进行修正，最后形成旅客列车简明运行图。

旅客列车运行详图的铺画顺序也是首先铺画国际旅客列车，按照联运协议所规定的时刻从国境站向国内铺画，应尽力提高直通速度。其次铺画直达特快旅客列车，根据旅客列车客车方案图给定的始发、终到及在主要技术站的到发时刻，从始发站向终到站铺画。再次铺画直通旅客快车，根据直通旅客列车方案图给定的始发、终到及局分界站到发时刻，从始发站开始向到达站顺序铺画，或从局分界站、列车始发站、终到站同时铺画。然后由国铁集团组织有关局验对分界站的时刻。直通普客和管内旅客列车，由于停站多，速度较低，调整余地较大，铺画时，应注意列车之间的衔接配合和客运机车的运用，尽量减少越行次数并为货物列车的铺画创造较好的条件。市郊旅客列车，主要用于通勤、通学或居民之间交往，早晚时间有大量单方向客流，采用连发式运行，并结合机车及客车车底的合理运用，从早晨行车密度最大的时间开始，将各次市郊列车运行线从始发站一直铺画到折返站，经过一定作业后，自折返站返回。在铺画时应尽可能满足旅客需要，避免影响职工上下班及学生上下学。

此外，在铺画时还应注意，单线货物列车与旅客列车交会时，应使货物列车先到停车不使旅客列车停会货物列车。若在区间通过能力利用程度已较紧张的单线区段，应充分利用限制区间的通过能力。

(三)列车运行图的审查及新图实施前的准备

1. 列车运行图的审查

客、货列车全部铺画完毕以后，应进行细致的审查。对旅客列车运行线审查的内容有以下几个方面。

(1)旅客列车对数是否符合既定的任务，国际联运旅客列车及直通旅客快车的安排是否适当，直通旅客列车与管内旅客列车运行线相结合的情况是否妥当。

(2) 旅客列车的区间运行时分是否准确，车站间隔时间、追踪间隔时间及各种列车的停车站和停站时分是否恰当。

(3) 旅客列车车底在始发站和折返站的停留时间是否符合客车整备技术作业过程所规定的时间标准。

(4) 旅客列车的会让是否合理，有会车及越行的车站，其到发线数量是否满足需要，有无不合理的旅客列车等会货物列车情况。

(5) 各铁路局分界站的列车接续是否合适。

(6) 主要客运站设备能力的利用情况。

(7) 客运机车及客车底的运用是否经济合理，乘务组连续工作时间是否超过规定标准。

2. 列车运行图新图实施前的准备

列车运行图编完后报国铁集团批准。在新运行图编制好具体实行前还应做好如下准备工作。

(1) 编制新旧旅客列车交替计划。

(2) 编制并印发列车运行图及旅客列车时刻表。

(3) 编制旅客列车编组表，确定各种旅客列车的编成辆数和列车定员。

(4) 计算本局运能，并据以分配票额。

(5) 编制保证新运行图顺利执行的技术组织措施。

(6) 各铁路局组织相关员工学习新运行图，并向广大旅客及路内职工进行广泛宣传，为新图的顺利实行做好准备。

三、高速铁路列车运行图编制

高速铁路列车运行图与普速铁路列车运行图在工作内容上基本相同，都是在以距离为纵轴、时间为横轴的坐标平面上确定满足运行图的各种约束条件，并达到一定目标的列车运行线的集合。但是我国高速铁路与客货混跑的普速铁路相比，只运行旅客列车，列车运行速度较高，而且在行车组织和天窗设置等方面与普速铁路有很大区别。因此，高速铁路列车运行图与普速铁路列车运行图相比，有一些自身特点，在编制上也略有不同。

1. 我国高速铁路列车运行图特点

1) 不同速度等级高速旅客列车混跑

高速铁路是铁路通道的有机组成部分，除了承担本线运输任务外还承担着大量的跨线客流输送任务，不同速度等级的高速铁路旅客列车（以下简称高速列车）共线运行在相当长时间内是高速铁路的运输组织模式。

2) 旅行速度要求高

旅行速度是列车运行图的重要指标，对于高速铁路要求更高。高速铁路上运行的低等级跨线列车，一般都是既有线的高等级列车，旅客对缩短旅行时间的期望较高，因此，在高速铁路上的旅行速度至少不低于既有线。在一定技术条件下，列车旅行速度与停站次数和停站时间有关。为保证低等级跨线列车的旅行速度，必须尽可能减少高等级列车越行低等级跨线列车的次数，且尽可能使越行与客运停站相结合。

3) 列车开行与综合维修天窗协调

国外高速铁路综合维修天窗都是设置在对高速列车行车无影响或影响最小的时间段，主要利用 0:00～6:00 的时间段进行维修，天窗时间为 3～6h。当前我国高速铁路建成运营后，均在夜间设置综合维修天窗，天窗开设时间大多为 0:00～4:00 这一时间段，且天窗时间内禁止行车。随着高速铁路逐渐成网，长途跨线列车和夕发朝至列车等仍需要在夜间运行，因此列车开行要与维修天窗的设置综合优化。

4) 列车运行图具有明显的时段特性

高速铁路上一般只开行旅客列车，受到旅客出行时段和市场需求影响，列车运行线一般不是均匀分布的，而往往一个时段密集开行，而另一个时段则相对稀疏，从而使得高速铁路列车运行线分布具有明显的时段性特征。根据旅客出行和市场需求，可以把一天24h划分为不同的时段。

(1) 高峰时段：由于不同速度的列车分布不均匀而产生的列车在某一时间段内密集到发或通过，这个时间段称为高峰时段。一天之内可能会产生几个高峰时段，不同线路、不同区段或区间，其高峰时段是不同的。高峰时段也是能力紧张时段，它是决定铁路线路能否满足运输市场需求的关键。

(2) 平缓时段：在这个时段内，到发或通过的列车相对较稀疏，是能力缓和时段。

旅客出行不仅有对列车运行线数量的需求而且有列车开行时间的需求，因此，要求铁路有关部门不仅要向运输市场提供足够数量的线路通过能力，而且提供的能力应是优质的，符合运输市场需求的，并能组织起高质量的列车运行。

5) 列车运行线需要具有较高弹性

恶劣气候条件、设备故障、意外事故及人为因素等也会对列车运行产生影响，这些因素都会造成高速列车运行秩序的紊乱。为保证列车的高正点率，列车运行图必须要有足够的应变能力，即具有高度的弹性；当列车运行紊乱时，要能尽快恢复正常，以保证列车能经常处于按图行车的状态。因此，列车运行线间要预留一定的冗余时间，以减少个别列车晚点的影响；或者预留一定数量的备用线，让晚点列车按就近的备用线运行。备用线应均衡铺画在列车运行图的各个时间段，备用线一般应设较多的停站，以备灵活运用。节假日旅客列车运行线平时可作为备用线，应对备用列车运行线的分布及比例进行更深入的研究。

2. 高速铁路列车运行图的分类

从国外高速铁路来看，列车运行图可分为常规列车运行图和节假日列车运行图，开行定期列车和季节列车，日常运营可增加临时列车。高速铁路可根据客流规律铺画多种版本的列车运行图，以更好地满足客流需求。目前，我国高速铁路列车运行图按需调配，可以分为日常运行图、周末运行图和节假日运行图(高峰日运行图)。日常运行图为周一到周四高速列车运行执行的运行图，周末运行图为周五、周六及周日高速列车运行执行的运行图，节假日运行图为春运、暑运、小长假等运输期间高速列车运行执行的运行图。在日常和周末如果遇到突发客流，铁路局可向国铁集团申请增开节假日运行图中未开行的高铁列车，编制旅游旺季、特殊社会活动等分号运行图等。

根据相应的运行图，高速铁路列车类型可分为：

(1) 定期列车，即时刻固定，全年中每日都开行的列车；

(2) 季节列车，即时刻固定，仅在必要的期间和必要的日期内开行的列车；

(3) 临时列车，即临时指定时刻，仅在临时指定的期间和日期内开行的列车。

3. 高速铁路列车运行图编制原则

(1) 高速铁路列车运行图编制原则上纳入全路编图工作。全路定期性的列车运行图编制工作由国铁集团决定。

(2) 严格遵守各种间隔及时间标准。

(3) 适应高速铁路客流特点，最大限度地满足旅客出行的需要，尽可能按时段、频率安排列车运行线。

(4) 要协调好高速铁路与既有线的衔接，并尽可能提高高速铁路及既有线的通过能力。

(5) 先编制跨线高速列车运行图，后编制本线高速列车运行图，跨线高速列车应尽量减少对本线高速列车的影响。列车等级按速度等级划分，速度高的列车等级高于速度低的列车等级，高速铁路高等级列车可越行低等级跨线列车。

(6) 尽可能提高动车组的运用效率。

(7) 合理安排列车停站，以提高列车旅行速度。

(8) 兼顾均衡铺画的原则，充分利用线路和车站的通过能力，减少各种列车间的越行与避让，同时使列车运行图保持合理的弹性。

(9) 使高速列车运行与高速客运站的技术作业过程相协调。

(10) 处理好列车密度、列车种类、到发时刻、动车组运用和综合维修天窗设置等方面的关系。

4. 高速铁路列车运行图编制顺序

合理确定高速铁路列车铺画顺序，可减少列车运行线间隔检查与调整次数，提高编图效率。高速铁路列车运行图可按以下顺序进行编制。

1) 列车运行线按等级高低顺序铺画

首先将列车按性质及运行距离长短划分等级，按照等级高低顺序铺画列车运行线。在等级划分过程中，应考虑到高速铁路不同速度等级混跑的运输组织模式，兼顾高等级高速列车的有利发到时刻和均衡性以及低等级高速列车与其在既有线上时间的衔接。因为若先铺画高等级高速列车，低等级高速列车旅速会大幅度下降，可铺画时间带变窄，甚至会有部分低等级高速列车根本铺不下去；若先铺画低等级高速列车，不仅不能保证高等级高速列车的有利发到时刻，而且当高等级高速列车与低等级高速列车运行线发生冲突时，不可避免地要调整已经铺好的低等级高速列车运行线，使其待避高等级高速列车，这样就会打乱原有的低等级高速列车运行线，而且调整幅度大，调整起来比较困难。

综合各类列车性质，将列车划分等级如下：中、长途高等级高速列车，跨线低等级高速列车，短途高等级高速列车，短途低等级高速列车。

(1) 中、长途高等级高速列车运行线的铺画。中、长途高等级高速列车运行线所形成的基本框架对整个列车运行图的布局及能力利用起着决定性的影响，因此，其分布应尽量做到均衡，为低等级高速列车运行线的铺画创造良好的条件。

(2) 跨线低等级高速列车运行线的铺画。铺画跨线低等级高速列车运行线要求与全路直通客车方案相衔接并保证一定的旅速。

(3) 短途高等级高速列车运行线的铺画。短途高等级高速列车运行线一般在中、长途高等级高速列车运行线与长途低等级高速列车运行线之间的空隙插入铺画。为了不影响跨线低等级高速列车运行线与客车方案的衔接及照顾已建立的整体框架，原则上不得调整已铺运行线，只在特殊情况下，允许进行微量调整。

(4) 短途低等级高速列车运行线的铺画。短途低等级高速列车运行线没有与客车方案的衔接问题，一般跨越区段较少。因此，始发、终到时刻的选择范围相对较大，采取插空方法铺画。

2) 同等级列车按出发时刻先后顺序铺画

列车运行线按等级由高至低顺序铺画，对同等级列车，首先按出发时刻先后进行排序，然后顺序取出列车进行铺画。

3) 高等级及先铺画列车具有优先权

在运行线铺画及间隔调整过程中，当正铺画列车与已铺画列车发生冲突时，先调整本列车，然后调整与其冲突列车。这样可减少检查、调整的次数，提高铺图效率。

5. 高速铁路列车运行图缓冲时间及设置

在编制列车运行图时，由于受列车运行图结构和区间通过能力利用率等因素的影响，图定列车间隔时间往往大于完成作业所需的标准作业时分，其差值为列车运行图缓冲时间，简称缓冲时间。缓冲时间一般设置在涉及两列(或多于两列)列车的作业中，如设置在追踪运行的两列车间的追踪列车间隔缓冲时间(图 6.5)，两列车的乘客需要在某一车站进行换乘的换乘缓冲时间(图 6.6)。缓冲时间的主要作用是抑制晚点在列车之间的传播。

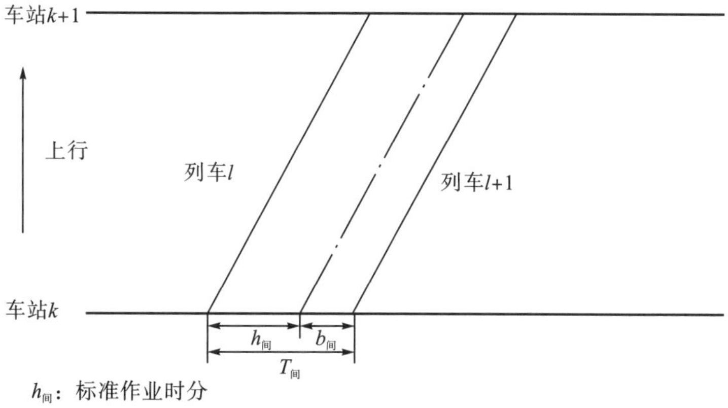

$h_{间}$：标准作业时分
$b_{间}$：追踪列车间隔缓冲时间
$T_{间}$：图定追踪列车间隔时分

图 6.5　追踪列车间隔缓冲时间示意图

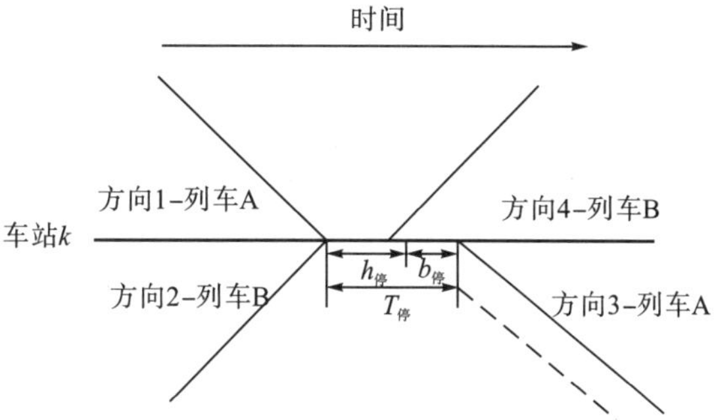

$h_{停}$：标准作业时分
$b_{停}$：换乘缓冲时间
$T_{停}$：固定停站时分

图 6.6　换乘缓冲时间示意图

缓冲时间的设置有利于增强列车运行图的稳定性，但是，设置过长的缓冲时间既会造成大量能力空费，又会增大列车的旅行时间。因此，缓冲时间的设置应有所重点取向。如一些容易发生延误的重点区域、等级高的列车等就应多设置缓冲时间。缓冲时间的设置大致遵循以下原则。

(1)枢纽站、大型客运站以及换乘客流较大的车站应分配较多的缓冲时间。这些车站作业复杂、站场能力紧张、设备负荷重，是干扰高发区域。在大站之前设置较长的缓冲时间可以减少这些可能的干扰带来的冲击，将缓冲时间设于大站前还可增加缓冲时间的使用率，保证列车在之前的运行不空设缓冲时间。

(2)列车运行高峰期、列车换乘连接时段等干扰易发时点应适当分配缓冲时间。高速铁路，尤其是城际高速铁路随客流波动有明显的潮汐现象，在高峰时段，运行的微小干扰很容易引发列车大范围的延误，在能力利用允许的前提下应该考虑对此时段运行的列车增加缓冲时间，而且应该优先考虑在运行线间或运行线群间设置缓冲时间。

(3)长途高等级列车、城际高速列车等对准时性很敏感的列车应多分配缓冲时间。设置一定的缓冲时间以增大运行准点的可靠性。

6. 高速铁路列车运行图编制需解决的问题

高速铁路列车运行图的编制与既有线相比有其不同特点，技术上也有其特定要求。高速铁路列车运行图需解决的问题主要包括以下几个方面：

(1) 本线列车运行线与跨线列车运行线的协调优化。我国铁路客流具有运量大、客流集中、平均行程长、跨线客流所占比例大等特点，有效利用高速铁路通过能力，缩短旅行时间及提高服务质量，必须合理安排本线高等级列车运行线与跨线低等级列车运行线，减少不同速度等级列车间的运行干扰，既确保本线高速列车高速、安全运行，又能保证跨线列车的正常合理衔接。

(2) 高速列车运行线与综合维修天窗的协调优化。我国高速铁路均采用矩形的综合维修天窗，一般铺设在 0:00～4:00 时间段，且天窗内禁止行车。天窗的开设不仅缩短了列车运行图中可供列车运行的时间段且人为地将列车运行图分割为两个隔开的时间段，对高速铁路通过能力造成了巨大影响。随着高速铁路逐渐成网，长途跨线高速列车开行的数量越来越多，组织高速列车利用夜间运行，充分利用高铁通过能力将会越来越困难，鉴于此，高速列车运行线的铺画应与综合维修天窗的开设方式综合优化。

(3) 高速铁路列车运行线与动车组运用计划的协调优化。列车运行图是列车开行的综合计划，规定了各次列车的始发终到车站及始发终到时间，而这些列车都必须由具体的动车组来实现，列车开行数量受动车组能力的制约。同时，列车运行线的分布决定了动车组需承担的运输任务，单从动车组运用计划的优化问题着手，并不能从根本上解决动车组运用数量的问题，必须将动车组运用与列车运行线综合优化，才能提高动车组的运用效率和列车运行计划的质量。

(4) 高速铁路列车运行图的稳定性。运输的方便、快捷、舒适及运营的安全、正点、可靠是高速铁路吸引旅客的主要优点，要保证这个目标，除技术上提供必要的保障外，运输计划编制是否科学合理也是极为重要的。高速列车速度高、密度大，列车之间联系紧密，一旦出现干扰，列车调整困难，鉴于此，编制高速铁路列车运行图时，要在保证运输能力的基础上，合理安排各列车的到发时间，并在适当的时间与空间加入缓冲时间，使列车运行图具有较好的抗干扰性与自我恢复能力。

四、规格化高速铁路列车运行图编制

(一) 规格化高速铁路列车运行图概述

1. 规格化高速铁路列车运行图概念

规格化高速铁路列车运行图(简称规格化列车运行图)，也叫周期化运行图、模式化运行图，是指在运输能力合理负荷下以时间间隔(单元时间)为单位，循环重复铺画的饱和列车运行图。规格化是指单元时间内的高速列车开行方案及停站方案基本相同。例如，以 1h 为单元时间，列车运行图上每小时的高速列车种类、数量及停站地点和时间基本相同。规格化列车运行图具有规律性强、方便旅客、柔性大、运用灵活、动车组运用率高、各类列车运行速度差小、自动化水平高等特点。在运量需求较大的时期，采用这种列车运行图具备以下四个优点：①编制合理的规格化列车运行图虽然不易，但为列车运行图的铺画提供了可遵循的方法；②规格化列车运行图的使用具有“以不变应万变”的特点，为运营创造了最大的自由度；③规格化列车运行图较好地解决了晚点列车运行调整问题；④规格化列车运行图便于编制和评价高速铁路的运输能力。

西欧国家、日本和我国台湾地区的高速铁路普遍采用了规格化、节拍化列车运行图，规格化、节拍化列车运行图开行列车密度大，开行时刻、停站方案在各时段内相对固定，极大地方便了旅客的出行，充分体现了高速铁路快捷、舒适、方便的优点。

从图 6.7 中可以看出日本东海道新干线运行图具有鲜明的“规格化”特点。实际上东海道新干线运行图在 7:00～18:00 这段时间内，基本都符合以 1h 为一个运行图周期，规格化程度很高。目前，东海道新干线开行三种等级的列车。“希望”号只停靠名古屋、京都等大站，每小时 8 列左右；“光”号在部分小站交错停车，每小时 2 列；“回声”号沿途各站均停车，每小时 2 列。东京站最大单向开行 197 列，最短发车间隔 3min，每小时最多发车 14 列(不含出入库空车底列数)。

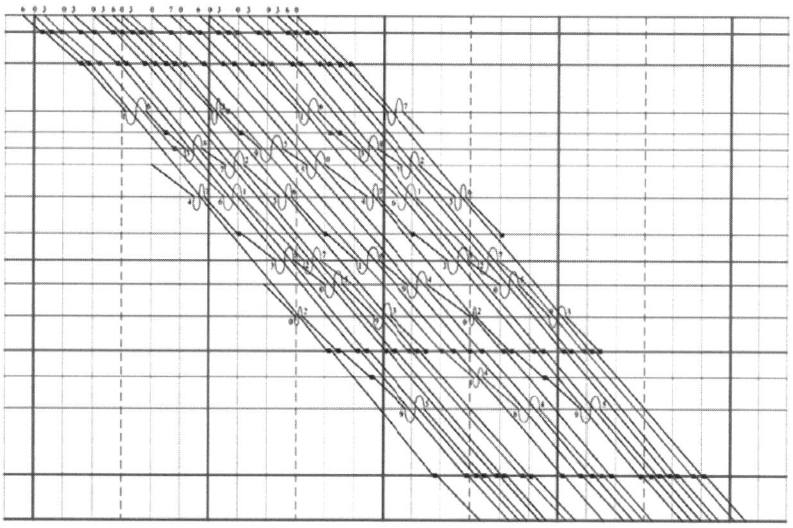

图 6.7　日本东海道新干线规格化运行图样图

2. 规格化高速铁路列车运行图特点

规格化列车运行图运行已成为世界各国高速铁路的主要运输组织模式，这种运输组织模式具有以下特点。

(1) 方便旅客记忆，提高铁路运输部门的客运市场竞争力。列车周期运行意味着路网各次列车的停站方案、车站到发时刻，甚至车站到发线均周期化。在这一前提下，旅客出行不再需要非周期情况下的时刻表，仅需知道一个时段的列车到发时刻便推知全天各个时段内列车的到发时刻。这不仅给旅客提供快捷、舒适、方便的服务，同时由于旅客会按时到达车站，也可减轻客运站的候车压力，带动车站相关工作模式的转变，从而提高铁路运输部门的客运市场竞争力。

(2) 线路能力利用率高，满足干线城市间旅客出行需要。列车采取周期化运行，列车开行密度大，线路能力利用率很高，高频率的列车运行还可以大大缓解经济发达地区都市间繁忙的通勤、通学的运输压力，也极大地满足了干线城市间旅客出行的需要。

(3) 运输组织规律。规格化列车运行图下，列车开行数量、运行速度、越行或待避车站等多个要素基本相同，因此列车的运行和管理在一定程度上被简化，运输组织具有较强的规律性，有利于铁路运营企业的有序管理。

(4) 降低列车运行图铺画难度。列车周期运行条件下，可以仅在一个时段内考虑列车开行方案和运行线图规划，在其他时段内重复当前时段内的规划结果，便可得到全天基本运行图，从而降低铺画列车运行图的难度。相比之下，当前规划时段的列车运行线铺画情况是基于全天的高峰时段客流情况给出的，而其他非高峰时段，则可根据客流具体情况，在高峰时段运行图上抽线停开某些车次。由此可知，规格化列车运行图比非规格化列车运行图在实际运营中具有更大的灵活性与实用性。另外，也可以编制适应各种工作日、节假日客流特点的运行图和动车组运行计划，以适应各种情况的出行旅客需求。

(5) 运行图调整具备较大弹性。列车周期运行可以协调好全天客流变化，便于规划人员和现场调度人员随时把握列车的开行情况。在高峰时段，一般为各类列车叠加的饱和运行图，行车密度最大。在非高峰时段，多铺画出的列车运行线可作为备用线使用。而在非周期运行模式下，运行图备用线设置的数量、种类、时间和停站方案等均难以确定。高速铁路的特点是列车速度快、开行密集，而列车发生延误的随机性又较大，一旦出现延误等特殊情况，很容易产生连锁反应，影响大量后续列车的开行。对于周期运行图来说，由于在各单元时间内各类列车开行方案和停站方案基本相同，且周期运行图在非高峰时段会留有备用线供列车的运行调整使用，为晚点列车提供了很多的选择机会。因此，便于列车运行调整。

(6) 有利于运输能力的计算与评价。规格化列车运行图有利于高速铁路运输能力的计算与评价。非规格化列车运行图在运输能力的计算上存在多种不确定性；对于规格化列车运行图，由于运行图各区段的各单元时间内采用同样的行车模式和计算方法，故为运输能力的计算提供了确定性前提，简化了计算。

(7) 有利于与其他交通方式衔接。规格化列车运行图具备规律性的列车到达、出发时刻，因此为高速铁路与其他交通方式的有效衔接提供了便利。各种交通方式的有效衔接，一方面能使旅客有效地把握出行时间，进而减少其在高速铁路客运站候车的时间；另一方面能使到达旅客及时疏散，减少其在客运站停留等候的时间。

(二) 规格化高速铁路列车运行图编制过程

1. 规格化高速铁路列车运行图编制原则

规格化列车运行图编制的过程中，应当遵循以下的原则。

(1) 保证列车停站的均衡性。规格化列车运行图需要保证每个周期内各列车停站具有均衡性，具体是指各车站的停站列车的到站时段分布均衡及各列车的停车站点分布均衡。到站时段分布均衡为：在各车站，停站列车与不停站通过列车应交替到达。各列车的停车站点分布均衡表现为：各列车在其运行区段内不出现短距离频繁停站或长距离不停站，反映为运行线随着时间轴的延伸被车站中心线均衡打断。

高速铁路列车停站设置的均衡与否会直接影响高铁线路的通过能力，均衡性较差的停站方案会导致不必要的线路占用。因此，在编制规格化列车运行图时，需要以现图停站率为基准，有效利用线路和车站的通过能力，尽量减少列车间的避让及越行，保证列车停站方案的均衡性，同时也要使列车运行图有一定的弹性。

(2) 合理利用通过能力。规格化列车运行图对其能力的利用应尽量最大化，如此在针对高峰和平峰时期进行不同方案的确定，其中列车停站对通过能力的影响较大，同一运行区段相同等级的列车停站次数应尽量接近，并按照“先远端停站，后近端停站”的原则进行编制(图 6.8)，使运行图通过能力最大化。

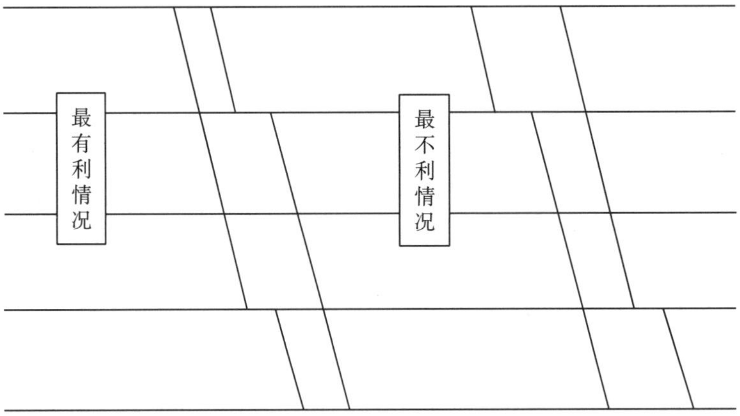

图 6.8 “递远递停”铺画原则

(3) 先编制基本周期的能力最大图，再进行调整。在编制规格化列车运行图时，应按照现行全日运行图中的总体开行方案，结合全日列车开行的种类，确定各周期内列车开行的对数、种类等，以该开行方案作为标准进行基本周期的能力最大图确定。在该图编制完成后，将其复制到全日运行图，并且根据各个时段客流需求的不同，减少列车运行线的数量并进行列车运行图的调整。

(4) 跨线列车接入或者下线与本线列车速度差不能太大。铺画规格化列车运行图的技术条件之一是减少列车速度差和列车种类，这样才能铺画平行运行图，以保证行车能力不被损失。

2. 规格化高速铁路列车运行图编制流程

在实际运用中，规格化列车运行图并不严格要求各周期内运行图完全相同，而是考虑客流在不同季节、周内不同日及一天内不同时段的波动情况，对列车开行方案和运行方式进行相应的调整。编制周期性列车运行图与普通列车运行图有些不同，它从列车开行方案的准备到客流波动的适应都需要进行一些必要的处理。具体编制程序如下：

(1) 开行方案的调整。目前，我国编制高速铁路列车开行方案主要考虑 OD 流，即高速铁路线路上起讫高铁站之间的客流量。一般只要两个车站之间的 OD 流满足开行一列高速列车的条件就开行一列，因而导致列车开行对数多，不同起讫点方案多。而规格化列车运行图由于每单元时间内列车开行方案相同，列车开行的起讫点方案很少，必须对既有的列车开行方案进行合理的合并和调整。

(2) 确定单元时间内高峰小时列车的开行方案。根据第一步列车开行方案合并的结果，取定铺画单元时间，确定单元时间内高峰小时列车开行频率、列车开行起讫点。根据客运需要和运输组织的要求，确定单元时间内列车的相互关系，即列车的停站方案、运行顺序、越行及待避地点等，尽可能使该时间段内铺画列车对数最多，线路通过能力的损失最小。

(3) 编制单元时间内高峰小时列车运行图。根据第二步确定的单元时间内高峰小时列车的开行方案，铺画单元时间内高峰小时的列车运行图。

(4) 编制日列车运行图。根据每日客流波动规律，确定一天内各单元时间列车的开行数量，在单元时间内高峰小时列车运行图的基础上，取消部分运行线或考虑不同动车组编成方案(如两列联运或分解)，微调部分运行线，形成各单元时间列车运行图，将基本单元时间图扩展成日运行图。

(5) 编制周列车运行图。根据周客流波动情况，确定每日列车开行方案，并相应处理各日内各单元时间列车运行方案，形成周列车运行图。

(6) 编制特殊季节列车开行图。国庆节、春节、寒暑假是我国客流高峰期，另外，不同地方、不同季节、特殊活动都会带来客流的变化，根据对这些特殊季节客流的预测，适当调整列车运行图，形成特殊季节列车开行图。

(7) 统计分析。在列车运行图铺画结束后，要对列车运行图进行指标统计，分析运行图编制质量，发现问题及时做出调整。

3. 规格化列车运行图编制基本方法与步骤

(1) 前期基础资料准备，包括开行方案、停站方案基础要素、运行图技术标准等。

(2) 合理确定规格化列车运行图的铺画单元周期，通过线路的长度、列车速度和停站来调整确定周期，并计算出每周期可铺画的列车对数。根据列车旅行时间、列车发车的时间段、列车起停附加时分、各站营业停时及发车间隔，计算出最大可铺画列车对数。

(3) 统计现图各车站停站次数，计算各车站停站率，根据第二步结果计算新图铺画停站次数。

(4) 均衡分配停站，编制合理的停站方案，并在铺画过程中适当调整。

(5) 以最大列车对数进行试铺画，若一周期内无法铺画计算对数，则减少列车对数，重新按照编制方法进行编制，直到可以完全铺画。

(6) 进行规格化列车运行图优化：

①在全程周期性列车运行图的基础上，在图上空余位置铺画客流需求较大的短途列车运行线；

②考虑现图中停站需求较多的车站将全程列车运行线部分拆分成短途列车运行线；

③在图上两端空白三角区铺画短途列车运行线，进而提升列车运行图通过能力。

(7) 对规格化运行图进行统计分析，确定新图的合理性和可实施性。

具体编制步骤如图 6.9 所示。

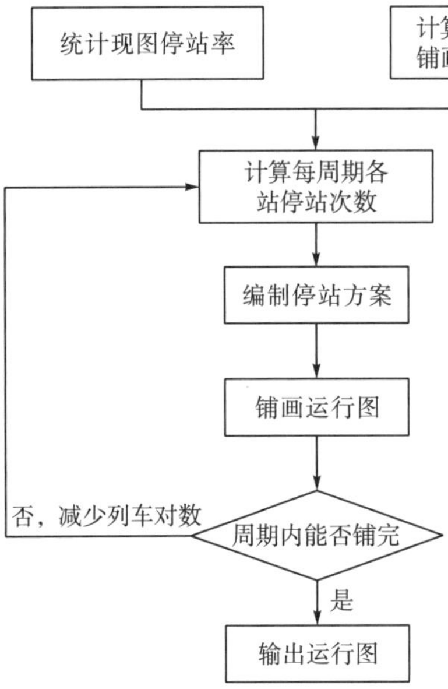

图 6.9　规格化列车运行图编制具体步骤

4. 规格化高速铁路列车运行图应有的条件

规格化列车运行图应具备以下几个方面的运行条件。

(1) 具有客流基础。规格化列车运行图具有很强的规律性，列车服务频率高，以高峰客流为基础进行规格化高铁铺画，要求高速铁路有充足的客流，且一天之中客流量不能产生较大波动。同时，跨线列车不宜过多，否则，规格化列车运行图的规律性将造成破坏。

(2) 列车开行距离和时间不宜过长。当列车开行距离和时间过长时，旅客的旅行舒适度会有所降低，选择航空出行方式的旅客将增多，其次，也会导致天窗两端的三角形区域过大，通过能力得不到充分利用(图 6.10)。

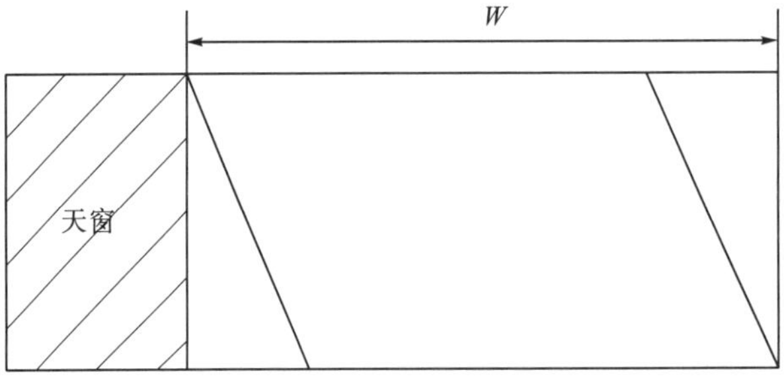

图 6.10　运行图的上、下三角区域

(3) 列车速度差不宜过大。当一个区段内开行两种或两种以上速度的列车时，若它们的速度之差较大，在铺画运行线时，运行线之间会产生较尖锐的“梯形”时间区域。因为这些“梯形”时间区域不能被其他运行线所利用，所以造成很大的浪费。在规格化列车运行条件下，由于仅考虑全天高峰一个时段的运行线铺画情况，运行线之间的速度差较大，导致该时段内可能无可行解，或者仅铺画少量运行线，降低规格化列车运行图的使用效率。

(4) 安全可靠的硬件设备及成熟的技术条件。高峰规格化列车运行线是满负荷使用的，如果没有成熟的设备技术条件，将很难保证列车严格按图运行，进而影响整个线路列车运行的安全有序。

五、区域协同高速铁路列车运行图编制原理与方法

目前，我国高速铁路总体上沿袭了既有线列车运行图编制方法，即立足于整体路网、全路一盘棋，是先路网后局部的列车运行图编制模式。随着我国高速铁路大规模成网运营，其弊端逐渐显现，导致整个路网运行线交织、错综复杂、环环相扣，全路列车运行图编制为紧耦合关系，任意高铁线路都无法结合自身特性进行产品优化设计，难以实现高速铁路列车运行图优化编制。区域协同高速铁路列车运行图(简称区域网列车运行图)编制是指突破既有高速铁路列车运行图编制理论与方法的束缚，基于高速列车合理开行距离，以对高速铁路网进行区域划分为基础，以各高速铁路区域网为结构单元，以各区域网列车运行图的相对独立编制和区域网列车运行图的协同优化为核心，实现高速铁路网列车运行图的优化编制，从而打破既有高速铁路列车运行图编制中存在的路网交织、错综复杂、环环相扣等的弊端，建立与高灵敏度、高市场适应性的客运组织模式相协调，与高复杂度的路网结构、高难度的运输组织需求相适应的高速铁路路网列车运行图编制的理论与方法，实现高速铁路成网条件下的列车运行图优化编制。

1. 主要思想

区域网列车运行图编制原理与方法主要基于以下几点。

(1)有力支撑高速铁路区域网内直达，区域网间换乘为主、直达为辅的客运组织模式实施，实现客运组织的高灵敏度和高市场适应性。

(2)将既有高速铁路路网列车运行图编制的紧耦合问题转化为松耦合问题，打破既有高速铁路路网列车运行图编制存在的路网运行线交织、错综复杂、环环相扣的弊端，适应高复杂度的路网结构、高难度的运输组织需求。

(3)发挥各区域网列车运行图的自主编制和客运产品设计能力，以干线周期化列车运行图作为区域网列车运行图编制的基本框架，实现区域网列车运行图优化编制。

(4)基于路网跨线列车和区域网间换乘列车对运行线协调接续与衔接，建立各区域网列车运行图协同编制机制，实现路网列车运行图的优化编制。

2. 基本原理

基于大系统分解、子系统优化、子系统间协调的大系统分解协调思想，立足于高速铁路区域内直达、区域间换乘与直达结合的高速铁路客运组织模式，与大规模复杂高速铁路网运输组织需求相适应，克服既有高速铁路列车运行图编制原理与方法存在的弊端，以区域子网高速铁路列车运行图相对独立编制为基础，通过各区域子网高速铁路列车运行图的协同编制实现高速铁路网列车运行图优化编制，从而提升高速铁路客运产品设计质量及灵敏度，以区域子网高速铁路骨干线路的周期化列车运行图编制、区域内及区域间跨线列车运行线选择为核心，综合运用高速铁路区域划分、区域网干线周期化列车运行图编制、跨线运行线衔接等优化方法与技术，实现复杂要素耦合条件下的高速铁路网列车运行图优化编制。

3. 主要方法与步骤

区域协同高速铁路列车运行图编制的基本方法与步骤如下所示。

(1)高速铁路区域网划分。按照高速铁路区域网划分方法将高速铁路网划分为若干区域网。

(2)区域网干线周期化列车运行图编制。路网划分后，在各区域网内以干线为基础独立编制服务水平较高的满能力周期化列车运行图，形成区域网列车运行图基本框架。

(3)路网跨线列车运行图区域协同编制。各区域网干线列车周期化列车运行图独立编制后，基于路网跨线列车运行结构与运行线结构的时空匹配关系、所经区域网运行线时空接续关系，优化确定路网跨线列车运行线，形成路网跨线列车运行图。

(4) 区域网支线列车运行图编制。路网跨线列车确定后，以区域网干线周期化列车运行图为基本框架，确定区域网中从干线开往支线的跨线列车，进而编制支线列车运行图。

4. 关键技术

区域网列车运行图编制主要关键技术如下所示。

(1) 高速铁路区域网划分技术。立足于线路连接紧密度、邻接距离、区域网中心服务半径和服务容量、邻接特性、动车组储备能力和维修能力等，在分析高速铁路区域网划分原则和影响因素的基础上，建立基于网络连接及服务中心选择的高速铁路区域网划分混合整数规划模型，设计优化算法予以求解，实现高速铁路区域网的划分。

(2) 区域网干线周期化列车运行图优化编制技术。高速铁路网划分为若干区域网后，各区域网子系统的特性得以保持，可以依据自身的客流时空特性、列车开行特点、路网结构特点、线路标准等，借鉴周期化列车运行图编制的理念和方法实现区域网干线周期列车运行图的优化编制。单元周期化列车运行图是周期化列车运行图的核心，可依据高峰时段客流时空特性和区域网自身特性建立区域网周期化列车运行图优化编制模型，实现区域网单元周期化列车运行图优化编制。在此基础上，根据各时段的客流需求特性，基于单元周期化列车运行图，通过衔接和抽、插线等技术处理即可形成区域网周期化列车运行图，实现区域网周期化列车运行图的优化编制。

(3) 路网跨线列车运行线接续优化技术。以列车开行方案中各路网跨线列车和各区域网列车运行线为考察对象，基于区域网运行线的时空衔接和列车运行结构与运行线结构的时空协调关系，建立以路网跨线列车运行线接续时间最短为目标的决策模型，实现路网跨线列车运行线区域协同编制，确定路网跨线列车运行线方案，形成路网跨线列车运行方案图，从而实现区域网列车运行图的协同编制，进而实现路网列车运行图的优化编制。

第二节　旅客列车车底周转图

一、旅客列车车底周转图编制

1. 旅客列车车底周转图的含义及作用

目前，我国铁路旅客列车主要采用固定编组、固定配属和固定区段的运用方式。固定编组是指根据列车种类、车站等级、机车型号等条件规定列车的编组结构，旅客列车编组完成后，其编组辆数、结构和次序一般固定，车底的编组一旦形成也很难更改；固定配属是指各铁路局负责管理、检修和运用本局所属的车底，并设有客技站；固定区段是指旅客列车固定运行于运行图所规定的车站之间，一般不得变更。

在编制旅客列车运行图的同时，应编制旅客列车车底周转图，即将各次旅客列车车底的周转情况用图解的形式表示出来，以确定各次列车车底的需要数，并由此确定车底在配属站和折返站的停留时间。合理的旅客列车车底周转图有利于节省车底运用费用，也有利于满足铁路客运运能需求。旅客列车车底周转图是依据旅客列车运行计划、车底配属制度、车底在站相关技术作业标准等进行编制的。

2. 旅客列车车底周转图类型

1) 直通旅客列车车底周转图

如图 6.11 所示，T47 次、T48 次列车为直通旅客列车，第 1 天 T47 次列车从甲站始发，第 3 天到达折返站(能够办理折返作业的客运站，通常由运输组织方案和车站布置图等确定)乙站，其车底在经过相应的整备之后当天随 T48 次发出，第 5 天返回配属站(列车车底所配属的车站)。

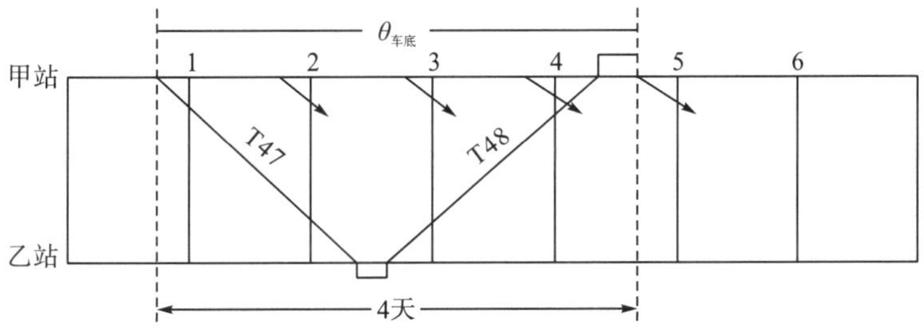

图 6.11 直通旅客列车车底周转图

2) 管内、市郊旅客列车车底周转图

如图 6.12 和图 6.13 所示，管内和市郊旅客列车的行程一般较短，车底可能一天周转一次或一天内周转数次。

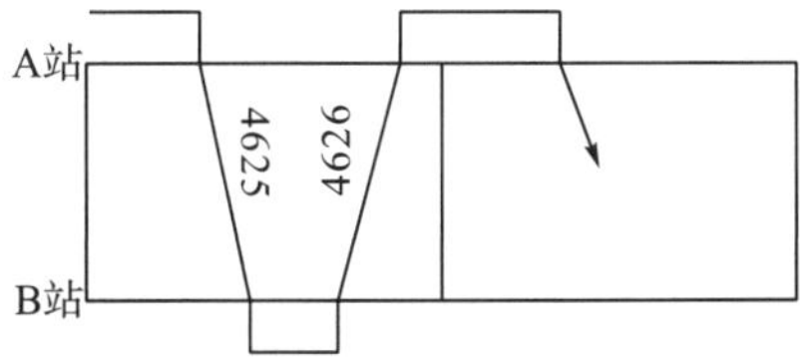

图 6.12 管内旅客列车车底周转图

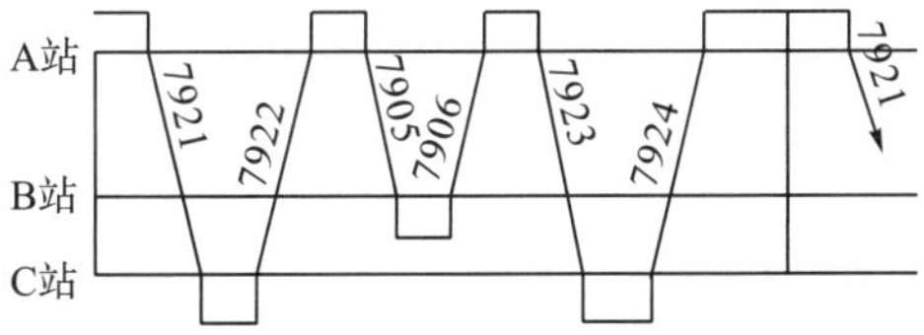

图 6.13 市郊旅客列车车底周转图

3) 回转车周转图

如图 6.14 所示，回转车不随基本车组直通到达列车终点站，而是在中途某站回转，其行程较基本车组为短，其需要数量较基本车组也为少。如图 6.14 所示，A-C 间开行的 590/589 次直通旅客快车，挂有一辆运行于 A-B 之间的回转车，基本车组需要三组，而回转车只需要两组。

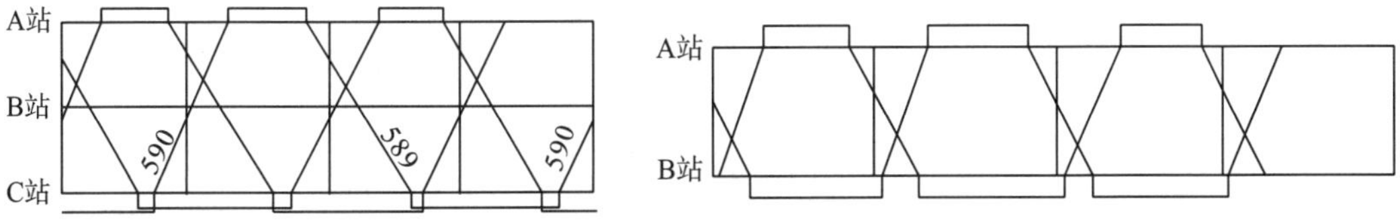

图 6.14 回转车周转图

3. 旅客列车车底周转图编制原则

旅客列车车底周转图是以整天数为横坐标，列车运行区段的始发终到站为纵坐标的二维表格，具体编制时要满足以下原则。

(1) 统筹安排车底类型和数量，保证旅客列车开行方案和运行图的实施。

(2) 车底周转图应按直通、管内及市郊旅客列车分别绘制。

(3) 要满足每一对旅客列车在配属站和折返站的作业停留时间(站内办理必要技术作业需停留的时间)。

(4) 按照车底周转时间的定义来绘制车底周转图。车底周转时间是指车底自配属站始发时起至该车底从折返站返回原配属站再次出发时止所经过的时间。车底周转时间应按每一对旅客列车分别计算，全路或各局还需计算全部旅客列车车底的平均周转时间。

(5) 尽可能地压缩车底的非生产时间来加快车底的周转，经济合理地使用车底，提高车底周转图的各项指标。

二、旅客列车车底需要数计算

旅客列车车底需要数是衡量旅客列车开行方案优劣的重要指标，在能够满足客流需求的情况下尽量减少车底需要数将会降低运营成本，提高铁路客运效益。旅客列车车底需要数的计算方法有图解法和分析计算法两种。

1. 图解法

根据旅客列车方案图绘制旅客列车车底周转图，如图 6.15 所示，从周转图上直接查得需要的车底数。在图(a)上可从旅客列车车底周转图上的箭头直接查得；在图(b)上，任一时刻截取线与运行图和车底停留线的交点数，即车底的需要数。

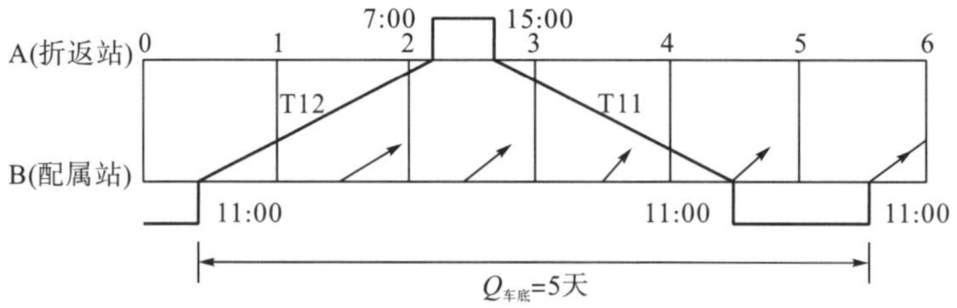

(a)

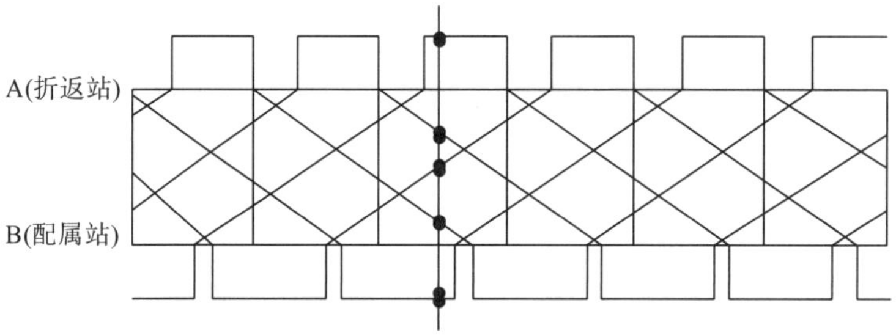

(b)

图 6.15　旅客列车车底周转图

2. 分析计算法

分析一定到站和一定种类的旅客列车车底周转时间，计算该周转时间内发出的某种旅客列车总数。

设某到站某种旅客列车的车底周转时间为$Q_{车底}$（天），在一个周转时间内平均每天发出的列车数为K，则该到站该种旅客列车的车底需要数$n_{车底}$为

$$n_{车底}=Q_{车底}\cdot K$$

由于$K=\dfrac{N}{Q_{车底}}$，因此，上式又可写成：

$$n_{车底}=Q_{车底}\cdot\frac{N}{Q_{车底}}=N$$

式中，N为车底周转时间内发出的该到站该种旅客列车总数。

3. 旅客列车车底的使用方法

在客运量增长快而旅客列车数量不足的情况下，应充分挖掘旅客列车潜力，加速旅客列车车底周转，节省车底需要数，这对我国当前铁路客运具有较大的现实意义。

经济合理地使用旅客列车车底数的方法有：

(1)提高直通速度，适当压缩旅客列车车底在途中和在配属站、折返站的停留时间。

(2)变更旅客列车发到时刻，并适当压缩车底在折返站的停留时间。

(3)部分外属客车车底在折返站组织立折运行，以节省车底需要数。

(4)组织长途旅客列车与短途旅客列车的车底套用，如图 6.16 所示。

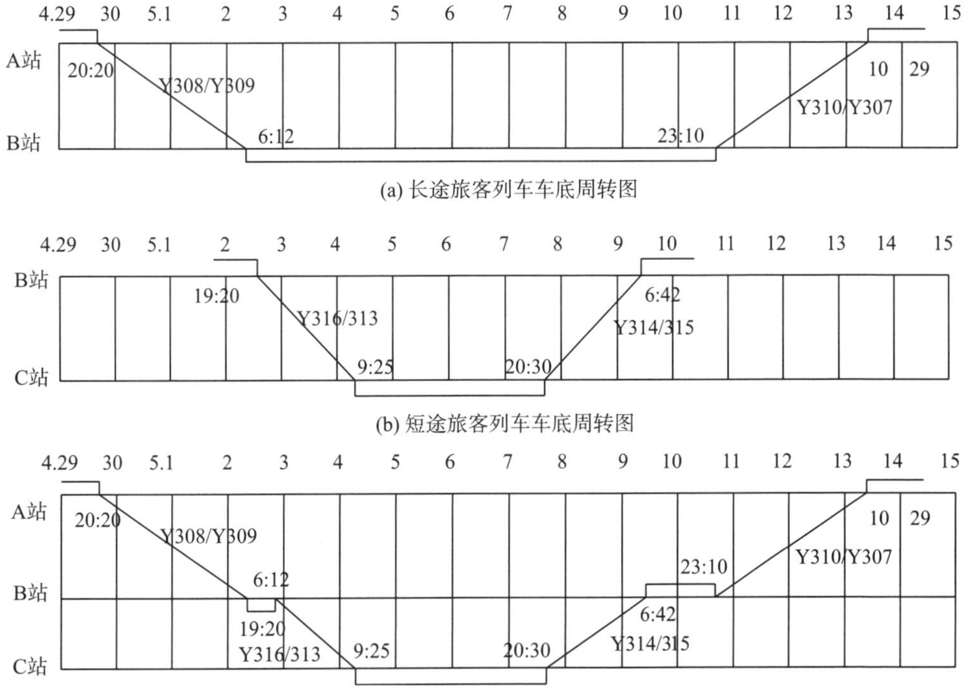

图 6.16　长途旅客列车与短途旅客列车车底套用周转图

(5)组织短途旅客列车与长途旅客列车拉通运行，并适当改变一些到发时刻，如图 6.17 所示。

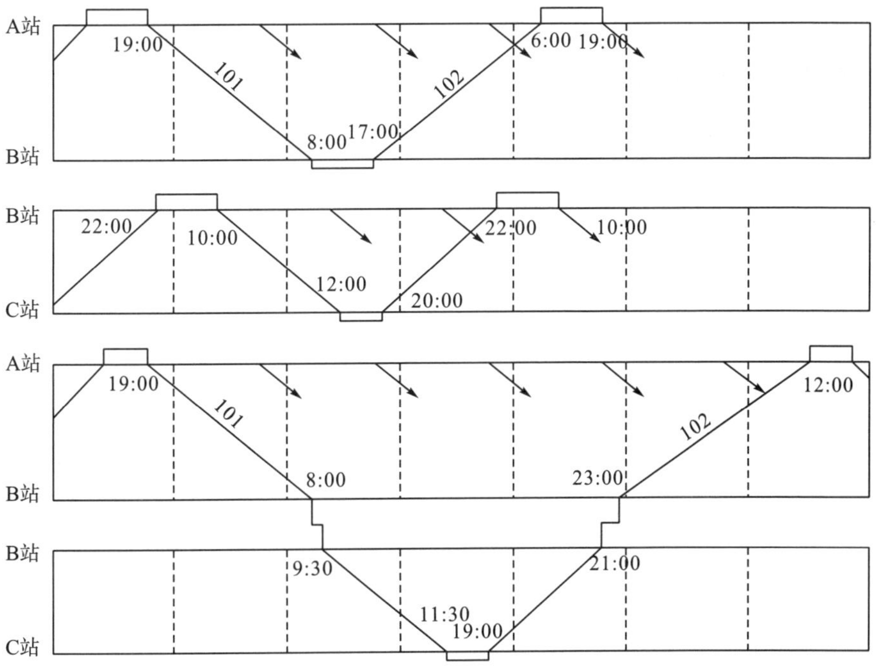

图 6.17　旅客列车分开运行与拉通运行和车底周转图的关系示意图

A-B、B-C 两区段分别开行旅客列车，车底需要数分别为 4 组和 3 组。若两区段旅客列车合并开行，并取消客车车底在折返站 B 的整备作业停留时间，则只需 6 组车底，可节省 1 组。

⑹ 以同样编组的旅客列车车底混合服务于几种旅客列车，一车底多车次，并适当缩减停留时间，以节省车底需要数，如图 6.18 所示。

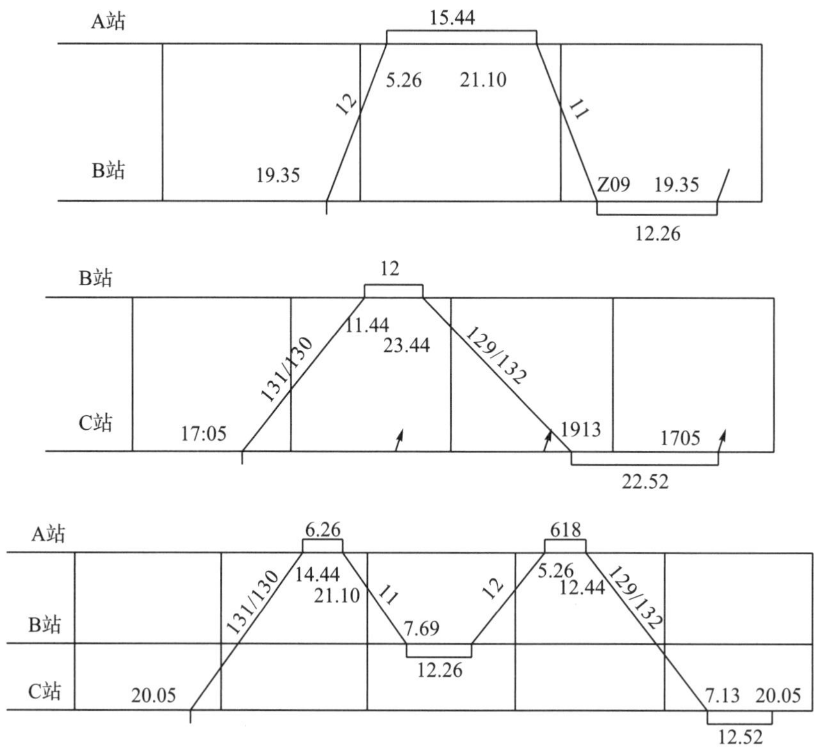

图 6.18　一车底多车次周转图

第三节　动车组交路计划

一、动车组交路计划概述

1. 动车组运用方式

由于动车组的特殊性，其运用方式也不同于机车和车辆，需要根据动车组自身的技术特点设置与之相适应的方式。根据国内外运用和研究现状，动车组运用方式分两种：一种是固定运行区段运用方式，另一种是不固定运行区段运用方式。

1) 固定运行区段运用方式(简称固定区段运用方式)

固定区段运用方式是指动车组在指定的线路上运行并且其运行区段固定的运用方式，它与普速铁路旅客列车车底的运用方案一致，如图 6.19 所示。

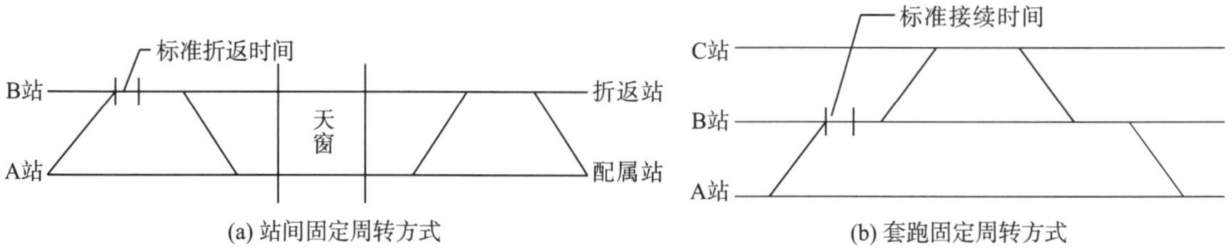

图 6.19　动车组固定区段运用方式示意图

固定区段运用方式又分为两站之间的固定运行区段模式和多站之间套跑的固定运行区段模式。前者是指动车组只在两个车站之间往返担当列车车次。后者是指动车组可以固定在两个及其以上的运行区段上往返担当列车车次，形成多个区段上的套跑运输模式。

固定区段运用方式的优点是动车组在固定的区段内运行，这种方式下动车组的运用组织比较简单，基本只是固定数个站点来回折返。它有利于动车组的管理，可根据客流变化进行动车组连挂或摘解，适合在中短距离客流量较大且集中的区段运行，如一般的城际高铁、市郊铁路等。其缺点是降低了动车组利用率，增加了备用动车组的数量，还不利于高速动车组的检修。一方面，在动车组检修期间需要有一定数量的备用车组来替代，如果备用车组由各区段分别配备，则全线总备用车组数量较大且利用率不高；另一方面，由于高速动车组的维修技术复杂，设备昂贵，这种方式下通常只有一个检修基地，所有检修设备只能集中配置，将所有动车组的维修作业集中在维修中心进行。所以，对与维修中心不邻接的区段，需要检修的动车组必须专程送检，事后又需专程回送。

2)不固定运行区段运用方式(不固定区段运用方式)

与固定区段运用方式相反，不固定区段运用方式就是指在动车运用所负责的高铁运输系统中，只要满足动车组与列车车次之间的匹配关系、列车车次之间的接续条件以及动车组的检修条件等，动车组根据高铁运输组织的需要可以担当任意区段上的列车车次，也就是说动车组在担当完一个列车车次后，可以根据需要和可能的条件，继续担当任意运行区段上的一个列车车次。如图 6.20 所示，位于第 4 站的动车组 1 可根据需要担当编号为 24、38、35、53、42 等五条运行线组成的交路，也可根据需要担当编号为 24、50、37、40 等运行线组成的交路，可以运行的区段没有限制。动车组交路安排的基本原则是满足动车组在变更车次、担任新的运输服务时可能需要的转线(改变运行方向时)、整备作业等接续时间的要求。

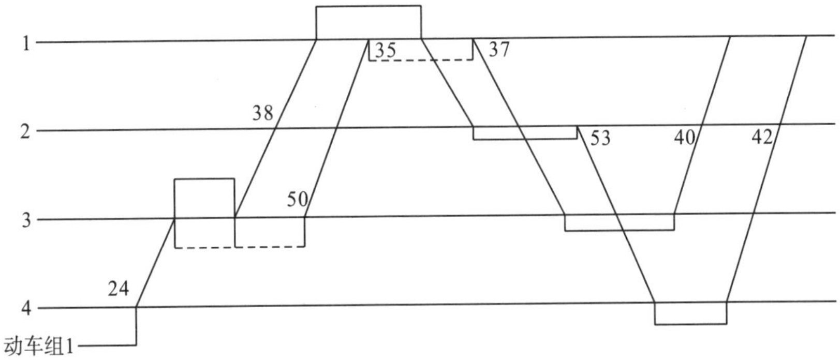

图 6.20　动车组不固定区段运用方式示意图

不固定区段运用方式以高速线路网或子网为对象，统筹考虑动车组的运用与维修来安排动车组的运用，根据动车组的走行状态，灵活安排其到某一站段进行对应级别的检修，这样就有效减少了空车回送次数，便于提高动车组的运用效率，减少动车组的运用数量，是比较合理的动车组运用方式，高速动车组比较发达的国家(如日本、法国等)均广泛采用这种方式。但是，由于该方式动车组接续安排比较稠密，调整难度很大，一旦出现一些运输干扰使得列车晚点甚至停运，后续的大部分列车都会受到影响，从而使动车组运用计划的抗干扰性下降。这种运用计划建立在高速铁路整体运用的基础上，行车方式、运输调度、如何协调各车站作业能力、如何合理满足不同地域的客流需求等问题都变得非常复杂。

根据这两种动车组运用方式的特点，总结出不同方式的适用情况和优缺点，见表 6.4。

总之，在固定区段运用方式下，不考虑维修情况，动车组的利用方式简单，用图解法或分析法可以确定完成运行图任务所需要的动车组数量。但是，在不固定区段运用方式下并考虑维修情况时，动车组利用方式复杂，动车组运行组合种类多，组合方案数大，很难用现成的方法确定。

表 6.4　动车组运用方式的适用情况和优缺点

动车组运用方式	特点	适用情况	优点	缺点
固定区段运用方式	动车组在指定的线路上运行并且其运行区段固定	适合在中短距离客流量较大且集中的区段运行，如一般的城际高铁、市郊铁路等	动车组的运用组织比较简单，有利于动车组的管理	降低了动车组利用率，增加了备用动车组的数量，不利于高速动车组的检修
不固定区段运用方式	动车组完成一次列车任务后，下一次所担当列车的运行区段无限制	初期运力紧张，检修能力不足的区段	有效减少了空车回送次数，便于提高动车组的运用效率，减少动车组的运用数量	调整难度很大，使得动车组运用计划的抗干扰性下降

对于客运量较大并且集中的城际高速铁路和市郊铁路，动车组固定区段运用方式更为合适。固定区段运用方式可以做到周期性安排运行图，可以时刻铺画更多的始发到达列车，最大限度地提高运输能力，吸引沿线客流。动车组集中检修、集中管理对提升检修效率和减少管理成本都会有好处，对运力紧张、检修能力不足的线路可采用不固定区段运用方式。

2. 动车组交路计划的含义

动车组交路计划是基于给定列车运行图，规定列车任务间动车组接续关系及一级检修地点，将列车运行图中列车任务组合成若干运用交路的计划，是编制日常动车组运用计划的基础性计划。当列车运行图调整时，动车组交路计划也将被重新编制。

动车组交路计划可以用动车组交路图表示，如图 6.21 所示。图 6.21 中，已经编制完成 10 条列车运行线，日常检修和定期检修只能在车站 C(或离车站 C 最近的检修基地)进行，则根据 10 条列车运行线及检修点编制了 2 个动车组交路段。交路段 1 表示为 G1002、G1003、G1004、G1005、G1008，可由一个动车组担当并且进行日检作业；交路段 2 表示为 G1001、G1010、G1009、G1006、G1007，由一个动车组担当并且进行日检作业，这样只需 2 个动车组就可完成 10 个列车运行线的运输任务。交路段 1 和交路段 2 构成的整体运用计划称为动车组交路计划。

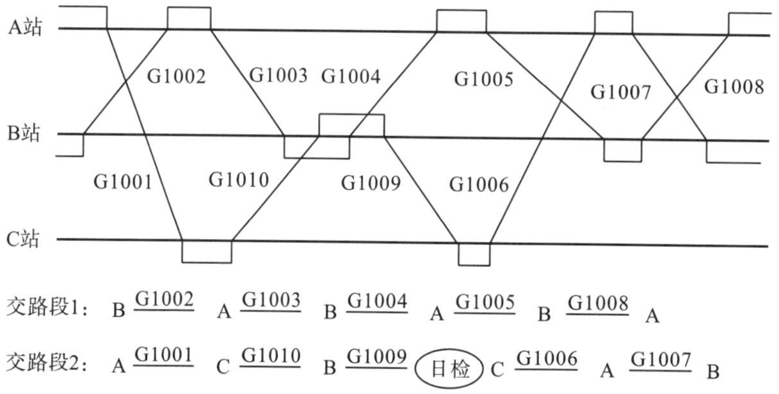

图 6.21　动车组交路图

动车组在某交路段担当某次列车运行到站后，接着将继续在该交路段担当下一次列车运行，这称为动车组的接续。此过程所延续的时间就是动车组接续时间，即从动车组在某交路段运行到达某车站时起，至动车组向该交路段下一个车站出发时止的全部时间。

3. 动车组交路计划的类型

根据动车组交路计划编制过程中涉及的动车组运用任务属性、动车组检修点数量、动车组种类数量，动车组交路计划可以有以下几种分类方式。

1) 工作日/周末/节假日交路计划

在工作日、周末和节假日(指周末之外的其他节假日)三种时期，铁路客流的时空分布规律不同。为适应这种变化，在不同时期采用不同的列车运行图，即平日运行图、周末运行图和节假日运行图。不同分号运行图在列车开行数量、发到时间、停站方案、车底编组形式和内容等方面存在差异。因此，交路计划也随之可以分为平日交路计划、周末交路计划和节假日交路计划。

2) 单/多检修点交路计划

担当列车运行图中列车运行任务的动车组只能在 1 个检修点进行检修时，所形成的交路计划为单检修点交路计划。若可在 2 个及以上检修点进行检修时，相应的交路计划为多检修点交路计划。

3) 单/多车型交路计划

担当列车运行图中列车运行任务的动车组只有 1 种型号时，所形成的交路计划为单车型交路计划。担当列车运行图中列车运行任务的动车组有 2 种及以上型号时，相应的交路计划为多车型交路计划。

4) 各种动车组运用计划的组合

各种动车组运用计划的组合包括单车种单基地平日计划、单车种单基地节假日计划、单车种多基地节假日计划等，其中单车种单基地平日、节假日计划是被采用最广泛的方式。

二、动车组交路计划编制

动车组交路计划是动车组周转接续和维修的综合计划，是根据给定的列车运行图、有关动车组修程的法律规定及检修基地条件等，对动车组在什么时刻、在哪个车站、担当哪次列车、在什么时间、什么地点、进行哪种类型的检修等做出具体安排的计划，以确保用状态良好的动车组实现列车运行图。

1. 动车组交路计划的编制原则

(1) 动车组交路计划必须以列车运行图为基础，动车组担当列车必须为列车运行图中确定开行的列车，并且列车运行图中的所有列车必须都由状态良好的动车组担当。

(2) 动车组交路计划中同一交路的动车组类型尽量相同。例如，无组合列车时单组动车组列车与重联动车组不能接续。

(3) 固定区段运用动车组交路，其动车组列车运行区段范围必须在指定区段范围内。

(4) 动车组交路计划必须满足检修场所、检修修程、检修作业时间标准、检修能力要求，动车组交路接续需满足最短接续时间作业标准。

(5) 无回送动车组时，动车组交路计划中的列车接续不能跨站接续，应尽量减少动车组交路计划中回送动车组列车数量。

(6) 动车组交路计划中的动车组数量应尽可能少，计划中运用的动车组不能超过配属动车组数量。

2. 动车组交路计划编制的基本方法

动车组交路计划编制的目标是在满足列车运行计划约束和检修约束的基础上，提高动车组运用效率，减少动车组运用数量。具体流程见图 6.22。

1) 编制资料的收集与整理

收集、整理动车组交路计划编制相关基础信息与技术资料，包括高速铁路线路列车运行图、列车编组顺序表、动车组交路类型与动车组交路担当范围、检修基地及运用所的有关数据。

2) 确定动车组交路区段并构建动车组交路计划底图

在编制动车组交路计划前，首先根据列车开行方案和动车组担当构建动车组交路区段，然后从列车运行图中提取各交路区段中担当列车运行线，形成动车组交路图底图。

3) 确定动车组接续形成动车组交路计划

根据我国动车组的交路规则、动车组检修基地的分布以及动车组的运用规程，如接续时间标准、动车组修程及检修作业时间标准等条件，通过人工勾画或者自动编制生成动车组交路接续方案，并进行多方案比选，形成动车组交路计划。

4) 动车组交路图指标统计

计算动车组交路图各种指标，包括动车组运用数量、动车组日车公里、平均运用时间、平均接续时间、平均接续里程等，衡量动车组交路计划编制质量。

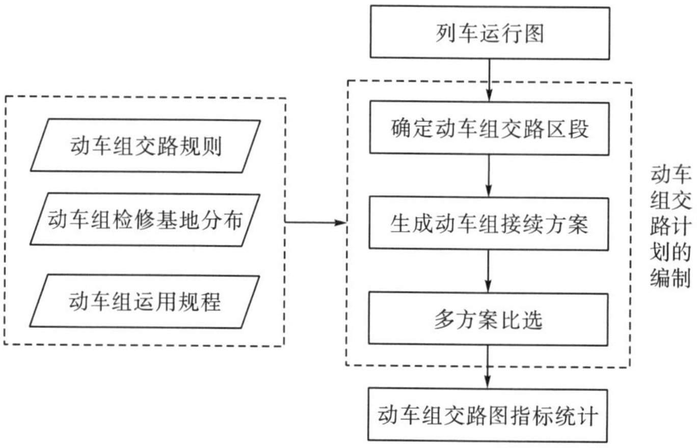

图 6.22　动车组交路计划编制流程

动车组造价非常昂贵，完成同样的列车运行图，所运用的动车组数量越少越好，以降低铁路投资及运营成本。此外，动车组检修维护费用高、检修次数多，不仅会增加检修成本，也会增加备用动车组的数量和工作人员。

空车调拨有助于灵活运用动车组，提高动车组的运用效率。但列车空车走行浪费了线路通过能力和运输成本。空车走行也会在运行图中形成空车运行线，这样一来列车间的接续就变得非常紧凑，当运输计划有变动或者运输任务产生波动时，列车日常调度调整的难度就会增大，运行图的稳定性会下降。鉴于高速铁路运输能力一直很紧张，所以在满足运输计划的前提下，空车调拨的次数越少越好。遇到突发情况时，空车调拨可以作为一种常规的应急调整的手段。

同时，还要考虑均衡运用动车组，使各动车组一段时间内走行公里尽可能均衡，有利于减少检修次数和日常的动车组调度调整。

动车组的总接续时间是反映动车组运用优化效果的重要指标，缩短动车组接续时间可以提高动车组的运用效率，减少需要投入的动车组数量。接续时间也反映了一个国家铁路运输技术的先进程度。例如，在日本新干线的最短列车同站接续时间可以达到 8min，而我国一般在 20min 以上。接续时间是动车组运用计划好坏最重要的评价标准之一。

3. 实例

根据某高速铁路运行图确定了 A、B、C 三个车站构成的动车组交路区段，其开行列车的具体时刻和车型见表 6.5，各站动车组的折返接续时间标准不低于 15min，动车组的一日累计运行里程不得超过 4400km，时间不能超过 48h。

图 6.23 为其中一种符合要求的动车组交路计划，图中每种线型代表若干车次由同一动车组来担当运输任务，最后形成表 6.6。

表 6.5　运行图中各车次的具体信息

车次	始发站	终到站	始发时刻	终到时刻	车型
D5153	A	C	10:06:00	12:23:22	CR300AF
D5154	C	A	7:28:38	9:46:00	CR300AF
D5155	A	C	15:15:00	17:26:22	CR300AF
D5156	C	A	12:43:00	14:54:22	CR300AF
D5157	A	C	20:45:00	22:56:22	CR300AF
D5158	C	A	17:59:42	20:11:04	CR300AF
D5171	A	C	10:45:00	12:56:22	CR300AF
D5172	C	A	8:10:00	10:21:22	CR300AF
D5173	A	C	17:48:56	20:06:18	CR300AF
D5174	C	A	14:18:42	16:36:04	CR300AF
D5175	A	C	12:55:00	15:12:22	CR300AF
D5176	C	A	10:23:38	12:35:00	CR300AF
D5177	A	C	18:11:56	20:23:18	CR300AF
D5178	C	A	15:32:00	17:43:22	CR300AF
D5246	C	B	8:30:00	9:24:18	CR300BF
D5247	B	C	10:10:00	11:04:18	CR300BF
D5248	C	B	11:50:00	12:44:18	CR300BF
D5249	B	C	13:40:00	14:34:18	CR300BF
D5250	C	B	15:20:00	16:14:18	CR300BF
D5251	B	C	17:00:00	17:54:18	CR300BF
D5252	C	B	18:30:00	19:24:18	CR300BF
D5253	B	C	20:35:00	21:29:18	CR300BF

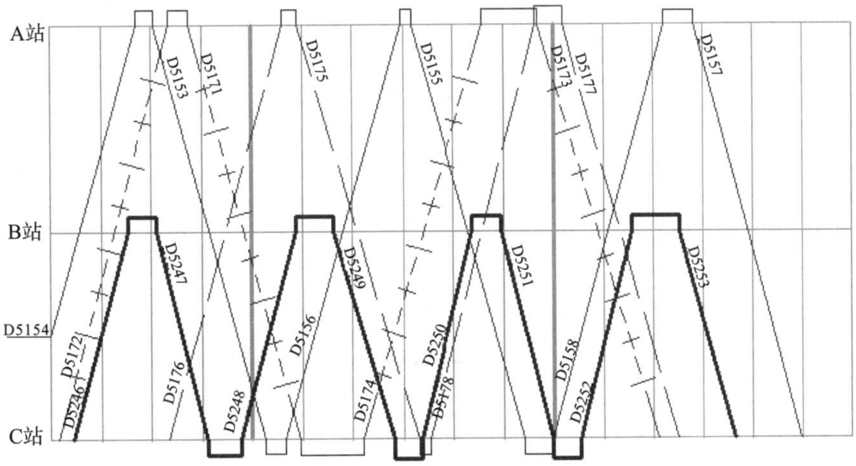

图 6.23　动车组交路计划图

表 6.6　动车组交路计划编制结果

【1】车型：CR300AF　　组数：1　　运行时间：　8:57:28　　走行公里：1363km

车次	始发站—终到站	始发时刻	C　　A	终到时刻	运行时间
D5172	C—A	8:10:00		10:21:22	2:11:22
D5171	A—C	10:45:00		12:56:22	2:11:22
D5174	C—A	14:18:42		16:36:04	2:17:22
D5173	A—C	17:48:56		20:06:18	2:17:22

【2】车型：CR300AF 组数：1　　运行时间：　8:51:28　　走行公里：1363km

车次	始发站—终到站	始发时刻	C　　A	终到时刻	运行时间
D5176	C—A	10:23:38		12:35:00	2:11:22
D5175	A—C	12:55:00		15:12:22	2:17:22
D5178	C—A	15:32:00		17:43:22	2:11:22
D5177	A—C	18:11:56		20:23:18	2:11:22

【3】车型：CR300AF 组数：1　　运行时间：13:21:12　　走行公里：2045km

车次	始发站—终到站	始发时刻	C　　A	终到时刻	运行时间
D5154	C—A	7:28:38		9:46:00	2:17:22
D5153	A—C	10:06:00		12:23:22	2:17:22
D5156	C—A	12:43:00		14:54:22	2:11:22
D5155	A—C	15:15:00		17:26:22	2:11:22
D5158	C—A	17:59:42		20:11:04	2:11:22
D5157	A—C	20:45:00		22:56:22	2:11:22

【4】车型：CR300BF 组数：1　　运行时间：　7:14:24　　走行公里：1073km

车次	始发站—终到站	始发时刻	C　　B	终到时刻	运行时间
D5246	C—B	8:30:00		9:24:18	0:54:18
D5247	B—C	10:10:00		11:04:18	0:54:18
D5248	C—B	11:50:00		12:44:18	0:54:18
D5249	B—C	13:40:00		14:34:18	0:54:18
D5250	C—B	15:20:00		16:14:18	0:54:18
D5251	B—C	17:00:00		17:54:18	0:54:18
D5252	C—B	18:30:00		19:24:18	0:54:18
D5253	B—C	20:35:00		21:29:18	0:54:18

第四节　旅客列车乘务交路计划

一、旅客列车乘务交路计划概述

1. 旅客列车乘务交路计划的含义

列车的值乘任务由司机乘务员和列车乘务员共同完成，其中司机乘务员负责列车的驾驶及全车设备监控等职责，列车乘务员负责为乘客提供服务，确保旅客出行舒适与安全，并及时处理旅途中的各种突发事件，这种职能的划分也使得乘务计划分为司机乘务员乘务计划和列车乘务员乘务计划。对于既有铁路，机车和车辆配属于不同部门，因此司机乘务员乘务计划和列车乘务员乘务计划均为单独编制。高速铁路动车是自带动力的固定车底，由动车段(运用所)统一维护和检修，使得司机乘务员乘务计划和列车乘务员乘务计划可采用相同的编制方法，但由于二者工作内容及劳动强度的不同，各项作业具有不同的时间标准，在实际编制时存在一定的差异。

列车乘务员乘务计划又称旅客列车乘务计划，是根据给定的列车运行图、乘务规则、车站属性等编制的，对乘务组的出乘时间及地点、担当车次、退乘时间及地点等做出具体安排，以确保列车运行计划的实现。列车运行图给定了必须完成的乘务任务，乘务规则限定了乘务员工作的时间，车站属性表明车站是否是乘务基地以及能否进行乘务员换乘。

旅客列车乘务计划根据编制流程的不同阶段，可分为旅客列车乘务交路计划(或称乘务交路计划)和旅客列车乘务排班计划(或称乘务值乘计划)。

(1)乘务交路计划体现为旅客列车乘务交路图，表示完成一定时间(通常为一天)的列车运行任务需要的乘务员(组)数量，以及各乘务员(组)担当的值乘具体内容，是旅客列车乘务计划的核心内容，也是编制乘务值乘计划的基础。乘务交路及日计划如图 6.24 所示。

(2)乘务排班计划是对乘务员在一定周期内工作或休息的具体安排，是在乘务交路计划的基础上，安排每个乘务周期内乘务员担当乘务交路的顺序，要求不能超过乘务员的月度工作时间标准和其他针对乘务周期内乘务时间标准。乘务排班计划如表 6.7 所示。

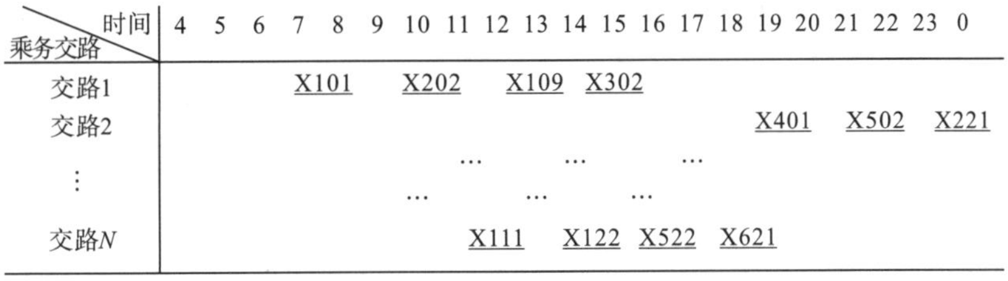

图 6.24　乘务交路及日计划示意图

表 6.7　乘务排班计划表

乘务员＼日期	1	2	3		…		N
1	交路 1	交路 2	交路 3	休息	休息	…	交路 N
2	交路 2	交路 3	休息	休息	…	交路 N	交路 1
3	交路 3	休息	休息	…	交路 N	交路 1	交路 2
	休息	休息	…	交路 N	交路 1	交路 2	交路 3
⋮	休息	…	交路 N	交路 1	交路 2	交路 3	休息
	…	…	…	…	…	…	…
N	交路 N	交路 1	交路 2	交路 3	休息	休息	…

目前，我国铁路旅客列车的开行及值乘工作都是以铁路局为单位，因此普通旅客列车和动车组列车的乘务计划编制基本上是对铁路局和客运段所担当的列车乘务工作进行综合安排。

2. 值乘区段

以乘务基地站(或乘务员可能换乘站)为基本点，分割既定的运行图中全部的运行线或动车组交路，从而得到乘务人员所需要连续完成的最小区段，称之为乘务区段或值乘区段。值乘区段是乘务交路计划编制过程中的最小单位，也是乘务员工作的最小任务单元，一般不超过乘务规则中的连续乘务时间，当列车运行时间较短时，一列车即一个乘务区段。值乘区段的数量与运行线数量和乘务人员的换乘站分布紧密相关，并且直接关系乘务交路计划问题的规模。例如，图 6.25 包含多条旅客列车运行线，假设 B 站为乘务员基地车站，A、C 两站为换乘站，将这些旅客列车运行线按照乘务基地站和换乘站进行划分，可分割成 10 个值乘片段。

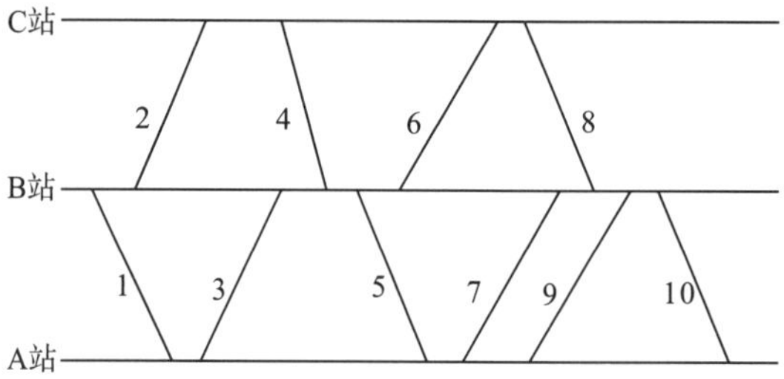

图 6.25　运行线划分为乘务区段

对图 6.25 中的值乘区段组合可得到{1,3,5,7}、{2,4,6,8}、{9,10}三个不同的可行乘务交路，而值乘区段{1,3,5,9,10}是一条不可行乘务交路(原因是该条交路的一次乘务时间大于乘务规则所规定的时间)，乘务交路组成如图 6.26 所示。所有的乘务交路构成了一天的乘务交路图。

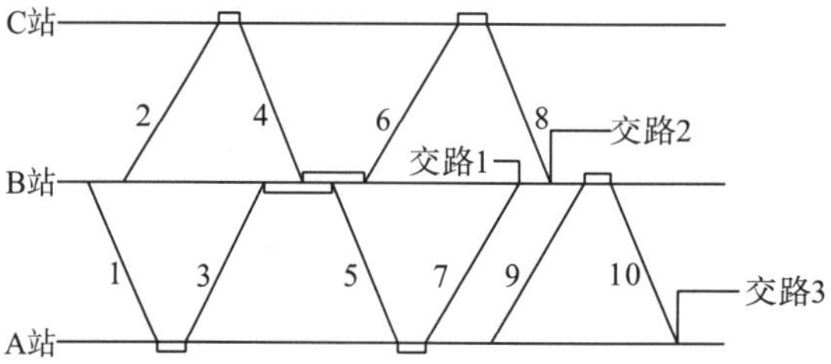

图 6.26　乘务交路组成

当一个可行乘务交路包含跨越 2 天的值乘区段时，每天的乘务工作任务可以称为一个乘务交路段，且此时就需要为乘务人员增加一个合适的驻外休息时间。一个合理的乘务交路是由若干值乘区段根据相关的规章制度组合而成，并且要符合乘务员值乘一次出乘任务所规定的时间标准。

3. 乘务交路的时间构成

针对具体的乘务交路图，从出勤到退勤所进行的作业顺序和作业内容，其构成时间主要有出勤和退勤时间、值乘时间、换乘时间和便乘时间，如图 6.27 所示。

(1) 出勤和退勤时间：开始值乘前及值乘工作结束后乘务人员(组)需要完成一些准备工作的时长，其主要目的是保证乘务交路完成的质量。

(2) 值乘时间：乘务员(组)担当乘务任务的工作时长。

(3) 换乘时间：乘务员在担当乘务任务的过程中，可能因为所值乘的乘务交路段中包含的值乘区段所配属列车的不相同而发生换乘，在换乘阶段，乘务人员(组)需要一些时间来完成工作交接，在换乘过程中也可安排在站的休息时间。

(4)便乘时间：当乘务交路段开始的车站或者结束的车站与乘务员(组)所配属的车站不是同一车站时，乘务员(组)将通过搭乘“便车”的形式到相关车站担当值乘任务，或者值乘任务结束后通过搭乘“便车”的形式返回所配属的基地站，该阶段乘务员不进行任何乘务工作，其主要目的是确保乘务交路计划的可实施性。

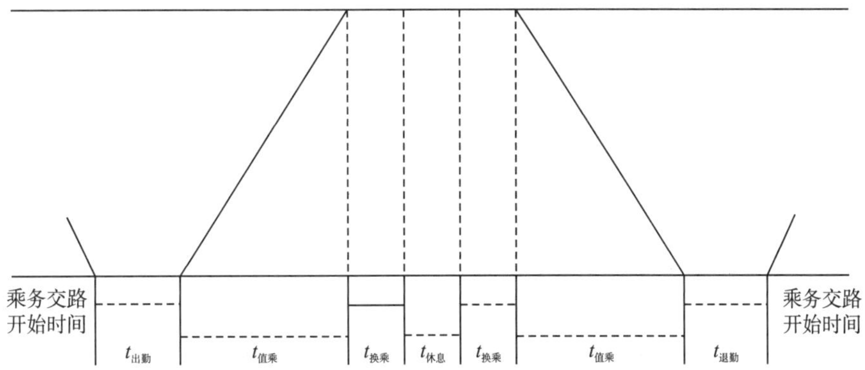

图 6.27　旅客列车乘务交路中各种时间示意图

二、旅客列车乘务交路计划编制

1. 旅客列车乘务交路计划编制原则

乘务交路计划确定了每日需要的乘务组数量，在编制时需遵循以下原则。

(1)乘务交路计划要覆盖所有列车运行计划。

(2)在一条乘务交路中，前一个值乘区段的到站时刻与后一个值乘区段的发站时刻之间的差值不小于乘务组最小接续时间。

(3)乘务交路总时间不能超过乘务员最大连续作业时间，乘务交路总时间是指乘务交路从起点到终点所经历的时间。

(4)在一条乘务交路中，第一个值乘区段的发站要与最后一个值乘区段的到站是同一个车站，保证任务完成后乘务组回到出发站。

(5)值乘区段必须全部被包含在乘务交路图中，而且每个值乘区段仅能被一个交路所包含。

2. 高速铁路旅客列车乘务交路计划编制的基本方法与步骤

正常情况下，普速铁路旅客列车乘务制度采用包乘制，乘务组固定包乘某一固定车底轮流值乘。因此，普速铁路旅客列车乘务交路计划与旅客列车车底周转计划保持一致，普速铁路旅客列车乘务交路图与旅客列车车底周转图一致。高速铁路旅客列车乘务制度一般采用轮乘制，所以乘务计划与普速铁路旅客列车不同。高速铁路旅客列车乘务交路计划具体编制过程如图 6.28 所示。

1)确定运行线资料

当列车运行图编制完后，各铁路局客运部和机务部将列车运行线按照就近原则分配给相应客运段和机务段，相关人员再根据运行线资料编制具体乘务交路，进行乘务排班。

2)确定乘务基地站和乘务换乘站

乘务基地是指乘务员所属部门所在地，一般设置在有大量始发列车的车站，并且能为列车运用提供良好条件的车站。乘务换乘站一般设置在有大量旅客的途中站、大型客运站或者交通枢纽站，换乘站停站时间要大于乘务员换乘所需时间，并具有休息设备等其他条件，乘务员利用这一时间进行交接、换乘。

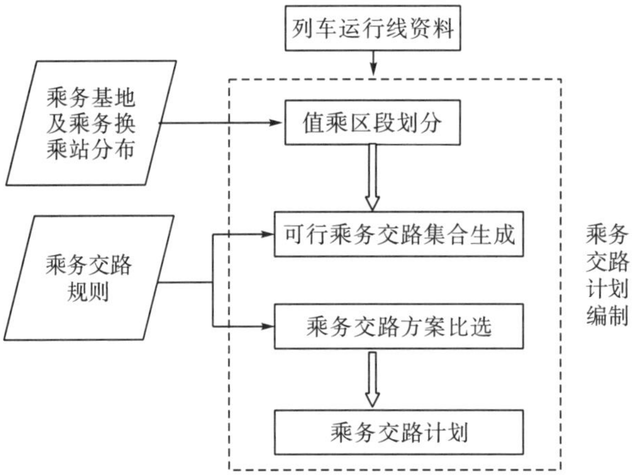

图 6.28　乘务交路计划编制流程图

3) 划分值乘区段

乘务基地根据其负责的列车运行线的范围及数量，以乘务组换乘站为分割点，将各条列车运行线分割成多个值乘区段。划分时要综合考虑多方面的因素，保证乘务员的接续时间、在外段过夜的时间和次数，方便乘务交路的编制。

4) 生成乘务交路

乘务交路由若干个值乘区段根据时间的先后顺序和空间的接续情况连接而成。乘务交路的起点和终点应都为乘务基地，且一个值乘区段的终点与另一个值乘区段的起点相同，可连接成一个乘务交路。乘务交路是根据乘务员一次乘务总时间、乘务折返接续时间、连续乘务时间等乘务规章制度，从乘务基地出发开始，完成具体的乘务任务并且最后返回乘务基地车站的全过程。

5) 乘务交路方案的比选

满足乘务规则的乘务片段组合方案数量可能很多，即乘务交路方案数量很多，会构成很多不同的乘务交路计划方案，因此需要进行方案比选。其中，乘务交路数量代表乘务员使用数量，是评价乘务交路计划编制质量的重要指标，该值越小越好。

3. 实例

1) 已知条件

高铁车站 A、B 之间每日开行列车 36 对，每日运营时间为 18h (6:00～24:00)。乘务基地设置在 A 站，乘务员的交接班全部在 A 站进行，B 站设乘务员公寓，供在 B 站过夜的乘务班组休息。每日 3 组车底在 B 站过夜，实现次日 B 站早高峰的始发车次。A 站去往 B 站方向为下行方向。

2) 乘务运用规则与相关参数

(1) A-B 站间的往返运行时间(含一次立折)为 2h10min～2h55min(停站方案不同导致旅行时间不同)。

(2) 乘务员一日连续值乘时间不应超过 2 个往返(8h)。

(3) 乘务员一日最大值乘时间不应超过 3 个往返(9h)。

(4) 第 2 次往返与第 3 次往返之间需保证 2～5h 间休(允许一定误差)。

(5) 若乘务组需在 B 站过夜，确定一日值乘 5 列。

(6) 若乘务组前一天在 B 站过夜，当天的值乘列数可以适当减少，这里定为 3 列。

(7) 乘务组第一次往返与第二次往返尽量担当同一动车组交路的车次，前两次往返之间有换乘，换乘时间需大于 15min。

3) A-B 站间的列车运行图如图 6.29 所示。

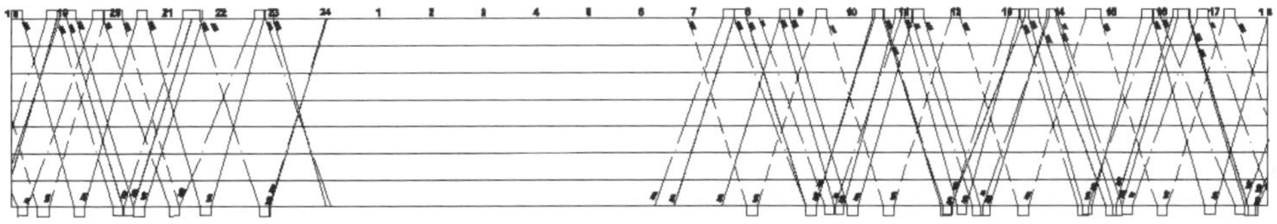

图 6.29　A-B 站列车运行图

4)时刻表信息(表 6.8)

表 6.8　时刻表信息

下行车次(A→B)	始发时刻	终到时刻	上行车次(B→A)	始发时刻	终到时刻
D1	8:13	9:28	D2	9:40	10:55
D3	11:07	12:19	D4	12:31	13:46
D5	13:58	15:13	D6	15:25	16:40
D7	16:52	18:07	D8	18:19	19:34
D9	19:46	21:01	D10	21:13	22:38
D11	22:50	00:05	D12	6:15	7:33
D13	7:45	9:06	D14	9:18	10:24
D15	10:36	11:42	D16	11:54	13:00
D17	13:14	14:20	D18	14:32	15:50
D19	15:59	17:22	D20	17:34	18:40
D21	18:52	19:58	D22	20:10	21:16
D23	21:36	22:42	D24	22:54	00:00
D25	8:36	9:36	D26	9:48	10:48
D27	11:00	12:00	D28	12:12	13:12
D29	13:24	14:24	D30	14:36	15:36
D31	15:48	16:48	D32	17:00	18:00
D33	18:12	19:12	D34	19:24	20:24
D35	20:36	21:36	D36	21:48	22:48
D37	23:00	00:00	D38	6:37	7:45
D39	7:59	9:05	D40	9:17	10:23
D41	10:35	11:41	D42	11:53	13:19
D43	13:35	14:53	D44	15:05	16:11
D45	16:31	17:37	D46	17:49	18:55
D47	19:15	20:21	D48	20:33	21:39
D49	6:53	7:59	D50	8:11	9:17
D51	9:29	10:35	D52	10:47	11:53
D53	12:05	13:11	D54	13:23	14:29
D55	14:47	15:53	D56	16:05	17:11
D57	17:23	18:29	D58	18:42	19:48
D59	20:07	21:13	D60	7:31	8:36
D61	8:48	9:53	D62	10:05	11:10
D63	11:22	12:27	D64	12:39	13:44
D65	13:56	15:01	D66	15:13	16:18
D67	16:30	17:35	D68	17:47	18:52
D69	19:04	20:09	D70	20:21	21:26
D71	21:38	22:43	D72	22:55	00:00

5) 乘务交路计划的编制结果

根据乘务交路计划的编制方法与步骤，最后共形成 14 条乘务交路(段)，即每日需要 14 组乘务组对这 14 条乘务交路(段)进行值乘，见图 6.30。

乘务交路 \ 时间	6	7	8	9	10	11	12	13	14	15	16	17	18	19	20	21	22	23	24
交路 1		D1	D2	D3	D4			D19	D20										
交路 2				D15	D16	D17	D18			D21	D22								
交路 3		D25	D26	D27	D28			D45	D46										
交路 4						D29	D30	D31	D32			D71	D72						
交路 5				D41	D42	D43	D44			D47	D48								
交路 6			D51	D52	D53	D54		D67	D68										
交路 7				D63	D64	D65	D66			D69	D70								
交路 8	D49	D50				D5	D6					D23	D24						
交路 9									D7	D8	D9	D10	D11						
交路 10										D33	D34	D35	D36	D37					
交路 11								D55	D56	D57	D58	D59							
交路 12	D12	D13	D14																
交路 13	D38	D39	D40																
交路 14		D60	D61	D62															

图 6.30　乘务交路计划示意图

第五节　大型客运站技术作业计划

一、大型客运站技术作业计划概述

大型客运站一般设置在铁路枢纽内，有大量客流集散的地点，主要办理旅客列车始发、终到、通过作业及客运业务。我国大型客运站的作业组织复杂，运输指挥人员通过编制各种作业计划指挥车站日常运输生产，其计划编制的水平和效率是影响铁路客运站运输质量的关键因素之一。

由于客运站行车工作日常变动较少，在运行图实行期间将根据客运站各次旅客列车的到发时刻、车底和车辆技术作业过程、车站的技术设备等资料，编制客运站技术作业计划。编制客运站技术作业计划的目的和意义主要有以下几点。

1) 指导客运站日常作业组织

在日常工作中，客运站技术作业计划是车站调度员用以编制阶段计划和进行调度指挥工作的基础，是客运站安全迅速完成列车和车辆作业、合理运用车站技术设备、正确配置工作人员和实现列车运行图的重要保证。

2) 优化运用车站设备资源

编制客运站技术作业计划可以检查客运站各项技术作业过程之间、客运站作业与列车运行图之间是否协调，客运站技术设备运用及作业组织是否合理和车站能力利用情况，以便采取相应措施消除不利因素，有利于对列车技术作业全过程中车站设备资源运用整体优化。

3) 反馈列车运行图

客运站技术作业计划是评估铁路路网点线能力动态协调性的重要方法。由于车站到发线及咽喉设备资源有限，当安排的相邻区间到发列车过于密集时，可能出现到发线或进路能力不足无法接车的情况，这时需要反馈调整列车运行计划，避免车站成为路网能力的瓶颈。

客运站技术作业计划的核心工作是及时腾空到发线，确保旅客列车正点接发，避免出现由车站作业计划安排不当导致不能按图正点接发列车，从而造成列车晚点。关键工作是均衡运用车站设备，协调运用到发线、调机和客技线等技术设备。其主要编制内容包括以下几项。

(1)到发线运用计划：列车对车站到发线的占用顺序及占用时间的计划。

(2)客车整备所线路(客整线、客检线)的运用计划：车底对整备所线路的占用顺序及占用时间计划。

(3)车底出入库计划：客车车底进出客车整备所或动车组进出动车段的时间及股道占用计划。

(4)调机的运用计划：每台调机解编、取送等各项作业的顺序和起止时间。

(5)咽喉进路运用计划：车站接发进路计划和调车进路计划。

客运站技术作业图表能反映客运站运用主要设备和作业的情况，其组成部分如图 6.31 所示，一般包括以下几项。

(1)客运站技术作业图表的纵轴：

到发方向栏，表示车站在路网上衔接的线路区间，主要填画到达和出发列车的车次及时分。

到发线栏，表示客运站到发线运用计划，主要填画列车占用到发线的顺序和起止时间。

牵出线栏，连接到发线与客车整备线，表示列车的移动过程，主要填画列车占用牵出线的时间。

客技线栏，主要填画本车站的各次列车在客技站所占用股道的顺序和起止时间。

调车机车栏，表示客运站调车机车运用计划，主要填画客运站各台机车各项生产和非生产停留时间。

(2)客运站技术作业图表的横轴：横轴是时间轴，可以反映每一项技术作业所需要的时间。

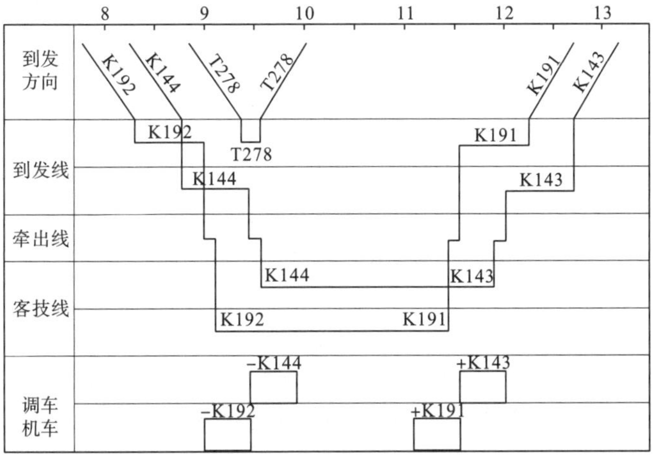

图 6.31　大型客运站技术作业计划

二、大型客运站技术作业计划编制

1. 大型客运站技术作业计划编制原则

(1)必须以列车运行图规定的车站时刻表、车底交路计划、动车组交路计划为基础进行编制。列车作业安排要满足咽喉占用、列车作业股道占用、调机作业等各种时间标准，有效地利用客运站的技术设备，使各项设备的利用趋于均衡。

(2)为了方便车站的客运工作组织，尽量按照到发线固定使用方案接发列车。将始发、终到等上、下车旅客较多的列车尽量安排在靠近基本站台的到发线，尽量减少旅客在站内的走行时间和走行距离，方便旅客上下车。

(3)旅客列车接发和调车作业不可避免会产生交叉干扰，列车作业安排时应根据咽喉布置情况，分析列车到发时间及站内调车作业时间，合理安排各次列车占用咽喉进路，减少列车到发与调车进路的交叉干扰。

(4)接发列车具有作业办理的最高优先级，调车作业应在接发列车间隙办理。合理安排调车作业计划，使车站各项技术作业协调，保证调机总走行距离短，避免不必要的空走行程。

(5) 为车底安排客技线时，应满足调机分工的要求，尽量使调机不跨区作业。同时，减少车底出入库作业、转场作业之间的干扰，尽量组织平行作业。要满足车底在客整线、客检线上的作业要求，线路的容车量应满足车底长度要求。

2. 大型客运站技术作业计划编制的基本方法

1) 收集编图资料

(1) 车站设备：车站的车场、站台、调机、到发线、客技线等车站设备信息，以及各种设备的使用要求和使用状态等。车站设备数据是最基础的数据，是决定车站作业能力的关键。

(2) 车站作业时间标准：不同种类的列车在车站的作业时间标准，主要包括列车站线作业时间标准、列车整备作业时间标准、各种调机作业时间标准、咽喉占用时间标准和各种车站间隔时间标准等。

(3) 车站运行图资料：一日中在车站到发列车的车次、到发时分、到发方向等。

(4) 车底运用计划：本站始发列车与终到列车的车底接续关系，是否需要入整备所检修作业等。

(5) 技术作业计划编制规则：车站作业计划的各种编制规则及编图注意事项等，如各种列车在车站的作业流程、列车作业优先性原则、各种设备的分工使用原则等。这些编制原则体现了上级部门和车站其他部门对车站作业计划的要求。

2) 编制车站技术作业计划

从列车运行图获取客运站一日内所有的到发列车类型、方向、时刻、性质等，然后按照列车优先级及到发先后顺序依次选取列车，根据客运站技术作业计划编制原则，逐一安排其在车站的到发线、出入库调机、整备线运用计划，并绘制在车站技术作业图表上。

3) 指标统计及优化调整

所有列车作业计划安排完后，可对客运站技术作业计划进行检查，以及对车站设备运用(股道、调机、咽喉道岔等设备)的均衡性、作业计划的稳定性等进行统计，并在此基础上进行优化调整。如果出现设备运用紧张，无法正常接发列车，则需要反馈给上级业务部门进行协调。

3. 实例

某大型车站衔接 5 个区间，一日内接发的列车为 138 列，按照编制原则，编制车站技术作业图表如图 6.32 所示，需满足的部分车站技术作业时间标准如表 6.9 所示。

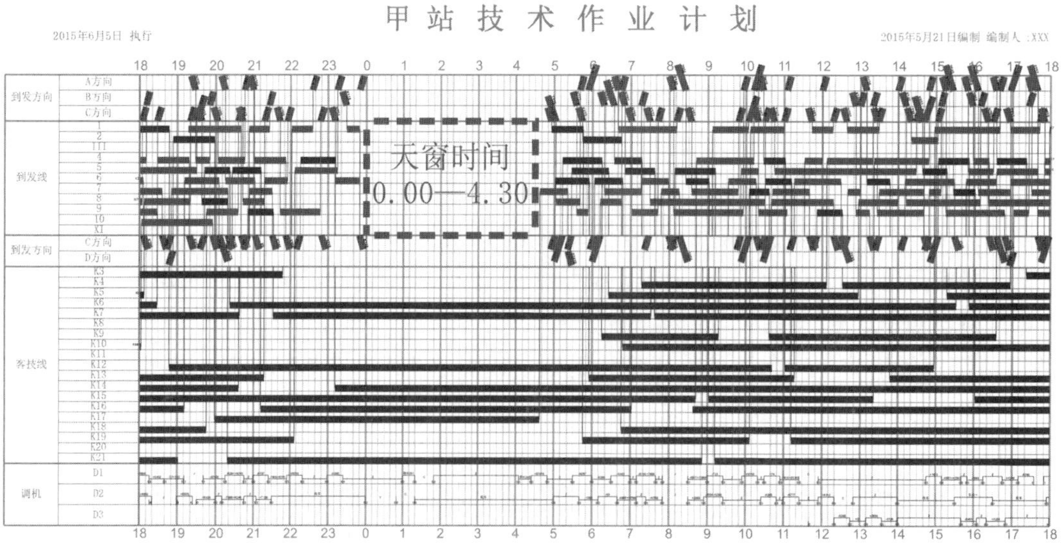

图 6.32　客运站技术作业过程

表 6.9　部分车站技术作业时间标准

序号	时间标准类型	时间标准
1	始发旅客列车在到发线上技术作业时间	30min
2	终到旅客列车在到发线上技术作业时间	30min
3	通过旅客列车在到发线上技术作业时间	15min
4	客车车底入库调机作业时间	25min
5	客车车底出库调机作业时间	25min
6	出发、到达旅客列车占用咽喉时间	5min
7	客车车底在整备所整备时间	120min

第七章 铁路旅客运输营销

第一节 铁路旅客运输产品及市场

随着各种旅客运输方式的多样化，铁路、公路及航空运输参与市场竞争、提高市场占有率、提升经济效益的目标是十分明确具体的。在这个过程中，各种运输方式的竞争会越来越激烈，想要进一步扩大铁路旅客运输产品的市场，增强铁路客运的竞争力，关键是运用好营销这一重要手段。市场营销是在创造、沟通、传播和交换产品中，为顾客、客户、合作伙伴及整个社会带来价值的一系列活动、过程和体系。

2013 年 3 月，国务院颁布了铁路改革方案——撤销铁道部组建国家铁路局及中国铁路总公司(2019 年改名为中国国家铁路集团有限公司，以下简称国铁集团)。由此，中国铁路首次实现了政企分离的运营模式，随即建立起新的运输市场营销体制和机制，并确定了新的营销战略——突出以市场为导向。这就促使铁路和其他运输方式之间的竞争在运输市场化的背景下更加激烈。在推进铁路旅客运输营销的过程中，交通运输部、国家铁路局先后出台了一系列贴近市场的政策文件，大力发展城市之间的城际列车，全面建设开通高速铁路。除此以外，国铁集团设有运输部客运营销处，建立了客运营销管理信息系统、12306 网上铁路客运服务中心等扩大旅客运输营销。

“十三五”时期，我国发展仍处于重要战略机遇期，经济由高速增长阶段转向高质量发展，交通运输处于支撑全面建成小康社会的攻坚期、优化网络布局的关键期、提质增效升级的转型期。进入现代化建设和交通强国建设新时代，对铁路旅客运输的发展提出新的要求：坚持创新发展理念，主动适应新需求，推动铁路供给侧结构性改革，深化铁路企业和旅客运输改革，加快市场化运行机制建设，全面提升服务品质和经营效益。

一、铁路旅客运输产品

一个企业要得到生存和发展，关键在于它的产品能够满足消费者需求的程度，因此产品策略是整个营销策略组合的基石。市场营销策略组合的价格、促销、分销三个策略都是以产品策略为基础的，所以铁路旅客运输市场的营销策略也要围绕铁路旅客运输产品来进行研究，而对铁路旅客运输产品整体概念和特点的认识是进行产品策略设计的前提。

1. 铁路旅客运输产品整体概念

现代市场营销学提出产品整体(total product)的概念，市场营销不单是推销产品的过程，而首先是一个满足顾客需要的过程。市场营销学上的产品概念是一个包括多层次内容的整体性概念，而不是单指某种具体有形的东西。产品是指向市场提供的能满足消费者某种需求的任何有形物品和无形服务，这就是“产品整体概念”。从整体概念看，铁路旅客运输产品是指旅客从顺利方便的购票开始，经过候车到安全舒适地乘坐列车和及时到达目的地的全过程所得到的服务及附加服务。

铁路旅客运输产品整体概念由三个基本层次组成，即核心产品、形式产品(有形产品)和扩大产品(附加产品)，见图 7.1。

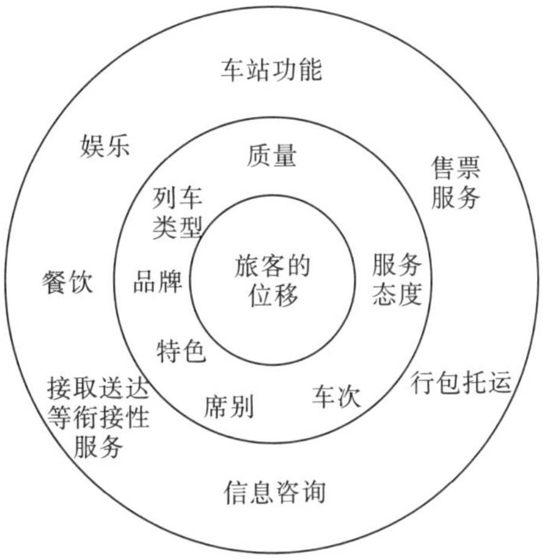

图 7.1　铁路旅客运输产品整体概念(三个基本层次)

1) 核心产品

核心产品是产品整体最基本的层次，表示产品的实体利益，是满足顾客需要的核心内容，是实质性产品，即顾客所要真正购买的实质性的东西——基本效用和利益。铁路旅客运输的核心产品就是旅客通过铁路得到了位移，为旅客提供的是地点效用。旅客购买了客运产品，在正常情况下就能满足自己从出发地到目的地的需求。离开了旅客位移这个层面，铁路旅客运输产品就失去了存在的意义。旅客的位移必须依靠开行的列车来实现，因此可以认为核心产品的载体是列车开行方案。开行方案是对所有开行列车的统筹安排，是规定了一定范围内所有列车的速度等级、开行径路、停站方案、到发时刻等产品要素的技术性文件。

列车开行方案中旅客能够感知的主要要素包括列车开行频率、列车等级、编组及停站，按照这些要素我们可以将高速铁路列车划分为不同的种类。

(1) 以列车的速度等级来划分。当前我国高速铁路上运营的列车种类有速度为 250km/h 的“D”字头列车，以及速度为 300km/h 和 350km/h 的“G”字头列车。一般来说，列车速度等级越高，客运产品的时效性越好，旅客位移的实现质量越高。

(2) 以列车开行的径路来划分。按照列车运行径路是否经由不同线路，可将列车种类分为跨线列车和本线列车。跨线列车的开行能够满足跨线客流的直达需求，其位移的实现质量相对较高。

(3) 以列车的停站特性来划分。根据列车停站特性，可大致分为大站停列车、择站停列车和站站停列车等。

2) 形式产品

形式产品是指产品的基本形式，是目标市场消费者对具体需求的特定满足形式。铁路旅客运输产品作为一种服务性产品，在提供核心产品的过程中，其形式产品就是实现位移的具体方式，即可供旅客选择乘坐不同档次的车次或同一档次列车的不同席别。形式产品体现的是产品的属性，铁路旅客运输产品具有的基本属性特征表现在旅客感知方面：质量(包括安全、准时、迅速、舒适、方便等质量指标)、席别(硬座、硬卧、软座、软卧等)、特色、品牌、服务态度、车次等。

3) 扩大产品

扩大产品是产品的附加利益总和，实质上是产品在销售和使用过程中的各种服务、保证等。消费者对产品附加利益的要求虽然与产品的形体无关，但对产品效用的最终实现有很大的关系，因此，产品的附加利益成为产品不可缺少的组成部分。铁路旅客运输产品的扩大产品层次包含了所有的辅助延伸服务，如车站功能、售票服务、行包托运、信息咨询、接取送达等衔接性服务、餐饮、娱乐等。

现代市场营销理论又将产品整体概念进一步细化为五个基本层次，见图 7.2。在三个基本层次的基础上将扩大产品分成期望产品、延伸产品、潜在产品。

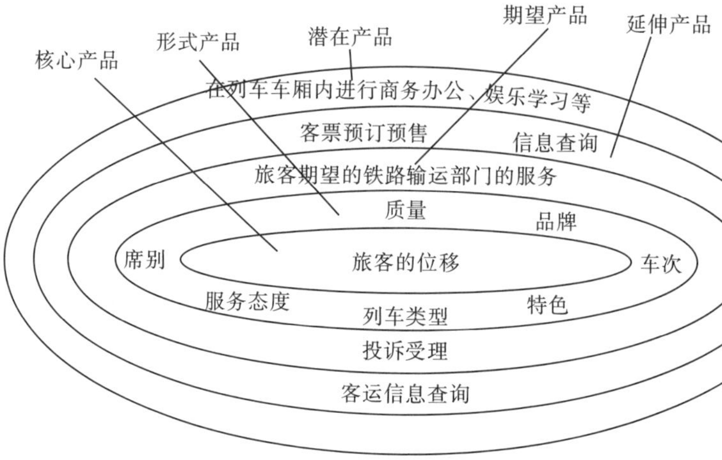

图 7.2　铁路旅客运输产品整体概念(五个基本层次)

(1) 期望产品是指顾客在购买该产品时，期望得到的与产品密切相关的一整套属性和条件。例如，在列车上，旅客希望有干净舒适的座位，卧铺铺位上有整洁的床单、被褥等；车厢内有运行正常的空调设备和热水设备。

(2) 延伸产品是指顾客购买形式产品和期望产品时，附带获得的各种利益的总和，包括产品说明书、保证、安装、维修、送货、技术培训等。铁路旅客运输延伸产品是指旅客购买产品时得到的附加服务、延伸服务和相关利益，如客票预订预售、旅客投诉受理服务、信息查询服务等。

(3) 潜在产品是指现有产品包括所有附加产品在内的，可能发展成为未来最终产品的潜在状态的产品，指出了现有产品的可能演变趋势和前景。铁路旅客运输潜在产品指产品潜在的用途，包括所有增加铁路旅客运输产品顾客黏性的因素。例如，动车组商务舱可为旅客提供商务洽谈和会议等，电源终端和Wi-Fi 热点为旅客创造工作和学习的机会。

2. 铁路旅客运输产品的特点

由于铁路运输业的本身产业特点，以及铁路运输组织方式，铁路旅客运输产品具有以下特点，这直接影响产品策略及整个营销的设计。

1) 铁路旅客运输产品的无形性

铁路旅客运输产品是无形产品，提供的是位移服务，旅客在购买铁路旅客运输产品之前不可能看到、听到或感觉到这种产品的属性。铁路旅客运输产品质量是以旅客的反应来检验的，它的购买主要出于以往的经验和自身的偏好等。这启示了铁路旅客运输产品必须通过其良好的质量等特性建立起良好的产品声誉、品牌声誉来拥有固定的消费者，以及铁路旅客运输必须搞好市场营销，通过广告、促销策略来加强铁路旅客运输产品的宣传和吸引力，培养其消费者的自身偏好和激发其潜在需求。

2) 铁路旅客运输产品的不可分离性

对铁路旅客运输产品，消费过程是与生产过程结合在一起的统一过程，具有生产和消费的时间上一致性。铁路旅客运输产品的不可分离性决定了旅客只有参与到运输生产过程中，才能享受铁路运输服务和实现消费铁路旅客运输产品的目的。而且铁路旅客运输产品从生产到消费中间将没有质量检验一关，不可能把“不合格产品”剔除后再进入市场，这要求铁路客运更要严把质量关，事先提供优质的固定设备和移动载体，运行过程中确保安全、正点、舒适、快捷。

3) 铁路旅客运输产品的不可储存性

与一般的实体产品不同，铁路旅客运输产品是一类无形的服务产品，它同时具有生产过程和消费过程不可分离性的独特特征，以上两点决定了铁路旅客运输产品的非存储性。非存储性是指铁路旅客运输产品一旦形成，如果没有立即消费就会由于自然损耗而丧失其使用价值。铁路旅客列车的运行只有被消费(载客)才是有效的生产，否则只能被浪费。铁路客运的销售方式是先销售(售票)，再生产(载客)；不管销售状况如何，预定的列车运行都必须准点开行。这种刚性供给更要求铁路客运一定要做好市场需求的分析，并随时根据市场情况进行调整，力争供给与需求尽可能一致，避免运力资源的浪费，即产品的浪费。

4)铁路旅客运输产品的联动性

铁路企业是一个多行业、多层次、多工种联动化的集团性企业，是一个大联动机。每个客运产品的完成，是铁路车、机、工、电、辆各部门各子系统共同协作的结果，这决定了铁路旅客运输产品的质量体现也是各个部门工作质量的综合体现。在市场竞争中，每个企业每个部门的形象和作用都将影响整个过程和整体形象。参与市场竞争，以优质服务为宗旨，以高尚的职业道德、热情的服务态度和一流的服务质量吸引、招揽旅客，必须依靠这个企业大联动机上的全员共同努力来完成，增强竞争力。

5)铁路旅客运输产品质量的易变性

铁路客运服务是通过多个环节、多个人的行为表现出来的，因而产品质量是非常易变的，必须制定一整套严格的生产和服务程序章程，确保各环节服务水平的稳定，其也可作为工作业绩的衡量手段，以促进服务质量的稳定和逐步提高。

6)铁路旅客运输产品需求的多样性

铁路客运服务的对象是人。人作为主体，由于旅客年龄、性别、居住地区、经济水平、出行目的、偏好、风俗习惯等的不同，必然对铁路旅客运输产品有着不同的需求。

铁路旅客运输产品的概念更新是进入市场的基础，铁路旅客运输必须从完整的运输产品概念出发，结合铁路旅客运输产品的特点，从多维角度、多层次角度出发来研究旅客运输产品策略乃至整个营销组合的设计开发，这样使铁路旅客运输产品在各个层次上具备竞争基础和竞争态势，才可以树立铁路客运在消费者和潜在消费者群中的特色形象。

在运输业激烈竞争的今天，铁路旅客运输产品营销应该结合市场营销观念，侧重从以下几个方面完善。

(1)以旅客需求为中心。在当前市场经济条件下，铁路旅客运输产品营销必须将满足旅客需求放在首位，在工作服务上充分考虑旅客的要求和愿望。

(2)树立整体营销观点。铁路旅客运输产品营销是包括铁路各部门的整体营销，需要铁路各个部门的互相配合，紧密合作，才能够取得更好的营销效果。

(3)以旅客满意为目的。铁路行业是特大服务行业，使旅客满意是其最终目的，铁路旅客运输产品营销要重视客运产品的质量和安全，提高乘客的满意度，从而吸引更多的客流。

3. 铁路旅客运输新产品的开发

创新产品是企业具有活力的重要表现，在社会大发展时期，人们出行有了更高的需求和内涵，铁路旅客运输产品长期不变，是难以满足日益增长和变化的旅客需求的，因此难以在市场竞争中立足。近年来，我国铁路在客运产品创新方面进行了大量探索，推出了多层次、多品类的客运产品，如推出夕发朝至、五定班列、行包专列、旅游专列、一站直达特别旅客快车、动车组等运输新产品。“和谐”号动车组、京津城际铁路、武广高速铁路、沪宁高速铁路、石太客运专线、郑西高速铁路、北京南站以及上海虹桥站已经具有了一定的品牌优势，兰州局的“敦煌”号，南京西—杭州的“先行”号，长沙—上海的“白沙”号，恩施—北京的“稻花香”号、上海局的“东方”号等品牌列车不断涌现，在同民航、公路等客运的竞争中显示出较强的实力。

铁路旅客运输新产品可以分为以下三大类。

(1) 完全创新产品：科学技术的重大进步而创造的产品，如高速铁路客运产品、能实现各种旅客运输工具无缝衔接的综合铁路客运枢纽站、网络售票等。

(2) 革新现有产品：利用科学技术的成就对现有产品进行较大的革新，从而得到产品的性能等指标有较大突破或改进的产品，如提速后开行的快速列车，一站直达车，这种产品是客运企业自身的技术力量所能开发生产的产品。

(3) 改良性产品：基本上不涉及技术上的创新或改进，只是在质量、特点等方面有所改良，做出一定的改变。铁路旅客运输产品的改良主要体现在产品质量上，列车时刻优化、票价调整、列车开行密度增加等都属于这类产品。

随着人们生活水平的提高、国民经济的发展和铁路设备技术的发展，铁路旅客运输产品的属性和要素取向已经不是为了实现单一的空间位移，而是越来越向着追求更舒适、高质量的旅行体验和位移效率等方向转变。目前设计新产品的策略可以分为三种：①合理平衡公益性与企业性；②以旅客需求为导向；③产品多样化。

铁路旅客运输产品设计一般情况要根据市场需求、运力资源及旅客的评价与反馈来进行。一般设计流程如下所示。

(1) 分析旅客市场的基本需求。基于旅客基本需求对市场进行细分，由此对核心产品层的开行方案进行设计。这一步主要考虑旅客最底层的位移需求，即对客流 OD、城际列车等级以及各细分市场上的客流量分配情况的分析。在此基础上，综合铁路部门效益和设备运用能力等设计出满足旅客基本需求的开行方案，作为整个铁路旅客运输产品设计的基础。

(2) 分析旅客市场的高层需求。考虑旅客对出行速度、舒适度、经济性、便捷性等多方面的偏好，基于旅客高层需求对市场进行细分。在此基础上，综合铁路部门成本及旅客差异化特点，制定基于席位等级、列车等级、出行服务等要素的差别票价、票种和票制。

(3) 基于旅客高层需求对市场进行细分，了解旅客差异化需求，设计完整的服务体系。服务体系的设计应该与核心产品层、形式产品层对应，对不同产品配备不同的服务。合理的服务体系应该体现产品差异性，并覆盖旅客出行全过程，对服务集合、服务范围、服务流程、服务标准及监督等方面进行全面的设计。

二、铁路旅客运输市场

1. 铁路旅客运输市场的构成

市场是社会分工和商品交换的产物，是联系生产者与消费者的桥梁和纽带。市场的基本关系是商品供求关系，基本活动是商品交换活动。运输市场产生于运输业形成之时，当运输劳务成为商品后，出现了专门从事客货的运输者时，旅客运输市场有了产生的条件和基础。

市场营销学意义上的运输市场是旅客对客运服务产品的所有实际和潜在的需求，是一个由各种不同成分构成的、包含各种购买欲望的、有支付能力的消费者群体。旅客运输市场的地理范畴要求重视供求双方在地域上的直接或间接的联系，重视交换发生的实际地点的位置、环境、密度等诸多因素对买卖双方行为构成的诸多影响。旅客运输市场的社会经济范畴则要求重视市场的供求规律，根据供求关系调节旅客运输生产经营活动，并以市场供求的强弱对比指导市场营销决策；旅客运输市场的生产者范畴要求重视对旅客运输市场需求的研究和分析，而且不仅是对现实需求，更重要的是对潜在需求的分析，才能真正把握市场，建立起以市场需求为导向的现代经营管理企业。

铁路旅客运输市场是旅客运输市场的有机组成部分之一，主要包含以下几个方面的要素。

(1) 运输需求者。运输需求者包括个体运输需求者，如探亲访友、外出务工、出差经商、旅游度假、上班通勤等各种原因引发的个体运输需求者，也包括行李、包裹的托运人，团体运输需求者。

(2)运输供给者。运输供给者即国铁集团下属中国铁路北京铁路局集团有限公司、中国铁路上海铁路局集团有限公司、中国铁路武汉铁路局集团有限公司、中国铁路南昌铁路局集团有限公司、中国铁路济南铁路局集团有限公司、中国铁路郑州铁路局集团有限公司、中国铁路太原铁路局集团有限公司等18家铁路局集团公司，办理客运业务的站段(分公司、车队等)以及办理客运业务的地方铁路公司或相应机构。

(3)运输中介。运输中介在客运需求和供给双方之间穿针引线，提供有关客运服务的代理企业、经纪人和信息服务公司等。

(4)政府。政府代表国家即一般公众利益对客运市场进行调控的财政、金融、工商、税务、物价、公安、监理等机构和各级交通运输管理部门。虽然政府部门不是市场的直接参与者，但它代表国家对旅客运输市场进行监督和控制，对市场构成的各方均具有重要的影响力。

2. 铁路旅客运输市场的特征

铁路旅客运输市场是旅客运输市场的有机组成部分之一，重视和把握铁路旅客运输市场的特征，对于其营销方式的选择、策略的制定等具有重要的意义。

(1)铁路旅客运输市场空间上的广泛性和具体位移的特定性。

铁路旅客运输产品进行交换的场所是纵横交错、遍布各地的运输线路和车站，这些线路和车站连接城乡，跨越省界甚至超越国界，相互贯通，交织成网。同一种客运产品可以由不同的运输方式提供，几种运输工具可以提供相同但质量(如运输速度、方便、舒适程度等)有差别的客运产品。在具体的客运市场上，不同运输生产者的竞争不仅发生在同种运输方式内部，也发生在不同的运输方式之间。可以互相替代的运输工具共同组成客运市场上的供给方，它们属于竞争关系，根据提供客运服务质量的差别、价格等因素保持一定的比例。

(2)铁路旅客运输市场对产品质量有特殊要求。

客运产品的生产过程和消费过程是融合在一起的，生产和消费同时处于市场监督之下。在实现位移的过程中，对旅客在餐饮、休息、娱乐等各方面的服务与位移本身也紧紧联系在一起。当旅客发现铁路运输服务质量较差时，往往已经身处运输过程之中。这一特性使得铁路旅客运输市场上对产品质量的要求更加严格，对铁路运输企业所提供服务的监督和检查比在其他市场上更为重要。而随着高铁运营的不断发展、票价的快速增长，旅客对服务质量的要求也越高。对铁路运输企业而言，运输的难度也相应增大。

(3)铁路旅客运输市场上出售的是不具有实物形态、不能储存、不能调拨的运输劳务。

铁路旅客运输市场中的位移产品并没有实际形态，无法进行触摸、保存等操作。同时，由于每一项位移在空间上有具体的固定性，产品也无法在区域间进行调拨，即无法在异地代理生产成型后，再转移到本地市场中面向销售对象进行出售。所以，旅客想实现的位移只能通过固定线路、固定发站、固定到站来实现，这也提示铁路运输企业想要满足所有地区的运输需求，提高区域运输能力是唯一途径。

(4)铁路旅客运输市场具有垄断性和竞争性。

垄断和竞争是铁路旅客运输市场最重要的特征。运输业一般都具有较大的规模，需要大量的资金、技术、人力，投资回收期相对于其他行业长，因此容易产生垄断现象，这也是运输业在国民经济中的基础地位自然产生的结果。

(5)铁路旅客运输市场需求特征。

运输需求是由于社会经济的发展，人与货物在空间位移方面所提出的有支付能力的需要。铁路旅客运输需求中的很大一部分属于生产或工作性客运需求，如学习、参加会议、技术交流等产生的出行要求。随着城市化的全面推进，人们的出行数量将会显著增加，铁路车站辐射区的人口增加，潜在市场扩大铁路旅客运输需求将会进一步扩大。目前我国铁路旅客运输市场的需求特征主要表现为：高端铁路旅客运输产品需求不断增加；高速铁路旅客运输需求不断增加；公益性与盈利性运输需求共存；旅客运输需求的差异化、个性化更加明显；形成产业链整体优势。

3. 铁路旅客运输市场细分

从市场营销的角度分析，对铁路旅客运输市场的细分有助于从多方面理解和认识铁路旅客运输市场本身。市场细分是从区别不同消费者的不同需求出发来分析划分市场。以旅客为对象，根据不同层次旅客旅行需求上存在的差异性，将铁路旅客运输市场区分为若干个旅客群体，将不同的旅客结成不同的旅行消费群体，称为铁路旅客运输市场细分。细分铁路旅客运输市场有助于铁路运输企业快速高效地确定目标市场，对旅客出行选择研究、客运产品设计、客流分配研究等具有积极意义。铁路旅客运输市场可按下列方法划分。

(1) 按旅客行程细分。按旅客行程细分就是对不同行程的旅客进行组合并加以考察，以便找出长途、中途、短途旅客在旅行过程需求的异同点，如铁路旅客运输按行程分成管内、直通和市郊等细分市场。

(2) 按地理位置细分。铁路旅客运输市场与一般商品市场比较，其地理分布性更强。按地理位置细分市场，可使铁路运输企业根据不同地区的特点选择不同的市场发展对策。根据我国经济发展程度的不同，铁路旅客运输市场可大致分成东部、中部和西部三个细分市场。三个细分市场的营销宏观环境的差异较大，表现在：①人口分布与人口密度；②国内生产总值；③客运量与旅客周转量；④居民乘车率。

(3) 按旅客对旅行条件的要求细分。不同消费层次的旅客对旅行条件具有不同的要求，可细分为豪华车(商务车)、一等车、二等车、空调车、软卧车、硬卧车、普通硬座车等，所以把不同席别、等级车的旅客群体作为细分市场。

(4) 按运行径路细分。旅客旅行经由的线路性质不同，铁路运输企业提供的服务质量及其对运输能力的影响存在较大差异，按径路性质细分，铁路大致可分为支线、干线、国际通道等。

此外还可以按运行速度、出行目的、旅客收入等方法细分，见表 7.1。

表 7.1　旅客运输市场细分

细分依据	细分市场
运行速度	高铁、动车、特别旅客快车、旅客快车、普通旅客列车
出行目的	出差、经商、探亲、旅游、打工、上学等
旅客收入	高收入、中等收入、低收入、无收入

第二节　铁路旅客运输营销策略

制约和影响企业营销组合的因素，从企业能否控制的角度划分为两大类：一类是企业不可控因素，指影响企业营销活动，却不能为企业所控制的各种外部环境因素；另一类是企业可控制因素，指影响企业营销活动，并为企业本身所能控制和运用的各种营销因素。

市场营销组合是指企业为了满足目标市场需要，实现经营目标，在综合考虑营销环境、企业资源及能力状况等条件下对企业本身可控制的营销手段进行最佳组合和运用的过程。杰罗姆 · 麦卡锡于 1960 年将这些要素概括为产品 (product)、价格 (price)、渠道 (place)、促销 (promotion) 四类，即著名的 4P。4P 属于企业可以控制的因素，所以企业可根据目标市场的特点，选择产品、产品价格、销售渠道和促销手段，即进行“营销组合战略决策”。

铁路旅客运输市场的市场营销组合分为产品策略、价格策略、渠道策略和促销策略四项基本策略，各项策略下又包含若干个构成基本策略的因素，见表 7.2。

表 7.2　4P 及内部子因素

产品策略	价格策略	渠道策略	促销策略
特点	客票价格水平、幅度	客票销售	广告
质量	票价差价	分配渠道	媒体类型
服务态度	票价折扣	区域分配	文字或图像
品牌名称	票价折让	代售点类型	人员推销
产品线	信用条件	商业场所	公共关系
担保		服务标准	营业推广

1. 产品策略

产品策略注重开发的功能，要求产品有独特的卖点，把产品的功能诉求放在第一位。制定铁路旅客运输产品策略的原则可以总结为以下三点。

(1) 完整性原则：全面、全过程、全员地满足旅客的需求。

(2) 灵活性原则：抓住每一个细分市场，灵活地提供有特色的客运产品，对旅客的需求给予充分满足，从而大大提高其在客运市场上的竞争力。

(3) 优化组合原则：产品组合是指企业生产经营的全部产品的结构以及它们的有机结合方式。一种运输方式或一个运输企业所拥有的产品组合，反映它能够向市场提供产品的丰富程度，自然也会产生不同的营销效果。

高速铁路的目标市场主体对比普速铁路，商务型客流的比例更多，其收入水平较高，经济承受能力较强，对时间要求较高，提高旅行速度的需求更为强烈，而且对舒适性、安全性及服务水平的要求也比较高。这要求高铁客运产品设计原则要区别于普速铁路，如下：

(1) 保持开行的高密度；

(2) 编制列车换乘衔接方案的方式灵活多样；

(3) 使客流按区域进行聚散，形成区域内辐射、区域间客流交换的模式。

为了提高自身竞争力，企业通常会采用差异化策略、组合策略和品牌策略来制定产品。

1) 差异化策略

产品差异化策略是指企业在对整个市场进行细分的基础上，根据企业的实力，选择一定的细分市场作为自己的目标市场，并对目标市场设计不同种类、质量和档次的产品。

我国铁路旅客运输实行的是差异性产品策略，从实现空间位移的载体和票价角度出发，铁路旅客运输产品种类的差异性主要由速度等级、座位等级、车体装备三个部分组成，见图 7.3。这三部分的组合就形成了铁路旅客运输的产品体系。

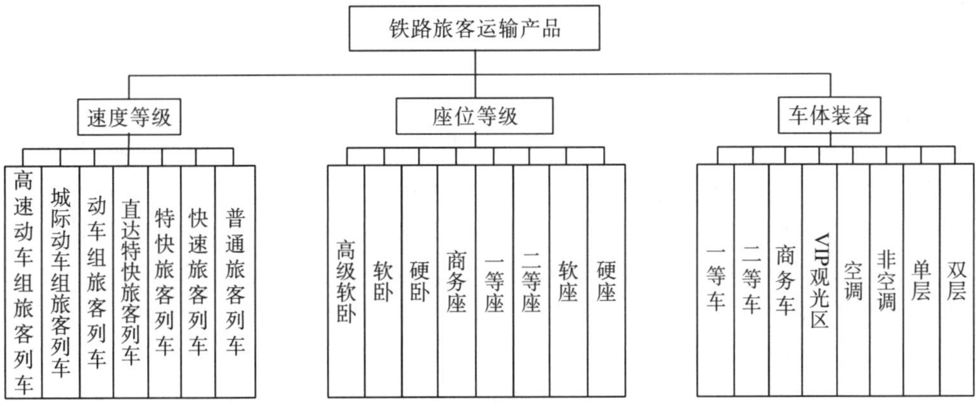

图 7.3　差异化策略下的铁路旅客运输产品体系

铁路客运部门可着眼于旅客购买位移产品时所追求的利益和需求，并以此为依据对这些产品属性进行新产品设计和旧产品改造。

2）组合策略

产品组合是指一个企业提供给市场的全部产品线和产品项目的组合或搭配，即经营范围和结构。组合策略是指企业根据市场需求及自身能力条件，确定生产经营规模和范围，对产品组合的广度、深度和关联性进行选择及调整。具体而言，有扩大产品组合策略、缩减产品组合策略和延伸产品线策略。我国的客运产品线包括旅游列车、短途列车、中途列车、长途列车等多种客运产品，较为丰富，能够产生较好的营销效果。

（1）扩大产品组合策略。

扩大产品组合策略指开拓产品组合的广度和加强产品组合的深度。开拓产品组合的广度是指增添一条或几条产品线，扩展产品经营范围；加强产品组合的深度是指在原有的产品线内增加新的产品项目。具体方式有：

①在维持原产品品质和价格的前提下，增加同一产品的规格、型号和款式；

②增加不同品质和不同价格的同一种产品；

③增加与原产品类似的产品；

④增加与原产品毫不相关的产品。

扩大产品组合的优点是：

①满足不同偏好的消费者多方面的需求，提高产品的市场占有率；

②充分利用企业信誉和商标知名度，完善产品系列，扩大经营规模；

③充分利用企业资源和剩余生产能力，提高经济效益；

④减小市场需求变动性的影响，分散市场风险，降低损失程度。

（2）缩减产品组合策略。

缩减产品组合策略是削减产品线或产品项目，特别是要取消那些获利小的产品，以便集中力量经营获利大的产品线和产品项目。缩减产品组合的方式有：

①减少产品线数量，实现专业化生产经营；

②保留原产品线削减产品项目，停止生产某类产品，外购同类产品继续销售。

缩减产品组合的优点有：

①集中资源和技术力量改进保留产品的品质，提高产品商标的知名度；

②生产经营专业化，提高生产效率，降低生产成本；

③有利于企业向市场的纵深发展，寻求合适的目标市场；

④减少资金占用，加速资金周转。

（3）延伸产品线策略。

延伸产品线策略包括向下延伸策略、向上延伸策略、双向延伸策略和产品线填补策略。

3）品牌策略

品牌是指用于识别产品或服务的名称、术语、符号、象征或设计，以及它们的有机结合，并能给消费者留下深刻印象。品牌策略是指将品牌作为核心竞争力，并以此来获得附加收益，而品牌策略一般分为个别品牌、统一品牌、分类品牌等细分策略。目前，铁路旅客运输市场的品牌在设计、管理和市场培育各方面已有一定的积累和经验。运输企业陆续推出的客运产品，如“朝发夕至”“夕发朝至”“一站直达”等均达到了比较好的效果。应当从强化铁路运输企业品牌意识、重点培育客运独有品牌方面入手，铁路运输企业应制定详细的品牌营销策略。

这三种策略并不是独立存在的，而是相互关联和渗透的。组合策略和品牌策略从本质上来说就是为了突出产品的差异性，是差异化策略的一种体现。

2. 价格策略

根据不同的市场定位，制定不同的价格策略，产品的定价依据是企业的品牌战略。运输市场中，价格策略是指各方式运营主体以价格决策目标为指导，以运输资源情况和交通方式服务属性等方面为基础采取的策略。一般来说，国内铁路旅客运输价格策略有以下几种。

(1)季节运价策略。为了适应运输季节变化的特点，缓解供需矛盾，在需求旺季，适当提高运价，在需求淡季，适当降低运价。为适应旅客需求，充分利用铁路运输能力，自2009年起铁路部门已实行部分旅客列车末端空闲卧铺票价优惠，根据铁路部门最新公布的《关于2014年短途卧铺优惠有关事宜的公告》，2014年3月20日～12月31日(9月30日～10月7日除外)始发的部分旅客列车末端空闲卧铺执行优惠票价。

(2)浮动运价策略。铁路局可在国家批准的范围内，决定具体运价的上下浮动水平，如在春运、暑运等节假日期间上浮运价，对热门车次和紧缺座别上浮票价等。2018年7月5日起，对早期开通的合肥—武汉、武汉—宜昌、贵阳—广州、柳州—南宁、上海—南京、南京—杭州6段线上运行时速200～250km的高铁动车组公布进行优化调整，明确执行票价以公布票价为最高限价，铁路相关企业可根据情况在限价内实行票价下浮，最大折扣幅度为6.5折。

(3)产品分级运价策略。为了满足特定旅客的高端服务需求，铁路部门推出了多种不同于传统列车的新型列车，如快速列车、旅游列车、全列空调列车等。这类列车一般具备更加优质的技术条件以及更加优良的服务环境。在此基础上，对于此类列车可实行在一定范围内的优质高价，均衡由于提高优质服务带来的成本，也可以理解为铁路部门为实施特殊服务而带来的附加价。

3. 渠道策略

企业并不直接面对消费者，而是注重经销商的培育和销售网络的建立，企业与消费者的联系是通过分销商来进行的。

德国高铁客运提供自动售票机、授权旅行社、网络中心、订票中心和呼叫中心等多种分销渠道，各种渠道所提供的服务见表7.3。德国高铁多样化的售票渠道依靠灵活的支付方式、旅行社合作及与其他国家共享数据库，提供的客票服务各具特色，可满足旅客的不同需求。

表7.3　德国高铁多样化的售票渠道

售票渠道	提供服务
网络中心	可查询并预订欧洲各国车票，旅客自行打印车票，车票可转让
订票中心	处理订购季票的通勤旅客业务
呼叫中心	提供人工问讯服务及车票寄送服务
自动售票机	多国语言支持服务，支付方式多样
授权旅行社	针对商务旅行人员销售无折扣车票，一对一个性旅行服务
国外售票点	向境外旅客提供高铁客票服务

我国铁路客票的销售主要依靠铁路12306网站和手机客户端、车站售票厅和车票代售点。2016年，在铁路所有的售票渠道中，互联网售票占比超过60%，其中手机客户端购票占总量比例超过40%，互联网售票已然成为旅客购买车票的主要方式。以上海为例，2013～2017年，上海局大力推广自助购票、网络购票，自助售(取)票机投放数量由当初的不足千台猛增至2122台，投放位置由之前仅限于站内拓展到目前的商场、学校、居民区，选择自助购票的旅客从不足50%提高至76.8%，其中互联网购票占自助购

票的 94.3%；逐步推行票额收益管理，按车次建立票额分配档案，分线别、方向、阶段、时段制定票额共用及席位复用策略，用好用足票额，既方便旅客，又增加效益。

4.促销策略

企业注重销售行为的改变来刺激消费者，以短期的行为(如让利、买一送一、营销现场气氛等)促成消费的增长，吸引其他品牌的消费者或提前消费来促进销售的增长。促销的方法一般分为两类，即人员推销及非人员推销。其中，非人员推销又可以分为广告、公共关系和营业推广三类。促销的作用在于能够提供市场相关信息、促进消费需求、突出运输企业的特点、稳定企业和产品的市场地位。

例如，对旅游线路和部分线路出现的折扣车票，可以在一些流量较大的网站(如视频网站)投放广告以及铁路运输企业“两微一端”等平台上进行宣传和信息推送，以有特色的优质服务吸引旅客选择动车组列车出行。广铁集团公司开行“大瑶山”号旅游列车，在广告宣传上强调了其舒适的乘车环境、星级宾馆式的优质服务、沿途可观赏的优美景点和便利的整个旅游过程，走出了一条以旅游为龙头的客运营销新途径。

目前，国外高铁采取的促销策略以不同票价等级的价格折扣和价格优惠为主，为每一种车票种类和票价等级设置具有吸引力的价格折扣，进而提升销售额。

为了解决淡季铁路运能资源利用率低的问题，日本高铁组建“老年人假日俱乐部”系列产品组合，为老年会员提供民俗文化活动、音乐会、特色旅游和购物优惠等产品服务。而且日本铁路客票的基本价格受到国土交通省的管制，弹性较小，各铁路公司在基本票价的基础上适当推出了一些优惠策略以吸引客流，见表 7.4。

表 7.4　日本铁路客票价格策略

价格策略	具体实施
回数券	在部分线路和区间，当乘车达到指定的次数可获得一次免费乘车的机会
定期券	分一个月、三个月和六个月三种期限，在期限内可无限次搭乘指定区间内的列车，指定的区间可以跨越多个客运公司的多条线路
日本铁路周游券	仅针对外国游客发售，持有 JR PASS 的游客可以在指定的时间内无限次搭乘带有 JR 标识的铁路(包括新干线)、巴士和轮渡
青春 18 乘车券	持此类车票可在同一日内无限次搭乘 JR 的所有列车和电车的自由席，但此类车票的使用条件较为严苛：一次必须购买一册(包含 5 张)，如果同一册的不同年票同时被多人使用，则这些人必须在同一车站上车、同一车站下车；如果一册车票在一个季度内没有用完，则剩下的车票不能延至下个季度使用

5.铁路旅客运输优质服务策略

铁路旅客运输的基本任务是满足旅客旅行的需要，安全、迅速、准确地输送旅客和附带的行李、包裹、邮件，并使旅客在旅途中感到舒适和得到文化、生活上的良好服务，所以成熟的优质服务策略是必要的。铁路客运实现优质服务是从旅客与铁路发生业务接触开始，到旅客脱离铁路系统为止的完整过程，其中包括售票服务，行李托运，广告宣传，进站、购票并上车的正确、便捷、及时的信息引导和咨询，对列车的正点和优质优价列车的信誉保证，车站功能的综合化，吃、住、行的一体化延伸服务，列车上的娱乐餐饮等服务。

一般地，可以把旅客进入服务系统的过程分为旅行前服务、旅行中服务、旅行后服务三个服务阶段，见图 7. 4。铁路客运优质服务策略就是根据旅客在三个阶段的不同需求而采取的最优服务策略，是多种优质服务措施最优组合的体现。

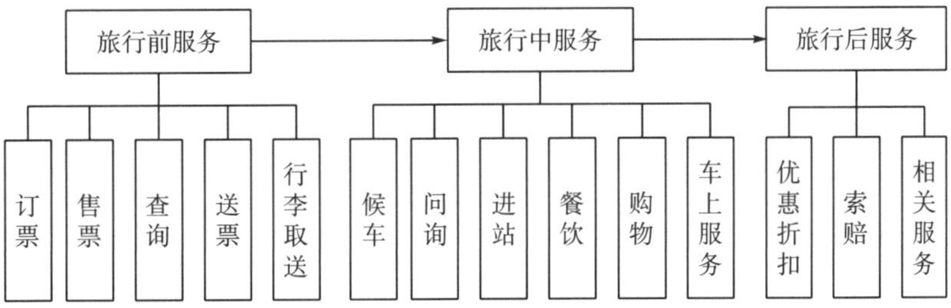

图 7.4 旅客进入服务系统不同服务阶段

在旅行不同阶段有不同的服务策略，针对旅客在各个阶段的不同行程也需要有不同侧重点的服务。

1) 旅客旅行前优质服务策略

这一阶段的需求主要是便利获取可靠的出行信息(车次)、优惠的票价及乘车凭证(车票等多种形式)、便捷的行李服务，所以优质服务就要围绕这些需求展开。

(1) 获取可靠的出行信息。铁路客运应广泛利用媒体，发布出行信息(车次、票价)或建立铁路信息查询系统，使旅客方便、快速地查询到可靠的车次、车票信息，并能给旅客推荐最优出行路线。德国铁路设有免费的列车时刻表电子问讯系统，方便旅客查询，旅客只需通过按钮输入列车和乘车时间，中央计算机装置操纵打印机，可打印出书面答复材料，介绍最佳列车和运价。

(2) 优惠的票价及乘车凭证。坚持实施差别化定价策略。差别化定价是指企业根据不同的旅客群、不同的时间和地点对同一产品或劳务采用不同的销售价格，如对老人、儿童、团体旅客给予一定的优惠折扣。根据不同的群体需求，推出多种形式的乘车凭证，如一般纸质票、IC 卡式票等；可以通过现有媒体方式，如互联网、手机等进行支付获取凭证；或通过自动售票机获取凭证；或通过客服中心送票上门获取。

(3) 便捷的行李服务。在行李服务方面，德国铁路客运公司与爱马仕公司(Hermes)合作，在旅客购买列车车票时进行服务，为旅客提供上门行李托运服务，一般 2～3 工作日内到达。

2) 旅客旅行中优质服务策略

在旅客旅行途中优质的旅途服务会大大提升旅客的体验满意度，这一阶段的旅客需求有候车等待检票、问讯(正晚点等)、餐饮、购物等，优质的服务也正是主要围绕这几个方面进行的。

(1) 客运站引导服务。客运站为指示旅客在站有秩序地办理各种旅行手续，在站前广场、进站口、售票厅(处)、行李房、各候车室、贵宾室、检票口、站台及各种通道上的明显处，设置大小不同、型号不一的旅客引导显示系统，直接向旅客通告列车到发去向、到发时刻、候车地点、列车停靠站台、晚点变更等情况，引导旅客完成全部候车、乘车流程，使旅客在站内办理各种旅行手续径路最短，最合理，并能尽量避免在站内各种通道上交叉干扰。

(2) 车站综合服务策略。车站综合服务包括问讯处的服务，候车室的服务，随身携带品暂存处的服务，旅客的文化、饮食、住宿等的服务，车站的清洁卫生、站容美化和时钟设施等。

(3) 优质的旅途服务策略。各旅客列车上的服务项目，会因列车和车厢等级、行驶路线、行车时间、行车距离而有所不同。旅客感知到的服务有差异是很正常的，优质服务就是要通过多种手段，尽可能地缩小旅客对感知到的服务的差异。列车乘坐的舒适性是乘客的直观感知，旅客问讯是旅客在出行中对情况不明确条件下产生的必然行为。德国铁路推出的 ICE 列车在提升旅客乘车体验方面取得了良好的效果，2017 年正式投用的第四代城际高速列车 ICE4 在每个车厢增加 8 个可停放自行车的位置，既可满足短途乘车的需要，还方便了残疾人轮椅上车及停放；在每个座位都有电源插座，方便乘客上网及使用移动通信设备。而问讯服务人员除了满足岗位标准外，还要提高为不同语种、不同语言、不同年龄的顾客进行针对性服务的能力。

对于候车及车上服务这两个阶段，列车正点率都是客运服务质量的重要衡量标准之一，各国铁路对此都十分重视。日本新干线高速列车的年平均晚点仅为 0. 4min/列，西班牙 AVE 高速列车的正点率也高达

99.7%(按时刻表5min以内)。在欧洲，几家铁路公司对晚点过多的列车还给旅客经济赔偿。例如，在法国，如果列车晚点1h以上，将向乘客退还所有票款；在西班牙，高速铁路(AVE)列车如果晚点5min以上，将向乘客退还所有票款；在英国、德国和意大利，如果列车晚点，将发给乘客一张凭据，旅客下次乘车凭此据可购打折车票。这些营销措施的实行，吸引了大量的旅客。

3)旅客旅行后的优质服务策略

通过铁路旅行后的旅客到站后，将会通过其他出行方式回家或继续旅行，或者对前述两个阶段中发生的服务问题提出投诉或请求赔偿等，那么这一阶段的优质服务，就要围绕这些方面进行。

对回家旅客，借助高效、明确、可靠的旅客引导系统，方便换乘，通过附加的优质服务使他们成为“回头客”；对中转旅客，通过附加的优质服务，为他们后续旅行提供便利，这一方面的主要服务有出租车服务、行李服务、与里程累积(乘次)有关的票价优惠政策等。

6.中国铁路客票营销策略实践

我国从1996年开始进行计算机客票售票网络建设。铁路客票发售和预订系统采用集中与分布相结合的三级系统结构联网构成，第一级系统为国铁客票中心，第二集系统为地区客票中心，第三级系统为车站系统。

2009年，铁路客票发售和预订系统升级为5.1版，主要增加动车组快捷售票、制磁卡票、取票策略定制、无坐席总量控制、窗口售票规则控制、特殊车次收入统计等功能。系统通过升级，增强售票组织的灵活性，加强售票管理，提高系统运行效率，强化了系统严密性。2010年，12306购票网站开通并试运行，京津城际高铁最先试用该网络售票方式。2011年6月24日，我国铁路部门开始对外发售京沪高铁车票。随着铁路信息服务系统的逐步建成，2012年12月底，网络售票方式在我国铁路全面推行，至此中国铁路开始迈入电子商务时代。现在旅客不仅可以在车站等实体售票点进行订票，还可以利用手机拨打“12306”、全国铁路客户服务中心网站及铁路12306手机客户端进行订票，并可以查询列车车次、时刻、票价等相关列车信息，从而为旅客提供了多种购票渠道，分散了车站窗口的购票压力。随着支付方式的不断发展，现在通过各个渠道购票的乘客都可以享受现金，工商银行、农业银行、中国银行、建设银行、招商银行、邮储银行、中国银联、中铁银通卡等银行卡及支付宝等手段进行支付，可以满足各种购票人群的需求，提高旅客购票效率。之后，铁路客户服务中心(12306)官网又推出了微信支付、接续换乘和选座功能，为旅客订票提供了极大的便利，这些功能同样应用在了铁路12306手机客户端上，在此基础上，客户端又增加了正晚点查询服务、温馨服务、餐饮·特产等贴心服务，还有新出的约车服务为旅途结束以及换乘的旅客提供了便利，在很大程度上提升了手机客户端的体验满意度。

国铁集团为满足不同旅客的出行需求，提高旅客感知服务价值，动车组列车提供了不同等级的席别——商务座、一等座和二等座，部分线路提供卧铺。但是，目前我国铁路所售的所有客票均为单程票，相较国外高速铁路推出的通勤票、月票、年票等，我国客票种类相对单一。

第三节　铁路旅客运输成本与价格

一、铁路旅客运输成本

成本是产品生产过程中各种资源消耗的货币反映。而运输成本就是指运输企业对原材料在制品以及成品的所有运输活动所造成的费用，包括直接运输费用和管理费用。铁路运输成本的高低反映了铁路行业的生产耗费水平，是确定铁路运价的主要依据。

1. 铁路旅客运输成本的构成

铁路旅客运输成本是铁路运输企业从事旅客运输运营活动的成本，通常以完成每人公里运输量所耗费用表示。铁路旅客运输成本由固定资产折旧费、材料费、燃料费、职工工资及其他费用组成。

铁路旅客运输成本的高低反映出生产耗费的多少，体现出应该补偿部分的大小，作为运输消耗的补偿尺度，铁路旅客运输成本要由运输收入来补偿，并由此确定运输盈利额。

2. 铁路旅客运输成本的特点

由于运输行业相对于其他生产有形产品的工农业的特殊性，运输成本也有以下特点。

(1) 固定资产折旧费占较大比例。

运输企业只提供运输劳务，提供的是无形的运输产品——位移，运输成本中并不包含构成产品实体的原材料支出；而运输行业资本较为密集，建设运输线路、港、站、枢纽等运输基础设施的固定资产折旧费用和修理支出在总成本中占有较大比例。这种成本构成与工业成本构成有明显的不同。有关统计资料表明，在铁路运输总成本中，仅折旧和大修理支出比例高达 30%，而工业企业折旧和大修理支出仅占 6%左右。

(2) 成本计算单位是复合计量单位。

货运产品的最终计量单位为吨公里，客运产品的最终计量单位为人公里，运输作业过程中产生的中间产品计量单位为机车公里、列车公里等，都有运输距离因素在内。因为没有运输距离因素的计算单位，不能完全反映运输生产工作量，所以铁路运输成本与运输距离密切相关。

(3) 成本计算较为复杂。

铁路旅客运输的成本计算构成较为复杂，就客运部门而言，有高铁、动车、特快、普客、市郊等列车类型，还有商务座、一等座、二等座、软硬卧、软硬座的分别，这些车辆的载客人数不同，自重也不同，从而完成同样旅客周转量所消耗的车辆公里、总重吨公里等指标也不同，这些所有的作业特征都要加以界定，并一一按照规定的顺序归集和分摊其费用，以正确计算各自的成本。

(4) 运输成本表现为递远递减的规律。

从成本与运输距离的关系来看，单位运输成本和运输距离表现为递远递减的关系。按照运输生产作业过程，铁路运输成本由始发和到达作业支出、中转作业支出、运行作业支出三个部分组成，运行作业支出是其中占比最大的，随着距离的远近而增减。运输距离越长，成本中始发和到达作业支出占比越小，反之则越大。

3. 单位旅客运输成本的计算

计算铁路运输行业单位旅客运输成本是为了反映铁路运输企业在一定时期内完成一定数量旅客运输任务的平均运输耗费。计算单位旅客运输成本的目的是衡量企业平均单位成本水平，评价企业经营成果，并作为制定铁路旅客运输票价的依据。

铁路运输成本计算内容和方法很多，但是目前制度性和规范性的内容和方法只有定期(年或季)的全路范围或企业范围的换算周转量平均成本计算、旅客人公里平均成本计算和货物吨公里平均成本计算，以及有关站段主要工作量平均成本计算。这类平均成本是指包括固定支出和变动支出在内的财务决算成本，其计算模型比较简单。计算方式就是将铁路营业划分为旅客运输(客运)支出和货运支出两部分，分别除以旅客人公里和货物吨公里，其结果即单位客运成本和单位货运成本。货运和客运支出的划分原则是：凡是直接参与客运有关支出，以及属于客运专用固定资产的折旧费和维修费全部划入客运支出总额；凡是直接参与货运有关支出，以及属于货运专用固定资产的折旧费和维修费全部划入货运支出总额；凡是客货运输混合支出，以及客货运输共用的固定资产的折旧费、维修费和管理费等，分别用客货列车公里、客货机车总行走公里、客货机车总重吨公里等统计指标中所包含的客货工作量比例和客货生产人员工资比例、客货运生产费比例等进行划分。

客运、货运单位成本计算公式如下：

$$换算吨公里成本=\frac{客、货运成本总额}{换算周转量}(元/万换算吨公里) \tag{7.1}$$

$$单位客运成本=\frac{客运支出}{旅客周转量}(元/万人公里) \tag{7.2}$$

$$单位货运成本=\frac{货运支出}{货物周转量}(元/万吨公里) \tag{7.3}$$

二、铁路旅客运输价格

铁路旅客运输收入是铁路运输企业在完成旅客运输工作中，按照国家规定的运价，向旅客核收的货币资金，即运输企业的销售收入。它与货运收入一起统称运输收入进款。铁路运输收入是铁路运输企业补偿运输成本(成本)和形成企业盈利的基本来源，是铁路运输简单再生产和扩大再生产的重要保证。

铁路旅客运输收入的表现形式是旅客运输票价。我国铁路旅客运输价格制定的思路是：根据一定时期内的运输生产量，计算出完成这些运输生产量所消耗的总的生产成本，然后计算出平均单位产量的成本。在此基础上确定一定的利润率，作为定价的基准，再根据铁路递远递减率制定客运票价。本节主要从定价原理、运价结构及票价调整三方面来讲解铁路旅客运输票价。

铁路旅客运输票价按旅客乘坐的列车种类、车辆类型、设备条件等分为客票票价和附加票票价。客票票价包括硬座客票票价和软座客票票价，附加票票价包括加快客票票价、卧铺客票票价和空调客票票价。票价分类见图 7.5。

- 铁路客运票价
  - 客票票价
    - 硬座客票票价
    - 软座客票票价
  - 附加票票价
    - 加快客票票价
    - 卧铺客票票价
    - 空调客票票价

图 7.5　按列车种类、车辆类型、设备条件等的票价分类

1. 铁路旅客运输定价原理

从影响运价内部原动力来讲，运价的制定必须遵循价值规律的客观要求，以运输价值为基础，反映运输市场的供求关系，并且随市场需求的变化而波动；从外部来讲，运输业是国民经济的基础设施，运价的制定要体现一定的公益性，社会希望运输业提供低廉、便利、迅速、安全舒适、周到的服务，以便加速物资流通和资金周转，促进经济发展。

1) 运输价值及其转化形态是运价形成的基础

商品价值是凝结在商品中的无差别劳动力或者抽象的劳动力，能够让具有不同使用价值的商品以一定比例进行交换的共同点就是无差别的人类抽象劳动力。目前来说，运输行业的运输产品价格与垄断价格是并存的，运输价格基本是运输产品价值的货币表现，运输价值是运输生产部门从事客、货运输所创造的产品——运输劳务(吨公里)所消耗的社会必要劳动时间。运输产品的价值由以下三个部分组成：

(1) 已消耗的生产资料的转移价值，如燃料、折旧等；

(2) 生产者为自己劳动创造的价值；

(3)生产者为社会劳动创造的价值。

与此相对应的运输产品的价格也可以分为三个部分：

(1)消耗生产资料的转移价值的货币表现，如修理维护费用，燃料费用等成本；

(2)运输工人的劳动(必要劳动)创造价值的货币表现，如工资、运输津贴等成本；

(3)生产者为社会劳动(剩余劳动)创造价值的货币表现，即盈利，包括运输利润与税金。

运输服务技术、质量和劳动量等因素的要求不同，形成不同的运价水平，同时也决定了运输企业从事某运输所投入的劳动力。所以我们可以总结为价值规律的作用要求运输产品以运输价值为基础，使运价与运输价值相适应，即价值规律规定了运输产品中运价形成的基础。

2)运输市场供求是调节运价的基本力量

按照价值基本规律，商品的价格总是处于不断波动之中，运价也是如此。在这个波动过程中，旅客运输价格围绕着旅客的运输价值这个中心，根据市场的供求关系变化而不断进行调整。这就涉及商品经济社会的另一个重要规律——供求规律。运输供求规律反映运输供给与运输需求及运价之间的相互调节，是使运输供求由不平衡趋于平衡的规律。简言之，运输供求规律的作用过程就是运价围绕运输价值上下波动的基本过程。如果说运输价值是运价上下波动的轴心，运输供求则是调节运价围绕运输价值上下波动的基本力量。

3)政府政策与法规是规范运输市场运价的重要力量

政府政策是政府为达到一定的目的而规定的行为准则。政府一般通过两种途径对运价进行控制：①政府直接定价，把定价主体与运输主体分离，运输主体没有定价权，只有建议权与执行权；②通过税费等政策法规间接影响运价。

成本及运输利润上受政府某种规定的影响，这些规定虽不是以价格为直接对象，但其出台实施会改变运价运行的环境，改变运输企业投资行为，从而改变整个运输市场的运输成本和供求状况，最终影响运价。总体来讲，政府的很多政策法规(包括税费政策、产业政策、货币政策和公共成本政策等)都会影响到运价。

总之，运价是各种因素综合作用的结果。从运价基本原理来讲，运输企业本身的运输成本是运价的基础，供求关系是运价波动的动力。另外，充分认识和理解有关政策对运价的要求和作用十分重要，只有这样才能灵魂调整运输价格行为，从而使运输市场早日走入稳步、健康的道路，适应市场经济发展的需要。

2. 铁路旅客运输价格结构

运输价格结构就是运价体系各部分构成及其相互关系。简单来讲，就是运输产品的价格由哪几部分构成。铁路旅客票价构成的三要素是票价率、里程区段、递远递减率。

1)基本票价率与票价比价关系

铁路旅客运输的基本票价率与票价比价关系可以分为两种。

(1)普速铁路硬座客票的基本票价率。

硬座客票的基本票价率是旅客票价的基础，是决定全部旅客票价水平最重要的因素。硬座旅客票价的基本票价率应在能弥补生产成本获得合理水平利润的基础上，尽可能反映不同类客运产品消费群体的支付能力，尤其是低收入群体的经济承受能力，满足不同层次的需求，更好地服务社会。基于此在制定基本票价率的同时也要考虑到供求和竞争因素，将与铁路具有同质性运输方式的比价作为参考，最终确定合理的基本票价率。

当硬座客票基本票价率确定后，其他各种票价就按其加成或减成比例计算，铁路旅客票价现行票价率及基本比价关系见表 7.5。

表 7.5　铁路旅客票价现行票价率及基本比价关系

<table>
<tr><th colspan="3">票价种类</th><th>票价率/(元/(人·km))</th><th>占硬座百分比/%</th></tr>
<tr><td colspan="3">硬座客票</td><td>0.05861</td><td>1006</td></tr>
<tr><td colspan="3">软座客票</td><td>0.11722</td><td>200</td></tr>
<tr><td colspan="3">市郊客票</td><td>0.04982</td><td>85</td></tr>
<tr><td colspan="3">棚车客票</td><td colspan="2">按硬座客票半价计算</td></tr>
<tr><td rowspan="2">加快票</td><td colspan="2">普通</td><td>0.01172</td><td>20</td></tr>
<tr><td colspan="2">特别</td><td>0.02344</td><td>40</td></tr>
<tr><td rowspan="5">硬卧票</td><td rowspan="3">开放式</td><td>上</td><td>0.06447</td><td>110</td></tr>
<tr><td>中</td><td>0.07033</td><td>120</td></tr>
<tr><td>下</td><td>0.07619</td><td>130</td></tr>
<tr><td rowspan="2">包房式</td><td>上</td><td colspan="2">按开放式硬卧中铺票价另加 30%计算</td></tr>
<tr><td>下</td><td colspan="2">按开放式硬卧下铺票价另加 30%计算</td></tr>
<tr><td rowspan="4">软卧票</td><td rowspan="2">普速铁路</td><td>上</td><td>0.10257</td><td>175</td></tr>
<tr><td>下</td><td>0.11429</td><td>195</td></tr>
<tr><td rowspan="2">高速铁路</td><td>上</td><td>0.12308</td><td>210</td></tr>
<tr><td>下</td><td>0.13480</td><td>230</td></tr>
<tr><td colspan="3">空调票</td><td>0.01465</td><td>25</td></tr>
</table>

各种旅客票价比例关系的确定基本上是以不同旅客列车和车辆的运输成本为依据的。在其他条件不变的情况下，每旅客人公里运输成本与列车运行速度和设备、服务质量成正比，而与列车编成辆数、车辆载客人数成反比。

(2) 高速铁路的基本票价率。

我国高速铁路的基本票价率经过三次明显的调整后基本确定为当前的标准，见表 7.6。

表 7.6　高速铁路基本票价率

<table>
<tr><th rowspan="2">速度等级/(km/h)</th><th colspan="2">客座等级</th></tr>
<tr><th>一等座</th><th>二等座</th></tr>
<tr><td>200</td><td>0.37 元/km</td><td>0.30 元/km</td></tr>
<tr><td>300</td><td>0.74 元/km</td><td>0.46 元/km</td></tr>
</table>

注：如果线路等级低于 200km/h，一般情况下按 200km/h 计算。

如果车体允许最高运营速度大于等于线路最大运营速度，则基价以线路速度为基准计算；如果车体允许最高运营速度小于线路最大运营速度，则基价以车底速度为基准计算。

2) 旅客票价里程区段

里程是指线路计价里程，需要特别指出的是，计价里程不一定等于实际线路长度。运营里程是指线路的计费里程，它与实际线路长度并没有完全符合。铁路运营里程是按照铁路里程表确定的，票价计算时也是按照铁路里程表确定的。

计算旅客票价时考虑旅客较合理的支付票价，将运输里程分为若干区段，对同一里程区段，核收同一票价。

$$L_{中} = L_{基} + \left(n \pm 0.5\right) \cdot L_{段} \tag{7.4}$$

式中，$L_{中}$ 为区段中间里程；$L_{基}$ 为基数里程；$L_{段}$ 为小区段里程；n 为小区段数，即

$$n = \frac{L_{实} - L_{基}}{L_{段}} \tag{7.5}$$

其中，$L_{实}$ 为实际里程。尾数四舍五入，舍去前式取“+”，进入或除净前式取“－”；

现行旅客票价里程区段划分见表 7.7。

表 7.7　现行旅客票价里程区段划分表

里程区段/km	区段数	区段间距/km
1～200	20	10
201～400	10	20
401～700	10	30
701～1100	10	40
1101～1600	10	50
1601～2200	10	60
2201～2900	10	70
2901～3700	10	80
3701～4600	10	90
4601 以上	—	100

旅客票价要按里程区段划分，各区段的票价按区段的中间里程计算。为使旅客合理负担票价，旅客票价的里程区段间距划分较小，票价也随着区段间距里程的增大而逐渐加大。

旅客票价的运价里程是按旅客实际径路计算的。考虑运输成本及分流问题，对各种票价规定了起码的限度，即计算票价起码里程，如客票为 20km，加快票为 100km，卧铺票为 400km(特殊区段另有规定者除外)。

3)递远递减率

由于运输成本随运输距离的增加而相应降低，因此旅客票价实行按运输距离递远递减的办法计算。递远递减的程度，一方面考虑运输成本的递远递减程度，同时考虑减轻长途旅客的经济负担，照顾边远地区，促进地区间往来的因素，因而采用了较大幅度的递远递减率。

现行普速铁路旅客票价递远递减办法是制定统一的递远递减率，如表 7.8 所示。递远递减率以起码里程的基本票价作为基数，据此确定各里程区段的递减基本票价率。旅客硬座票价递远递减率和递减基本票价率见表 7.8。

表 7.8　旅客硬座票价递远递减率和递减基本票价率

里程区段/km	递减率/%	递减票价率/(元/(人·km))	各区段全场票价/元	区段累计票价/元
1～200	0	0.05861	11.722	
201～500	10	0.052749	15.8247	27.5467
501～1000	20	0.046888	23.444	50.9907
1001～1500	30	0.041027	20.5135	71.5042
1501～2500	40	0.035166	35.166	106.6702
2501 以上	50	0.029305		

动车组票价计算方式如下所示。

(1)定价依据。

按《国家计委关于高等级软座快速列车票价问题的复函》的规定，旅行速度达到 110km/h 以上且 250km/h 以下的动车组列车票价基准价：每人公里一等座为 0.3366 元，二等座为 0.2805 元，可上下浮动 10%，旅行速度达到 250km/h 的动车组列车软座票价基准价：每人公里一等座为 0.7733 元，二等座为 0.4833 元。

按《国家计委关于广深铁路运价的复函》的规定，广深线开行的动车组列车票价可在国铁统一运价为中准价上下浮动 50%的基础上再上下浮动 50%，由企业自主定价。

(2)动车组公布票价计算。

一等座公布票价=0.3366×(1+10%)×运价里程

二等座公布票价=0.2805×(1+10%)×运价里程

软卧车票公布票价：

上铺票价=0.3366×(1+10%)×1. 6×运价里程

下铺票价=0.3366×(1+10%)×1. 8×运价里程

高级软卧车票公布票价：

上铺票价=0.3366×(1+10%)×3. 2×运价里程

下铺票价=0.3366×(1+10%)×3. 6×运价里程

(3)动车组票价打折条件。

①根据不同区域、不同季节、不同时段的市场需求，实行不同的票价打折。

②二等座车公布票价打折后，不得低于相同运价里程的新空调软座票价，在短途公布票价低于新空调软座票价时，按公布票价实行。

③经相同径路、相同站间、相同时段，不同车次应执行同一票价。

④同一车次，各经停站的票价在里程上不能倒挂。

例如：北京西—石家庄客运里程 277km，D4565 次列车的票价浮动为 5%。

一等座票价：0.3366×(1+5%)×277=97.90011≈98(元)

二等座票价：0.2805×(1+5%)×277=81.583425≈82(元)

短途区间票价最低可按照公布票价的九折执行票价，执行票价可以实行时段价，但平均票价不得低于公布票价的九折；中长途区间二等座车可按照新空调硬卧下铺票价执行，一等座车按 1.25 的比价计算执行。

高铁票价参考普速铁路同样实行递远递减优惠，高铁客票的起码里程是 20km，不足 20km 的短途车票一律按 20km 计费，里程区段与优惠的关系见表 7.9。

表 7.9　高铁票价递远递减优惠表

里程区段/km	优惠
≤500	无
501～1000	9 折
1001～1500	8 折
1501～2000	7 折
≥2001	6 折

3. 铁路旅客运输票价的调整

运价实施上，铁路旅客运输票价均要求实行统一票价为主、浮动票价为辅的原则。票价浮动就是指在国家规定的价格范围内、考虑旅客接受能力的基础上，根据客流的变化，对原制定的基本票价进行一定降价或提价的票价处理机制，它是铁路用以缓解运输压力、保障运营收益的措施。一般来说，当运输供给大于运输需求时，铁路需采取一定的降价措施来刺激需求量增长以保障收益，而当运输需求大于运输供给时，适当提高票价可以提高运营收入。

改革开放到现在，国家推行了一系列针对铁路客运票价改革的措施与方案，逐渐允许一部分特定的铁路线路在特定时间内可以小范围内适当调整不同坐席的票价。

2000 年，国务院批准，国家发展改革委下发了《国家计委关于部分旅客列车票价实行政府指导价有关问题的批复》，允许铁路客运票价在部分时间和线路上，根据市场营销的需要实行浮动票价。

2015 年，国家发展改革委下发的《国家发展改革委关于改革完善高铁动车组旅客票价政策的通知》，将高铁动车组旅客票价定价权交给国铁集团，同时要求国铁集团根据运输市场竞争状况、服务设施条件差异、客流分布变化规律、旅客承受能力和需求特点等实行一定折扣，确定实际执行票价。

从 2018 年 4 月 28 日起到年底，铁路部门将进一步扩大铁路局管内部分动车票价下浮折扣，理顺各席别之间的比价，进一步完善服务措施，提升旅客旅行获得感，将对广州至珠海、海南环岛、南京至安庆、丹东至大连、青岛至荣城、郑州至开封、武汉至孝感等 28 条城际铁路部分动车组列车票价，实行不同形式、不同幅度的折扣优惠，最大折扣幅度由前期试点的 10%提高到 20%。

第四节　铁路旅客列车票额分配

票额分配是在编制新列车运行图后或者客票销售过程中，根据旅客列车输送能力和历史客流统计资料与售票实际情况，按照局别，分车次、分席别、分区段的各次列车的席位能力针对车票各项要素制订的计划，具体包括车票的乘车站、终到站和运行区段等。直通旅客列车票额分配方案由列车担当铁路局根据客流和列车停站情况与始发站和相关局协商确定，并上报国铁集团核备；管内旅客列车票额分配计划由铁路局组织编制，并分别以国铁集团、铁路局集团公司文件公布实施。

票额是基于旅客列车能力(席位)的，列车能力即列车席位的数量，也叫列车定员。在票额分配工作中，所依据的列车定员指标主要包括以下几个。

(1)硬座标记定员，即各硬座车厢标记定员的总和：

$$A_{标记}=\sum a_{标记} \tag{7.6}$$

式中，$A_{标记}$为列车标记定员；$a_{标记}$为车厢标记定员。

(2)硬座实际定员，即硬座标记定员减 10 个座位(办公席等占用，新型车标记定员不包含办公席在内者，其实际定员即标记定员)：

$$A_{实际}=A_{标记}-10 \tag{7.7}$$

(3)硬座超成定员：

$$A_{超成}=A_{实际}\left(1+K_{超员}\right) \tag{7.8}$$

式中，$K_{超员}$为规定的超员率。

(4)软座和软卧车定员均按标记定员计算，硬卧定员(宿营车除外)按标记定员总和减去部分不能使用(如机车乘务员便乘)的卧铺。软、硬卧车代用软、硬座车时，软卧每一下铺按 3 人，硬卧每一下铺按 4 人计算，不再加超员率，上铺均禁止出售，中铺吊起固定。

(5)在保证安全、正点和服务质量的前提下，允许旅客列车硬座车厢超员运输，特别旅客快车始发不超员，途中准超员 20%(全程对号除外)；直通旅客列车始发不超员，途中准超 30%；直通旅客列车始发准超员 10%，途中准超员 40%；春暑运期间如需增加超员率，以部发文、电为准。管内旅客列车超员限度比照上述相同等级旅客列车的规定办理。

(6)时速 300km 及以上的高速铁路动车组和直通动车组列车不得超员；铁路局管内短途一等座不得超员，二等座最高超员率为 15%。

一、铁路旅客列车票额分配的目的及意义

票额分配计划是旅客列车运输计划的重要组成部分，实质是保障运输能力与客流的合理匹配。在客运输送能力相对短缺的情况下，票额分配计划的制订与实施有利于运输能力资源的公平分配、组织均衡运输、缓和供求矛盾。在客运输送能力供需平衡或相对富裕的情况下，票额分配计划应该有一定的执行弹性。只有合理地分配票额，才能全面安排售票、行包运输、服务和列车的乘务、餐茶供应等工作，实现科学、有序地组织旅客运输，提高旅客列车票额的使用效率。

票额分配是售票的基础，票额分配的优劣直接决定列车的票款收入和上座率。合理的票额分配可以减少甚至消除部分列车和区段的虚糜状况，提高列车的满员率，保证乘车环境的安全性与舒适性，提高铁路客运的服务质量，提高铁路的总体服务水平，提高市场竞争力。合理的票额分配还可以减轻对货运与行包运输的交叉干扰，减少旅客运输对货运能力、货物列车运行线的占用，提高铁路运输整体的运能。

从长远来看，面对残酷的市场竞争和旅客出行要求的不断提高，成熟合理的票额分配方法可稳固需求市场，获得良好的社会声誉和口碑，逐步提高客运行业的竞争力。

二、铁路旅客列车票额分配的原则及方法

1. 票额分配的原则

从合理运用铁路客运输送能力，提高铁路运输质量、效率和效益的角度出发，票额分配应树立全局观念，正确处理全局和局部之间的关系，遵循“充分运用运能、长短途合理分工、保证重点、统筹安排”的原则。针对不同列车、席别进行票额分配时，需遵循的原则如下所示。

(1) 硬、软座票额分配的原则：贯彻“先中转、后始发，保证重点”的运输原则，做到长短途列车合理分工，确保长途旅客乘坐长途列车、短途旅客乘坐管内列车。

(2) 软、硬卧铺票额分配原则：优先考虑始发站长途旅客的票额需求，尽可能保证党和国家机要交通使用卧铺的需要，适当考虑中途直辖市、省会、自治区首府、铁路局和较大城市所在地车站的票额需求。

(3) 动车组列车票额分配原则：因动车组列车停站次数较少或无停站，票额分配时应尽量满足始发站的票额需求，并只在办理客运业务的停靠站预留少量票额，原则上不允许列车超员或控制一定的超员率。

2. 票额分配的方法

当铁路运能比较紧张时，为了避免短途客流占用长途运能，保证旅客列车效益最大，铁路往往将限定一部分票额发售至某一停站及其以远，将该停站称为限售站。只有当旅客购买需求为本次列车限售站以远的到站时，车票才能售出。限售站至终点站的整个区段为限售区段，见图 7.6。

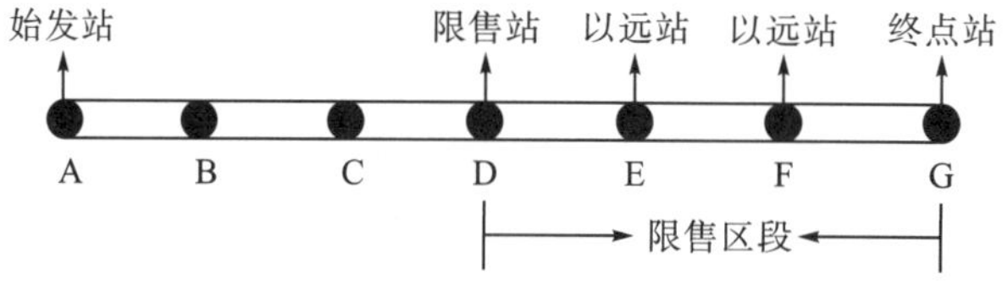

图 7.6 限售区段示意图

限售区段的设置通过更改席位的属性，控制票额发售的区间，从而确保席位以长途形式发售，避免长票短卖、长途需求无法满足的现象；还可以协调列车在不同区段及同方向列车间的客流分配，从而提高票额利用率和方便旅客运输组织。

为了合理充分地利用铁路运能资源，更好地满足旅客需求，使票额分配与列车开行结构相适应，应

遵循“充分利用运能，长短途合理分工，保证重点，统筹安排”的原则，规定其各次列车在各限售站的限售区段(指列车运行图中指定限售站至终点站的整个区段(不含限售站))，具体票额分配方法如下所示。

(1)坚持把全路整体利益放在首位，优先满足始发站至终到站及限售站以远长途客流的需要，保证党和国家机要交通使用卧铺的需要，适当考虑中途直辖市、省会、自治区首府、铁路局和较大城市所在地车站的票额需要。

(2)为实现票额资源的合理利用，直通快车票额分配实行日常和旺季两套方案。日常方案是票额分配的基础，旺季方案是在日常方案的基础上将部分中途站票额收回始发站而形成的。原则上，中途站凡有同方向、同终到站始发快车时，所经过列车不再分配票额。旺季方案实行时间范围为：春运节前15天，节后25天；暑运7月1日至8月31日；“五一”劳动节4月28日至5月7日；“十一”国庆节9月28日至10月7日。在规定的时间范围内，始发站可根据客流情况，确定实行旺季方案的时间、车次、席列，再通知相关局并报国铁集团备案后实施。特殊情况由国铁集团和有关铁路局研究确定。

(3)直通旅客列车往返票额分配由担当局根据客流和列车停站情况，由始发局和有关局协商确定，其中两局担当的列车由始发局负责票额分配。各局以局文公布票额分配方案，并报国铁集团核备。

(4)软硬卧铺和软座票额分配方法。软硬卧铺和软座票额分配按标记定员分配票额。直通旅客列车卧铺、软座票额一般只分配给始发站及始发局所属较大站。列车在始发局管内运行距离较短时，可适当为中途局较大车站分配少量票额，但最远不超过列车全程运行距离的三分之一。

(5)硬座票额分配方法：

①硬座票额的分配数量以列车实际定员为基础，按照各等级列车规定的超员率分配。为防止非优质优价全程对号列车虚靡，在始发站(或指定中途站)每个硬座车厢增加10个无座号。

②直通快车票额按列车限售区段分配，首先保证始发站至终点站或限售区段以远长途客流的需要，途中各停车站的票额按限售区段以远客流量依次分配。途中各停车站分配的票额由始发站套用，途中站不再套用短途票额。限售区段以远各站若有下车规律数量，可按照规律数量分配。

③中途站凡有同方向、同等级、同终到站的始发列车时，所经过的直通快车原则上不再为中途站分配票额。

(6)软、硬卧和软座票额分配方法：

①软、硬卧铺，软座票额的分配数量为软、硬卧车和软座车的标记定员。

②根据长、短途列车合理分工的运输组织原则，首先满足始发长途客流的需要，中间站凡有同方向、同终到站的始发快车时，所经过的列车要严格掌握，根据沿途客流情况分配少量票额。

③列车夜间运行途中，开车时刻超过零点的车站原则上不分配软、硬卧和软座票额。列车运行到最后一昼夜前的车站若有长途旅客下车，可根据下车规律数分配一定数量的票额。

④软、硬卧铺的限售区段原则上比照硬座限售区段办理，若不能满足长途客流需要，必须延长限售区段。中途站对第二天白天到达终点站的列车必须限售到终点站，以减少因白天运行不易利用造成的空费。列车运行第一个白天的中间站，分配预留的票额要尽量减少，以避免始发站到预留站全部是白天，不利套用。单程白天运行的列车，软卧可代用软座，硬卧应尽量发售卧铺，减少代用。

⑤在不浪费运能的情况下，要尽可能保证党和国家机要交通使用卧铺的需要。在分配新的运行图票额前，有关铁路局要事先与机要部门联系，共同协商机要占用票额事宜，并报国铁集团审批。

(7)动车组票额分配方法：

①直通动车组列车在满足始发站需求的前提下，可为中途站分配一定数量的有席票额，分配数量不超过票额总数的25%。管内列车由各铁路局自定。

②直通动车组列车票额集中存放始发局，按照能力利用最大化原则，始发局设专人负责票额日常管理和调整，中途局及时向始发局提供客流信息，做好售票组织工作，保证列车全程上座率。

③直通动车组列车能力有剩余时，始发局应及时将票额向有客流需求的中途局(站)调整。若始发局

能力不足，需将中途局票额调回始发局时报国铁集团批准。

④动车组列车实行全程席位复用，时间为售出后即时复用。同时，动车组列车实行票额共用，其共用时间由始发局根据客流情况确定，报国铁集团批准，管内动车组列车票额共用时间由铁路局自定，报国铁集团备案。

三、铁路旅客列车票额调整

为提高旅客列车上座率，实现票额有效利用和全路效益最大化，铁路局应对票额进行实时监控，动态调整。

1. 手工票额调整

手工票额调整是指根据客流情况临时将列车某停车站一定数量的席位调往需求车站发售的票额调整方式。

(1) 跨局票额调整。需求局与票额所属局协商同意后，票额所属局填写“票额调整通知单”通知需求局；特殊情况下国铁集团可直接以国铁集团“票额调整通知单”，由票额所属局和需求局在席位库中扣除、增加席位，并分别填写“票额调整通知单”下达有关站段。车站接到“票额调整通知单”后应确认校对，并将有关内容人工摘抄到“席位预留通知单”上，做好站车组织和售票工作。

(2) 管内票额调整。由铁路局通过“票额局内调整”进行操作，客票系统自动通知调入站和调出站，并填写“席位预留通知单”。

(3) 直通列车票额集中存放在一个铁路局时，跨局票额调整、管内票额调整均由国铁集团授权的票额管理局通过“票额局内调整”执行。

2. 剩余票额自动调整

剩余票额自动调整是指客票系统按照设定的条件，将一定数量或比例的剩余有席席位，自动调往列车运行前方站。

(1) 剩余票额自动调整由票额所属局通过“剩余票额自动调整”执行。票额调往前方站后，系统自动将调出席位记录在“席位预留通知单”上，并生成调出站至调入站之间的短途套用票额。

(2) 票额所在局进行剩余票额自动调整定义后，客票系统自动将定义通知票额调入局客票管理部门，票额调入局客票管理部门应及时将通知传达至相关站计划室。

3. 席位复用

席位复用是指对客票系统席位售出后，再次生成从售到站至原限售站的新席位，使列车能力再次利用。席位复用分为一次复用和全程复用。一次复用是指对席位复用一次后产生的新席位不再复用。全程复用是指对列车运行区间中的剩余区段进行多次复用。

(1) 直通列车由列车担当局向国铁集团提出申请，国铁集团确认并予以公布。全程复用由国铁集团设置。一次复用由列车始发局在客票系统中进行设置和执行。管内列车全程复用和一次复用均由铁路局设置，并予以公布。

(2) 一次复用分自动和手工两种方式。自动复用由票额所属局通过“席位复用自动调整”设定复用车次的有效期实现；手工复用由票额所属局通过“席位复用手工调整”执行。

4. 票额共用

票额共用是指车站“公用”用途票额，允许被列车运行径路前方多个车站使用，旅客根据需要选择乘车站购票，并按票面指定乘车站乘车。

(1) 实行票额共用的直通列车，由客票所属局向国铁集团提出申请，国铁集团批准并予以公布。票额所属局在客票系统中定义，管内列车的票额共用由各铁路局自定。

(2)直通列车在两个及以上铁路局有票额分配，分别由票额所属局管理时，席位只能在票额所属局管内的车站间共用。

(3)实行票额共用的列车，列车在通过票额共用区段后，列车方可按有关规定办理补票。

(4)取消票额分配的列车，席位全部集中存在和管理，实行全程票额共用时，列车只办理无座补票，不得办理各种有席别、铺位的补票及变更手续。

四、票额分配在客票系统中的应用

随着科技的发展，铁路客票发售和预订系统(简称客票系统)也在一步步完善与发展，2005 年加入票额复用后，开发了 5.0 版本；为了满足互联网售票的需要，新一代客票系统也已经被开发出来。目前该客票系统已经应用到各个铁路局，全面形成了以构筑市场需求为导向的客票管理及销售服务体系。

1. 票额预分

票额预分是指在旅客列车票额总量一定的情况下，在车票预售期之前或进入预售期后，按照预测的客流进行席位的区段分解。旅客列车票额智能预分的目的是实现每一趟列车每一席位的每一区段都得到利用，但在考虑利用率的同时，还需要考虑以下要求：首先，需确保旅客列车的整体效益，即确保旅客列车的全程客座率、旅客列车的全程收入及旅客列车的整体社会效益。其次，需保证旅客列车始发站的长途效益。直通旅客列车的开行是为了方便长途旅客，因此票额的智能预分应保证始发站的长途车票数量，以最大限度地满足始发站的长途客流。最后，需充分挖掘旅客列车中间站的短途效益。对各种售票组织裂解出的车票历史售出情况进行分析和测算，科学、合理地给旅客列车中间站分配票额，以保障列车中间站的旅客需求，同时提高中间站组织客流的积极性。

票额智能预分是将旅客列车票额的静态分配变成适应动态客流需求的动态分配，以稳住旅客列车沿途站的常态客流，应对突发客流，吸引淡季客流，提高铁路旅客列车全程客座率。票额智能预分模型的核心是列车 OD 客流预测模型、票额预分原则和预分算法。

2. 基于票额分配计划的售票业务的实现

客票系统的核心数据是票额分配计划、客票票库和客票存根。客票票库使用计算机模拟列车的席位，一个席位占用一条记录。其主要内容包括日期、车次、席位、席别、始发站、终到站、售票站、发售策略、状态等，其中，状态指示席位“未售”、“占用”或“售出”。一般情况下，按照票额分配计划每天生成一次票库(席位为“未售”状态)，通过配置参数可以决定每天生成票库的时间和生成哪天的票库。当客流发生变化或者需要更换车辆时，就会导致票库的变化，需要客运调度发布调度指令，如加挂、甩挂、列车停运、更换车底等；各种调度命令都有相应的处理程序，如果生效日期已经生成票库，则立即执行相应的调度命令处理程序(如加挂处理、甩挂处理)，否则待生成票库后，再自动执行处理程序。

3. 席位复用或票额共用策略的实现

在客票系统中席位复用方式分为定站复用、下车站复用和全程复用。根据上下车站的不同，同一席位可多次复用，席位复用根据列车等级、售票渠道的不同设置为不同的复用方式。当列车未指定复用方式时，采用默认复用方式；当列车在某一特殊时段不需要复用时，设置为复用例外。当收出一张可复用的席位后，按席位的复用方式自动生成新席位(其发站为售出票的到站)，如果新的发站还是本局，则将新席位插入票库，否则通过数据库通信中间件将席位传输至发站局，并插入票库。当退票时，如果根据票额计划预分售出，则将分段席位进行合并。

票额共用根据列车各停靠站之间席位的发售特点，采用不同的共用策略。共用策略包括共用的日期、共用的时间、共用的席别、共用的发售策略等。当列车没有制定共用策略时，将采用默认共用策略；当列车在某一特殊时段不需要票额共用时，可设置为共用例外。具体实现是票库取票时，根据共用策略放宽取票条件。

4. 票额分配计划管理功能的实现

票额分配计划管理功能主要围绕票库的管理，包括生成票库的票额分配计划编制、票库生成、票库调整、票额调度、票额查询、客运统计等功能。

席位的管理模式采用了列车始发局全程管理，通过局辅助管理的管理模式。席位的存放模式采用了列车始发局集中存放，根据始发局列车存放需求，均匀分配到铁路局的数据中心设备上。票额分配计划管理由始发局所在的客运处和客票所负责，包括基本计划和临时计划。基本计划是图定列车时刻表的车次，临时计划是临时加开列车的计划。客票系统提供了计划的编制、查询与修改功能，也提供了根据客流分析辅助编制票额分配计划的功能。

票库是根据票额分配计划生成的，票库生成管理功能可以控制票库生成的时间和生成的预售期数，位于后台的工作流程根据系统的设定自动完成票库生成。票库调整一般根据客调下达的调度命令自动调整，也可以手动进行调整。例如，将未售完的学生票转到公开售票。票额调度包括订票的返票时间、局间票额调度等，还包括制定席位复用、票额共用等售票组织策略。席位查询包括各种统计方式及统计口径的席位查询、余票查询、日志查询等。客运统计主要是基于席位发售数据生成各种客运统计报表。

第八章　铁路旅客日常运输工作组织

第一节　旅客运输日常工作计划

旅客运输日常工作计划是整个旅客运输计划管理的重要组成部分，它是根据旅客运输年度计划的任务并考虑客流的变化情况而编制和执行的。

旅客运输日常工作计划包括旅客输送日计划，站、车间客流信息传报，旅客运输的日常统计与分析，旅客运输各项指标完成情况等内容。下面介绍旅客输送日计划及站、车间客流信息传报。

一、旅客输送日计划

旅客输送日计划是在季度(或月度)计划的指导下，根据客流及客票销售情况，由车站编制的客流输送计划。

车站旅客输送日计划必须从全局出发，按照长短途列车合理分工的原则进行编制，特别要注意运输能力在时间和空间上的均衡使用。车站要建立日常工作计划分析考核制度，各次列车计划完成兑现率及日计划完成兑现率均要达到 95%。日常和节假日的客流计划应在客运副站长(客运主任)领导下，由客运计划员根据分配票额的规律数、客票销售及车站客流(需求)实际情况等，确定分车次、分区段的旅客输送日计划，并及时向铁路局提出加挂车辆等建议。

1. 旅客输送日计划编制的主要依据

旅客输送日计划编制的主要依据如下：

(1)铁路局下达的年、季度(或月度)旅客运输计划；

(2)历史同期旅客发送情况；

(3)各次列车本站的票额分配计划；

(4)临时旅客列车开行方案；

(5)图定列车编组变更情况；

(6)近期各次列车能力利用情况；

(7)近期分车次旅客运输计划完成情况；

(8)节假日客流变化规律；

(9)大型团体预约和到达本站情况；

(10)气候及其他影响因素。

2. 旅客输送日计划的内容

旅客输送日计划的内容包括：

(1)旅客发送量、客票收入；

(2)分车次运能利用及客票预售情况(包括免票、中转)；

(3)分车次各席别的票额调整；

(4)分车次、分席别限售区段调整；

(5)分车次无坐席数量调整；

(6)列车编组调整及车辆加(甩)挂；
(7)临客、旅游专列开行；
(8)大型团体客流；
(9)客流组织重点事项；
(10)其他。

3. 编制、审批和执行

旅客输送日计划的编制、审批和执行的流程如图 8.1 所示。

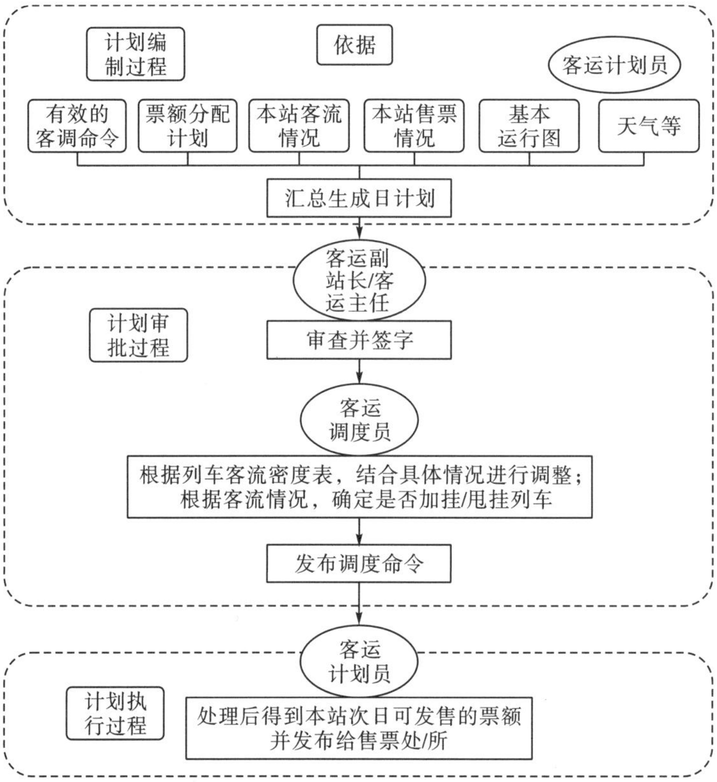

图 8.1　旅客输送日计划的编制、审批和执行的流程图

三等及其以上或客流较大的车站设专职客运计划员(三等以下的车站未设客运计划员的，应由客运值班员负责)，在客运副站长(或客运主任)领导下，专门负责旅客运输日常工作计划编制。

铁路旅客输送日常工作计划按 00:00～24:00 编制，分管内、直通列车，分车次并按客流区段进行，时间以列车的开车时间为标准。车站的发送、中转及持铁路乘车证旅客都要统一纳入计划。

编制旅客输送日计划必须从全局出发，按照长短途列车合理分工的原则，注意运输能力的均衡使用，通过计划来指导、组织售票和其他服务工作。

对有票额分配计划的列车，按固定票额分配计划、限售区段及有关调度命令执行；对无票额分配计划的列车，按平日上车规律数执行，同时考虑影响客流变化的各种因素。遇有客流发生变化时，车站应将变化数量及其流向上报客运调度(客票中心)，必要时提出加挂车辆或加开临客的请求。

对于软、硬卧铺和软座客流，各站应根据固定票额、限售区段及列车预报组织售票，无须在日计划中安排。

旅客输送日计划编制完毕后，经客运副站长(或客运主任)审查并签字(或盖章)后，上报客运调度(客票中心)批准。在无须调整运能时，不必每日上报审批。在有票额调整需要时，应及时上报客运调度，客运调度根据各次列车在客流区段的客流密度，本着“始发站照顾中间站，大站照顾小站”的原则进行调整。如果票额调整仍不能满足需求，可以采取加挂客车或加开临客等措施。客运调度对日计划审批后，以调度命令下达。车站接到客运调度批准的日计划后，即可按调整后的票额组织车站工作。

车站应按照旅客运输日计划安排，科学利用候车室和通道能力，合理安排客运人员，有序组织旅客进站、候车、检票、乘降和出站等工作。对旅客运输日计划中安排的大型团体旅客、特殊群体旅客和重点旅客应采取措施优先安排，重点照顾。对于需要调整旅客列车停靠站台的情况，运转值班人员应提早通知客运值班人员，并由客运人员及时向旅客通告。在客流高峰时段，车站要重点把握旅客进站、候车、检票、乘降等环节。可采取分区划片候车员引导进站、分段放行上车等手段，组织旅客有序乘降等。

旅客输送日计划的编制需要注意：①如果客流没有明显变化，无须运能调整时，不必每日上报审批；②输送日计划仅对硬座票额做安排，软硬卧、软座票额无须在日计划中安排，而是根据固定票额及限售区段进行组织售票；③当前，车站输送日计划的工作主要依托客票系统和客运营销辅助决策系统掌握客流及票额情况，同时也直接利用客票系统进行票额调整、客流统计、日计划兑现率计算等工作，一般情况下无须车站计划人员手工编制该计划。

4. 车站旅客输送日计划的考核

根据旅客输送日计划的贯彻情况与票额分配的执行情况，应建立分析考核制度，以不断提高计划的编制质量。车站旅客输送日计划可从两个方面进行考核。

(1)每趟列车的日计划兑现率。每趟列车的日计划兑现率要求达到95%以上，其计算公式分两种情况。

当实际大于计划时，有

$$r=\left(1-\frac{A_{实际}-A_{计划}}{A_{计划}}\right)\times 100\%$$

式中，$A_{实际}$、$A_{计划}$为每趟列车实际、计划上车人数。

当实际小于计划时，有

$$r=\frac{A_{实际}}{A_{计划}}\times 100\%$$

(2)车站日计划兑现率。当车站日计划兑现率要求达到95%以上，将全天各次列车的兑现率加总除以列车次数，其计算公式为

$$\beta=\frac{\sum r}{N}$$

式中，β为车站日计划兑现率；N为列车数；$\sum r$为每趟列车兑现率的总和。

二、站、车间客流信息传报

为了及时掌握客流动态、实时信息，车站和旅客列车之间客流信息必须及时传报。传统的站、车间客流信息传报是指车站向列车递交纸质版的乘车人数通知单，向列车提报乘车人数。旅客列车若遇客流高峰造成严重超员时，列车长及时向有关车站拍发超员电报。整个过程采用人工控制，存在着数据不同步的风险。

随着铁路客运信息化的发展，2010年春运后逐步在全路推广使用站车无线交互系统，搭建了车-地信息一体化的无线交互平台。通过该系统，旅客列车上可精确掌握席位的使用情况和旅客乘降区段，车站也可实时掌握列车上的超员信息、旅客数量、补票数量等客运信息，列车与车站的办公业务信息准确、及时、同步。

建立站、车客流信息传报制度，是合理组织旅客乘车、控制列车超员、弥补列车虚縻、实现旅客计划运输的主要措施之一，同时是实现车站旅客输送日计划的重要环节。站、车客流信息传报和车站旅客输送日计划结合可使客运调度(客票中心)了解、掌握各次列车的旅客密度，使始发站、中间站的客流得到合理输送，列车前方停车站能有预见地组织旅客乘车，以保证旅客的均衡运输，同时还为列车提供良好的服务条件，对车站组织售票，维护站、车秩序，保证旅客列车安全、正点运行起着重要作用。

站、车客流信息传报通过专用报表的形式来实现站、车间信息的统一处理。专用报表主要有乘车人数通知单、旅客列车密度表和列车情况速报。

1. 乘车人数通知单(客统-3)

乘车人数通知单简称客统-3，它由主表和附表构成。主表主要显示各站上车人数，主表见表 8.1 和表 8.2，主要显示列车已售席位、剩余席位及调票情况。乘车人数通知单是车站统计各次列车上车人数、积累客流资料的原始记录，是列车填写密度表的依据，也是车站考核日计划兑现率，核查售票、检票执行旅客输送日计划情况的依据。凡办理客运业务的停车站，都必须按规定的到站或区段正确统计上车人数，做到真实可靠，正确率达到 95%以上，并及时向列车提交“乘车人数通知单”。随着铁路站、车客运无线信息交互系统在全路的推广使用，铁路车站与列车长期交互的纸质乘车人数通知单便更换为电子通知单并于 2012 年 5 月完全取代了纸质通知单。这不仅减轻了站、车工作人员的劳动强度，为铁路客运部门节省了人力、物力和财力，而且大大提高了准确率。

表 8.1　高速列车乘车人数通知单

主表
车站：　　　　日期：　　　　发车时间：

站名	特等座	二等座	动卧人数	一等座	无座人数	乘车证		中转人数	售出合计	剩余动卧	剩余一等座	剩余特等座	剩余二等座
						卧铺	其他						
合计													

表 8.2　普速列车乘车人数通知单

主表
车站：　　　　日期：　　　　发车时间：

站名	硬座人数	软座人数	硬卧人数	软卧人数	无座人数	乘车证		中转人数	售出合计	剩余硬卧	剩余软卧	剩余硬座	剩余软座
						卧铺	其他						
合计													

通过站、车客运无线信息交互系统，整个过程无须人工干预。列车自某站开车前 5min，客票系统自动将该站的乘车人数通知单推送至信息发布服务器；信息发布服务器接收到车载终端的获取请求后，将信息推送至列车上的移动终端，列车长通过移动终端可以获取乘车人数通知单，见图 8.2。系统同时预留人工干预接口，当列车晚点时，可通过手工干预实现数据下载更新。当移动通信终端发生故障时，客运员需将系统中的乘车人数通知单以及席位发售情况打印出来，在列车中部递交给列车长。

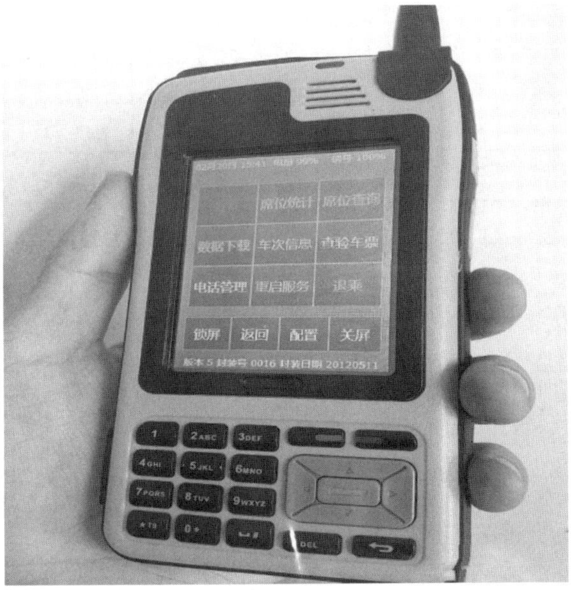

图 8.2　铁路站、车客运信息无线交互系统手持设备

2. 旅客列车密度表(客统-4)

旅客列车密度表(表 8.3)，是列车长正确掌握旅客密度，向各级客运调度提交区段旅客密度报告、分界站报告的依据；是积累各站上下车人数，为编制列车运行图、调整列车停站和编制票额分配计划的依据；也是列车及时掌握旅客流量、流向变化，合理安排列车统一作业过程，主动为旅客服务的基础。

表 8.3　旅客列车密度表

_____次列车_____年_____月_____日自_____站始发

_____年_____月_____日终到_____站　　　　　__________列车(客运段)：

列车编组　辆　硬座标记定员：　人　　　　　列车长：__________

实际定员：　人

		调整数	下车数				
固定票额							
上车人数							
车内人数							

硬卧定员：　人　　软卧定员：　人：

		下车数					
固定票额							
上车人数							
车内人数							

记事：________________

3. 列车情况速报

列车情况速报(表 8.4)是客票系统根据联网站客票发售信息自动生成的分站别上下车人数的统计报表，可实时提供列车客流信息，是调整运能和组织客流的重要依据。列车在停靠站发车后自动更新报表数据。

另外，当有军运、专特运、列车有加挂或甩挂及其他临时事项时，客运调度向车站发送调度命令，车站统一印发调度命令，并负责抄给列车长，并由列车长签字。

表 8.4　列车情况速报

列车能力：　总计：　硬座：　软座：　硬卧：　软卧：　统计时间：

上车站	开点	票额					上车人数					下车人数					车内人数					
		硬座	软座	硬卧	软卧	总计	硬座	软座	硬卧	软卧	总计	硬座	软座	硬卧	软卧	总计	硬座	软座	硬卧	软卧	总计	硬座超员率
北京西																						
郑州																						
武昌																						
长沙																						
广州																						

第二节　客运调度

铁路运输调度部门是铁路日常运输组织的指挥中枢，分别代表各级领导组织指挥日常运输工作。铁路调度工作内容及岗位是按照机、车、工、电、辆等业务工作进行设置。其中，客运调度是铁路旅客运输日常工作的组织者和指挥者，加强客运调度工作，对保证旅客列车按运行图行车、加强旅客运输组织、强化客运管理、提高服务质量，组织完成全路旅客、行包运输任务，起着重要作用。

目前，根据铁路运输调度规则的规定，铁路的调度工作分为普速铁路客运调度和高速铁路客运调度两个部分。

一、普速铁路客运调度日常工作

在普速铁路调度日常工作中，全路客运调度设为三个层级(图 8.3)：国铁集团调度部的客运调度、铁路局调度所的客运调度，以及技术站调度室的客运计划员，下级必须服从上级的领导。

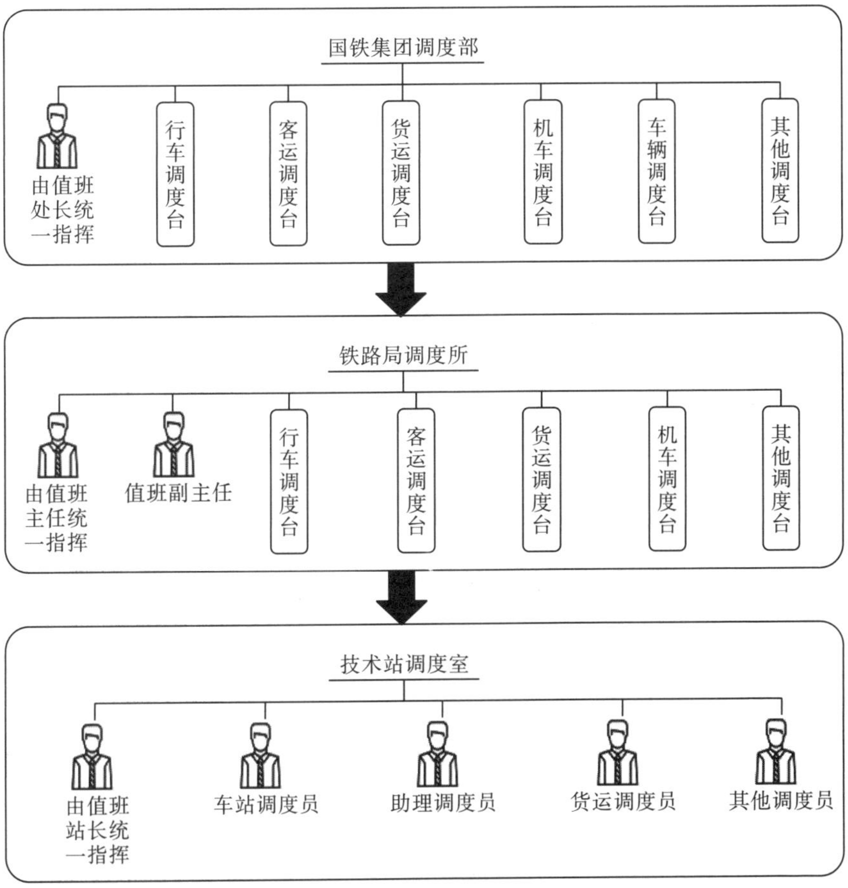

图 8.3　全路客运调度层级图

1. 客运调度主要职责

客运调度工作职责主要有以下几点。

(1) 正确地编制和执行客运工作日常计划，主要是根据基本运行图及调度命令中临时加开的旅客列车，生成每天的日班客车计划。

(2) 有预见地组织客流，掌握列车超员及虚糜情况。

(3) 调整运能，均衡生产，经济合理地使用客车和客运设备。

(4) 组织客运各部门紧密配合、协同动作，保质保量地完成旅客运输任务。

各级客运调度工作是围绕以上内容开展的，但工作侧重点及管理权限范围有所不同。

1) 国铁集团客运调度主要职责范围

(1) 督促检查各铁路局客运调度工作完成情况。

(2) 掌握全路客车配属、跨铁路局旅客列车编组及各铁路局客车运用情况，调用各铁路局的客车，安排路用客车的跨铁路局运用。

(3) 掌握全路客流变化情况，有计划地组织大批团体旅客和行包运输，根据需要临时调整运能；确定旅客列车的停运、加开和变更编组方案；掌握各铁路局集团公司、主要站客流波动及旅客列车超员和票额利用情况。

(4)掌握国际旅客列车和跨铁路局旅客列车的运行情况，若遇有晚点，组织有关铁路局及相关部门采取措施，恢复列车正点运行，并分析晚点原因。

(5)遇有灾害或事故中断行车时，及时请示汇报，处理跨铁路局旅客列车的停运、加开、折返和变更径路等事宜。

(6)处理跨铁路局旅客列车遇特殊情况需临时停车上下人员、装卸急救物资等应急情况。

(7)组织旅客运输中的有关军事运输工作，安排新老兵运输，重点掌握与其有关的旅客列车安全正点运行情况。

(8)组织和部署专包、中央大型会议及重点任务的乘车计划，并掌握运行情况。

(9)组织指导行包运输工作。

(10)组织、落实国铁集团领导交办的工作。

2)铁路局客运调度主要职责范围

铁路局客运调度主要负责本局管内客运组织和调度指挥工作，其主要工作职责如下所示。

(1)监督检查站段客运工作完成情况。

(2)编制日班计划并组织实施，有计划地组织大批团体旅客和行包运输，根据客流需要及时调整列车编组和运能，安排铁路局管内旅客列车的停运、加开，并认真监督检查和落实。

(3)监督掌握旅客列车按列车运行图安全正点运行，遇列车晚点时，加强晚点原因分析，并组织相关部门采取措施，恢复列车正点运行。

(4)当遇特殊情况，管内旅客列车需临时停车上下人员、装卸急救物资时，铁路局客运调度员报值班主任批准后，由铁路局列车调度员发布临时停车命令。

(5)组织实施铁路局旅客运输中有关军事运输任务，安排铁路局管内新老兵乘车计划，重点掌握有关旅客列车安全正点情况。

(6)认真掌握本局客车配属及动态情况，调用各段的客车。组织出入厂、段客车的回送，及时收报、核对客车编组、备用客车、检修车及运用客车外出情况。

(7)遇自然灾害或事故中断行车时，铁路局要及时采取措施，并提出有关旅客列车停运、加开、折返和变更径路等方案，并及时发布调度命令(跨铁路局旅客列车报国铁集团批准后发布)。

(8)收取站、车有关客运的事故概况，并及时报告国铁集团客运调度和有关领导。

(9)加强与邻局协作，及时沟通信息，准确交换调度命令，认真核对留轴、挂车情况。

(10)及时向站段、客票管理所发布或转发客运调度命令，监督检查站段执行调度命令落实情况，加强与有关业务处室的信息沟通，共同做好旅客运输工作。

(11)向本部门领导汇报专运命令情况，将专运命令及时抄知本局专运办；检查落实专运及重点任务甩、挂车情况。遇有突发情况，要立即向国铁集团报告并及时向专运办通报信息。

(12)组织指导做好行包运输工作。

(13)按规定正确收集客运工作概况，并及时上报；按日、月、年度积累各项统计资料，逐项进行分析。

(14)检查指导管内各站客流组织工作情况，掌握列车超员情况，对严重超员的旅客列车和车站突发的客流要及时通报有关部门，采取有效控制和疏导措施。

2. 客运调度日常工作内容

各级客运调度的日常工作主要包括以下六方面的内容。

1)正确组织旅客及行李、包裹运输

各级客运调度需要经常分析发送旅客及行包波动情况，并根据客流需求及时进行运能调整，如旅客列车的停运、加开或客车车辆的增、减等，其中跨局旅客列车需要在国铁集团客运调度协调下确定调整方案，局管内旅客列车可以由局客运调度确定方案但要向国铁集团报告。铁路局客运调度还要督促检查各站做好计划运输工作，严格按批准的票额或规律数售票。

2)经济合理地使用客车

全路的客车均固定配属给各铁路局有关车辆段，并由其负责日常维修保养。因此，各铁路局客运调度都应组织好本局配属客车的使用，掌握客车动态，包括建立专门的报表，用以了解和掌握客车运用情况，分析客车晚点原因，统计本局出入客车，登记检修客车等。

同时，客运调度应了解各次列车人数的波动情况，根据乘车人数和区段密度，及时发布调度命令，及时调整“全国旅客列车编组表”规定的编组，增减或换挂车辆。除此之外，客运调度应根据客运量调剂客车使用，解决不了时，及时报告国铁集团联系借用或调拨外局客车。

3)监督列车按运行图行车

监督旅客列车按运行图行车是各级客运调度的重要职责。旅客列车如果运行晚点，不仅会打乱整个运行图，而且会给旅客带来不便。因此，客运调度必须监督旅客列车按运行图行车。要做好这个工作，需要重点抓好以下三个关键点。

(1)了解和掌握旅客列车运行情况，重点抓关键列车和车站，发现问题及时解决。

(2)对始发旅客列车的各个环节进行检查，督促各部门及时完成列车相关整备工作。例如，督促车站及时取送客车底，督促机车换挂，督促车站安全、迅速地组织旅客乘降及行包装卸工作，保证旅客列车正点始发。

(3)加强与邻局的联系。当遇接入晚点旅客列车时，及时与行车调度员联系，调整列车运行，并事先了解列车行包件数，以便组织前方有关站提前做好卸车准备，及时采取措施恢复列车正点运行。

客运调度必须及时了解和掌握旅客列车运行情况，找出晚点主要原因，提出改进意见。

4)进行客运调度工作的分析

为了提高客运工作计划质量，改进客运组织工作，各级客运调度必须建立、健全各种报表和客流分析制度，认真考核客运组织工作情况，系统地对客运工作进行分析研究。分析工作由各级主任客运调度员负责，分析的主要内容包括:

(1)客流情况及波动规律;

(2)旅客列车晚点情况及其原因;

(3)客车运用及检修车的完成情况。

除此之外，还需进行基于各种指标的客运调度工作考核，如外局车平均停留时间、坐席利用率、客车日车公里等。

5)客运调度报告制度

为准确掌握客运工作情况，及时处理发生的问题，车站客运计划员、客运段派班、车务段(直属站)调度、铁路局客运调度必须严格执行报告制度，除了按现行规定上报有关资料外，凡是发生下列情况之一时必须逐级向上级客运调度报告。

(1)发生自燃灾害或发生事故中断行车，客运调度须了解情况，及时上报相关客运事项。

(2)发生旅客、路内客运职工伤亡事故；站车设备损坏或其他原因造成人员伤亡。

(3)车站和旅客列车发生火情、火灾。

(4)旅客列车因机车、车辆发生事故造成甩车或长时间修理造成列车晚点。

(5)客票系统发生故障不能正常售票。

(6)站、车之间发生意外情况，工作人员不能正常工作。

(7)其他需要及时上报的有关客运工作事项。

6）客运调度命令的管理

各级客运调度指挥运输生产的指示主要以调度命令的形式下达，调度工作必须做到有令必行，有禁必止，确保做到集中统一指挥，协调一致。

客运调度命令一般由客运调度员按固定格式编写好，通过电话或信息系统传递给车站、客运段等相关生产工作人员。

客运调度命令一般包含开行类命令、甩挂类命令、其他类命令三种类型。

（1）开行类命令包含临客增加令、临客停运令、临客更改令、临客取消令、临客其他令；

（2）甩挂类命令包含甩挂增加令、甩挂更改令、甩挂取消令、甩挂其他令；

（3）其他类命令，指除去开行类命令和甩挂类命令以外客运调度自由编辑的命令。客运调度命令的发布需要经过审核后发出，并要求受令人进行回执操作。

例如，“自8月27日起加格达奇—齐齐哈尔间加开6250次，自8月28日起齐齐哈尔—塔河间加开6245次，按6250次、6245/6次停站时刻办理客运业务，售3日以内客票；”就是临时客车增加令。

二、高速铁路客运调度日常工作

高速铁路客运调度指挥系统是高速铁路运输管理和列车运行控制的中枢，是高速铁路高科技的集体体现，是高速铁路运营管理现代化、自动化、安全高效的标志。安全高效的调度指挥系统是充分发挥高速铁路运输能力、确保高速铁路运行安全和优质服务的重要保障。

高速铁路由于具备列车运行速度快、列车类型相对单一、旅客服务质量要求高等特点，调度指挥要求高集成、高技术和高可靠性，充分重视安全与服务，与普速铁路有较大差异。车站运转部门一般不参与行车，因此高速铁路主要设立两级行车调度指挥系统，由国铁集团调度部和铁路局调度所构成（图8.4）。

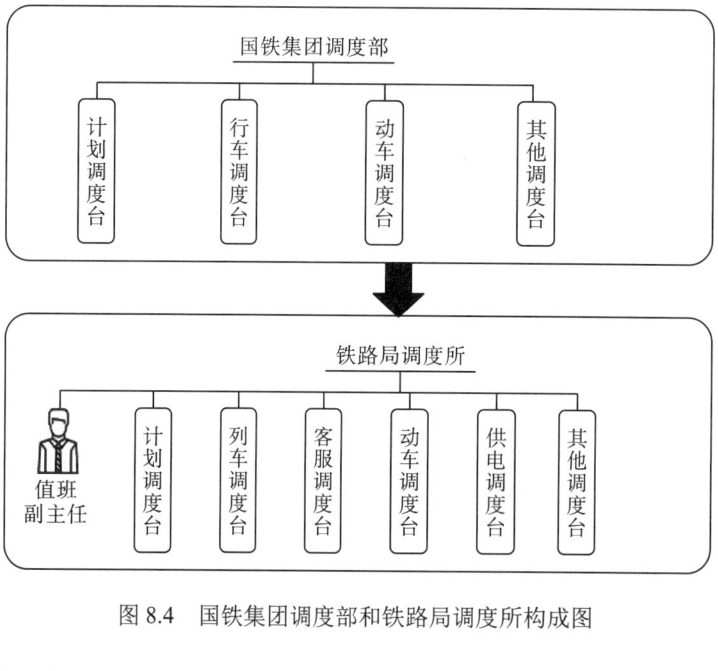

图8.4 国铁集团调度部和铁路局调度所构成图

国铁集团调度部内设高铁调度室，高铁调度室设计划调度台、行车调度台、动车调度台，涉及高铁的其他工种调度工作由相关普速铁路调度台兼任。铁路局调度所设值班副主任、计划调度台、列车调度台、客服调度台、动车调度台和供电调度台等，涉及高铁的其他调度台由铁路局根据需要设置。

高铁调度指挥工作仍然按照分级管理、集中统一指挥的原则进行。目前，从我国路网实际情况出发，我国的高速铁路调度指挥管理没有单独从普速铁路调度指挥系统中分离出来。

高铁的调度指挥以基本列车运行图为基础，以调度日计划为保证，通过高铁各相关工种调度员实现日常运输组织工作。以下以铁路局调度所为例，介绍隶属于高铁客运调度管理的高铁计划调度与高铁客服调度的主要职能。

1. 高铁计划调度

1）列车开行计划编制

调度日计划是高铁日常运输组织工作的基础，包括列车开行计划和综合维修计划。日计划是 0:00～24:00 一日内的运输工作计划。

编制列车开行计划的资料主要包括以下内容。

(1)基本列车运行图(包括分号列车运行图)。

(2)国铁集团及各路局客运处关于加开、停运、专运等的文件、电报及调度命令。

(3)动车组运用(车型、组数)、检修计划及回送申请。

(4)月度施工计划(含临时文电批复)及主管业务处提报的施工计划、路用列车开行、设备维修作业计划申请等。

高铁列车开行计划以铁路局高铁计划命令的形式发布，包括以下内容。

(1)各站列车开行车次。

(2)临时定点列车始发站、终到站及沿途客运业务停站发、到时分，股道运用计划。

(3)开行列车所对应的车组(型号、重联)、动车组车底运用方案及库内保洁计划及路用列车开行计划等。

(4)重点事项。高铁计划命令中每组交路的实际担当车底号来自各相关路局的动车组调度(包括本局及担当的外局)上传交换的信息。

2）动车组列车调整

(1)临时有计划加开、停运、定员变化或变更客运业务停站时，动车组做如下调整。

①铁路局客运、车辆、机务部门确定方案，于客票预售期前 2 日(加开或对已发售客票不影响时，需在列车开行前 2 日)向铁路局调度所计划调度台提出申请。

②铁路局调度所计划调度台审核后，向有关单位发布调度命令，并抄送铁路局客运部(客票管理所)、调度台；跨铁路局调度所时，须经国铁集团高铁计划调度台与客营部门协商同意后以调度命令批准。

(2)遇突发情况需临时加开、停运、定员变化、途中折返、变更客运业务停站时，动车组做如下调整。

①铁路局调度所根据运输需要，与相关部门协商确定方案，由计划调度台向铁路局客运部(客票管理所)和客运段发布调度命令，并抄送动车调度台、客运调度台。

②动车调度台依据计划调度台的调度命令向相关动车基地(段)、机务段发布动车组车底运用调度命令。

③涉及反编组、席别顺位变化等影响旅客乘降组织的，客运调度台还应转发至相关车站。

④跨铁路局调度所时，须经国铁集团计划调度台以调度命令批准。

(3)变更车底时，动车组做如下调整。

①动车基地(段)向铁路局调度所动车调度台提出申请。

②动车调度台审核并与计划调度台协商后，向动车基地(段)、机务段等单位发布调度命令，并抄送客运调度台；客运调度台负责转发至相关客运段和客票管理所，涉及反编组、席别顺位变化等影响旅客乘降组织的，客运调度台还应转发至相关车站。

③跨铁路局调度所或使用外属动车组担当交路时，需经国铁集团动车调度台批准。

(4)动车组列车回送时，动车组做如下调整。

①动车组回送径路、运行条件有特定要求时，相关专业部门以电文形式明确。

②铁路局调度所动车调度台根据动车基地(段)、造修单位提交的书面回送申请，依据相关电文、检修计划、运用交路调整及检修方案，审核后提交值班副主任批准(跨铁路局调度所回送时向国铁集团申请)，计划调度台负责纳入日计划。

2. 高铁客服调度

高铁客服调度归属客运调度管理，主要职责为与站、车联系并进行客服应急处置，具体包括以下内容。

(1) 与列车长进行信息联系，及时掌握旅客在列车运行途中的突发事件及服务需求，联系行车调度协商并执行必要的列车运行调整方案，监督列车在区间及车站的重点组织，联系并监督车站进行必要的应急处置工作。

(2) 如遇启用热备车，通知并监督车站组织旅客换乘。

(3) 与列车长进行信息联系，及时掌握列车计划外的上水、吸污的需求，联系并监督车站及时组织作业。

(4) 其他客服应急处置工作。

现在调度指挥大厅的装备已从过去的手工“老四件”，即电话、笔、尺子、图纸，发展到了目前科技化十足的“新四件”，即电话、鼠标、键盘、屏幕。运用覆盖全路的调度指挥管理、调度集中控制、客票管理、客车编组管理等信息系统，客运调度可以通过计算机屏幕实时监控和跟踪客流与列车情况，查看车站客流组织情况，通过电话和列车长、车站调度员等及时沟通听取汇报，通过鼠标和键盘编制调整计划、统计相关报表指标、下达客运调度命令等，工作效率有了极大的提高。

三、站段客运计划员主要职责范围

站段客运计划员虽然不属于车站调度区间，但往往承担着接收分发下达调度命令的任务，与客运调度联系密切。

站段客运计划室的客运计划员(含客票管理所计划员)，主要是在局客运调度指挥下，执行本站客运组织工作。其主要工作职责如下所示。

(1) 认真执行客运调度命令，及时调整票额。

(2) 搞好日常、节假日、大批团体及寒暑假学生、春运期间民工等综合客流调查，认真分析研究，根据客流的流量、流向变化情况，及时向有关部门领导汇报，提出加开、停运或增、减挂车辆的建议。

(3) 掌握临客开行和春运、暑运及其他节假日大批团体旅客的运输；掌握新老兵及其他有关军事运输工作。

(4) 认真核实各次旅客列车编组及上车人数，并将上车人数通知列车长。加强站车联系，及时了解重点旅客列车客流波动情况，虚心听取列车有关人员的意见，不断改进旅客运输组织工作。

(5) 汇总旅客运输的有关资料，及时向铁路局客运调度汇报；建立健全日、旬、月，分车次、区段和节假日客流资料台账。

(6) 及时收取上报临时发生的有关客运情况。

第三节　客运站工作组织

客运站是指专门办理旅客运输业务的车站，客货运站是兼办客货运输业务的车站。它们是铁路与旅客之间联系的纽带，因为这里是旅客与铁路最先和最后接触的场所，双方当事人之间的权利义务关系在此产生或消失。客运站或客货运站的客运车间是铁路旅客运输的基本生产单位，是铁路的“窗口”，一系列旅行手续均在此办理，旅客列车在此到发及作业等。客运站又是城市的大门，是城市建设的有机组成部分。因此，客运站的工作水平影响旅客、铁路、城市三个方面。

既有铁路客运站按其日均上下车及中转人数、到发及中转行包件数核定等级。根据车站等级配备建立组织管理机构。

铁路客运站的工作组织主要包括客运站客运工作组织、行车工作组织等内容。

一、客运站客运工作组织

1. 售票工作组织

售票工作组织是客运站工作组织的重要组成部分。它的具体任务是正确和迅速地将车票发售给旅客。客运站通过售票把广大旅客按方向、车次有条不紊地组织起来纳入运送计划。为保证旅客及时方便地买到车票，客运站必须做好售票组织工作。

车站窗口售票作为中国铁路客票销售最传统的售票方式，是铁路客运车站的核心组成部分。为了让旅客更便利、顺畅地购买车票，帮助旅客缩短购票时间，减轻车站售票压力。我国铁路推出了多种多样的售票方式，如 12306 网站、95105105 电话订票和自动售票系统，并且进一步健全客票代售点网络，初步建立起了集客票代售点、电话订票、网上订票、自动售票机订票、手机订票等多种方式为一体的车票销售综合网络，这些措施使旅客足不出户就能便捷、经济、方便地购票。

铁路客票的预售期也更加方便了旅客，客票预售期是指全国车站提前发售车票的天数。铁路客票预售期是可以调整变化的，而且会根据选择购买车票途径的不同而不同。目前，铁路网络购票和电话订票的预售期为开车前 30 天；车站售票窗口、铁路客票代售点和自助售票机的预售期，为开车前 28 天。

售票工作是一项细致的工作，售票员应有熟练的业务技能和良好的工作态度，售票速度要迅速。票额要准确无误。购买儿童票、学生票、残疾军人或伤残人民警察优待票(简称“残疾军人票”)或残疾人专用票额车票时，应当符合规定的优惠(待)条件，并按规定提供相关凭证(证明)。铁路售票方式如下所示。

1) 车站窗口售票

车站窗口售票处售票范围比较全面，以发售当日车票为主，同时也预售车票及办理电话订票、送票等业务。

车站售票处应根据设备条件，旅客的流向、流量，合理划分各售票窗口的售票范围，如发售全国各站的窗口，发售某线或该线某段的窗口，发售某方向或某列车的窗口，专门发售军人、通勤客票的窗口，以及中转、加快窗口等。当售票处使用电子计算机售票时，各售票窗口均可发售全国各站的各种车票。客运量较大的车站，各售票窗口应昼夜不间断地发售车票。客运量较小的车站应固定售票时间，并向旅客公告。

2) 自动售票机售票

全国大部分客运站均已配备了自动售票机。自动售票机与售票大厅里面售票员的售票机在车次和车票查询方面的功能是完全一样的，都是直接从铁路客票管理中心读取数据，实现自动售票过程。购票旅客在人机界面上进行简单操作即可完成相应的购票业务，其操作简单，时间短，具有很高的便捷性。具体操作流程如图 8.5 所示。

3) 网络售票

2011 年 6 月，京津城际铁路和京沪高速铁路进行了中国铁路客户服务中心网站（www.12306.com）售票的试点，2011 年底在全国推行。网络购票需持有效身份证件，包括居民身份证、港澳居民来往内地通行证、台湾居民来往大陆通行证和护照。网络售票的销售模式可以在更大的范围内、更广的层面上，以更高的效率实现资源配置，由于网络销售具有不受场地、时间限制，能自动完成交易等优势，能有效减轻车站窗口售票的压力，为旅客出行提供了方便。

网络购票乘车流程如图 8.6 所示。

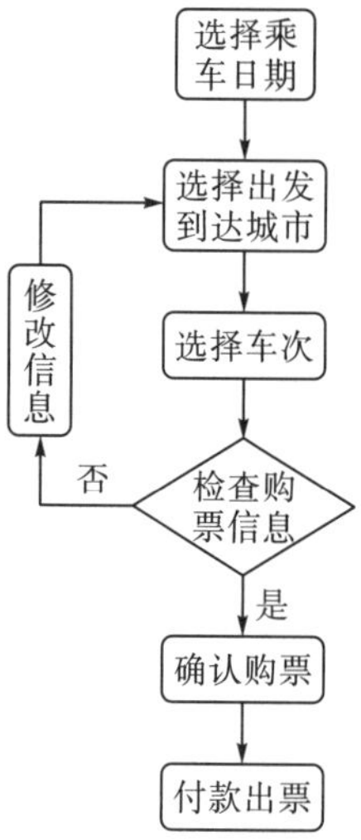

图 8.5　自动售票机操作流程

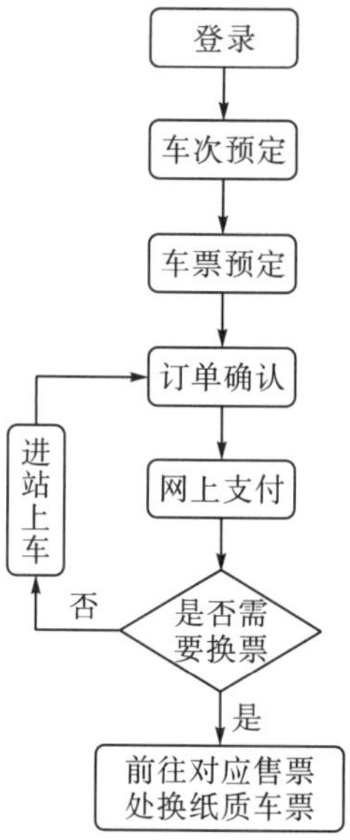

图 8.6　网络购票乘车流程图

4) 临时售票

在节假日服务于突然增大的客流而深入厂矿、企业、机关、学校临时设置的售票场所，发售当日车票或预售车票，以减轻车站和市内售票所的负担。

另外，与厂矿、企业、金融及事业单位签订协议，开辟车票代理发售点等。

2. 行包运送工作组织

保证行李、包裹(简称行包)安全、迅速、准确、便利地运到目的地是客运站工作的一项重要任务。行李运输是伴随旅客运输而产生的，包裹运输是工农业生产和人民生活需要由旅客列车运输的零星物资。行李运输由于托运人和收货人比较分散，批数较多，每批件数少、体积小，行李基本上是随来随运，包裹则要求事先提出托运单。

客运站的行包运输工作分为发送作业、到达作业和中转作业。

1) 行包发送作业

行包发送作业包括承运—保管—装车作业，一环紧扣一环，不可分割，否则将影响行包运输的输送速度和质量。

(1) 承运。承运是铁路承担运输责任的开始，行包的品名、包装、标签和票据必须符合规定要求。承运过程如下所示。

①旅客将托运物品交行包房的过磅处，提出有效客票或行包托运单。

②装卸员检查包装、物品及检斤并将到站、件数、包装及重量报告行李员。

③行李员填写行李票(包裹票)，确认磅码，核算运价并加盖戳记，将行李票交收款行李员。

④收款行李员核检行李票面事项，复检运价，向旅客收款并将票据交旅客。

⑤装卸员检斤后，将票签挂在物品两端，核对行包运送报单与物品的到站、票号、件数，最后将票、货送仓库保管。

(2) 保管。承运以后，将行李按方向、区段、到站或车次运至发送仓库货位。仓库保管应建立责任制，货票对照的班组交接制度，防止丢失及混乱，应特别注意防火、防湿、防盗、防爆，保证行包的安全。

(3) 装车。车站对行包装运数量应于前一日上报铁路局客运调度，由客运调度平衡后，再按车次编制下达客运站和区段的行包装运计划，各站按装运计划及列车预报组织装车。

车站在装车前应根据行包运输报单按到站顺序、票据号码、件数、重量编制装车清单，清点货签及件数后，将行包运至站台待装，然后填写“行包装卸交接单”。

装车时，应注意防止误装误卸、货票分离、标签脱落、包装破损、物品损坏等现象。

2）行包到达作业

行包到达作业包括卸车—保管—交付作业。

(1)卸车。行李员于列车到达前应了解行李预报情况，组织劳动力至车站站台。列车到达后，检查清点运输报单总数与交接证相符后，按票卸车。

(2)保管。行包入库后，业务量小的车站可按仓库具体情况堆放。业务量大的车站可采用不同形式堆放。

①按线分区。按铁路线别划分上行线区、下行线区，并分别以票据尾号再划分货位。

②按件分区。按运输报单尾号为标准，再按尾号分为一件区、二件区、三件区……十件区。十一件及以上为多件区，适用于面积较大的仓库。

③按运输报单尾号分区。按运输报单尾号划分货位，不分级别、件数及到达日期。

④按到达日期分区。按行包到达日期，划分当日区、次日区……

行包运至仓库后，按运输报单填写行包到达登记簿，注明堆放货位，交值班行李员。

(3)交付。交付是行包运输的结束。应建立交付制度，防止交付错误。办理交付行李员应按票核对行包的货签、号码、发到站、姓名、品名、件数，相符后加盖交付戳记，并将行包交付旅客及收货人。

3）行包中转作业

中转作业是指行包在中转站卸下后，装入另外的旅客列车行李车继续运送的作业。

中转站应根据站、车预报做好快速中转工作，使中转行包随最近列车装运，不得积压。当行包运量突增时，可以组织扩大列车编组和整车直通运输，减少行包中转次数及中转站的负担。

3. 客运服务工作组织

客运服务工作，要树立全心全意为人民服务的思想，坚持全面服务、重点照顾的原则。要以“人民铁路为人民”为宗旨，做到“三要”“四心”“五主动”的优质服务，使人民放心，使人民满意。

“三要”是指对待旅客要文明礼貌，纠正违章要态度和蔼，处理问题要实事求是。

“四心”是指接待旅客热心，解答问题耐心，工作认真细心，接受意见虚心。

“五主动”是指主动迎送旅客，主动扶老携幼，主动解决旅客困难，主动介绍旅行常识，主动征求旅客意见。

1）问讯处的服务工作

车站问讯处的基本任务是正确、迅速、主动、热情地解答旅客旅行中提出的各种问题，使旅客在购票、托运和提取行李、上车及中转换乘等方面得到便利。问讯处应根据客流动态及车站具体情况进行宣传和组织工作，尽可能使旅客在旅行中不发生错误。

2）候车室服务工作

候车室是旅客休息和等候乘车的场所，昼夜都有大量的旅客，而且流动性很大，车站必须为旅客创造一个良好的候车环境。候车室一般实行凭票候车的方法，但对那些夜间下车不能回家的旅客也允许他们在候车室休息。较大的车站可按旅客去向设置候车室或按车次、席别、客流性质设置候车室。

3）随身携带品暂存处工作

随身携带品暂存处是为旅客临时寄存物品的地方，最好能使旅客顺路办理暂存手续，给上车前和下车后的旅客创造便利条件。

4）广播宣传工作

客运站的广播对客运工作人员起着指挥生产的作用，对旅客起着向导作用。通过广播，可将车站的接发车准备、检收票、清扫及整顿秩序等工作及时传达给工作人员，以便按照统一的作业过程，有条不紊地完成各项工作。通过广播，将列车的到达、出发时刻及其他有关事项通知候车室、广场和站台上的旅客，以便组织旅客及时进出站和上下车。对广播工作的具体要求如下所示。

(1)认真执行党的方针政策，充分发挥广播对旅客的服务、宣传、组织作用。

(2)广播员应按照列车到开顺序和旅客候车规律编制广播计划，做好安全、服务、卫生和旅行常识的宣传，按时转播中央人民广播电台的新闻，适当播放文娱节目。

(3)转播时要预先确认，认真监听，严防误转错播。直播时要事先熟悉材料，做到发音准确，音量适宜，语言通俗易懂，并要积极收集资料丰富广播内容。

(4)勤与运转室联系，准确掌握列车运行情况，遇有列车晚点及作业变化及时广播通告。

(5)爱护机械设备，熟悉机械性能，精心使用，严格管理，认真执行操作规程。

5)小件寄存处工作

寄存处是为旅客临时保管随身携带品的场所，做好寄存工作能给上车前、下车后的旅客创造便利条件。寄存物品体积小，重量轻，存取时间集中、紧迫。为安全、正确、迅速地进行寄存工作，应设置带格的物架，对寄存物品实行分区、分堆、分线保管。一般采用寄存票尾号对号保管。

对笨重大件或集体旅客寄存的大批物品可堆放一起分堆保管，易碎品应固定货位存放。在大的客运站已采用电子技术控制的双控编码锁小件寄存柜，旅客可自己选定号码开柜，既安全又方便，为车站服务人员的管理工作创造良好条件。

6)车站美化和卫生工作

客运站是城市的大门，是旅客聚集的地点，做好车站的清洁卫生、站容整顿和绿化工作，既可美化站容、净化空气，又可为旅客旅行提供良好的环境。

(1)车站站容要求达到庄重整洁、美观大方、设备齐全、标志明显，以及要搞好绿化。栽种树木以常青树为宜，并采取乔木和灌木、花树和花卉相结合的绿化方法，有规划地绿化车站。合理安排站前广场上各种车辆的停靠位置和走行通道，统一布置大型宣传广告和标语。

(2)车站卫生要求达到窗明地净、四壁无尘、内外清洁、消灭四害。为此，要保持车站的卫生，必须建立日常清扫与定期突击相结合的管理制度，按班组划分清洁区，分片包干和专人负责相结合，执行检查评比制度并定期公布。

7)旅客文化生活服务设施

在大站一般应设如下旅客文化生活服务设施。

(1)书报阅览室。在候车室或广厅内设置书报阅览室。室内布置整洁、明亮，备有足够数量的桌椅、书报、杂志并按期及时调换，旅客可借用报刊和文娱用品。

(2)电视厅、电影院。在较大的客运站上设有电视厅、电影院，放映时间应根据车次、客流情况而定。

(3)食堂、茶室。为满足旅客在饮食方面的需要应设置食堂，条件许可的，可增设茶室。在候车室内，应经常保持足够的供旅客饮用的开水。茶杯应消毒。

(4)售货部。站台上应设有售货亭及流动售货车，候车室内应设有小卖部，在大型客运站还可开设商场，供应旅客在旅行生活中所需的商品，从而使车站转变为多功能的服务场所。

4. 旅客乘降工作组织

有秩序地、安全地组织旅客在站内通行、检票进站、走向列车停靠站台上车，以及到达车站下车，并且旅客迅速由出站口交票出站，这是客运站的一项重要工作。

根据车站设备条件、列车占用线路情况及不同方向的客流来划分旅客在站内的通路。在大客运站，应从市内交通的停车场开始对来站购票、候车的长途及市郊客流分别组织。在通路的适当地点，应设置简明的导向系统，指示售票处、候车室、各方向各次列车的候车地点及通路，以便旅客按最短径路入站。

应在检票口的明显处，设置列车车次、去向和开车时刻指示牌。检票时，在站台入口处要组织好客流，并确认客票日期、车次、到站是否正确，以防旅客误乘和无票乘车。车站按旅客到站、始发或中转正确统计乘车人数，按到站顺序填写“乘车人数通知单”，在开车前交列车长。

旅客下车组织，应在列车到达前及时将到达列车的接车线路、站台和到达时刻通报客运服务人员及迎接旅客者，并清除出站通道上的障碍物。旅客下车后，在站上停留最短的时间并按指定通路出站。检票员按客票中转方向或到站正确统计下车人数，交客运计划室。

二、客运站行车工作组织

1. 客运站技术管理

1) 客运站技术作业的特点及其内容

(1) 客运站的技术作业与货物列车在车站的作业有很大不同，其技术作业的特点如下所示。

①旅客列车绝大部分都是每天固定运行，其行车量及行车时刻表较固定。客运站能更精确地计划其工作。

②旅客列车编组内容比较固定，一般无须对整个车底进行编解调车作业。若有调动，则不准溜放调车。

③客运站行车作业必须与客运列车车辆整备作业相配合，与客运工作相配合。客运站应保证旅客列车始发正点。

④旅客列车车底的洗刷、检修等整备作业一般在客车整备所进行，故在客运站及客车整备所之间需进行取送车底的作业。客车整备所的作业过程与客运站的技术作业过程必须与旅客列车运行图相协调。

在编制客运站技术作业时，必须充分考虑以上特点。

(2) 客运站的技术作业文件内容由以下几部分组成。

①车站的技术生产特征，包括车站位置、工作性质、用途，所有技术设备和建筑物数量、使用情况，各种直通、管内、市郊旅客列车的到发、通过数量，办理邮政和行包运输数量等。

②车场、线路和站台的专门化。

③车底及车辆的技术作业，调车工作组织。

④客运站行车工作计划。

⑤客运站行车工作指标。

在编制客运站技术作业过程时，应将直通、管内与市郊列车分开，充分考虑各自的径路。应注意所采用的技术作业时间标准，既先进又切实可行，最大限度地进行平行作业及消除各项作业的中断时间，广泛采用各种先进工作方法及机械化、自动化设备。技术作业过程应充分保证行车、调车和旅客的安全。

2) 客运站车场及线路的专门化

为保证客运站的作业安全和有效地使用车站技术设备，必须对车场及线路进行专门化。由于旅客列车运行的经常性及到发时刻比较固定，可将一定种类和一定方向的列车到发作业固定于某一车场或某一线路，便于车站员工熟悉各次列车的到发线以提高工作效率。

对车场及线路进行专门化，应先确定车场的用途，而后根据工作性质(接、发车)、列车种类及运行方向分配车场内的线路和固定线路的使用。在确定车场及线路的专门化时，应尽量减少敌对进路，保证流水作业。在按车次固定线路时，应考虑旅客进出站通路的便捷及安全。

(1) 按运行方向线路专门化。一个车场专门接上行列车，另一个车场专门接下行列车，以减少进路交叉。若有三个以上方向时，则需在进站线路上修建跨线桥。

(2) 按邻接铁路线路专门化。同一邻接铁路线到发的列车固定于同一车场不区分上下行，故无论有几个邻接方向，不必建跨线桥。当有三个以上方向时，宜采用这种方案(图 8.7)。

(3) 按列车种类专门化。一个车场专门接发直通列车和管内列车，另一个车场专门接发市郊列车。在市郊列车较多的车站，这样的方案可以减少列车由接车线转往发车线的调车过程，使市郊列车与长途客流分开。当车站为尽端式，并有两条以上邻接铁路线时，应采用邻接铁路线专门化。当市郊客流较大时，同时还应按列车种类专门化(图 8.8)。

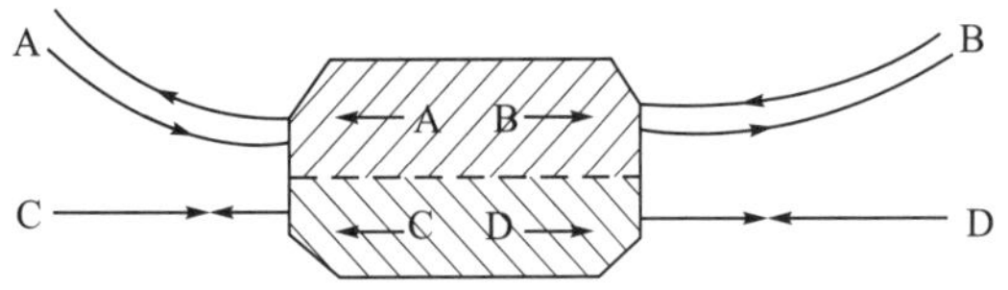

图 8.7　车场按邻接铁路线路专门化示意图

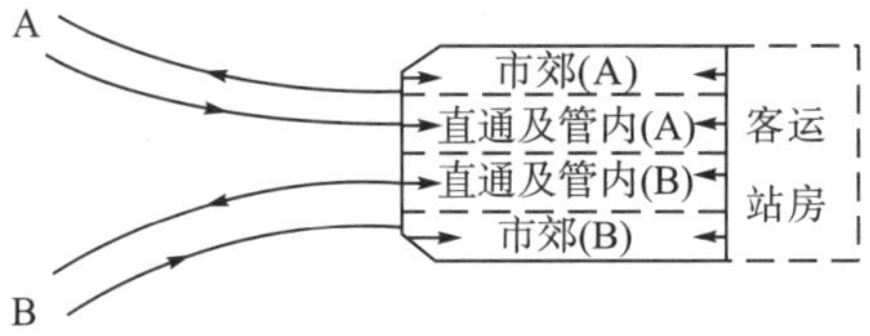

图 8.8　尽端式客运站车场按列车种类专门化示意图

在混合式车站上，最好将尽端式线路接发市郊列车，直通线路接发直通列车和管内列车。大多数客运站只有一个车场，线路专门化方案应视车站类型及客运站与客车整备所配置的位置而定。

3) 旅客列车的技术作业

旅客列车技术作业内容与其列车类型特点相关，按照列车在始发、终到和途中客技站作业分为以下几种情况。

(1) 始发旅客列车技术作业过程。

动车组旅客列车和其他普速旅客列车在始发站的技术作业过程包括从动车段和客车整备所调入客运站到发线后，即开始相关技术作业、组织旅客上车等作业内容，见表 8.5 和表 8.6。

表 8.5　始发动车组旅客列车技术作业表

顺序	作业项目	时间(min)							
			0	10	20	30	40	50	60
1	动车组接入到发线								
2	组织旅客上车								
3	上备品、水								
4	准备发车及发车								
5	作业总时分								

表 8.6　始发普速旅客列车技术作业表

顺序	作业项目	时间(min)							
			0	10	20	30	40	50	60
1	车底送入到发线								
2	摘走调车机车								
3	连挂本务机车								
4	列车始发技术检修作业								
5	组织旅客上车								
6	上备品、餐料、水								
7	装行包邮件								
8	准备发车及发车(有运转车长值乘的列车，增加其接收列车作业)								
9	作业总时分								

(2) 需要上水、补油或换挂机车的通过旅客列车技术作业过程。

普速铁路线上运行的旅客列车在运行途中需要在客技站到发线上进行上水、补油或换挂机车等作业，如表 8.7 所示。

表 8.7　需要上水、补油或换挂机车的通过旅客列车技术作业过程表

顺序	作业项目	时间(min)						
		0	10	20	30	40	50	60
1	助理值班员、检车员、运转车长、客运员、上水工等人员及机车准备出动							
2	摘挂机车							
3	列车技术检修作业							
4	组织旅客上下车							
5	行包邮件装卸							
6	列车上水、补油							
7	准备发车及发车(有运转车长换乘的列车，增加其交接作业)							
8	作业总时分							

(3) 需临时摘挂车辆的通过旅客列车。

普速铁路线上运行的旅客列车，若出现需要摘挂车辆的情况，其作业过程如表 8.8 所示。

表 8.8　需临时摘挂车辆的通过旅客列车技术作业过程表

顺序	作业项目	时间(min)						
		0	10	20	30	40	50	60
1	助理值班员、客运员、调车人员等出动							
2	摘本务机车							
3	技术检修作业							
4	摘挂车辆							
5	挂本务机车及试风							
6	组织旅客上下车							
7	行包邮件装卸							
8	上水							
9	准备发车及发车							
10	作业总时分							

(4) 到达立即折返旅客列车(立折旅客列车)。

到达立即折返旅客列车是指列车到达后，车底无须入库(段)整备的列车。立折动车组旅客列车和立折普速旅客列车在到发线上的作业过程如表 8.9 和表 8.10 所示。

表 8.9　到达立即折返动车组旅客列车技术作业过程表

顺序	作业项目	时间(min) 0	10	20	30	40	50	60
1	助理值班员、客运员、上水工等人员出动							
2	司机更换操作端							
3	组织旅客下车							
4	吸污作业							
5	装卸备品、上水							
6	调整座椅方向及保洁							
7	旅客上车							
8	准备发车及发车							
9	作业总时分							

表 8.10　到达立即折返其普速旅客列车技术作业过程表

顺序	作业项目	时间(min) 0	10	20	30	40	50	60
1	助理值班员、检车员、客运员、行包、邮政等人员出动							
2	试风及摘走本务机车							
3	技术检修作业							
4	组织旅客下车							
5	卸行包、邮政							
6	车底整备							
7	装卸备品、餐料及上水							
8	连挂本务机车及试风							
9	组织旅客上车							
10	装行包、邮件							
11	准备发车及发车(有运转车长值乘的列车，增加运转车长接收列车作业)							
12	作业总时分							

(5)终到旅客列车技术作业过程。

终到动车组旅客列车和普速旅客列车，在技术站的技术作业过程包括从列车到达至转线入段、所前的各项作业，如表 8.11 和表 8.12 所示。

表 8.11　终到动车组旅客列车技术作业表

顺序	作业项目	时间(min) 0	10	20	30	40	50	60
1	助理值班员、客运员等人员出动							
2	组织旅客下车							
3	装卸备品							
4	动车组转出到发线							
5	作业总时分							

表 8.12　终到普速旅客列车技术作业表

顺序	作业项目	时间(min) 0	10	20	30	40	50	60
1	助理值班员、检车员、客运员、行包、邮政等人员出动							
2	旅客列车到达试风							
3	摘走本务机车							
4	车底到达技术检修作业							
5	组织旅客下车							
6	卸行包、邮件							
7	装卸备品、餐料							
8	连挂调车机							
9	车底转出到发线							
10	作业总时分							

4)接发列车工作

车站接发列车工作是列车运行的重要环节，也是保证列车按运行图安全正点运行、保证铁路畅通的关键环节。接发列车工作是车站，特别是中间站的重要任务之一。由于参加接发列车工作的人员多，作业环节复杂，接发列车工作中的任何疏忽或差错都可能造成列车晚点或行车事故，不仅影响其他列车，甚至影响全局运输。接发列车工作是全局性的工作，局部必须服从整体。因此，接发列车人员必须认真执行国铁集团《接发列车作业标准》所规定的程序、用语和操作要求，贯彻集中领导、统一指挥、逐级负责的原则，做到安全、迅速、不间断地接发列车，严格按运行图行车，图 8.9 和图 8.10 为接发列车作业流程图。

2. 客运站作业计划

客运站作业计划在车站运输组织过程中既超前于实际作业又要根据实际情况进行频繁调整，是使计划成为实际的关键环节。旅客列车进入客运站后根据其作业性质不同，需要进行到达、整备、出发等系列作业，表现出对到发线、客车整备线、调机、咽喉等不同车站设备的占用。因此，客运站作业计划是车站到发线、客车整备线、调机、咽喉等设备的综合性使用计划，客运站作业计划优化的目的是达到各作业过程彼此协调，充分发挥各项技术设备的能力。

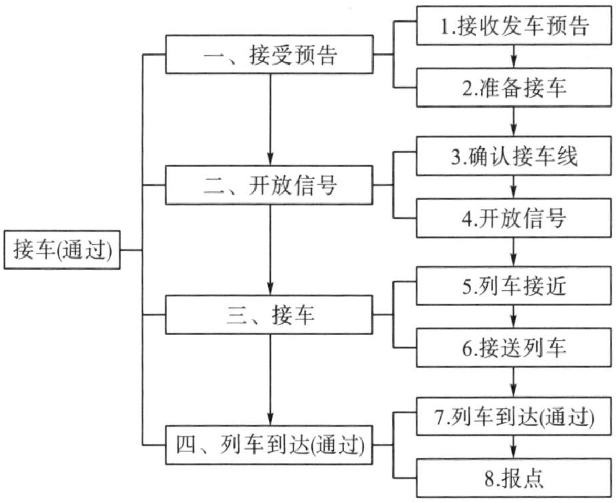

图 8.9　接车(通过)作业流程图

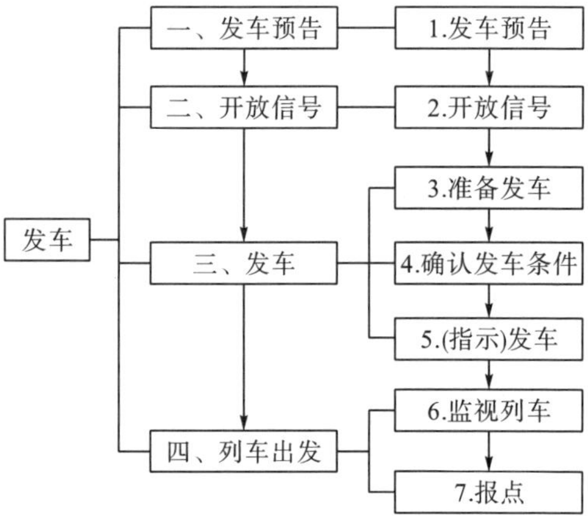

图 8.10　发车作业流程图

良好的客运站作业计划应满足车站客运作业的要求，方便旅客旅行，合理使用车站技术设备，保证安全无障碍地接发列车，办理列车运行图规定的各项作业。客运站作业计划主要包括日计划、班计划、阶段计划、调车作用计划等内容。图 8.11 显示了各个计划之间的关系。

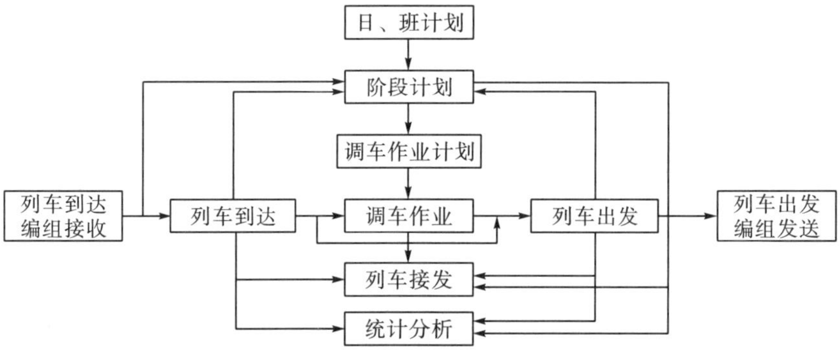

图 8.11　客运站行车调度作业基本流程图

1) 日计划

客运站行车工作日常变动较少，客运站可以在运行图实行期间将根据各次旅客列车的到发时刻、车底和车辆技术作业过程、车站的技术设备等资料，编制客运站工作日计划，作为组织完成车站日常作业计划的依据。主要的编制过程可见本书的第六章内容。

2) 班计划

(1) 班计划的作用和意义。

班计划包括班计划任务和车站为实现班计划任务所制定的保障措施。班计划任务是由铁路局调度所依据推算的车流资料编制的，车站主管副站长或值班站长负责制定保障措施。

车站编制班计划的目的在于依据推算的更为精确的车流资料逐项落实计划任务，找出完成计划任务的困难和需要解决的关键问题，确定应当采取的具体措施，必要时向调度所提出修改计划任务的建议，保证质量良好地完成计划任务。

(2) 班计划的内容和执行。

班计划的内容包括以下几方面。

①客列车到发计划：调度所日班计划中下达的到发本站的旅客列车。

②旅客列车车列的解挂及段修、临修车的取送计划：调度所下达的旅客列车解挂命令、车辆检调提

供的段修、临修车取送计划。

③指标计划：本站的列车正点率。

④有关命令指示、重点任务、施工计划、注意事项：根据本班任务的关键加以确定，主要包括有专包车、专运车、特种车、军用保密、超限车的运行条件和安全措施及施工封锁等。

车站的班计划会，在接班前由车站调度员召集，当班行车生产人员参加，在点名会上，由分管副站长或运转主任(副主任)下达班计划任务，传达上级命令指示，交代关键作业、重点事项，提出组织措施，并由车站调度员传达布置第一阶段计划及落实措施。

3)阶段计划

(1)阶段计划的作用和意义。

阶段计划是班计划分阶段(一般3h为一个阶段)的具体安排，由车站调度员根据铁路局调度所和班计划要求，按列车运行图、编组计划的规定，结合车站技术设备(线路、驼峰、调车机车等)能力、运用和车流情况所做的保证实现班计划行动计划。编制阶段计划除了要考虑调车机车、线路等的合理安排和充分利用，重要的是根据车站或车场现在车分布情况，统筹下阶段的行动计划。

(2)阶段计划的内容和执行。

阶段计划的内容包括：到达列车的车次、到达时分、占用股道、编组内容和解体起讫时间；出发列车的车次、到达时分、占用股道、编组内容及车流来源、编组起讫时间；各货物作业地点装卸车的取送时间、取送辆数及挂运车次；检修车、加冰车等取送时间和车数以及其他相关事项。

阶段计划是班计划的进一步具体化。在编制阶段计划时，应根据本站作业的特点，结合本阶段的工作重点进行全面细致的安排。按照列车编组计划的要求，把车流及时编成各种列车。按列车运行图发车是车站工作的中心，编制阶段计划应围绕这一中心安排调车机车和到发线的运用。

4)调车作业计划

在铁路运输生产过程中，除列车在车站的到达、出发、通过以及在区间内运行外，凡机车车辆进行一切有目的移动统称为调车。车站的调车工作，由车站调度员(未设调度员的，由车站值班员)统一领导。

客运站调车采用的工作方法一般为平面推送调车法。

客运站所进行的调车作业主要是旅客列车中车辆的甩车、加挂、换挂及取送客车底等。采用牵出、推送方法进行调车作业，严禁溜放。

调车机车位于客技站，对于取车底的调车作业，调车机车从客技站中取出车底，连挂好并送入客场到发线，调车机车再返回客技站；对于送车底的调车作业，调车机车从客技站出来走行到到发线，连挂好车底后即将车底送入客技站。

班计划、阶段计划和调车作业计划又称为客运站的日常工作计划。

第四节　旅客列车乘务工作组织

一、旅客列车乘务工作组织概述

铁路旅客运输生产是以列车运行方式完成的，旅客的旅行生活大部分时间在列车上度过，列车乘务一线服务及管理人员占全路客运职工总数的60%。因此，列车乘务工作组织是旅客运输的核心工作之一。列车乘务工作组织包括乘务人员、物资的配置，乘务计划的编制，乘务服务，业务工作流程设计及管理等内容。乘务工作组织水平的高低关系到客运生产效率和效益，并直接影响客运服务质量、铁路客运企业的形象及市场竞争力等。同时，做好铁路旅客列车乘务工作，对保障旅客安全、便利、舒适旅行，具有重要意义。

1. 乘务工作内容

旅客列车乘务组工作的主要特点是：工作环境处于列车动态运行中的封闭状态，面对的是具有多元化旅行需求的旅客，要在限定的设备条件和时间内，从实际出发及时解决旅客提出的要求和处置临时发生的各种问题。乘务组的主要任务如下所示。

(1)按规章制度及时验票补票。

(2)通报站名和到发时刻。

(3)及时为旅客安排坐席、铺位，保持列车内整洁、卫生。

(4)做好餐茶供应及文化服务工作。

(5)保证旅客上下车及旅途中的安全。

(6)充分发挥列车各种设备的效能，爱护车辆设备。

(7)保证行李包裹安全、准确地到达目的地。

(8)充分掌握车内行包密度、去向，及时办理客流信息传报。

(9)维持车内的治安秩序。

2. 乘务组的组成及分工

1)普速列车乘务组的组成及分工

旅客列车乘务组由客运、车辆、行包公司、公安乘务人员组成，包括列车长、列车员、列车行李员、广播员、餐茶供应人员、检车员、电车员和乘警等。列车的乘务工作由列车长统一领导，车辆、公安乘务人员按照各自的职责规定，配合列车长共同做好乘务工作。客运(列车)段应根据具体情况，制定各次列车的作业过程，并建立以岗位责任制为中心的各项管理制度。其组成结构图如图 8.12 所示。

客运乘务组、检车乘务组、乘警组合称为“三乘”。各乘务组的分工如下。

客运乘务组：保证旅客和行李、包裹的安全，协助乘警做好车内“三品”的检查，组织好列车饮食供应，保持车内各项设备的完整和列车的清洁卫生，对重点旅客重点照顾，检验车票，通报到站站名，保证旅客安全乘降，及时填写各种报表，及时正确预报，乘务终了时，认真填写乘务报告。

检车乘务组：负责客运车辆从始发站到终点站的运行安全，列车站停时经常巡视及检查车辆走行部分，检查车内通风、给水、取暖(空调)、照明、门窗等各项设备的技术状态，对发生的故障及时处理。

乘警组：协助客运乘务组维持列车秩序、调节旅客纠纷。及时处理列车内发生的各种案件。遇有突发事件及时赶赴现场，按照分工，积极开展工作。

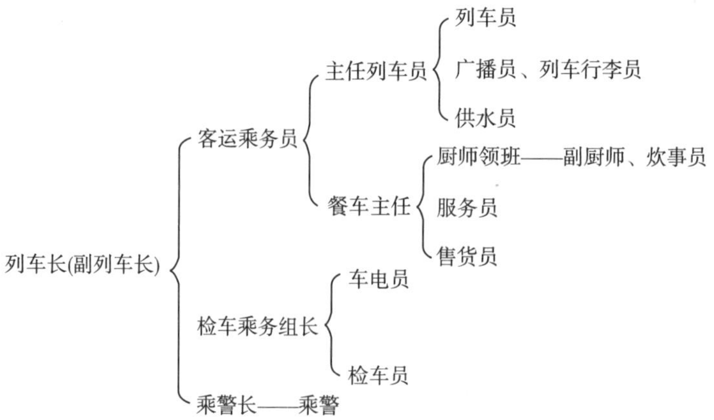

图 8.12　乘务组组成结构图

2）动车组列车乘务组的组成及分工

动车组列车的运营方式与普通列车不同，其乘务组所涉及范围更广泛。动车组列车乘务人员（“六乘”）安排如图 8.13 所示。

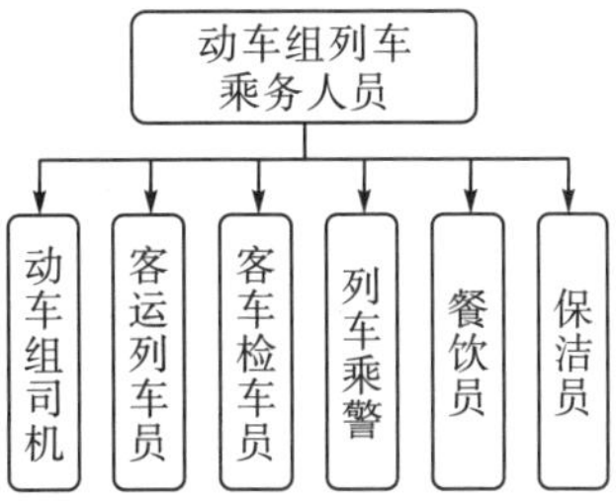

图 8.13　动车组列车乘务人员结构图

动车组司机主要负责列车运行操作工作，实行单司机值乘制。

客运列车员主要负责列车上面向旅客的各项业务及服务工作，如列车巡视、票务、乘降组织等。

客车检车员（随车机械师）主要负责列车运行过程中机械设备维修、维护工作，每组 1 人。

列车乘警依照国家法律、法规和有关规定以及上级公安机关的部署、命令，预防、制止、查处旅客列车上发生的违法犯罪活动和治安灾害事故，维护旅客列车治安秩序，保护旅客生命财产安全。固定运行时间在 5h（含 5h）以内不配乘警，超过 5h 的每组配 1 人。

餐饮员负责列车内餐饮服务及零售工作，与普通列车餐饮供应模式有所不同。

保洁员负责列车内卫生保洁工作。

3. 乘务组织制度

为保证旅客列车安全，旅客列车乘务组实行固定班组制。旅客列车的乘务组织形式有包乘制和轮乘制两种。

1）包乘制

包乘制是指按列车行驶区段和车次由固定的列车乘务组包乘。根据车底使用情况不同，可分为包车底制和包车次制。包车底制是指乘务组不仅固定区段、车次，而且固定包乘某一组车底。这种形式有利于加强车辆设备和备品的管理，乘务人员熟悉沿途情况和旅客乘降规律，能更好地安排自己的工作，有利于提高服务质量。缺点是长途旅客列车需加挂乘务员休息车，乘务工时一般难以保证。目前在执行包车底制工时不足时，采用乘务员套跑短途列车或长途车底套跑短途列车的方法。这样既可以节省车底又可以弥补乘务工时的不足。包车次制是指一个车次（通常叫线路）由几个乘务组包干值乘，但不包车底。其优点是便于管理，有利于提高服务质量。缺点是交接手续复杂，不利于车底保养。一般来说包车底制最灵活，包车次制略宽松。我国普速铁路乘务组大部分采用包乘制。

2）轮乘制

轮乘制是指在旅客列车密度大且列车种类和编组又基本相同的区段，为了紧凑组织乘务交路和班次，采用乘务组按出乘顺序，轮流担当乘务工作的制度，并可互相套用。其优点是不需要乘务员休息车，乘务员单班作业，对线路、客流等情况熟悉，联系工作方便。缺点是交接频繁，不利于车辆保养和服务设施维护。而随着我国高铁的相继开通，在需要降低运营成本和提高排班效率的形势下，原有的单一包乘制已经不能适应高速铁路的需要，轮乘制将是乘务员乘务方式的必然选择。

动车组司机、列车员、客车检车员（随车机械师）原则上采用轮乘制，根据交路设计，科学确定换乘方式。实行综合计算工时制度，月平均工作时间按国家规定的标准执行。运行图中单趟运行 4h（含 4h）以内的，实行单班单司机值乘；运行图中单趟运行时间超过 4h 的，实行双班单司机值乘。单班单司机值乘一次出乘时间(含出退勤、立折时间)不超过 8h；双班单司机值乘一次出乘时间不超过 12h。双班单司机在动车组上安排的随车便乘休息时间为工作时间。

4. 乘务工作制度

旅客列车乘务组在列车长统一领导下，建立必要的工作制度和管理制度，以保证做好旅客、行包的安全运输及旅客服务等各项工作。主要工作制度如下所示。

1)出退勤制

列车乘务员在本段出乘时，要按规定时间由列车长带队到派班室报到，听取排班员传达有关事项，列车长摘抄有关电报、命令、指示。到达折返站或由折返站出乘时，列车长必须向有关人员报告乘务工作，接受任务。返回本段后，列车长向派班室汇报往返乘务工作情况并提出书面乘务报告。

2)趟计划制

趟计划制主要内容有：本次乘务工作中的重点工作安排；对贯彻上级规章、命令、指示、通知的具体措施；针对接车所发现的问题，应采取的措施。

3)验票制

为保证旅客安全、准确的旅行，维护铁路运输秩序和保证铁路收入，列车上由列车长负责检验车票。检票次数原则上每 400km 一次，不足 400km 的列车，每个单程不得少于一次，无票人员多的区段亦可多次。

4)统一作业制

列车长应根据乘务列车的运行时、线路、客流、换班、餐饮等情况编制统一作业过程。除上述制度外还应建立以岗位责任制为中心的各项作业标准化的管理制度，如安全生产、备品管理、列车环境卫生等制度。

二、旅客列车乘务作业

1. 旅客列车乘务组工作要求

旅客列车乘务作业是针对旅客旅行中的各项需求而提供的服务，包括车厢内各项面对面服务、广播服务、餐饮服务、验补票服务及应急处置等。具体表现为具有可操作性的各项标准。动车组列车的客运乘务组除承担服务旅客、查验车票、处理票务等工作外，还负责列车运行中卫生清洁和检查保洁工作质量、检查餐饮工作质量等工作。

由于普速列车和动车组列车乘务组的构成不同，其作业范围存在差异，组织、管理等后台环节上也有差异。

动车组列车运行速度快、密度高、停站时间短，要求各项乘务作业满足安全性等各方面的要求。同时，动车组列车上各项信息化、自动化设备多，旅客需求层次较高，要求列车乘务工作有更高的服务标准，乘务人员需要丰富和扎实的业务素质和服务技巧。因此，树立“以服务为宗旨，待旅客如亲人”的服务理念，坚持“安全正点，方便快捷”的原则，采用先进设备，推进科学管理，创新服务方式，实现服务文明、设备良好、环境舒适、饮食卫生，是动车组列车乘务工作的基本要求。

2. 旅客列车乘务组作业内容

1)车厢服务

(1)普速列车车厢服务内容及要求。

普速列车乘务组织要求和工作内容包括车容整理、旅客服务、备品管理、清洁卫生。

①车容整理。列车车容应保持庄重整洁、美观大方，具有时代气息和地方特色，车容整理工作应该

遵循以下标准。

四条线标准：行李架、衣帽钩、窗帘、毛巾绳等四项设施物品，应做到线直物平，统一大方。

物品安放标准：物品安放应当平稳、整齐、牢固。轻的物品放行李架上，重的物品放座位底下；行李架上不放扁担长杆易滑物品，也不放易碎流质物品。

乘务员室标准：乘务员室应保持清洁、整齐，物品摆放统一。

宿营车标准：宿营车应做到安全、整洁、肃静。

②旅客服务。旅客服务应做到“全面服务，重点照顾”，要通过列车乘务人员热情有礼貌的服务，为旅客创造亲切、舒适的乘车环境。具体做到以下几方面。

车门立岗：在车门立岗迎接旅客时，应热情诚恳、礼貌周到，用目光关注旅客，用亲切的语言表示欢迎，按顺序快速查验车票。

引导入座：对乘车经验少、老人及行李较多的旅客应主动引导，注意对号入座。

供应茶水：为旅客送开水是一个重要的服务项目，任何列车在始发和运行途中都要做到这一点。有电茶炉的客车，要向旅客介绍电茶炉的位置。对重点旅客，坚持送水到位。卧铺车厢的热水瓶要注意续水。

对重点旅客的服务如下：

a.对各类残疾旅客和老人，应主动帮助他们拿行李、安排座位或介绍列车设施及作用，联系就餐，端茶送水，协助上厕所等，尽可能为他们提供方便；

b.儿童活泼好动，应随时观察小孩的举动，发现有危险行为时，要及时制止，并提醒家长看好自己的孩子；

c.对身体表现出不适的旅客，应主动询问是否需要找医生，多加照顾，必要时联系餐车做“病号饭”；

d.孕妇容易疲劳，行动也不方便。可安排一个方便走动的座位或铺位，动员周围的旅客说话、动作轻，尽量为其提供一个安全、宁静的休息环境。

③备品管理。固定和活动备品管理应遵循庄重美观、挂摆统一整齐、作用良好的原则。

④清洁卫生。搞好列车上的清洁卫生，为旅客创造一个良好的旅行环境，保证旅客的身体健康，是列车服务工作的一项重要内容。列车的清洁卫生，应遵循“窗明几净、四壁无尘、器洁镜明、物见本色、严格消毒、消灭死角”的原则。

(2)动车组列车车厢服务内容及要求。

动车组列车运行组织模式与普通列车有所不同，从乘务组的构成上可见一斑。由于动车组列车运行速度更快，途中停车时间更短，在安全秩序上会有更高要求，因此动车组列车车厢服务内容及要求包括如下内容。

①安全秩序。安全秩序包括以下内容及要求。

动车组上现代化设备和供旅客自助服务的设备较多，乘务人员必须做到对这些设备知位置、知性能、会使用，并且做到安全设备设施配齐配全，作用良好，定位放置。这些设备具体包括灭火器、紧急制动阀(手柄或按钮)、烟雾报警器、应急照明灯、防火隔断门、紧急门锁、紧急破窗锤、气密窗、厕所紧急呼叫按钮、防护网(带)、应急梯、渡板、应急手电筒、手持扩音器等。

乘务人员及时制止可能损坏车辆设施和影响安全的行为。采用广播、视频、图形标志、服务指南等方式，宣传安全常识和车辆设备设施的使用方法，提示旅客遵守安全乘车规定。

安全使用电源，正确使用电器设备，额定功率不得超过允许范围。公共区域的电源插座保证符合功率范围的小型电器正常使用。配电室(箱)、电气控制柜锁闭，严禁堆放物品。

做好安全防范，加强巡视，维护车内秩序，保持良好的旅行环境。对未锁闭车门的，应及时通知司机停车处理。

对可疑携带品进行安全检查。对发现的危险物品按规定处理。

动车组全列禁止吸烟，并做好禁烟宣传，乘务人员应加强巡视，特别是加强对厕所的巡视检查，及时制止吸烟行为。

行李架、大件行李存放处物品摆放平稳牢固。行李架不得放置锐器、铁质、易碎物品。衣帽钩仅限挂衣帽、服饰等物品。小桌板仅限放置轻质物品。

②设备设施。动车组列车上设备的维护由随车机械师负责，应该做到：

a.各类设备设施作用良好，正常使用，故障、破损及时修复。

b.服务备品齐全，干净整洁，定位摆放，质地良好，颜色与车内环境相协调。

③环境卫生。环境卫生包括以下内容与要求。

动车组列车保洁工作由保洁公司承担。保洁作业应当爱护车辆设备，铁路运输有关部门应当对保洁工作中涉及卫生环境质量和爱护车辆设备等进行检查指导。

动车组列车实行专业化保洁，保洁内容包括始发、途中和折返全过程。列车要对保洁质量按标准进行验收。保洁人员必须在列车放客前 10 分钟完成，并按库内清洁质量标准清洁作业，保洁人员完成始发站保洁后，应有保洁人随车负责运行期间保洁工作。动车组列车途中和折返保洁要求保洁人员提前到达站台，列队站台接车；保洁人员应当在旅客下车后，经乘务人员同意后方可进入列车；保洁人员按照动车组列车始发保洁标准，开展保洁工作，并在规定的时间内完成保洁工作；列车长对保洁质量进行验收合格后签字。

④文明服务。环境卫生包括以下内容与要求。

做到全面服务、重点照顾，帮助旅客解决旅行困难，为有需求的老、幼、病、残、孕旅客提供帮助；尊重民族习俗和宗教信仰。

上岗着装统一、得体，仪容整洁，行走、坐立姿态端正。立岗姿势规范，精神饱满；服务时，态度和蔼，表情自然，举止文明，庄重大方。

2) 旅客列车验补票

我国铁路旅客列车上验票和补票是铁路旅客列车乘务工作的重要组成部分，它与车站售票和验票有很大不同，在旅客列车上验票和补票发站也随着列车的移动而变化，另外还要考虑由旅客自身或突发气候因素导致的变径、变席、变到站和分段计费(同时经由营业线、新线或地方铁路线)等问题。

我国铁路旅客列车曾长期采用人工填写代用票来补票，工作量大，方式落后，计费复杂，劳动强度大，结算时间长，不能适应发展的形势。随着科技进步，铁路现代化进程加快，在旅客列车上采用便携式智能型补票机补票，取代手工开代用票的补票办法。

智能型补票机的基本结构是便携机加热敏打印组成的一体化机器，它具有计算机所有的性能，采用最先进的计费里程方式，特别是分段里程自动计算，对制票过程实行软件监控技术，确保售票电子数据存储正确、可靠，同时可对其存储的信息按客运、财务、统计工作的需要，进行自动处理。实行软件全路集中统一管理和维护，杜绝各种可能产生的经济问题。

动车乘务员配备站车客运信息无线交互系统手持终端，乘务员应在始发前登录，途中及时核对席位信息，及时、正确地为旅客办理补票业务。

3) 旅客列车餐饮服务

旅客列车餐饮设备是指在旅客列车中编挂的为运送旅客饮食服务的车辆和设施，包括餐车、酒吧和供水设备。旅客列车餐饮服务工作的任务是满足旅客在旅行中吃、住、行、购、娱等多方面的需求。旅行服务要向多元化、多功能、多层次的一条龙服务发展。统一实行专业化管理，财务单独核算。厨师、餐车长、餐车主任、服务员等工种的技术等级采用国家规定的标准。

(1) 餐车及设备。

长途旅客列车一般在卧铺车和硬座车之间编挂餐车。目前，CA25G 型空调餐车是目前国内最广泛运用的旅客列车，餐车分为餐厅、厨房和储藏室三部分，餐车有 12 个餐桌，共 48 个座位；厨房设备主要有电冰箱、冰柜、炉灶、烤箱、锅炉、洗碗池、碗柜、储料箱。

对于动车组餐车，由于动车组列车不能使用明火，我国动车组列车餐车主要采取即食类快餐，地面集中统一配送，即车下加工、车上加热售卖的供餐方式，辅以包装饮料、休闲食品和其他预包装食品，餐车多为餐吧或吧台形式。新一代高速动车组餐车采取敞开式、单元模块化设计理念，餐车设施主要为加热设备、冷藏设备和存储设备。动车组餐车厨房系统主要包括废物和控制柜单元、水槽单元、加热单元、冷热饮料单元、柜台单元、制冷单元。

(2)餐饮服务。

目前，我国旅客列车餐饮经营分为普速铁路餐车经营和动车组航空式配餐两种方式。营业里程超过1000km以上的特快、快速、普速旅客列车的供餐基本为加挂餐车。餐车供餐的经营方式主要有三种形式：一是铁路局客运段直接经营，二是铁路内部职工承包经营，三是委托餐饮服务公司经营。列车的供餐模式主要以餐车制备、零售服务为主。

与普速铁路不同，我国动车组列车取消了餐车，采用了航空式配餐的经营模式。动车组不设餐车，所有餐食均由地面配餐基地制备和烹制，冷(热)链送至列车，在车上微波加热或直接食用。目前各铁路局动车组配餐供应方式主要有两种：一种是铁路局建立动车配餐基地，供应局管内动车配餐盒饭；另一种是铁路局不建动车配餐基地，采取签约供货商的方式，签约的供货商负责快餐产品进货及车上销售。

为了提升铁路餐饮质量，使铁路企业更好地融入市场，铁路企业还相继开展了高铁外卖订餐服务。铁路部门按照行车时间、地方特点等选定若干家餐饮店，联合餐饮店将菜单挂在网上供旅客选择，只要旅客打开手机，就可方便快捷地在12306客户端或手机APP将沿途各地特色美食尽收眼底。旅客订餐后，列车长可在手机软件上查询配送信息，配送人员将旅客的订餐放在特定的箱子中经过安检，经由乘务员送到旅客手中，让旅客坐在列车上即可舒适就餐，满足了旅客的差异化需求。

三、旅客列车乘务数计算

1. 普速列车乘务组数量计算

(1)乘务员每月工作小时数。目前我国采用八小时工作双休日制度，全年 12 个月，全年日历日 365 天，全年周末休息日 104 天，一年中的节假日合计 11 天，因此乘务员每月工作小时数为

$$\text{乘务员每月工作小时数}=\frac{365-104-11}{12}\times 8\approx 166.7(\text{h})$$

(2)乘务组月值乘次数。根据乘务员每月工作时间计算列车乘务组数。设每对列车(往返)乘务组的工作时间(不包括在折返站的休息时间)为$T_{往返}$(单位：h)：

$$T_{往返}=2\left(\frac{l}{v_{直}}+t_{接}+t_{交}\right)$$

式中，l为列车始发站至终到站的距离，km；$v_{直}$为列车直达速度(列车自始发站至终到站包括停站时分在内的平均速度)，km/h；$t_{接}$、$t_{交}$为接收、移交列车的时间，h。

因为列车乘务员一个月工作时间为166.7h，所以一个列车乘务员每月月值乘次数M为

$$M=\frac{166.7}{T_{往返}}=\frac{166.7}{2\left(\frac{l}{v_{直}}+t_{接}+t_{交}\right)}$$

(3)一对列车所需乘务组数。设一个月为P日，每天开行$N_{对}$列车，则一个月共需$PN_{对}$列车往返数，所以一对列车所需要的列车乘务组数K为

$$K = \frac{PN_{对}}{M}$$

2. 动车组列车乘务组数量计算

计算动车组列车乘务组数量则首先依据乘务交路，结合列车时刻表和出退乘时间标准确定线上工时和附加工时，进而求得班组实际月工时，然后依据国家标准对应的月工作小时数，即可计算需要的列车乘务组数。具体步骤如下所示。

步骤 1：求线上工时(车底运营工时) T_y。

依据乘务交路计划结合列车时刻表确定一日内全部车底运营时间之和。

步骤 2：求附加工时 T_f

$$T_f = T_c + T_t$$

式中，T_c 为班组出乘时间，标准为 1h；T_t 为班组退乘时间，标准为 0.33h。

步骤 3：求班组实际月工时 T_{sy}

$$T_{sy} = 365 \times (T_y + T_f N_{srj}) / 12$$

式中，N_{srj} 为实际每日值乘班组数，由乘务交路计划确定。

步骤 4：求乘务员月工作小时数 T_{by}。

依据国家标准，乘务员月工作小时：

$$T_{by} = \frac{365 - 104 - 11}{12} \times 8 = 166.7(\text{h})$$

步骤 5：求需要的列车乘务组数

$$N_b = T_{sy} / T_{by}$$

第五节　节假日客运及新老兵运输工作组织

一、春运、暑运工作组织

铁路春节旅客运输(简称春运)是全国交通系统春运的重要组成部分，是全路第一季度的中心任务，各铁路局均成立春运领导小组，下设春运办公室。春运期间，春运办公室实行昼夜值班制度，由各级干部组成春运工作组，及时下基层帮助检查春运工作。春运期间按照“以客为主，客货兼顾”的原则，统筹安排机车、车辆和客运能力，充分挖掘既有设备潜力，增加人员、设备投入，做好人员培训，圆满完成春运任务。

春运特点：时间性强、流量大、流量集中且不均衡。

客流对象：以打工流、民工流、学生流、探亲流为主。

春运期限：以春节为界，节前 15 天，节后 25 天，共 40 天，由国家发展改革委统一发布(每年起止时间略有不同)。

铁路暑期旅客运输(简称暑运)的特点及期限如下所示。

暑运特点：天气炎热、客流量大、流向集中、时间性强，客流对象以学生流、旅游流为主。

暑运期限：7 月 1 日～8 月 31 号，共 62 天。

1. 春运和暑运期间的客流变化特点

对于春运和暑运两个长节假日的旅客运输，由于民工、学生的探亲，旅游和外出经商客流交织在一起，出现相应春节前(暑期开始)和春节后(暑期结束)的客流高峰。春节是我国传统文化中最重要的节日，因此民工、学生和其他探亲客流是春运的主要对象。暑运期间，以运送学生和旅游客流为主，具有客流大、流向集中、时间性强的特点。概括起来，春运、暑运期间客流的变化特点如下所示。

(1)客流结构不均衡。与管内客流增长幅度相比，直通客流增长较大。

(2)客流地区分布和流向不均衡。春运期间的客流地区分布和流向受我国经济政策和经济发展状况及传统文化的影响较大。目前，春运期间客流集散量较大的是我国中南部地区，并集中于一些主要干线，如广东、上海等东南沿海以及东北、华北、西北方向的民工客流比较集中。暑运期间，各大中专院校集中的城市以及气候适宜、自然风光和传统文化景点集中的游览胜地客流比较集中。

(3)客流在时间上不均衡。春运的客流集中在节前探亲和节后学生返校、民工返回原工作地点及其他旅客返回工作岗位的一段时间，而在春节期间客流相对较少。暑运的客流则集中在学生暑假开始及假期临近结束的两头，以学生客流和旅游客流为主。

客流的地区分布和时间分布上的不均衡往往造成客流在一定时期的增加是单方向的。

2. 春、暑运期间的运输组织特点

1)根据客流变化及其特点，合理配置运力

要扩大列车编组，图定客车按规定满轴运行，该加挂回转车的必须加挂。客运量大的始发站或中转站要备车底，增加运输组织弹性，确保客流没有大的积压，并做到有流开车、无流停运。

2)组织旅客均衡输送，严格控制列车超员率

春运、暑运期间客流的增加往往是单方向的，因此必须组织均衡运输，严格执行旅客计划运输的有关规定。各车站、列车要密切配合，坚持验票进站、上车，严格控制列车超员率，以确保运输安全。

3)改进售票方式，加强客运组织

(1)高峰期客流在时间、方向上的不均衡性造成单方向能力的空费，增大了对运能的需求量。因此，要做好车票预售、预定组织工作。

(2)由于运输能力的不可存储性，只有科学的组织措施，引导客流均衡出行，平抑高峰客流，才能充分发挥其运输能力。

(3)加强客票的预售、预定工作。

(4)抓好民工、学生团体票的预售工作，充分发挥网络售票的优势，提高售票效率。

(5)可以通过延长售票时间、增设售票窗口等措施增加售票能力。

4)组织旅客有序乘降

(1)加强内部管理，充分发挥车站现有的设备能力。

(2)提高客流在站内的通行效率。

(3)采用封闭车站、严格控制入口。

(4)将站前广场与站房、进出站通道和站台等设备进行良好的连接。

(5)利用栅栏和工作人员将各种客流分开，减少交叉干扰，实现乘客有序乘降。

5)科学安排运力资源

(1)为了最大限度地满足客流高峰期运能的需求，可以停运短途旅客列车，加开临时旅客列车。

(2)充分利用通过能力对进出客流集散地的主要通道采取铺画客车平行运行图的方法，避免高峰期拥挤。

(3)做好车站能力与区间能力的协调。加开枢纽地区的临时旅客列车，从而缓解客运站到发线能力和咽喉能力不足。

(4)提高应急处理能力。对客流高峰期可能出现的各种突发事件，制订应急预案，确保旅客运输安全、有序、顺利地进行。

6) 利用客流规律缓和运能紧张

(1) 及时、准确地掌握直通客流的信息，利用两次客流出行特征形成有规律的直通临客。

(2) 组织开行一站或者两到三站直达临时乘客列车，减轻沿途客运压力。

(3) 提高临时旅客列车的旅行速度，加速机车车辆周转。

(4) 对客流出行时间的特性，如“吉祥”出行日加开列车，平时减少列车的开行，提高利用率。

7) 回空车底运行方案

(1) 针对春运特殊时期单方向满员客流、回程客流稀少的特点，采取客流方向开行重车，回程按空车车底办理。

(2) 将一些只有单方向客流的热门列车返回时组成行包专列，从而提高客车车底的利用效率。

(3) 通过灵活多变的经营方式降低铁路的运营成本。

二、旅游列车运输组织

旅游列车是指由铁路局与一家或几家旅行社共同策划开行的往返于各大中城市间及大中城市和著名旅游景点间的旅客列车，它属于非图定旅客列车，“有流就开”、“无流停运”，具有很强的“灵活性”。旅游列车是在旅游业迅速发展和铁路运输业全面走向市场的大背景下应运而生的一种跨行业的新产品，它是旅游业和铁路运输业二者相结合的产物。由于其自身的特殊性，旅游列车运输组织方法与一般旅客列车有着诸多不同之处。

旅游列车的车次统一为“Y”字头，根据 2000 年标准，全部划归为临时旅客列车。

1. 旅游列车运输组织的特点

旅游列车的服务对象是旅游客流，与一般旅客列车运输的客流相比，其范围的覆盖面要窄。由于受到旅游客流特定需求的影响和制约，旅游列车运输组织具有以下五个特点。

(1) 旅游列车运行的途中站和终到站较集中。

旅游列车是完全面向市场、按市场导向生产的运输产品，旅游列车对运行区段的确定取决于旅游流的客源地和他们旅游的目的地。因此，旅游列车的开行路线多选择著名旅游城市或景点作为目的地。就目前情况而言，旅游客流大多产生于全国各大中城市，旅游目的地多为著名旅游城市(如北京、大连、青岛、上海、三亚等)和在全国乃至世界闻名的旅游景点(如华山、峨眉山、张家界、凤凰古城等)。每逢旅游黄金季节，各局增加开往这些地方的旅游列车对数。

(2) 开行旅游列车比开行一般旅客列车具有更大的波动性。

旅游列车的开行完全取决于旅游流的有无，故具有极大的灵活性。随着游客每年对于景点的偏爱程度，铁路局进行旅游列车对数的调整。

(3) 旅游列车在旅游景点的到发时刻和停留时间应方便游客。

为方便游客白天游玩，旅游列车一般选择在 6:00～8:00 到达旅游景点。为了充分发挥火车车厢可作为“旅馆”这一潜在优势，降低游客旅行成本，旅游列车的出发时刻一般选在 19:00～21:00，最晚不应迟于 0:00。在某些特殊情况下，编制列车开行方案时需根据游客需求来，灵活选择列车的到发时刻。郑州局曾经开过的“夕阳红”旅游专列，由于乘坐列车的游客全是老人，他们希望列车到达景点后能住宿一夜，再去游玩。郑州局在编制列车开行方案时将列车到达景点的时刻调整到了傍晚。此外，旅游列车在旅游景点所在站的停留时间还应满足游客游玩的需要。

(4) 旅游列车沿途一般没有旅客乘降作业。

旅游列车整列运送的是特定的服务对象——游客，而且这些游客都有共同的旅游目的地。旅游列车的这种特殊性就决定了它沿途一般无旅客乘降作业。

(5) 旅游列车辆档次、服务水平与一般旅客列车相比较高。

旅游列车一般要求为中高档车辆(能缓解压力、愉悦身心)，旅游列车上应该提供优良的服务，如华运旅行社负责组织的“丝绸之路”涉外旅游专列，编组的车辆均为租借来的“高包车”，服务员都进行过专门的涉外服务技能培训，该旅行社还应外国游客的要求增加了“列车酒吧”，并推出了“烛光晚宴”等特色服务。在我国广大旅游群体中，具有不同收入水平、受教育程度和生活背景的游客，他们心目中的旅游列车软、硬件标准是有差异的。因此，铁路运输企业在编制旅游列车开行方案时可据游客的需求差异混编各种档次的车辆，以充分利用现有的客车车底。

2. 影响旅游列车运输组织的因素

与普通旅客列车相比，旅游列车的开行必须更加迎合市场需求，因此需要分析影响旅游列车运输组织相关因素。

1) 受旅客旅游需求行为的影响

(1) 旅客对旅游景点的偏好。

影响旅客对旅游景点偏好的因素很多，如受教育程度、收入水平、所处地域特征、旅游景点的特点等，不同的人对旅游景点的偏好程度也不相同，如有的人偏爱于游山玩水，而有的人更喜欢饱览名胜古迹。不仅如此，就是同一个旅游者的偏好也并非一成不变，它可能随时间的变化而变化。游人对旅游景点的偏好直接影响了旅游列车对开行目的地和途经景点的选择。因此，必须首先对旅游群体的旅游偏好进行调查研究，掌握各种旅游偏好的分布程度和变化规律，从而做到“有的放矢”。

(2) 旅客对旅游时间长短的要求。

旅客对旅游时间长短的要求主要取决于旅游者所拥有闲暇时间的多少。有的人时间充裕(如退休职工)，有的人闲暇时间有限(如因工作需要只能休几天公假的在职人员)。因此，在编制旅游列车开行方案时就应照顾到各类群体，有针对性地开行旅游列车。例如，面向闲暇时间充裕的旅游群体可开行途经多个旅游景点的一线多游式长途旅游列车，而面向闲暇时间不多的群体可选开往某个有较大吸引力景点的中短途旅游列车。

2) 旅游景点车站接发车能力和旅游景点接待能力的影响

当旅游景点所在车站接发车能力较大时，旅游列车的开行受其影响较小；当旅游景点车站的接车能力不大时，则应本着旅游列车在景点车站的到发时刻尽量避开该车站的列车密集到发时间段的原则来确定旅游列车的运行方案，以减轻车站的作业压力。

3) 铁路运能的影响因素

影响铁路运能的因素主要有：线路通过能力的限制；各局各类档次车辆的配备并不充裕；部分区段客运机车数量不够。

3. 我国特色旅游列车开行情况

1992 年，我国首次在大中城市与著名旅游景点间开行旅游列车。1993 年，就开行了北京、西安至乌鲁木齐往返的中国“丝绸之路”涉外旅游专列。近些年，随着旅游市场的迅速发展，各铁路局加大了开行各种管内或跨局旅游列车的力度。

(1) 2016 年，中国铁路青藏集团有限公司开行西宁至茶卡“天空之镜号”Y961/2 次旅游列车，见图 8.14。

“天空之镜”茶卡盐湖位于青海省海西蒙古族藏族自治州乌兰县茶卡镇附近，此地茶卡盐湖面积约 105km^2，盐层平均厚度 4m，最深处达 13m，储量约 4.5 亿 t，是中国最早开发的盐湖之一。茶卡盐湖是固液并存的卤水湖，天气晴好时，湖面就像镜子一般，如玻利维亚“天空之镜”，而享有中国版“天空之镜”的美誉。

图 8.14　“天空之镜号”旅游列车

为方便旅客尽情欣赏青藏铁路沿线美景，“天空之镜号”Y961/2 次旅游列车每日 08:25 从西宁站发车，12:30 抵达茶卡站；当日 16:30 从茶卡站发车，20:43 返回西宁站，途经“海藏咽喉”湟源、“两弹基地”海晏、“高原明珠”青海湖等地。

“天空之镜号”Y961/2 次旅游列车为空调列车，加挂了餐车，为旅客提供各类餐饮服务，旅客可以在用餐时欣赏沿途风景。中国铁路青藏集团有限公司将根据茶卡盐湖景区旅游旺季需求，持续开行西宁至茶卡旅游列车。

随青海旅游日益升温，中国铁路青藏集团有限公司积极探索“铁路+景区”的模式，根据青海省旅游旺季需求，先后开行“德令哈号”“天空之镜号”等旅游列车，2016 年西宁至茶卡“天空之镜号”旅游列车开行后，截止到 2018 年 4 月已运送旅客 27.5 万人次。

(2) 2017 年 4 月 20 日，由呼和浩特发车经由乌兰察布，沿集宁至二连浩特运行的旅游列车“口岸号”(图 8.15) 正式开通。“口岸号”旅游列车分别设计 A、B 两条线路，游客既可沿草原丝绸之路探访白音察干乌兰哈达火山群的磅礴气势和赛汗塔拉草原的美景，又可以出国门通关做客，感受蒙古边境小城扎门乌德百姓的热情好客。

“口岸号”旅游列车车厢干净整洁，卧床柔软舒适，设施配备齐全。列车上还设置了读书读报栏，在床下为放置贵重物品的乘客配备了密码保险柜。在列车运行过程中，利用列车广播系统不断播放宣传内蒙古历史人文，介绍沿途景点的宣传片。

“口岸号”旅游列车的运行是呼和浩特铁路局与乌兰察布市开展陆地旅游合作，贯彻国家“一带一路”倡议，充分发挥铁路网络优势和规模优势，推进中国铁路旅游服务品牌建设，促进全区旅游业转型升级的新契机。

(3) 中俄国际联运旅客列车 (图 8.16) 于 1960 年 5 月 24 日正式开通。曾被赞誉为“中华第一车”的北京至莫斯科 K3/4 次国际旅客列车途经中、蒙、俄三国，往返运行 15652km，共计 13 个昼夜。自开通运营以来，中俄国际联运旅客列车每周三准时从北京站发车。一路走来，这辆穿行于亚欧板块的列车，于黄沙戈壁看大漠孤烟，于万里林海赏春花秋月，于色楞格河望扬鞭牧马，于贝加尔湖观碧水连天，诗情婷婷，画意盎然，在欧亚大陆上架起了连接中国、蒙古和俄罗斯三国友谊的桥梁。

图 8.15 “口岸号”旅游列车

图 8.16 国际联运旅客列车

三、新老兵运输工作组织

1955 年，中国人民解放军开始实行义务兵役制，从此开始了一年一度的新老兵运输。在我国经济建设的各个时期，铁路运输方式都是新老兵运输的骨干力量。随着铁路装备技术水平、组织能力的全面提高和铁路军事交通正规化建设的深入发展，新老兵运输组织方式也随之变革。从 20 世纪 50 年代以代客车为主，而后逐步过渡到代客车和客车共用，80 年代初新老兵运输全部改用客车。另外，运输组织方式上，新老兵客车运输从最初的以专用客车底循环套用开行逐步过渡到 90 年代初以选用旅客列车为主。现如今，铁路新老兵运输有了更体贴、周到、温馨的变化。

为安全顺利完成新老兵运输工作，各个铁路局客运站成立了新老兵运输办公室，在各车站开设新老兵专用候车室，坚持新老兵“四优先”原则，即优先购票、优先上车、优先托运行李、优先中转换乘；协调武警和公安部门维持站内外秩序；抽调优秀服务人员上岗，为新老兵们送上亲情化服务。

新老兵铁路运输组织方式的沿革不仅使运输效率逐步提高，更让新老兵乘坐条件逐步改善，部队官兵切实享受到了铁路建设的成果。

1. 新老兵运输涉及的组织领导机构

新老兵运输由民政部、交通运输部、总参谋部军务部、总后勤部军事交通运输部、军队各大单位和武警部队负责，分工如下：

(1) 民政部负责新老兵运输途中饮食供应、住宿接待工作。

(2) 交通部负责下达新老兵运输组织计划。

(3) 总参谋部军务部负责统一部署、指导、检查新老兵运输途中管理工作；组织部队划定离队期限，督促部队按时编报新老兵运输计划。

(4) 总后勤部军事交通运输部负责统一管理新老兵运输计划，组织协调铁路、公路、民航等主管部门编制新老兵运输计划，并完成新老兵运输任务，协调民政部做好接待工作。

(5) 军队各大单位(各总部、国防科工委、军兵种、军区)和武警部队，按照职责分工，分别负责本系统本地区的新老兵运输工作。

此外，新老兵运输还需要建立临时组织机构：

(1) 各级铁路、公路、水路、民航运输企业和入驻的军事代表机构组成新老兵运输领导小组。

(2) 省(市、县)民政部门在主管人民政府领导下，与省军区(军分区、人民武装部)等有关部门组成有交通部门、卫生部门、公安部门和车站、港口、机场及入驻的军事代表机构等参加的新老兵运输中转接待机构负责短途运输、食宿接待、医疗等。

2. 新老兵运输原则及运输时间

新老兵运输工作应当遵循集中领导、归口管理、分级负责、统筹计划、优先安排、方便部队原则，具体如下所示：

(1) 树立全局观念，合理选择运输方式，在规定运输期限内，组织均衡运送。

(2) 安排铁、空接运方案时，在时间衔接上，铁路运输要服从航空运输。

(3) 始发、中转铁路局要根据新老兵乘车计划最终到站，尽可能组织直达运输，减少中转。

(4) 局间交接计划要严格区分中转与终到，优先交接中转计划。车次、时间、人数、到站要准确无误。

全国新老兵运输期限是按照国务院、中央军委的命令和指示确定的，已经进行了几次变化。在 2012 年及以前，退伍老兵铁路运输于每年 11 月 25 日开始，12 月 10 日结束，入伍新兵铁路运输于 12 月 10 日开始，12 月 31 日前结束；从 2013 年开始，退伍老兵铁路运输于每年 11 月 25 日开始，12 月 10 日结束，入伍新兵铁路运输于 9 月 5 日开始，9 月 21 日前结束；从 2015 年开始，实行“一次新兵、两次老兵”的组织模式，入伍新兵铁路运输从 9 月 10 日开始，至 9 月 30 日完成。第一批退役士兵铁路运输从 9 月 1 日开始，至 9 月 30 日完成；第二批退役士兵铁路运输从 12 月 1 日开始，至 12 月 31 日完成。

3. 新老兵运输组织特点

新老兵铁路运输采取整批军运和零星购票相结合的运输方式，主要分为按整列运输组织、按整批留座组织、加开临客、购买客票四种。

(1) 按整列运输组织是指一列旅客列车编组内的全部硬座席位同时用于新兵军事运输。

用于整列运输的旅客列车，沿途各站硬座票额一律取消；软卧、全列无硬卧代软座的硬卧，仍按原票额分配计划执行；全列由硬卧代硬座的，剩余硬卧均由列车始发站发售，沿途各站硬卧票一律取消。在使用区段内，列车及沿途各站不得发售载有新兵的硬卧代硬座车的上、中铺硬卧客票。

(2)按整批留座组织是指一列旅客列车的部分硬座席位用作新兵运输。

对于不足以组织整列运输，又不便零星购票的新兵，由铁路局和驻局军代处商定，应在旅客列车中预留部分硬座车厢运送。整批留座使用硬座车厢数较多的列车(跨局旅客列车以国铁集团、局管内旅客列车以铁路局下达新军事运输计划为准)，剩余硬座均由列车始发站发售，沿途各站硬座票额一律取消。

(3)加开临客是指在客运能力紧张时，可使用客车加开临客组织整列运输。

各局在情况需要时，亦可利用临客运行线组织加开临客整列运送新兵，所编列车不得少于 15 辆，其中配行李车、宿营车、餐车、隔离车各 1 辆，并按规定配茶炉车和广播车，同时要保证供电、供暖。在管内也可以使用客车底开行军列输送。客运部分临时抽调专门的乘务人员担当乘务工作。

(4)购买客票一般适用于老兵运输，以及同行人数不足 20 人的新兵运输。

20 人以上不足整车的新老兵集体乘车时，可由部队持介绍信于乘车五日前，到车站客运部门提报乘车计划。驻军较多、运量较大的车站，可由部队、军事代表和铁路客运部门共同协商研究，统筹安排。可按大单位划片，定时间、定车次、定票额纳入客运计划，组织均衡运输，有条件的车站应派人到部队驻地预售车票。团体新老兵购票时，车站应优先受理，并事先商定到达车站时间，指定候车地点，提前检票，提前进站上车。零星老兵，可凭复员证到车站购买客票，车站应优先售票、优先乘车。

在实际运输过程中，还有几点规定：

(1)为方便新老兵，在保证安全、不影响铁路局分界口交出时分的前提下，可组织新老兵在旅客列车没有停站时分的车站上下。局管内列车经驻局军代处和铁路局集团公司批准，跨局列车须在全国新老兵运输会议确定。

(2)新兵在列车中途站下车，该中途站及其后各停站和列车可以发售空出席位的客票。

(3)全国新兵运输期间，硬座客票预售提前期不得超过 5 天。

4. 新老兵运输途中管理

(1)各局担当新老兵运输的列车要选择业务素质高、政治思想好、应变能力强的同志值乘，做到热情服务，礼貌待客，加强宣传，提供方便，创造良好的旅行环境。

(2)途中发生问题要及时处理并向驻车站军事代表反映。无关人员不得搭乘列车。对触犯刑律的老兵要由公安部门依法处理，新兵由部队处理。

(3)要认真做好新老兵途中饮食供应工作，编组中挂有餐车的列车，新兵一律在车上用餐，沿途有关站段要做好餐料补充，上水站必须保证全列满水。

(4)对运送新老兵的列车，各级调度重点掌握运行情况，部队及站、车人员要严格按计划组织乘降，保证安全正点。列车晚点后要积极组织赶点，赶不上接续车、船时，要采取补救措施，尽快安排中转。人员漏乘时，按军运有关规定办理，途中发生伤、病情况，铁路要与军方配合，就近救治。其医疗费用由当地征兵部门支付。对危重伤、病者，部队要留人料理，负责善后工作。

(5)运送新兵期间，全国大部分地区已进入采暖期，各局要做好站、车的防寒工作，保证暖气供应，并加强“两炉、一灶、一电”管理，防止发生火灾、爆炸事故。

(6)在新老兵运输期间，各直通旅客列车的列车长，不论本次列车是否有乘坐兵员计划，都必须到始发站所在客运(列车)段派班室或车站计划室报到，联系新老兵运输有关问题，接受并保证良好地完成新老兵运输任务。

(7)对于新老兵运输中发生的组织方面的问题，兵员之间或兵民之间纠纷、兵员伤病等问题，站车工作人员要积极妥善处理，并将情况上报，车站报告所在铁路局，列车报告列车停靠车站(运行途中为前方停靠车站）所在铁路局和本段领导；站、车人员处理不了的问题，立即报告上级领导，并通过铁路局、路局及时将情况上报国铁集团客运调度。

5. 新老兵的行包托运

新老兵运输期间，乘坐火车的新老兵可免费携带35公斤随身行李，超过免费重量部分，按军运办理的，凭部队团以上机关证明信；购买客票分散走的，凭车票及退伍证，于乘车前3天至5天办理行李托运手续，铁路按行李计算运费。

办理行李托运，车站开具托运行李票，要一人一票。有条件的车站，可以派人到部队驻地办理托运，部队要积极配合，提供方便。

严禁携带和托运武器、弹药、雷管及其他易燃、易爆、危险品乘车，部队要负责检查把关，车站凭部队团以上机关的施封条，免检托运。对于部队施封免检托运的行李，站车有权抽查，如发现行李夹带和随身行李携带危险品，部队或公安部门要立即收缴，并通报所在部队及其上级领导机关，视情节轻重，追究当事人和有关人员的责任。

办理托运行李，要严格按行李托运要求，拴挂货签、自备标记和内附标记，也可在行李包装外面标明发站、到站、收货人姓名和详细地址，并注明醒目的“老兵行李”字样。

6. 新老兵运输计划的实施

经审批下达的运输计划一般不得变更，特殊情况确需变更的应当于始乘日的5天前提出申请。

铁道、交通、民航系统的各级运输、公安部门和军队的各级军务、动员、军事交通运输部门，应当及时互通信息，加强协调配合。各级铁路、水路、航空运输部门和军事交通运输部门应当加强调度指挥和现场组织工作，掌握运输情况。

接兵部队应当按照新兵铁（水）路军事运输计划，于始乘日的5天前，向始乘车站（港口）新老兵运输办公室或客运部门递交铁（水）路军运费后付凭证。车站应当给部队开具军运后付客票（或以现行“代用票”代替，下同），给部队和列车长开具注明部队使用车厢席位的调度命令。港口应当给部队开具注明部队使用舱位的军运后付客票。接兵部队到达铁路中转站后，应当及时向中转站新老兵运输办公室或客运部门出示军运后付客票。中转站应当给部队和列车长开具注明部队使用车厢席位的调度命令。

接送兵部队应当按照新老兵铁（水）路运输购票计划，于始乘日的3天前，凭介绍信或联系人有效证件，到始乘车站（港口）新老兵运输办公室或客运部门办理购票；已编报中转购票计划的，应当派出先遣人员，在换乘列车（轮船）开行时分的6h前，凭介绍信或联系人有效证件，到换乘车站（港口）新老兵运输办公室或客运部门办妥购票或中转手续。换乘列车（轮船）开出前6h接送兵部队未办理购票或中转手续的，取消中转购票计划。铁（水）路客运部门可以发售为该计划调配的客票。

运输企业应当做好供水、供电、供暖和餐料卫生检查及补充工作。车站、港航单位应当制订和落实新老兵优先购票、优先上车船、优先中转换乘、优先托运行李的有关措施。新老兵运量大的车站、港口应当专门开设新老兵售票口，有条件的应当开设新老兵候车、候船室，并设置醒目的标牌和指引标志。

全国新老兵运输期间，旅客列车的列车长必须到始发站所在客运（列车）段派班室或车站计划室报到，受领任务。列车长、船长应当采取措施保证新老兵按计划入座。

承担新兵军事运输任务的列车、轮船、飞机晚点时，有关运输企业应当采取措施组织恢复正点，并迅速将情况通报驻本单位（本地区）的军事代表机构。

新兵铁路、水路军事运输在运输途中发生人员漏乘时，漏乘人员凭军事代表开具的证明免费乘车、船追赶队伍。新老兵和接送兵干部在运输途中发生伤、病不能继续乘行的，应当就近救治。对危重伤病员，接送兵部队应当留人护理做好善后工作。

铁路通勤职工和通学学生可以搭乘整列运输新兵的旅客列车，但不得与新老兵和接送兵干部争抢座位。其他无关人员不得搭乘。旅客列车全部硬卧车代硬座运输新兵的，机车乘务员便乘铺位改在宿营车安排。

铁路、水路运输企业客运部门应当逐级统计逐级上报始发和中转的新老兵数量。

老兵免费携带物品重量为：乘火车、轮船限 35 公斤，乘飞机、汽车限 20 公斤。超量部分应当办理托运并按规定交纳托运费。

按军事运输办理的老兵凭团(含)以上单位证明，按购买客票办理的老兵凭客票及士兵退出现役证，于乘车、船日的 3 天前或乘飞机、汽车的当日办理行李托运。

经铁路、水路、公路运输的托运行李应当拴挂货签，标明发、到站(港)和收货人姓名、详细地址，并注明醒目的“老兵行李”字样。

有条件的车站、港口应当到部队集中办理行李托运，部队应当主动配合，提供方便。

车站、港口开具行李托运票据应当一人一票，对老兵行李应当优先装运、优先中转，不得积压，做到人到行李到。

车站、港口一律免收老兵行李保管费。

第九章　铁路旅客运输质量管理

第一节　铁路旅客运输服务质量评价及监管

一、铁路旅客运输服务概述

1. “服务”概念

“服务”作为一个学术概念，不同领域有其不同定义。经济学家最早开始研究“服务”相关概念，但在经济学领域至今未有一致的定义，主要有三种定义：①如果某人或企业提供某种帮助或使用价值而使其接受者的福利得到改善，则这个人或企业就是在提供服务，但不计入自己为自身或家庭的劳动；②服务是具有交换价值的无形交易品，其使用价值可以是瞬时的、重复使用的或可变的；③服务是个人或企业有目的的活动的结果，可以取得报酬也可以不取得报酬。《辞海》中“服务”的定义：①为集体或别人工作；②服务亦称劳务，即不以实物的形式，而是以提供活劳动的形式满足他人某种特许需求。总体来说，不论在哪个领域，定义“服务”的共同点都有：①相比有形产品，服务更多的是一种行为、一个过程；②服务必须提供一种利益和满足感。

铁路旅客运输服务是指为了实现旅客位移而由一系列或多或少具有无形性的活动所构成的一种过程，该过程是在旅客与服务人员、硬件和软件的互动过程中进行的。铁路旅客运输服务的实质是铁路企业最大限度地满足旅客的需求并为其创造价值，是站在消费者角度强调旅客在获得和消费旅客运输服务时的一种实际体验和体验的满足程度，侧重于服务的“过程性”和旅客的“满足感”。

2. 铁路旅客运输服务特性

服务业最根本的特性就是服务具有过程性。由于铁路旅客运输服务的过程性，伴随产生服务的无形性、生产与消费的同步性、旅客的参与性、服务的易逝性、服务质量的异质性，以及服务的不可转移性等特性。

1) 服务的无形性

铁路旅客运输服务的本质是无形的。旅客在铁路客运市场购买某种“服务”后，铁路旅客运输服务部门将以提供“劳务活动”的形式满足旅客的某种出行需求。

2) 生产与消费的同步性

铁路旅客运输服务部门为旅客提供“劳务活动”的过程，既是服务的生产过程，也是旅客接受服务的消费过程。

3) 旅客的参与性

旅客参与服务的过程包含两个层面：

(1) 在铁路旅客运输服务过程中，旅客作为参与者会对服务设施提出要求。对于旅客来说，旅客运输服务是一种发生在服务设施环境中的体验。如果服务设施的设计能符合旅客的需要，就可以提高服务质量。

(2) 旅客在服务过程中可以发挥积极的作用，主要体现在旅客接受服务后，可以直接反馈给服务系统，形成以旅客为主体的铁路旅客运输服务质量评价。

4) 服务的易逝性

铁路旅客运输服务产品如果未被旅客消费，便将永远失去其价值。例如，某趟列车上的空座位，若无旅客购买、乘坐，则在这次服务中便将永远失去价值。

5) 服务质量的异质性

铁路旅客运输服务以旅客为中心，但由于提供服务的客运工作人员个体差异，不同旅客受到的服务质量不尽相同，而且旅客本身的素质，如态度、教育水平等也会直接影响铁路旅客运输服务质量。

6) 服务的不可转移性

服务不可转移性是指服务产品的所有权不可转移。生产与消费的同步性，使所有权转移消失，旅客付出的服务费用直接转化为自身的效用。如旅客到达目的地后，手里只有作废的车票。

二、铁路旅客运输服务质量

1. 铁路旅客运输服务质量概念

目前国内外关于铁路旅客运输服务质量概念尚无一致说法。一般认为：铁路旅客运输服务质量是指铁路旅客运输服务部门提供的服务满足旅客规定和潜在需要的程度。规定需要是指已经在技术规范或服务规范中做出规定的旅客要求，如在列车到站前应及时通告(乘务员或电子显示屏)站名、到开时间、停站时间，并提前组织重点旅客到车门口等候下车等。潜在需要是指虽然没有在技术规范或服务规范中做出规定，但旅客在接受旅客运输服务时实际存在的需要，即旅客意会而难以明确表达或不言自明的需要以及某些特殊旅客的特殊需要，如盲人旅客旅行需要语言导向和无障碍通行服务等。

2. 铁路旅客运输服务质量含义

铁路旅客运输服务质量是一种旅客所感知的质量，即旅客感知服务质量(perceived service quality)。旅客感知的铁路旅客运输服务质量主要包括：旅客在购票前咨询相关客运信息渠道(主要有网络查询和人工咨询)的通畅程度，网络、人工购票的便捷性，取票、检票的方便性，候车环境的舒适性，列车服务体验及出站后各交通方式接驳的便捷性等，可以归纳为铁路旅客运输服务的设计质量、铁路旅客运输服务的技术质量、铁路旅客运输服务的行为质量和铁路旅客运输服务的感觉质量四种。

1) 铁路旅客运输服务的设计质量

铁路旅客运输服务的设计质量是指铁路旅客运输服务部门为旅客提供什么样的服务和如何提供这些服务，包括铁路运输企业的经营方向、服务范围、服务流程、服务时间、服务价格和各项规章制度等。铁路旅客运输服务的设计质量反映了铁路运输企业管理层对企业系统的顶层设计，属于客运系统的软件部分。

2) 铁路旅客运输服务的技术质量

铁路旅客运输服务的技术质量最早是在 20 世纪 80 年代初提出的，是指提供铁路旅客运输服务的客观实体及其管理、操作技能，包括铁路旅客运输服务部门的环境、建筑、设备、管理能力、技术知识、服务人员的技术水平及服务应达到的标准等。要提高铁路旅客运输服务质量，就必须提高铁路旅客运输服务的技术质量。对于铁路旅客运输服务，若没有现代化的客运站、性能优越的客车设备，高质量的服务就无从谈起。例如，跑在京沪线上速度为 350km/h 的“复兴号”列车，正是由于先进技术设备、管理能力等支撑，旅客在高速旅行中的安全性以及列车平稳性才得以保障。

3) 铁路旅客运输服务的行为质量

铁路旅客运输服务的行为质量是指铁路旅客运输服务部门工作人员的态度、举止、语言、仪表、对工作的责任感、对旅客的热情周到及团结合作的精神等。如果说铁路旅客运输服务的技术质量是高质量旅客运输服务的先决条件，那么旅客运输服务的行为质量则是高质量旅客运输服务的保障。随着人民生活水平的提高，“服务”显得尤为重要，铁路旅客运输服务完全可以借鉴航空服务，打造具有铁路客运特色、媲美“空姐”的“动姐”。因此，现阶段铁路旅客运输服务部门应更加注重旅客运输服务人员的选拔、培训及其管理，以提高铁路旅客运输服务的行为质量。

4) 铁路旅客运输服务的感觉质量

铁路旅客运输服务的感觉质量是由旅客期望的服务水平和实际受到的服务决定的。影响期望服务的主要因素是企业的形象、时间因素及价格水平等。影响旅客服务体验的主要因素是旅客运输服务的设计质量、技术质量和行为质量，而设计质量、技术质量和行为质量又是形成企业形象的主要因素。因此，提高旅客的感觉质量，必须努力提高铁路客运企业的设计质量、技术质量和行为质量，使旅客受到的服务与其期望服务相匹配。换言之，只有使旅客的付出同享受的服务相一致，才能使旅客产生良好的感觉质量。

3. 铁路旅客运输服务质量的特征

从铁路旅客运输提供的服务角度来看，提高铁路旅客运输服务质量需要提高旅客运输服务的设计质量、技术质量及行为质量。从旅客接受的服务角度来看，可从旅客出行需求得到满足的程度度量铁路旅客运输服务质量，包括旅客出行的安全性、经济性、及时性、便捷性、舒适性等方面。

1) 安全性

安全性是铁路旅客运输服务的首要特性，是对铁路旅客运输生产最本质的要求。铁路旅客运输服务的安全性包括旅客人身安全和财产安全，在旅客运输过程中，必须确保旅客人身安全、旅客携带的行包和包裹完好无损。

2) 经济性

经济性是每个行业都需要考虑的问题。对于铁路旅客运输企业，在保质保量完成一定运输任务的条件下，应尽量减少运输过程中的支出费用。

3) 及时性

及时性是从旅客旅行时间角度来衡量铁路旅客运输服务质量，包括准时和快捷两方面。准时是指铁路列车按照列车运行图和旅客列车时刻表的规定正点运送旅客；快捷是指在保证运输安全的前提下，尽可能地提高旅客的运送速度，缩短旅行时间。

4) 便捷性

便捷性用来衡量铁路旅客运输服务质量，包括两方面：一方面是旅客在购票、取票、检票、行包托运以及上下车时方便、轻松；另一方面是铁路旅客运输企业要尽可能优化列车开行方案，提倡列车高密度、多等级，随时满足不同层次旅客的旅行要求。

5) 舒适性

舒适性更侧重进一步满足旅客在旅行中的需求。随着人民生活水平的不断提高，旅客对铁路运输舒适性的要求也不断提高，舒适性已成为旅客选择交通工具一个很重要的判断条件。

三、铁路旅客运输服务质量管理

1. 铁路旅客运输服务质量管理内容

现代质量管理学中对质量管理的定义是：质量管理是确定质量方针、目标和职责，并在质量体系中通过如质量策划、质量控制、质量保证和质量改进使其实施全部管理职能的所有活动。

铁路旅客运输服务质量管理是对在铁路旅客运输服务形成过程中各个环节全过程、全方位的管理。铁路旅客运输服务形成过程包括铁路旅客运输服务市场研究与开发、铁路旅客运输服务设计和标准制定、铁路旅客运输服务提供过程，以及铁路旅客运输服务质量评价分析与改进四个相互联系的环节，如图 9.1 所示。

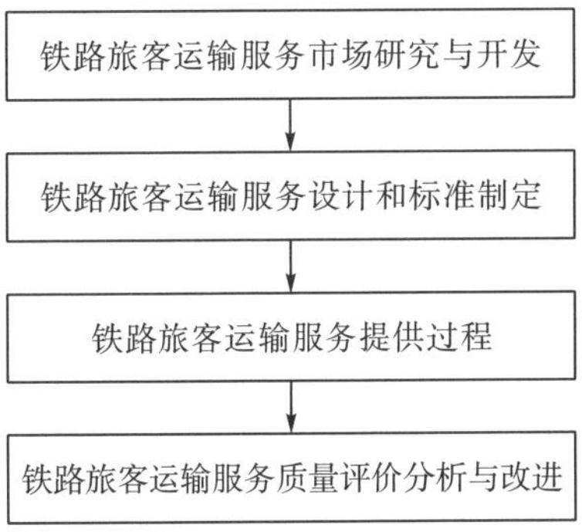

图 9.1 铁路旅客运输服务形成过程

1) 铁路旅客运输服务市场研究与开发

从经济角度考虑，任何一款产品进入市场第一步都需要先对市场进行研究。铁路旅客运输服务作为一种无形的产品同样也不例外。铁路旅客运输企业要先从经济发展情况、政治文化、社会环境、旅客需求等方面研究市场对铁路旅客运输服务的需求，再综合铁路运输企业自身条件调查、研究和开发市场，以满足旅客运输需求。

具体来说，铁路旅客运输需求包括车站服务和列车服务。车站服务主要包括人工售取票服务、互联网售取票服务、进出站服务、安检和行包托运服务、候车服务、换乘服务及上下车服务等；列车服务主要包括引导旅客上车和就座服务、旅客行李包裹放置服务、查票换票补票服务、列车餐饮和卫生服务及列车娱乐服务等。

2) 铁路旅客运输服务设计和标准制定

铁路旅客运输服务设计和标准制定是在旅客运输服务市场需求形成的基础上，对铁路旅客运输服务内容、流程方法的设计和相关标准等方面的制定。

铁路旅客运输服务设计是指铁路旅客运输服务部门应该给旅客提供什么服务和如何来提供这些服务。铁路旅客运输服务部门给旅客提供的服务可以分为以下三方面：

(1) 旅行前的服务，是指旅客旅行前铁路运输企业可以给旅客提供的相关服务，包括客运信息查询、相关出行问题咨询等。

(2) 旅行中的服务，是指旅客旅行中铁路运输企业可以给旅客提供的服务，主要包括车站服务和列车服务。

(3) 旅行后的服务，是指旅客旅行结束后铁路运输企业可以给旅客提供的服务，主要有意见、投诉等。

要做好铁路旅客运输服务设计，应当根据市场变化和旅客旅行需求，完善原有的旅客运输服务。例如，可以不断优化旅客列车编组、开行方案，开行朝发夕至、夕发朝至的列车，还可以根据旅客的特殊需求开行旅游列车专列、节假日专列、民工专列等，最大限度地满足不同层次旅客的出行需求。

铁路旅客运输服务标准制定是为铁路旅客运输服务提供相关规范，规定铁路旅客运输服务应达到的水平和要求，是铁路旅客运输服务部门为旅客提供服务质量优良的评判标准和依据，也是旅客运输服务部门的标杆。铁路旅客运输服务质量受到人员、硬件和软件三方面因素的影响，因此可以把铁路旅客运输服务标准分为人员标准、硬件标准和软件标准。

(1) 人员标准。人员标准是针对为旅客提供旅客运输服务的工作人员而制定的相关规定，主要包含工作人员对旅客的服务态度、行为及语言技巧等方面的规定和要求，如车站负责旅客咨询工作的服务人员在面对旅客咨询时的态度、回答问题的技巧、与旅客沟通时面部表情及身体动作等。

(2) 硬件标准。硬件是指铁路旅客运输服务部门给旅客提供服务过程中所涉及的各种物理环境，服务提供者与旅客的相互活动都在其内部进行。硬件包括服务地点、服务设施、视觉空间和服务环境特征四个关键领域。服务地点是服务组织提供服务产品和顾客进行服务体验的地点，如车站、列车车厢、售票点等；服务设施包括设施的质量和数量两个方面，设施的质量直接决定给顾客提供的服务好坏，设施的数量决定提供服务能力的大小；视觉空间是指服务场所的视觉效果，它带给顾客“第一印象”，因此非常重要。视觉空间包括颜色、服务场所的通道设计、服务场所的座位安排、服务场所的设备定位、服务场所的光线；服务环境特征是指服务场所的环境，包括环境的色彩与照明、音响的音量与音高、气味、空气清新度、温度与湿度、环境的清洁度。

硬件标准是指在给旅客提供服务的过程中对硬件所做的规定，一般是根据旅客的层次、季节、时段、旅客数量、旅客的各方面需求来制定的，如候车室或列车上的温度、照明、空气清新度、卫生情况、设施设备数量及摆放位置等。

(3) 软件标准。软件指铁路旅客运输服务发生的程序性和系统性。它涉及服务的递送系统，涵盖了工作如何做的所有程序，提供了满足客户需要的各种机制和途径。软件标准是指铁路旅客运输服务部门在为旅客提供服务过程中对相关程序和系统等方面所做的规定，其中主要包括为旅客提供所有服务的内容、流程和方法等方面所做的规定，如对服务内容提供的时效、服务环节的流畅及不同服务内容的灵活变通程度等相关规定。

3) 铁路旅客运输服务提供过程

铁路旅客运输服务提供过程是指根据铁路旅客运输服务设计和标准制定环节所制定的服务相关规范给旅客提供服务，并按质量控制规范对其进行控制的过程。从旅客进入铁路旅客运输服务系统进行信息查询、购票、取票、安检进站、候车、检票上车、旅行途中的服务(包括食品及饮料、座位等)、下车，直到出站离开铁路旅客运输服务系统，旅客将经历铁路旅客运输服务的四大服务环节，即信息系统与平台、售票系统、车站服务、列车服务。所有这些主要环节及次要环节都要严格按照各相关标准去执行。

4) 铁路旅客运输服务质量评价分析与改进

当铁路旅客运输服务提供环节结束后，还要对铁路旅客运输服务质量进行评价，评价主体包括内部评价主体和外部评价主体，内部评价主体主要是国铁集团、各铁路局等，外部评价主体主要是旅客、社会公众等。在对铁路旅客运输服务质量做出评价后，铁路旅客运输服务部门可以对其评价结果进行分析，并将结果反馈给铁路旅客运输服务市场研究与开发环节、铁路旅客运输服务设计和标准制定环节、铁路旅客运输服务提供过程环节，使得铁路旅客运输服务质量不断提高。

2. 铁路旅客运输服务质量管理目标及思想

铁路旅客运输服务质量管理的目标是“以人为本”，遵循“旅客需要，达到满意”的质量宗旨，通过服务质量评价找到并改进旅客运输服务的不足，不断提高旅客运输服务质量。

质量管理的思想：现代质量管理是面向过程的管理，新版 IS09000 族标准，要求企业站在系统的高度，以“顾客为中心”，围绕实现企业的质量方针目标，将企业所有的部门、人员和各种资源等进行整合组成一个大系统，以过程为基础，应用过程的方法和管理的系统方法，建立和实施企业的质量管理体系，强化过程的质量控制，抓住过程的关键环节，提高过程质量，以过程质量确保产品质量，不断提高质量，满足顾客的需求和期望。

铁路旅客运输服务质量管理就是对铁路旅客运输服务形成过程的管理，要求是对其形成过程各环节采取全面、全过程、全员参与、多种管理方法的管理。铁路旅客运输服务质量管理要以全员质量管理(total quality management，TQM)为其指导思想。

TQM 是以组织全员参与为基础的质量管理形式，代表了质量管理发展的最新阶段。铁路旅客运输服务质量管理是一种全面的质量管理，是基于全员参与的一种质量管理形式，即以服务质量为中心，全体员工及有关部门积极参与，把专业技术、经营管理、数理统计和思想教育结合起来，建立起服务的开发、设计、生产、提供等全过程的质量管理，从而有效地利用人力、物力、财力、信息等资源，以最经济的手段向旅客提供满意的服务，使企业、全体成员及社会受益，从而实现企业的长期发展。

TQM 的基本理念是以人为本，预防为主，重点控制，不断改进，系统管理，顾客至上，专业技术与管理技术相结合，质量与效益相统一。

四、铁路旅客运输服务质量评价

1. 铁路旅客运输服务质量评价概述

铁路旅客运输服务质量评定是指用定性或定量的方法，根据一定的质量标准对铁路旅客运输服务系统提供的服务进行比较的过程。对于铁路旅客运输服务系统来说，铁路旅客运输服务质量评定就是对该系统产生的工作效果进行评价。铁路旅客运输服务质量的评定有利于铁路旅客运输服务部门认清自身的不足，从而采取改进措施，不断提高服务质量，扩大市场占有率。

在对铁路旅客运输服务质量进行评定时，评价主体不同，结果也不一样。铁路旅客运输服务质量的评价主体包括内部主体和外部主体。内部主体是指国铁集团、铁路局，外部主体是指旅客、社会公众。内部主体对铁路旅客运输服务质量的评定是通过企业制定的标准和规范对其执行的情况进行检查，属于企业内部管理性评定，是为实现对铁路旅客运输服务质量形成过程的控制。外部主体对铁路旅客运输服务质量的评定属于企业外部管理性评定，旅客一般通过实际接受的服务和期望的服务进行比较得到对其的评定，社会公众往往通过新媒体、投诉等途径对其进行表扬或者批评，以此实现对铁路旅客运输服务质量的评定。

对于内部评价主体还是外部评价主体的评定哪个可信度更高、结论更客观是当前饱受争议的问题。内部评价主体通过制定关于铁路旅客运输服务质量方面的规章和标准来对铁路旅客运输服务质量进行评定，如《铁路旅客运输规程》《铁路旅客运输管理规则》《铁路旅客运输服务质量标准》等。

以社会公众为主体的铁路旅客运输服务质量评定一般是基于旅客投诉、新媒体曝光等做出的评价，评定结果往往相对极端，要么好要么不好，不能实现对铁路旅客运输服务全过程的评价。以旅客为主体的铁路旅客运输服务质量评定是基于旅客实际接受的服务和期望服务比较的结果，铁路旅客运输服务部门就是一切为了旅客，而以旅客为主体的服务质量评定结果对于改进铁路客运部门的服务往往更具实际指导意义。

2. 铁路旅客运输服务质量评价方法

现阶段铁路旅客运输服务质量评价方法可以分为定性分析和定量分析两类。定性分析包括差距分析模型和关键事件技术；定量分析包括 SERVQUAL(service quality)评价方法、SERVPERF(service performance)评价方法及价值曲线模型。

1)差距分析模型

Berry、Parasuraman 和 Zeithaml 于 1988 年提出了一种用于服务质量管理的理论模型，即服务质量差距分析模型，其目的是分析服务质量问题产生的原因并帮助企业管理者了解如何改进服务质量。该模型的上半部分与顾客有关，下半部分与服务提供者有关。期望的服务是顾客过去的服务体验、个人需要和口碑共同作用的结果，同时还受到企业营销宣传的影响，顾客所经历的服务在模型中称为感知服务，是服务提供者一系列内部决策和活动的结果。具体的模型如图 9.2 所示。

差距 1：质量感知差距。质量感知差距是管理者理解的差距，是指企业管理者不能准确地感知顾客服务预期。

差距 2：质量标准差距。质量标准差距是服务提供者所制定的服务质量标准与管理者对预期质量理解的不一致。

差距 3：服务传递差距。服务传递差距是服务在提供、传递过程中未达到质量标准的程度不一致。

差距 4：市场沟通差距。市场沟通差距是市场宣传中所做出的承诺与实际提供的服务不一致。

差距5：感知服务质量差距。感知服务质量差距是指顾客所感知的服务质量与其所期望的服务不一致。

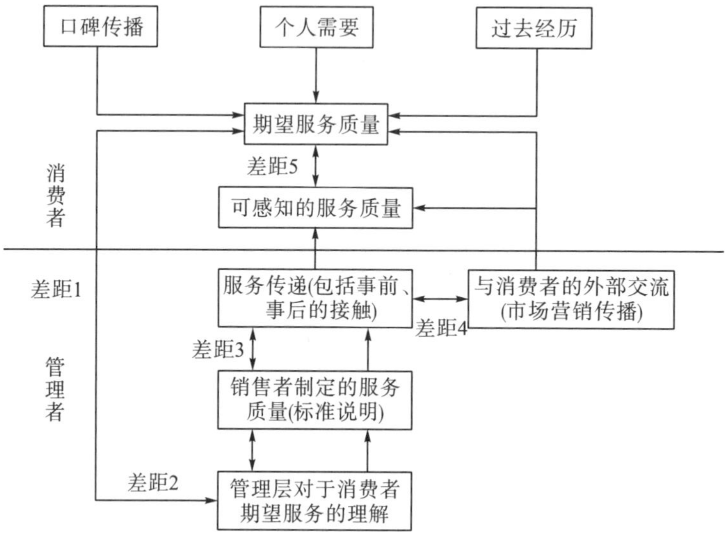

图9.2　差距分析模型框图

2）关键事件技术

关键事件技术（critical incident technique，CIT）是北欧学派经常使用的评价服务质量的方法之一，其理论基础是交互质量模型。CIT是通过记录服务过程中成功或失败的事件和行为来发现质量问题或质量优势，从而对服务质量现状进行评价，并采取措施，提高旅客感知质量和满意度的一种分析方法。

CIT方法是企业询问顾客（包括外部顾客和内部员工）对服务质量的看法，即哪些服务环节（包括服务结果）与服务标准不一致，是好还是不好，这些常与服务标准产生偏差的服务环节或过程就是关键事件。研究人员要分析顾客对关键事件的描述，找到服务质量的问题及其产生的原因。对评价良好的服务环节同样要找出原因并将其标准化，以指导以后的服务过程。

CIT的基本程序如下所示。

（1）设计开放式表格。收集员工或旅客在近期内所经历的具体服务事件，包括事件发生的原因、造成这种局面的特定环境等，并要求旅客做出满意或不满意的结论，提出质量改进建议。

（2）对调查表进行分类。分类的依据可以依照Bitner、Booms和Tetreault等创建的分类系统进行。

（3）对分类后的调查表进行分析，从而得出分类现状的结论和改进策略。

3）SERVQUAL方法

1988年，美国研究服务质量管理的组合PZB（Parasuraman、Zeithaml、Berry）将可靠性、有形性、响应性、保障性和移情性等五项因素定为服务质量评价的五项因素，构建了22个评价指标来评价服务质量，建立了著名的服务质量评价方法——SERVQUAL方法。

SERVQUAL方法是建立在旅客感知的基础之上，即以旅客的主观认识来衡量服务质量，首先度量旅客对服务的期望，然后度量旅客对服务的感知，根据旅客对服务的感知与期望的差异比较，得出企业的服务质量，将其作为判断服务质量水平的依据，即服务质量（SQ）等于服务感知（P）与服务期望（E）之差。当 $P>E$ 时，旅客对服务的感知超过了对服务的期望，旅客能够感受到高质量的服务；当 $P=E$ 时，旅客对服务的感知等于对服务的期望，旅客感到服务质量尚可；当 $P<E$ 时，旅客对服务的感知低于对服务的期望，旅客感到服务质量低下。

SERVQUAL方法将服务质量分为有形性、可靠性、响应性、保障性、移情性五个层面，每一层面又细分为若干个问题，通过调查问卷的方式，让旅客对每个问题的期望值、实际感受值及最低可接受值进行评分，并由其确立相关的 22 个具体因素来说明。然后通过问卷调查、旅客打分和综合计算得出服务质量的分数。SERVQUAL 量表如表 9.1 所示。

表 9.1　SERVQUAL 量表

要素	组成项目
有形性	(1) 有现代化的服务设施； (2) 服务设施具有吸引力； (3) 员工有整洁的服装和外表； (4) 公司的设施与他们所提供的服务相匹配
可靠性	(5) 公司向旅客承诺的事情都能及时完成； (6) 旅客遇到困难时，员工能表现出关心并提供帮助； (7) 公司是可靠的； (8) 能准时地提供所承诺的服务； (9) 正确记录相关的服务
响应性	(10) 不能指望他们告诉旅客提供服务的准确时间※； (11) 期望他们提供及时的服务是不现实的※； (12) 员工并不总是愿意帮助旅客※； (13) 员工因为太忙以至于无法立即提供服务，满足旅客的需求※
保障性	(14) 员工是值得信赖的； (15) 在从事交易时旅客会感到放心； (16) 员工是有礼貌的； (17) 员工可从公司得到适当的支持，以提供更好的服务
移情性	(18) 公司不会针对不同的旅客提供个别的服务※； (19) 员工不会给予旅客个别的关怀※； (20) 不能期望员工了解旅客的需求※； (21) 公司没有优先考虑旅客的利益※； (22) 公司提供的服务时间不能符合所有旅客的需求※

注：(1) 问卷采用 7 分制，7 表示完全同意，1 表示完全不同意。中间分数表示不同的程度。问卷中的问题随机排列。
(2) ※表示对这些问题的评分是反向的，在数据分析前应转为正向得分。

表 9.1 中，可靠性是指企业能否可靠且准确地提供所承诺服务的能力；保障性是指服务人员的知识与礼貌以及让顾客信任的能力；响应性是指企业能够提供实时服务的意愿以及提供服务的速度；移情性是指了解顾客的需求以提供个性化服务；有形性是指看得见的实体表现，即服务产品的“有形部分”，如设施设备、服务提供者的仪表或行为表现等。

利用 SERVQUAL 方法进行计算时，首先要根据针对具体情况设计的 SERVQUAL 量表，发放调查问卷，通过旅客打分和综合计算得出服务质量的分数，具体计算公式如下：

$$Q=\frac{1}{M}\sum_{i=1}^{M}\left(\overline{P_i}-\overline{E_i}\right) \tag{9.1}$$

式中，Q 为 SERVQUAL 模型中的总体感知服务质量的数量指标；$\overline{P_i}$ 为旅客对第 i 个问题的感知绩效平均数值；$\overline{E_i}$ 为旅客对第 i 个问题的期望平均值；M 为 SERVQUAL 量表中问题数量。

SERVQUAL 模型的核心思想是服务质量的评价要依据旅客感知，着眼于旅客的期望，以此来衡量服务提供者的表现。服务质量反映感知的服务质量与期望的服务质量的差异函数。若感知的服务质量低于期望的服务质量，则函数值为负值，表明顾客认为所接受的服务质量差；若感知的服务质量与期望的服务质量相匹配，则函数值趋于零，顾客认为所接受的服务质量好；若感受的服务质量超过期望的服务质量，则函数值为正，表明顾客认为所接受的服务水平较高。

SERVQUAL 模型是目前服务质量评价领域应用最广的方法，具有优点如下：

(1) 通过期望、感知问卷形式提供了一个基本的骨架，使用 SERVQUAL 模型可以更好地理解顾客的期望和感知；

(2) 定期使用 SERVQUAL 模型可以有效地追踪服务质量的趋势；

(3) 可以对服务质量进行全面衡量；

(4) 可以决定影响顾客的整体服务质量感知的五个方面的相对重要性；

(5) 可以帮助服务企业对顾客进行更细致的分析；

(6) 可以对多个同行业的服务企业所提供的服务质量水平进行比较。

4) SERVPERF 方法

1992 年，Cronin 和 Taylor 提出的“绩效感知服务质量度量方法”，即 SERVPERF 方法。SERVPERF 方法摒弃了 SERVQUAL 方法所采用的差距比较法，而只是利用一个变量，即服务绩效来度量旅客感知服务质量。计算公式如下：

$$Q=\frac{1}{M}\sum_{i=1}^{M}\overline{P}_i \tag{9.2}$$

式中，Q 为 SERVPERF 模型中的总体感知服务质量的数量指标；$\overline{P}_i$ 为旅客对第 i 个问题的感知绩效平均数值；M 为 SERVPERFL 量表中问题数量。

SERVPERF 方法是对 SERVQUAL 方法的继承和发展。SERVPERF 方法继承了 SERVQUAL 方法对服务质量维度的划分和度量指标设定，仍然采用了 SERVQUAL 方法所采用的 5 个维度和 22 个问题研究模式，而且所有问题和原始 SERVQUAL 方法并没有任何变化，但摒弃了 SERVQUAL 所采用的差异比较方法，而只是利用服务绩效一个变量来度量顾客感知服务质量，在应用上比 SERVQUAL 方法简单了许多。如果企业只是想对服务质量的变动趋势进行预测，那么 SERVPERF 方法会是更好的选择。但是，如果企业想进行服务质量方面差距的寻找和诊断，那么利用基于差异比较分析的 SERVQUAL 方法更好，企业要根据自己的研究目的来选择具体的评价方法。

5) 价值曲线评价模型

价值曲线评价模型是通过评价选定企业相对于整个行业旅客感知服务质量关键性要素的业绩表现来评价旅客总体感知服务质量的方法。对于铁路旅客运输服务来讲，运用价值曲线评价模型就是选定旅客感知服务质量关键性要素的业绩表现来评价旅客总体感知服务质量。这种方法不仅要求旅客做出评价，还要求企业内部一线服务人员和管理人员做出评价，最终目标是找出能促使旅客感知服务质量产生质的飞跃的关键要素。

应用价值曲线评价模型来测评服务质量一般需要经历以下几个步骤(以铁路旅客运输服务企业来说明)：

(1) 确定铁路旅客运输服务企业旅客感知服务质量的关键要素，一般包括价格、安全性、正点率、舒适度、工作人员服务态度、餐饮以及卫生等。

(2) 设计调查问卷进行市场调研。把各关键要素列入调查问卷中，设计 0～10 共 11 个分数等级，让旅客根据自己的期望和要求对各个要素进行评分。在调查问卷的最后还可以询问旅客，此调查问卷所列要素是否全面，需不需要增加或删除一些要素。

(3) 回收问卷调查，对各要素评分进行加总，以各要素总评分数值为横轴，各关键要素为纵轴，连接各要素评分点形成折线图，如图 9.3 所示。

(4) 评价价值曲线，提高旅客感知的服务质量。通过分析和评价价值曲线，找出几个分数最高的要素和几个分数最低的要素，说明在服务质量中，它们分别是最重要的要素和最不重要的要素。这样，铁路部门可以通过新增或者去除某些要素以及将某些要素减少或者提升到行业前所未有的水平的组合应用，实现价值曲线的突破，从而使服务更加符合要求，提高服务质量。

(5) 对价值曲线的监控。由于市场竞争的存在，为了铁路旅客运输服务企业能在激烈的竞争中取得优势，就要动态地对价值曲线进行监控，需要对价值曲线的关键要素进行动态调整以便更好地满足客运市场需求。

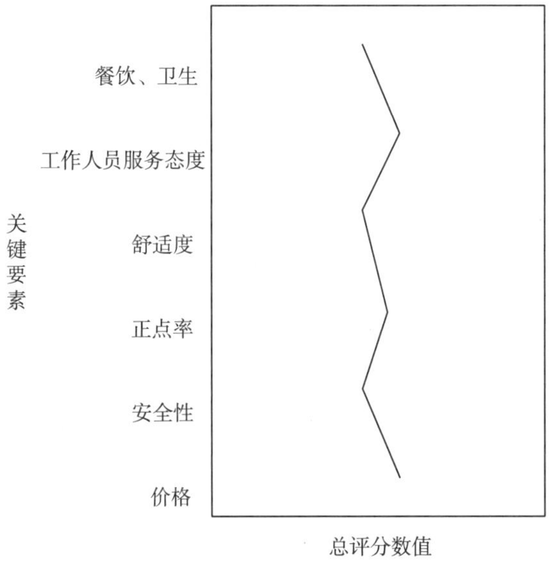

图 9.3 价值曲线评价模型

五、铁路旅客运输服务质量监管

为加强我国铁路旅客运输服务质量的监管，国铁集团(原铁路总公司)颁发了许多关于铁路旅客运输服务方面的规章和标准，主要有《铁路旅客运输规程》《铁路客运运价规则》《铁路旅客运输办理细则》《铁路旅客运输管理规则》《铁路旅客运输服务质量监督监察办法》《铁路旅客运输服务质量标准》《铁路旅客运输服务质量规范》等。

《铁路旅客运输规程》于 1997 年发布，同年 12 月 1 号起正式实施。《铁路旅客运输规程》是维护铁路旅客运输正常秩序，保护铁路旅客运输合同各方当事人的合法权益，组织旅客运输和办理客运业务的基本法规。根据国铁集团《铁路旅客运输规程》(铁路〔2010〕190 号)第十条规定承运人的义务是：

(1)确定旅客运输安全正点；

(2)为旅客提供良好的旅行环境和服务设施，不断提高服务质量，文明礼貌地为旅客服务；

(3)对运送期间发生的旅客身体损害给予赔偿；

(4)对运送期间因承运人过错造成的旅客随身携带物品损失给予赔偿。

《铁路旅客运输管理规则》是铁路旅客运输内部管理的基本规章，是为提高铁路旅客运输管理水平和工作质量，做到安全、准确、迅速、优质地运送旅客及行李包裹而制定的。根据 2010 年修改的《铁路旅客运输管理规则》，铁路部门采用分级管理，即国铁集团、铁路局、站段三级管理。

2015 年 1 月 1 日铁路总公司公布《铁路旅客运输服务质量规范》，自 2015 年 1 月 1 日起实行。此规范对国铁集团所属铁路运输企业的动车组列车、空调普速旅客列车和非空调普速旅客列车运输服务提出了质量要求。《铁路旅客运输服务质量规范》包含动车组列车、空调普速旅客列车和非空调普速列车旅客运输服务的安全秩序、设备设施、服务备品、整备、文明服务、应急处置、列车经营、高铁快件或行包、人员素质、基础管理等方面，列举了详细的旅客服务规范，全面保障铁路旅客运输服务质量。

为加强对铁路旅客运输服务质量的监督，国铁集团依据《中华人民共和国铁路法》和《铁路旅客运输规程》、《铁路客运运价规则》、《铁路旅客运输服务质量标准》及有关规定制定《铁路旅客运输服务质量监督监察办法》。

2018 年 5 月，为了促进铁路行业持续健康发展，维护旅客以及货物、行李、包裹的托运人、收货人的合法权益，规范铁路运输服务质量监督管理，根据《中华人民共和国铁路法》《铁路安全管理条例》等法律法规，交通运输部起草《铁路运输服务质量监督管理办法(征求意见稿)》，原铁路总公司《铁路旅客运输服务质量监督监察办法》(铁运〔2002〕31 号)、《铁路货物运输服务质量监督监察办法》(铁运〔2000〕6 号)同时废止。

第二节　旅客运输事故处理、阻碍处理、旅客列车运输安全保障

一、旅客运输事故处理

旅客运输事故的处理是铁路旅客运输不可缺少的一项工作，是补救措施，是搞好铁路旅客运输服务的一项善后工作。旅客运输事故包括旅客人身伤害事故、旅客急病死亡事故、行包事故等。作为铁路车站客运人员、客运值班员、行李员、列车员、列车长，他们应当掌握旅客运输事故处理方法，能够预防旅客运输事故的发生，一旦事故发生，能妥善处理，并将事故损失降到最低，将事故的不良影响降到最小。

1. 旅客运输安全的意义

保证旅客运输安全是关系到人民生命财产和国家政治声誉的问题，必须十分重视。保证旅客运输安全，是我国铁路运输组织的基本原则之一，是客运企业为旅客服务的首要职责，是客运工作优质服务的重要标志。尤其是在市场经济的今天，确保旅客运输安全是树立企业形象、提高运输市场竞争力的最有力措施。因此，各级领导要经常对职工进行政治思想、安全知识和遵章守纪的教育，建立健全群众性的安全生产组织，经常开展“四查”活动(查思想、查纪律、查制度、查领导)，抓事故苗头，挖事故根源，论事故危害，制定预防事故措施，牢固树立安全生产人人有责的思想，确保旅客运输安全。

2. 旅客人身伤害事故的处理

1)定义

凡持有效车票的旅客，经检票口进站验票加剪开始，至到达目的地出站缴销车票时止(中转和中途下车的旅客自出站至进站期间除外)，在旅行中遭受到外来、剧烈、明显的意外伤害事故(包括战争所致者在内)以及承运人的过错，致使旅客人身受到伤害以致死亡、残废或丧失身体机能者，均属旅客人身伤害事故。

2)种类和等级

(1)种类。旅客人身伤害按其程度分为三种。

①轻伤：伤害程度不及重伤者。

②重伤：肢体残废、容貌损毁，视觉、听觉丧失及器官功能丧失。具体参照司法部颁发的《人体重伤鉴定标准》。

③死亡。

(2)等级。旅客人身伤害事故分为六等。

①轻伤事故：只有轻伤没有重伤和死亡的事故。

②重伤事故：有重伤没有死亡的事故。

③一般伤亡事故：一次死亡 1 人至 2 人的事故。

④重大伤亡事故：一次死亡 3 人至 9 人的事故。

⑤特大伤亡事故：一次死亡 10 人至 29 人的事故。

⑥特别重大伤亡事故：一次死亡 30 人以上的事故。

3)责任划分

铁路旅客人身伤害事故责任分为旅客自身责任、第三人责任、铁路运输企业责任及其他责任。

(1)旅客自身责任。旅客违反铁路安全规定，不听从铁路工作人员引导、劝阻等违法违章行为或其他

自身原因造成的伤害，属于旅客自身责任。

(2) 第三人责任。旅客和铁路运输企业合同双方以外的人的原因给旅客造成的伤害，属第三人责任，如铁路线旁有人用石头砸列车玻璃致伤旅客的，旅客在乘车途中突发精神病致伤其他旅客等。

(3) 铁路运输企业责任。铁路运输企业人员的职务行为和设施设备的原因给旅客造成的伤害，属于铁路运输企业责任。铁路运输企业责任分为客运部门责任和行车等其他部门责任。客运部门责任分为车站责任和列车责任。

(4) 其他责任。非上述三种责任造成的伤害，属于其他责任。

对事故责任划分有争议时，事故处理工作组应将调查报告、事故案卷、处理意见等有关资料报事故发生和事故处理单位共同的上级客运主管部门或其授权的客运主管部门裁决。

发现对事故定性不准确、处理不符合规定时，上级客运主管部门可以责令重新审查或纠正。

4) 事故通报

车站、列车发生旅客人身伤害事故时，应当立即向上级主管部门及有关铁路局主管部门拍发事故速报，条件允许时，应当先用电话报告事故概况。发生重大及以上伤亡事故时，应当逐级向上级主管部门报告。事故速报内容包括：

(1) 事故种类；

(2) 发生日期、时间、车次；

(3) 发生地点、车站、区间里程；

(4) 伤亡旅客姓名、性别、国籍、民族、年龄、职业、单位、住址；

(5) 车票种类、发到站、票号、身份证号码；

(6) 事故及伤亡简况。

在站内或区间线路上发现有坠车旅客时，发现或接到通知的车站应当迅速通报有关列车。有关列车接到通报时，应当立即调查情况，收集包括证人证言在内的证据材料和旅客携带品，并在 3 天内向事故处理站移交。

5) 调查结案

3. 旅客发生急病、死亡的处理

持有车票的旅客和无票人员，在车站、列车上发生急病、死亡时，按国务院批转国铁集团制定的《旅客丢失车票和发生急病死亡处理办法》处理。

4. 旅客携带品损失的处理

由于铁路运输企业过错造成旅客自带行李损失时，铁路运输企业承担赔偿责任，但赔偿最高不超过国务院规定的赔偿限额。

铁路运输企业对旅客的货币、金银、珠宝、有价证券或者其他贵重物品所发生的灭失、损坏不负赔偿责任。

办理旅客自带行李损失赔偿时，由旅客或其继承人、代理人向铁路运输企业提出确认的证据。办理时使用《铁路旅客人身伤害事故最终处理协议书》，由事故处理协商各方签字结案。

5. 事故处理报告与统计

事故处理站(车务段)在事故处理完毕后 3 日内向局客运主管部门报告。一般伤亡事故及以上事故处理完毕后，事故处理和发生单位应逐级向上级主管部门报送《事故调查处理报告》。重大及以上伤亡事故由铁路局签署意见后报国铁集团客运主管部门。

各铁路局于每月 10 日以前将上月、每年 1 月 10 日以前将上年度本局处理的旅客人身伤害事故填写

“铁路旅客人身伤害事故统计表”，报国铁集团。

二、旅客运输阻碍处理

在铁路旅客运输中因意外事件致使铁路运输不能正常进行的，称为运输阻碍。旅客运输阻碍的处理是铁路旅客运输不可缺少的一项工作，是补救措施，是搞好铁路旅客运输服务的一项善后工作。

1. 运输阻碍的种类及造成原因

1）运输阻碍的种类

（1）列车撞车、颠覆、脱轨、坠河。

（2）列车发生火灾、爆炸。

（3）线路中断（含自然灾害、行车事故等）。

2）造成运输阻碍的原因

（1）自然灾害，如水灾、雪害、冰雹、地震、泥石流等。

（2）旅客责任，如携带危险品，吸烟者乱扔烟头所引起的燃烧、爆炸等。

（3）铁路过失，如设备陈旧、失修，职员素质低，基础工作薄弱，劳动纪律松弛，列车严重超员等所引起的意外事故。

（4）其他原因，如坏人破坏、战争等。

2. 发生运输阻碍的应急处理

1）列车发生火灾、爆炸

（1）立即停车。列车运行中发生爆炸或火灾，发现火情的列车乘务员特别是本车厢或相邻车厢列车员应立即拉下紧急制动阀，迫使列车停在安全地带。

（2）疏散旅客。紧急制动后，列车乘务员应迅速指挥旅客疏散到邻近车厢，同时向列车长、乘警长报告。

（3）迅速扑救。列车长、乘警长在接到报告后，应立即组织、指挥义务消防员和其他工作人员进行扑救，并通知各车厢乘务员封锁车厢，严禁旅客下车、跳车、串车，防止意外事故发生，为事后查明情况创造条件。

（4）切断火源。停车后，车辆、机车乘务员和运转车长要迅速将起火车厢与列车分离，切断火源，防止火势蔓延。

（5）设置防护。列车分解后，运转车长和机车乘务员要迅速设置防护。

（6）报告救援。列车长、运转车长和乘警长要尽快向行车调度员报告事故情况，请求救援。报告内容简明扼要，车次、时间、地点、火势情况要报告清楚，并应迅速向当地政府、公安机关和驻军请求支援。

（7）抢救伤员。在疏散旅客、迅速扑救的同时，要积极地抢救伤员。

（8）保护现场。在扑救火灾时，要注意保护好现场。列车乘务人员采取多种措施做好宣传工作，稳定群众情绪，维持秩序，以免发生混乱。

（9）协助查访。列车长、乘警长要积极协助公安机关了解情况，提供线索，帮助侦破。

（10）认真取证。公安乘务民警应尽可能了解事故情况，索取证据，以利于现场勘查、侦查线索和查明原因。

全体乘务人员在列车发生爆炸、火灾后，必须按照分工坚守岗位，不得擅离职守，要在列车长、乘警长的统一指挥下，根据实际情况灵活果断地采取用力措施，进行紧急处置。

上述 10 条应急方案的要点，在处理突发事故时可根据实际情况同步进行。

2)列车发生撞车、颠覆

(1)设置防护。机车乘务人员(受伤、遇难时由其他人员)和运转车长负责迅速设置防护。

(2)报告救援。尽快向行车调度员报告情况，请求支援，并应迅速向当地政府、公安机关和驻军请求支援。

(3)抢救伤员。抢救时要先重后轻、先伤后亡，同乘警控制现场，为查明原因提供依据。

(4)保护现场。通过宣传稳定秩序和保护现场，可依靠旅客中的军、警、干部、工人等，防止坏人乘乱作案。

3)列车被洪水围困

(1)列车立即退回安全地段(高坡、后方车站或线路所)，退行办法按有关行车规定办理。

(2)必要时有组织地疏散旅客上高地或小山。

(3)设法报告上级，请求救援。

(4)通过宣传稳定秩序，组织保卫，以免发生混乱。

(5)组织照顾老、弱、病、残、孕、幼等重点旅客。

(6)联系地方居民组织饮食供应。

4)列车被塌方阻挡

(1)立即退回安全地带或后方车站。

(2)迅速报告上级，听候处理。

(3)坚守岗位，维护好车内秩序，禁止旅客擅自下车。

(4)必要时可利用其他交通工具有组织地绕道输送旅客，防止发生混乱。

3. 线路中断时的处理

1)线路中断后对旅客的安排

列车停止运行后，应按下列规定安排已购买车票的被阻旅客。

(1)在停运站或被阻列车上，车站(或列车)在车票背面注明“原因，日期，返回××站”，作为免费返回发站或中途站退票、换车、延长有效期的凭证。如在发站或一个中途站等候继续旅行的，在通车10日内可凭原票重新签证恢复旅行，车站应根据旅客候车日数延长车票有效期(但卧铺票除外，应办理退票)。动车组列车旅客不办理车票有效期延长，但可根据等候日数办理车票改签。在返回途中自行下车，运输合同终止。

(2)在发站(或返回发站)停止旅行时退还全部的有效车票票价，但手续费、加收部分的票款、携带品超过规定范围补收的费用以及已使用至到站的车票票价不退。

(3)在停止旅行站(或中途站)退票时，退还已收票价与发站至停止旅行站间票价的差额，发站至停止旅行站不足起码里程按起码里程计算(铁路责任退全部票价)。

(4)铁路组织列车绕道运输时，组织原列车绕道时，原票有效。组织换车绕道时，注明“因××原因绕道××站(线)乘车”，并加盖站名戳。绕道变座、变铺时(铁路责任按铁路原因变座、变铺)，应补收变更区间票价差额，不足起码里程按起码里程计算；应退还时退还变更区间票价差额，不足起码里程票价不退。绕道过程中，旅客中途下车时，运输合同终止。旅客自行绕道，按变径办理。

(5)线路中断后旅客买票绕道乘车时，按实际径路计算票价。

(6)旅客索取线路中断证明时，由车站出具文字证明，加盖站名戳。

2)线路中断对行李、包裹的安排

(1)未装运及由中途运回发站时，收回行李、包裹票，在旅客页和报单页记事栏注明“线路中断、取消托运”，填写“退款证明书”，退还全部运费，并将收回的行李、包裹票附在“退款证明书”报告页上报。

(2)已运至到站要求返回始发站的行李，运费不退。在行李票报销单加盖“交付讫”戳，记事栏注明“线路中断，已运至到站的行李返回，运费不退”交旅客报销。

(3)在中途站领取时，收回行李、包裹票，填写“退款证明书”，退还已收运费与发站至领取站间运费差额。不足起码里程按起码里程计算。在旅客页、报单页记事栏注明“线路中断，中途提取”，附在“退款证明书”报告页上报。

(4)在发站(或中途站)停止旅行，要求行李仍运至原到站，补收全程(或中止旅行站至到站)的行李和包裹的运费差额。

(5)包裹变更到站，补收(或退还)已收运费与发站至新到站的运费差额。不足起码里程按起码里程计算。在“客杂”(或退款证明书)记事栏注明“因××线路中断，变更到站”。

(6)鲜活包裹被阻，返回发站或变更到站按上述有关规定处理。要求承运人在中途处理时，退还已收运费与发站至处理站间(不足起码里程按起码里程计算)的运费差额和物品处理所得款。

(7)组织行包运输绕道时，应在行包票记事栏注明“线路中断，绕道运输、被阻×日”并加盖站名戳，原车绕道时加盖列车行李员名章，到站根据实际运输里程加上被阻日数计算运到期限。

(8)线路中断后承运包裹，经铁路局批准，按实际径路计算运费。

三、旅客列车运输安全保障

旅客列车运输安全保障是铁路旅客运输不可缺少的一项工作，是搞好铁路旅客运输服务的一项工作，包括危险品识别、列车消防、乘务员人身安全等。

1. 旅客列车安全工作

1)安全管理

列车长首先要抓好安全管理工作，经常对车班乘务人员进行政治思想、安全知识和遵章守纪的教育，提高安全意识，加强责任感，掌握应急处理预案。

列车长应建立健全安全管理组织(防火消防队)和安全管理制度，经常开展查思想、查纪律、查制度、查领导的“四查”活动，制定防范措施。

搞好安全，列车长最重要的是检查落实各项安全规章、制度、措施的执行情况，抓好客运“七项卡死”制度，严把安全“十道关”。

客运“七项卡死”制度的内容为：卡死车门管理，卡死“两炉一灶”管理，卡死食物中的毒，卡死油炸食品制度，卡死隔离车管理，卡死邮政、行李、加挂车管理，卡死出乘前、乘务中、折返站的纪律。

“安全十道关”是指：边门关、“三品”关、烟头关、人身安全关、“三房一仓”关、重点旅客关、餐车关、行包关、行李架关、开水关。

列车长巡视或检查中，发现车班人员违章违纪，应及时教育、纠正，并严格考核；发现设备隐患，及时处理，将事故苗头消灭在萌芽状态。

2)安全宣传

搞好站、车秩序，列车长必须教育乘务人员经常向旅客宣传铁路安全旅行常识，加强防火、防爆、禁止旅客携带危险品的安全宣传工作；劝告旅客不在无烟车厢内吸烟，不要将瓜皮果核丢在取暖器或其他电气设备上，丢烟头时要将烟头熄灭；劝告旅客不要乱动车厢内的紧急制动装置，防患于未然。列车长应督促广播员做好安全宣传工作，以消除事故隐患。

3)列车停站时的安全

列车停站时，列车长要督促列车乘务员注意旅客上下车的安全，维持好站台秩序，组织旅客排队，先下后上。客流大时，要将旅客分散在各个车厢，做到均衡输送。列车员在车门口看票上车，注意照顾重点旅客的安全，严禁从背面上下车。停站时，为维持车内秩序，软卧包房、餐车、硬卧车要互相锁牢，做到“三不通”。

送亲友一般不能上车，特殊情况已经上车的，开车前 5 分钟，列车广播以及各车厢乘务员要通知他们下车，并站在站台安全线内。同时，列车员应动员车门的旅客回到车厢去，以免列车开动时，车上车下互相握手而发生危险。

列车在乘降所停车，由客运乘务员传递信号。这时一定要注意瞭望，列车长确认各车厢旅客上下完毕后，才能给运转车长信号。

4) 列车运行中的安全

列车运行中，列车长要重点抓好车门管理工作，经常检查督促乘务员认真执行车门管理制度，牢记列车边门管理“四门制十句话”，即“停开动关锁，自检互检要认真；临时停车要瞭望(左单右双)，严禁上下防攀登；坚守门岗不离开，验票上车要执行；先下后上排好队，扶老携幼保安全；反面边门要注意，严禁旅客上下车”。同时做好宣传工作，动员旅客不要站在车厢连接处，不要手扶门框、风挡，不要将头手伸出窗外。锁闭车门时，要“一关、二锁、三拉、四销”。检查目的一是瞭望是否有人扒车，二是检查车门是否漏锁或锁件失灵。加强车门管理，是维护旅客安全的重要保证，切不可掉以轻心。

乘务员应提醒带小孩的旅客看管好自己的小孩，以防发生意外。行李架上的物品应摆放平稳、牢固，较重的物品、锐器、杆状物品，玻璃制品等应放在座位下面。车厢内开水桶和锅炉间随时加锁。茶水员送开水时，壶加套，嘴加塞，稳步慢行。乘务员为旅客倒开水时，两脚站稳(列车过弯道或道岔时不倒水)，对准杯子，不倒过满，避免烫伤旅客。

列车通过大桥、隧道时，乘务员提前锁闭厕所，动员旅客关闭车窗。运行中非工作联系，任何人不得进入行李车、软卧包房、餐车厨房和广播室，以保安全。

2. 危险品的范围及规定处理

1) 危险品的范围

危险品指具有爆炸、易燃、毒害、感染、腐蚀、放射性等特性，在运输、储存、生产、经营、使用和处置中，容易造成人身伤亡、财产损毁或环境污染而需要特别防护的物质和物品。

常见危险品按其性质和运输要求分为以下几类：

(1) 爆炸品，如雷管、导火线、炸药、鞭炮、子弹、发令纸等。

(2) 氧化剂，如氯酸钠、高氯酸钠、漂白粉、硝铵化肥等。

(3) 压缩气体和液化石油气、煤气、氧气、氢气等。

(4) 自燃物品，如黄磷、硝化纤维胶片、油布及其制品。

(5) 遇水燃烧物品，如金属钠、镁、电石、铝粉等。

(6) 易燃液体，如汽油、煤油、酒精、松子油、油漆等。

(7) 易燃固体，如红磷、硫黄、松香、铝粉、火柴等。

(8) 毒害品，如砒霜、氯化钠、磷化锌、沥青、“敌敌畏”等。

(9) 腐蚀性物品，如硝酸、硫酸、盐酸、臭双氧水、烧碱、苛性碱、磷酸等。

(10) 放射性物品，如磷、夜光粉、放射性同位素、碘-131、磷 32、H3 气体等。

此外，常见的危险品还有指甲油、洗甲水、定发水、香精、万能胶水、立时得、松香水、樟脑、油毛毡、沥青纸、染发水、染皮鞋水、鸡眼水、蜡纸改正液、照相红碘水、双氧水、定发胶、黏胶、空气清新剂等。

2) 危险品的处理

为了保障旅客运输的安全，《中华人民共和国铁路法》第四十八条规定：运输危险品必须按照国务院铁路主管部门的规定办理，禁止以非危险品品名托运危险品。禁止旅客携带危险品进站上车。铁路公安人员和国务院铁路主管部门规定的铁路职工，有权对旅客携带的物品进行运输安全检查。实施运输安全检查的铁路职工应当佩戴执勤标志。危险品的品名由国务院铁路主管部门规定并公布。

在列车上查堵危险品时应认真执行“宣、看、闻、问、摸、查”六字作业法。“宣”是指向旅客宣传携带危险品乘车的危害性；“看”是指注意观察旅客携带物品有无异状及旅客神情是否异常；“闻”是指闻一闻周围有无异味；“问”是指发现携带品可疑时，问一问里面装的什么；“摸”是指在整理行李架时，触摸携带品有无异状；“查”是指请旅客开包检查。需要注意的是对旅客要讲清道理，多做宣传工作，不准利用执行任务之便而耍权威有意刁难侮辱旅客。

对查出的危险品，根据《中华人民共和国铁路法》的规定予以没收。数量较大的交由铁路公安部门处理；对大量携带危险品，性质恶劣，情节严重者，按有关法律规定处理。列车上查处的危险品，由值乘的公安人员妥善保管，移交最近前方停车站公安派出所处理，车站不设公安派出所的，则由列车长编制客运记录移交车站处理。对发令纸、鞭炮类的危险品，应立即浸水处理。对携带危险品进站上车，造成事故时，按国家有关规定处理。

3. 列车消防安全

1）消防基本知识

火灾燃烧分为初始阶段、发展阶段、猛烈阶段、下降阶段和熄灭阶段共五个阶段。燃烧在初始阶段时是扑救火灾的最佳时期，时间为起火后3～5分钟。

火灾分为A、B、C、D、E五类，即固体物质火灾、液体和可熔化的固体物质火灾、气体火灾、金属火灾及电气火灾。

电气火灾既有季节性，多发生在夏季、冬季；又具有时间性，许多电气火灾往往发生在节假日或夜间。电气火灾的种类有变压器火灾、配电盘火灾、电动机火灾、照明设备火灾、电热设备火灾、电焊设备火灾等。

灭火的基本原理就是要破坏或切断燃烧三要素的相互关系和作用，一般采用冷却、窒息、隔离和化学抑制等四种方式。

2）旅客列车的火灾原因及危险性

旅客列车的火灾原因如下：

(1) 炉灶设备不良，使用管理不善；

(2) 电气设备损坏、老化、绝缘不良和违章用电；

(3) 在禁烟部位吸烟，乱扔烟蒂；

(4) 旅客携带品或托运包裹内夹带危险品上车及列车安全设施损坏等；

(5) 客车停站时顽童、盲流等上车人为弄火；

(6) 电气线路、设备故障，特别是隐蔽部位电线未穿管保护，周围有易燃易爆或可燃物。

列车火灾的危险性主要体现在车上人员高度集中，不易疏散逃生；灭火设施少；救援困难；火灾易于蔓延等方面。

3）客车消防措施

(1) 发现车厢内有旅客违章携带的易燃液体溢出时的处置：发现车厢内有旅客违章携带的易燃液体溢出时，乘务人员应立即动员旅客熄灭一切火种，及时开窗通风，并将溢出的易燃液体清除干净，剩余的应妥善处理。

(2) 列车上查获或旅客主动交出的易燃易爆危险品的处理：对列车上查获或旅客主动交出的易燃易爆危险品要做好记录，妥善保管，交前方停车站处理。对查获收缴的鞭炮、发令纸、火药等危险品应及时用水浸湿；对判明不了性质的危险品及其他可疑物品，严禁在车上进行试验。

(3) 车厢内发生旅客携带的行李、包裹等一般可燃物起火的扑救：在火势没有蔓延的情况下，可先用车厢内的水将火扑灭。能不动用灭火器时尽量不用，防止扩大损失，造成惊慌。

(4) 车内配电设备起火的扑救：配电设备发生火灾时，应立即切断电源，并用 ABC 干粉灭火器迅速将火扑灭。

(5) 餐车油锅起火的处理：油锅或其他容器内发生火灾时，可用石棉被或车上棉被、毛毯等织物浸水后，覆盖在锅口或容器口上，火势就会窒息熄灭。

(6) 车内茶炉、取暖炉一旦缺水温度过高的处理：立即打开炉门，采取封火、压火措施，待炉温度降下后，再行补水。

(7) 列车在区间发生火灾的处理：列车在区间发生火灾时，在上级领导和公安消防人员到达之前，火灾扑救工作由列车长组织指挥，其他人员密切配合。火灾扑灭后，列车长、乘警长、检车乘务长要对起火部位进行全面检查，确认火已经完全熄灭。在确保安全的情况下，按有关行车调度命令，列车方可继续运行。

4. 列车乘务员作业安全

(1) 穿着规定服饰，佩戴职务标志，整理好个人仪容。

(2) 贯彻执行有关安全生产及旅客运输的规章制度、命令、指令。

(3) 负责列车车厢内旅客安全、服务工作。

(4) 负责检查运行中车厢内安全设备的状态和列车服务备用品配置情况。

(5) 掌握危险品类型，防止危险品上车。

(6) 配合列车长处置本车厢非正常情况。

5. 列车超员、弹簧压死的处理

弹簧压死是指由于列车超员严重造成弹簧超出弹性限度而不能回弹时，起不到枕弹簧的作用，相当于车体与轮对之间没有弹簧装置，同时液压减震器也失去了减震作用，则轮对与钢轨冲击时所产生的加速度会使车体产生很大的惯性力和振动力，不仅在行经钢轨接头处产生明显的振动，更严重的是行经道岔或小半径曲线时更为激烈，甚至可能造成车辆脱轨。

1) 列车严重超员、弹簧压死的防范

为避免旅客列车严重超员，列车长应及时填写“旅客列车密度表”，随时掌握车内旅客密度，一旦超员，应及时向前方车站拍发超员电报。车站应严格按日班计划和预报组织售票，严禁无计划超售。站车严密配合，组织旅客均匀运输。在停车站组织旅客上车时，注意避免列车中部旅客多而两头少的现象，均匀分布，防止出现弹簧压死的现象。一旦车内人数已经超出允许超员率时，列车长应尽快向前方营业站发出满员或超员的电报，以控制超员在规定的幅度内，防止列车超员过于严重。

2) 列车严重超员、弹簧压死时的处理

当列车严重超员，由车辆检车员确认车辆转向架弹簧状态，发现弹簧压死时不准开车。运转车长未得到值班乘检的允许不得显示发车信号，其他任何人无权指挥列车运行。

此时，列车长应做好以下工作：

(1) 若个别车厢弹簧压死时，列车长应做好解释工作，组织列车乘务员将旅客疏散到其他车厢。

(2) 若多数车厢超员严重，列车长应立即下车，与停车站客运值班员联系，通过客运值班员找到客运主任，与其协商，动员并组织旅客下车，转乘其他列车。站车密切配合，对旅客进行耐心的劝导，做好旅客疏散工作。若情况严重，及时向客调报告，请求上级处理。

(3) 经车辆乘务员检查确认弹簧恢复后，在保证安全的情况下可开车。列车开车后，列车长应立即向沿途各停点站(超员区段)拍发超员电报。为确保旅客和列车的安全正点，请各站大力协助，停止发售、停检该次列车的车票。对已售出该次列车车票的车站，应改签别的车次输送旅客。

6. 旅客列车在车站发生滞留及晚点时的处理

1)旅客列车在车站发生滞留的处理

(1)列车长应立即通知全体乘务员各就各位，维持秩序，做好工作。

(2)列车工作员要坚守岗位，加强巡视，做好宣传，防止旅客跳车。

(3)列车长应迅速编制列车广播词，广播员应反复广播宣传，避免旅客情绪激化。

(4)当发现车上旅客有异常情况时，列车长应立即报告所在车站，请求协助，并转告上级领导。

(5)列车长与乘警、车站值班员互相配合，做好宣传解释和旅客疏导工作。

2)旅客列车临时停车及晚点的处理

(1)列车在中途站或区间临时停车时，列车乘务员要认真做好车门瞭望，确认列车所在位置及方向，注意车外动态。

(2)坚守岗位，加强巡视，防止意外发生，严禁旅客从边门下车。

(3)加强列车广播及乘务员口头宣传，劝说旅客不买、不吃围车叫卖的小商小贩无证经营的食品和饮料。

(4)遇列车晚点，列车长要耐心地向旅客做出解释，因晚点给旅客带来的不便，要在广播中向广大旅客表示歉意。

第三节　铁路运营工作主要指标

国铁集团(原铁路总公司)发布了《铁路旅客运输统计规则》对有关铁路旅客运营工作进行指标统计。从学术研究层面，可以从不同角度研究铁路客运运营工作指标，具体可以从数量指标、质量指标、经济效益指标和运营消耗指标四大层面研究。

一、数量指标

1. 旅客人数

旅客人数统计指标分为旅客中转人数、持免票签证的发送人数、旅客退票人数、旅客发送人数、旅客到达人数、旅客运送人数、列车补票人数和到站补票人数等，它反映人民生活和文化交流对铁路运输需要的情况，是局间旅客服务费清算的基础，并作为编制旅客列车运行图、配备客运设备和旅客运输服务人员的依据。

(1)旅客中转人数。旅客中转人数是指在铁路各营业站及列车上办理中转签证换乘的旅客人数。

(2)持免票签证的发送人数。持免票签证的发送人数是指持有铁路乘车证在铁路各营业站和乘降所办理签证乘车的旅客人数。

(3)旅客退票人数。旅客退票人数是指在铁路营业站办理退票手续的旅客人数。在中途站办理的退票，不计算退票人数。外局发生的退票，由退票站所在局将退票资料分别中途退票和异地退票(异地售票发生的退票)，按规定的交换格式交换给发送局，由发送局进行调整，其中对于中途退票，发送局只调整直通交换资料和发送周转量，不调整发送人数。

(4)旅客发送人数。旅客发送人数(简称旅客发送量)是指在一定时间(日、周、旬、月、季、年)内，全路、铁路局由各站始发的全部旅客人数。铁路局旅客发送人数应分别按直通、管内及市郊统计计算，加总得

$$N_{\text{发送}} = N_{\text{发送}}^{\text{直通}} + N_{\text{发送}}^{\text{管内}} + N_{\text{发送}}^{\text{市郊}} \tag{9.3}$$

式中，$N_{发送}^{直通}$、$N_{发送}^{管内}$、$N_{发送}^{市郊}$为一定时间内发送的直通、管内、市郊旅客人数。

全路旅客发送人数等于全路各站旅客发送人数的总和。一个铁路局的旅客发送人数等于铁路局管内各站旅客发送人数的总和。旅客发送人数是旅客运输计划的重要指标，也是国家规定的旅客运输任务，反映全国铁路客运工作满足工农业生产和人民物质文化需要的情况。旅客发送人数指标是编组旅客列车、组织旅客服务工作、配备劳动力及增加或改造技术设备等的重要参考资料。

(5) 旅客到达人数。旅客到达人数又称旅客到达量，是指一定时间内铁路客运站终到的旅客人数，反映的是铁路客运站在一定时间内旅客到达工作量的大小。铁路客运站到达人数包含管内到达人数和直通到达人数，计算公式如下：

$$N_{到达} = N_{到达}^{管内} + N_{到达}^{直通} \tag{9.4}$$

式中，$N_{到达}^{管内}$、$N_{到达}^{直通}$为以该客运站为终到站的管内、直通旅客数量。

(6) 旅客运送人数。旅客运送人数又称旅客运输量，简称客运量，指在一定时间(日、周、旬、月、季、年)内，全路或铁路局运送的全部旅客人数。铁路旅客运送人数的计算公式如下：

$$N_{运送} = N_{发送} + N_{到达}^{接入} + N_{通过}^{接入} \tag{9.5}$$

式中，$N_{发送}$、$N_{到达}^{接入}$、$N_{通过}^{接入}$为一定时间内铁路局发送、接入到达和接入通过的旅客人数。

全路旅客运送人数等于全路旅客发送人数、国际联运铁路及新建临管线接运的旅客人数之和，即

$$N_{运送}^{全路} = N_{发送}^{全路} + N_{国际} + N_{临管} \tag{9.6}$$

式中，$N_{发送}^{全路}$、$N_{国际}$、$N_{临管}$为一定时间内全路旅客发送人数、国际联运铁路接运旅客人数和新建临管线接运旅客人数。

旅客运送人数是铁路旅客运输的基本产量指标，反映铁路满足国民经济和人民旅行需要的服务程度，是组织旅客运输工作、配备旅客运输服务人员和客运设备的重要依据。

(7) 列车补票人数和到站补票人数。列车补票人数是指在列车内补票的人数，而到站补票人数是指在车站补票的旅客人数。

2. 行李、包裹件数及重量

普通行李、包裹件数是按行李、包裹票据记载的实际件数计算。普通行李、包裹重量是按行李、包裹票据记载的实际重量计算，以千克为单位整理合并后以吨为单位统计。普通行李、包裹件数和重量包括行李及包裹的发送、中转、到达件数和重量。

行李、包裹发送量是指在一定时间内铁路客运站承运的行李、包裹吨数或件数，反映了铁路客运站在一定时间内的行包发送作业量。铁路客运站行李包裹发送量包括发往管内、外的行李包裹量，计算公式如下：

$$N_{行包}^{发送} = N_{行包}^{管内} + N_{行包}^{管外} \tag{9.7}$$

式中，$N_{行包}^{管内}$为一定时间内铁路客运站发往管内的行李、包裹件数或吨数；$N_{行包}^{管外}$为一定时间内铁路客运站发往管外的行李、包裹件数或吨数。

除此之外，还有行李、包裹到达量和行李、包裹中转量，其定义、意义和计算公式类似行李、包裹发送量，这里不再赘述。

3. 周转量

周转量是运送量和运送距离的乘积，它反映运输工作的数量和质量，是铁路运输工作量的主要指标，包括旅客周转量和行李、包裹周转量，单位为吨公里。

(1) 行李、包裹周转量计算公式如下：

$$\mathrm{ZN}_{行包} = N_{行包} \times d \tag{9.8}$$

式中，$ZN_{行包}$为行李、包裹周转量；$N_{行包}$为行李、包裹吨数；d为发、到站间里程。

对于某一路局行李、包裹周转量应按局内行李、包裹运送吨数与本局管内运送里程计算。

(2)旅客周转量。旅客周转量指在一定时间(日、周、旬、月、季、年)内全路、铁路局计划或完成的旅客人公里数，数值上等于旅客运送人数与旅客运输距离的乘积，单位是人公里。铁路局旅客周转量应分别按直通、管内、市郊三种客流统计计算，加总得旅客周转量计算公式如下：

$$ZN = N_{运送}^{直通}d^{直} + N_{运送}^{管内}d^{管} + N_{运送}^{市郊}d^{市} \tag{9.9}$$

式中，$N_{运送}^{直通}$、$N_{运送}^{管内}$、$N_{运送}^{市郊}$为一定时间内运送的直通、管内、市郊旅客人数；$d^{直通}$、$d^{管内}$、$d^{市郊}$为直通、管内、市郊旅客的运输距离，km。

旅客发送量和旅客周转量是国家铁路客运的主要指标。旅客周转量是反映铁路旅客运送工作总量的指标，也是各局分配客运收入、计算和分析运输成本、劳动生产率的依据。

4. 平均行(运)程

平均行(运)程包括旅客平均行程和行李、包裹平均运程。

(1)旅客平均行程。旅客平均行程是指平均每一旅客的旅行距离：

$$X_{旅客} = \frac{ZN_{旅客}}{N_{旅客发送}} \tag{9.10}$$

式中，$X_{旅客}$为铁路局旅客或全国铁路旅客平均行程；$ZN_{旅客}$为铁路局旅客或全国铁路旅客周转量；$N_{旅客发送}$为铁路局旅客或全国铁路旅客发送人数。

(2)行李、包裹平均行程。行李、包裹平均行程是指平均每一吨行李、包裹的运输距离，即

$$X_{行包} = \frac{ZN_{行包}}{N_{行包发送}} \tag{9.11}$$

式中，$X_{行包}$为铁路局或全国铁路行李、包裹平均运程；$ZN_{行包}$为铁路局或全国铁路行李、包裹周转量；$N_{行包发送}$为铁路局或全国铁路行李、包裹发送吨数。

5. 旅客运输密度

旅客运输密度表示在铁路区间、区段或某条线路平均每公里营业线所通过的客运量，它反映铁路线路能力的利用程度，包括站间旅客运输密度、区段平均旅客运输密度、铁路局平均旅客运输密度和全国铁路平均旅客运输密度。

(1)站间旅客运输密度。站间旅客运输密度表示站与站间所通过的旅客人数，分别按上、下行计算：

$$N_1 = N_1^{发送} + N_1^{接入} \tag{9.12}$$

$$N_2 = N_1 + N_2^{发送} - N_2^{到达} \tag{9.13}$$

式中，N_1为按运行方向第一个站间的旅客运输密度；$N_1^{发送}$为第一个车站发送的旅客人数；$N_1^{接入}$为接入经由第一个车站的旅客人数；N_2为按运行方向第二个站间的旅客运输密度；$N_2^{发送}$为第二个车站发送的旅客人数；$N_2^{到达}$为到达第二个车站的旅客人数。

各站间密度依此类推。

(2)区段平均旅客运输密度。区段平均旅客运输密度表示区段内平均每公里营业线所通过的客运量，分别按上、下行计算。

(3)铁路局或全国铁路平均旅客运输密度。铁路局或全国铁路平均旅客运输密度是表示铁路局或全国铁路每一公里营业线路通过的旅客人数，即

$$\rho_{客运} = \frac{ZN}{L} \tag{9.14}$$

式中，$\rho_{客运}$为铁路局或全国铁路平均旅客运输密度；ZN 为铁路局或全国铁路旅客周转量；L为铁路局或全国铁路营业里程。

6. 始发列车数量

铁路客运站始发列车数量是指在一定时间内以本站为始发站发出的列车数量。针对某列车类型(旅客列车和行包专列)或某列车等级(动车组列车、直达特快列车、快速列车以及其他列车)，其始发列车数量包括同类型或同等级的管内列车数量和直通列车数量，计算公式如下：

$$N_{始发}=N_{管内始发}+N_{直通始发} \tag{9.15}$$

式中，$N_{始发}$为铁路客运站在一定时间内始发的某类或某等级列车数，列；$N_{管内始发}$为铁路客运站在一定时间内始发的同类或同等级管内列车数，列；$N_{直通始发}$为铁路客运站在一定时间内始发的同类或同等级直通列车数，列。

终到列车数量类似始发列车数量，在此不再赘述。

始发、终到列车数量是反映铁路客运站客运工作量大小的一项重要指标，也是铁路客运站运输工作组织的重要依据。

二、质量指标

1. 列车速度指标

1) 列车技术速度

列车技术速度(单位:km/h)是指列车在区段内运行，不包括列车在中间停站时间但包括起停附加时间在内的平均速度，计算公式如下：

$$v_{技}=\frac{\sum \mathrm{nL}}{\sum \mathrm{nt}_{纯运}+\sum \mathrm{nt}_{起停}} \tag{9.16}$$

式中，$\sum \mathrm{nL}$为列车在一个区段内一昼夜完成的公里数，km；$\sum \mathrm{nt}_{纯运}$为列车在一个区段内一昼夜所用去的纯运行时间，h；$\sum \mathrm{nt}_{起停}$为列车在一个区段内一昼夜所用去的起停附加时间，h。

2) 列车运行速度

列车运行速度(单位:km/h)是指列车在区段内运行，不包括列车在中间站停站时间和起停附加时间在内的平均速度，计算公式如下：

$$v_{运}=\frac{\sum \mathrm{nL}}{\sum \mathrm{nt}_{纯运}} \tag{9.17}$$

3) 列车旅行速度

列车旅行速度(单位:km/h)是指列车在区段内运行，包括列车在中间站停站时间和起停附加时间在内的平均速度，计算公式如下：

$$v_{旅}=\frac{\sum \mathrm{nL}}{\sum \mathrm{nt}_{纯运}+\sum \mathrm{nt}_{起停}+\sum \mathrm{nt}_{中停}} \tag{9.18}$$

式中，$\sum \mathrm{nt}_{中停}$为列车在一个区段内一昼夜所用去的中间站停站时间，h。

列车旅行速度可以直观反映铁路运营速度，是列车运行图质量评价的一项重要指标，同时也是影响机车车辆周转和货物送达的一项重要因素。在编制列车运行图时，应力求把列车旅行速度和列车运行速度或列车技术速度的差别减少到最小程度，也就是尽可能地减少列车在区段内的停站次数和停站时间。

4) 速度系数

速度系数可以是列车旅行速度与技术速度的比值，或者列车旅行速度与运行速度的比值，计算公式如下：

$$\beta_{旅}=\frac{v_{旅}}{v_{技}} \tag{9.19}$$

$$\beta_{运}=\frac{v_{旅}}{v_{运}} \tag{9.20}$$

若已知$\beta_{旅}$或$\beta_{运}$，可以计算列车旅行速度。系数$\beta_{运}$不仅可以反映列车在中间站停站时间和起停附加时间对旅行速度的影响，还可以反映与列车停站次数有关的影响，因此用系数$\beta_{旅}$可以更为全面地表示列车运行图的质量。

5）列车直达速度

列车直达速度（单位:km/h）也叫列车直通速度，是指列车在车底配属站和折返站之间的平均速度，即旅客列车在其运行全过程中的平均速度，计算公式如下：

$$v_{直}=\frac{L}{T_{运转}+T_{中停}+T_{技停}} \tag{9.21}$$

式中，L为车底配属站到折返站之间的距离，km；$T_{运转}$为列车运转时间，h；$T_{中停}$为列车在中间站的停站时间，h；$T_{技停}$为列车在区段站、客运站的技术停站时间，h。

2. 客车运用指标

1）旅客列车车底周转时间

旅客列车所用的车底，从第一次由配属站发出之时起，至下一次再由配属站发出之时止，所经过的全部时间，以天为计算单位，而且为整天数，即

$$\theta_{车底}=\frac{1}{24}\left(\frac{2L}{v_{直}}+t_{配}+t_{折}\right) \tag{9.22}$$

式中，$t_{配}$为车底在配属站的停留时间，h；$t_{折}$为车底在折返站的停留时间，h。

旅客列车车底周转时间反映车底周转全过程的运用效率，反映所有与客运有关部门的工作效率，是考核客车运用效率最重要的指标之一。

2）旅客列车车底需要数

在铁路旅客列车运行方案中，旅客列车车底需要数是一个很重要的指标。旅客列车车底需要数与车底运用的作业时间标准及途中旅行时间有关，与行车量的大小成正比，与列车铺画方案、运行线的位置有关，运行线的适当调整将影响旅客列车车底需要数，旅客列车车底需要数还与车底长、短途套用程度有关。当长、短途列车拉通运行时，可节省车底需要数。

旅客列车车底需要数的计算方法有图解法和分析计算法两种。这里仅给出分析计算法。

旅客列车车底需要数是指开行某一对旅客列车所需要的运用车底数。车底数是由车底周转天数和平均每天发出的列车数决定的，计算公式如下：

$$N_{车底}=\theta_{车底}K_{客} \tag{9.23}$$

式中，$K_{客}$为平均每天开行的对数，如每日开行$K_{客}=1$，隔日开行$K_{客}=0.5$。

3）运用客车需要数

运用客车需要数是指为开行某一对旅客列车所需要的运用客车数，计算公式为

$$N_{客}=N_{车底}M_{客} \tag{9.24}$$

式中，$N_{车底}$为运用车底需要组数，组；$M_{客}$为每个车底的编成辆数，辆。

各客车车辆段需要的运用客车辆数为

$$m_{运}=m_1n_1+m_2n_2+\ldots+m_nn_n \tag{9.25}$$

式中，$m_{运}$为运用客车辆数，辆；m_1，m_2，…，m_n为列车中编挂的车数；n_1，n_2，…，n_n为车底数，列。

以运用客车为基础，对于某车辆段配属车辆时，需用下列公式计算客车总数：

$$m_{总}=m_{运}\times(1+\gamma) \tag{9.26}$$

式中，$m_{总}$为配属车辆段的总客车数，辆；γ为检修、备用车所占用客车的百分数。

3. 载客人数及客座利用率

载客人数是反映客车容量利用程度的指标，可以按旅客列车平均载客人数及客车平均载客人数分别计算。

1) 旅客列车平均载客人数

旅客列车平均载客人数指在一定时期内，全路、一个铁路局平均每一旅客列车公里所完成的人公里数，其计算公式为

$$A_{列}=\frac{\sum \mathrm{ZN}}{\sum \mathrm{NL}} \tag{9.27}$$

式中，$A_{列}$为每一旅客列车平均载客人数，人；$\sum \mathrm{NL}$为在一定时期内，全路、一个铁路局的旅客列车公里总和，km；$\sum \mathrm{ZN}$为在一定时期内，全路、一个铁路局完成的旅客周转量之和，人·km。

2) 客车平均载客人数

客车平均载客人数指在一定时期内，全路、一个铁路局平均每一客车公里所完成的人公里数，其计算公式为

$$A_{客车}=\frac{\sum \mathrm{ZN}}{\sum \mathrm{NS}_{客}} \tag{9.28}$$

式中，$\sum \mathrm{NS}_{客}$为运用客车公里总数，km。

3) 客车平均日车公里

客车平均日车公里指某一客车车底每辆客车或全部客车中每辆运用车在一昼夜内平均走行的公里数，即

$$S_{客}=\frac{\sum \mathrm{NS}_{客}}{N_{客}} \tag{9.29}$$

式中，$S_{客}$为客车日车公里，km/辆；$N_{客}$为运用客车数，辆。

4) 客座利用率

客座利用率(简称客座率)是反映铁路旅客列车载客能力利用程度的指标，是铁路旅客列车完成的旅客周转量与其客座公里总数之比，也可以用旅客列车载客人数与旅客列车平均定员之比来表示，即用百分率表示的平均每一客座公里所完成的人公里数，即

$$k_{利}=\frac{\sum \mathrm{ZN}}{\sum \mathrm{NS}_{客座}}\times100\%=\frac{A_{列}}{A_{定}^{列}}\times100\%=\frac{A_{车}}{A_{定}^{车}}\times100\% \tag{9.30}$$

式中，$\sum \mathrm{NS}_{客座}$为客座公里总数；$A_{列}$为旅客列车载客人数；$A_{定}^{列}$为旅客列车平均定员；$A_{车}$为车厢载客人数；$A_{定}^{车}$为车厢定员人数。

客座率指标既可以反映列车载客人数与列车定员之比，也可以反映旅客实际乘车旅行距离与列车全程提供旅客位移能力之间的关系，是旅客列车能力利用程度的真实反映。

4. 旅客列车正点率

旅客列车正点率是铁路旅客运输组织工作的综合指标之一，按旅客列车始发正点率和旅客列车运行正点率分别计算。

1）旅客列车始发正点率

旅客列车始发正点率指在一定时期内，全路、铁路局或车务段正点出发的旅客列车次数占发出旅客列车总次数的比例，即

$$r_{发} = \frac{n_{正点}^{发}}{n_{发}} \times 100\% \tag{9.31}$$

式中，$n_{正点}^{发}$ 为全路、铁路局或车务段正点出发的旅客列车次数；$n_{发}$ 为全路、铁路局或车务段正点出发的旅客列车总次数。

旅客列车始发正点率是反映铁路工作和服务水平的一个综合性指标。保证旅客列车始发正点，是保证按图行车的关键。旅客列车始发正点率越大越好。

2）旅客列车运行正点率

旅客列车运行正点率指在一定时期内，全路、铁路局、车务段正点到达终到站或各铁路局的列车次数占到达列车总次数的比例，即

$$r_{运} = \frac{n_{正点}^{到}}{n_{到}} \times 100\% \tag{9.32}$$

5. 客运安全指标

1）旅客伤亡事故件数和旅客伤亡人数

旅客伤亡事故件数和旅客伤亡人数是指车站、列车（段）、铁路局或全路在一定时期内由本单位责任事故造成旅客死亡和受伤的事故件数及总人数。

通常用旅客伤亡事故发生率作为考核局以上单位旅客运输安全的相对指标。它是指铁路局或全路在一定时期内，每完成 1 亿人公里旅客周转量所发生的旅客伤亡事故件数，即

$$a_{事故}^{旅客} = \frac{G_{旅客}}{(\sum ZN)/100000000}$$

式中，$G_{旅客}$ 为旅客伤亡事故件数。

2）行李包裹责任事故件数

行李包裹责任事故件数指车站、列车（段）、铁路局或全路在一定时期内由本单位责任造成的行李、包裹事故的总件数。它包括由本单位结案属于本单位责任和由外单位结案属于本单位责任的件数，即

$$G_{行包} = G_{行李} + G_{包裹} \tag{9.33}$$

$$G_{行包} = G_{行包}^{自结} + G_{行包}^{外结} \tag{9.34}$$

式中，$G_{行包}$ 为行李包裹事故件数；$G_{行包}^{自结}$ 为本单位结案的本单位责任事故件数；$G_{行包}^{外结}$ 为外单位结案的本单位责任事故件数；$G_{行李}$ 为行李责任事故件数；$G_{包裹}$ 为包裹责任事故件数。

为了全面考核行李包裹运输的质量，常用行李包裹责任事故发生率作为考核指标，即

$$a_{事故}^{行李} = \frac{G_{行李}}{G_{行李}^{总}} \times 100\% \tag{9.35}$$

$$a_{事故}^{包裹} = \frac{G_{包裹}}{G_{包裹}^{总}} \times 100\% \tag{9.36}$$

$$a_{事故}^{行包} = \frac{G_{行包}}{G_{行包}^{总}} \times 100\% \tag{9.37}$$

还可用每万元行李包裹收入中行李包裹责任事故赔偿金额（简称行包赔偿率）作为经济方面反映铁路行包运输质量的指标，即

$$a_{行包}^{赔} = \frac{P_{行包}}{R_{行包}/10000} \tag{9.38}$$

式中，$R_{行包}$为行包总收入，元；$P_{行包}$为行包赔偿金额，元。

6. 方便性指标

方便性指标指旅客在旅行过程中能否得到便捷的服务，主要包括售票方式便捷、中转换乘简便，行包托运提取手续简捷，列车上餐车供应方便。衡量的指标有如下几种。

1) 旅客列车开行间隔(频率)

$$I_{间} = \frac{T_{时}}{n} \tag{9.39}$$

式中，$I_{间}$为在合理开车时间范围内开行同方向列车的间隔时分；$T_{时}$为24h中适合开行旅客列车的时间段(时分数)；n为在合理开车时间范围内开出的同方向旅客列车数。

开行间隔时间小，则旅客在客运站停留时间短，即$I_{间}$越小，旅客越方便。

2) 旅客出行总时间

旅客出行总时间指旅客从始发地到达旅行目的地花费的总时间。这是旅客选择某种客运方式时考虑的一个重要因素。

$$T_{总数} = t_{站候} + t_{旅} + t_{换} \tag{9.40}$$

式中，$T_{总数}$为从旅客准备出发旅行开始到旅客到达目的地所花费的总时间；$t_{站候}$为旅客上车前在车站等候的时间；$t_{旅}$为旅客在列车运行途中经过的全部时间；$t_{换}$为旅客旅行途中换乘中转时间。

3) 售票时间

售票时间指旅客有了旅行需求从住宿地出行开始到售票处所买到车票时止所需的时间，计算公式为

$$T_{售票} = t_{出行} + t_{候票} + t_{办票} \tag{9.41}$$

式中，$t_{出行}$为从住宿地至售票处所花费的时间；$t_{候票}$为旅客在售票处等候售票的时间；$t_{办票}$为旅客办理售票手续的时间。

售票是旅客接受旅行服务过程的开始，也是旅客感觉某种方式是否方便的敏感点。要想压缩$T_{售票}$，必须建立计算机网络预售票系统，并增设售票代办点。

4) 平均等候时间

旅客购票平均等候时间是指一定时期内旅客在车站购票时所需要等候的平均时间。它是衡量购票服务便捷程度的一个重要指标，尤其是在客流高峰时期的旅客购票平均等候时间，其计算公式为

$$T_{等候} = \frac{(m-1)t_{办理}}{2} \tag{9.42}$$

式中，$T_{等候}$为一定时期内(尤其在客流高峰期)旅客在车站购票时所需的平均等候时间；$t_{办理}$为一定时期内车站每办理一位旅客购票业务的平均时间；m为一定时期内在车站每一售票窗口前排队购票的平均人数。

7. 舒适性指标

舒适性指标指旅客在旅行过程中，从精神到物质条件上享受心理和生理愉悦与舒适的程度，可通过下列指标衡量。

1) 站车文明服务旅客满意率

站车文明服务旅客满意率指感到满意的旅客人数占抽样调查旅客总人数的百分比，其计算公式为

$$P = \frac{a}{A_{抽}} \times 100\% \tag{9.43}$$

式中，P为旅客满意率；$A_{抽}$为抽样调查总人数；a为感到满意的旅客人数。

2) 客车车辆人均占有面积

客车车辆人均占有面积指按标准坐席旅客在列车上人均占有的基本面积。在客车车辆设计规范中有明确的规定。日本规定，客车车辆人均占有面积≥$0.82m^2$，世界上发达国家规定 $0.82m^2$≤客车车辆人均占有面积≤$1.18m^2$，目前我国客车车辆人均占有面积仅为 $0.57m^2$。

3) 服务场所人均占有面积

服务场所人均占有面积是指在包括站前广场、大厅、候车室等服务场所平均每位旅客占有的面积。特别是在客流高峰时期它可以反映铁路客运站的拥挤程度，是衡量旅客舒适性的重要指标之一。它的计算公式为

$$S_{人均}=\frac{S_{有效}}{M_{聚集}} \tag{9.44}$$

式中，$S_{人均}$ 为服务场所旅客人均占有面积，m^2 / 人；$S_{有效}$ 为服务场所的有效面积；$M_{聚集}$ 为全年聚集人数最高月份平均一昼夜内同时在服务场所的旅客人数。

4) 乘坐舒适度

乘坐舒适度指旅客在乘坐列车过程中的舒适程度。为此，在设计时就必须考虑最小曲线半径、横向加速度临界值、外轨超高时间变化率、车体振动加速度和横向加速度、噪声频率等，这些参数都应按乘坐舒适度评价试验或国外经验值确定。

5) 站车环境舒适度

站车环境是考虑舒适度时不可忽略的一个重要方面，要提高旅行生活质量，必须有良好适宜的环境，环境参数必须符合国家规定的旅行卫生环境标准。

三、经济效益指标

1. 收入率

收入率是指铁路客运站在一定时期内的收入与成本的比值，反映了铁路客运站运营投入与产出的效率，是铁路运营一项重要的经济效益指标，主要包括总收入率、客运收入率、其他收入率等。其计算公式相似，这里以总收入率为例，计算公式如下：

$$\alpha_{收入}^{总}=\frac{I_{总}}{C_{总}}\times 100\% \tag{9.45}$$

式中，$\alpha_{收入}^{总}$ 为铁路客运站在一定时期内的总收入率；$I_{总}$ 为铁路客运站在一定时期的总收入；$C_{总}$ 为铁路客运站在一定时期内的总成本。

2. 利润率

利润率是指铁路客运站一定时期内的利润与成本的比值，它也是反映铁路客运站投入与产出效率的重要指标，主要指标有总利润率、客运利润率、其他利润率等，计算公式与收入率指标相似。

3. 单位旅客综合成本

单位旅客综合成本是指一定时期内铁路客运站平均每发送一位旅客所花费的运营成本，反映了铁路客运站在一定时期内营业支出的水平。它的计算公式是

$$Z^{单位}=\frac{Z}{N_{发}} \tag{9.46}$$

式中，$Z^{单位}$ 为铁路客运站在一定时期内单位旅客综合成本，元/人；Z 为铁路客运站在一定时期内的运营成本，元；$N_{发}$ 为铁路客运站在一定时期内的旅客发送量，人。

四、运营消耗指标

铁路客运运营生产消耗主要是指铁路客运部门在一定时期内为完成客运任务所需要的能源物资消耗，具体包括水电煤气等能源消耗和物资消耗等。

耗水量、耗电量、耗煤量、耗气量分别指一定时期内铁路客运站水、电、煤炭、天然气(煤气)的消耗量。在实际计算中，通常应区别生产性消耗和经营性消耗，以及不同部门消耗计算。生产性消耗是指与客运业务直接相关的消耗，主要包括候车室、售票厅、行包托运处、进站口、出站口、行包装卸处、运转处、准备处等部门的消耗；经营性消耗是指与客运业务无直接关系的消耗，与车站经营项目及其规模有关，主要包括车站商场餐饮娱乐等的消耗。

物资消耗是指铁路客运部门在一定时期内各种物资的消耗，包括办公、卫生用品等低值物资的消耗。

铁路客运运营能源物资消耗反映铁路客运部门在一定时期的各种能源物资的消耗，是铁路客运站成本控制的一个重要指标。

综合能耗指标是国铁集团年度统计公报的一项节能减排指标。

综合能耗量是指将铁路客运站的耗电量和耗气量均折算为吨标煤，再加上耗煤量所得的综合能源消耗量。它综合反映铁路客运站在一定时期内完成旅客运输任务而产生的能源消耗规模，计算公式如下：

$$E_{综合} = E_{煤} + E_{电} \times \alpha_{折} + E_{气} \times \beta_{折} \tag{9.47}$$

式中，$E_{综合}$ 为铁路客运站在一定时期内的综合耗能量，吨标煤；$E_{煤}$ 为铁路客运站在一定时期内消耗的标准煤炭量，吨标煤；$E_{电}$ 为铁路客运站在一定时期内消耗的电量，万 kW·h；$\alpha_{折}$ 为耗电量折算为标准煤的系数；$E_{气}$ 为铁路客运站在一定时期内消耗的天然气(或煤气)，万 m^3；$\beta_{折}$ 为耗气量折算为标准煤的系数。其中，耗电量折算为标准煤系数 $\alpha_{折}$ 取值为 1. 229，耗气量折算为标准煤系数 $\beta_{折}$ 取值为 1. 330。

第十章 铁路旅客运输管理信息化及信息系统

第一节 旅客运输管理信息化

一、铁路信息化概述

什么是铁路信息化呢？铁路信息化就是应用先进的计算机网络技术和先进的管理理念，收集和整合铁路运输组织、客货营销、经营管理、安全生产、铁路建设的知识和数据，及时为客户提供优质服务，为铁路的决策层、战略层、战术层提供准确而有效的决策信息，以便对客户或市场的需求做出快速的反应，其本质是加强铁路的“核心竞争力”。

经过多年发展，我国信息化建设取得了显著成绩，在运输组织、客货营销、经营管理中发挥了重要作用，为铁路改革发展提供了重要技术支撑和保障。

(1)信息系统建设取得重大进展。一是在运输组织方面，高速铁路全面建设了调度集中系统，完成了运输调度管理系统升级，调度信息化水平大幅提升；货物运输管理系统、编组站综合自动化系统应用范围不断扩大，运输生产组织信息化水平明显提高；建成高铁防灾系统、车辆运行安全监控系统(5T)和货运计量安全检测监控系统，危险品运输安全监控系统投入应用，信息技术在保障铁路运输安全中发挥了重要作用。二是在客货营销方面，12306网站投入运营，客票系统不断升级完善，旅客服务系统在高速铁路得到了广泛应用，客运服务能力大幅提升，社会效益极为显著；95306网站正式上线运行，货运电子商务系统建设有序推进，物流信息化建设全面展开，为铁路货运组织改革和传统货运向现代物流转型提供了有力支撑。三是在经营管理方面，建设了运力资源管理系统，在移动设备、固定设施运用、维修与资源配置中发挥着重要作用；财务管理、人力资源、物资管理、铁路建设、综合办公等信息化应用不断深入，在企业经营管理中发挥重要作用。

(2)信息基础设施初具规模。覆盖国铁集团及18个铁路局的信息机房布局基本形成，铁路信息网络已基本覆盖国铁集团、铁路局以及基层站段，国铁集团及部分铁路局基于虚拟化技术初步实现了计算资源共享，企业级现代存储管理系统初步建成并形成了共享的存储环境，开源操作系统、中间件等在铁路得到了广泛应用。信息基础设施为业务信息系统建设提供了基础支撑。

(3)信息安全保障能力大幅提升。通过实施铁路计算机网络安全工程，构建了外部服务网、内部服务网、安全生产网，采用多重信息安全防御措施，形成信息安全纵深防御体系；建成了基于国产密码体系的公钥基础设施；实行信息安全等级保护制度，对铁路重要信息系统进行了分级保护；加强了对铁路业务活动中收集到的旅客、货主等个人信息的保密工作；建立了信息安全通报机制，完善了信息系统应急预案体系，开展了应急演练，信息安全保障能力得到明显提升。

(4)信息资源共享取得初步成效。构建了调度信息共享数据库，实现了调度信息资源的共享；基本建成了国铁集团和铁路局运输信息集成平台，完成两级动态数据库建设，实现了货运、机务和调度信息整合，为提升运输信息综合应用、优化运输组织和建设电子商务系统提供了有力支撑。

(5)信息化管理水平明显提高。构建了国铁集团、铁路局两级信息化管理体制，管控力度不断加强；信息化规章制度和标准规范体系架构基本确立，相关文件不断完善；国铁集团、路局、站段三级运维体系建设取得成效，为核心业务系统安全稳定运行提供了保证。信息化人才队伍建设不断加强，科研、开发、建设、运维能力不断提升。

二、铁路旅客运输信息化概述

1. 国外铁路旅客运输信息化领先实践

为了面对不断变化的政策环境和出行需求，国外铁路客运公司积极借鉴航空等相关行业成功经验，利用信息技术在前端营销到后端运营的各个领域开展创新应用。

1)保障运营优化

优化运营模式能为铁路客运减少开支，提高效益。一是欧洲铁路客运正在参考航空业的资源平衡调度，在旺季通过外包来保证高可替代性的人员劳动，从而避免为满足高峰需求而将公司资源维持在高位水平。二是欧洲铁路也在借鉴航空业“包机协议”，将整列车与乘务人员一起打包出租，发挥现有铁路公司经验丰富和技能成熟的优势。三是由于旅客服务已经成为差异性竞争的关键，欧洲铁路公司大力投入技能培训，使乘务人员及服务人员更熟悉客户信息，以便提供高质量的个性化服务。为此，国外铁路客运公司纷纷打造互联互通、内外协同并具有完整客户视图的现代运营管理信息系统，以有效支撑运营模式创新。

2)提升旅行体验

客户需求的不断增长推动欧洲铁路持续提高旅客获取信息的及时性和便捷性，从而提升旅客的出行体验。运用基于地理信息的营销工具、增强现实技术、移动互联技术等提供全程出行服务，进一步为旅客提供旅行相关的全部信息。

基于地理信息的营销工具能够根据消费者的个人喜好和所处位置，有针对性地提供有关商户的路线指南和促销信息；利用列车停靠站台信息，在乘客到达目的地前提供距离最近的公交、地铁路线信息，方便旅客接续换乘。

增强现实技术将用于展现旅游胜地的历史照片和其他附加信息。铁路公司通过移动应用，同步展示列车所经过的历史名城和著名景点信息。该技术将基于手机提供的定位信息，为旅客提供相应旅行信息指南和增强现实体验。

移动互联技术正逐步取代既有的服务渠道。例如，西班牙铁路客运公司采用移动终端取代原来的自动售票机、验票闸机、现场客服中心等传统服务组织，旅客利用移动终端就可以完成所有出行服务内容。

德国铁路、法国铁路、西班牙铁路等客运公司打造了全程的旅客出行服务，除了提供正常的旅客运输服务以外，铁路客运公司还提供包括酒店、租车、旅游服务、餐饮等全程一站式出行服务，方便旅客的同时也为铁路带来更多的经济效益。

车站作为整个旅行体验的重要场所，可以在旅客出行前、出行中和出行后提供丰富、及时和便捷的信息。旅客可以通过火车站内的数字交互标识触摸屏来获取旅行车次信息、购买商品、预订酒店等。候车室数字交互标识显示屏还能为旅客提供广告、旅游景点宣传短片和目的地天气预报等。

3)打造绿色车站

车站在运营中消耗大量能源，而未来的车站在能源使用的可持续性上可以采取多种新手段，在这方面一些国家已经通过实践展示出新的思路。如瑞典首都斯德哥尔摩中央车站通过每天采集25万旅客的体热，加以利用来满足邻近办公场所25%的供暖需求。

2. 我国铁路旅客运输信息化的发展历程

相对来讲，我国铁路旅客运输信息化建设起步较晚，发展较快。其发展历程可划分为三个阶段。

1)起步阶段(20世纪70年代至90年代初)

20世纪70年代前，铁路旅客运输信息主要依靠电话传送，铁路电话网即传输铁路信息的信息网络，铁路信息资源开发和利用水平都较低。随着改革开放和社会经济的快速发展，铁路客货运量大幅度增长，随之运输设备不断更新、信息量越来越大，要求运营管理手段必须现代化。为此，我国铁路开始引进电子计算机，当时成立了铁道部、铁路局计算中心和铁路分局计算所，同时加强了对铁路通信信息网的建设，并逐步以数据信息代替原来的电话通信，为铁路旅客运输信息的开发和利用创造条件。进入20世纪90年代后，我国铁路分组数据网逐步建成，大容量的光纤通信开始启用，计算机开始联网，铁路运输管理信息系统开始实施。这阶段的信息技术主要应用于铁路运输计划编制、运输工作日常统计、工程计算等方面，具有小规模、单项、部门级建设、多初级应用等特点。

2) 发展阶段(20世纪90年代中至21世纪初)

20世纪90年代中，国家高度重视信息化建设，我国铁路信息化也开启了大规模建设发展期。在这一阶段铁路信息应用向系统化、网络化、企业级的方向发展，并建成了铁路运输和车、机、工、电、财务、统计、办公等各业务信息系统，形成了全路运输生产实时性网络。同时各铁路局、客运站也根据本单位的实际情况，开发了不同层次的旅客向导、网上、电话及多媒体服务等信息系统，但面向旅客的信息服务水平还是相对落后，服务信息只能单向提供且信息资源有限。

3) 发展新阶段(21世纪至今)

21世纪以来，信息技术带动了铁路旅客运输信息化的迅猛发展。此阶段信息化建设不仅是为了扩充运输能力、提升技术装备水平，更重要的是深化铁路企业改革，应对激烈的市场竞争，提高铁路旅客运输服务水平。铁路客票发售和预订系统功能不断强化，且与旅客运输服务相关的信息系统及平台不断出现，如12306客户服务中心的建设等。尤其是伴随着高速铁路的发展，铁路旅客运输信息化更是上了一个台阶，越来越多的信息化设备出现在铁路客运站和列车上。过去的单向静态客运服务信息已发展为动静结合、实时发布、异地联网、交互查询的新旅客信息服务系统，它以信息的自动采集为基础，以为旅客提供全方位信息服务为目标，通过对引导、揭示、广播、监控、查询、求助、应急和延伸服务等服务资源进行有机的整合，形成统一的铁路旅客服务系统集成管理平台，为车站综合客运组织提供技术手段的同时也使旅客运输信息服务智能化、人性化，最大限度地方便旅客。

三、铁路旅客运输管理信息系统

1. 需求分析

1) 旅客信息化需求

旅客的需求围绕着出行的需要，反映在旅行的全过程，包括咨询、购票、到站、托运、引导、问讯、检票、乘车、终到、换乘、安全旅行等。

(1) 咨询需求。旅客在出行前，需要先设计到目的地的行程计划，包括乘坐的交通工具、吃饭、住宿、携带用具等，系统根据用户需求，分析当前的各种条件，如时间、车次、天气、里程等，建立优化模型，采用智能优化技术进行多目标优化问题求解，提供可选旅行方案，其中包括最优旅行路线，以及应急方案等部分，并为旅客制订出行整体规划、联合交通路线、旅游攻略等。

(2) 购票需求。集成现代电话或手机拨号、网络、多媒体视频等先进技术，为旅客提供统一服务平台，实现旅客以电话、手机、传真、WAP、邮件、网络、SMS等任意一种方式与客户服务中心的交互通信，提供客票预订、销售、退票等客票业务，并提供季票申请、积分业务等相关业务的网上办理。

(3) 个性化与增值需求。车站服务人员能根据旅客先行录入的旅行信息或历史信息提供个性化服务。例如，旅客行李重、多，可及时安排人员跟踪办理行李托运服务；旅客为残障人士，可及时为其安排绿色通道；旅客的历史信息中统计或预测出旅客在站内的消费习惯，可提供消费服务提示；等等。

(4) 托运需求。如果旅客随身携带大件行李，可以到柜台办理随车托运手续，信息系统需协助旅客填写托运单和货物标签，旅客可随时查询行李位置。

(5) 候车需求。通过短信主动提醒旅客乘车时间和天气，旅客可以查询火车站位置、走行路线、换乘信息，在进站安检仪检查后，应有显著标志引导旅客到达指定的候车室或办理托运行李等手续。旅客到达候车室后，需要通知旅客登车检票的时间，并引导旅客到达火车停靠的站台和车厢；对未购、未取火车票或者改签的旅客，需要到窗口或自动售票机办理车票手续；中转的旅客需要暂时寄存行李；送站旅客需要购买站台票，有些旅客需要送站服务，有些旅客需要购物、餐饮或者娱乐等。

(6) 乘车需求。由于旅客迟到、越站或者列车晚点、事故、堵塞等突发因素，系统可以及时提供应急方案，方便旅客修改行程。旅客上车后，需要了解火车旅行常识，需要吃饭、喝水，乘坐卧铺的旅客需要卧具；未购票或者更换目的站、席别的旅客需要在列车上进行补票，或者购买回程票；在火车上有很多空闲时间，可以为旅客提供娱乐节目、购买商品或者了解目的地的旅游景点、人文历史等。

(7) 乘客到站需求。旅客需要准确地掌握列车正晚点时间；需要引导旅客出站、检票、补票、换乘；有些旅客需要小红帽接站服务；接站的人士需要掌握准确的接站时间和购买站台票；对需要中转换乘旅客，提供公共交通网络的线路导航及为每一种交通方式单独提供的各类导航，方便旅客无缝中转。

2) 客运组织管理信息化需求

(1) 客运计划编制。通过在车站、列车配备相应设备采集客流量信息，根据客流量信息及客流调查，以智能化的方式自动编制客运计划，绘制客流图，并分全路和各个路局分别进行，实行部局两级的联合编制，提高计划编制的效率和水平。

(2) 客运营销。每列客车运行后，自动统计每趟车客流，分析每列车的效益，并在总体上进行客运经济效益综合分析。实时不间断地采集客流信息，进行客流量的信息管理、运量的预测以及客运市场的综合分析。根据历史数据预测客流的变化，根据客流和旅客对客运产品的需求决定列车开行方案和列车编组。根据各种运输方式的比较和每列车的效益决定票价。

(3) 客运服务。客服系统向集中化和个性化服务方向发展，建立服务加盟体系架构，引进服务加盟商，通过加盟商提供更广泛、更周到的服务。需要构架客户关系管理系统，每次服务要记录和保存客户旅行和消费信息，对每位旅客从发站、到站、乘坐席位、喜欢食物、行李、住宿地点、消费数据、目的地交通工具等方面分析旅客的爱好，以便主动提供旅客最满意的服务。

(4) 列车运行管理。智能化地设计列车开行方案和动车组运用计划等列车运行的相关计划，以计算机自动编制的方式，通过专家库和计算模型优化的编制列车开行方案代替人工和凭经验的方式，设计出高质量的客运产品。

(5) 日常管理。以年度客运计划和列车开行方案为基础，自动编制日常的旅客输送日计划、派班计划、客车整备计划、客运站技术作业日计划等各种日常生产计划，对实施过程进行智能化的指导和监督，并对客运生产的质量和效率进行监督，对客运规章标准的实时过程进行跟踪调查，每日进行指标的统计分析和汇总，完善质量监督体系。

(6) 客运段管理。根据列车开行计划下达客车、乘务和备品计划以及客运段生产人员的日常工作计划，客运段按照计划执行，并返回执行结果，进行统计分析。对客运收入进行统计分析和智能化的信息管理，客运票据全部实现电子单证。

(7) 客票。建立完善和智能的客票发售和预订系统，实现全路、区域、车站等各个级别的电子售票和网络售票，使得乘客可以随时随地、以各种方式完成客票的查询、购买、预订、改签、退票等各种综合业务。客票发售和预订系统除了作为席位管理的工具，主要向客运过程的综合性服务和客运营销方向发展。客票发售和预订系统将和客调系统、运行图系统联动，客运调度根据对客流的预测决定客车开行方案和客运编组，并根据客流变化进行实时调整。客票发售和预订系统根据客运列车开行方案和列车编组自动形成和调整席位。

(8) 行包管理。行包运输作为铁路客运的一个重要组成部分，应对行包运输的各个环节和过程进行精细化管理，对发送作业、计划作业、到达作业等各个过程实行计划的智能化编制和单证的信息化传输，以及行包状态的实时跟踪和信息实时更新，实现行包管理的智能化和自动化。

(9)客运安全管理。对接发列车、客运站、旅客列车、旅客人身安全等各个方面实行全方位的安全检测和监控，通过在客运站、旅客列车上配备相应的设备实现危险品的自动检测和识别，以及客运站的安全监控，通过列车自动防护系统，对列车的运行安全进行自动防护和监测，通过调度集中对客运站技术作业集中的控制和冲突检测，以保证客运站技术作业的安全。

3)运输调度部门信息化需求

(1)运行图编制与管理。建立全路的运行图编制系统，建立数据仓库，收集编图所需要的客货运资料和客车开行方案、编组计划、车流信息等数据，实现各系统之间的信息共享；自动编制列车开行的基本运行图和分号运行图，并通过大量列车运行的实时精确信息，使列车运行组织可采用一种基于实时运行图的设计，建立一种适合于运输市场波动与需求实时变化的列车运行组织体制。

(2)智能调度决策。综合考虑铁路的路、桥、隧，以及供电、信号、车辆动力学特性、运输组织等因素，实现行车、机车、安全、电力、维修等的综合调度。智能化合理分配天窗时间，并可根据运用车分布、通过能力、机车运用、空重车分布状态等提供车流调整辅助决策，实现运输调度智能化。

(3)列车定位与追踪。通过射频识别技术等先进的追踪手段实现对列车的全程、实时定位，并向其他部门提供列车位置、状态信息。

(4)客运调度。国铁集团需求主要包括以下方面：全路客运相关信息的掌握；客运服务各类事宜管理；跨局调度工作；列车晚点处理。铁路局需求主要包括以下方面：客运服务相关信息的掌握；客服信息通报与发布；日常事务处理；应急处置；监视管辖范围内大站重要场所；信息收集、分析及上报。

4)路外协作部门信息化需求

路外协作部门包括公路、航空、水运等其他运输方式管理部门、生产商、流通商、信息服务商、合作伙伴等。

(1)信息交换与共享。铁路智能运输系统应实时向公路、航空、水运等业务部门提供必要信息与数据。可通过让各相关部门访问基础信息平台及数据共享平台，获得如路网信息、运输信息、客票发售和预订系统信息、旅客个性化服务信息等动态信息，以及客运站地理信息、货运仓储信息、货运价格信息、列车时刻表信息、票价信息等静态信息。

(2)客运接送与联运。建立旅客的多式联运系统，方便旅客的接驳换乘；公路运输部门还可与铁路运输合作发展旅客的接送业务；实现铁路和航空的远程业务联运旅行等。

2. 系统组成

旅客运输管理信息系统作为运输生产组织的重要组成部分，是以现代化通信与信息技术为基础，为铁路旅客运输管理提供相关信息，并具有一定的辅助管理分析功能的信息系统。运输生产组织、客运营销、旅客服务三部分构成了旅客运输管理信息系统，如图 10.1 所示。

1)运输生产组织子系统

基本计划编制系统是一个智能化程度较高的、系统性较强的、功能较完善的以铁路网为整体的计算机管理系统。系统在将铁路行车基础资料进行数据库管理的前提下，提供了列车运行图、列车编组计划等基本计划在编制工作中需要的各种交互手段，实现了基本计划编制调整的网络化和协调工作。该系统与通用信息支撑平台、智能化运营调度指挥系统相连接。

客运站段管理系统主要围绕旅客服务，以铁路客运部门为主要用户，集客运站段安全生产管理、站车交互、列车服务管理信息于一体的综合管理信息系统。

2)客运营销子系统

客票发售和预订系统以客票为核心，形成基于 12306 客户服务中心的客运产品销售交互平台，形成以客户为中心的营销体系，在满足旅客基本出行需求的前提下，为旅客提供包括酒店预订、行李托运、旅游购票在内的多种延伸服务预订服务。

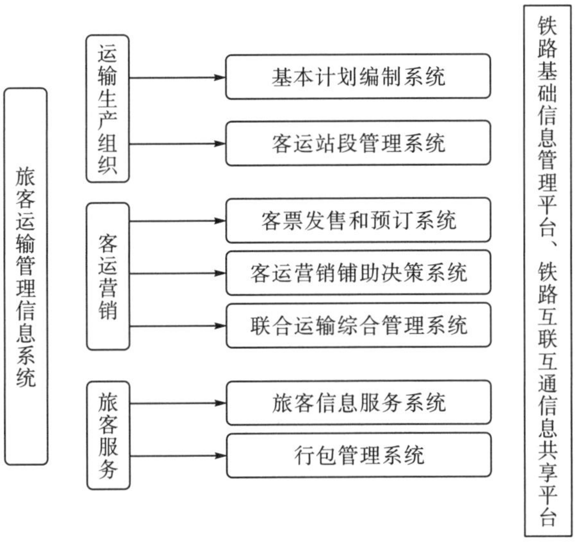

图 10.1　旅客运输管理信息系统

客运营销辅助决策系统为客运产品的开发提供依据，为客运部门编制管内列车开行方案、行包运输方案、设计客运新产品、协调各站票额分配方案提供辅助决策，构筑以市场需求为导向的产品销售体系；能研究旅客的需求，研究旅客需要什么产品(列车)、如何销售这些产品(客票)、如何提供更好的(站车)服务；通过客运市场调查和分析，设计出适合广大旅客出行需要的列车产品和服务，提高旅客位移满意度，提高铁路客运效益。

联合运输综合管理系统实现各运输方式信息共享、电子政务等功能，并为各运输方式提供联运产品设计、联运票价制定、联运计划编制等辅助决策功能。旅客接送联运服务宗旨是为旅客提供门到门的服务，对全程各种运输方式的费用、车票、行李、定位、引导等都实行一体化处理，提供旅客最满意和方便的旅行服务。

3)旅客服务子系统

旅客信息服务系统为旅客提供从做出出行决定至最终到达目的地全过程的所有服务。系统以旅客为中心，围绕旅客提供多样化、个性化、一体化的服务，为旅客选择铁路运输方式提供便利。

旅客信息服务系统可以为旅客提供必需的引导功能，包括车站内的向导，市内交通向导；为旅客提供接送服务，当旅客有接送服务需求时，可以通过系统查询相应服务；为旅客提供在车站所需要的各种服务，包括从入站开始至登上列车为止的一系列服务；为旅客提供在列车上的一系列服务；为旅客到站提供公共交通网络的线路导航及为每一种交通方式单独提供的各类导航，方便旅客无缝中转等。

行包管理系统为旅客提供行包服务，并为社会小件高附加值物品提供快速便捷的运输。该系统可以对行包运输过程中的各项信息进行管理及实时更新，使用户能通过客户机登录、网站信息公布等多种方式查看行包管理信息等。

4)铁路基础信息管理与共享

铁路基础信息管理与共享领域包含铁路基础信息管理平台和铁路互联互通信息共享平台两个部分。

铁路基础信息管理平台包括两个子系统：铁路综合基础信息管理子系统和铁路地理信息平台。铁路综合基础信息管理子系统主要负责铁路基础数据集成，为各个业务系统提供公用基础信息(基础编码、铁路空间信息、运输基础信息等)的统一维护管理，满足各业务系统对基础信息的需求；铁路地理信息平台需要负责收集、存储、维护和管理的铁路空间信息，包括全路公用的铁路基础空间信息，从业务系统提取的、有共享价值的专业空间信息和相关空间属性数据，并为各业务信息系统提供可共享的空间信息及相关服务。

铁路信息共享平台采用国铁集团、铁路局、主要站段三层结构来部署实施。国铁集团负责：部级信息共享平台的监控、管理、维护、系统扩充和优化，其中维护工作包括用户管理、服务注册、故障处理等；对路局级信息共享平台的远程监控；指导路局级信息共享平台维护中心的工作；指导业务信息系统的管理部门，完成系统接入信息共享平台；全路信息共享平台软件系统的统一更新。路局级负责：本路局范围内信息共享平台的监控、管理和维护；在部级指导下进行业务信息系统的接入；对所辖站段的信息共享平台进行远程监控和维护。站段级主要负责：站段信息共享平台的日常维护。

第二节　列车运行图编制系统

一、系统概况

1. 国外发展现状

最早苏联从 20 世纪 50 年代末开始对计算机编制列车运行图的模型和模式进行了试验和改进，后来采用人机对话的方式，主要着眼于运输生产上的实用性，在计算机给定初始方案的基础上进行人机对话调整。

日本在运用计算机编图初期主要采取人机对话的形式，编图人员使用光笔进行列车运行图的编制和调整。编制原则是从高级列车开始一列一列地铺画。当编图人员向计算机输入车次、始发车站及始发时刻等数据后，由计算机自动计算该列车在区段内各站的到发时刻。纯人机对话形式的计算机编图只能缩短编图时间，减少编图计算工作量，难以提高编图的质量。后来，日本在研究人工智能的基础上进行列车运行图编制专家系统的开发，采用搜索树原理和经验制约作为知识规则进行驱动，以列车运行带代替列车运行线，考虑各列车之间的相互约束及各车站间的列车组合顺序，利用人工作业中以经验为依据的启发式手段，找出“满足条件程度尽可能高的选择标准”，从而把人的判断能力和计算机的高速运行能力结合起来，开发了列车运行图编制系统。

美国从 20 世纪 50 年代末开始进行应用计算机编制列车运行图的研究，主要采用计算机模拟方法和逻辑判断方法。

英国从 20 世纪 60 年代以来进行运行图编制自动化方面的研究工作。1965 年，英国借助计算机模拟列车运行的程序，首先在较短的区段上进行模拟，后来发展到在 30 个车站、300 个信号机的单线自动闭塞区段上进行模拟。从 1971 年开始，英国广泛采用列车运行图编制与绘制系统。

目前，许多国家的列车运行图编制系统在智能化、系统化、精细化方面都有进一步发展，如德国铁路基于车站进路描述和列车牵引计算进行列车运行图的编制，并采用了地理信息系统技术，操作方便、可视化程度高。日本建立了集列车运行计划、动车组交路计划、车辆分配计划编制等于一体的新干线综合运输管理系统(COSMOS)，用于新干线高速铁路运营调度，系统集成化、精细化程度高。

2. 国内发展现状

我国铁路部门采用计算机编制列车运行图始于 20 世纪末。1997 年，我国铁路第一次提速，铁道部采用西南交通大学与济南铁路局、北京铁路局、上海铁路局联合研发的计算机编图软件进行了计算机编制京沪线列车运行图的试点工作。2000 年，以铁路局为背景的列车运行图编制系统的研究取得了显著进展，多个铁路局已在实际编图工作中完全采用了计算机编图，取代了传统的手工作业编图方式。2003 年，在国铁集团(原铁道部)的组织和参与下，西南交通大学研究开发了计算编制全路直通客车运行方案图系统，实现了基于计算机局域网编制全路直通客车方案二分格图；2005 年，西南交通大学研究开发了全路旅客列车运行图系统，实现了基于计算机局域网编制全路旅客列车运行图；2009 年，西南交通大学研究开发了支持异地联网编图的全路列车运行图编制系统 3.0 版；2014 年，西南交通大学又成功研发了全路列车运行图编制系统 4.0 版，实现了基于 64 位的系统技术升级，突破了 3.0 版内存容量的瓶颈，彻底解决了全路客货列车数据管理的容量需要，实现了两个列车运行图文档间的数据交换。

列车运行图编制系统的研究经历了从简单到复杂、局部到全局、特殊到一般的过程，如图 10.2 所示。

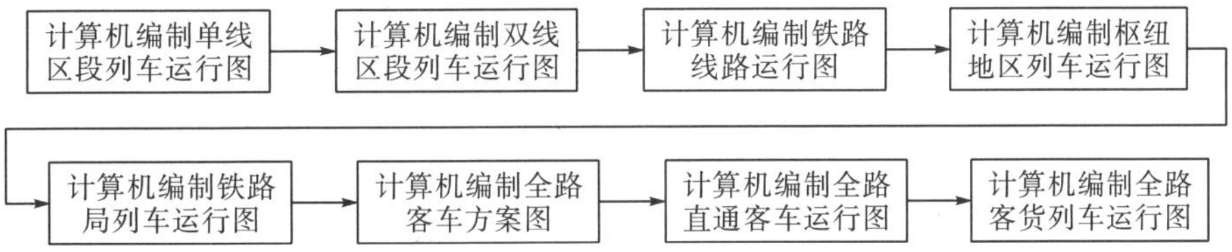

图 10.2　计算机编制列车运行图发展过程

从我国铁路列车运行图编制系统研究发展的进程来看，大致可以划分为以下六个阶段。

(1) 着重于有针对性地解决具体的研究对象，根据不同路局、不同区段的特点研究解决带有鲜明个性化的具体问题。

(2) 致力于研究系统的通用性和适应性，力图通过一个系统去解决不同区段、不同线路的问题。

(3) 建立一个对于单线和双线、自动闭塞和半自动闭塞都有效，对于全路而言都是通用的、功能较完善的、行之有效的以铁路局为整体的计算机编图软件系统，提高了编图效率。

(4) 从构建全国路网编图技术手段的目标出发，重点研究建立全路旅客列车运行图编制系统，为实现全路旅客列车运行图的优化编制创造条件，提高我国铁路列车运行图的编制质量和效率。

(5) 构建全路列车运行图编制的技术手段，研究建立支持异地联网编图的全路列车运行图编制系统，研究重点全路计算机编图的网络化、精细化、智能化及系统化技术，实现列车运行图及其相关业务计划编制的一体化，建立面向铁路内部的列车运行图综合管理信息系统，实现基于计算机网络的列车运行图基础信息收集、管理、查询和综合决策支持，为实现铁路列车运行图编制和管理的集中化、统一化、快捷化提供技术支撑。目前国内计算机编图研究处于这一阶段。

(6) 实现基于全路网的计算机自动优化编图，大幅度提高系统的自动化程度和编图效率，大幅度提高列车运行图管理的信息化程度。

3. 系统应用目标

列车运行图编制系统的应用目标主要是实现列车运行图及其相关业务计划编制的网络化、精细化、一体化，构建集列车运行图数据管理、列车运行计划编制、车底(动车组)交路计划编制、机车周转计划编制、车站作业计划编制、列车牵引计算、列车运行仿真、列车运行图版本管理、列车运行图信息共享与发布、列车运行图信息查询、车辆分配计划、乘务交路计划等于一体的列车运行图编制管理协同信息平台，以满足高速铁路与既有普速铁路贯通成网条件下铁路列车运行图编制管理和铁路信息化建设的需要。提升铁路列车运行图编制管理的科学手段，为实现铁路列车运行图编制管理的集中化、统一化、快捷化提供技术支撑，为充分发挥列车运行图的基础作用及实现列车运行图信息共享提供技术支持。系统应用目标见图 10.3。

(1) 运输部门。在列车运行图编制方面，运输部门实现基于铁路广域网、局域网编图和单机编图，支持异地联网调整列车运行图，实现列车运行图及其相关业务计划编制的网络化、精细化、一体化。

(2) 客运部门。客运部门基于铁路广域网、局域网实现对旅客列车开行方案、停站、编组、车底(动车组)交路计划等的编制、动态管理及信息发布。

(3) 机务部门。机务部门基于铁路广域网、局域网实现机车周转图编制和管理，以及列车牵引计算的仿真运算。

(4)车站。车站实现了列车股道运用计划、调车作业计划、列车接发车进路、调车作业进路的编制与调整、车站作业计划绘制等。

(5)车辆部门。车辆部门列车运行图系统 4.0 可根据动车组交路计划、动车组类型、动车组配属等自动生成车辆分配表，实现对车辆分配结果进行审查、统计输出等。

(6)其他相关部门。提供列车运行图相关数据接口与运输信息集成平台、铁路客票系统等其他铁路信息系统进行运行图相关数据的信息交换和共享。

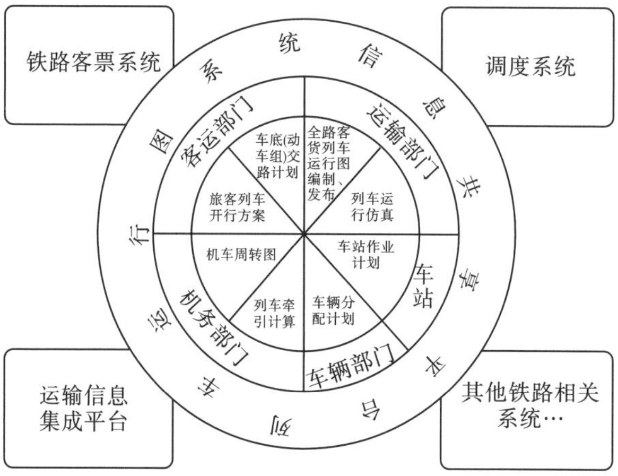

图 10.3　系统应用目标

二、系统体系

1. 建立协同工作的群件系统

随着社会的发展和科技的进步，各种工作变得越来越复杂，很多工作的完成都是许多人智慧的共同结晶，协同工作在当今社会变得日益重要。因此，在通信和计算机技术日益成熟的当今信息社会中，计算机支持的协同工作(computer supported cooperative work，CSCW)也就应运而生。CSCW 这个概念最初是在 1984 年由麻省理工学院的 Irene Greif 和美国 DEC 公司的 Paul Cashman 提出来的。CSCW 系统融汇了计算机的交互性、网络的分布性及多媒体的综合性，可支持不同地方、不同专业的群体成员共同完成协作任务。

从计算机技术的角度看 CSCW 的含义是：在分布式计算机环境中，支持群体成员在各种条件下，包括在空间上分布、时间上不同步的条件下以协作工作方式完成任务的信息技术与系统。其基本特点是：①群体的成组工作；②对称的、符合人类习惯的交互方式。能完成 CSCW 功能的多用户软件称为群件(groupware)。

列车运行图的编制需要由各级机构相关部门的众多人员一起共同努力才能完成，具有典型的协同工作特点。具体来说，该项工作涉及全路铁路运输的总体效益和各铁路局的局部利益，需要铁路车务、机务、工务、电务、车辆等众多部门的人员参与，也涉及各个部门的利益问题。对于具体的编制人员来说，其任务、目标和利益各不相同。同时，列车运行图是铁路运输组织工作的综合性技术计划，它的编制不可能分解为完全相互独立的个体工作，不可避免地存在着相互关联问题，每个人既要完成相对独立的局部范围的某类计划的编制工作，又要站在全局和整体计划的高度与其他人进行协调，因此，它是建立在群体协同工作基础上的。

因此，列车运行图编制系统属于典型的基于协同工作的群件系统，具有支持成组用户以某种协作形式共同完成协作任务的特点。

2. 高集成度的系统设计方案

列车运行图是涉及车务、机务、工务、电务、车辆等各部门的综合性铁路行车组织计划，列车运行图的编制需要各部门的协调配合，必须为各相关部门提供一个协同工作平台。各作业计划之间存在相互制约和相互反馈的关系，各系统间是一种紧耦合关系，需要建立在数据共享的基础上，实现业务间的协同处理。如果它们成为各自独立的系统，则存在难以解决的问题，一方面，各子系统间难以实现数据共享，难以保证各子系统间问题的数据动态同步更新；另一方面，各项作业需要紧密协调，各子系统间存在功能调用、相互反馈，在业务流程方面体现为一种交错关系。

综上所述，列车运行图编制系统具有高度的紧耦合特性，难以将它拆分成松散的服务。因此，应建立将相关核心业务子系统融为一体的全路列车运行图编制系统，具体而言，是建立高集成度的集相关业务计划于一体的、各子系统在物理架构上不再分割的列车运行图编制系统。同时，为提升应用的灵活性，整个系统是可分可合的，作为整体是集所有业务处理于一体的一个系统，拆分开来可发布为基于各项业务领域相对独立的子系统，既能满足全路集中编图的要求，又能适应各级业务部门各自相对独立工作的需要。

例如，在我国早期的列车运行图编制系统研发中，数据管理子系统与列车运行图编制调整子系统是各自独立开发设计的，数据的编辑和修改通过数据管理子系统完成，在此基础上，才能进行列车运行图的编制与调整。采用单机编图时，由于每个人的工作是串行的，系统的物理构架可以满足编图工作的需要。但是，对于路网列车运行图的编制，由于不同的编图人员之间的工作是并行的，也就是说，数据修改和列车运行线的编制及调整是可能同时进行的，因此，早期的各子系统分离的物理架构设计很难适应全路列车运行图编制工作的要求。

系统在物理架构上的一体化设计使系统具有高度的集成性，可以使系统将数据管理与各业务处理融为一体，避免了系统数据发生变化时的数据重读工作，提高了信息共享程度，保证各业务子系统有序同步工作及综合协调运用，有利于提高系统效率和系统可靠性。

3. 基于 C/S 模式的列车运行图编制系统混合式结构

列车运行图编制系统设计了基于 C/S 模式的混合式结构。在系统集中控制的基础上，对传统的集中式结构中的服务器进行“瘦身”，即分离出一部分工作由客户机完成，这样可以提高效率，减少客户机与服务器之间的通信。

在列车运行图编制系统中，客户机负责大量的一般性运算和交互操作，服务器负责少量的超级运算、系统控制和信息转发。每个客户机站点只与服务器建立连接，由服务器负责转发来自客户机的命令请求，以实现各个客户机之间的信息传播，并且系统可以支持分层的多服务器结构。

列车运行图编制系统宜采用分层的多服务器结构，由系统中央服务器作为主服务器，各铁路局服务器是连接全路中央服务器的客户机，但对各铁路局而言是服务器，铁路局客户机是基于局域网与铁路局服务器相连的客户机。

该方案的优点是：一方面，有利于合理运用中央服务器的处理能力；另一方面，可以大大减少网络上的数据流量，列车运行图编制处理的数据量大，尽可能减少数据传输量，有利于提高系统效率，增强系统的可行性。另外，也有利于充分发挥客户机的处理能力，并易于支持离线运行模式。

三、系统结构

列车运行图编制系统 4.0 版构建集技术资料管理列车运行计划、动车组交路计划、旅客列车运行图管理、车站作业计划、车辆分配计划、机车周转图、列车牵引计算、列车运行仿真等于一体的列车运行图编制与管理协同一体化信息平台，以满足高速铁路与既有普速铁路贯通成网条件下铁路列车运行图编制管理和铁路信息化建设的需要。系统结构如图 10.4 所示。

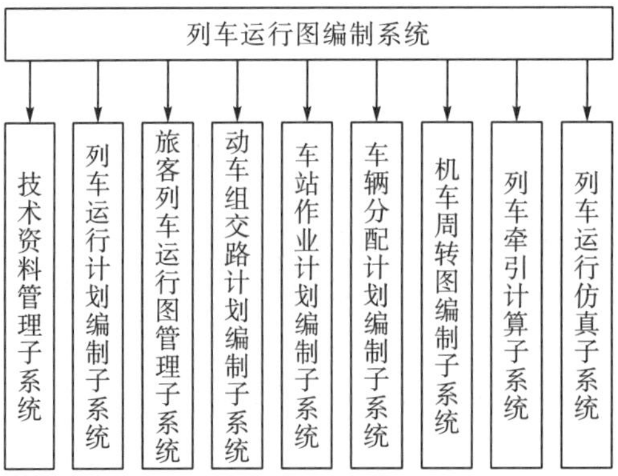

图 10.4　列车运行图编制系统

1. 技术资料管理子系统

技术资料管理子系统的主要功能是对编制列车运行图所需要的来自铁路车务、机务、工务、电务、车辆等各级业务部门的技术数据进行收集、整理、维护、统计和输出。系统功能结构如图 10.5 所示。

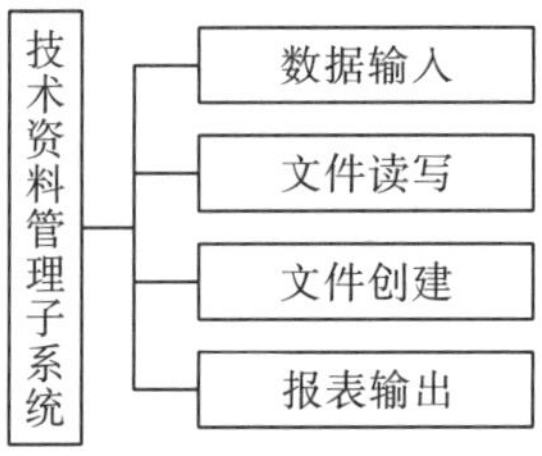

图 10.5　技术资料管理子系统功能结构图

(1) 数据输入。数据输入包括对铁路车务、机务、工务、电务、车辆等各级业务部门的技术数据的收集、整理、输入操作。

(2) 文件读写。依据不同业务部门的需要，读取和修改相关技术文件。

(3) 文件创建。依据不同业务部门的需要，创建和保存相关技术文件。

(4) 报表输出。以用户指定的方式、范围输出报表。

2. 列车运行计划编制子系统

列车运行计划编制子系统提供多种功能协助用户编制高质量的运行图。系统功能结构见图 10.6。

(1) 技术资料管理。技术资料管理包括：各种技术资料数据的新建、插入、删除、编辑、修改等界面编辑功能；数据的存储、读写功能；部分数据的统计功能；以用户指定的方式、范围输出报表。

(2) 生成列车初始方案点。通过计算列车合理始发及终到时刻，从而根据需要生成列车在始发、终到站或限制区间的方案点。

(3) 自动编制列车运行图。在用户编图参数设定基础上对用户选定范围的所有列车自动铺画满足各种约束的列车运行线。

(4) 显示运行图。系统能进行任意范围内满足各种个性化要求的列车运行计划显示。

(5) 人机交互调整列车运行图。为了体现编图人员意愿及发挥编图人员能力，当自动编制的列车运行计划不能满足要求时，系统提供人工多种交互功能修改列车运行计划，直到达到满意效果。

(6) 计划编制结果上报与下达。将完成的列车运行计划编制结果上报至上级部门，审批后的计划可下达至各铁路局运输处、客专调度所、动车基地等处。

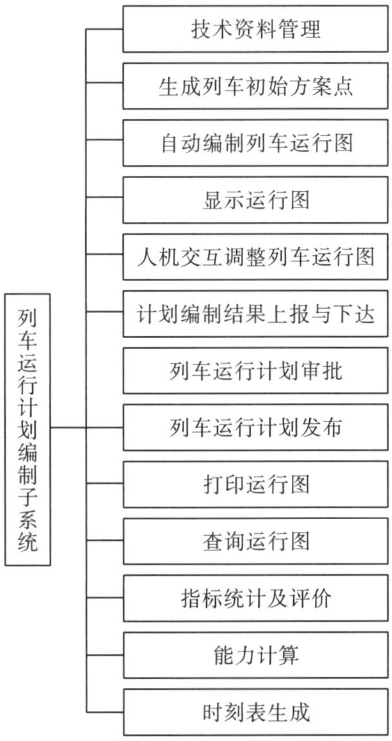

图 10.6　列车运行计划编制系统功能结构图

(7) 列车运行计划审批。列车运行计划编制后，上级部门要对列车运行计划进行审批，确认编制结果，审批后的结果会自动生成不同的运行图版本。

(8) 列车运行计划发布。将编制完成的基本列车运行计划通过网络发布进行信息及图形浏览、表格下载、数据下载。

(9) 打印运行图。根据选定的范围打印输出运行图，图上站名区、时间区、运行框架及运行线区作为一个整体的区域进行绘制。

(10) 查询运行图。从路网地理信息系统图或非地理信息数据中选定区域，查询列车时刻和列车运行图，也需要将两者进行联动查询，在路网地理信息系统图上显示列车运行参数，如列车径路及其地理信息。

(11) 指标统计与评价。可以计算出列车运行计划的各项指标，包括开行的列车种类、列车数、技术速度、旅行速度、速度系数、总停站时间、平均停站时间及其他自定义的指标。进行各类指标统计和 Excel 报表生成。

(12) 能力计算。系统可提供用户自定义范围内线路区间的能力自动计算。

(13) 时刻表生成。任意范围的列车时刻表都能以不同风格、版式进行编辑、排版输出。

3. 旅客列车运行图管理子系统

旅客列车运行图管理子系统主要实现旅客列车开行方案辅助决策、旅客列车运行图管理、动车组(车底)交路编制、旅客列车时刻表管理、旅客运输能力管理等功能。系统功能结构见图 10.7。

1) 旅客列车开行方案辅助决策

(1) 旅客列车开行方案管理。旅客列车开行方案管理对列车开行方案基础数据进行管理维护，内容包括旅客列车开行方案车次、始发终到站、现图车次、对向车次、列车特征、开行规律、担当路局等。

同时，为提高输入效率，可从现有的列车开行方案和停站 Excel 格式文件中导入，也可以从历史库中提取开行方案数据。

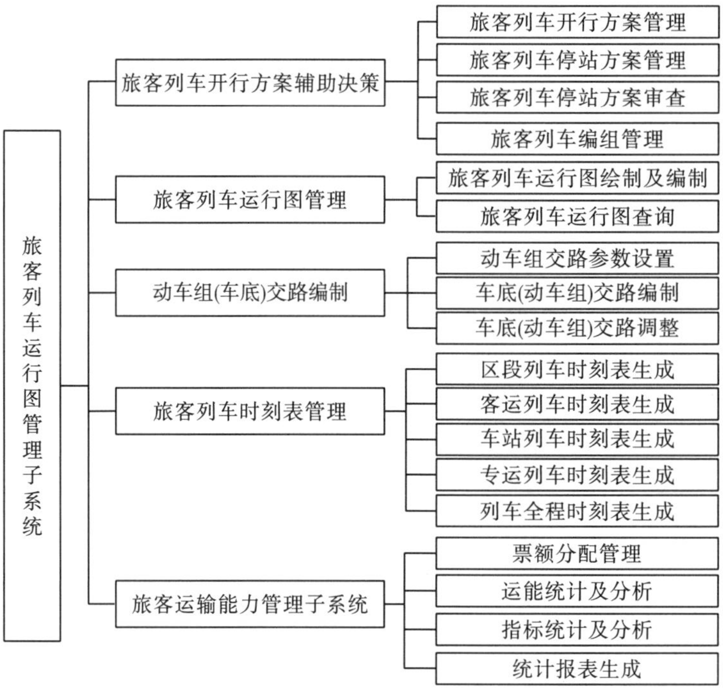

图 10.7　列车运行图数据管理子系统功能结构图

(2) 旅客列车停站方案管理。旅客列车停站方案管理主要完成列车停站方案的输入、停站方案报表输出以及停站方案查询。停站方案的内容主要包括列车经由线路、经由客运车站、经由车站是否办理客运业务、停站时间、站间里程及累计里程，同时在比较库存在的情况下还可以参照比较库的停站方案数据与实际停站数据为停站方案的编制提供参考，在改变停站设置时对平均站间距进行自动计算，用户可以根据实际平均站间距需要进行停站设置。

在建立停站方案数据的基础上，可以对停站方案数据进行查询和输出，查询可按管辖范围和列车种类两种方式进行车次范围选择，查询输出结果提供多种选择方式，可以按单向车次输出，也可成对输出，其结果可直接以 Excel 文件形式输出。

(3) 旅客列车停站方案审查。在编制旅客列车运行图过程中，可随时对旅客列车停站情况进行审查，确保停站方案的执行到位。

在停站审查中，可将旅客列车停站方案内容与实际编制结果进行比对，能快速定位显示两者间的不足，为用户决策提供方便。

(4) 旅客列车编组管理。旅客列车编组管理负责管理、维护和更新客车编组数据，并根据列车有关信息勾画客车车底周转图。功能主要有列车编组信息的查询、输入，客车车底交路的输入，乘务段数据、车辆段数据和车辆数据的维护等功能。

2) 旅客列车运行图管理

(1) 旅客列车运行图绘制及编制。旅客列车运行图绘制及编制需要支持旅客列车运行图的图形化显示，可方便对旅客列车运行线进行调整，如正向推线、反向推线、增加停站、减少停站、运行线平移等操作。

(2) 旅客列车运行图查询。旅客列车运行图查询需要对旅客列车运行图信息进行查询，查询结果包括文字结果和图形结果，可实现按列车、线路、区段、显示分段等查询条件查询旅客列车运行图图形，可对列车的技术指标、经由径路、区间运行标尺等内容进行查询。

3) 动车组(车底)交路编制

(1) 动车组交路参数设置。实现全路车底(动车组)交路计划编制相关基础信息与技术资料的数据库管理，具有数据录入、增加、删除、修改、更新、整理、备份、查询、统计等功能，可生成相关接口文件、历史文件、报表文件和统计分析文件等。

(2) 车底(动车组)交路编制。系统采用参数化设置，建立基于多种约束条件的算法库。根据已知列车运行图编制结果条件，按照设置的交路参数通过计算生成多个可行的车底(动车组)交路编制方案，由用户根据结果择优。动车交路计划的自动编制减少了计划编制人员的工作量，在一定程度上提高了编制计划的效率。

(3) 车底(动车组)交路调整。系统在自动生成(车底)动车组交路计划的基础上，在车底(动车组)交路编制过程中的各个环节提供多方面的人机交互手段。

4) 旅客列车时刻表管理

在本系统中提供旅客列车时刻表自动生成功能，通过用户挑选需要生成时刻表的旅客列车车次，然后进行相应设置，即可自动生成旅客列车时刻表，其形式为 Excel 文件形式，用户不用任何编辑即可获得成型旅客列车时刻表，极大地提高了工作效率。

本系统支持区段列车时刻表生成、客运列车时刻表生成、车站列车时刻表生成、专运列车时刻表生成和列车全程时刻表生成。

5) 旅客运输能力管理子系统

(1) 票额分配管理。系统提供票额分配输入功能，可对票额分配内容进行编辑；提供票额分配导入功能，将票额分配结果导入到本系统；提供旅客列车编组和停站导出功能。

(2) 运能统计及分析。系统可以按照方向、地区、车站、列车种类任意两项的组合进行统计格式的自定义，根据需要按上述特征内容进行组合查询旅客列车运能。

(3) 指标统计及分析。系统可对旅客列车编组指标、技术指标、停站方案指标等进行统计分析。客车编组指标统计实现了列车对数、旅行时间等指标的统计，包括列车对数表、客车编组报表、节省车辆统计表、新旧图旅时对比表等；技术指标包括旅行时间、纯运行时间、停站内容、旅行速度、技术速度、速度系数等；停站方案指标包括旅客列车拟停站名表、停站方案查询、停站实际查询、停站统计表等。

(4) 统计报表生成。系统将各类统计结果以 Excel 报表的形式生成，以供管理人员分析决策。

4. 动车组交路计划编制子系统

动车组交路计划编制子系统可以根据列车运行计划编制结果生成多个可行的动车组编制方案，并且可以让工作人员根据所需情况进行调整进而选取最优方案。此外，该系统还能实现动车组交路相关信息以及客运相关基础数据维护和计划结果上报并下达的相关功能。系统功能见图 10.8。

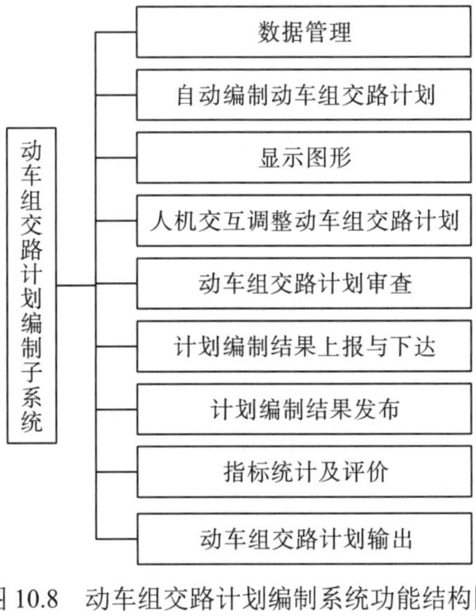

图 10.8 动车组交路计划编制系统功能结构图

(1) 数据管理。系统实现全路动车组交路计划编制相关基础信息与技术资料的数据管理，具有数据录入、增加、删除、修改、更新、整理、备份、查询、统计等功能，可生成相关接口文件、历史文件、报表文件和统计分析文件等。

(2) 自动编制动车组交路计划。系统采用参数化设置，建立基于多种约束条件的算法库。根据已知列车运行计划编制结果条件，通过计算生成多个可行的动车组编制方案，由用户根据结果择优。

(3) 显示图形。系统包括显示图形的放大、缩小、满屏显示、漫游、刷新及字体放大、字体缩小等；移动接续线、车站线、标注线、待避线，待避线设定与取消，车站显示或隐藏，车站切分与否，车站线采用双线或单线显示等。

(4) 人机交互调整动车组交路计划。系统在自动动车组交路计划的基础上，在动车组交路编制过程中的各个环节提供多方面的人机交互手段。

(5) 动车组交路计划审查。系统对动车组交路计划进行审查，检查所编制的动车组交路计划是否满足各种约束条件，动车组数量是否可以接受，运行线是否全部指派动车组交路等。

(6) 计划编制结果上报与下达。系统将完成的动车组交路计划编制结果上报至上级部门，审批后的计划要下达至各铁路局运输处、客专调度所、动车基地等处。

(7) 计划编制结果发布。系统将编制完成的交路计划通过网络发布，进行信息及图形浏览、表格下载、数据下载。

(8) 指标统计及评价。系统可自动计算所编制计划的各种指标，包括需要的最少动车组数量、平均走行里程、平均运用时间、平均担当的运行线数量、平均接续时间、动车组空车走行数量和里程，以及自定义的其他指标等。

(9) 动车组交路计划输出。系统能够以电子表格、图形多种格式显示、打印、输出动车组交路计划。

5. 车站作业计划编制子系统

在列车运行图计划基础上，提供用户编制管理车站作业计划的多种功能。系统功能见图 10.9。

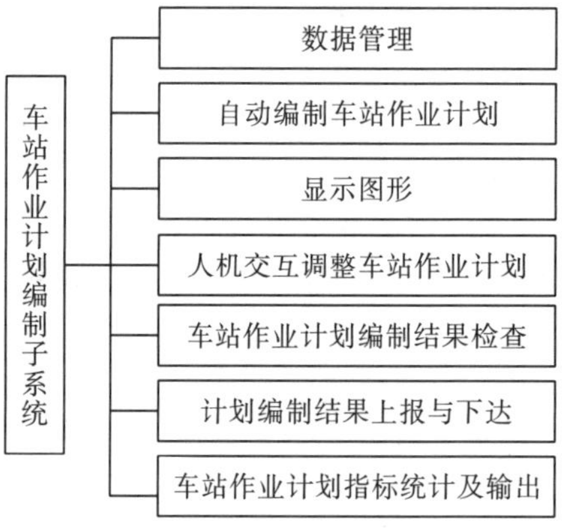

图 10.9　车站作业计划编制子系统功能结构图

(1) 数据管理。系统对包括车站作业计划编制所需各项技术资料和数据，如车站设备、车站作业时间标准等数据的管理。

(2) 自动编制车站作业计划。系统能依据列车运行计划、动车组交路计划，根据列车作业性质、到发线使用方案等，自动安排到发线、客技线和调机作业，并对咽喉进路冲突进行检测，为用户提供具有辅助决策效果的车站作业计划初始方案。

(3) 显示图形。系统能提供用户个性化设计技术作业图表的功能和参数输入界面，能够根据车站作业计划及用户设定的参数自动绘制车站技术作业图表。

(4) 人机交互调整车站作业计划。系统应提供全方位的图形浏览功能，使用户基于图形和表格的方式调整车站作业计划，并能够随时对调整结果进行检查，给出提示。

(5) 车站作业计划编制结果检查。系统对编制结果是否符合技术条件进行检查。

(6) 计划编制结果上报与下达。系统将编制完成的车站作业计划上报相关部门并发布下达车站下属相关部门。

(7) 车站作业计划指标统计及输出。系统实现以图形、表格形式打印及输出列车股道占用、列车进路安排等计划。

6. 车辆分配计划编制子系统

车辆分配计划编制子系统可以提供车辆分配计划编制与管理的多种功能，可以减少车辆配置数量，缩短旅客列车的在站停留时间。系统功能见图 10.10。

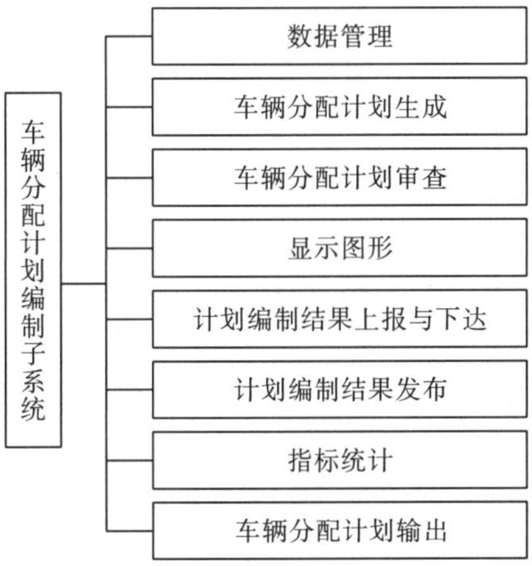

图 10.10 车辆分配计划编制子系统功能结构图

(1) 数据管理。系统实现全路车辆分配计划编制相关基础信息与技术资料的数据管理，具有数据录入、增加、删除、修改、更新、备份、查询、统计等功能，可生成相关接口文件、历史文件、报表文件和统计分析文件等。

(2) 车辆分配计划生成。根据动车组交路计划、动车组类型、动车组配属、动车基地与运用所的设置、动车组的修程和修制等与算法库自动生成车辆分配计划。

(3) 车辆分配计划审查。系统可以对编制结果是否符合技术条件进行检查，上级部门对车辆分配计划进行审批，确认编制结果。

(4) 显示图形。系统应能够以自定义方式显示车辆分配计划，并能够显示列车运行计划、动车组交路计划等相关计划。

(5) 计划编制结果上报与下达。系统将编制的车辆分配计划编制结果下达至相关部门等处，需要签收。

(6) 计划编制结果发布。系统将编制完成的基本车辆分配计划通过网络发布，进行信息及图形浏览、表格下载、数据下载。

(7) 指标统计。系统进行车辆分配计划的各类指标统计，如各动车基地配属动车组的数量、类型等。

(8) 车辆分配计划输出。根据指定的范围输出车辆分配计划图表(动车组的类型、动车基地)。

7. 机车周转图编制子系统

机车周转图编制子系统提供机车周转图编制和管理的多种功能。系统功能见图 10.11。

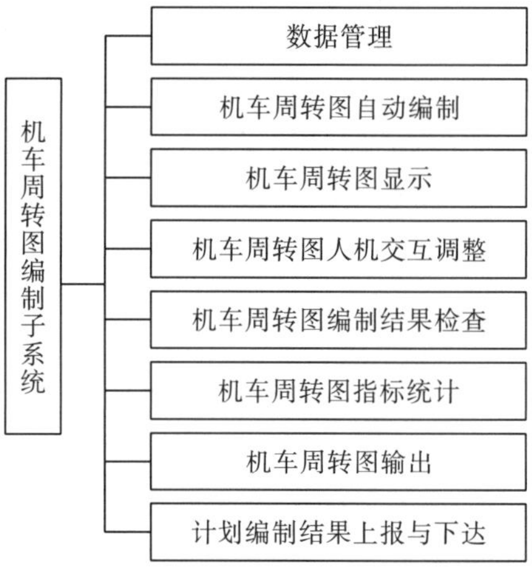

图 10.11　机车周转图编制子系统功能结构图

(1) 数据管理。数据管理包括机车交路、机务段、机车周转图图面、交路车次等周转图基础数据的管理和维护；机车周转图编制参数的管理；全路机车运用指标的管理。

(2) 机车周转图自动编制。系统根据机车交路数据及列车运行计划数据，采用合理的机交线勾画算法，自动生成机车周转图编图方案。

(3) 机车周转图显示。系统提供机车周转图多维度的显示，方便用户编制调整图形。

(4) 机车周转图人机交互调整。系统提供基于图形界面的机交线人机调整，包括机交线的添加、删除、修改等功能，并提供机交线的层次自动调整功能。系统还可提供丰富的图元及图形操作方法，并能利用图形工具对周转图的交路区段以及车站布局进行调整。

(5) 机车周转图编制结果检查。通过超劳统计与列车指标统计，实现对机车周转图编制结果的检查；同时，系统检查周转图数据是否完整，交路车次是否未指派机车，机车接续时间是否满足机车作业标准，各机车运用是否相对均衡，使用机车数是否合理等。

(6) 机车周转图指标统计。系统根据机车周转图编制结果，生成机车周转图的各种统计结果，并以Excel 格式的报表输出，以利于编图人员进行机车周转图的检查和机车周转图的指标分析。机车周转图指标统计主要包括列车指标统计、机车超劳统计、机车运用效率统计、统计数据的汇总对比，以及统计报表的生成。

(7) 机车周转图输出。根据选定的范围，系统以各种自定义方式输出机车周转图。

(8) 计划编制结果上报与下达。将完成的机车周转图编制结果上报至国铁集团，审批后的计划要下达至各铁路局机务处、客专调度所等处。

8. 列车牵引计算子系统

列车牵引计算子系统可辅助用户对各种参考下的机车、车辆进行牵引计算及仿真。系统功能见图 10.12。

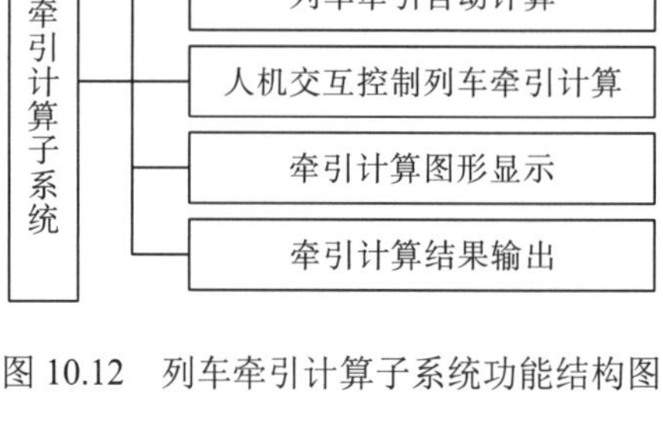

图 10.12　列车牵引计算子系统功能结构图

(1)数据管理。牵引计算需要管理的数据有机车数据、线路车站数据、车辆数据、列车的编组数据。系统需要提供各种数据的新建、插入、删除、编辑、修改等功能，提供数据的存储、读写功能，部分数据的统计功能、处理功能。

(2)列车牵引自动计算。系统需根据线路的平纵断面、列车的编组条件和机车数据，自动计算各种工况下列车的单位合力，自动进行工况优选和确定各工况运行时间，计算出以区间为单位的运行速度、运行时分、能耗等各项指标。

(3)人机交互控制列车牵引计算。设定计算参数，如时间步长、限速等；监督、管理计算进程，人工选择工况等。

(4)牵引计算图形显示。系统应能够以图形方式显示线路平纵断面、牵引计算结果(运行时分、能耗等)，提供模拟仿真显示列车运行过程。

(5)牵引计算结果输出。系统可将牵引计算结果以Excel报表、CAD图形报表形式输出。结果图形包括速度-距离曲线、时间-距离曲线、速度-时间-距离曲线、能耗曲线。

9. 列车运行仿真子系统

列车运行仿真子系统辅助用户构造各种铁路路网与车站行车环境，并通过模拟仿真列车的行车过程，评估行车方案设备利用情况。系统功能见图10.13。

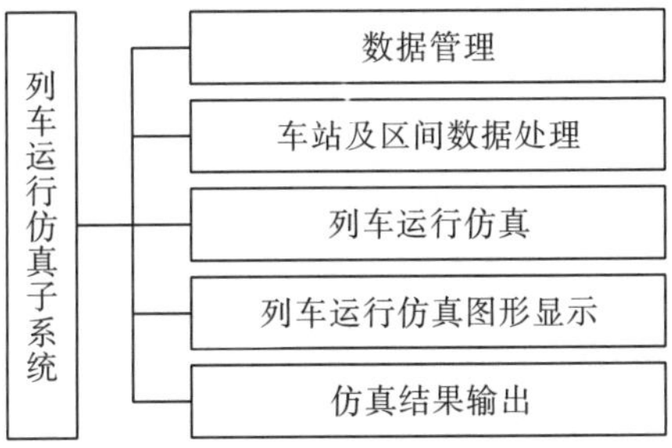

图10.13　列车运行仿真子系统功能结构图

(1)数据管理。系统可从旅客列车运行图管理子系统获取车站、区间属性数据，列车车次、时刻表等数据；可从牵引计算子系统获取动车、机车、车辆数据，编组数据等，并对车站行车设备、区间信号闭塞设备等列车运行仿真相关数据进行管理。

(2)车站及区间数据处理。系统可建立车站行车设备拓扑关系、自动生成车站列车进路、建立及管理车站联锁表、管理区间信号闭塞关系。

(3)列车运行仿真。系统通过设定仿真计算参数的范围，具体包括仿真范围(可按线路、车站进行选择)、仿真时段、仿真速度、仿真步长等，仿真整个列车运行过程，对列车运行过程中的各种状态进行处理，显示和记录整个仿真过程，并生成仿真结果。

(4)列车运行仿真图形显示。系统应能显示参数设定、显示车站及线路平面图形、示踪列车位置、显示进路锁闭/解锁过程、显示信号机状态变化、显示区间列车运行过程、显示列车运行曲线等相关仿真图形。

(5)仿真结果输出。列车运行仿真结束后，系统可根据需要显示实际运行图、车站股道占用示意图，并将仿真结果以文件形式输出给用户。

第三节　客票发售和预订系统

一、系统概况

1. 国外客票发售和预订系统发展概况

1) 日本

随着计算机技术和通信技术的发展，许多国家大量采用先进的计算机联网售票和预订系统，实现了跨国家、跨地区、跨行业的旅行服务，为旅客提供了方便、快捷、舒适的旅行条件，逐步向智能铁路的方向迈进。目前，日本、美国和大部分欧洲国家在这方面的应用已经取得了显著的经济效益和社会效益。

日本铁路于1960年2月开始使用客票发售和预订系统，对当时东海道4列特快列车实现车票预约，共有13台售票终端，日预约客票近4000张。1964年，日本开始全国范围内办理客票预订，其后不断对系统进行更新。1987年，日本铁路民营化，国铁分成6家客运公司和1家货运公司，全日本的客票预订、销售和管理工作委托日本铁路信息系统股份有限公司通过旅客客票发售和预订综合系统（MARS）完成。

目前使用的全日本铁路客票发售和预订综合系统是MARS-501，该系统自诞生以来经过了8次升级换代。MARS设置一个物理的预订/销售系统中心，供6家客运公司共同使用，设置6个车站收入管理系统管理各客运公司的收入和清算业务，设置一个总清算系统完成6家客运公司之间的业务清算。

该系统实现了与航空公司、旅行公司系统的连接，可以实现酒店预订、餐饮预订、汽车租赁等功能。车站收入管理系统对预订、销售、精算信息的统计进行汇总，总清算系统实现各个铁路公司及其他公司之间的业务清算。

旅客预订、购买车票的方式比较多元，可以通过人工售票窗口、自助购票机、电话、互联网、车上移动终端、旅行公司、航空公司等多种途径购票，MARS发售多类型票券，如普通票、定期票、团体票、特级车厢的绿色车票等，还发售各种入场券、旅行券、机票、旅馆券等。

2) 欧洲

欧洲铁路客票发售和预订系统的发展大致经历了三个阶段：20世纪70年代为各国开发独立客票发售和预订系统阶段，20世纪80年代为欧洲各国联网阶段，20世纪90年代之后为更新换代延伸服务阶段。

20世纪70年代，欧洲各国开始独立研发客票发售和预订系统，经过长时间的研发和使用后，由于一些政治、经济和旅游等方面的原因，20世纪80年代组成了欧洲铁路客票发售和预订系统，该系统主要由德国、法国、瑞士、意大利、西班牙、奥地利、比利时、卢森堡、荷兰、丹麦等国家的铁路客票发售和预订系统组成，通过Hermes计算机数据通信网与德国法兰克福的客票预订中心的EPA80系统连接。该系统可以在欧洲各地办理各国的旅客列车以及各国间运行的国际列车的客票预订业务。

进入20世纪90年代，欧洲铁路客票发售和预订系统在技术上又有了新的进展。葡萄牙铁路部门采用计算机硬软件新技术和系统方法于1989年开发了TRANS系统，在系统容量、数据库技术、网络技术、操作系统、软件工程、软件工具和开发技术上均有一定特色。此外，TRANS系统在欧洲的一些其他国家也得到了应用。

德国铁路公司的旅行信息和客票发售和预订系统把分布在全路各地和车上的自动售票机系统、窗口售票电子印票机系统、电子客票预订系统、旅行社铁路客票销售系统集成一个综合的联机实时处理系统。由该系统派生的应用系统有电子客票预订系统、电子列车时刻表和运输服务问讯应答系统、售票系统、全路客运票房收入结算系统等。

法国高速铁路1993年开始使用Resarail售票系统，其后又在美国航空公司Sabre坐席预约系统的基础上开发了新的售票系统 ID TGV，满足了高速铁路售票服务的时刻表、价格表、座位分布/预订、席位发售、效益效率管理以及售后服务等主要功能需求。Resarail 和 ID TGV 两套系统同时为法国铁路提供售票服务。法国铁路售票渠道非常广泛，并且分工明确：车站窗口分为国内窗口和国际窗口；自动售票机只接受本国信用卡，且只发售本国车票；旅行社和一些航空公司结成合作伙伴，进行车票代售；互联网提供预订服务，预定后可以凭给出的预定号码，在车站自动售票机输入购票。针对特价票，可以在互联网上直接支付，打印车票；电话订票提供 4 天前预订免费送票服务和 4 天以内凭银行卡在车站自动售票机取票服务；系统与旅行社、租车系统以及全球分销系统连接；乘客可以在网上购票，在家中打印车票。

3) 其他地区

除了欧洲各国外，在美洲、大洋洲的一些国家以及印度也都陆续开发使用了铁路客票发售和预订系统。国外客票发售和预订系统的共同特点是为旅客服务的功能十分强大。欧洲的每个国家均对全欧洲开放，可以很方便地预订欧洲各地的车票。在任一售票终端，都可以了解欧洲所有列车的开行情况，可满足旅客提出的种种购票要求，如是否吸烟、集体订票是否要求在一个车厢等，并可换票、退整票或退部分票。另外由于国外开行旅客列车数量多，车厢编组少，能力充裕，客座利用率并不高，与中国相比，其客票发售量小得多。除了在预约客票或少数能力趋于饱和的干线上考虑坐席外，大量的售票业务都不考虑坐席的确认问题，也不存在票额的分配问题。因此，这些系统的服务应用软件相对简单。国外客票发售和预订系统在结构上大多采用主机/终端的集中方式，从欧洲整体来看是分散集中相结合的结构；它们都有一个非常好的网络系统。在泛欧系统的设计中不依赖于硬件环境，各国所用的主机是不同的，但接口是标准的，有统一的信息交换格式，传送内容大部分采用代码形式。

2. 我国客票发售和预订系统概述

1) 发展历程

中国铁路客票发售和预订系统建设工作自 1996 年启动，先后经历了五大发展阶段和五次版本升级，即 1996 年适应全国统一车站手工售票向计算机售票转变的 1.0 版本，1997 年适应地区中心联网售票的 2.0 版本，1999 年适应全路联网异地售票的 3.0 版本，2002 年适应客运体制改革和收入清算需求的 4.0 版本，以及 2006 年为支持客运营销多样化手段、第六次提速和铁路客运快速网售票组织的客票发售和预订系统 5.0 版本。客票发售和预订系统发展历程见图 10.14。

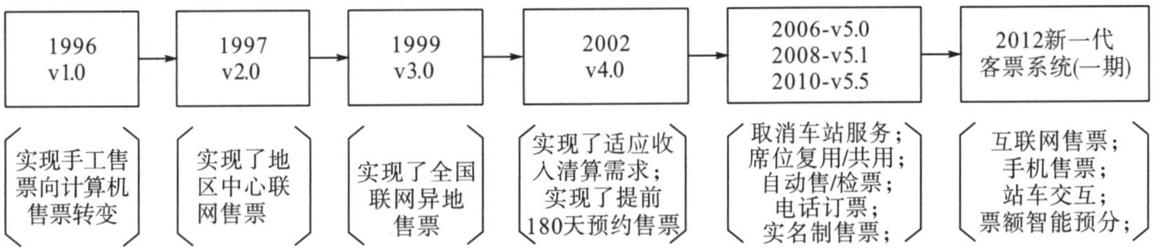

图 10.14 客票发售和预订系统发展历程

2) 总体设计目标

中国铁路客票发售和预订系统的最终目标是建立一个覆盖全国铁路的计算机售票网络，实现客票管理和发售工作现代化，从而方便旅客购票和旅行，提高铁路客运经营水平、服务质量和旅客满意度，达到国际先进水平，成为世界上规模最大的铁路客票发售和预订系统。具体目标如下所示。

(1) 实现全国铁路营业站计算机联网售票，在任一售票窗口可以发售任意方向和任意车次的客票，最大限度地为旅客提供方便。

(2) 系统可预订、预售和发售当日客票，具有售返程、联程等异地购票功能。

(3) 系统预售期近期为 10 天，远期为 60 天；预订期近期为 2 个月，远期为半年。

(4) 实现票额、席位、计价、结算、统计等工作的计算机管理。逐步形成统一的客票信息源，实现信息共享。

(5) 加强客票信息管理与分析，提高作息利用率，为铁路客运组织与管理工作提供辅助决策支持。

客票发售和预订系统的发展趋势为：

(1) 管理智能化，提升管理效率，提高管理质量；

(2) 系统集中化，提高处理能力，合理利用资源；

(3) 客票电子化，提高服务质量，降低耗材成本；

(4) 终端移动化，拓宽覆盖范围，便捷旅客购票；

(5) 服务一体化，贯穿出行环节，全程服务旅客。

3) 系统意义

随着社会经济的发展和信息化进程的进一步加快，铁路客运量也逐年上升，旅客对于购买或预订车票有了更高的要求，传统的售票模式不再满足需要。客票发售和预订系统 5.0 在实现多渠道多途径购票订票方面有了较大的突破，旅客可以在手机、计算机等移动终端实现互联网预购车票，可以在车站自助终端预订或购买车票，也能在售票窗口购票或办理改签、退票等业务，极大地方便了旅客出行。

对于生产部门来说，客票发售和预订系统减轻了铁路售票职工的负担，使得售票环节更加轻松高效，更好地服务了旅客，在票务清算方面，信息化更是发挥了巨大的作用，降低了运营成本，提高了效率。

二、系统结构

铁路客票发售和预订系统的体系以客票内核、交易管理系统和客票数据总线为基础，通过客票业务系统和客票管理系统提供核心客票功能，通过支付系统、客户关系管理系统等广义扩展的延伸业务系统构成客票延伸系统。客票数据总线完成客票内部信息交换和服务共享，客票安全系统对客票核心系统提供信息安全保障，如图 10.15 所示。

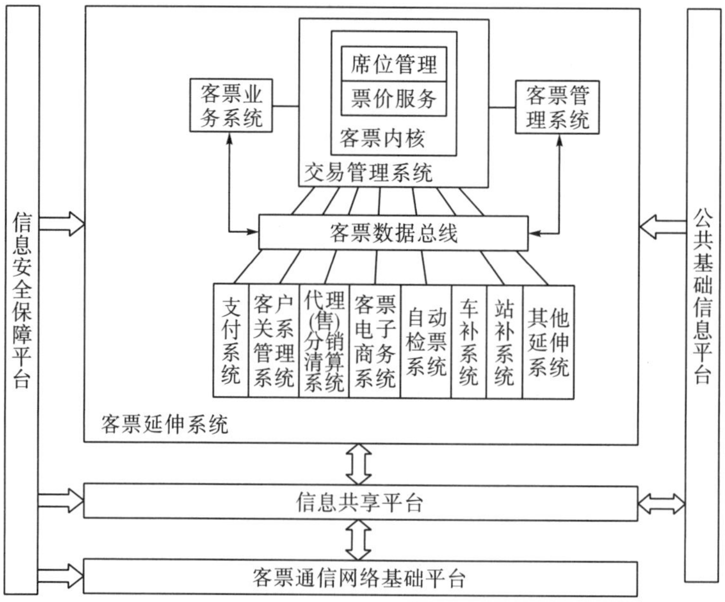

图 10.15　铁路客票发售和预订系统体系结构

铁路客票发售和预订系统的总体结构主要取决于系统所需实现的功能。根据我国地域辽阔、铁路点多线长的特点，考虑到我国铁路客运管理体制和通信基础设施的实际情况，我国铁路客票发售和预订系统采用了集中与分布相结合方案，设立一个中央数据库和适当数量的地区数据库。它实际上是集中式和分布式两种方式的折中方案。该方案既便于异地售票、坐席复用、信息共享，又相对减少了网络的开销；设备投资合理，升级更新容易；兼顾了技术先进和现实可能；既可适应体制改革，又能适应现状，具有较大的弹性和适应能力，如图 10.16 所示。

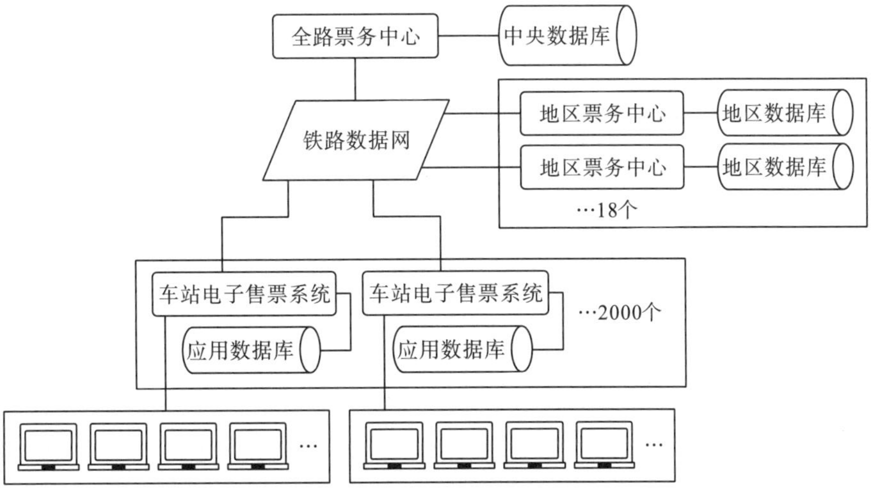

图 10.16 集中与分布相结合的方案

该系统的主要特点如下所示。

(1) 整体上由国铁集团、地区中心、车站三级构成，采用集中与分布相结合的方案。

(2) 以中央数据库中的路网数据、列车运行图数据、业务字典数据作为全路共用的基础数据，即基础数据集中存放和管理。

(3) 各地区中心、车站通过复制系统从中央数据库获取基础数据作为开展业务的基础，根据各局、各站的业务需要，管理与本级系统相关的席位、人员、窗口、存根、收入等业务数据。

(4) 对于和清算、营销有关的存根数据，再从各站汇总到各地区中心，从各地区中心汇总到国铁集团，然后转发到相关系统进行处理。

(5) 集中是为了便于统一管理，分布是为了保证各地区中心、车站业务的相对独立，采用集中与分布相结合的方案既实现了国铁集团的统一管理，又兼顾了各地区中心和车站的业务相对独立性，实践证明这种结构最适合我国铁路客票发售和预订系统的发展结构。

从一个个独立的车站系统逐步向一个全国联网系统，进而向集中系统发展过程是和我国客票系统建设的技术背景密切相关的。由于受当时网络条件、计算机处理能力、硬件成本和铁路系统的信息化建设等方面的因素制约，系统建设不得不从以车站为单位分布建设，随着 IT 技术的快速发展逐步形成现有的局面，但目前德国、法国、日本、意大利等国家的票务系统绝大多数采用的是大集中的系统，所以从远期的发展来看，集中式系统是一种趋势。

三、系统功能

铁路客票发售和预订系统的功能划分是以各种功能的逻辑关系为依据，并不代表行政隶属，其服务对象、处理数据流程和客票交易处理等基本上不随铁路管理体制、结构和人员职责的变化而变化。

1. 全路票务中心管理系统

全路票务中心管理系统是为国铁集团客运管理部门及相关业务部门提供管理与决策方面技术支撑的应用系统。它一方面要为客票发售和预订系统提供全路重要的基础数据及全局性的长期计划，另一方面要将全路各地区中心上报的统计数据、报表汇总作为客运决策的依据。全路票务中心管理系统不直接承担客票的发售和预订工作，仅负责接收与转达跨国购票信息。全路票务中心管理系统的功能模块如图 10.17 所示。

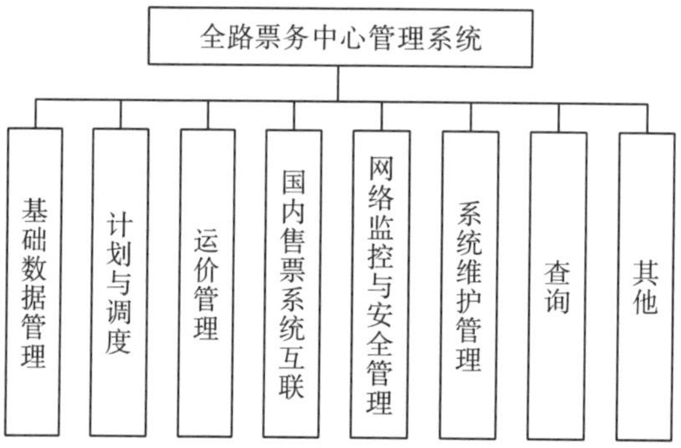

图 10.17　全路票务中心管理系统

2. 地区票务中心管理系统

地区票务中心管理系统是铁路客票发售和预订系统的核心子系统，主要功能包括基础数据管理、票额计划管理、坐席数据库管理、调度命令数据处理、财务结算与清算、营销统计与分析、网络监控与安全管理、查询等。地区票务中心管理系统功能模块如图 10.18 所示。

3. 车站电子售票系统

车站电子售票系统主要完成本站所辖范围内的售票管理、客运统计、财务结算及票额管理等功能。车站电子售票系统功能模块如图 10.19 所示。

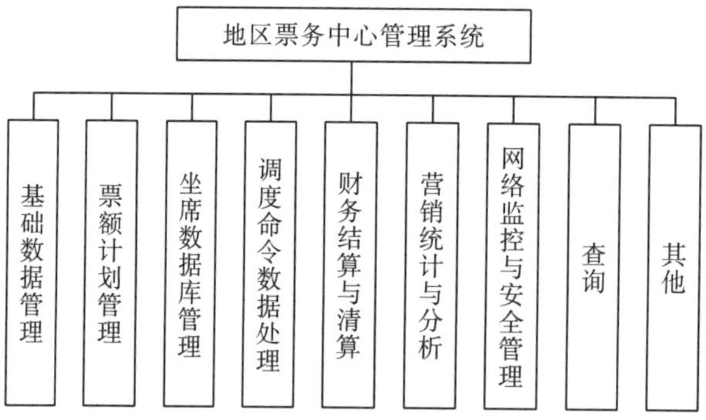

图 10.18　地区票务中心管理系统

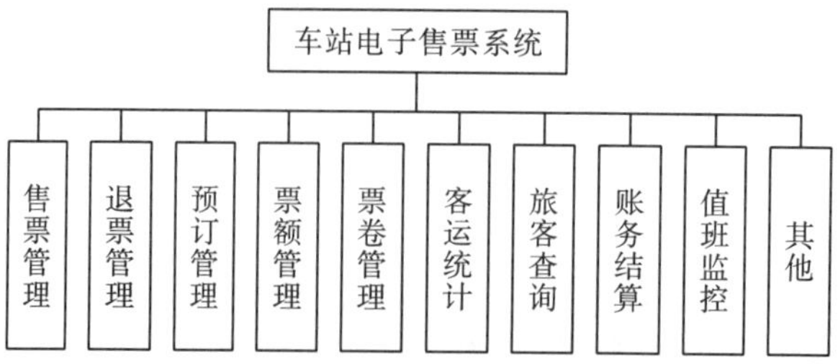

图 10.19　车站电子售票系统

第四节 客运行包管理系统

一、系统发展概况

行包运输是铁路旅客运输的重要业务之一，主要为旅客提供行李运输，并为社会小件高附加值物品提供快速便捷的运输。在行包系统还未投入使用之前，铁路行包的发送、中转、到达、装卸等业务管理过程全都由人工进行。尤其是在行包承运过程中，承办人员需要找到行包运输径路并计算里程，再根据客票属性、行包到发站、物品重量、保价、包裹类别等信息，查定运价、装卸搬运费用、保价运输费用等，最后汇总得出承运总费用，并开具承运票据。整个经办过程工作量比较大，程序烦琐，很难掌握行包运输的全面实时信息。因此，要提高行包行邮运输业务质量和效率，实现铁路运输过程现代化，必须开发行包管理系统。

行包管理系统的发展经历了局管站行包管理系统和中铁快运行包管理系统两个过程。

1. 局管站行包管理系统

局管站行包管理系统从 20 世纪 90 年代开始建设，基本实现了单机环境下的发送制票、收款和统计作业过程管理。之后几年内，部分车站行包管理系统从发送业务逐渐拓展到到达业务，相继实现了货物的到达交付、到货通知、自动催付等功能。

自 2000 年以来，局管站行包管理系统的建设基本处于停滞状态，系统维护没有得到保障。当前铁路局管站中仍然有少量车站使用单机版或局域网版的行包管理系统，这些系统版本繁杂，缺乏统一规范，仅处于勉强维持运行的状态，无法实现联网信息共享，因此不具有推广价值。

2. 中铁快运行包管理系统

为了适应铁路行包运输的发展，提升行包运输生产和管理信息化水平，铁道部于 1998 年开始立项研究行包管理系统，2002 年批准系统建设，2003 开始建设行包管理系统 1.0 版本。中铁行包快递有限责任公司负责项目组织工作，北京交通大学负责设计和研发，此项目于 2004 年通过验收，在全路推广使用。2006 年，铁道部对中铁行包快递有限责任公司和原中铁快运股份有限责任公司进行整合成立新的中铁快运股份有限责任公司，行包管理系统也与原中铁快运信息系统进行了全面整合。2007 年起，整合后的行包管理系统 2.0 版本在中铁快运股份有限责任公司内部全面推广使用。

铁路行包管理系统的建设目标：建成覆盖全路所有行包办理站的计算机网络，实现铁路行包运输过程的全程追踪，为铁路行包运输管理提供决策支持，向社会提供信息服务，全面提高行包运输的服务质量，实现“一站制票、信息共享、追踪查询、决策支持、对外服务”的目标。

3. 系统意义

行包管理系统的建设使用满足了营业部行包运输生产、经营和管理的需要，规范了业务流程，实现了表单证统一；承运环节实现了一次排队、一次交费；中转装车环节实现了计算机编制交接证，做到了按方案运输；实现了“货动有交接、交接有凭证”，减少了行包事故；严格实现了承运、中转、到达、行李车的全信息录入和从作业人员、作业时间到作业状态等信息的采集，为公司获取全面的行包运输生产信息打下坚实基础。系统提供了营销统计分析功能，为营业部提高市场营销能力提供依据。

二、系统结构

1. 系统体系结构

行包管理系统总体结构如图 10.20 所示。系统由行包营业部、按铁路局(公司)划分的 18 个行包区域中心(建立在快运分公司)、总部数据中心三级组成。在行包营业部建立行包管理系统，满足车站行包作业管理需求，行包营业部直接与总部数据中心进行数据交换；在铁路局(公司)所在地的区域行包管理中心建立行包管理系统，为中铁快运管理分公司的行包业务服务，区域行包管理中心从总部数据中心获取与本区域管内有关的业务数据，负责完成管内的行包业务统计和业务管理工作；总部数据中心主要负责全路车站行包营业部行包作业的全程追踪，完成全路车站行包营业部之间的数据交换，管理和维护全路行包系统的基础数据，完成全路行包运输生产数据的汇总处理和统计分析。

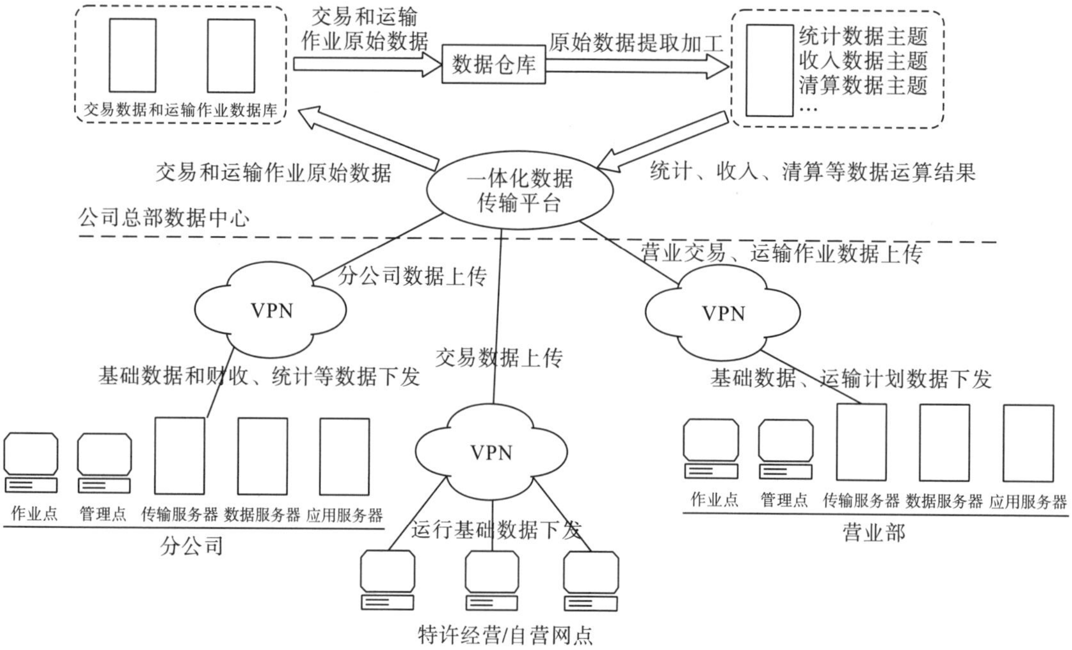

图 10.20　行包管理系统总体结构

除了行包专用基础数据外，行包系统使用铁路内部信息系统提供的基础数据，其数据接口设在总部数据中心。总部数据中心统一建立了行包客户服务系统和与合作伙伴的接口系统，统一为各类外部用户服务。除此之外，还建立了统一的内部交换平台，交换平台分为两级，由总部数据中心的中心节点和各分支机构二级节点构成 1 对 N 的信息交换体系结构，并依托 Internet 建立覆盖总公司、区域分公司和营业部的虚拟专用网络(virtual private network，VPN)。

2. 系统网络结构

根据总公司、分公司和营业部接入 Internet 的网络性能、安全性和可靠性要求，部署相应配置硬件 VPN 网关、软件 VPN 网关，其 VPN 逻辑结构如图 10.21 所示。

在公司总部数据中心采用两条高速专线接入 Internet，实现线路冗余备份，申请不同 ISP(Internet 服务提供商)接入线路；在 Internet 接入路由器的内侧配置两台高性能 VPN 硬件网关，设置为双机热备工作模式，并为其分配静态的合法 IP 地址，完成总部数据中心与各分公司、营业部 VPN 数据通信的隧道封装和加密处理。在公司信息中心局域网内部，部署 VPN 安全管理中心，负责整个 VPN 环境中 VPN 设备的证书签发和管理，使公司的 VPN 设备能够以电子证书的方式进行身份认证和隧道建立，并对 VPN 设备进行集中监控和远程管理；在公司科技园区机房申请静态的合法 IP 地址，安置 1 台 VPN 安全管理中心，作为总公司 VPN 安全管理中心的镜像备份。

在各分公司信息中心申请高速专线接入 Internet，并在接口处安装高性能的 VPN 硬件网关，实现各分公司与总部数据中心和各营业部 VPN 数据通信的隧道封装和数据加密处理；在分公司局域网内部一台主机上安装 VPN 软件网关，作为硬件 VPN 网关的备份。

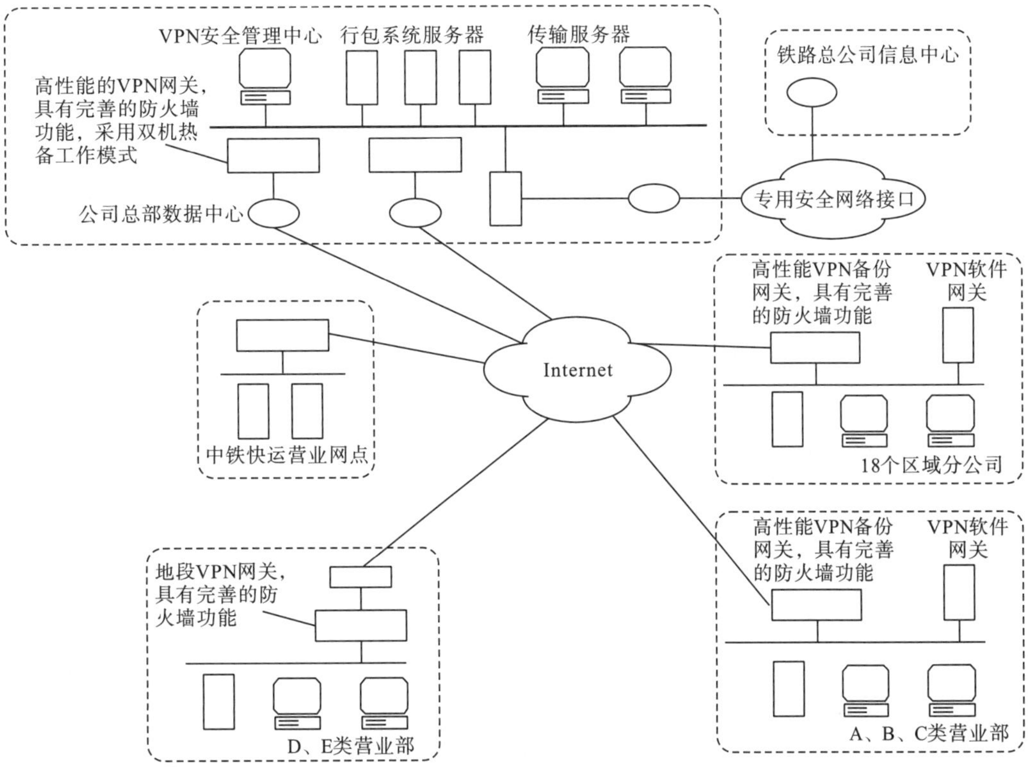

图 10.21 VPN 逻辑结构

在通行数据量较大的大型营业部申请 1Mbit/s 以上的 Internet 接入线路，并在接口处安装高性能的硬件 VPN 网关，实现大型营业部与总部数据中心 VPN 数据通信的隧道封装和数据加密处理；在营业部局域网内部一台主机上安装 VPN 软件网关，作为硬件 VPN 网关的备份。

在通信数据量较小的中小型营业部申请普通的 ADSL(asymmetric digital subscriber line，非对称数字用户环路)方式接入 Internet，并在营业部接口处配置中低端 VPN 网关，实现中小型营业部与公司总部数据中心 VPN 数据通信的隧道封装和数据加密处理。

由总部数据中心网管人员负责所有 VPN 设备的证书发放工作，证书载体为 USB 棒，以保证 VPN 设备身份的唯一性、安全性和可控性。

三、系统功能

1. 基础数据管理

基础数据管理是站在铁路客运行包需求的角度，利用铁路信息平台，承担全路客运行包基础数据的建立、维护与下载以及应用软件的自动更新和版本控制，实现行包信息系统日常管理、维护的技术文档发布、联机技术支持等。

2. 行包办理站行包信息的计算机管理

行包办理站行包信息的计算机管理实现行包办理站行包到达、中转、发送作业的信息管理，实现交接班、代办点管理，提供仓储管理、车站生产统计、行包事故及安全管理功能，提供车站基础数据管理及数据通信功能。

3. 行包信息全程追踪

行包信息全程追踪可实现联网行包办理站行包信息的实时更新，完成行包当前位置、状态的跟踪，并实现行包运输过程中位置、装卸过程、状态变化轨迹的记录。

4. 行包运输生产统计/结算

行包运输生产统计/结算可实现各类数据的收集和汇总，实现国铁集团及各级追踪中心主要统计类别的行包运量、运输收入的统计计算、运输设备使用等生产评估指标分析。

5. 行包运输生产管理与调度指挥辅助决策

行包运输生产管理与调度指挥辅助决策是指利用数据仓库技术管理统计汇总历史数据，根据决策分析的各种模型，提供行包运量、流向、区段输送行李车利用等方面的预测、分析数据。

根据统计分析数据为行包配装、日常调度指挥产生辅助决策依据和参考数据，实现调度命令的传输。

6. 行包信息综合查询服务

行包信息综合查询服务包括提供行包信息联机查询和多媒体查询功能，满足行包生产管理用户通过行包信息网络查询、旅客通过 Internet 的联机查询，并满足旅客通过电话、自动传真等方式的查询要求。

7. 行包系统网络及安全管理

行包系统网络及安全管理包括完成网络日常运行监控、网络节点参数动态调控、网络运行故障诊断报告等网络安全管理功能，对系统用户及其权限进行管理。

8. 行包社会增值服务

行包社会增值服务包括建立行包 www 站点，提供行包信息系统与其他社会信息服务系统(包括国外快运信息网络)的数据接口，并通过行包网络与这些网络的互联开辟新的增值服务领域，提供 E-mail、自动传真、语音电话等方式的行包到达通知(及预报)，固定或会员用户的联机预约，基于电子商务的铁路与银行、铁路与货主的结算。

第五节　旅客信息服务系统

一、系统概述

旅客信息服务系统应为铁路旅客提供购票、进站、候车、乘车、出站等服务信息，为客运服务人员提供列车到发、作业指示、视频监控等服务信息和作业手段。

旅客乘火车进行一次旅行，从开始计划旅行到达目的地有一系列的环节，旅客希望得到的服务不仅仅是上车到下车的旅途服务。铁路运输部门应该从旅客旅行的全过程考虑旅客的服务需要。铁路旅客信息服务系统为旅客提供铁路旅程中各个环节的信息支持，对方便旅客出行、提高铁路在运输市场中的竞争力等方面具有重要的作用。下面就国内外旅客信息服务的发展状况进行简单介绍。

1. 国外铁路旅客信息服务系统概况

为提高铁路运输企业的竞争力，以日本、德国、法国等为代表的国外发达国家铁路部门非常重视旅客运输服务系统的建设。从 20 世纪 70 年代起，发达国家的铁路部门就开始建立客票发售等旅客服务系统。20 世纪 90 年代，随着计算机和网络通信技术的飞速发展，发达国家的铁路部门开发建设出更具人性化的铁路旅客服务系统。

铁路旅客信息服务系统一改过去只提供单向静态客运服务信息的传统方式，发展为动静结合、实时发布、异地联网、交互查询的旅客服务综合信息系统。

通过客运信息共享，系统向旅客提供信息增值服务，一些国家的铁路旅客服务系统与铁路客票发售和预订系统相连接，除了能够发布时刻表、客运价格表、列车去向、到发时刻、运行位置、正晚点、运行速度、客运通告等信息之外，还可以向旅客提供各种信息查询、乘车方案选择、票价计算和客票预订服务。一些国家还将铁路旅客信息服务系统接入互联网，通过网站让旅客可以了解和查询铁路客运沿线周边旅游资源、天气、交通、食宿、购物、娱乐等信息。

就国外发达国家的旅客服务系统建设情况来看，日本和德国的旅客服务系统建设比较早，其业务处理和服务水平都较高。系统就旅客在出行、进站、候车、乘车等过程中提供各类较全面和个性化的引导信息和服务信息。

2. 我国铁路旅客信息服务系统概况

近年来，我国国铁集团制定了信息化建设规划，在信息化建设方面取得一定的进步，一定程度上提高了客运的服务质量和水平。自 20 世纪 90 年代初以来，国铁集团先后建设了铁路运输管理信息系统，铁路运输调度指挥管理信息系统、客票发售和预订等信息系统。部分铁路局、分局、站段也根据本单位的实际工作需要，开发了不同层次的业务管理、旅客向导、网上、电话及多媒体服务等信息系统。但是就总体而言，我国的旅客信息服务水平还是非常落后。

目前，我国的大型客运站都已具备一定的旅客服务软、硬件设施。在基础设施方面，几乎所有的客运站都配备了由计算机进行控制的 LED 显示屏(大型显示屏及各类引导、标示信息屏)，具有若干触摸屏查询终端设备、视频(墙)等。同时，在很多客运站还提供了人工服务，如咨询处、站内英汉双语广播、站外/声讯服务、热线电话等，而且也已经初具规模并在不断完善。

无论是显示系统，还是广播、声讯系统等，由于车站已建立的这些设备设施未实现与铁路客票、行车指挥、行包等铁路信息系统互联为一体化，因此系统所发布的信息基本上都是先接收上级客运部门信息再在本站由手工输入，其效率和实时性比较差。

从发布的信息来看，有来自路局客运部门的公告、通知、固定列车时刻、临客、增开、停运等信息，这些信息都是人工输入计算机系统，再转发至显示屏、广播、触摸屏等；有来自售票系统的客票信息，由于售票系统的服务器定时扫描售票信息中的几项内容，生成文件发布，因此在售票大厅，目前只能通过显示屏显示出 3 天以内的客票有无情况；有关运行状况信息，车站列车实际到发、正晚点等信息是来自运转车间，这些信息也是靠人工输入计算机系统进行发布，定时发布，实时性很差。

3. 我国铁路旅客信息服务系统存在的问题

随着我国铁路运输的旅客量不断增大，各客运站都很重视旅客信息服务系统的发展，把其作为提升服务质量的重要途径。全路各车站根据自身能力，在旅客信息服务方面做出了很大的努力，并投入了相当的人力、财力，但目前旅客信息服务存在的问题还是很明显的，归纳起来，有以下几个。

(1) 信息服务大多是单向式的，双向互动较少，旅客只是被动接受，缺乏铁路业务部门与旅客的相互交流沟通。

(2) 列车、车站、站外信息服务自成体系，没有形成网络一体化，因而各铁路信息系统之间的信息资源没有实现数据共享，相关服务信息的时效性差，旅客不能及时了解旅客列车运行实时等信息。

(3) 列车上提供的服务信息非常有限，车厢两头的电子显示屏仅交替显示车速、气温、停靠站等信息；车上娱乐视听装置一般只限于列车广播，当然在一些列车上还配备了视频播放器，播放电影节目。

(4) 对旅客监督及反馈信息的处理不够信息化、系统化。

(5) 缺乏延伸服务或综合服务。

二、导向揭示系统

导向揭示系统通过导向揭示设备设施向旅客发布车次动态信息、公共信息、广告信息等，从而引导旅客准确顺利地完成进站、候车、检票和乘车等事情，同时能够辅助客运工作人员为旅客提供更加便捷的服务。导向揭示系统使车站能够高效、优质地为旅客提供基本的导向服务等，保证车站正常的生产运营秩序，提高对旅客的服务质量和车站形象。

客运站为指示旅客在站有秩序地办理各种旅行手续，在站前广场、进站口、售票厅、行包房、各候车室、贵宾室、检票口、站台及各种通道上的明显处，设置大小、型号不同的旅客导向揭示系统，直接向旅客通告列车到发去向、到发时刻、候车地点、列车停靠站台、晚点变更等情况，引导旅客进行购票、候车、乘车活动，引导旅客完成全部候车、乘车流程一直到旅客登上列车。使旅客在站内办理各种旅行手续径路最短、最合理，并能尽量避免在站内各种通道上的交叉干扰。

旅客引导显示分为固定的(如售票处、候车室、行包房等)和随机的(如旅客列车始发终到时间、车次、晚点情况、停靠站台等)两种，并辅以不断的广播。过去，固定揭示主要把内容写在油漆过的木牌子上，并醒目地放置在适当位置上；随机揭示则写在黑板上，根据列车始发、终到情况，随写随擦。最近十几年以来，逐步试验并推广试用了电子显示屏旅客导向揭示系统。该系统由操纵控制主机、传输接口设备及各种显示牌(如进出站集中显示牌、候车厅牌、廊(地)道牌、检票口牌、站台牌、显示器)等组成。各类显示牌应按旅客流线设置，根据设置地点的性质不同分别显示下列内容：车次、始发站、开往站、到点、发点、候车地点、停靠站台、变更情况等。

导向揭示系统具有按预排程序自动控制显示，传输校验纠错，人工键控修改程序，临时变更、查询、监视系统工作状态以及故障告警等功能。引导显示牌是面向旅客显示候车、乘车等基本信息的，应该专牌专用，显示形式简明直观、醒目，一般不显示与旅客乘车、候车无关的内容，更不能用于商业宣传，宜采用固定格式固定显示或交替显示。设在候车室的显示牌，显示旅客列车车次、始发时间、站台、进站检票地点；设在出站口的显示牌，显示旅客列车车次、到达时间、站台等；设在售票厅的显示牌，显示始发旅客列车的售票情况公告；设在站台上的显示牌，显示旅客列车始发、终到车次及时间；设在进站检票口的显示牌，显示始发旅客列车的车次、时间等。显示牌可选用 LED、LCD、ECF、CRT 等不同显示方式的器材设备构成，其装置方式有单面式、双面式及双翼组合式。牌面根据需要，按单行、双行或多行设置。

在特大型客运站上，还设有综合显示屏系统设施，能为旅客提供综合性信息显示服务及进行宣传活动的一项系统设施，也是引导显示系统和客运组织作业的辅助显示设施，由主机、信源、操纵、控制、编辑、制作、音响、供电、传输、接口等设备及显示屏组成，可设置单块屏，也可多屏组网。显示屏设于进、出站大厅，各候车厅，站前广场及商场，餐厅等旅客集中活动场所。显示屏尺寸、显示方式、外形色调及安装布局等应与车站总体规划、客运作业需要、使用环境及建筑格局相适应。

导向揭示系统具有图像文字编辑处理，预排程序，显示控制、查询、监测，电源遥控以及故障告警等功能并有独立伴音。有条件的应考虑播放电视图像(TV)及电视摄取直播功能。显示屏显示方式、设备类型选择应综合考虑使用寿命、使用环境、显示效果、电能消耗以及使用、操作、维修方便和可靠等因素。大厅大型显示屏宜采用长寿命、高亮度 LED 像素点阵组合式彩色显示屏，有条件的可选用全彩色显示屏。贵宾室、软席候车室等处可采用 CRT 电视显示器。

该系统采用集中控制方式，实现多屏组网联控，并可考虑两套以上节目的分控播出，主机有遥控各显示屏电源启闭的功能。

整个导向揭示系统应采用集中控制方式，这是因为候车、乘车作业是以车次为核心，以时刻为基准进行的。为保证全站作业协调一致，导向揭示系统必须集中控制，统一调度，这在大客运站尤为重要，同时也体现出一个车站的管理水平。

三、广播系统

广播系统是向旅客通告事项、组织客运作业、疏导客流，保证站、车安全并有效地进行客运管理与服务的设施。通过广播系统，车站工作人员向车站旅客进行公众语音广播、铁路通告、列车运行图信息、列车时刻信息、票务信息、站内设施说明、站内环境说明、旅程相关信息等服务信息。当车站发生火灾等突发事件时，广播系统可以兼作防灾广播。

广播系统为分级控制，其由客户服务中心广播系统和车站广播系统两部分组成。客户服务中心广播为第一级，车站广播为第二级，采用二级主从控制方式。客户服务中心主控，具有广播优先权，各车站从控，在中心不广播时，平时以车站广播为主。整个系统通过传输设备连接(TCP/IP 协议)构成二级控制广播网。

广播系统采用全自动播音、半自动播音、人工播音和应急播音四种方式。广播系统具有功能数据维护、系统设置等功能。广播系统根据系统设置，结合列车动态信息的变化可以实现自动和半自动生成广播消息。其中公共广播按预先设置的优先级来进行广播消息。例如，消防广播具有最高优先级，在紧急情况下相应区域的正常广播将被切断，取而代之的是来自消防中心的安全疏散广播及应急和指挥中心的紧急广播。

四、旅客自助查询系统

随着中国经济的持续高速发展、科学技术的日新月异，传统的服务可通过采用各种计算机技术和通信技术来完善和替代。如今的旅客与过去相比受到更多的教育，经济水平也有较大的增幅，他们对服务的质量要求越来越高。过去车站基本以窗口查询、人工解答为主，工作人员工作量很大，效率比较低下，难以满足旅客需要，同时也增加旅客投诉事件的发生。

旅客自助查询系统的应用融入了先进的计算机技术和通信技术，能够适应目前车站的需要，为旅客提供高质量的服务，并且实现了服务多元化，简化了服务办理流程，大大方便旅客出行。

旅客自助查询系统使铁路与旅客之间的联系逐步由人工方式扩展到电话、短信、自助、互联网等多种方式，实现 24 小时不间断服务，使查询服务的作用得到充分发挥。

旅客自助查询系统主要围绕自助查询，根据需要可以在车站的候车室、售票大厅、咨询处等处设置旅客自助查询机让旅客自助操作完成信息查询。当旅客不能自助操作查询终端时，在车站人工咨询处，工作人员利用查询终端，为旅客提供全方位的信息服务，如图 10.22 所示。

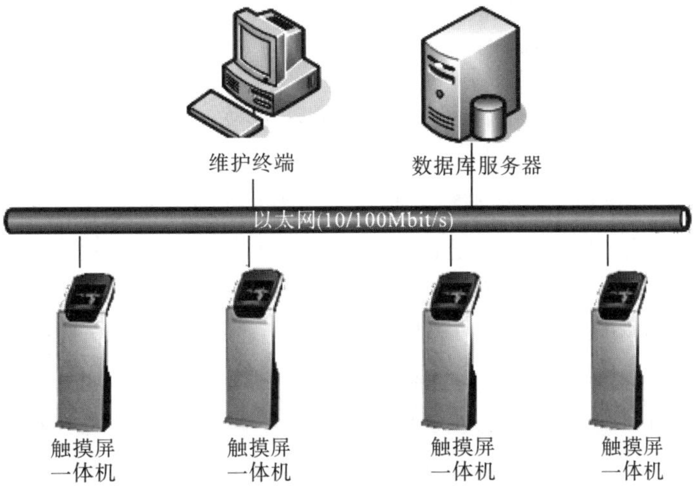

图 10.22 旅客自助查询系统结构图

旅客自助查询系统结构如图 10.22 所示，系统主要由数据库服务器、维护终端和触摸屏一体机组成。旅客自助查询系统数据库服务器共享车站旅客信息服务系统数据库服务器，通过数据处理技术实现各系统数据在同一个数据库服务器上的独立存储。管理人员通过维护终端维护查询系统的相关数据，包括信息的录入、修改等，并对自助查询设备运行状态进行监控。旅客通过操作触摸屏一体机可查询列车车次、票价、车站服务设施及旅游等信息。

旅客也可以通过(电话)、互联网、手机短信息查询铁路服务信息，服务信息包括列车运行图信息、列车时刻表信息、票务信息、票价信息、站内环境及服务设施、市内交通、铁路旅程常识、车站服务内容查询、天气情况、旅客出行相关信息等。

旅客自助查询系统采用 C/S 结构设计，静态查询信息保留在自助查询终端上，信息发生变化时通过工作流设定的更新时间自动更新到自助查询终端上，动态查询信息通过车站数据库服务器获取。

五、旅客列车管理信息系统

铁路旅客运输是以旅客列车为载体，通过列车运行来进行生产的。长期以来，许多客运业务(如补票管理、乘务管理、客运统计、餐饮管理、班组管理、派班管理、备品管理及规章管理等)都是采用手工作业方式的，不仅工作强度大、效率低，而且这些手工数据不便于管理，容易发生差错。随着管理信息化深入发展，一些铁路局研制开发了旅客列车管理信息系统，在应用中收到了良好的效果。

旅客列车管理信息系统从以下几方面实现计算机管理：

(1) 列车上的补票业务计算机化办理；

(2) 列车乘务、餐饮、行包、安全管理；

(3) 旅客运送量统计和站车客流信息报表的生成；

(4) 列车(客运)段内的派班、考勤、收入、备品、规章管理；

(5) 列车行包输送管理；

(6) 列车段(客运段)与铁路局客运营销管理和辅助决策；

(7) 旅客列车趟车运营经济效益测算。

旅客列车管理信息系统对客运(列车)段从列车到地面的各项管理工作实现了计算机自动化管理，对旅客列车各种信息进行动态采集、测算、统计和分析，实现了客运信息共享，是客运生产经营管理的重要组成部分。旅客列车管理信息系统由列车管理信息子系统和客运段管理信息子系统两大部分组成，系统的体系结构如图 10.23 所示。

1. 列车管理信息子系统

列车管理信息子系统包括列车文档管理、行包管理、安全管理、客流信息管理、补票管理、乘务管理、班组管理、系统维护、餐饮管理等，具体功能如下。

(1) 补票管理。补票管理模块主要针对列车办公席需要办理的各种补票业务，对各种票价进行自动计算，打印出符合规定要求的各种形式的标准代用票和客杂票，实现列车补票自动化。本模块包括代用票管理、客杂票管理、中转调整、票据交接、车移报告和分组汇总等功能。

(2) 乘务管理。乘务管理模块把列车上各种烦琐的工作分门别类地进行管理，将各种工作记录输入计算机后，系统便自动生成反映本趟列车乘务工作情况的乘务报告，并对其进行汇总、保存、管理和输出。该模块包括铁路电报、命令浏览、客运记录编制、软卧旅客登记和乘务报告编制等功能。

(3) 客流信息管理。客流信息管理模块主要对旅客运送量数据进行统计汇总，生成各种站车客流信息传报的多种表报(三报一表)。该模块包括乘车通知单数据录入、查询和修改，速报核实，铺位查看，三报一表，以及信息传报用专用报表的处理、速报核实、铺位查看等功能。

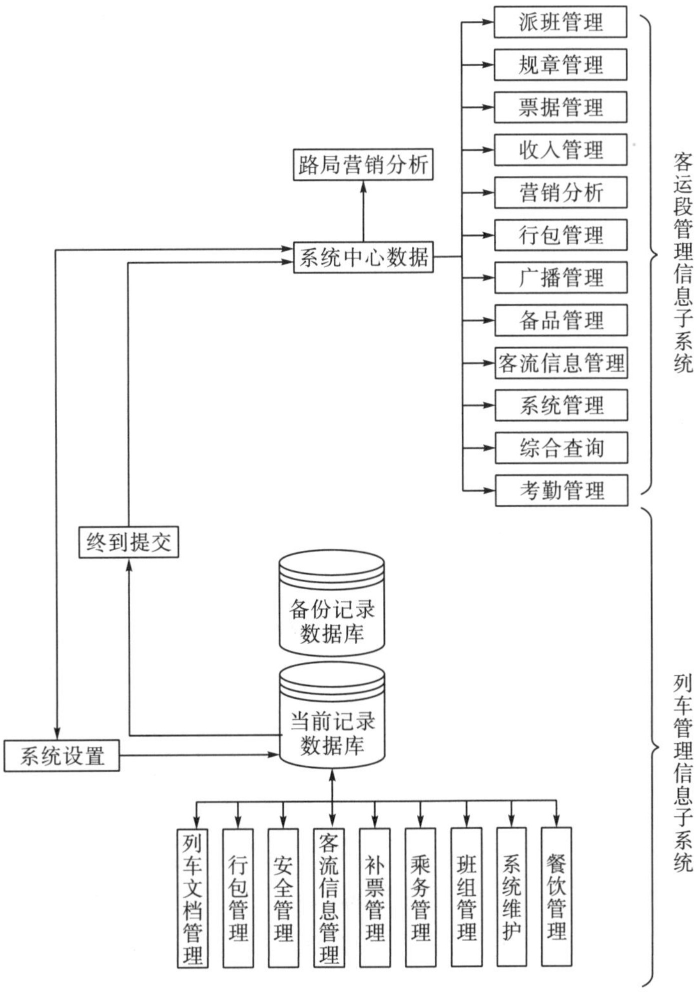

图 10.23　旅客列车管理信息系统体系结构

(4) 行包管理。行包管理模块主要对行包运送量进行数据采集，并统计、汇总生成各种反映行包情况的报表。该模块主要包括行包数据采集和行包数据处理等功能。

(5) 班组管理。班组管理模块根据人员考勤情况对本趟乘务工作人员进行岗位分配，并对其工作情况进行登记评分，记录并统计典型事例，实现班组生产、班组个人资料、班组经济考核的统计汇总。该模块主要包括人员情况记录、考勤管理、红旗竞赛等功能。

(6) 餐饮管理。餐饮管理模块主要对餐车经营和售货业务进行管理，并分别建立经营台账，以掌握餐饮情况。该模块包括餐饮管理和售货管理两个功能。

(7) 安全管理。安全管理模块对乘务工作中的安全检查(三乘一联检、防火安全、烟道清扫、旅客伤亡等)进行专门登记，建立监督检查档案并进行保存汇总，以提供考核依据。

(8) 列车文档管理。列车文档管理模块为列车工作人员提供各种规章资料、列车时刻的查询功能，并与客运段实现资源共享。

(9) 系统维护。系统维护模块主要对列车基础数据和列车信息进行管理。该模块主要包括数据下载、数据上传、列车编组、系统参数、范本编辑、权限密码、更换班组和数据备份等功能。

2. 客运段管理信息子系统

客运段管理信息子系统主要针对客运(列车)段管理业务范畴进行计算机管理，包括派班管理、考勤管理、票据管理、收入管理、客流信息管理、行包管理、规章管理、广播管理、备品管理、营销分析、综合查询和系统管理等模块，具体功能如下。

(1)派班管理。派班管理模块是客运段子系统与列车子系统、地面数据服务中心实现数据交换的核心模块，它将客票发售和预订系统中发生变化的数据及客运列车的基础数据下载给列车管理信息子系统使用，将列车管理信息子系统提交给地面数据中心的数据生成并打印出各规定的客运报表(如旅客密度表等)，供有关管理部门使用。该模块包括基础数据、当日乘务、命令摘抄、统计报表、补票汇总、图外客车、调价比率等功能。

(2)考勤管理。考勤管理模块是对客运(列车)段乘务人员管理而设置的，可与非接触射频刷卡式考勤机相连。该模块包括派班业务、报表统计打印、系统维护、历史数据浏览等功能。

(3)票据管理。票据管理模块对现行使用的各种票据进行全方位的计算机管理，保证票据管理的唯一性和连贯性，形成一个票据管理的闭环控制系统。该模块具体包括向路局请领、票据入库、票据出库、票据缴销、列车长分户账、缴销票库账、票种维护等功能。

(4)收入管理。收入管理模块主要针对列车补票信息进行综合汇总，将列车管理信息子系统上传的代用票补票数据以及电子票补票数据进行综合处理，生成符合收入管理需要的各种报表。该模块包括车移报告汇总、列车补票人数统计、票价调整清算统计和补票进款完成统计等。

(5)客流信息管理。列车客流信息管理模块对列车管理信息子系统上传的旅客输送数据进行处理并打印相应的汇总报表，其功能模块包括旅客密度表、旅客流量流向表、统计和客流调查表等。

(6)行包管理。行包管理模块负责接收列车管理信息子系统上传的行包信息，并由此生成各种相应的报表，同时对行包运输中发生的铁路电报进行管理，包括行包密度表、跨局行包运输量、行包电报和货运事故复查书等功能。

(7)规章管理。规章管理模块对列车运行中使用的各种客运规章进行综合性管理，建立了规章的录入和编辑窗口，以适应规章不断变化的需要，包括规章录入、规章删除、规章编辑、规章浏览功能模块。

(8)广播管理。广播管理模块实现了广播计划和广播器材的计算机化管理分类、车上使用状况和机修交接簿等。

(9)备品管理。备品管理模块对列车上使用的上千种备品进行全面的综合性管理，从备品的采购到发放、洗涤、报损、报废形成了一套完整的系统，包括备品管理、库房管理、业务管理、库存管理、综合查询和基础信息管理等功能。

(10)营销分析。营销分析模块负责将列车管理信息子系统上传的客流信息和国铁集团有关客运收入和客运付费等清算信息进行综合整理和分析，对不同等级、不同运行区段和不同方向列车运营情况，提供盈亏分析和比较，从不同侧面客观地反映出段属列车的运营状况。该模块包括信息采集、盈亏分析、客流分析、能力分析、交路分析、收入测算、节假日客流分析、节假日收入分析、列车运送人数汇总、节假日和车次方向信息以及图定车次信息维护等功能。

(11)综合查询。综合查询模块针对各业务部门最常用的一些数据进行处理以提供全方位查询，其功能模块包括行包查询、广播器材查询、票据查询、备品查询和生产综合查询等。

(12)系统管理。系统管理模块提供对整个系统基础数据的维护、权限设置，与外部系统间的数据交换以及本系统数据备份等。该模块包括数据上传、数据下载、权限管理、数据备份和账户管理等功能。

3. 车地信息交互功能

铁路部门一直在研究车地信息交互的方式，其中交互方式有站车客运信息无线交互、机车信息无线交互、列车和车站 Wi-Fi 等。

站车客运信息无线交互系统由列车车载终端和地面设备实现。列车车载终端与地面设备之间由 GSM(global system for mobile communications，全球移动通信系统)网络或者 GSM-R(global system for mobile communications-railway，铁路综合数字移动通信系统)网络连接；地面系统由信息发布服务器、

GPRS(general packet radio service，通用分组无线服务)接口服务器、路由器及防火墙等设备组成。站车客运信息无线交互系统主要向列车传输乘车人数通知单、列车席位及存根信息等。

机车信息无线交互系统也由列车车载终端和地面设备实现。列车车载终端与地面设备之间由GSM网络或者GSM-R网络连接；地面系统由GPRS接口服务器、路由器及网络隔离等设备组成。机车信息无线交互系统主要功能包括传输机车的位置和状态信息等，也可以通过Zigbee技术与车厢进行数据通信。

列车和车站Wi-Fi功能。列车内实现Wi-Fi覆盖的系统结构主要由网关系统、车厢Wi-Fi分布系统及地面服务中心三部分组成。车载网关的主机部分通常设置于机车内或动车组的驾驶室，用于实现列车内Wi-Fi设备与各种制式的无线网传输数据、与地面网关之间传输数据的功能。车厢Wi-Fi分布系统实现车厢之间的桥接和车上用户的Wi-Fi接入。地面服务中心用于整个系统网络的运营维护管理，车上设备的监控信息、统计信息等通过网关系统周期性地上报到地面服务中心。在车载网关系统中配置内容服务器，可用于提供列车上点播下载，如电影音乐的播放、广播通知等；或配置应用服务器，为在旅途中的乘客提供(如车票预定、网上购物等)服务。车站Wi-Fi相对简单，只要实现无线基站与互联网连接，就可以在Wi-Fi覆盖的区域使用互联网。

六、应急系统

应急系统的主要目的是预防和最大限度地减少因铁路突发事故造成的人员伤亡、财产损失和对公共安全的影响，能够整合各类应急资源，处理突发的紧急情况，及时有效地处理铁路旅客运输中的事故，尽快恢复铁路运输正常秩序。

车站主要突发性危急事件有火灾、地震、爆炸、抢劫、盗窃、凶杀、危重病旅客、突发性治安事件、意外伤害或至死亡、列车滞留、列车晚点、客流猛增、旅客携带“危险品”等。针对这些突发性危急事件，各车站要提出完善的危急事件处理预案及相应的设备，确保车站良好的秩序，以及旅客的生命财产安全。做到及时将事故通知旅客，并要求车站管理者及时做好人员安置、稳定局面、安全疏散等工作。

另外，在客户服务中心，为实现跨车站、部门的应急信息资源共享，便于为实施联合应急行动提供支撑，必须建立各中心的应急管理基础信息数据库，建设各客运公司的应急管理指挥信息系统。

如图10.24所示，应急系统充分发挥车站监控系统、广播系统和导向揭示系统的作用，通过设立在车站的应急按钮、固定电话、烟雾传感器、监控设备等途径以最快方式把各种应急事件信息传输给车站应急中心，再由车站应急中心工作人员根据实际情况，启动相应的应急预案，通过车站导向揭示系统、广播系统、监控系统等应急资源向旅客以及车站、客运公司救援部门和领导发布应急事件的发生、处理等信息。铁路指挥部门可以在客运公司以及车站指挥监控中心根据应急事件的响应等级启动相应的应急预案，最大限度地减少因突发事故造成的人员伤亡、财产损失和对公共安全的影响。

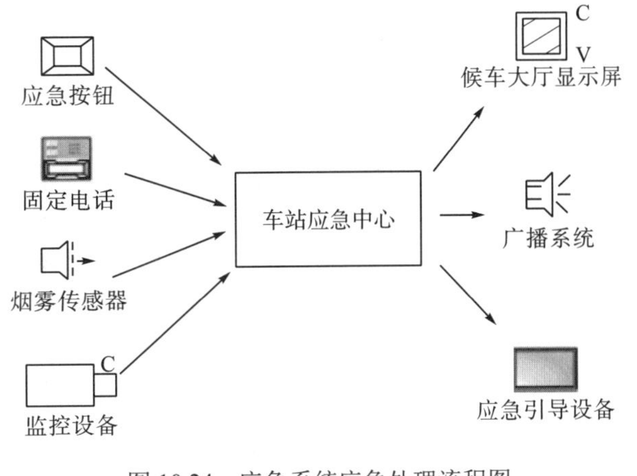

图10.24 应急系统应急处理流程图

七、铁路客户服务中心系统

1. 铁路客户服务中心系统概述

随着互联网时代的到来，互联网已经变成人们工作、生活的一部分，而铁路也不能置身事外。铁路早在 2009 年就在 18 个铁路局开通了 12306 全国铁路统一客户服务电话，客户只要在本地拨打 12306 就能享受到当地 12306 语音自助和人工在线的电话服务。随着电话品牌效应的提升，2010 年又开通了铁路统一的 12306 网站，经过几年的运行，12306 网站已经发展成为全国知名的网站之一，在春运售票高峰时，每天能达到百亿的点击量，网站提供各种铁路的客运和货运综合信息查询，以及客运订票和货运订单等服务。

目前，12306 语音客服系统正在进行分布集中的整合，并提供微信、短信、客户信箱等多媒体服务方式；12306(95306)网站正在变成集购物、旅游、商贸、物流为一体的网站。同时，在一些铁路局和车站的试点研究下，国铁集团正进一步在高速铁路上建设 Wi-Fi 系统，这必将为乘车旅客提供更多的信息及视频服务。

2. 语音客户服务中心功能

1)语音客户服务中心系统架构

12306 语音客户服务中心(简称客服中心)平台是基于计算机与电话集成技术，结合电话、短消息、微信、E-mail、IP 电话、可视电话、手机 APP、传真等多种接入方式，充分利用通信网和计算机网的最新技术，并与企业信息系统连为一体的综合性信息服务系统。

整个系统采用集中分布式的架构，如图 10.25 所示。

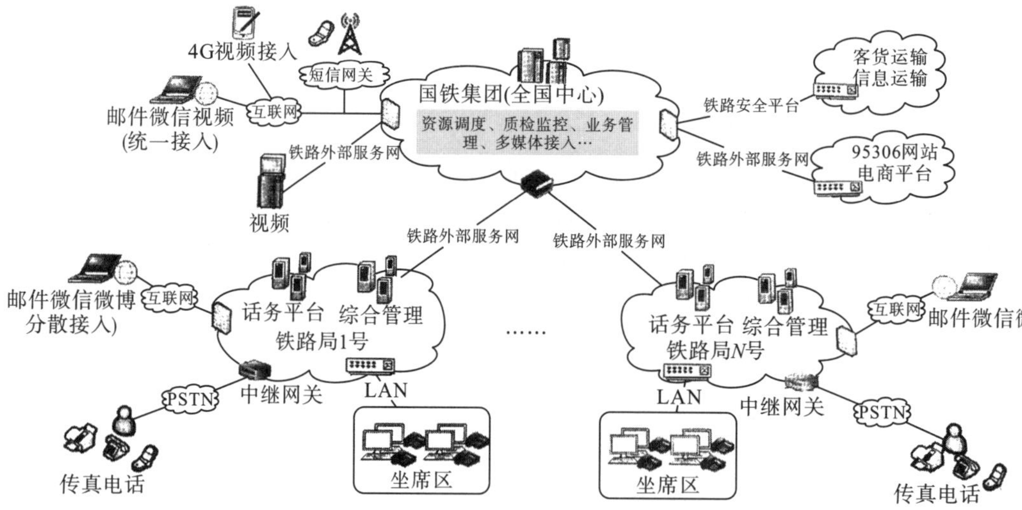

图 10.25　语音客服中心系统结构

分布指的是在各铁路局客服中心分别部署一套独立的高性能呼叫中心，包括独立的 CTI(计算机电话集成)设备、ACD(排队机)、IVR(互动式语音应答)设备等核心组件和独立的管理软件、独立客服坐席和专业特长坐席等。集中指的是在国铁集团部署资源管理平台和知识库平台，对铁路局的客服坐席、CTI、ACD、IVR 等设备进行统一的调度、配置、监控和维护，实行统一报表和质检，实现对各铁路局不同地域业务的统一管理及知识共享。通过资源统一管理和调配平台，实现铁路局客服平台互联互通、多媒体服务请求全网漫游，充分发挥各铁路局专业特长。全路客服人员之间忙闲均匀，一个铁路局平台出现问题，可以调度其他铁路局的资源保障业务的连续性。例如，粤语的问题可以通过资源管理平台转接到广铁的客服中心等。

2) 语音客户服务中心系统硬件结构

将每个铁路局客服语音平台的硬件结构分为网络层、接入层、业务支撑层(控制层)、业务应用层等四个层次，如图 10.26 所示。

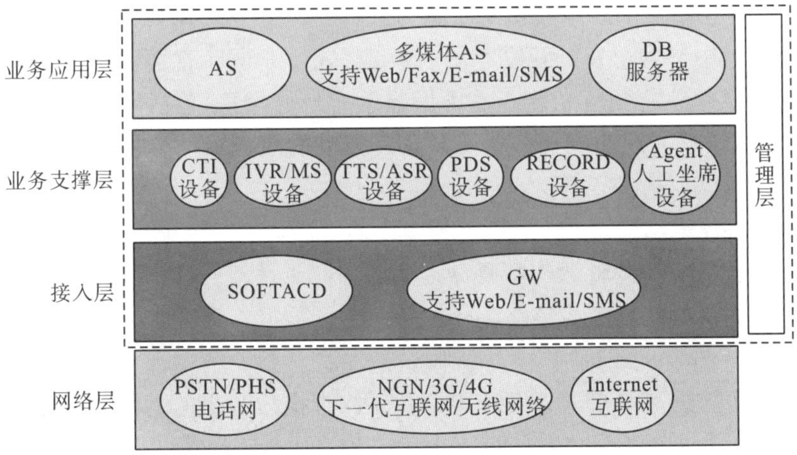

图 10.26 客服语音平台的硬件结构

网络层负责语音中继、移动和多种媒体网络的接入，通过语音中继(PSTN/PHS)接入网关、移动互联网(NGN/3G/4G)和互联网(Internet)接入交换机实现多媒体信息的接收。

接入层负责语音和多媒体的接入业务逻辑排队处理，软交换排队机(SOFTACD)负责语音、传真及视频等实时业务的接入和呼出；多媒体网关(GW)负责邮件、短信等非实时业务的接入和呼出。

业务支撑层负责多种媒体呼入的媒体资源处理。CTI 设备负责所有呼叫事件的统一排队和路由，并对系统内所有资源进行统一调度和管理；IVR/MS 设备负责语音和多媒体自助业务的处理；语音合成(TTS)设备负责将文字转换为语音应答；语音识别(ASR)设备负责将语音自动识别为文字；智能预拨号系统(PDS)负责回访预拨号功能；记录(RECORD)设备负责交互过程中的录音或记录；人工坐席设备(终端、耳麦等)(Agent)包括业务代表席、质检席、班长席设备。

业务应用层提供对业务应用系统的支持。其中，DB 服务器是数据库服务器(包括知识库)，AS 是应用服务器，共同提供业务资源访问支撑；多媒体 AS 负责传真、邮件、短信、微信、网页等非实时呼叫的业务资源访问支撑。

3) 语音客户服务中心实现界面

语音客服中心坐席的典型界面描述如图 10.27 所示。

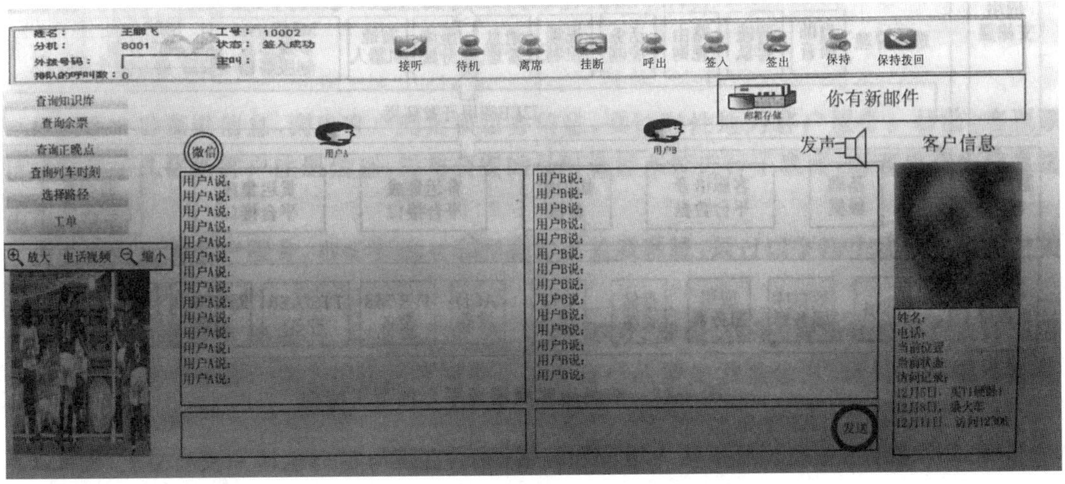

图 10.27 语音客服中心坐席的典型界面

语音客服中心坐席的典型界面的正上方是电话功能，按“接听”接入客户电话服务，在下方显示工单信息，按“挂断”结束服务；左上方显示客服人员姓名、工号等信息；右上方显示收到的新邮件，电机邮件在左边显示邮件内容，右边编辑回复邮件，按“发送”可发送回复邮件；微博、微信、在线客服和短信的格式一样，只是在左上部显示具体的对话方式，如本屏幕显示“微信”，左边是对方发的信息，右边是回答信息，若微信中包含语音，可按“发声”键。左下角显示视频信息，可以对视频进行放大缩小。可通过选择左边的菜单执行相应功能；右下方显示客户的信息(包括用户相片、信息来源客户关系系统)，使客服人员可以根据客户的位置、状态及最近接受的服务等信息，更准确和快速地满足客户服务需求。

4)语音客户服务中心逻辑结构

每个铁路局客服语音平台的逻辑结构主要分为两部分：一是新一代桌面系统，实现语音客服平台本身的管理功能；二是知识库系统，集成铁路各个业务系统的数据，为客服人员提供各业务系统的知识，如图 10.28 所示。

接入表示层通过话务控制可以接入语音和电话视频，直接与客户电话和视频交流；也可以通过多媒体控制接入短信、微信、微博、在线客服(QQ)、邮件、传真与客户进行文字交流；在交流过程中，通过客户关系系统获取客户基本信息和铁路服务信息；客服人员可通过功能菜单寻求帮助，如通过查询知识库回答客户的问题。

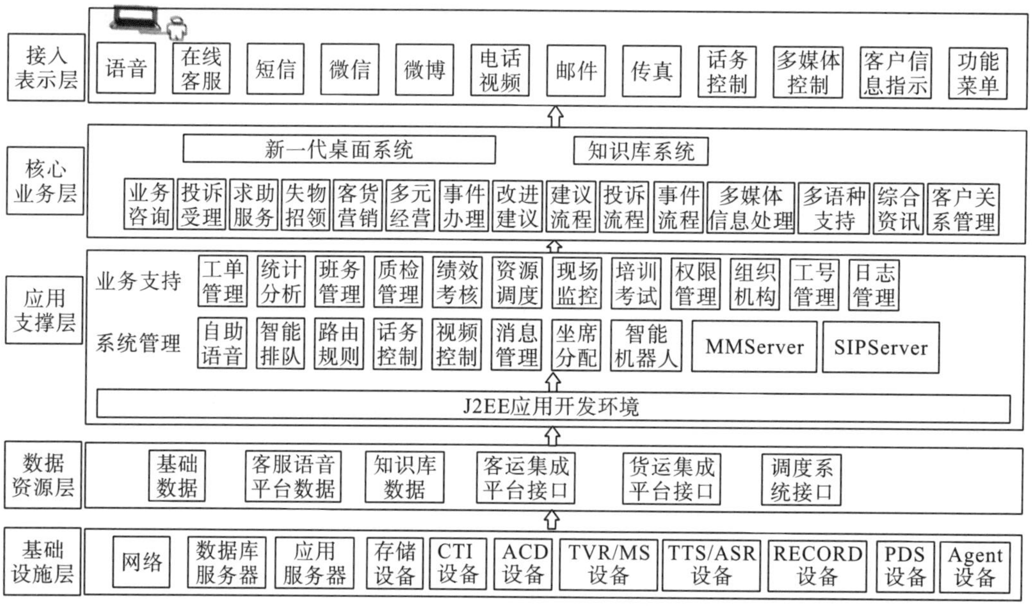

图 10.28 铁路局客服语音平台的逻辑结构

支持新一代应用支撑层功能有自助语音、智能排队、坐席分配、话务控制、视频控制、路由规则(技能路由、智能路由)、智能机器人、消息管理、工单管理、班务管理、统计分析、质检管理、绩效考核、培训考试、现场监控、资源调度、权限管理、组织机构、工号管理、日志管理、多媒体控制服务器(MMServer)、呼叫控制服务器(SIPServer)等。对语音来说，先调“自助语音”自动处理语音求助，如果需要人工服务，则按“智能排队”规则在 CTI 排队，由“SIPServer”负责按“坐席分配”规则建立和管理呼叫的连接，将求助分给人工坐席，人工可以依据“话务控制”和“视频控制”的规则，为求助人员服务，也可以按“技能路由”或“智能路由”规则转到其他坐席。如果是多媒体求助信息，经 CTI 排队后，由“MMServer”按“坐席分配”规则将求助分给人工坐席，可调用“智能机器人”引导人工解决问题，或通过“消息管理”进行对话。所有的语音、多媒体服务都形成工单，如业务咨询、投诉等工单，通过工单流转解答客户问题；班长或质检员通过工单检查或者监听来检查客服过程的质量；通过工单自动统计客服人员的工作量，进行客服人员的绩效考核；工单在铁路内部流转，且流转到铁路高层管理人员，如果遇到客服人员难以解决的问题，在铁路内部研究后，再通过 PDS 设备回复用户。在客服中心按班次作业，按工号管理，根据繁忙程度，对服务资源进行调度。

目前，客户服务中心的核心业务是业务咨询、投诉受理、求助服务、失物招领、综合资讯、客货营销、多元经营等服务功能。客服人员可以通过知识库协助回答客户的问题，知识库是全路共享的综合性知识库，由全路相关部门共同维护。

第六节　客运营销辅助决策系统

一、系统概述

对铁路业务来说，组织列车运行对应生产环节，组织客票销售对应销售环节，组织旅客进站上车及下车出站对应服务环节，共同形成了客运管理的闭环。客运营销的目的就是研究旅客的需求，研究旅客需要什么产品(列车)，如何销售这些产品(客票)，如何提供更好的(站车)服务。客运营销就是通过客运市场调查和分析，设计出适合广大旅客出行需要的列车产品和服务，提高旅客位移满意度，提高铁路客运效益的全程组织活动。

从客票发售和预订系统 3.0 版实现全国联网售票后，就开始进行客运营销信息系统的建设，国铁集团先是从春运办信息系统开始，建立了数据仓库，开展营销分析。各铁路局在客运营销系统方面也做了大量工作，北京铁路局客运营销系统 2002 年通过了鉴定，成都铁路局 2003 年也开发了铁路局客运营销分析系统。2010 年客运营销辅助决策系统 1.0 版投入使用，该系统分成国铁集团和铁路局两级，利用数据仓库技术实时分析客票数据，系统的运行在运输组织方面发挥了较大作用。至 2011 年底，系统已经在哈尔滨、北京、太原、武汉、上海、南昌、广州、成都等铁路局推广使用。

铁路客运营销辅助决策系统是以现代市场营销理念为指导，以运输理论和客运市场信息资源为基础，以先进信息技术和决策分析方法为手段构建的智能化信息系统，满足国铁集团、铁路局及基层站段营销管理人员的业务需要，为客运部门把握市场动态、完善产品设计、优化运能利用、提升社会和经济效益提供决策支持。

在该系统的实际应用中，可以看到系统运行平稳、高效，显著提高了管理人员工作效率，降低了工作量和劳动强度，提高了业务人员的决策能力和决策水平，在学生客流组织、实名制购票分析、互联网等新型购票渠道分析等方面发挥了很大作用。系统下一步将在现有基础上引入更加广泛的相关信息和技术，进行铁路客运收益管理、客运产品效益分析、铁路旅客客户关系管理等延伸领域的研究，进一步扩展和完善系统功能，以更好地支持铁路客运发展及运营的需要。

二、系统体系架构

营销的本质是快速将客户的需求商品化。铁路客运营销就是通过市场调查，深入了解旅客需求，使铁路生产的产品满足旅客消费需求的变化。所以，对于客运营销辅助决策系统来说，就是为国铁集团、铁路局、车站客运管理人员提供一种工具，及时获取旅客客运消费需求的变化指标或者预警数据，按照客户的需求调整客运产品和销售策略，包括列车开行方案、票额分配计划、客票定价策略、客票销售方案等。

实现上述目标的客运营销辅助决策系统分成五层：最下层是原始数据层；第二层是集成数据层；第三层是数据仓库层；第四层是数据集市层；第五层是业务应用层。客运营销辅助决策系统体系架构如图 10.29 所示。

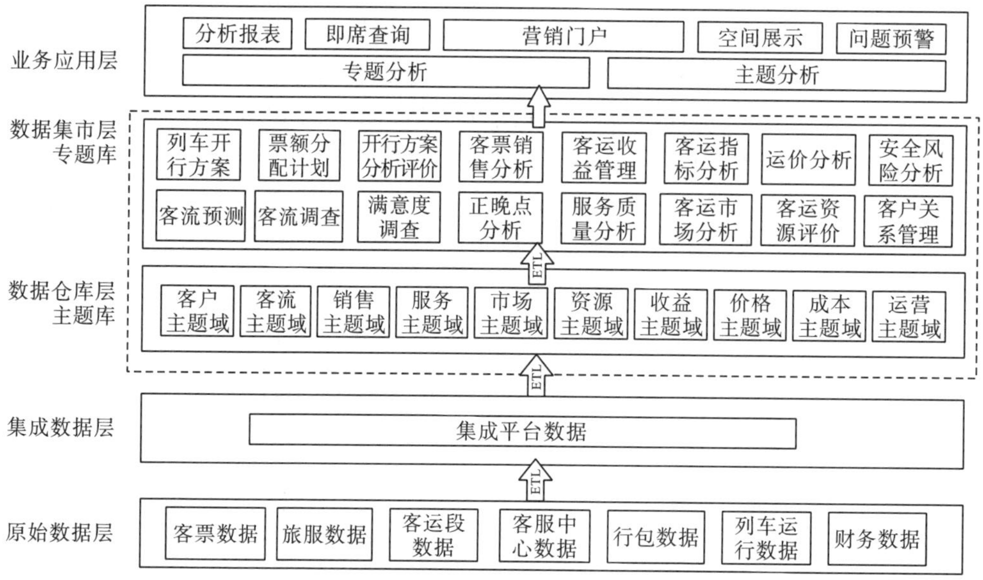

图 10.29　客运营销辅助决策系统体系架构

原始数据层提供包括客票数据(存根、时刻表等)、旅服数据(进出站服务信息等)、客运段数据(在途服务信息等)、客服中心数据(建议、投诉等)、行包数据(行包信息等)、列车运行数据(正晚点、事故等)和财物数据(收入和成本)等。

集成数据层将下层的数据按照列车、客户等关系进行初步集成，形成数据仓库层。数据仓库层是一个面向主题的、集成的、相对稳定的、反映历史变化、用于支撑管理决策的数据集合。主题库包括客户、客流、销售、服务、市场、资源、收益、价格、成本、运营等主题。数据仓库和数据集市是一对多的关系，全路只有一套数据仓库，但每个业务部门都有若干个数据集市；数据集市层存放专题库，专题库包括客户分析、客流调查、客流预测、列车开行方案、票额分配方案、趟车收益分析等。

最上层是业务应用层，可以为使用者生成各种分析报告、查询各种统计指标，并做切片、钻取等分析，查询结果可以在二维或者三维地图上进行展示；如果某些指标过高或者过低，则自动预警。可以调用决策支持库，进行主题和专题的分析。下面将分析各个主题和专题及其数据来源。

三、系统功能

1. 客户关系管理功能

客户关系管理是信息行业用语，指利用信息系统的方法对客户关系进行管理。客户关系管理主要包括市场营销、销售过程、客户服务过程中的客户关系管理三个方面。市场营销指根据客户的需求生产铁路的产品，销售过程指根据客户需要推销铁路产品，客户服务指在客户消费铁路产品过程做好针对性的服务。

建立客户关系管理信息系统首先录入客户的基本资料，以在铁路施行实名制售票，并与公安部门联网进行身份认证，使铁路可以准确地获得客户的基本信息。若要在互联网上购票，首先需要注册，在注册数据表中包含客户的基本信息，在存根表中包含客户购退票乘车的行为信息，在客服的工作单中包含客户的咨询信息。

每天，使用 ETL 工具整理分散在不同系统中的客户信息，针对客户主题域，建立多维模型，包括时间维、地点维(到发站)、买票方式、乘坐席别、消费、出行频率、偏好、常用联系人等信息。每天根据客户信息对客户进行分析。首先要细分客户，按照客户所在城市，经常去往城市，喜欢乘坐的列车，乘坐里程，对舒适度、速度和价格的要求，目的地距车站距离，换乘方式，属于商务、旅游还是探亲等对客户进行分类；其次分析每类客户需要的客运产品和服务，针对每类客户，研究旅客需要的、有吸引力的产品和服务策略。对销售来说，关心客户对铁路的价值和信用信息，是否可以通过实施常旅客计划，吸引客户乘坐火车，主动制订旅客接触计划，善于发现旅客潜在的需求和机会；还要研究客户的忠诚或者流失信息。

客户关系管理的一个重要应用是当调整客运产品(调图)或者票价时，可以研究每类客户对变化的反应，可以根据客户反应增加调整力度，或者采取补救措施。

2. 客流调查和客流预测功能

铁路客运产品是为了实现旅客的位移，旅客对客运产品的偏爱是不一样的，若最大限度地满足旅客的需求，又保证列车不虚糜，就需要进行客流调查和客流预测，根据预测的客流组织列车开行，所以客流预测的准确性非常重要。

客流预测是在已经掌握的历史信息资料和市场调研的基础上，对未来一定时期内客流的需求、性质进行预先推测和判断。客流也叫 OD 流，反映了出发和到达车站间、不同等级列车、不同席别的乘车人数。所以，客流预测包括客流发生预测、客流分布预测和客流组成预测。客流发生预测是每一车站将要发送的旅客人数，客流分布预测是每条线路/区段旅客的人数，客流组成预测是这些旅客需要乘坐的列车等级和席别。

客流预测的方法比较多，包括基于客流演变机理的客流预测方法和基于客流行为和时空关系的客流预测方法。常用的预测方法有时间序列预测方法、因果分析预测法、灰色模型、系统动力学模型等。客流预测的数据源除了历年同期的客票数据外，还需要考虑旅客的需求，考虑铁路路网能力和速度的变化、城市人口/流动人口数量和消费的变化、城市化进程、其他运输方式的发展等。

客流主题域内容包括发到站、时间、线路、区段、列车等级、席别、价格需求、客流人数，各种变化对客流的影响等，客流预测的结果是每对发到站间平均每天旅客人数及组成(每条线路/区段旅客人数及组成)。

客流调查工作作为客流预测方法的补充和验证，包括确定调查主题、收集调查相关资料、设计调查问卷、开展市场调查、分析调查数据、提交调查报告等流程。调查内容围绕铁路路网能力和速度的变化、人口数量和消费的变化、城市化进程、其他运输方式的发展对铁路客流的影响，包括本地学生流、民工流对铁路客流的影响及服务满意度调查等。调查方式包括人员访问调查、电话访问调查、邮寄调查、邮箱调查、网上调查、短信调查等，调查时要充分考虑利用客户关系数据库已有信息，以及客户服务中心信息系统，调查过程也是不断完善客户关系数据库的过程。调查前需要考虑调查的数据如何入库，并将调查的数据作为客流预测的输入。

3. 列车开行方案

客流预测的结果是每对发到站间旅客人数及组成(每条线路/区段旅客人数及组成)。列车开行方案就是如何组织列车产品最大化地满足旅客的需求，或者如何调整现有的列车开行方案，在现有列车开行方案变动较小的情况下，最大化地满足旅客的需求，又保证足够的安全和经济效益(这里的安全指不超过每条线路的运输能力)。

旅客列车开行方案主要包括以下五个方面的内容:

(1)等级列车的数量。等级列车的数量包括高速列车、动车、直达列车、特快列车、直快列车、普快列车、慢车等列车的数量。

(2)列车的开行对数。列车的开行对数是指方向上或区段内为满足运量需求而开行的旅客列车数量，当上下行成对时，可用对数表示。

(3)列车的运行区段。列车的运行区段包括列车的始发站、终到站及经由线路等要素。

(4)列车的停站方案。列车停站次数的增加会使旅行时间加长，同时会降低线路的通过能力，增加列车的开行费用，所以在停站方案中要合理确定列车的停靠站。

(5)列车编组和车底运用方案。考虑实际需要开行多种编组的列车，运用几组车底，短编组、高密度列车能较好地吸引客流，但当线路能力紧张时，大编组列车能够达到充分利用线路能力。

确定列车开行方案后，还要确定组成列车的机车、客车、动车，考虑列车的乘务员，列车上的备品、餐饮，车站停靠站台的能力，线路的通过能力等。

实际上，编制列车开行方案是在现有方案下进行调整的过程，根据铁路路网的发展和现有的客流变化，合理地调整现有方案。一是根据预测客流做出新方案，比较新方案与现有方案之差，决定调整方案；二是直接在矩阵中输入变化的客流，根据变化客流推算调整方案。

4. 票额分配计划

旅客列车票额分配是以旅客列车开行方向客流分布为依据，根据列车编组、停站时刻等数据，把列车允许出售的席位数有计划地分配到沿途各停靠站去销售，其分配及指标统计过程为票额分配。

使用计算机编制票额分配计划的关键是准确地预测客流分布。与列车开行方案的客流预测不同，票额分配计划的客流预测需要精确到每趟列车，特别对于能力紧张的列车。所以，将客流预测分成淡季、旺季和节假日的预测。对每趟列车来说，预测结果是矩阵三角表，左边是发站，上边是到站，三角表中描述了发到站间的客流。根据列车编组就能算出席位总数，将席位总数按照在沿途站客流分布比例进行分配，实际这里有数学优化的问题，因为对一个席位卖给终到站优于只卖到中间站，但如果席位分段多次卖出，由于递远递减，分段票价可能高于整段的票价。

在全路调图时由担当局形成固定的旺季票额固定分配方案，淡季进行票额调整，节假日时根据客流、车底情况编制临客加开票额分配方案，并辅以短期的票额预分、复用、共用等动态调整措施，从而建立起一套完整的票额分配体系。

计算机对某趟列车执行票额分配过程是先读取列车时刻表、列车编组等基础数据；然后，预测列车客流，对预测列车客流进行确认；根据预测列车客流和基础数据执行自动票额分配；人工可以对自动分配的方案进行二次调整；将分配方案发给相关部门进行确认；将全部方案汇总后形成运能主题域，进行运能指标统计分析；最后，送到客票发售和预订系统执行票额分配计划。

5. 客运市场分析功能

铁路客运市场分析是针对不同时期社会市场的总客运需求，公路、民航、水运所占客运量与铁路客运量的比值关系，分析铁路如何扩大市场范围。

市场分析信息系统应该不断收集、挑选、分析、评估铁路内部和外部市场的信息，为管理人员改进铁路市场营销工作提供依据。市场分析信息系统由铁路内部报告系统、市场情报系统、市场调研系统和市场分析系统构成。

内部报告系统数据源主要由十八点客运统计数据、客运精密统计数据、客票基础数据等组成，根据决策的需要挑选其中内容组成分析专题库，如铁路运输指标、价格指标、运力指标等。

市场情报系统主要用于收集公路、民航、水运等决策所关心的情报信息，收集国外铁路同类信息，如运输指标、价格指标、运力指标等，可以利用互联网技术从相关的网站上获取。

市场调研系统针对铁路面临的具体问题设立明确的专题，对已经收集的信息进行整理和分析，通过调研的手段补充不足的内容，并对研究结果形成报告，供决策部门参考。

市场分析系统由统计分析模型和市场分析模型两个部分组成，统计分析模型借助各种统计方法对所整理的市场信息进行分析；市场分析模型协助决策者选择最佳的市场营销策略。

6. 运价分析功能

改变单一的票价体系是今后的发展趋势。目前流行的定价策略：一是采用多个折扣价格使席位全部售出；二是让每名乘客尽量支付其所能承受的最高价格；三是如果席位需求大于运能，让出价高的乘客拥有席位；四是如果乘客中途下车，空余的席位尽快出售。

根据定价策略和方案建立灵活价格计算体系。例如，对客户进行细分，预测每类客户的席位需求量，按每类客户承受能力定价，让折扣多的客户提前购票。对淡季、旺季、节假日采用不同折扣；根据竞争对手的价格进行折扣；对常旅客(月票、年票)进行折扣；对团体票进行优惠等。计算机系统需要预测不同折扣情况下旅客增加数，通过收益管理中的数学优化方法，使用计算机模拟，确定最佳客运运价方案，并导入客票发售和预订系统作为调价的依据。

7. 开行方案分析评价功能

当编制完成列车开行方案后，要对新的列车开行方案进行分析评价。分析评价体系主要包括以下几个方面：一是经济效益，根据预测的客流量分析得出的开行方案成本与收益指标；二是生产效率，如运行图的动态性能、运行图评价指标等；三是客运服务质量，如列车正点率、列车旅行时间、上座率、硬件设施条件等指标。

开行方案分析评价应尽量以经济、社会、旅客、服务等综合性效益最大化为目标，根据实际情况运输企业可以有不同的侧重点。

8. 客票销售分析功能

本功能通过建立主体域，实时统计当前各次列车车票的售出情况、剩余的席位，可按车次、各席别利用率进行排序，按始发线、担当局、快慢车、直通管内、预分站、预售日期等进行分类查询。直观显示每天的售出量与运能的差距及与盈亏平衡点的关系、实际的客票收入与计划收入的差距。显示内容包括列车各席别预售情况、单车按开车/售票日期每天预售情况、列车停靠站各席别预售情况、列车各停靠站详细售出情况、预分站各席别售出情况、预分站按开车/售票日期预售情况、预分站各线售出情况、预分站各线各车次售出情况等。

对于运能不足或虚靡的列车及时进行报警，使运输管理人员快速掌握运能运量矛盾，实现生产指挥快速反应，为列车进行加、减挂调整编组提供依据。

为改进客票营销方式提供依据，发现客票发售渠道、发售数量、旅客行为和客票预售状况等客票营销要素间的潜在关系，为经营管理者调整和组织客票营销策略提供决策支持。

9. 客运指标分析功能

铁路客运指标主要依据《铁路旅客运输统计规则》《铁路客货运输统计规则》《铁路运输设备统计规则》，内容包括旅客、行李、包裹、列车正晚点、安全等统计指标。

客运指标分析功能主要通过集成平台从客票、行包、调度、安监等信息系统中收集相关指标数据，在数据仓库中建立相应的主题域，在数据集市中建立相应的专题库，提供灵活、直观、界面友好的统计分析和查询功能，以表格、图形等多种方式展现客运营销的统计指标。

10. 客运资源评价和客运收益管理功能

客运资源评价功能是根据客运基础资源数据和运营指标的计算统计，对客运相关资源的运用情况做出评价，如对线路、车辆、动车组、客运装备、人力等资源的运用进行评价。

客运收益管理功能对客运产品进行收支评估和模拟测算，找出各次列车盈亏平衡点。围绕列车等级、编组、票价、票额分配、经由等多种因素的变化来测算列车收入与成本关系，测算列车下一期的利润；

或者在预定的利润目标要求下，推算收入、成本等因素应达到的水平，为决策提供依据。通过对新开行的列车进行模拟测算，提前预知开行成本和收益情况，从而减少开行列车的盲目性；对已开行列车，预测调整编组等开行因素后的开行成本和收益情况，指导确定列车的调整方案，对客运组织具有重要的现实意义。

参 考 文 献

陈钉均, 陈韬, 吕苗苗, 等, 2017. 路网条件下铁路列车运行方案图优化理论与方法. 成都: 西南交通大学出版社.

陈光伟, 2017. 铁路信息系统应用技术. 北京: 中国铁道出版社.

崔华伟, 2008. 铁路客运站运营指标体系与计算方法研究. 北京: 北京交通大学.

崔俊, 闵耀兴, 2001. 铁路客运管理现代化. 北京: 中国铁道出版社.

崔素萍, 2010. 基于旅客满意的铁路客运服务质量管理理论研究. 成都: 西南交通大学.

杜文, 2016. 旅客运输组织. 成都: 西南交通大学出版社.

韩史滨, 2013. 世界发达国家公路发展简史. 养护与管理, 2013, 12(34): 76-77.

黄辉林, 2016. 京沪高速铁路跨线列车开行及换乘运输研究. 成都: 西南交通大学.

贾俊芳, 2016. 铁路旅客运输. 北京: 中国铁道出版社.

江雨星, 2015. 高速铁路旅客列车开行方案编制方法研究. 兰州: 兰州交通大学.

李传翔, 2005. 我国铁路运输企业的客运运价形成机制及价格策略研究. 成都: 西南交通大学.

刘海珠, 2014. 成都铁路局高铁客运市场营销分析. 成都: 西南交通大学.

刘杰, 2009. 中国古代舟船(一). 交通与运输, 25(2): 76-77.

刘卫卫, 2017. 京沪高铁列车停站方案优化调整研究. 北京: 北京交通大学.

吕红霞, 2009. 计算机编制列车运行图实验教程. 成都: 西南交通大学出版社.

吕红霞, 陈韬, 张杰, 2011. 铁路大型客运站运转作业优化理论及系统设计. 成都: 西南交通大学出版社.

吕苗苗, 倪少权, 李素强, 2008. 动车组交路计划有关问题研究. 铁道运输与经济, 30(5): 72-75.

吕叶, 2015. 基于动态客流的高速铁路列车开行方案调整优化方法研究. 成都: 西南交通大学.

缪文琳, 2017. 城际铁路客运产品设计关键技术研究. 成都: 西南交通大学.

倪少权, 吕红霞, 陈钉均, 等, 2017a. 高速铁路列车停站方案与运行图协同优化理论和方法. 成都: 西南交通大学出版社.

倪少权, 赵春雷, 庄河, 等, 2017b. 计算机编制列车运行图原理与方法. 成都: 西南交通大学出版社.

齐禹萌, 2008. 科技进步与航空运输发展. 中国民用航空, (9): 29-31.

单杏花, 2012. 铁路客运收益管理模型及应用研究. 北京: 中国铁道科学研究院.

邵健, 2006. 成都铁路局旅客运输营销策略研究. 成都: 西南交通大学.

铁道第三勘察设计院集团有限公司, 中铁第四勘察设计院集团有限公司, 2014. 高速铁路设计规范: TB 10621—2014. 北京: 中国铁道出版社.

王昊, 胡晶, 赵杰, 2010. 高铁时期铁路客运枢纽分类及典型形式. 城市交通, 8(4): 6-15.

王昕, 2013. 铁路客运服务质量的评价研究. 成都: 西南交通大学.

吴磊, 2011. 真空管道磁悬浮列车的承载管道研究. 成都: 西南交通大学.

徐斌, 2012. 高速铁路列车停站方案研究. 北京: 北京交通大学.

张建平, 2008. 铁路客运服务质量管理理论研究. 北京: 北京交通大学.

张丽娟, 2015. 运输经济学. 北京: 中国人民大学出版社.

张哲铭, 2018. 高速铁路乘务计划编制方法优化研究. 北京: 北京交通大学.

赵陈诗卉, 2016. 京广高速铁路列车停站方案综合评价研究. 北京: 中国铁道科学研究院.

赵锡铎, 2006. 运输经济学. 2 版. 大连: 大连海事大学出版社.

赵旭辉, 2016. 使用 SVG 绘制车底周转图方法研究. 铁路计算机应用, 25(7): 18-21.

中国铁路总公司, 2014. 高速铁路客流组织. 北京: 中国铁道出版社.

中铁第四勘察设计院集团有限公司, 2017. 铁路车站及枢纽设计规范: TB 10099—2017. 北京: 中国铁道出版社.

中铁第一勘察设计院集团有限公司, 2017. 铁路线路设计规范: TB 10098—2017. 北京: 中国铁道出版社.

左大杰, 2015. 高速铁路动车组运用管理与行车组织. 北京: 科学出版社.

左倩飚, 2013. 铁路车站内部换乘流线设置研究. 成都: 西南交通大学.

BITNER M J, BOOMS B H, TETREAULT M S, 1990. The service encounter: Diagnosing favorable and unfavorable incidents. Journal of Marketing, 54 (1): 71-84.

CRONIN J J, TAYLOR S A, 1992. Measuring service quality: A reexamination and extension. Journal of Marketing, 56 (3): 55-68.

PARASURAMAN A, ZEITHAML V A, BERRY L L, 1988. SERVQUAL: A multiple-item scale for measuring consumer perceptions of service quality. Journal of Retailing, 64 (1): 12-40.